Das Ganze der Landwirthschaft

in Bildern.

Das Ganze der Landwirthschaft in Bildern.

Ein Bilderbuch zur Belehrung und Unterhaltung für Jung und Alt, Groß und Klein.

Herausgegeben
von
Dr. Wilhelm Hamm.

Mit 719 Abbildungen und erläuterndem Text.

Zweite, wohlfeile Ausgabe.

Leipzig,
Arnoldische Buchhandlung.
1872.

Unveränderter Nachdruck nach dem Original von 1872 aus der Bibliothek von Herrn Wolfgang Mocek, Uelzen

ISBN 3-88746-123-1

Best.-Nr. 4210

Wieder aufgelegt im Jahre 1985

von der Edition »libri rari« im Verlag Th. Schäfer, Hannover, Tivolistraße 3

Gesamtherstellung Th. Schäfer Druckerei GmbH, Hannover

Inhaltsverzeichniß.

Verzeichniß der Abbildungen.

Vorwort.

Das Bilderwerk, welches ich hiermit den deutschen Landwirthen groß und klein, jung und alt, sowie Allen übergebe, welche die Entwickelung und gegenwärtige Stufe des ersten und edelsten aller Gewerbe in kürzester Frist übersichtlich kennen lernen wollen — ist kein Lehrbuch im gewöhnlichen Wortsinn und dennoch ist es ein solches: Es will auf einem neuen, bisher noch nicht betretenen Wege versuchen, die wichtigsten Lehren des Ackerbaues, Wiesenbaues, Obst- und Gartenbaues, Weinbaues, der Viehzucht, der Geräthekunde, der Hauswirthschaft und der landwirthschaftlichen Gewerbe, Jedermann kurz, aber dauernd einzuprägen, und dazu soll eine reiche Bilderauswahl vornehmlich dienen. Sie will, gleich wie in einer Wandelschau, Gemälde um Gemälde aufrollen, um dem Leser eingehend und anschaulich zu zeigen, wie sich die Landwirthschaft entfaltet hat, was sie war, gegenwärtig ist, und welches Ziel sie für die Zukunft erstreben soll. Neben den bildlichen Darstellungen läuft her die Erklärung — kurz und gedrängt, aber hinreichend, um zu ergänzen, was den ersteren allein nicht schon entspringt. Ich habe mich befleißigt, das Wort der Lehre so schlicht und volksthümlich zu halten, wie nur möglich; alle Fremdwörter sind vermieden, oder bestens erläutert; jedes tiefere Eingehen in die Hülfswissenschaften ist geflissentlich weggeblieben. Denn es schweben mir als Freunde dieses Bilderbuchs zunächst vor die Familien auf dem Lande, welche an traulichen Winterabenden um den Tisch mit der Lampe gereiht, darin blättern, anstatt in einer der vielen geistlosen, ja sogar gefährlichen Bildersammlungen ohne Ziel und Zweck, die man jetzt so häufig erblicken muß. Diejenige, welche ich hier biete, will das Nützliche mit dem Angenehmen vereinen, spielend lernen die Kinder daraus das Wichtigste aus dem Fach ihrer Eltern kennen, die Erwachsenen aber werden gleichfalls gar manche Anregung oder Erklärung finden, welche von Werth für sie ist. Selbst der erfahrene Landwirth soll gern darin blättern, und sei es nur, um die Erinnerung zu schärfen oder um fremde Sitte des Betriebs mit der heimischen zu vergleichen. Nicht minder will das Bilderbuch den Hausfrauen auf dem Lande willkommen werden, nicht blos, weil es ihnen manche nützliche Winke gibt, sondern ihnen auch rasch den Umfang des ganzen Gebietes zeigt, das neben ihnen der Mann verwaltet. Daher soll es auch recht eigentlich ein Festgeschenk sein, das der Familienvater auf den Weihnachtstisch legt, der Lehrer dem fleißigen Schüler gibt; noch mehr, es will sich ganz besonders empfehlen als Preis für Leistungen in der Landwirthschaft überhaupt bei Ausstellungen u. dgl. an Stelle der geringen, nutzlosen Geldpreise. An Bildern freut sich Jedermann und die große Zahl derselben, die der Landwirth mit diesem Buche in die Hände bekommt, wird ihm dasselbe lieber machen, wie jedes noch so bändereiche Lehrbuch. Und weil auf den Bilderschmuck der meiste Werth gelegt ist, so ist auch das Buch darnach eingerichtet; die linke Seite trägt das Wort, die rechte das Bild, ein Umschlagen ist nie nöthig, um die Erklärung zu finden. Damit aber die letztere sowohl, als die Bilderschau nicht ermüdend werde, so sind die einzelnen Gegenstände durch alle vier Hefte des Buches gleichmäßig so vertheilt, daß jedes Heft an seiner besondern Stelle den Faden des im vorigen abgebrochenen Zweiges des Gewerbes wieder aufnimmt, ohne jedoch eine strenge Aufeinanderfolge inne zu halten; auf diese Weise kann der Leser das Buch aufschlagen, wo er will, er wird sogleich ohne Umschweif auf den Gegenstand geleitet, den das Bild darstellt. Kein Zweig der ausübenden Landwirthschaft ist übergangen worden, ein jeder wird in den verschiedenen Heften zur Geltung gelangen; es wird zugleich dem Kundigen nicht entgehen, daß trotz des scheinbar losen Zusammenhangs doch das Ganze nach einem Plane bearbeitet ist und thunlichst nach Einheit strebt. So sei denn dies Bilderbuch den deutschen Landwirthen bestens empfohlen; es erobere sich einen Platz am häuslichen Herd und in der Schulstube, aber auch in Kopf und Herzen!

Albrecht Thaer

sein Leben und Wirken.

Die Landwirthschaft, die gewerbmäßige Benutzung des Bodens zur Anzucht von Pflanzen und Thieren, ist das älteste Gewerbe, welches sich aus dem Hirtenstand entwickelt hat und den ersten Schritt der Menschheit aus dem Kindesalter in das Licht der Sittlichkeit und Bildung bezeichnet. Natürlich war sie im Anfang noch roh und dürftig, den geringen Bedürfnissen der Völker angemessen; erst nach und nach drängte die Nothwendigkeit zur Veredlung des Ackerbaues, lehrte die Erfahrung die beste Weise zur Bestellung des Bodens und Erhöhung seines Ertrages kennen. Unter den alten Römern gewann die Landwirthschaft an Ansehen und innerem Ausbau; sie galt bei ihnen als die würdigste Beschäftigung des freien Mannes und man holte die Lenker des Staates vom Pfluge weg. Die Regeln der römischen Landwirthschaft, von einer Anzahl tüchtiger Schriftsteller zusammengestellt, blieben viele Jahrhunderte hindurch das eigentliche Gesetzbuch für Ackerbau und Thierzucht; man wagte daran nichts zu ändern, trotzdem andere Zeiten andere Bedürfnisse verlangten und hier und da in verschiedenen Gegenden schon neue Verfahren mit großem Erfolg eingeführt worden waren. Dies geschah zunächst in England seit dem 17. Jahrhundert, aber erst in der Mitte des 18. traf man daselbst, durch Einführung des Kleebaues und der Kartoffel genöthigt, auf das Rechte; man entdeckte die Gesetze des Fruchtwechsels und den Einfluß des Futterbaues auf die Körnerernten. Die deutsche Landwirthschaft verschloß sich lange Zeit mißtrauisch allen Neuerungen; es kostete große Mühe, bis der Klee, bis die Kartoffeln in ihr Aufnahme fanden; kurz der Fortschritt wollte nicht so recht in Zug kommen. Ihn da hinein zu bringen ist das große Verdienst eines Mannes gewesen, welchen die deutschen Landwirthe dankbar „ihren Lehrer" nennen. Es war Albrecht Thaer, geboren am 14. Mai 1752 zu Celle in Hannover. Er hatte sich ursprünglich der Heilkunde gewidmet und war schon vielbeschäftigter Arzt in seiner Vaterstadt, als er aus Liebhaberei die Landwirthschaft zu betreiben anfing. Dies führte ihn zunächst der näheren Kenntniß des englischen Betriebs zu, welchen er zuerst in Deutschland bekannt machte und damit in der That einen ganz neuen Weg für die Bodenverwerthung eröffnete. Von nun ab, 1794, war er unablässig thätig als Lehrer eines verbesserten Ackerbaues; im Jahr 1803 ward er nach Preußen berufen, errichtete daselbst die Musterwirthschaft Möglin und damit verbunden eine landwirthschaftliche Lehranstalt (1806) aus der eine große Zahl tüchtiger Männer hervorgegangen ist. Thaer ward 1807 Staatsrath, 1810 Professor der Landwirthschaft in Berlin. Seine Thätigkeit erstreckte sich auf alle Zweige des Fachs; keinen hat er vernachlässigt. Insbesondere dankt ihm Deutschland die Hebung der hochfeinen Schafzucht und die Regelung der Wollkunde. Er starb nach einem Leben voll segensreicher Wirksamkeit am 26. October 1828. Die deutsche Landwirthschaft ist ihm viel schuldig; die Nachwelt hat ihm Denkmale gesetzt (zu Leipzig, Berlin und Celle) aber das beste sind die Werke, die er gethan und hinterlassen. Seine „Grundsätze der rationellen Landwirthschaft" sind das erste vollständige Lehrbuch der Landwirthe gewesen und sind es heute noch. Thaer war es, welcher zuerst zeigte, daß ewige Naturgesetze den Ackerbau leiten, nicht blindes Herkommen und Nachbeten. Er gab der Arbeit die ihr gebührende Stelle in der Reihe der Mittel zur Vermehrung des Ertrags; er lehrte den Boden richtig bestellen und gab selbst verschiedene Geräthe zu diesem Zweck an; er führte den Getreidebau auf das richtige Maaß, zeigte, wie die Brache durch Hackfruchtbau ersetzt werden könne, und stellte die Regeln des Fruchtwechsels fest; er gab die zweckmäßigste Anleitung zur Gewinnung, Verbesserung und Vermehrung der Düngerarten, zum Betrieb einer extragreichen Viehzucht, zur Hervorbringung feiner und reicher Wolle. Ihm dankt die Ackerbaugesetzgebung die Anregung zu den Gemeinheitstheilungen, zur Regelung der bäuerlichen Verhältnisse, zur Beseitigung der dinglichen Lasten und freien Bodenbenutzung. Vor Allem aber predigte Thaer den deutschen Landwirthen, daß die Grundlage alles Erfolgs, jedes Gewinns, des ganzen Glücks ihrer Unternehmungen einzig und allein eine gründliche Bildung sei. Diese zu erwerben ist nicht so schwer, als es wohl den Anschein hat. Dank Thaer, der auch hierin den Anfang gemacht hat, besitzen wir nunmehr eine große Menge recht tüchtiger Bücher über die Landwirthschaft im Allgemeinen und Besonderen, sowie über die Naturwissenschaften, welche erst das Verständniß der Vorgänge in Ackerbau und Viehzucht eröffnen. Es gehört zur Aneignung ihrer Lehren keine andere Vorbildung, als diejenige der guten deutschen Volksschulen. Wer später Gelegenheit hat, eine gute Ackerbauschule oder noch besser eine sogenannte Mittelschule zu besuchen, wie sie z. B. in Wiesbaden blüht, der fördert natürlich wesentlich seine Kenntnisse. Tritt er dann später in die Praxis über, so darf er nur nicht glauben, jetzt habe er nicht mehr nöthig zu lesen und zu lernen; im Gegentheil, er beherzige den Wahrspruch: Unsere Lehrzeit währt bis ans Grab! Durch das Lesen guter Bücher und Zeitschriften, durch regen Antheil an den landwirthschaftlichen Vereinen, durch Benutzung von Volksbüchersammlungen, Fortbildungsschulen und Wandervorträgen suche sich der ausübende Landwirth stets geistig zu fördern und in seinem Gewerb auf der Höhe der Zeit zu halten; nebenbei vergesse er aber niemals, daß er ein Glied des großen Ganzen, ein Bürger des Staats ist, berufen mehr wie Andere, zum Wohl desselben und seiner Mitbürger nach Kräften zu wirken. Und so beherzige denn ein jeder Landwirth, dem es Ernst ist mit dem Fortschritt, welcher Liebe fühlt zu seinem Beruf und demselben Ehre machen will, das schöne Wort Thaer's: Wie der Schiffer, der mit Kompaß und Karte das Weltmeer umsegelt — mit deren Hülfe jeden Wind, jede Strömung benutzt, um sich seinem Ziele, wenn gleich oft durch manche Umwege und langsamen Schritts zu nähern, Klippen und Hindernisse sicher umgeht, in jeder Lage die vortheilhafteste Richtung wählt und immer glücklich in möglichst kürzester Frist den Hafen erreicht — sich zu dem Küstenfahrer verhält, der das Ufer nicht aus dem Auge verlieren darf, wenn er sich nicht dem blinden Schicksale überlassen will: — so verhält sich der rationelle, der nach Naturgesetzen handelnde, Landwirth gegen den Angelernten — der da blos aus Gewohnheit und im althergebrachten Schlendrian handelt!

Albrecht Thaer
KRUGER SC.

Die Liebigshöhe.

Thaer war es, welcher die sogenannte rationelle Schule der Landwirthschaft gründete, die nach Regeln wirthschaftet, gegenüber der sogenannten empirischen, d. i. erfahrungsgemäßen Schule, die in den Tag hinein wirthschaftet, weil es Vater und Großvater ebenfalls so gethan. Das große Uebergewicht der ersteren braucht man vernünftigen Menschen heutzutage nicht mehr auseinanderzusetzen, nichtsdestoweniger dauerte es gar lange, bis ihre Lehren sich einigermaßen allgemein Eingang verschaften und selbst heute noch gehören gar viele Leute der zweiten Schule an, welche das verrottete Sprichwort im Munde führt: Es ist nicht gut, daß der Sohn den Pflug in einem andern Loche führt, als der Vater! Allein als Thaer seine Landwirthschaftsregeln aufstellte, im Anfange unseres Jahrhunderts, waren die Naturwissenschaften: Chemie (Scheidekunst, Lehre von der Verwandschaft der Körper) Physiologie (Lehre von der Lebensthätigkeit der lebendigen Wesen) Zoologie (Thierkunde) Geologie (Erdbildungskunde) u. s. w. noch keineswegs zu der Entfaltung gelangt, wie heutzutage; im Gegentheil, sie lagen theilweise noch ebenso im Argen und Dunkeln, wie die Landwirthschaft selber. Deßhalb konnte Thaer auch bei der Ertheilung seiner Lehren noch nicht auf den richtigen naturwissenschaftlichen Gesetzen fußen, welche erst später entdeckt wurden. Er und mit ihm alle Landwirthe nahmen an, daß die Nahrung der Pflanzen aus den im Boden befindlichen organischen (verbrennbaren, von lebenden Wesen, Thieren und Pflanzen herrührenden) Stoffen bestehe, und daß je mehr von denselben in richtiger Beschaffenheit der Acker enthalte, er um so fruchtbarer sei. Man nannte diese verwesenden Stoffe Humus (Dammerde, Pflanzenerde) und glaubte, daß die Gewächse sie ohne Weiteres mittelst des Wassers aus dem Boden in sich aufnähmen. Dies war jedoch ein Irrthum. Schon hatten einige Naturforscher, besonders Saussure, gezeigt, daß die Pflanzen ihren Bedarf an Kohlenstoff aus der Luft entnehmen, schon waren die Erden oder Mineralstoffe als Bestandtheile ihres Körpers anerkannt und manche Zweifel an der früheren Lehre hatten sich erhoben. Da trat im Jahre 1840 der große Chemiker Justus von Liebig auf und warf das ganze Gebäude der alten Meinungen von der Pflanzenernährung über den Haufen. Er wies nach, daß eine Reihe von Mineralbestandtheilen — Kali, Phosphorsäure, Kalk, Eisen, Thonerde, Bittererde, Natron, Kieselerde, Schwefel — das wesentlichste Nahrungsmittel der Pflanzen im Boden bilde; sie sind in der Asche der verbrannten Gewächse wiederzufinden. Der verbrannte Theil dagegen, der organische, stammt vorzugsweise aus der Luft — Kohlenstoff, ihr Haupttheil, aus der Kohlensäure, Stickstoff aus dem Ammoniak und der Salpetersäure — beide letztere auch aus dem Boden. Das Hauptaugenmerk des Landwirths ist darauf zu richten, daß er dem Boden die ihm durch den Anbau entzogenen Mineralstoffe, vor Allem Kali und Phosphorsäure, wiedergibt durch den Dünger, und zwar in billigerer Zusammensetzung, als diejenige der Bodenerzeugnisse ist, denn sonst würde er nichts verdienen, und Gewinn ist das Ziel jedes Gewerbes. Thut er das nicht, nimmt er immer aus dem Acker, ohne ihm zu geben, so kommt eines Tages die Zeit, wo dieser nichts mehr zu geben hat, daher unfruchtbar ist. Das ist der eigentliche Inbegriff der ganzen Lehre vom Ackerbau. Er fand gleich von Anfang an großen Widerspruch, sowohl von Seiten der Gelehrten, als auch der ausübenden Landwirthe. Die ersteren bekehrten sich bald, die letzteren aber warfen Liebig vor, er sei bloß Chemiker, nicht auch Landwirth und dies verhindere ihn, richtig zu prüfen. Um solchen Fehler wieder gut zu machen, erwarb Liebig im Jahre 1845 in der Nähe von Gießen ein Landgrundstück mit magerem, auf Kiesgeröll ruhendem Sandboden, welches er zur Versuchswirthschaft einrichtete, um daselbst die Lehren der Wissenschaft selbst im Felde zu erproben. Dies Versuchsgut hieß und heißt heute noch die „Liebigshöhe“ und wird diesen Namen auf ewige Zeiten hin behalten, als die denkwürdige Stätte, von welcher die Umwälzung der Landwirthschaft, die Einkehr derselben aus der Dämmerung des Zweifels in das Licht der Wahrheit, ausgegangen ist. Hier fand denn der große Forscher nicht nur seine Grundsätze bestätigt, sondern auch erweitert, vervollständigt durch die Antworten, welche die Natur selbst auf die an sie gestellten Fragen gab. Allein mittlerweile war der Guano nach Europa gelangt — der Mist von Seevögeln, abgelagert auf Inseln an der regenlosen Küste von Peru in Südamerika — und neben ihm der Würfelsalpeter aus dem Nachbarlande Chile — und beide mit Begierde ergriffenen Düngerarten schienen zu beweisen, daß der Stickstoff, ihr Hauptgehalt in Ammoniak und Salpetersäure, die vorwiegende Quelle der Pflanzennahrung sei. Dafür erhoben sich denn wiederum viele Landwirthe gegen Liebig, der die Phosphorsäure (Hauptgehalt des Knochenmehls) und das Kali, überhaupt die Mineralstoffe höher stellte. Allein sie wurden gar bald zum Schweigen gebracht durch die Thatsache, daß die Guanowirthschaften, welche den Stallmist ganz abgeschafft hatten, in kurzer Frist kläglich zurückgingen, während diejenigen Grundstücke, die mit Mineraldünger und Stallmist gedüngt wurden, sich fortwährend im Ertrag hoben. Denn auch im letzteren wirken hauptsächlich nur die Mineralbestandtheile, aber besonders günstig deshalb, weil sie schon durch Pflanzen selbst und Thiere zu der Aufnahme durch die ersteren zubereitet worden sind. So ist denn heutzutage auch gar kein Streit mehr darüber, daß die Lehren Liebig's die richtigen sind; die Wissenschaft hat glänzend gesiegt, weil sie an der Hand der Erfahrung vorwärts gegangen ist. Noch ist zwar nicht in allen Fragen der Pflanzenernährung die wünschenswerthe Aufklärung und Gewißheit erreicht, allein eine ganze Reihe strebsamer Forscher, namentlich in Deutschland, ist jahraus jahrein ernstlich damit beschäftigt, den Schatz unseres Wissens in dieser Hinsicht zu vermehren. Besonders tragen dazu bei die chemisch-landwirthschaftlichen Versuchsstationen, Anstalten, welche es sich zur Aufgabe machen, die Gesetze der im Feld erzielten Erfolge oder erlittenen Schäden naturwissenschaftlich zu begründen durch gewissenhafte Versuche und Untersuchungen. Sie werden ohne Zweifel auch dazu beitragen, den ausübenden Landwirthen zu zeigen, wie unentbehrlich die Lehren der Chemie für sie sind, abgesehen davon, daß sie jetzt schon berufen sind, sie vor mancherlei Schaden zu bewahren, neue Verfahren einzuführen und überhaupt den Sinn für zeitgemäßen Fortschritt zu wecken. Die Liebigshöhe bei Gießen kann man aber den Grundstein nennen zu dem Gebäude der neueren, vervollkommneten Landwirthschaft; den anfänglich die Bauleute verworfen haben, der ist zum Eckstein geworden!

Die Liebigshöhe bei Gießen.

1. Das Getreide.

Die Aufgabe der Landwirthschaft ist in erster Reihe die Hervorbringung, in zweiter die Verwerthung von Pflanzen. Diese dienen entweder zur Nahrung des Menschen und der Thiere oder zu gewerblichen Zwecken. Sonach zerfällt der landwirthschaftliche Pflanzenbau in folgende Abtheilungen: 1. Nahrungspflanzen, die wegen ihres Samens angebaut werden. a. Halmgetreide. b. Blattgetreide. 2. Futtergewächse. a. Wurzelgewächse. b. Knollen. c. Klee-Arten. d. Feldfutterkräuter. e. Gräser. f. Fruchtfutterpflanzen. 3. Gewerbliche Pflanzen. a. Oelgewächse. b. Gespinnstpflanzen. c. Farbepflanzen. d. Fabrikpflanzen. 4. Arzneigewächse und Würzpflanzen. 5. Gemüsepflanzen, welche im Großen angebaut werden. Die wichtigsten unter allen Nutzpflanzen sind die zur menschlichen Nahrung bestimmten, und unter ihnen steht das Getreide obenan. Man begreift unter dem allgemeinen Namen Getreide oder Halmfrüchte sämmtliche Pflanzen aus der Familie der Gräser, deren mehlhaltige Samen Mehl und Brot liefern. Man rechnet auch noch den Buchweizen (das Haidekorn) dazu, nennt ihn aber zur Unterscheidung Blattgetreide. Die bei uns angebauten Getreidearten sind: Weizen, Roggen, Gerste, Hafer, Mais und Hirsen, im Süden kommen noch Reis und Mohrhirsen, außerdem der Buchweizen hinzu. — Fragen wir nach der Heimath und der Urpflanze unserer Getreidearten, so sind dieselben unbekannt, nirgends finden sich dieselben mehr wildwachsend. Schon dies beweist, daß viele tausend Jahre vergangen sind, seitdem der Mensch ihren Anbau unternommen; und in diesem ungeheuren Zeitraum haben sie sich nicht wesentlich verändert, wie dies die Körner beweisen, die man in den Trümmern der siebentausend Jahre alten Pfahlbauten in den schweizerischen Seen oder in ägyptischen Mumiensärgen gefunden hat. Dagegen ist durch Pflege, Boden, Klima und örtliche Verhältnisse nach und nach eine Menge von Spielarten des Getreides entstanden. Das älteste und edelste ist der Weizen. Der Landwirth unterscheidet je nach der Aussaat im Herbst oder Frühling: Winter- und Sommerweizen; im Anbau befinden sich bei uns folgende Arten: Gemeiner Weizen oder Kolbenweizen, Igelweizen, englischer Weizen, Bartweizen, polnischer Weizen, welche man sämmtlich zu den eigentlichen Weizen zählt; sodann Spelz, Emmer und Einkorn; davon gibt es wiederum mehrere hundert Unterarten. In vielen Ländern, namentlich südlicheren, bildet der Weizen oder der Spelz das Hauptbrotgetreide. Durchgängig verlangt er einen guten, thonerdehaltigen Boden und gute Bearbeitung; er eignet sich vorzüglich zur Reihensaat. In der Fruchtfolge kommt er nach Brache, Klee, Grünfutter, gedüngten Hackfrüchten, als Winterfrucht nach Sommergetreide und umgekehrt. Er leidet gern vom Brand, daher der Samen mit Kupfervitriol gebeizt sein soll. Winterweizen wird weit mehr angebaut, als Sommerweizen. — Die zweite Getreideart ist der Roggen — auch vorzugsweise das Korn genannt — die Hauptbrotfrucht der nördlichen Länder und des lehmigen Sandbodens. Sein Anbau ist weit jünger als derjenige des Weizens und war den Griechen und Römern der alten Welt noch unbekannt; wahrscheinlich haben ihn erst die deutschen Völker auf ihrer Auswanderung von Asien nach Europa gebracht. Es gibt davon nur eine Art, welche meist als Winterfrucht, seltener als Sommerfrucht gebaut wird und die Abarten: Winterroggen, Sommerroggen, Staudenroggen, Johannisroggen. Der letztere hat die Eigenschaft, daß er zu Grünfutter abgemäht, doch wieder in die Aehren wächst und eine Körnerernte liefert. — Das dritte Getreide, die Gerste, wird ebenso angebaut, wie der Weizen, dem es sich auch hinsichtlich der Anforderungen an Boden, Klima und Lage beigesellt. Man kennt davon je nach der Zahl der Körnerreihen zweizeilige, vierzeilige und sechszeilige Gerste (letztere Wintergerste), ferner die nackte Gerste, deren Körner beim Dreschen ohne Spelzen (Schalen) ausfallen, wie diejenige des Weizens; die Pfauengerste und die dreizackige Gerste. Die Wichtigkeit der Gerste besteht in ihrer technischen Verwendung zu Malz (für Bier und Branntwein) als Zusatz zum Brotgetreide und als Futter. Im Süden bildet sie das ausschließliche Pferdefutter. — Wie die Gerste zum Weizen, so stellt sich der Hafer, die vierte Getreideart, zum Roggen in Hinsicht ihrer Ansprüche. Er wird bei uns vorzugsweise als Futter angebaut und man kennt davon 4 Arten: Rispenhafer (der gewöhnliche), Fahnenhafer, Kurzer Hafer und Nackter Hafer. Der Hafer ist wie die Gerste vorzugsweise Sommergetreide, doch gibt es auch von beiden Winterspielarten. — Für viele Länder des Südens ist der Mais (Welschkorn), seitdem er aus Amerika zu uns gelangt, eine wichtige Getreideart geworden, deren Anbau zur Körnergewinnung verdientermaßen immer weiter nach Norden vorrückt. In Ungarn, Niederösterreich, Tyrol bildet er jetzt schon eine Hauptnahrung des Volks, in Baiern, Würtemberg, Baden, der Pfalz wird er dies in kurzer Zeit zuversichtlich werden. — Der Reis dagegen und der Mohrhirsen eignen sich nur für warme Klimate. — Hirsen wurde vordem in Deutschland mehr angebaut und gegessen, wie jetzt, findet sich aber doch in vielen Gegenden, als einträgliche Nutzpflanze; Deutschland versorgt Polen mit dieser Lieblingsspeise der Russen und Slowaken. — Dagegen ist der Buchweizen, den wir durch die Tartareneinfälle im Mittelalter aus Sibirien bekommen haben, ein schätzbares Blattgetreide für den humosen Sandboden der Haiden im Norden Europa's; er bildet das Volksgericht der Jüten und Dänen, wird aber auch im Süden, z. B. an der unteren Donau und in Neurußland viel gebaut und benutzt. — Der Getreidebau entzieht dem Boden stets eine große Menge von Pflanzennährstoffen, welche er nicht wieder zurückempfängt, weil die Körner verkauft werden. Daher erfordert er auch die weiseste Vertheilung und einen geregelten Ersatz. Als Regel gilt bei der neueren Landwirthschaft, zwischen zwei Getreideernten stets eine Futterernte einzuschieben. Wo bei einem Gute viele Wiesen sind, also viel Vieh gehalten werden kann, bloß da darf der Getreideboden mehr als die Hälfte des Ackers einnehmen. Wo die Halmfrüchte, wie in den meisten gesitteten Ackerbauländern, die Spitze des Anbaues bilden und den Reinertrag liefern, da betreibt man Körnerwirthschaft, gegenüber der Viehwirthschaft, welche den hauptsächlichsten Theil des Ertrags, aus den Erzeugnissen der Viehzucht nimmt. Die Dreifelderwirthschaft, welche nach reiner oder besömmerter Brache im zweiten Jahr Wintergetreide, im dritten Sommergetreide baut, ist die ausgesprochenste Körnerwirthschaft.

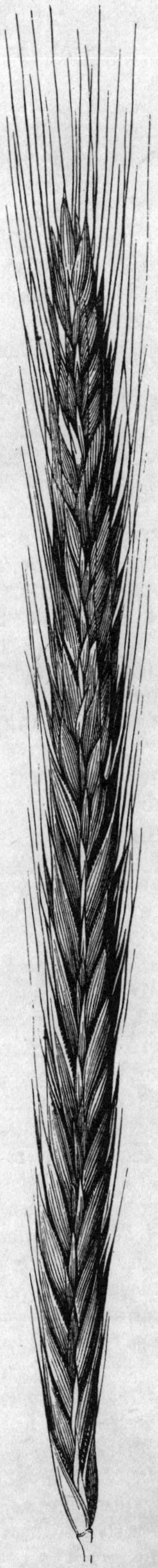

Roggen.
(Großer Staudenroggen.)

Kolbenweizen.
(Gemeiner Kolbenweizen.)

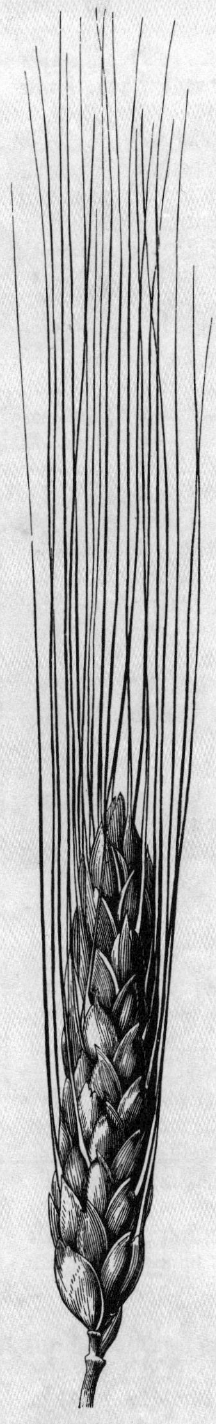

Bartweizen.
(Englischer Weizen.)

Sommerweizen.
(Weißer Sommerweizen.)

(Natürliche Größe.)

2. Knollen und Wurzeln.

Die zweite Gruppe der landwirthschaftlichen Anbaupflanzen umfaßt die Futtergewächse, von welchen aber auch viele zur menschlichen Nahrung verwandt werden. Dies gilt insbesondere von den Wurzelgewächsen und Knollen, von denen einzelne bekanntlich in dem Haushalte eine sehr wichtige Rolle spielen. Nirgends deutlicher als an ihnen offenbart sich die Macht der Pflege, der menschlichen Hand in Umgestaltung der Natur. Wir kennen nämlich die meisten ihrer Stammpflanzen. So wächst diejenige der Runkelrübe und Zuckerrübe an den Ufern des Mittelmeeres als eine dünne, holzige, bittere Wurzel — welcher Unterschied zwischen ihr und der ungeheueren Futterrübe, davon man schon einzelne bis 20 Pfund schwer erzogen hat! So ist es der gleiche Fall mit den übrigen Gewächsen dieser Art. Daher sind aber auch gerade bei ihnen noch die meisten Erwerbungen zu hoffen. So wächst z. B. im Süden wild die Erdnuß, ein Rietgras mit stärkemehlhaltigen, öligen Knollen von Haselnußgröße, welches in Spanien sehr häufig angebaut wird und vortrefflichen Ertrag gibt. Es ist kein Zweifel daran, daß sich dasselbe nach und nach auch an kältere Himmelsstriche gewöhnen und durch geduldige Auswahl und Pflege endlich Knollen liefern würde, ebenso groß, wie die Kartoffel, die in ihrem Vaterlande wild gleichfalls nicht mehr als nußgroß wird. Und so ließen sich noch verschiedene Wurzelfrüchte anführen, welche mit Vortheil in die Reihe der deutschen Nutzpflanzen eingeführt werden könnten, sei es auch nur vorläufig in die Gärtnerei oder zum Behuf nützlicher und angenehmer Versuche für den denkenden Landwirth. — Von Wurzelgewächsen bauen wir an: Runkelrübe, Möhre, Pastinake, Weißrübe, Kohlrübe, Steckrübe; von Knollen: Kartoffel und Topinambur. — Die Runkelrübe ist in vielen Abarten bekannt, unter welchen die Zuckerrüben vorzugsweise zur Rübenzuckerfabrication erzeugt werden. Sie wird entweder mit der Hand oder der Maschine häufchenweise in das sehr tief gepflügte, fein zubereitete Feld gesäet, oder in Saatbeeten erzogen und dann auf den Acker verpflanzt. Als Pflege verlangt die Runkelrübe nach dem Verziehen oder licht Stellen mehrmaliges Behacken, überhaupt Reinhaltung von Unkraut. Besondere Aufmerksamkeit bedarf der Anbau der Zuckerrübe, reichen, tiefgründigen Boden, treffliche Bearbeitung und häufige Reinigung des Feldes. Die Aufbewahrung geschieht nach Abschnitt des Wurzelhalses in Gruben oder Mieten. Die Blätter der Runkelrüben dienen als Futter, haben aber als solche nicht viel Werth. — Die Möhre (Gelbrübe) erfordert gleichfalls guten und tiefgepflügten, am besten umgegrabenen Boden, breitwürfige oder Reihen=Saat, Verziehen und Behacken. Sie ist ein ausgezeichnetes Futter, welches weit mehr im Felde angebaut werden sollte, als jetzt geschieht. — Das Gleiche gilt von der Pastinake, die bei den alten Deutschen in weit höherem Ansehn stand, als bei uns. In Nordfrankreich, wo ihr Anbau allgemein ist, hält man sie für das vorzüglichste Mast= und Milch=Futter, nicht minder den Pferden überaus zuträglich. — Die Weißrübe (Wasserrübe) ist unter dem Namen „Turnips" das verbreitetste Futtergewächs in England, wo sie sowohl für Mastvieh als auch für Milchkühe sehr geschätzt wird. Auch in Deutschland wird sie häufig angebaut, zumal als Stoppelrübe in die Getreidestoppel. Unter ihren vielen Abarten sind die Tellerrüben und die Vortfelder die vorzüglichsten. — Die Kohlrübe (schwedische Rübe, Rutabaga) übertrifft die Weißrübe an Futterwerth, auch der Blätter, läßt sich besser aufbewahren und verdient überhaupt die größte Beachtung, die ihr bei uns noch nicht überall zu Theil wird. — Die Steckrübe ist eigentlich bloß eine kleine Spielart der Weißrübe, welche vorzugsweise zur menschlichen Nahrung auf Sandboden im Großen gebaut wird (Teltower Rüben). — Unsere Hauptknollenfrucht ist die Kartoffel, amerikanischen Ursprungs, kaum seit einem Jahrhundert recht bei uns eingebürgert. Es giebt Hunderte von Spielarten dieser nützlichen Nahrungs= und Futterpflanze, welche auch in den technischen Gewerben (Branntweinbrennerei, Stärkefabrication, Kartoffelzuckerfabrication) nicht zu entbehren ist. Sie wird im Frühjahr in Knollen oder mit Augen besetzten Stücken (auch Keimen) in einen gut zubereiteten leichteren, aber kräftigen Boden gelegt und zwar in Reihen, nach der Schnur, nach dem Pflug oder dem Kartoffelmarker; nach dem Auflaufen wird sie behackt, ein bis zwei mal, sodann behäufelt (angestrichen, mit Pflug oder Hand) und im Herbst geerntet. Das Ausmachen geschieht mit der Hacke, der Gabel, dem Pflug; man hat neuerdings auch besondere Kartoffelausgrabepflüge. Die Knollen werden über Winter im Keller, in Gruben oder Mieten aufbewahrt. Seit dem Jahre 1845 ist die seuchenartig auftretende Kartoffelkrankheit den Ernten sehr nachtheilig gewesen; die Ursache derselben ist ein kleiner Pilz; durch Entfernen des Krauts zur rechten Zeit verhindert man, daß derselbe sich von diesem nach den Knollen fortpflanzt. — Die Topinambur (knollige Sonnenblume) endlich, welche aus Südamerika stammen, sind namentlich in Süddeutschland schon vielfach in den Ackerbau übergegangen, können aber im höchsten Norden gebaut werden, da ihre Knollen nicht erfrieren, daher im Boden bleiben können, um vom Februar ab ausgemacht zu werden, wo sie dann ein sehr willkommenes, vortreffliches Futter liefern. Sie pflanzen sich im Boden auf Jahre hinaus unkrautartig von selbst fort, so daß sie wenig Arbeit erfordern, sind aber, obgleich im leichtesten Boden gedeihend, für zeitweilige Düngung dankbar. Auch zur Spiritusgewinnung sind sie zu verwenden. — Man nennt die Wurzeln und Knollen des Ackerbaus vorzugsweise Hackfrüchte, weil sie während ihres Wachsthums behackt werden. Darin liegt der besondere Vortheil ihres Anbaus, daß sie den Boden vom Unkraut befreien und dem darauf folgenden Getreide oder Handelsgewächs im besten lockern Zustande überlassen. Sie treten daher an die Stelle der Brache, d. h. der jährigen Ruhe des Ackers, welche die frühere Landwirthschaft zur Erholung des Boden nöthig glaubte. Der Hackfruchtbau, der seit der allgemeinen Einführung der Kartoffel eine außerordentliche Bedeutung gewonnen hat, ist gegenwärtig das Kennzeichen aber auch die Stütze des vervollkommneten Ackerbaus. Er ist zu einer Stufe der Entwicklung gediehen, wie neben ihm kein anderer Zweig der gesammten Feldbestellung. Insbesondere ist der Anbau der Zuckerrüben in den dafür geeigneten Gegenden eine Unterlage für den Fortschritt des Ackerbaues überhaupt gewesen, wie sie förderlicher nicht hätte eingeführt werden können, wenngleich derselbe besonderer Vorsichtsmaßregeln gegen zu zeitige Bodenerschöpfung bedarf.

Natürliche Größe.

Die Erdnuß. (Cyperus esculentus.)

Ganze Pflanze (verkleinert.)

1. Die Drainirung.

Der Boden, wie ihn die Natur dem Landwirth zur Verfügung stellt, ist nicht immer zu den Zwecken des Pflanzenbaus geeignet, wenn damit nicht eine Umgestaltung vorgenommen wird, die den Zweck hat, ihn für den Anbau nutzbar zu machen. Man nennt dieselbe die Urbarmachung und sie kann auf sehr verschiedene Weise nothwendig sein und ausgeführt werden. Den Waldboden macht man urbar durch Entfernung der Stöcke und Wurzeln, den Letten durch Brennen und Auffahren von Sand, den reinen Flugsand durch Befestigung, den magern Hang durch Bewässerung, den Sumpf, den naßgalligen Acker durch Entwässerung. Die letztere, eines der Hauptverbesserungsmittel, welche der Landwirth in seiner Gewalt hat, ist insbesondere neuerdings wichtig und allgemein geworden. In früheren Zeiten wußte man sie kaum anders auszuführen, als durch das Ziehen tiefer Abzugsgräben; allein begreiflicherweise hinderten diese im Felde vielfach die Bestellungsarbeiten. Man kam daher darauf, solche Gräben unterirdisch derartig anzulegen, daß sie, soweit die eigentliche Ackerkrume ging, zugedeckt wurden, gleichwohl aber sich nicht verstopfen konnten. Dergleichen verdeckte Abzüge, welche schon die Römer gekannt haben sollen, die jedoch in Deutschland vor Beginn unseres Jahrhunderts unbekannt waren, nannte man Erddauchen oder Andauchen. Dieselben erfüllten ihren Zweck sehr gut. Ihr Nutzen veranschaulicht sich, wenn man sich die Verhältnisse der Pflanzenwurzeln in dem nassen und in dem trockengelegten Boden versinnlicht. In einem an Nässe leidenden Felde vor der Drainirung — so nennt man nach einem englischen Wort dieses Verfahren der Entwässerung — sind die Wurzeln der Pflanzen gezwungen blos in der obersten Schichte, der Ackerkrume, Nahrung zu suchen; sobald sie tiefer einzudringen streben, treffen sie auf das stauende Wasser im Untergrund, welches sie zurückweist, so daß sie sich seitwärts auszubreiten gezwungen sind. Daß sie auf diese Weise mehr Flächenraum gebrauchen, weniger Pflanzen nebeneinander gedeihen können, und selbst diese nicht vollkommen, ist erklärlich; denn das durch die Anziehungskraft der Haarröhrchen in die lockere Ackerkrume unaufhörlich emporsteigende, dort sich zertheilende und verdunstende Wasser, bewirkt beständige Abkühlung, macht daher den Boden kalt. Anders nach der Drainirung. Durch sie wird die überschüssige Feuchtigkeit vermittelst der Saugegräben (Drains) in einer Tiefe angezogen und aufgenommen, bis zu welcher nur wenige Pflanzenwurzeln reichen; das wenige, welches durch die Haarröhrchen emporgelangt, dient gerade dazu, die Ackerkrume hinreichend feucht zu erhalten. So sehen wir denn als die nächste Wirkung der Drainirung eine gesunde, senkrecht nach der Tiefe, soweit dieselbe von stauender Nässe befreit ist, gehende, überaus reichliche Wurzelbildung und in Folge derselben größere Bestockung, reicheren Ansatz von Blättern, Stengeln und Samen, also erhöhten Ertrag. Die Erfahrung hat diese Wirkung überall festgestellt, und deshalb ist die unterirdische Entwässerung nasser (sogenannter galliger) Aecker heutzutage eine der wichtigsten landwirthschaftlichen Arbeiten. Man unterscheidet gegenwärtig drei Arten der Drainirung: 1. Mit Füllung; 2. Mit dem Pflug; 3. Mit Röhren. Die älteste ist diejenige mittelst gefüllter Gräben. Die letzteren werden 3 bis 4 Fuß tief ausgestochen und erhalten alsdann bis zu einem Drittel oder der Hälfte ihrer Höhe eine Füllung von Feldsteinen, die größten unten, die kleineren oben hin; oder von dachförmig gegeneinander gelehnten Bruchsteinen (man kann auch gebrannte Steine nehmen) und Feldsteine darüber geschüttet; dann wird ein Rasenstück verkehrt darauf gelegt und wieder zugefüllt. Das ist die älteste Art der Drains, die sogenannten Erddauchen. Zum Anfahren der Feldsteine bedient man sich gern eines besonderen Steinkarrens, welchen man einrichtet, indem man jedem beliebigen Karren oder Wagen hinten ein Ablaufebrett anhängt, so daß die Steine von selbst in den Graben, neben welchem hingefahren wird, rollen müssen; will man recht sorgsam verfahren, so bedient man sich eines starken Doppeldurchwurfs, der die größeren Steine direkt in den Graben, die kleineren in einen untergestellten Schubkarren befördert, der sodann auf jene entleert wird. Statt der Steinfüllung wendet man auch Faschinen an. Man fertigt dieselben aus Reisern von Wachholder, Weißdorn, Schwarzdorn, Ginster u. dergl. die man auf eine Reihe kreuzweise eingeschlagener Bockpfähle in Wellendicke auflegt, mittelst besonderer Seilknebel fest zusammenzieht und an diesen Stellen mit Weiden bindet. Es wird alsdann ein Graben ausgestochen, welcher oben weit breiter als unten ist, in der Mitte einen Absatz hat (des bequemeren Ausgrabens wegen) in den engen tiefen Theil solcher Faschinen-Draingraben werden die Faschinen gewaltsam eingepreßt, mit Stroh, Schilf, Laub, Moos, Nadeln bedeckt, damit nicht sofort Erde zwischen sie geräth, und sodann zugefüllt. Oder auch man legt den Graben breit an und stellt den Faschinendrain her, indem man auf die Sohle eine starke, darüber zwei schwächere Faschinen legt, diese mit einem umgekehrten Rasen deckt und zuschüttet. Alle Faschinendrains haben natürlich beschränkte Dauer, doch hat man solche, die nach 50 Jahren noch wirksam sind. In Torfgegenden benutzt man auch die Festigkeit des Torfs zur Herstellung von Hohldrains; man sticht die Grabenwände senkrecht ab, macht ihren Untertheil schmäler und gibt auf jeder Seite einen Vorsprung. Darauf kommt ein umgekehrter Rasen, der Rest des Grabens wird mit den ausgehobenen Torfstücken zugefüllt; es bleibt also auf seiner Sohle ein offener Kanal. — Man macht sich häufig keine rechte Vorstellung von der Art und Weise, wie das überschüssige Wasser des Bodens sich in die Draingräben zieht. Sie ist aber leicht erklärlich durch die Haarröhrchenanziehungskraft, vermöge deren dasselbe nach dem mit Luft gefülltem Raume der Gräben sickert. Die Luftfüllung ist daher eine wesentliche Bedingniß bei der Herstellung der Drains. Die gewöhnlichen Erddauchen und Faschinendrains entsprechen derselben anfangs sehr gut, allein mit der Zeit schlämmen sie sich doch mehr oder weniger zu und versagen alsdann den Dienst, oder erfüllen ihn doch nicht mehr in genügender Weise. Man hat sich daher vielfach bemüht, ihrer Unvollkommenheit abzuhelfen und es ist dies auf verschiedenen Wegen gelungen. Allerdings sind nicht alle davon unter jeden Umständen zum Ziele führend und bedürfen stets sorgfältiger Erwägung der gebotenen örtlichen Verhältnisse.

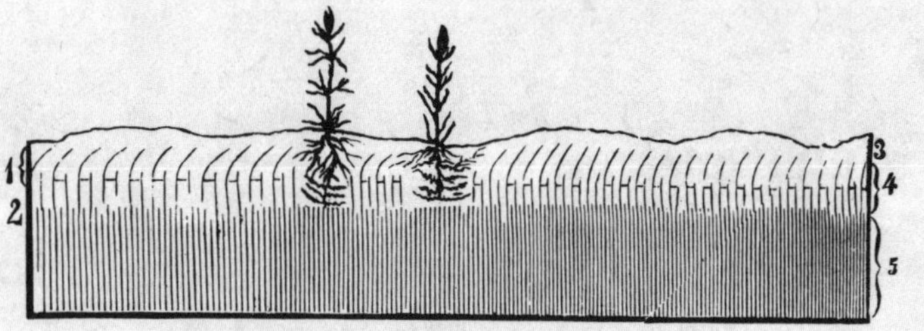

Durchschnitt eines Feldes vor der Drainirung.

1. Ackerkrume. 2. Wasserstand. 3. Das in Verdunstung begriffene Wasser. 4. Wasser der Haarröhrchen-Anziehung. 5. Stauendes Wasser, welches abgeleitet werden soll.

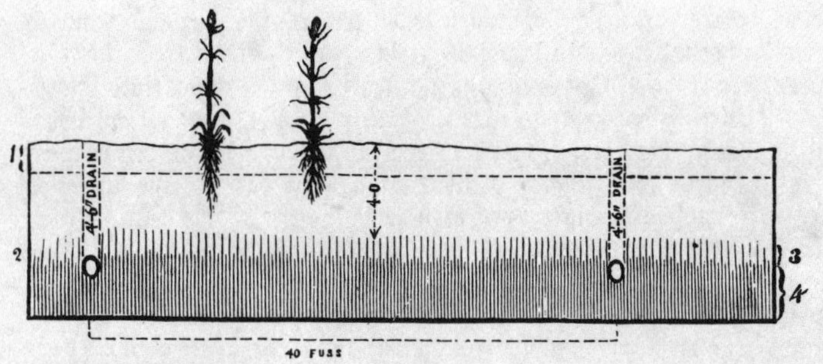

Durchschnitt eines Feldes nach der Drainirung.

1. Ackerkrume. 2. Höhe der Feuchtigkeit. 3. Wasser der Haarröhrchen-Anziehung. 4. Drainirungswasser, stauende Flüssigkeit, welche die Draingräben ableiten.

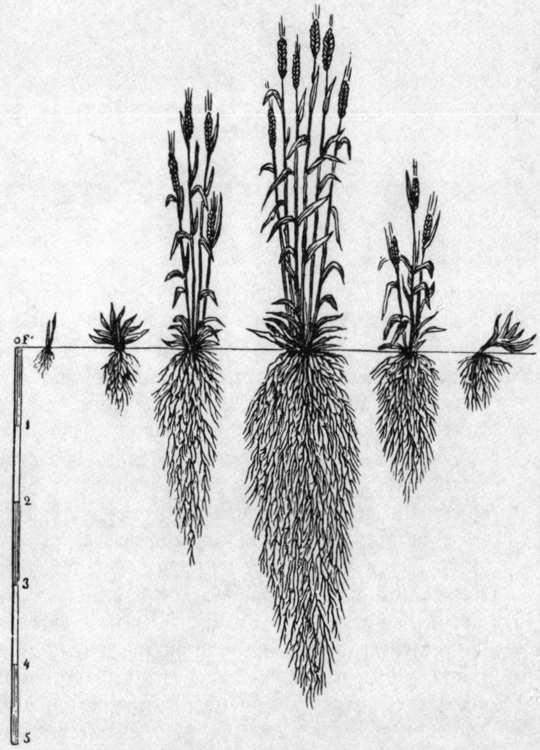

Die Wirkung der Drainirung.

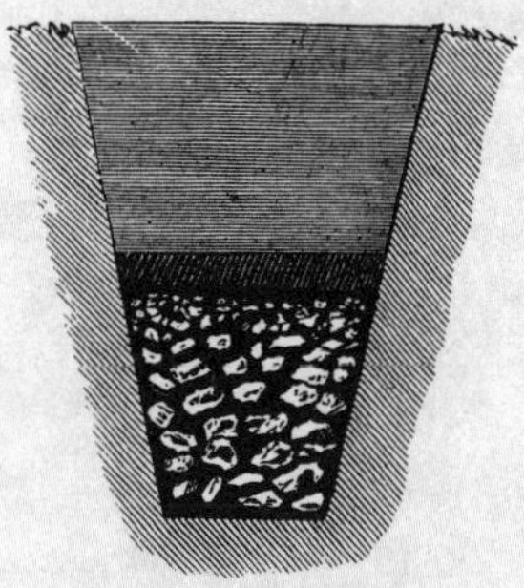

Feldstein-Drain.

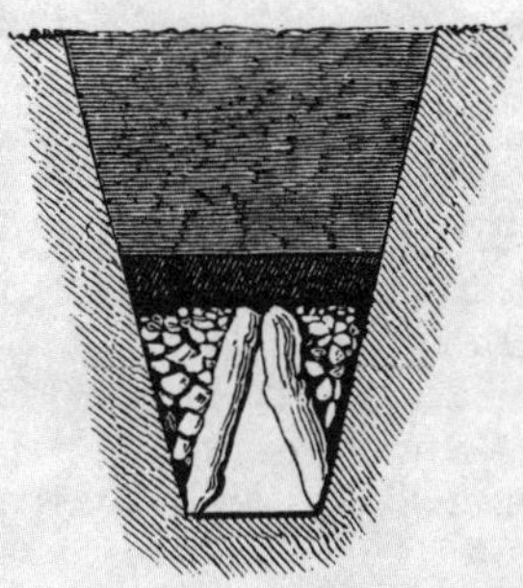

Bruchstein-Drain.

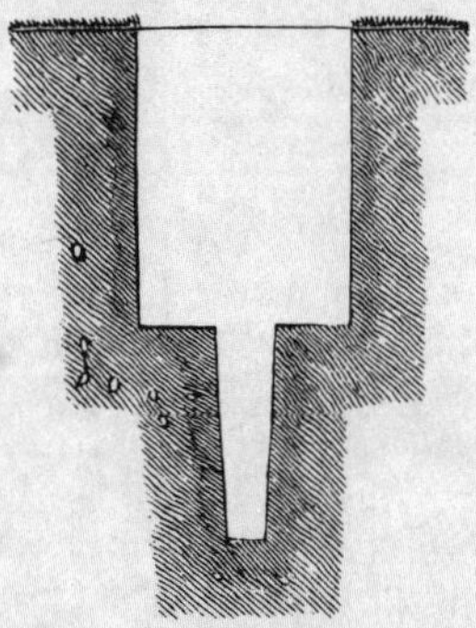

Faschinenoraingraben.

Faschinendrain.

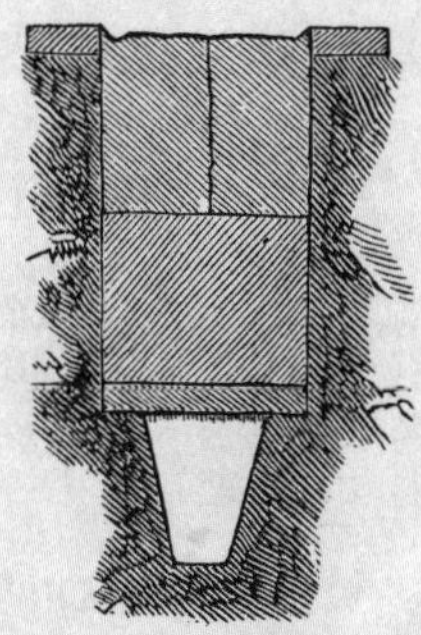

Hohldrain.

Anfertigung der Faschinen.

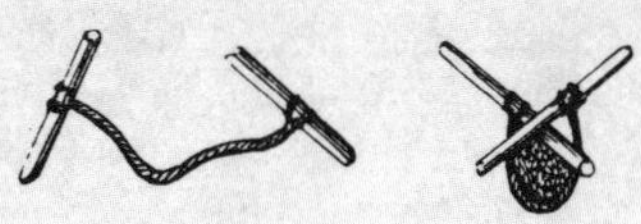

Faschinenknebel.

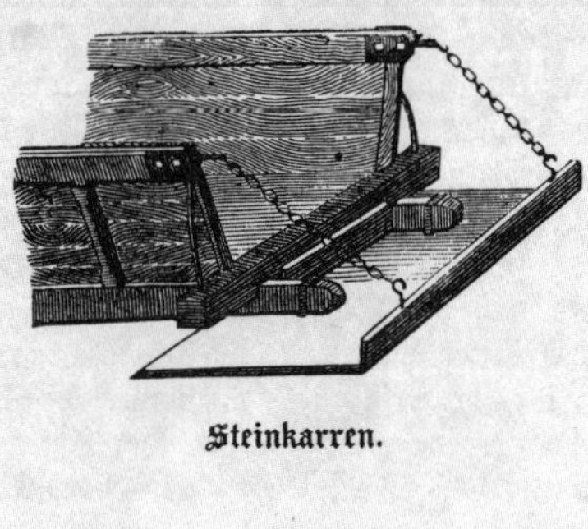

Steinkarren.

Doppeldurchwurf.

1. Die Drainirung.

Die einfachste Art der unterirdischen Abzüge für das überschüssige Bodenwasser wird jedenfalls hergestellt vermittelst eines hohlen Kanals oder Abflusses, welcher sich nicht so leicht verstopft, wie die mit Steinen oder Reisig zugefüllten bedeckten Gräben. Im Torfboden oder da, wo neben dem Acker ein Torfstich mit geeignetem Material zu Gebote steht, kann man auch die Torfdrains in vereinfachter Weise so herstellen, daß man vermittelst eines eigenthümlich geformten, immer recht scharf gehaltenen Torfspatens Soden oder Steine von eigenthümlicher Form aussticht; jeder Torfstein bildet ein Viereck, das mit einer halbrunden Rinne und einem dieser entsprechenden Wulst versehen ist, so daß zwei zusammengelegt in der Mitte eine runde Röhre bilden, oben und unten aber, der Festigkeit halber, einen halbrunden Längenvorsprung haben. Die ausgestochenen Torfsteine werden zum Trocknen dergestalt aufgesetzt, daß ihre Rinnen einen langen Durchzug bilden, welcher Luft und Sonne zuläßt. Sie werden alsdann auf der Grabensohle derartig aneinander gelegt, daß sie einen durchgehenden Abzug herstellen und dann mit Erde wieder zugefüllt. Dergleichen Torfdrains sind sehr einfach und eignen sich für weichen, sumpfigen Boden besonders deshalb, weil darin schwerere Materialien hier und da leicht einsinken, demnach die Leitung verrücken würden. Die Torfsteine bleiben, wenn sie einmal getrocknet waren, im Boden hart und fest. Die Dauer der Torfdrains ist daher eine ziemlich unbegrenzte; außerdem ist ihre Herstellung die billigste von allen. Ebenso einfach sind übrigens auch die Rasendrains. Sie werden hergestellt mittelst eines gegliederten Formklotzes, der, an einem Seile oder an einer Kette befestigt, auf der Sohle des Grabens herausgezogen wird, nachdem Rasen darüber gedeckt und verschüttet worden ist, so daß ein leerer Raum von der Gestalt des Formklotzes zurückbleibt und den Kanal bildet. Gewöhnlich nimmt man 4—6 der Länge nach beweglich miteinander verbundene Formklötze von 1 Fuß Länge, 6—7 Zoll Höhe und 4—6 Zoll Breite; sie werden mit Wasser begossen, um recht glatt fortzurutschen, und nach dem Verschütten mittelst der Kette an einem Hebel herausgezogen. Bei großem Wasserzudrang genügen solche Formdrains nicht, auch sind sie nicht von langer Dauer. Will man die Formklötze entbehren, so bedarf es zum Ausstechen der Hohldrains eines eigenthümlichen Formspatens mit rechtwinklicher Schneide, womit ein ganz regelmäßiges Viereck ausgestochen werden kann, das wieder als Einsatz paßt. Diese Art der Drainirung ist nur in sehr thonigem Boden von festem Zusammenhang möglich und lohnend, also nur in Ausnahmefällen, am passendsten auf dauernden Weiden. — In England hat man auch früher den Pflug zur Drainirung angewendet. Der Drainpflug ist ein sehr schweres, dauerhaft gearbeitetes Instrument, dessen Schar aus einem kegelförmigen massiven Eisen an einer starken, vorn scharfen Griessäule besteht. Der Pflugbaum oder Grindel ist ein starker, breiter Balken, welcher unmittelbar auf dem Boden schleift, so daß das Schar stets in gleicher Tiefe gehen muß, also 3 bis 4 Fuß tief, nach der gewöhnlichen Annahme für die Drainabzüge. Da, wo der Pflug beginnen soll, muß zuvor mit dem Spaten ein Loch gegraben werden, damit er eingesetzt werden kann. Meistens wird der Drainpflug nicht unmittelbar durch Pferde, sondern durch eine Winde mittelst eines Göpelwerks bewegt; das letztere ist im Boden festgeankert, und muß von hinreichender Dauerhaftigkeit sein. Statt des Göpels läßt sich auch eine Dampfmaschine verwenden, um den Drainpflug in Arbeit zu setzen. Solche Pflüge nennt man auch Maulwurfspflüge; die von ihnen im Boden gebildeten röhrenförmigen Höhlungen leiten das Wasser gut und rasch ab und halten sich in schwerem Boden, aber auch nur in solchem, oft gegen 20 Jahre lang. Indessen ist der Gebrauch eines solchen Drainpfluges nur in seltenen Fällen am Ort, und es kann überhaupt nur dann davon die Rede sein, wenn man mit den höchsten Kosten den größten Reinertrag erzielt (oder „eine intensive Wirthschaft" führt, wie man zu sagen pflegt) wie eben die englischen Landwirthe. Die Maulwurfdrains werden nur auf Weiden und Wiesen ausgeführt. In neuerer Zeit wendet man sie aber auch hier nur noch selten an, da jetzt allgemein die Drainirung mittelst gebrannter thönerner Röhren als die beste für alle Zwecke anerkannt ist. Auch diese ward zuerst in England ausgeführt, und besteht darin, daß man die Grabensohlen mit Röhren belegt, deren Stoßfugen das Wasser ansaugen und aufnehmen. Hergestellt werden diese Röhren mittelst Maschinen; diese bilden eine mächtig wirkende Presse, die vermittelst einer Platte, eines Stempels, eines Walzenpaars oder auch einer Schraube den Thon durch Formen drückt, welche ihm die Gestalt von Röhren geben. Eine der einfachsten derartigen Maschinen ist Fischer's Drainröhrenpresse; sie besteht aus einem walzenförmig gehöhlten Gefäß von starkem Holz, das senkrecht an einen festen Pfosten geschraubt ist; mittelst eines langen Hebels wird ein Stempel hindurch gedrückt, welcher den eingeschobenen Thon unterhalb durch einen Formvorsatz in Röhren preßt. Man kann mit dieser billigen Maschine, die sich für den Bedarf kleinerer Wirthe eignet, täglich 1000 bis 1500 Fuß Röhren von $1\frac{1}{2}$ Zoll Durchmesser machen. Viel größer, wirksamer, aber auch zehnmal theuerer ist die ganz eiserne Drainröhrenpresse von Withehead, welche für Röhrenfabrikanten oder sehr große Güter sich empfiehlt; sie liefert mit der Hand betrieben täglich 10,000 Fuß Röhren und darüber. Sie besteht aus einem viereckigen Kasten, welcher mit gut zubereitetem Thon angefüllt und dann sehr gut verschlossen wird; mittelst einer Kurbel wird durch ein Zahnräder-Vorgelege eine Zahnstange in Bewegung gesetzt, welche eine Platte gegen den Thon im Kasten drückt, so daß derselbe an den runden Oeffnungen des Formvorsatzes in Röhren heraustritt, welche sich auf einem mit beweglichen Walzen versehenen Rollbett vorwärts schieben und darauf durch eine Abschneidevorrichtung in der erforderlichen Länge getheilt werden. — Die abgeschnittenen Röhren läßt man etwas trocknen; sind sie nicht glatt genug gerathen, so rollt man sie dann auf einem Tisch mittelst eines glatten Walzholzes; darauf werden sie auf Brettchen getrocknet, wie die Ziegel, und auch wie diese gebrannt. Es kann dies in gewöhnlichen Ziegelöfen geschehen, doch ist die Herstellung von besondern Röhrenöfen zu empfehlen, worin die Röhren alle gleichmäßig der Wirkung der Feuerung ausgesetzt werden. Uebrigens werden Drainröhren gegenwärtig fast in jeder Ziegelei gefertigt.

Torfspaten.

Torfsteine für Drains.

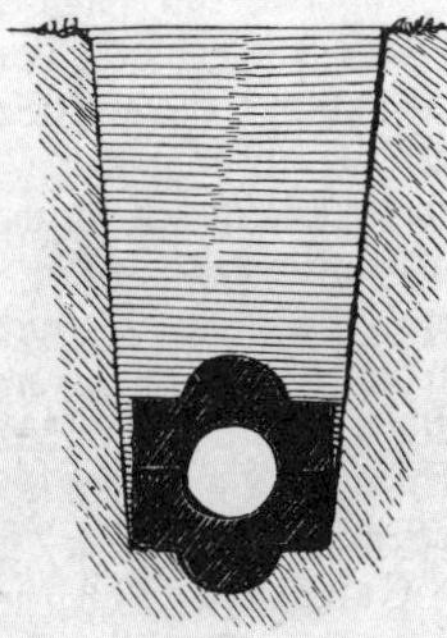

Torfdrain.

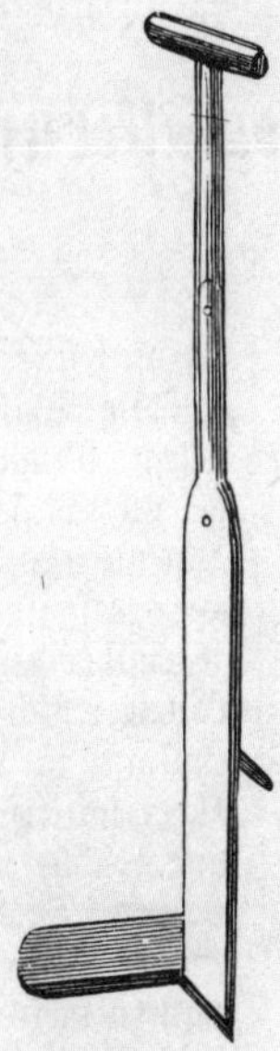

Formspaten.

Rasendrain.

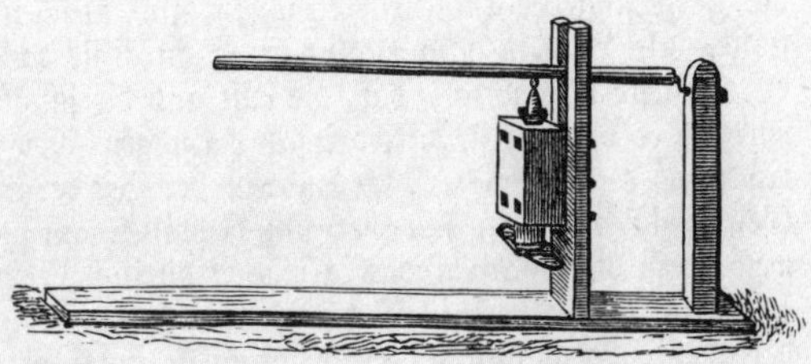

Fischer's Drainröhrenpresse.

Drainpflug in Arbeit.

Drainpflug.

Drainröhrenpresse von Withehead.

2. Die Bewässerung.

Nicht minder schädlich als ein Ueberschuß von Feuchtigkeit im Boden wird auch der Entwickelung der Nutzpflanzen eine allzu große Trockenheit des Erdreiches. Die Pflanze vermag nur freudig und kräftig empor zu wachsen, wenn der Boden ihr stets eine gewisse Menge von Feuchtigkeit zu bieten vermag, denn diese erleichtert und begünstigt die Keimung der Samen, beschleunigt die Zersetzung des Düngers, dient den mineralischen Nahrungsstoffen als Leiterin und endlich wird durch sie das Erdreich so durchlassend oder weich, daß die Luft und die jungen Pflanzenwurzeln es bequem zu durchdringen vermögen. Die größte Austrocknung des Bodens erfolgt während der Zeit der Sommerhitze. Gerade in dieser ist sie aber um deswillen am gefährlichsten, weil dann die Pflanzen das größte Bedürfniß der Einsaugung wässeriger Stoffe vermittelst der Wurzeln haben, um den Verlust der großen Verdunstung, welche an allen ihren grünen Theilen fortwährend stattfindet, wieder auszugleichen und zu ersetzen. Nur durch ein einziges Mittel ist es möglich, dem Boden die Feuchtigkeit, welche ihm fehlt, zu verschaffen; es ist im Kleinen oder in der Gärtnerei das Begießen, im Großen oder in der Landwirthschaft die Bewässerung. Unter Bewässerung kann man also eine Art Begießen im Großen verstehen, die in passender Jahreszeit mit Wasser von guter Beschaffenheit und auf einem Boden, welcher schon im Voraus dafür empfänglich gemacht worden ist, ausgeführt wird. Da es Bodenlagen, ja große Gegenden gibt, woselbst ohne Wasserzufuhr das Land jeden Pflanzenbau verweigert, so ist die Bewässerung zugleich ein äußerst wichtiges Mittel der Urbarmachung. Unter gemäßigtem Himmelsstrich wird sie auf dem Acker allerdings selten angewendet, desto öfter und allgemeiner in den wärmeren Ländern des Südens. Schon im südlichen Frankreich, mehr noch in Spanien, Italien, den Donauländern, Griechenland hängt der jährliche Ertrag der Gärten und einzelner Felder vorzugsweise von der Bewässerung ab. In Egypten, einem Lande, das keineswegs tief steht in Bezug auf fleißige Bodenbewirthschaftung, dem aber noch die Hülfsmittel des vervollkommneten Betriebs fehlen, sehen wir die ersten Anfänge derselben zunächst angewendet auf die Versorgung der Nutzpflanzen mit Feuchtigkeit, und je höher der Anbau sich hebt, um so erfinderischer gestalten sich auch schon solcherlei Einrichtungen. In Oberegypten hebt der Landmann das Wasser mit dem Schaduf, einer Art doppeltem Ziehbrunnen, womit es aus dem Fluß mittelst eines Eimers an langem Hebel gehoben und in Rieselkanäle ausgegossen wird. Oft ist das zu berieselnde Feld, besonders wenn der Wasserstand immer mehr und mehr abnimmt, so hoch gelegen, daß mehrere, bis fünf, Schadufs übereinander nöthig sind, um das Wasser zu der erforderlichen Höhe zu heben. Das unterste schöpft das Wasser aus dem Fluß oder Kanal und gießt es in ein auf der ersten Stufe angebrachtes Becken; darin schöpft das zweite Schaduf und so fort. Welche ungeheure Arbeit, namentlich der menschlichen Hand, wird hier zu einer Pflege der Gewächse in Anspruch genommen, wie sie der deutsche Landwirth gar nicht kennt! Eine Verbesserung ist schon das Persische Schöpfrad, die Sakieh, welches, durch einen Ochsen in Bewegung gesetzt, mittelst eines plumpen hölzernen Göpelwerks, ein großes Rad in der Richtung des Flusses umdreht, dessen Rand mit schräg festgebundenen thönernen Krügen besetzt ist, welche das geschöpfte Wasser, sobald sie oben ankommen, in eine zurechtgelegte Rinne entleeren. Hier haben wir schon eine zusammengesetzte Wasserhebungsmaschine, wie sie der Bauer im Orient allgemein anwendet, wenn er sichere Ernten erzielen will. Allein wie groß ist der Abstand solcher uranfänglichen Vorrichtungen gegenüber den vervollkommneten Maschinen, welche die verbesserte Landwirthschaft der vorangeschrittenen Länder benutzt! In Holland ist binnen wenigen Jahren das sogenannte Harlemer Meer mittelst riesiger Dampfmaschinen ausgepumpt und dadurch eine Fläche von 33,000 Morgen für den Ackerbau gewonnen worden. Die Werke, welche hier zur Entwässerung gedient haben, können natürlich auch zur Bewässerung dienen, und so wendet man zu dieser schon vielfach Centrifugalpumpen an, die durch Dampf oder irgend eine andere Kraft in Bewegung gesetzt, Erstaunliches leisten. Die Einrichtung derselben ist eine ganz einfache und läßt sich durch die Darstellung der Arbeitstheile leicht erklären. Zwischen zwei kreisrunden Scheiben a, welche zusammen eine flache Walze bilden, befindet sich in der Mitte eine schmale Scheibe b, welche, auf der Achse fest, sich darin umdreht und mit schiefen Schaufeln d besetzt ist, welche bei der durch eine auswendig auf derselben Achse angebrachte Riemenscheibe bewirkten raschen Umdrehung das Wasser emporschleudern, wo es durch ein Abflußrohr sich ergießt, während es von unten unaufhörlich nachdringen muß, vermöge der im Gehäuse der Pumpe stattfindenden Luftverdünnung. Wenn gleich solche mächtig wirkende Pumpwerke dem kleineren Besitzer zur Anschaffung selten empfohlen werden können, so ist um so dringender anzurathen, daß sich dazu Genossenschaften bilden, wie dies schon in dem bestbebauten und bewässerten Lande von ganz Europa, in der Lombardei (Oberitalien) überall geschehen ist. Hier vereinigen sich die an einem Wasserlauf begüterten Grundstücksbesitzer zu einer sogenannten Wassergenossenschaft, welche mit vereinten Mitteln die großartigsten Unternehmungen zum Behufe künstlicher Bewässerung herstellt, welche jedem Theilnehmer zu gut kommen, ohne daß der Einzelne allzuviel Last daran aufgebürdet erhielte. Auf diesem Wege könnte noch gar manche magere Weide, gar manches verödete Sandland in eine gesunde, einträgliche Wiese verwandelt werden. Denn die Bewässerung ist ohne Frage das einfachste, sparsamste Mittel, um die Bodengüte eines Landes zu erhöhen, schon weil sie zunächst Futter im Ueberfluß gewährt, dadurch die Viehzucht stützt und den Gewinn an Dünger für den Getreidebau vervielfacht! Oft läßt sie sich auf die einfachste Weise durch Benutzung eines vorhandenen Wasserlaufes erreichen; ein solcher kann daher für ein Gut von großer Bedeutung sein; seine richtige und sachgemäße Verwendung mittelst Bewässerungsgräben lehrt der Wiesenbau. Unter diesem versteht man, gegenüber dem Ackerbau oder Feldbau, die Anlage, Unterhaltung, Pflege und Benutzung der Wiesen. In vielen Gegenden bildet der Wiesenbau und die Bewässerung die Grundlage des gesammten landwirthschaftlichen Betriebs, so z. B. in Oberitalien (in der Lombardei), in Belgien (in der Campine), im Siegen'schen (am Rhein), in der Lüneburger Haide, in Holstein, in Holland u. s. w. überhaupt da, wo die Oertlichkeit sich besonders dafür eignet.

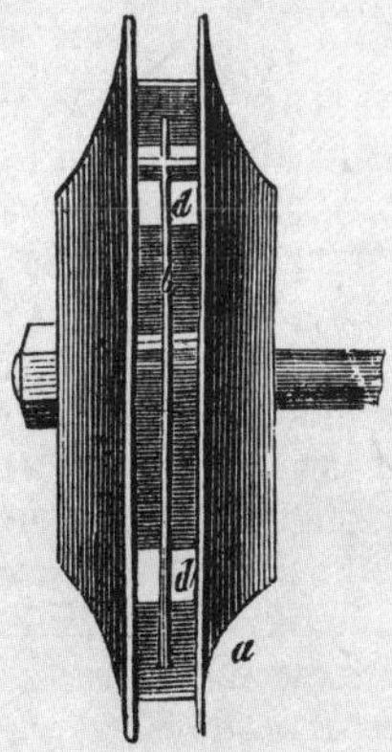

Centrifugalpumpe.

Arbeitstheile.

Ein Schaduf in Oberegypten.

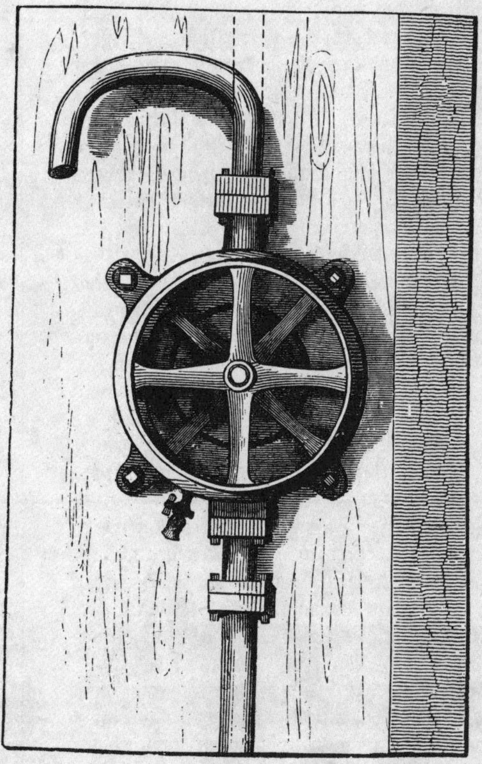

Centrifugalpumpe.

Persisches Schöpfrad.

2. Die Bewässerung.

Während im südlichen Europa von den Feldfrüchten vorzugsweise der Reis, außerdem aber die Gemüsepflanzen Bewässerung verlangen, wird dieselbe in Deutschland vorzugsweise den Wiesen zu theil. Eine Wiese ist im Gegensatz zum Feld ein mit gesellig wachsenden Futterpflanzen, Gräsern und Kräutern, dauernd bestelltes Stück Land, das Feld wird wechselnd bestellt, bearbeitet. Wird die Wiese durch Thiere beweidet, nicht abgemäht, so heißt sie Weide; oder vielmehr ist die letztere eine nicht bewässerbare Wiese. Denn alle Wiesen sollten der Bewässerung zugänglich sein; Wiesen ohne Bewässerung aber nur in solchen Fällen zu Weiden liegen bleiben, wo eine andere einträglichere Benutzung nicht möglich ist. Der Werth einer guten Wiese — und nur solche dürfen im Bereich des Hochbetriebs geduldet werden — ist sehr groß, denn sie erfordert wenig Arbeit und Kosten, liefert daher einen hohen Ertrag, und Wiesenheu oder Gras von guter Mischung ist unstreitig das geeignetste, naturgemäßeste Futter für die pflanzenfressenden Hausthiere. Durch sie wird der Acker unabhängig, braucht nicht Futter zu tragen und kann trotzdem in geeigneter Fruchtfolge bewirthschaftet werden. Daher sagen auch die Sprichwörter: Die Wiese ist des Ackers Mutter! und: Wer Heu hat, der hat auch Brod! — Allein, wie gesagt, nur bewässerbare Wiesen verdienen den Namen als solche. Die Bewässerung kann aber eine natürliche oder eine künstliche sein, durch Einsickerung von Wasser am Ufer von Seen, Flüssen ꝛc., durch jährlich wiederkehrende Ueberschwemmungen, durch Wasserleitungen, Anstauungen, durch Zufuhr des Drainwassers, durch Maschinen u. s. w. erfolgen. Darnach unterscheidet man auch natürliche und künstliche Wiesen. Außerdem kennt man noch nach dem Ertrag ein-, zwei- und mehrschürige Wiesen, je nachdem sie einmal (zu Heu) zweimal (Grummet) oder öfter gemäht werden; endlich nach der Lage Berg-, Thal-, Sumpf-, Wald-, Strom-, Bach-, Höhen- und Niederungswiesen. Die gewöhnlichsten Arten der Wiesenbewässerung sind: die Anstauung, wobei eine Fläche dauernd völlig unter Wasser gesetzt wird; die Ueberflutung, wenn dies zeitweilig, rasch vorübergehend durch austretende Gewässer geschieht; die Ueberrieselung, bei welcher das Wasser nicht stehen bleibt, sondern in unaufhörlicher Bewegung über die Grasfläche mit dünnem Laufe rieselt. Die letztere wird vorzugsweise bei dem künstlichen Wiesenbau angewendet, welcher sein kann Hangbau, wenn die Wiese einseitig, Rückenbau, wenn sie zweiseitig (dachförmig) schräg abläuft. Es gibt natürliche und künstliche Ueberrieselung; unter Kunstwiesen versteht man solche, deren ganze Anlage neu geschaffen werden muß, an Stellen, woselbst früher keine Wiese war. In der neuern Zeit kommt man von ihnen immer mehr ab, da sie sehr kostspielig herzustellen sind und nicht in allen Fällen die erforderliche Gewähr der Einträglichkeit der Anlage vorhanden ist. — Soll eine Wiese überrieselt werden, so muß sie natürlich ein ausreichendes Gefälle besitzen und der Wasserzufluß auf dessen Höhe nutzbar gemacht werden können. Oft ist dies nicht möglich, weil derselbe sich zwischen allzu hohen Ufern befindet. Hier versucht man dann die Anwendung von Wasserhebungsmaschinen, Schöpfrädern u. s. w. Neuerdings werden auch in solchen Wirthschaften, welche fahrbare Dampfmaschinen zur Verfügung haben, Bewässerungsmaschinen für Wiesen angewendet, welche, von jenen getrieben, sehr Bedeutendes leisten. Eine daran befestigte Centrifugalpumpe, mittelst eines Riemens in Bewegung gesetzt, fördert durch das Saugerohr a, welches von b bis c im Wasser liegt und mittelst einer Winde höher oder tiefer gerichtet werden kann, das Wasser des tieferen Spiegels auf die beliebige Uferhöhe; die ganze Maschine steht auf vier Rädern und kann darauf überall hin gebracht werden; soll sie über einen Graben zu stehen kommen, so werden Bohlen als Brücke darüber gelegt. — Da überhaupt die Bewässerung der Wiesen eine Anzahl von Gräben nothwendig macht, welche die Abfuhr des Heu's hindern würden, so ist stets darauf Bedacht zu nehmen, daß die erforderlichen Wege und Ueberbrückungen vorhanden sind; insbesondere dauerhaft und sicher gebaut sein muß die Brücke über die Hauptzuleitungsgräben, wie sie z. B. musterhaft in der großen Wiesenanlage der Gemarkung Seehof bei Heidelberg ausgeführt ist. — Nicht selten kommt es auf der Wiese vor, daß ein höheres Wasser über ein tieferes in einem Kanal hinweg geleitet werden muß. Hierzu wendet man ein Wiesengerinne an, dessen Seitenwände a a aus zweizölligen Planken bestehen, zwischen welche eine Bodenbohle b eingelegt und von der Seite festgenagelt wird. Oben werden die Seitenplanken durch kleine Zungen c c c c in ihrer Lage festgehalten. Diese kleinen Gerinne werden an ihren Enden nur mit Rasen und Erde verpackt, eine Arbeit, die mit besonderer Sorgfalt ausgeführt werden muß, da sie durch den Druck des Wassers sonst leicht zerstört wird. Für größere Wassermassen müssen die Wiesengerinne aus Bauholz stark gebaut, auf Pfähle gestellt und mit eisernen Bändern verschränkt werden. — Der Bestand guter Wässerwiesen ist ein sehr mannichfaltiger an Gräsern und Kräutern, deren Auswahl bei neuer Anlage oder Besamung sich nach Boden, Lage und Wasserbeschaffenheit richtet. Die eigentlichen Gräser müssen jedoch in dem Gemisch stets vorwalten; sie bilden die dichte, geschlossene Narbe, wie man den Ueberzug des Wiesenbodens mit Pflanzen nennt. Als vorzüglichste Gräser gelten: Fuchsschwanz, Liesch, Raygras, Schwingel, Tuchgras, Kammgras, Rispengras, Windhalm, Fußgras, Knaulgras, Honiggras, Wildhafer, Trespe; von Kräutern: alle Arten von Klee, Luzerne, Wicke; ferner Platterbse, Schotenklee, Salbei, Kümmel, Schafgarbe, Wegerich, Wiesenknopf, Bärenklau, Löwenzahn, Becherblume, Flockblume u. s. w. Den Wiesen schädlich sind: Binsen, Seggen, Rietgräser, Simsen, Moose, Farrn, Schafthalme, Herbstzeitlose, Hahnenkamm, Schierling, Hahnenfuß, Hauhechel, Kuhweizen, Huflattig ꝛc. Für sorgfältige Pflege, regelmäßig wiederkehrende Düngung, öfteres Aufkratzen ihrer Narbe zur Entfernung des Mooses, Zerstreuen der Maulwurfshaufen u. s. w. sind die Wiesen überaus dankbar, leider werden diese Arbeiten häufig noch vernachlässigt. Gute Wiesen nennt Schwerz die Stützen der Viehzucht, die Hülfe des Ackerbaues, den Reichthum des Betreibers, das Kleinod jedes ländlichen Besitzes; schlechte Wiesen aber sind des Besitzthums, wie des Besitzers Schande, und selbst mittelmäßige des Ackerbaues Last. Das Futter von schlechten, nicht bewässerbaren, übel gepflegten Wiesen ist stets geringhaltiger an Nahrung, daher den Thieren weniger zuträglich, als dasjenige von guten zweckmäßig gepflegten und unterhaltenen Wässerwiesen.

Bewässerungsmaschine für Wiesen.

Brücke über die Hauptzuleitungsgräben der Wiesen.

Wiesengerinne.

1. Der Pflug.

Der Ackerbau der ältesten Zeiten, von welchen wir Kenntniß haben, war Feldgärtnerei; der Boden wurde nothdürftig mit Hacken aus Hirschhorn oder Spaten aus den Schulterblättern des Urochsen (wie man deren in den Pfahlbauten genug gefunden hat) umgebrochen und darein gesäet oder gepflanzt. Erst nachdem er sich und die Seinigen — denn bei rohen Völkern wird die Ackerarbeit den Weibern und Kindern überlassen — lange gequält, verfiel der Mensch darauf, Stiere vor einen gekrümmten Baumast zu spannen, und mit dem zugespitzten Abbruch desselben die Erde zu ritzen, zur Aufnahme der goldenen Körner. Und in der That hat sich das hauptsächlichste Werkzeug des Landwirths, der Pflug, sogar in seiner heutigen, vervollkommneten Gestalt noch immer an die alte des gekrümmten Baumastes gelehnt, aus dem er vor vielen tausend Jahren entstanden ist. Man betrachte den spanischen Pflug, welcher heute noch überall üblich ist, und man wird zugestehen müssen, daß dem gekrümmten Baumast eigentlich weiter nichts zugefügt ist, als ein schaufelförmiges Schar, das länger dauert und besser wühlt, wie die hölzerne Spitze. Vorn an die Deichsel, welche dem längern Theil des Baumastes entspricht, wird das Ochsengespann angejocht, hinten geht an der kunstlosen Sterze der Pflüger, der es mit Stab und Zuruf regiert. Es ist dort — und in den meisten Ländern der Welt — noch genau so, wie vor zweitausend Jahren; die Geräthe zur Bodenbestellung in den Ländern des Südens unterscheiden sich wenig oder nicht von denjenigen der alten Griechen und Römer. Die Anfänge des Pflugs hatten keinen andern Zweck, wie den Boden aufzureißen, umzubrechen, damit er zur Aufnahme der Körner geschickt werde. Das Hauptheil des Geräths war daher das Schar, das Uebrige waren nur Verbindungstheile. Dergleichen Pflugwerkzeuge giebt es noch heutzutage vielerorts, und man nennt sie zur Unterscheidung Haken. Solche waren die altdeutschen Pflüge, trotzdem man ihnen schon zur leichteren Fortbewegung Vordergestelle mit Rädern gegeben hatte; ein solcher ist der Aegyptische Pflug, den im Nilthal ein jeder Fellah (Bauer) führt; nichts anderes, als ein Haken, ein Geräth blos zum Umwühlen des Bodens ist auch der neurussische Exstirpator (Grubber, Ausreißer), welcher ganz aus Holz besteht und vier hölzerne, zugespitzte Schare trägt, womit ein Gespann von acht Ochsen den schwarzen Boden der Steppe aufreißt. Zum Pflug, zum eigentlichen, wird das Geräth erst dann, wenn es den abgerissenen Erdstreifen auch umwendet, so daß dessen untere Seite nach oben zu liegen kommt. Dieses sogenannte Wenden verrichtet das Streichbrett und darum ist dieses das Merkmal des wirklichen Pflugs. Ganz deutlich sehen wir, wie der Haken zum Pflug wird, an der russischen Sucha, der ost- und westpreußischen Zoche, einem Haken, der durch Hinzufügung eines Sechs (Pflugmesser, Kolter), das den Erdstreifen auf der Landseite senkrecht abschneidet und eines kurzen, gewundenen Streichbretts zum vollendeten Pflug geworden ist. Die Art und Weise der Arbeit mit einem solchen Werkzeug geht nun folgendermaßen vor sich: Während das Sech senkrecht die Erde durchschneidet, thut das darauf folgende Schar dies wagerecht, indem es zugleich den derartig gebildeten vierkantigen Erdstreifen etwas in die Höhe hebt; dadurch wird er dem seitwärts in stumpfem Winkel abstehenden Streichbrett überliefert, welches ihn während dem Fortgang des Geräthes überstürzt und so wendet, daß er auf den vorhergehenden schräg zu liegen kommt, so daß der gepflügte Acker eine Reihe von scharfkantigen Furchenkämmen zeigt, eine Form der Bearbeitung, wodurch die möglichst große Fläche des nach oben gebrachten Bodens den wohlthätigen Einwirkungen der Luft ausgesetzt wird. Das ist denn auch der Zweck des Pflügens: Lockerung, Zerkrümelung, Mischung des Bodens und Einlaß der Luft in denselben. Schon ehe man sich Rechenschaft davon zu geben wußte, weshalb die Pflugarbeit ein solches Ziel erreichen müsse, hatte die Erfahrung längst dazu geführt, es wenigstens annähernd zu erstreben; daher finden wir auch schon in der vervollkommneten Landwirthschaft der alten Römer den wirklichen Pflug mit Streichbrett eingeführt, wie er sich in der Form des Wessels (Wechselpflugs) am Niederrhein erhalten hat; daneben blieben aber natürlich die alten Haken in Thätigkeit, denn damals war es nicht anders, wie heute, wo man auch noch genug neben den besten Geräthen die alten Ackerungethüme aus der Zeit des dreißigjährigen Krieges sehen kann. Ein ähnliches ist z. B. der Pflug der deutschen Colonisten in Südrußland, welcher mit 8 und 12 Ochsen bespannt wird und dazu dient, ungeheure Schollen loszubrechen, welche nicht zerkleinert werden, damit im Schutze derselben das Getreide vor den Winterfrösten geschirmt sei. Er ist ein plumpes Werkzeug, aber ein vollkommener Pflug, denn er besitzt Schar, Sech und Streichbrett; letzteres völlig gerade. Auffallend ist die Karre (das Räder-Vordergestell) desselben; das Rad auf der Landseite hat keinen Kranz, damit es besser eingreife und einen geringeren Durchmesser als das auf der Furchenseite, welches, wie alle russischen Räder, nur eine einzige Felge hat. Dergleichen Pflüge bilden die Uebergänge zu den vervollkommneten Geräthen der gebildeten Landwirthschaft. An solchen ist heutzutage kein Mangel mehr und es verschwinden die althergebrachten Landpflüge nach und nach gänzlich aus den Wirthschaften, da man denn doch einsehen lernt, daß man mit schlechten Werkzeugen etwas Gutes nur mit unendlich größerer Mühe zu leisten vermag, als mit guten. Freilich hält es hier und da noch schwer, sich einen wirklich guten, für den Boden und die örtlichen Verhältnisse passenden Pflug zu verschaffen, da die Schmiede noch häufig an der althergebrachten Gestalt des Werkzeugs mit Zähigkeit festhängen. Allein auch sie sehen immer mehr ein, daß sie mit der Zeit fortschreiten müssen, und so gibt es jetzt schon sehr viele Bezugsquellen von guten Pflügen. Es kommt aber für den Landwirth sehr darauf an, daß er seinen Pflug nicht weit hinwegschicken muß, um wiederhergestellt oder ergänzt zu werden; deshalb ist es überaus wichtig, daß die Schmiede auf dem Lande dazu gebracht und angehalten werden, Pflüge welche den heutigen Anforderungen entsprechen nach guten Mustern zu bauen. Es ist dabei besonders ins Auge zu fassen, daß das dehnbare, zerbrechliche und bald abgenutzte Holz soviel als möglich durch das dauerhaftere, daher billigere Eisen ersetzt werde; alle unmittelbar arbeitenden und dem Zerbrechen am meisten ausgesetzten Theile sollen aus Schmiedeeisen, andere, bei welchen es darauf ankommt, daß sie stets genau dieselbe Form haben, wie z. B. das Streichbrett, aus Gußeisen angefertigt werden. Ein guter Pflug ist Vorbedingung des guten Erfolges im Ackerbau. Der Landwirth, welcher es zu Etwas bringen will, hat daher vor Allem sein Augenmerk zu richten auf die besten Geräthe zur Bodenbestellung, eingedenk des wahren Sprichwortes: Zeige mir Deinen Pflug, und ich will Dir sagen, welch ein Landwirth Du bist!

Altdeutscher Pflug.

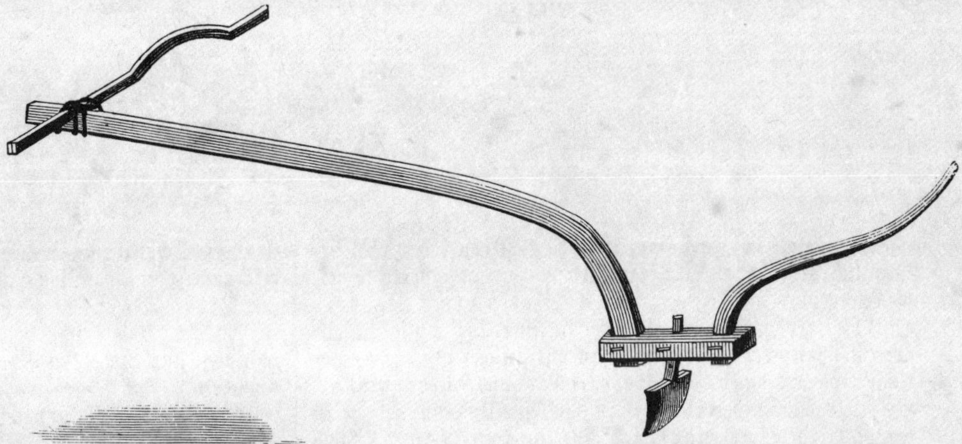

Spanischer Pflug.

Aegyptischer Pflug.

Altdeutscher Pflug.

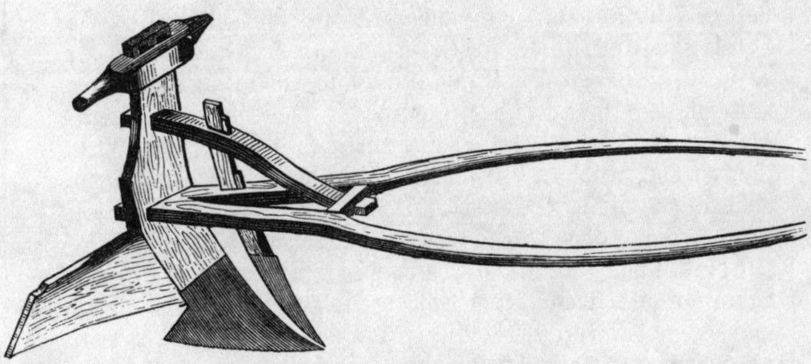

Die Sucha oder Zoche.

Neurussischer Exstirpator.

Pflug der deutschen Colonisten in Südrußland.

1. Der Pflug.

Der Pflug hat drei Haupttheile: 1. Pflugkörper, der eigentlich arbeitende; 2. Pflugbaum, woran ersterer so wie die bewegende Kraft befestigt wird; 3. Stellung und Vordergestell. Letzteres besteht entweder in einer Stelze mit Schleife oder Rädchen oder aus zwei Rädern mit gleicher oder getrennter Achse; darnach giebt es Stelzpflüge und Räderpflüge. Hat, wie häufig, der Baum vorn gar keine Unterstützung, so ist der Pflug ein Schwingpflug. Die einzelnen Theile des Pfluges sind: 1. das Schar; 2. das Streichbrett; 3. das Sech; 4. die Sohle; 5. der Grindel; 6. die Griessäule; 7. die Sterzen; 8. das Molterbrett; 9. das Vordergestell; 10. die Stellung; 11. die Zugvorrichtungen. Nach der Art des Streichbretts theilt man die Pflüge in Beetpflüge, d. h. solche deren Streichbrett fest ist, und immer nach einer Seite hin wendet, so daß beim Ackern abgetheilte Beete entstehen; und in Wendepflüge oder Wechselpflüge, mit verstellbarem Streichbrett, welches am jedesmaligen Ende der Furche auf die andere Seite des Pflugkörpers gesetzt und so eine Furche neben die andere in ununterbrochener Fläche gelegt wird. Außerdem lassen sich die Pflugwerkzeuge noch folgendermaßen eintheilen: I. Wirkliche Pflüge. A. Einfache. a. Verbesserte. b. Landpflüge. 1. Schwingpflüge. 2. Stelzpflüge. 3. Räderpflüge. aa. Beetpflüge. bb. Wendepflüge. B. Doppelpflüge (Drehpflüge, vielscharige.) II. Unvollkommene Pflüge, Haken. III. Halbpflüge, Wühler. 1. Untergrundpflüge. 2. Drainpflüge. 3. Schälpflüge. IV. Dampfpflüge. — Das bestimmende Kennzeichen des Pflugs, das Streichbrett, war früher, wie sein Namen sagt, ein gerades, hölzernes Brett, welches den abgeschnittenen Erdstreifen zur Seite strich, aber nicht wendete. Neben diesem Mangel veranlaßte es durch das Entgegenstemmen großen Aufwand an Zugkraft. Daher ging die Vervollkommnung des Pfluges aus von der Anwendung des schraubenförmig gewundenen Streichbretts, welches alle neueren guten Pflüge führen; dieses übernimmt den Erdstreifen, welcher an ihm so hingleitet, daß er sich in einer fortlaufenden Wellenlinie ohne Anstrengung völlig umlegt. Nur die Krümelpflüge oder Ruchadlo's haben eine andere Streichbrettform. Das Vaterland der verbesserten Pflüge ist England; hier wandte man auch zuerst das Eisen als ausschließliches Material für den Pflugbau an. Einer der ersten vollkommenen Pflüge war der Schottische Schwingpflug, mit rechtwinklichem Schar, geknietem Sech, geschwungenem Grindel oder Pflugbaum und eisernem gewundenem Streichbrett; auf der Landseite durch ein eisernes Molterbrett geschlossen, mit zwei Sterzen (Handhaben), überhaupt von schönen Formen und zweckmäßigem Verhältniß der Theile. Allein man wollte finden, daß sein Streichbrett zu wenig und zu steil ab wende, gab daher in England dem Streichbrette immer größere Länge und gedehntere Windung, bis dasselbe endlich 4 Fuß und darüber lang ward, wie an dem Continental-Pflug von Hornsby, welches schöne Geräth eigens für das Bedürfniß des Festlands gebaut wird. Die gleiche Form im Ganzen zeigt der treffliche Pflug von Ball, dessen Streichbrett übrigens kürzer und anders gewunden ist. An beiden Pflügen ist auch deutlich die jetzt beliebteste Art des Vordergestells angebracht; zwei eiserne Räder, ein jedes an besonderer Achse in einer Büchse am Grindel nach Erforderniß stellbar; das rechte größer, weil in der Furche gehend, beide mit Abstreichern versehen. Der Hornsby'sche Pflug hat anstatt der Verstärkungskette des Schottischen, welche den ganzen Vordertheil des Grindels außer Gefahr bringt, einfach einen Stab. Ein verbessertes Pflug-Vordergestell ganz aus Schmiedeeisen, welches in Sachsen beliebt ist, vereinigt Zweckmäßigkeit mit Dauerhaftigkeit und eignet sich für alle Pflüge mit geraden hölzernen Grindeln. Ein Stelzpflug ist der von Hohenheim in Würtemberg aus zuerst und viel verbreitete Flandrische oder Schwerz'sche Pflug mit kurz gewundenem Streichbrett aus Schmiedeblech, gußeisernem Pflugkörper, hölzernem Gestell und nur einer Sterze; er gehört zu den besten Pflügen, die es giebt. In England hat man auch eiserne Doppelpflüge im Gebrauch, mit zwei Pflugkörpern an demselben Gestell; sie sind nur in leichterem Boden zu gebrauchen, ersparen aber hier mindestens einen Arbeiter. In Deutschland verwendet man mehrscharige Pflüge nur zum seichten Saatpflügen. — Die verschiedenen Arten der Pflugarbeit sind: Das Brachen, erstes Pflügen der Brache, welches Stürzen heißt, wenn zugleich damit Stoppeln umgebrochen werden. Die zweite Furche heißt Felgen oder Wenden, auch Ruhren. Die dritte ist das zur Saat-Pflügen. Wird Dünger untergearbeitet, so heißt die Pflugart Mistpflügen. Rajolen ist ein ungewöhnlich tiefes Pflügen mit zwei oder mehr Pflügen hintereinander in derselben Furche; es heißt dann auch wohl Doppelpflügen. Bälken oder Halbpflügen nennt man das Verfahren, wenn man zwischen zwei Furchen einen Streifen unumgebrochenes Land liegen läßt; es geschieht, um wenigstens den Boden der Luft zu öffnen, wenn man nicht gründlich pflügen kann. Das Querpflügen ist die Arbeit in entgegengesetzter Richtung der vorigen Furche. — Die Kunst den Pflug richtig zu handhaben und gut zu führen, läßt sich durch die bloße Lehre nicht einimpfen. Uebung, wie bei allen körperlichen Arbeiten, muß hierfür den nothwendigen Grad der Geschicklichkeit erwerben. Denn obgleich das Pflügen einfache und keineswegs schwierige Arbeit ist, hat man dabei doch so vielerlei zu beobachten, daß man es erst durch lange Erfahrung, verbunden mit praktischer Einsicht, dahin bringt, überall und immer gut zu pflügen. Die Tiefe und Breite der Furche, die Weise, in welcher die Fläche des Landes niedergelegt werden soll, die Zahl der zu gebenden Pflugarten, die Eigenthümlichkeiten und die zweckmäßigste Zeit der Anwendung derselben, sind Prüfsteine eines guten Landwirths, denn sie hängen ab von der richtigen Beurtheilung des Bodens, der Witterung, der Beschaffenheit, der Saat, dem Wirthschaftssystem u. s. w. Der richtige Zeitpunkt, wann die verschiedenen Pflugarten angewendet werden sollen, hängt großentheils ebenfalls von äußeren Verhältnissen ab. Im Allgemeinen läßt sich nur die Regel aufstellen, daß das Pflügen eines Bodens nur dann vorgenommen werden soll, wenn derselbe sich in einem solchen Zustande befindet, daß dem Pflug bei dem Umwenden des Furchenstreifens der geringste Widerstand begegnet, gleichzeitig aber, wenn nöthig, der Boden durch das Streichbrett hinreichend gelockert und zerkrümelt werden kann. Dann nennt man das Land artbar oder pfluggahr. Es wird zwar oft behauptet, man könne auch mit schlechten Pflügen gut pflügen; wenn dies richtig ist, so muß es nicht minder wahr sein, daß man mit guten Pflügen besser pflügen kann und daher nur gute Pflüge führen darf, denn das Bessere ist stets der Feind des Guten!

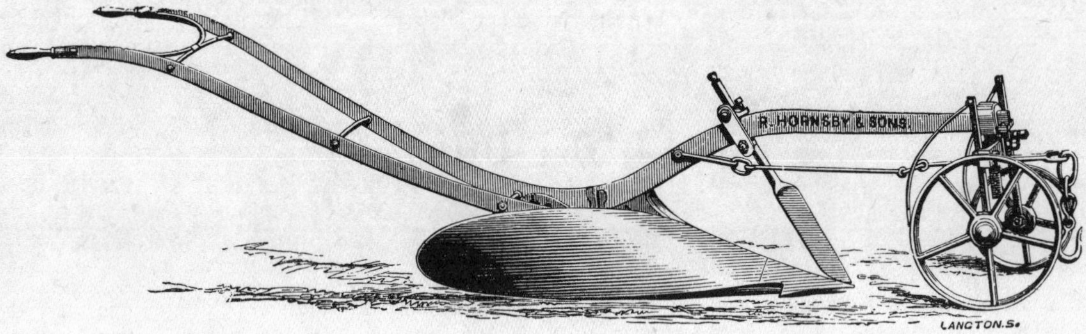

Continental-Pflug von Hornsby.

Schottiſcher Schwingpflug.

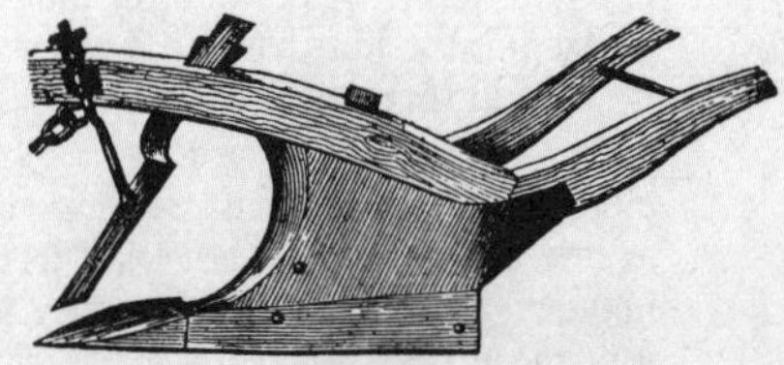

Schottiſcher Schwingpflug, Landſeite.

Flandriſcher Pflug aus Hohenheim.

Verbeſſertes Pflug-Vordergeſtell.

Pflug von Ball.

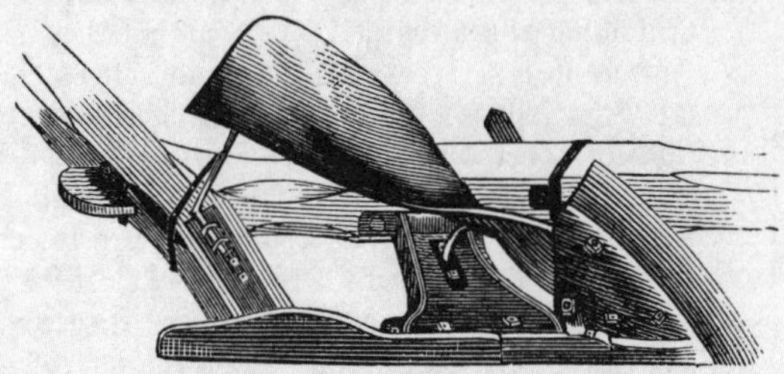

Flandriſcher Pflug von unten.

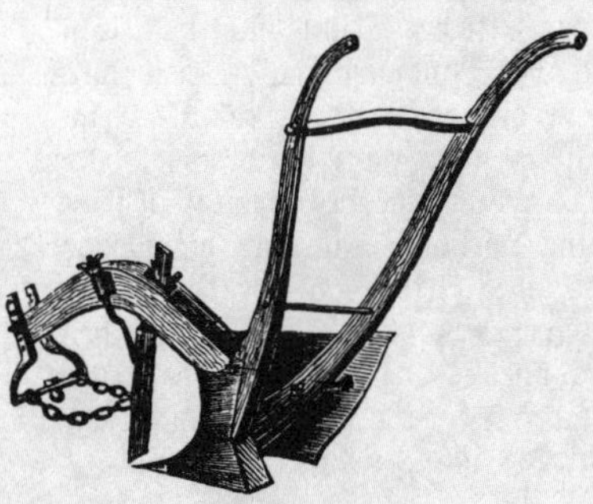

Schottiſcher Schwingpflug von hinten.

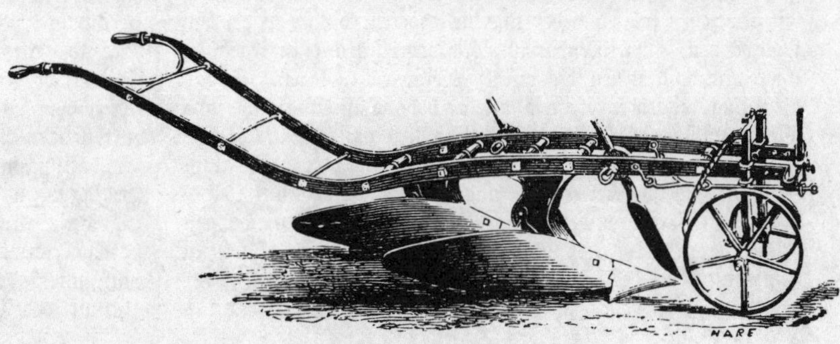

Doppelpflug von Ranſomes und Sims.

1. Der Pflug.

Der Dampf-Pflug.

Die vollkommensten Pflüge genügen nicht mehr dem Fortschritt, welcher bekanntlich überall, wo er es nur vermag, die bewegende Kraft der Thiere durch die gewaltigere des Dampfes ersetzt. Sie auch auf den Pflug zu übertragen, war schwierig und hat lange Zeit hindurch nicht gelingen wollen. Indessen die Engländer schrecken vor Schwierigkeiten nicht zurück und was sie einmal begonnen haben, das führen sie auch beharrlich zu Ende, mag es kosten was es wolle. Die ursprüngliche Erfindung des Dampfpfluges, wie er jetzt ist, ging aus von zwei armen Schullehrern, den Gebrüdern Fisken und einem Dorfschmied, Rodgers. Diese nahmen Patent darauf, waren aber gezwungen, dasselbe an den Ingenieur John Fowler zu verkaufen, welcher die Erfindung vervollständigte und durch rastlose, mit vielen Opfern verbundene Bemühungen endlich zu einer lebensfähigen machte. Dies schien sie im Jahre 1851, als sie bei Gelegenheit der großen Weltausstellung in London zuerst auftrat, noch nicht zu sein; aber in dem kurzen Zeitraum von nicht 15 Jahren hat sie sich dermaßen entwickelt, daß gegenwärtig schon nahezu an zweitausend Dampfpflüge in der Welt thätig sind; und das will etwas sagen, denn es sind gar mächtige Arbeiter, diese riesigen Werkzeuge, zu welchen sich der Gespannpflug verhält, wie der Spaten zu ihm. Aber nicht blos Fowler ist mit einem Verfahren der Bodenbestellung mittelst Dampf aufgetreten, sondern gleichzeitig neben ihm noch eine ganze Reihe von selbstständigen Erfindern und Fabrikanten; es erstanden von allen Seiten Dampfgrabemaschinen, Zugmaschinen (Straßenlocomotiven), Dampfpflüge, und es ist gegenwärtig ein gewaltiger Wettkampf unter den einzelnen Richtungen. Besonders geltend gemacht haben sich darunter diejenigen von Halkett, von Boydell, von Savory, von Howard, von Smith u. s. w. Das Verfahren des Letzteren, eines ausübenden Landwirths, ist eines der einfachsten, hat sich daher am raschesten und meisten bei den großen Gutsbesitzern eingebürgert. Denn große Güter, weite durch keine Hindernisse unterbrochene Flächen sind nothwendig für die Arbeit des Dampfpfluges, auf kleinen Feldstücken würde dieselbe unmöglich sein, oder doch keinen Vortheil gewähren. Bei dem Fowler'schen rückt eine mächtige fahrbare Dampfmaschine (Locomobile) in's Feld, welche unterhalb ihres Kessels eine Winde trägt, um welche sich ein langes Drahtseil rollt; dieses zieht die Pflugwerkzeuge hin und her, welche dermaßen eingerichtet sind, daß sie auf jeder Seite drei entgegengesetzte Pflugkörper tragen, die am Ende des Feldes wechseln, so daß mittelst einfacher Hebelbewegung durch einen darauf sitzenden Arbeiter die eben in Thätigkeit gewesenen sich ausheben und die anderen, bisher in der Luft schwebenden, sich einsenken um drei neue Furchen in gegentheiliger Richtung neben die vorher eröffneten zu legen. Sobald die Pflugbreite beendet ist, ändert auch die Dampfmaschine ihren Platz, um seitwärts wieder neuen Raum zu gewinnen und so fort. Neuerdings erspart man dies durch Anwendung von zwei Dampfmaschinen, welche viel raschere und vollkommnere Arbeit liefern. Zu diesem Verfahren des Dampfpflügens gehören demnach eigenthümliche, sehr kostbare Maschinen. Anders verhält es sich mit demjenigen, welches Smith, ein erfahrner Landwirth in Woolston, angegeben, die Fabrik der Howards in Bedford verbessert und ausgeführt hat. Dazu kann eine jede fahrbare Dampfmaschine verwendet werden, welche heutzutage ohnedies als ein ständiges und unerläßliches Hülfsmittel des Betriebs in jeder britischen Ackerwirthschaft von einiger Bedeutung zu finden ist. Sie dient zu allen möglichen Verrichtungen: zum Mahlen des Getreides, Häckselschneiden, Wasserheben, Holzsägen, Dreschen u. s. w. und selbstverständlich ist es ein großer Vortheil, wenn sie überdies nun auch zum Bestellen des Bodens mittelst Dampf gebraucht werden kann. Dies ist bei dem Verfahren von Smith-Howard der Fall. Hier steht die fahrbare Dampfmaschine an einer Ecke des Feldes und bewegt vermittelst einfacher Riemenübertragung eine gesonderte Seilwinde. Um diese rollt sich ein starkes Seil aus Stahldraht, welches im Viereck um den Acker gespannt ist, indem es in festgeankerten Rollen läuft. Dasselbe zieht das Pflugwerkzeug, welches entweder ähnlich wie die Fowler'schen Waagebalken-Pflüge beschaffen, oder ein mehrschariger Grubber ist, der am Ende der Furche angelangt, sich wendet. Er wird von einem Arbeiter regiert; zwei andere, sind an beiden Längenseiten des Seils aufgestellt und verkürzen nach jeder eröffneten Furchenbreite das Seil durch Ausheben der Rolle in der entsprechenden Weise; ein Mann ist an der Seilwinde und ein letzter an der fahrbaren Dampfmaschine beschäftigt. Auf diese Weise mit fünf Mann bedient leistet der Dampfpflug täglich bis 15 Morgen Arbeit und zwar eine so tiefe, gründliche, wie dies mit Gespannen unmöglich zu erreichen ist. Darin auch besonders und in der raschen Förderung, weniger in einer Ersparniß, liegt bis jetzt sein größter Vortheil. In Deutschland hat er allerdings bisher noch nicht dauernden Eingang finden wollen; doch sind Versuche genug damit angestellt worden, welche die Möglichkeit der Bodenbearbeitung mittelst Dampf entschieden dargethan haben. Allein die Erfindung bedarf jedenfalls noch bedeutender Verbesserungen, um sich ganz allgemein verbreiten zu können. Diese werden ihr auch sichtlich von Jahr zu Jahr zu Theil, indem die Engländer sich bestreben, in lebhaftem Wettkampf das Rechte zu finden. Auch in Nordamerika, namentlich in Canada, hat man Dampfpflüge gebaut, bei welchen das Pflugwerkzeug unmittelbar mit der Dampfmaschine verbunden ist, sogenannte Dampfgrabemaschinen; nach den damit in Europa angestellten Versuchen haben sich dieselben aber bisher nicht bewähren wollen. Auf leichtem Sandboden, sagt ein Kenner, der nur in einer Tiefe von 5 bis höchstens 6 Zoll gewendet werden darf, wird der Dampfpflug niemals Eingang und praktischen Nutzen finden und es ist deshalb ganz irrthümlich, wenn Einzelne sich versprechen, daß im Laufe der Zeit der Dampfpflug das Jahrtausende alte Mustergeräth der Landwirthschaft, den durch Spannvieh gezogenen Pflug verdrängen werde. Nur als Ersatz, als höhere Stufe desselben ist er unter ganz bestimmten, selten zutreffenden Verhältnissen, da wo genügendes Kapital zu seiner Beschaffung und Unterhaltung vorhanden ist und die übrigen Bedingungen erfüllt werden, mit Erfolg anzuwenden. Vorzugsweise würde er zum Urbarmachen des Bodens die vortheilhafteste Verwendung finden können. — Dieses treffende Urtheil muß im Auge behalten werden, sobald man Leistungen und Zukunft des Dampfpflugs in Erwägung zieht.

Die Arbeit mit dem Dampf-Pflug nach Smith.

2. Die Egge.

Nächst dem Pflug ist das für die Bodenbearbeitung wichtigste Werkzeug die Egge. Obgleich der Werth derselben und ihrer Leistungen häufig verkannt und mißachtet wird, so steht dennoch als Thatsache fest, daß die Egge in jedem größeren landwirthschaftlichen Betrieb unentbehrlich und durch kein anderes Geräth zu ersetzen ist. Ihre verschiedenen Aufgaben sind: 1. Zertrümmerung der Schollen, Brechung der Furchenkämme des Pflugs, Ebenung des Bodens, Zerkrümelung der festen Bestandtheile und vollkommen gleichmäßige Mischung der obersten Ackerkrume, folglich auch Vorbereitung des Landes zur Saat. 2. Vertilgung des Unkrauts. 3. Unterbringung des Samens. 4. Verjüngen der aufgelaufenen Saaten; Aufreißung der Grasnarbe. — Die Egge ist wahrscheinlich ebenso alten Ursprungs, als der Pflug; schon in der Bibel wird sie erwähnt; die Römer kannten mehre Arten davon. Jahrtausende hindurch behielt sie ganz ihre althergebrachte Gestalt: Ein viereckiges oder dreieckiges Holzgestell mit Zinken aus Eisen oder Holz. Erst ganz in neuester Zeit ist man bei einigen Eggen davon abgegangen, während die Mehrheit, gerade wie beim Pflug, der altbewährten Form treu bleibt. Der Bauart nach unterscheiden sich die Eggen zunächst in schwere und leichte; die ersteren gehen heutzutage gewöhnlich schon in die Gestalt des Messerpflugs (Scarificator's) über. Gefertigt werden die Eggen theils ganz aus Holz oder Eisen, theils aus beiden zusammen, auch wohl aus Dornflechtwerk (Dornegge). Ganz hölzerne Eggen können, ihrer Beschaffenheit nach, nur auf leichtem Boden oder zu den leichtesten Arbeiten verwendet werden; als Vorzüge haben sie für sich Wohlfeilheit und Leichtigkeit. Sie sind deshalb nicht ganz zu verwerfen, und für kleinere Besitzer, auf Sandboden und zur Unterbringung feiner Samen wohl geeignet. Als einen besonderen Vortheil derselben sehen Viele an, daß ihre Ausbesserung sehr leicht und von dem Landwirth meistens selber zu verrichten sei; dagegen ist aber auch die Ausnutzung um so bedeutender. Ganz eiserne Eggen werden schon seit geraumer Zeit in England vorzugsweise gefertigt. Sie zeichnen sich aus durch Zierlichkeit, genaues Zusammenpassen aller Theile und durch geringe Abnutzung. Bei Eggen, zu welchen beiderlei Material genommen wird, sind die Balken von Holz, die Zinken, die Beschläge und die Spann- und Stellungsvorrichtungen von Eisen, natürlich Schmiedeeisen. Eggen mit hölzernem Rahmen und eisernen Zinken sind die verbreitetsten; sie vereinigen hinlängliche Leichtigkeit oder Schwere mit Dauer und Stärke. Eggen aus einem Geflecht von Reisern und Dornzweigen sind nur zu wenigen Zwecken üblich, z. B. zum Abkratzen verwelkten Grases von den Wiesen, zum Einbringen ganz feiner Sämereien. — Die Form der Eggen ist sehr verschiedenartig, es giebt dreieckige, viereckige, sechseckige und runde; neuerdings nähern sich verschiedene verbesserte Eggen auch der Form der Walze. Außerdem giebt es einfache, gebrochene, gegliederte, doppelte, und mehrfache Eggen, je nachdem das Geräth aus einem festen, getheilten, vielgliedrigen (Ketteneggen) Stück oder Rahmen oder aus deren zwei und mehreren besteht. Die mehrfachen Eggen haben den großen Vorzug gründlicherer Wirkung durch ihre hüpfende, schlängelnde Bewegung. Die gewöhnlichen Eggen nennt man **Zugeggen**, an sie reihen sich die **Gliedereggen** (Ketteneggen; eine Erfindung neuester Zeit, wie die folgenden), die **Rundeggen** und die **Rolleggen**. — Die Form der gewöhnlichen Eggen kennt Jedermann. Runde Eggen hat man schon früher gebaut zum Aufreißen des Waldbodens, weil sich ihr Rahmen nicht leicht zwischen die Stämme klemmt; aber solche, welche sich bei der Fortbewegung durch das Gespann kreisförmig um ihren Mittelpunkt drehen, sind erst seit etwa 10 Jahren von Nordamerika aus in Gebrauch gekommen. Die drehende Bewegung wird einfach bewirkt durch ein selbstständiges, schweres Gegengewicht, das von der festen, senkrechten Achse des Mittelpunkts an einem Arm ausgeht und auf den Umfang der Egge drückt, wodurch an dieser Stelle ein verstärkter Druck entsteht, der das übrige Gestelle zwingt, sich zu drehen. Man macht solche Rundeggen ganz von Schmiedeeisen; sie bewähren sich in leichtem Boden und zu gewissen Zwecken recht gut. Am wirksamsten sind die **doppelten Rundeggen**, welche in England eingeführt, und wobei zwei einfache Eggen durch einen starken eisernen Bügel von Achse zu Achse mit einander verbunden sind. Uebrigens ist darauf hinzuweisen, daß dergleichen Rundeggen mehr eine Merkwürdigkeit als von besonderem Nutzen sind. Denn wenn sie auch zu verschiedenen Zwecken, z. B. zum Klarmachen des scholligen Ackers zur Saat, sich ganz gut gebrauchen lassen, so ist doch ihre Bauart eine entschieden unrichtige, weil auf einem Theil des Geräths ein größerer Druck lastet, als auf dem andern, wodurch natürlich auch seine Wirkung beeinträchtigt, die rasche Abnutzung hingegen wesentlich befördert wird. — Eine andre Art ist die **Norwegische Egge**, eine Rollegge, welche sehr gut arbeitet und vielfach benutzt wird. Bei ihr hat man die ursprüngliche Form der Egge ganz verlassen; sie besteht aus drei hintereinander in einem Rahmen liegenden Stachelwalzen, deren Zinken in einander greifen und auf diese Art den Boden außerordentlich fein pulvern, wobei sie sich gleichzeitig von anklebender Erde reinigen. Der nachgehende Führer regiert mittelst eines Steuerhebels das Geräth derart, daß er die Zinken seichter oder tiefer eingreifen lassen, auch gänzlich aus dem Boden heben kann. Aehnlich gestaltete Eggen gibt es noch mehrere, besonders auch zum Bearbeiten der Zwischenräume der Pflanzenreihen bei Drillsaaten. Derartige Eggen heißen **Furcheneggen** — sie brauchen nicht gerade Rolleggen zu sein — und gehören zu den Hackwerkzeugen. — Auf den Acker bringt man die Eggen auf dem Pfluge, dem Wagen oder auch auf besonderen Eggenschlitten. Letztere müssen so eingerichtet sein, daß die Eggen mit nach unterwärts gerichteten Zinken darauf festliegen, ohne den Boden berühren zu können. Der Transport der Egge mit aufwärts gerichteten Zinken hat schon manche Unglücksfälle bei Menschen und Gespannen veranlaßt. Mehrfache und gegliederte Eggen, müssen zum Transport aus einander genommen oder zusammen gelegt werden. Man eggt vorzugsweise nur mit Pferden, deren rascher Schritt die Wirkung der Egge wesentlich begünstigt. Daher findet man in vielen Gegenden, wie z. B. in England, das Eggen im Trab eingeführt, wobei vier Pferde vor die Egge gespannt sind und der Führer auf dem Sattelpferd reitet. In Norddeutschland ist das Rundeggen eingeführt, es geschieht durch eine ganze Kette von Pferden, 4 bis 8 Stück, vor eben so vielen Eggen, die in einem Kreis herum getrieben werden, so daß das innerste langsam gehen kann, das äußerste aber tüchtig traben muß. Die Egge soll weder gebraucht werden, wenn der Boden allzufeucht, noch wenn er allzutrocken ist. Ein schwerer Boden erfordert mehr Eggenarbeit, als ein leichter. Nicht selten hält man es für gerathen, die Egge minder kräftig wirken zu lassen; alsdann hängt man sie verkehrt, der Richtung der Zinken entgegengesetzt an; alle guten Eggen sind darauf eingerichtet; man nennt die Arbeit dann Stumpfeggen oder Stumpfziehen, gegenüber dem Scharfeggen.

Doppel-Rund-Egge.

Norwegische Egge.

3. Die Walze.

Ein höchst wichtiges, tüchtigem Ackerbau unentbehrliches Geräth ist die Walze. Sie ist immer ein Spanngeräth und es sollen mit ihr folgende Zwecke erreicht werden: 1. Ebenung des Bodens. 2. Zertrümmerung oder Verkleinerung der Schollen. 3. Bindung (Zusammendrücken) des Bodens und dadurch bedingte Zurückhaltung der Feuchtigkeit in demselben; 4. Bessere Unterbringung der Samen. 5. Andrücken der sogenannten ausgefrorenen Pflanzen. 6. Nachhülfe für die aufgegangenen Saaten. 7. Vertilgung von Insekten, Mäusen und anderem Ungeziefer. 8. Bessere Düngerbenutzung, weil die Luftarten sich im festgedrückten Acker weniger rasch verflüchtigen. 9. Einigung frisch gelegten Rasens. 10. Besseres Unterpflügen der Gründüngerpflanzen. Aus dieser vielseitigen Verwendung der Walze geht ihr ungemeiner Werth hervor, und es ist fast unbegreiflich, daß derselbe in einzelnen Gegenden noch immer nicht recht gewürdigt werden will. Uebrigens ist die Walze ein noch ganz junges Geräth im Ackerbau, das vor fünfzig Jahren nur sehr selten angetroffen wurde. Auch heute noch wird wenig auf richtige Herstellung der Walzen geachtet, sondern gewöhnlich der erste beste Baum dazu genommen, nothdürftig beschlagen und in einen kunstlosen Rahmen eingefügt. Nicht selten sieht man derartige völlig abgenutzte, krumm gewordene, auf einem Ende dünner als am anderen, Walzen in Gebrauch. Diese bringen aber eher Schaden als Nutzen. Man hat hölzerne, eiserne und steinerne Ackerwalzen. Erstere sind entweder massive Baumstämme, an den Abschnitten mit eisernen Ringen beschlagen und mit Zapfen versehen, oder sie sind hohl, aus Bohlen verfertigt, welche auf zwei Scheiben liegen. Derartige Trommelwalzen lassen sich sehr wirksam und billig anfertigen mit zwei ausgedienten Karrenrädern, deren Felgen man durch vierzöllige Rundhölzer oder Pfosten mit einander verbindet. Die gußeisernen Walzen sind den hölzernen weit vorzuziehen, da sie sich fast gar nicht abnutzen, stets rund und gleich bleiben, und sehr dauerhaft sind; leider verhindert ihr hoher Preis die allgemeinere Anschaffung. Steinerne Walzen kommen selten, wohl nur auf ganz schwerem Thonboden, vor. Nach ihrer Gestalt kann man die Walzen folgendermaßen eintheilen: 1. Glatte Walzen. a. Einfache, ungetheilte. b. Gebrochene oder getheilte Walzen, wenn zwei oder drei sich um die gleiche feste Achse bewegen. c. Getrennte Doppelwalzen, wenn zwei oder mehr Walzen mit getrennten eigenen Achsen durch ein Gestell mit einander verbunden sind. 2. Kantige Walzen, welche nicht rund, sondern in geraden Flächen beschlagen sind. Hierzu gehören die beliebten Prisma=Walzen, welche aus vierkantigen Eisenstäben bestehen, welche mit Zwischenräumen auf zwei abstehende Ringe befestigt werden und ganz vorzüglich arbeiten. 3. Furchenwalzen und Beetwalzen, welche in der Mitte entweder dicker oder dünner sind, um damit Zwischenfurchen, Wasserfurchen auswalzen, oder schmale gewölbte Beete überwalzen zu können. 4. Scheibenwalzen oder Ringelwalzen, bei welchen eine Anzahl Scheiben oder Ringe auf die Achsen geschoben sind. 5. Stachel= und Zapfenwalzen mit hervorstehenden Spitzen oder Zacken zum gründlichen Zermalmen von widerspenstigem Boden. — In England führt man nur gußeiserne Theilwalzen, zu deren Fortbewegung ein Pferd vollständig genügt. Dabei laufen zwei kurze Walzen nebeneinander auf der festen Achse, wodurch die Walze große Beweglichkeit erhält, indem beim Wenden der eine Theil vor, der andere zurückläuft, sodaß keine Erde davor aufgehäuft wird. Es ist zu empfehlen, solche Walzen einzurichten, wie die englischen Theilwalzen mit Beschwerkasten, worauf Steine gelegt werden können oder der Mann sich setzt, sobald der Zweck der Arbeit einen stärkeren Druck verlangt. Besonders wirksam zur Herstellung einer recht klaren, fein geebneten Ackerkrume, wie sie die Saat verlangt, sind die Ringelwalzen, die sich vorzugsweise durch den Zuckerrübenbau eingeführt und rasch beliebt gemacht haben. Ein vortreffliches Geräth dieser Gattung ist die englische Ringwalze von Cambridge; sie besteht aus einer Anzahl von Scheiben, deren Felgen in der Mitte eine Rille haben, ähnlich den Wirtelscheiben oder Schnurrollen; da hinein legen sich Abschabemesser, die von einer besonderen Achse oberhalb im Gestell ausgehen und federartig dagegen drücken, sodaß sich die Ringe niemals mit Erde zuschmieren können. Auf schwerem, zur Schollenbildung geneigtem Thonboden wird jetzt vielfach zur Zerkleinerung eine Art Stachelwalze angewendet, welche den Namen Schollenbrecher führt. Sie ist von Croskill in England erfunden und besteht aus einer Reihe von gußeisernen Ringen mit gezacktem Rand und von bedeutender Schwere, sodaß damit eine ganz gewaltige Wirkung erzielt wird. Weil durch die Zacken aber die Wege verdorben werden, oder jene auf harten Straßen abbrechen können, so hat man als Verbesserung den Schollenbrechern zwei Räder gegeben, welche mittelst einer schraubenförmigen Achse durch einen Schraubenschlüssel herauf und herunter geschraubt werden können, sodaß dadurch die Walze selbst in und außer Arbeit gesetzt werden kann. — Die Verrichtung der Walzenarbeit hängt ab von ihrem Zweck. Man walzt einfach und doppelt, bei letzterem gewöhnlich einmal in der Quere. Es lassen sich dazu mit Vortheil Ochsen verwenden, da das Walzen stets langsam zu geschehen hat; in sehr raschem Gang zu walzen ist fehlerhaft. Eine Hauptregel ist, daß man die Walze auf keinem Boden anwenden soll, welcher noch von Feuchtigkeit völlig gesättigt ist, damit die Arbeit nicht erschwert und die Ackerkrume nicht verschmiert werde. Vielfach unbekannt ist noch das Walzen der aufgegangenen Saaten insbesondere der Getreidearten im Frühjahr. Am liebsten walzt man Erbsen, Gerste, Wicken, Hafer und Roggen; letzteren, sowie den Weizen, drückt man durch ein leichtes Walzen wieder an, wenn man glaubt, daß der Frost viele Risse gebildet und die Wurzeln in der Erde gelockert habe. Thaer sagt: Ein nach der Saat gewalzter und dadurch völlig geebneter Acker erleichtert die Ernte sehr und die Frucht kann mit weit kürzeren Stoppeln abgemäht werden, welches besonders bei Erbsen und Wicken bedeutend ist. Auf einer schon gelaufenen Saat soll die Walze besonders ihre im Winter gelösten und vom Frost herausgehobenen Wurzeln wieder in den Erdboden hineindrücken oder doch stärker damit in Berührung bringen. Ein an Dammerde reicher Niederungsboden bläht im Frühjahre zuweilen so auf, daß die Pflanzenwurzeln hervorgetrieben werden, und wenn da nicht bald Regen eintritt, ist die Walze das einzige Hülfsmittel zur guten Erhaltung der Saat. — Sonst räth Burger nur die Sommersaat in einem leichten, sandigen, mit Dammerde sehr erfüllten, lockeren Boden zu walzen; Wintersaaten im Herbste zu walzen, wenn die Saat sonst gut untergebracht worden ist, bringt keinen Vortheil, da diese im Herbst und folgenden Frühjahre sich ohnedies mehr ausgleichen. Das Walzen im Herbste nützt aber auch schon aus dem Grunde wenig, weil der Boden von selbst durch Regen und Schnee den Winter über hinlänglich zusammen gedrückt wird. — Größere Wirthschaften sollen verschiedene Arten von Walzen besitzen.

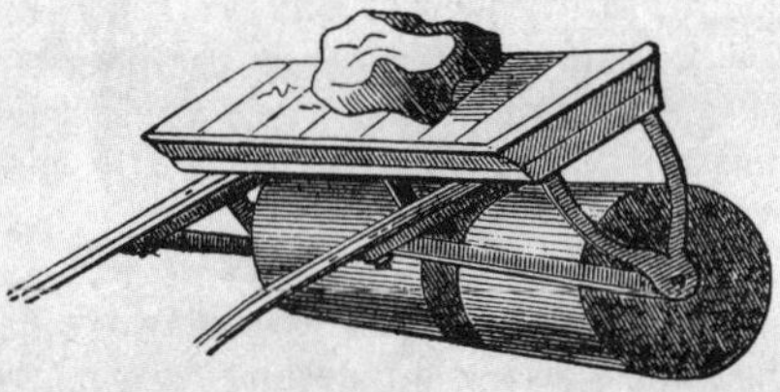

Englische Theilwalze mit Beschwerkasten.

Ringwalze von Cambridge.

Verbesserter Schollenbrecher.

Eiserne Theilwalze.

Hand-Geräthe.

Ehe man darauf kam, sich der Hülfe der gezähmten Thiere zur Bodenbestellung zu bedienen, verrichtete man dieselbe vorzugsweise mittelst Werkzeugen, welche die menschliche Hand führte. Dieselben sind auch heute noch unentbehrlich und der Bedarf daran rechtfertigt ihre große Mannichfaltigkeit, welche theils eine Folge des vielseitigen Betriebs oder auch besonderer Verhältnisse bestimmter Oertlichkeiten ist. Man theilt die landwirthschaftlichen Handgeräthe folgendermaßen ein: 1. Werkzeuge zur Bodenbearbeitung: Spaten, Schaufel, Schälschaufel, Hacken und Hauen. 2. Werkzeuge zum Säen und Pflanzen: Pflanzhölzer, Dibbelstöcke. 3. Werkzeuge zur Behandlung der Hecken und zur Vertilgung der Feldunkräuter: Heckenmesser, Distelzangen. 4. Drainwerkzeuge. 5. Erntegeräthschaften: Sensen, Sicheln, Harken, Gabeln. 6. Hof-, Stall- und Scheunengeräthe: Düngergabeln, Dreschflegel, Fruchtschaufeln, Sackhalter. — Der Spaten befindet sich nur selten in der Hand des Landwirths, er ist das Hauptwerkzeug des Gärtners. Nichtsdestoweniger wird er gebraucht: zum Rajolen (Spatenpflügen, der Furche des Pflugs folgt eine Anzahl Arbeiter, welche in derselben noch einen Spatenstich nimmt) zur Herstellung des Möhrenackers, zum Umgraben unter Bäumen und auf Angewenden u. s. w. Zu allen diesen Arbeiten nimmt man in England nicht mehr eigentliche Spaten, sondern Grabgabeln mit drei oder vier, auch fünf Zinken, welche besser in die Erde eindringen, diese zerbrechen und lockern, als ein breites Blatt. Ganz vorzüglich eignen sich auch die Grabgabeln zum Ausnehmen von Wurzeln und Knollen. Sie haben Stiele mit geschlossenen Handgriffen, welche bis zu zwei Dritttheilen ihrer Länge in den Oehren oder Schienen des Zinkentheils liegen, so daß sie hierdurch überaus dauerhaft werden. Zu den Zinken wird nur Stahl verwendet, der überhaupt in England die Geräthe leichter, zierlicher, besser und haltbarer macht, als anderswo. Daher sind die englischen Düngergabeln mit 3, die Heugabeln mit 2 Zinken unübertrefflich und verdienen überall eingeführt zu werden, zumal sie nicht kostspieliger sind, als die althergebrachten, plumpen Formen. Ein gelungener Versuch, die Hacke durch ein pflugähnliches Werkzeug, welches gezogen wird, daher weniger ermüdet und mehr schafft, zu ersetzen, ist der Brackell'sche Handpflug. Er besteht aus einer Deichsel mit Handhabe a, an welcher ein kleiner Pflugkörper b angebracht ist, der aus dem Schar r, dem doppelten Streichbrett i und der Sohle gh besteht; das Streichbrett bewegt sich vorn in Scharnieren an einer besonderen Griessäule z und kann mittelst zweier Schienen und eines Vorsteckers hinten bei s enger oder weiter gestellt werden, je nachdem es der Abstand der Reihen der Gewächse verlangt. Denn nur zum Behacken von Reihensaaten kann dieser Hackpflug angewandt werden. Wie tief er eingreifen soll, wird durch eine kleine verstellbare eiserne Stelze in dem Zugbaum geregelt. Das Werkzeug arbeitet recht gut und kann zugleich zum Behäufeln der Reihensaaten dienen, verlangt aber immer einen gut zubereiteten, lockeren Acker. Zum Abbringen des Getreides bediente man sich früher allgemein der Sichel, auch jetzt ist dieselbe noch hier und da üblich, besonders bei kleineren Leuten, allein mehr und mindestens ebenso gute Arbeit leistet doch die Sense. Als Muster eines guten Geräthes dieser Art gilt die Schottische Reffsense. Das Reff a besteht aus einem harkenartigen Gestell von Ruthen, und dient dazu, die Halmen zusammen zuhalten und gegen die stehenden zu lehnen, oder sie hinter dem Mäher in Schwaden abzulegen. Ist das Getreide in Garben gebunden und in Haufen gesetzt, so wird mit der Hungerharke nachgerecht; dieselbe ist am besten nach englischer Art mit eisernen gekrümmten Zinken eingerichtet. Lose Frucht, z. B. Raps, nimmt man mit der Gabel auf; recht geeignet ist dazu die Gabelharke, die Verbindung einer Fruchtgabel mit einem Rechen, auch in der Heuernte gebräuchlich. Das Gras wird nur mit der Sense abgebracht; die englische Grassense hat einen gekrümmten Wurf a mit zwei nach der Länge des Mannes verstellbaren Handhaben, einem von b nach c einwärts gekrümmten Blatt, welches mit einem Bügel d am Wurf befestigt ist. Das Blatt einer Sense muß stellbar sein und zur Arbeit so stehen, daß der Wurf von a bis b, das Blatt von b nach c und der Abstand von dessen Spitze c nach dem Handgriff a ein gleichseitiges Dreieck bilden. Zur Kleesamenernte bedient man sich mit Vortheil des Kleekamm's, eines Kastens von Eisenblech mit einer Reihe von Zinken statt der Schneide und einem Stiel, womit die Kleeköpfe abgerissen werden, so daß das Kraut mit den Blättern für sich zu Dürrklee gehauen werden kann. Ein empfehlenswerthes Speichergeräth ist der verbesserte Sackhalter, ein Ring von Eisenblech A der auf einem schrägen Holzbock schief senkrecht befestigt ist; man zieht über denselben einen Sack, klemmt ihn mit dem Bügel B an der Nase C fest, und braucht dann keine Hülfe zum Aufhalten beim Einfüllen. Die Erfindung stammt aus Nordamerika. Dort werden überhaupt die Handgeräthe in einer Vollkommenheit und Mannichfaltigkeit gefertigt, wie sonst nirgends. Sprichwörtlich berühmt geworden ist darunter die amerikanische Axt, mit ihrem handlich geschwungenen Holm (Stiel) und Griff und der nach jeder Seite hin eiförmig abgerundeten Gestalt ihres Bartes (Eisen), wodurch sie sich immer nur an zwei Punkten in einen Spalt klemmen, daher leicht heraus gezogen werden kann, was die Arbeit damit außerordentlich erleichtert. Es gibt noch eine Menge von kleineren amerikanischen Geräthen, die sich als nützlich in der Hauswirthschaft erweisen, wohingegen leider die Bemerkung nicht unterdrückt werden mag, daß man in Deutschland ihrer Verbesserung nur sehr wenig Aufmerksamkeit widmet. Es ist aber kein Zweifel, daß man durch ein gutes Handwerkzeug nicht blos die Arbeit fördert, sondern auch bei gleichem Erfolg den Körper weit weniger ermüdet. Es ist daher eine übel angebrachte Sparsamkeit, wenn der Landwirth um einer geringen Mehrausgabe willen ein gutes Geräth nicht anschafft und bei dem alten bleibt, obgleich er von ihm weiß, daß es weniger leistet. Uebrigens giebt es auch in Deutschland einzelne Handgeräthe von sehr gutem Material und zweckmäßiger Gestalt, welche andere Länder nicht besitzen. So übertreffen die steyrischen Sensen jedenfalls die englischen und amerikanischen und der deutsche Karst, die zweizinkige Haue, ist ein ganz vorzügliches Werkzeug für viele Vornahmen, welches sich sogar nach England übergepflanzt hat. Uebrigens gilt der Grundsatz, daß man das Nützliche mit dem Schönen zu verbinden suchen solle, insbesondere für die Herstellung der Handgeräthe, deren zierliche Form, durch besseres Material erreicht, schon von vorn herein eine Empfehlung für sie ist. Durch die allgemeine Anwendung der Pferdehacken und anderer Spanngeräthe haben übrigens die Geräthe für die Hand einen großen Theil der Wichtigkeit verloren, die sie ehedem besaßen. Gerade aber weil sie für den kleinen Betrieb auch gegenwärtig noch am nothwendigsten sind, sollte auf ihre Herstellung behufs Arbeitsersparniß, doppelte Aufmerksamkeit verwandt werden.

Düngergabel.

Brackell'scher Handpflug.

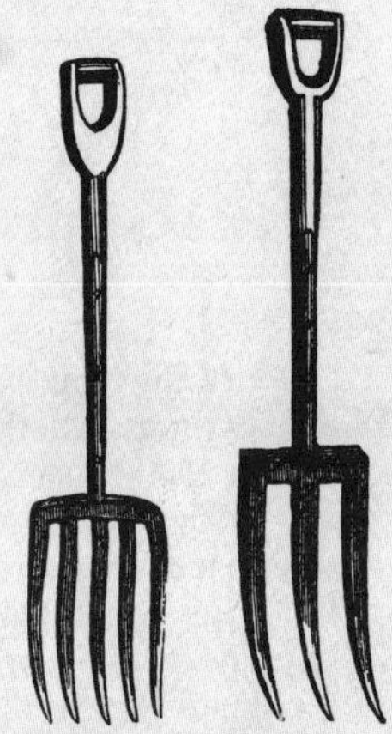

Englische Grabgabeln.

Hungerharke.

Schottische Reffsense.

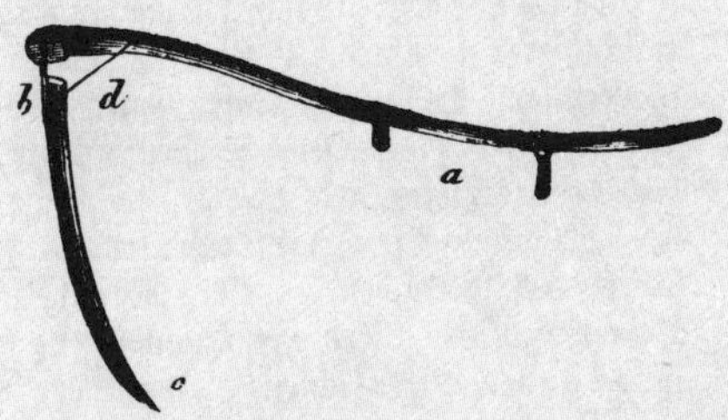

Englische Grassense.

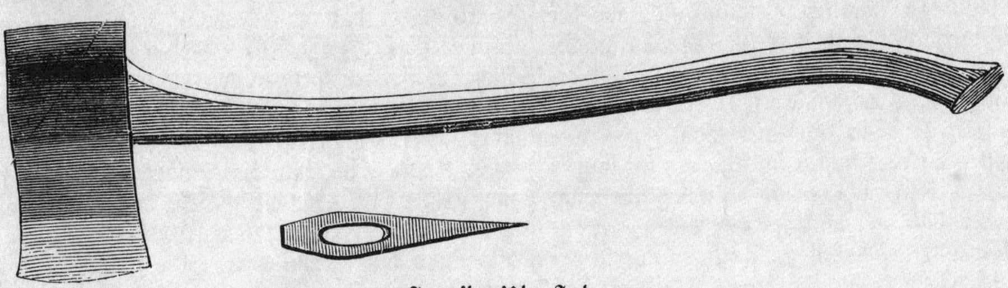

Amerikanische Axt.

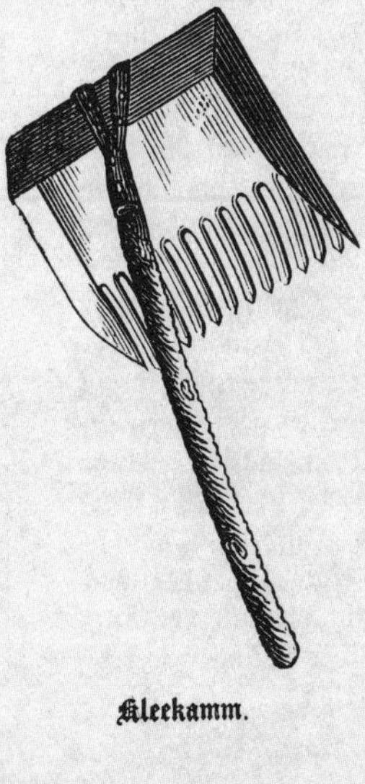

Kleekamm.

Verbesserter Sackhalter.

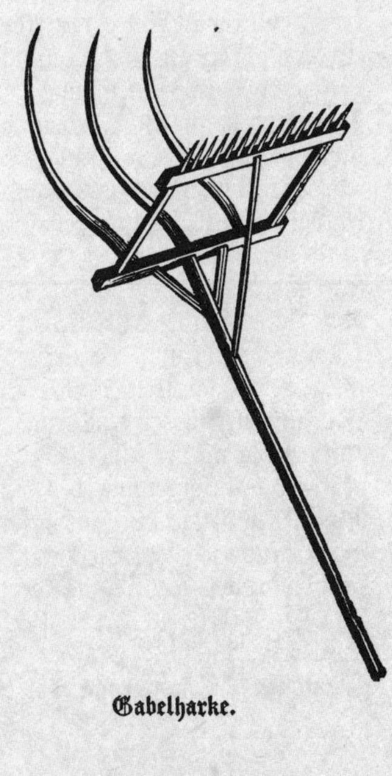

Gabelharke.

1. Das Pferd.

Der Ackerbau bedarf sowohl des Ersatzes der dem Boden entzogenen Bestandtheile, der ihm nicht besser und billiger als in dem Stalldünger geboten werden kann, als auch der Beihülfe von größeren Kräften zur Arbeit, als der menschlichen. Diese liefern ihm die Hausthiere. Außerdem aber verwerthen dieselben durch ihre gesuchten, unentbehrlichen Erzeugnisse wiederum diejenigen des Feldes und der Wiese in einer Weise, wie dies bei unmittelbarem Verkaufe der letzteren nicht möglich wäre. Die Viehzucht ist daher nicht, wie man früher geglaubt hat, ein nothwendiges Uebel, sondern steht sehr berechtigt neben dem Feldbau. Sie erstreckt sich, wie männiglich bekannt, auf folgende Hausthiere: 1. Pferd. 2. Rind. 3. Schaf. 4. Schwein. 5. Ziege. 6. Geflügel: Hühner, Gänse, Enten, Tauben, Truthühner und Ziergeflügel. 7. Bienen. 8. Seidenraupen. 9. Fische. — Unter den Arbeitsthieren steht obenan das Pferd, das edelste Thier der Schöpfung, seit Jahrtausenden der Freund und treue Gefährte des Menschen. Seine Stammeltern kennen wir nicht. Das männliche Pferd heißt Hengst, das weibliche Stute, das junge Füllen oder Fohlen; verschnittene männliche Pferde werden Wallachen genannt. An verschiedenen Pferderassen sind zu nennen: 1. Die Turkomanische, die älteste von allen. 2. Die Arabische, die edelste. 3. Die englische Vollblutrasse, aus der vorhergehenden zu Rennpferden gezüchtet. 4. Die Spanische. 5. Die Französische. 6. Die Flamändische. 7. Die Polnische. 8. Die Mecklenburgische. 9. Die Hannöversche. 10. Die Preußische. 11. Die Dänische. 12. Die Inselrasse (Ponies). — Die Eigenschaften eines guten Pferdes treffen im Allgemeinen immer zusammen, gleichviel, zu welchem Zweck es bestimmt sein mag. Wer Pferde züchtet oder hält, der muß sich vor Allem bekannt machen mit den Fehlern und Gebrechen, welche ihren Werth beeinträchtigen. Die äußerlichen Mängel des Pferdes sind die folgenden: 1. Die Genickbeule, durch Quetschung entstanden. 2. Der graue Staar, Trübung der Kristalllinse des Auges, woraus Entzündung und Mondblindheit entsteht. 3. Der Nasenausfluß, welcher das Pferd der seuchenartigen Rotzkrankheit verdächtigt. 4. Die Zahnfistel, Geschwür an der Backzahnwurzel. 5. Die Drüsenanschwellung im Kehlgang. 6. Der Kropf. 7. Der Aderkropf, entsteht in Folge des Aderlassens. 8. Der Mähnengrind, ein Ausschlag am Halskamm. 9. Der Widerristschaden, ein Geschwür durch Quetschung. 10. Die Brustbeule, ebenfalls. 11. Narben am Bug, Spuren von Eiterbändern wegen Buglähme. 12. Die Stollbeule, Balggeschwulst durch Quetschung. 13. Die Vorderkniegalle, sackartige Erweiterung des Kniegelenkbandes mit Anfüllung von Feuchtigkeit. 14. Die Flußgallen, ebensolche Erweiterungen der Sehnenscheide und des Köthengelenkbandes. 15. Die Schale oder der Leist, Knochenauftreibung und Verwachsung des Gelenks zwischen Fessel und Kronbein. 16. Die Hornkluft, Vertiefung an den Wänden des Hufs in Folge von Kronentritten. 17. Der Knieschwamm. 18. Die Raspe, Hautgeschwür in der Kniebeuge. 19. Das Ueberbein, Knochenauftreibung an der innern Seite des Unterfußes. 20. Der Sehnenklapp, Anschwellung der Beugesehne. 21. Der Hornspalt, Riß in der Länge der Hornfasern. 22. Der Brandfleck, durch Satteldruck abgestorbene Haut. 23. Der Satteldruck. 24. Der Flankenbruch, Austretung der Gedärme in einen Bruchsack. 25. Der Nabelbruch. 26. Der Hodensackbruch. 27. Der Rattenschweif, Ausschlag an der Schwanzrübe. 28. Die Sprunggelenkgalle, Erweiterung des Sprunggelenkbandes. 29. Die Raspe, Hautgeschwür in der Biegung des Sprunggelenks. 30. Die Hasenhacke oder das Rehbein, Verwachsung der Gelenkflächen der Sprunggelenkknochen mit dem Schienbein. 31. Die Köthengalle, Erweiterung des Köthengelenkbandes. 32. Die Mauke, rothlaufartige Krankheit mit Anschwellung des Unterfußes. 33. Die Piephake, Balggeschwulst auf der Sprunggelenkferse. 34. Der Spath, Verwachsung der Sprunggelenkknochen. 35. Der Blutspath, Erweiterung der Blutader des Sprunggelenks. 36. Der Straubfuß, Ausschlag an Krone und Fessel des Fußes. — Als landwirthschaftliche Gebrauchspferde zieht man allen Anderen diejenigen Rassen vor, welche Kraft, Gelehrigkeit, Gesundheit, Frömmigkeit und Ausdauer als Eigenschaften mit einander vereinen, ohne plump zu sein; im Aeußeren gleichweit entfernt von der riesigen Gestalt der flandrischen Karrenpferde, wie von dem feinen Knochenbau des Vollbluts. Von deutschen Pferden eignen sich die Hannöverschen, Holsteinischen, Mecklenburgischen und Ostpreußischen am besten für den Acker. Noch vorzüglicher sind aber einige englische Rassen, unter welchen diejenige von Suffolk den Preis verdient. Ein Suffolk Zuchthengst ist das Musterbild eines schönen, kräftigen Vaters zur Hervorbringung eines tauglichen Pferdeschlags für die Landwirthschaft; daher hat man neuerdings schon viele zu diesem Behuf in Deutschland aufgestellt. Neben ihnen wird auch die französische Rasse der Percheronpferde bevorzugt, welche jedoch im weichen Boden nicht so gut sind, wie die englischen. Man soll übrigens keinen Hengst zur Zucht wählen, von dem man nicht weiß, daß er eine gute Abstammung hat und so frei als möglich von Fehlern ist. Besonders sehe man auf einen kräftigen, gedrungenen Bau, auf eine vortheilhafte Gestalt, auf mittleres Alter und gute Gemüthsart. Die Zuchtstute soll von mittlerer Größe, guter Herkunft, breit gebaut, frei von erblichen Fehlern und wenigstens über vier Jahre alt sein. Der Farbe nach unterscheidet man: Schimmel (Glanz-, Apfel-, Schwarz-, Eisen-, Grau-, Roth-, Fliegen-, Brand-, Zimmetschimmel); Isabellen (gelb); Füchse (Roth-, Kupfer-, Gold-, Hell-, Schwarz-, Kohl-, Dunkel- und Schweißfüchse); Braune, Mausefalben, Rappen (Glanz-, Kohl-, Sommerrappen); Schecken und Tiger. Die braune Farbe, die verbreitetste, ist auch die vortheilhafteste. Helle Farben verlangen mehr Arbeit im Stall wegen der Reinigung. Das naturgemäßeste Futter für die Pferde ist das Heu, nächst dem Hafer und Stroh (Häcksel). Außerdem füttert man Kleie, Klee, Luzerne, Möhren, Pastinaken, Topinambur. Die Fütterung muß immer zu bestimmten Stunden und zu rechter Zeit geschehen. Täglich muß das Pferd mit Striegel und Kardätsche sorgfältig gereinigt, so oft als möglich auch in einer guten Schwemme gebadet werden, Krippen, Raufen und Eimer sind stets völlig rein zu halten. Die Behandlung des Pferdes sei sanft und geduldig; alle üblen Eigenschaften böser Pferde sind durch Neckereien und fehlerhafte Behandlung derselben in der Jugend entstanden. Vorsicht ist nothwendig, wenn man sein Pferd in einen fremden Stall zu stellen gezwungen ist, der Ansteckung wegen. Der Pferdemist hat eine schärfere Ausdünstung, als derjenige anderer Thiere; um den schädlichen Einflüssen derselben zu begegnen, ist seine öftere Entfernung nöthig. Außerdem kann man ihn auch täglich mit einigen Händen voll Gyps oder Torferde überstreuen, um das sich entwickelnde Ammoniak zu binden; dadurch wird zugleich der Dünger werthvoller, weil reicher an nutzbaren Bestandtheilen.

Aeußerliche Mängel des Pferdes.

Suffolk-Zuchthengst.

1. Das Pferd.

Die Leistungen des Pferdes beruhen auf dessen Beinen und Füßen; ist der Fuß nichts werth, dann ist auch das Pferd nichts werth. Daher die außerordentliche Wichtigkeit der Lehre vom Hufbeschlag, welche gewissermaßen den Grundbau der gesammten Pferdewissenschaft bildet. Leider ist ihr bisher noch zu wenig Aufmerksamkeit zugewendet worden, namentlich entschließen sich die gewöhnlichen Hufschmiede nur schwer zu Neuerungen, wenn dieselben auch besser sind, als das alte Verfahren. Es wird aber mit der Zeit immer besser und dazu kann der Landwirth das Seinige beitragen, wenn er sich selbst genaue Kenntniß des Hufes verschafft und mittelst derselben seinem Schmiede sagen kann, wo dieser fehlt, und wie er es selber gemacht haben will. Die meisten Krankheiten der Beine, fast sämmtliche Lähmungen des Pferdes haben ursprünglich ihren Sitz im Huf, kommen von einer fehlerhaften Behandlung desselben. Wenn man bedenkt, daß sowohl unsere Kunststraßen wie der Winterfrost es nothwendig machen, den für feste Grasebenen geschaffenen Huf des Pferdes mit einem Eisen zu bewaffnen, welches nicht anders befestigt werden kann, als mittels Aufnageln, so muß man es bei nur einigem Nachdenken begreiflich finden, daß das Beschlagen mit äußerster Sorgfalt und Vorsicht ausgeführt werden muß. Dies geschieht aber noch gar selten; die meisten Hufschmiede betrachten den Perdehuf als eine todte, unempfindliche Masse aus einem Stück; höchstens, daß sie wissen, es gehe „ins Leben," wenn sie mit dem Nagel zu hoch oder tief gerathen. Der Huf ist aber keineswegs blos ein Stück Horn, er ist ein vollständiger Fuß mit zusammengewachsenen Zehen und Nägeln. Zur Veranschaulichung dessen betrachte man den gegenüber von unten und von der Seite in natürlicher Größe abgebildeten Huf eines fünfjährigen Ponys (Zwergpferd), ein Muster der gleichmäßigen und gesunden Bildung. Die Bodenfläche stellt sich so dar, wie sie zum Aufschlagen des Eisens zugerichtet werden muß. Folgende Theile sind deutlich unterscheidbar: a. Die Zehe, gut abgeraspelt, zur Auflegung des vorne emporgekrümmten Eisens; a 1. die innere Zehe; a 2. die äußere Zehe; b 1. die innere Seitenwand; b 2. die äußere Seitenwand; c 1. die innere Trachte; c 2. die äußere Trachte; ddd. die Sohle; ee. die Hornwand; f f. die Eckstreben; gg. die Strahlfurchen; hkl. der Strahl; h. der Theil, welcher gerade unter dem Strahlbeingelenke liegt; k. die Strahlgrube; l. die erhöhte Begränzung der Strahlgrube; ii. die Ballen. Die Seitenansicht zeigt die äußere Seite des nämlichen Hufs mit aufgeschlagenem Eisen; theilweise bemerkt man auch hier das Innere des Hufs. a. Die Zehe des Eisens über die Abnutzungsfläche aufgerichtet; bb. das Eisen, welches überall gleich stark sein muß; c. die Nieten; d. die Vertiefung, worin die Fleischkrone liegt, die das Horn erzeugt; e. die dünnen Hornstreifen, Hornblättchen, welche den innern Theil der Wand bedecken. — In seinem Innern hat der Huf 3 Knochen, das Strahlbein, einen Theil des Kronenbeins und das Hufbein; sie vereinigen sich zur Bildung des Hufgelenks. Der kleinste dieser Knochen, das Strahlbein, ist höchst wichtig; von seinem regelmäßigen Zustande und dem des Strahlbeingelenks, welches durch den Knochen und die unter demselben nach dem Hufbein hinlaufende Sehne — Beugesehne des Hufbeins — gebildet wird, hängt hauptsächlich die Brauchbarkeit des Pferdes für den Menschen ab. Die Abbildungen zeigen zwei Ansichten des Strahlbeins. a. Die untere Fläche, welche, indem die Beugesehne darunter läuft, das Strahlbeingelenk bildet; 2. eine rauhe Fläche zur Befestigung eines Bandes. b. die obere Fläche. 1. diejenige Fläche, durch welche das Strahlbein mit dem Hufbein verbunden ist; 2 2. die Fläche, welche einen Theil des Hufbeingelenkes ausmacht; 3. eine rauhe, tiefgefurchte Fläche, woran das Strahl-Hufbeinband befestigt ist und Strahl- und Hufbein verbindet. — Das Kronbein ist beinahe viereckig, es ist um $1/5$ breiter, als hoch, liegt theilweis im Huf, theilweise über denselben hinaus, trägt das Fesselbein, und ruht auf dem Hufbein und Strahlenbein. In der Abbildung ist a die untere Fläche, welche einen Theil des Hufbeingelenkes bildet; b die obere Fläche, welche einen Theil des Fesselgelenkes ausmacht; c die rauhe Fläche, woran sich die Muskeln befestigen. — Der kleine Knochen des Strahlbeins ist auf seinen oberen und unteren Flächen mit einer zarten Schleimhaut überdeckt, welche sich leicht entzündet. Das Hufbein besteht gleichsam aus einem Körper mit Flügeln, ist in den Huf eingepaßt, mit dem es der Form nach übereinstimmt. In der Abbildung desselben ist a. die Zehe, an welcher man die Aufrichtung über die Grundlinie an den Seiten des Knochens, wie auch ihr raspelartiges Aussehen bemerkt; bb die Flügel des Hufbeins oder Hufbeinäste; c c Höhlungen oder Kanäle für die Pulsadern, welche das Blut zur Ueberdeckung des Knochens, wie auch zum Knochen selbst hinführen; dd Flächen, welche einen Theil des Hufbeingelenks bilden; e Körper des Knochens in seiner vielfach rauhen und raspelartigen Gestalt, zum festen Ankleben der Fleischblättchen, ebenfalls mit vielen Höhlen und Kanälen versehen, die den Durchgang der Blutgefäße schützen. — Die Kenntniß der genannten drei Knochen in ihrem Verhältniß zu einander und zu den übrigen Theilen des Hufs bildet den ersten Theil der Lehre vom Huf und seinem Beschlag. Wie sehr der letztere auf die Körpergestaltung einwirkt, geht daraus hervor, daß er dem Hufbein eine völlig andere Beschaffenheit verleiht. Sofort kann man das Hufbein des beschlagenen von dem des unbeschlagen gewesenen Pferdes unterscheiden. Denn das Eisen begränzt oder vermindert die Dehnbarkeit und sofort beginnt die Natur ihre Arbeit, um einen Ersatz hervorzubringen, ein neues Gebäude, welches anders gestaltet und für den veränderten Zustand passend eingerichtet ist. Der Hufbeschlag findet statt, um den Huf vor der schnellen, gewaltsamen und ungleichen Abnutzung und dem Absplittern und Abbrechen der Hufwand zu schützen. Es soll dabei vom Huf nur soviel weggenommen werden, als abgestorben und zur Last ist, sonst raubt man den weichen empfindlichen Theilen ihren Schutz, macht die Hufe austrocknen, zusammenlaufen und fehlerhaft. Der Huf muß wie der Nagel an der Hand des Menschen betrachtet werden; schneidet man an demselben zu viel ab oder schabt oder raspelt man ihn zu dünn, so entstehen Schmerzen, Entzündungen, Geschwüre u. s. w. Bei dem Hufe ist ein solcher kranker Zustand immer hartnäckiger, weil die Last des Körpers schmerzhaft auf ihn wirkt. Die Wegnahme des überflüssigen Hornes geschieht mit dem Wirkmesser, das der Schmied nicht aufwärts, sondern flach führen muß; sie soll dem Hufe unten eine gleiche Fläche geben, damit die Körperlast auf alle Theile des Hufs gleich vertheilt ist. Um sicher wahrnehmen zu könnnen, ob die Wände gleich geschnitten sind, läßt man das Pferd auf eine ganz ebene Stelle treten und betrachtet den Huf genau von allen Seiten. Nur wenn eine solche Stelle nicht vorhanden ist, darf die Untersuchung dahin vorgenommen werden, daß der ausgeschnittene Huf mit dem halbweißen Eisen leicht berührt wird, wobei sodann die erhabenen Stellen braun gebrannt erscheinen, und leicht ausgeebnet werden können. —

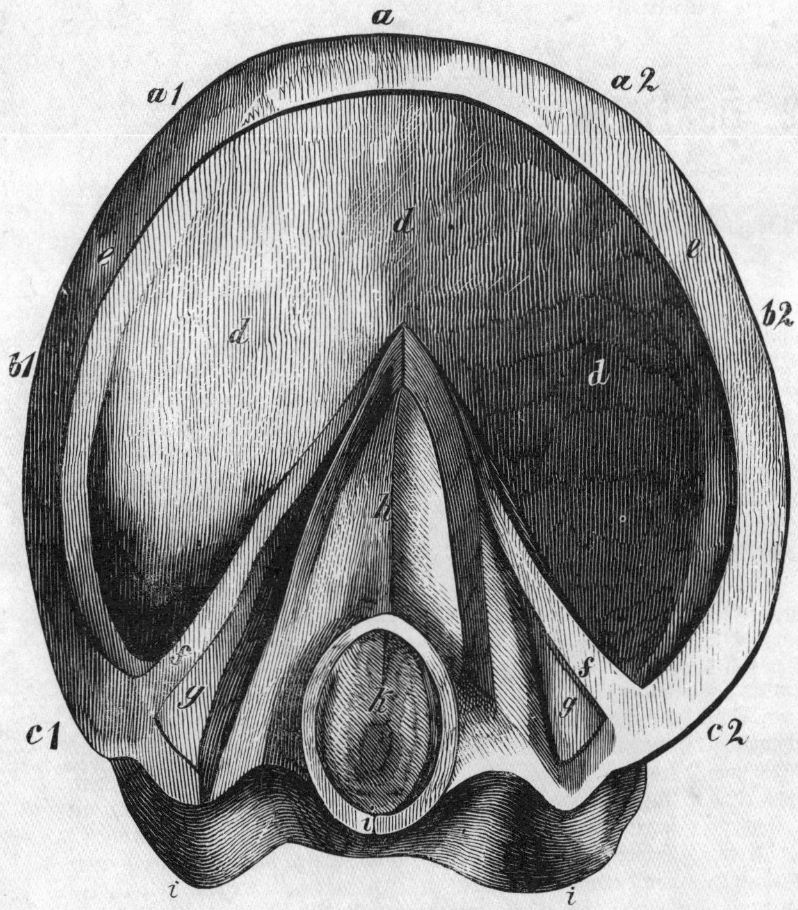

Bodenfläche des Hufs.
Von einem Pony.
(Natürliche Größe.)

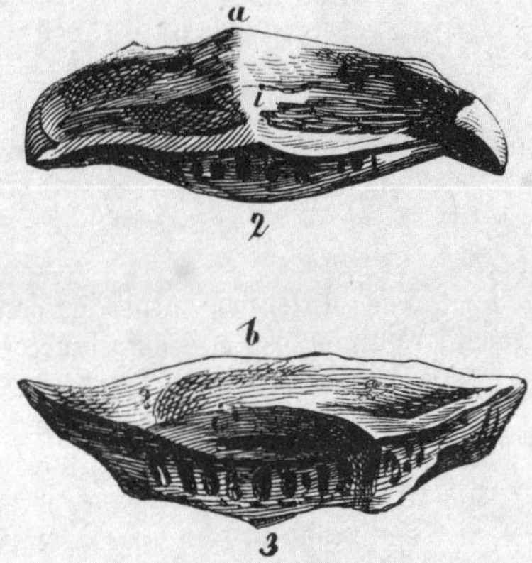

Das Strahlbein.

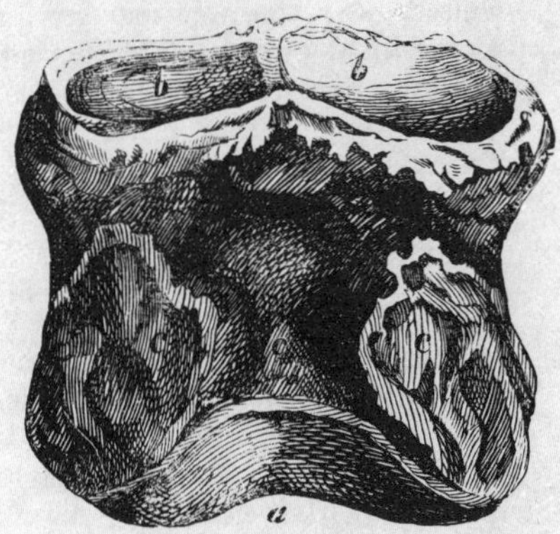

Das Kronenbein.

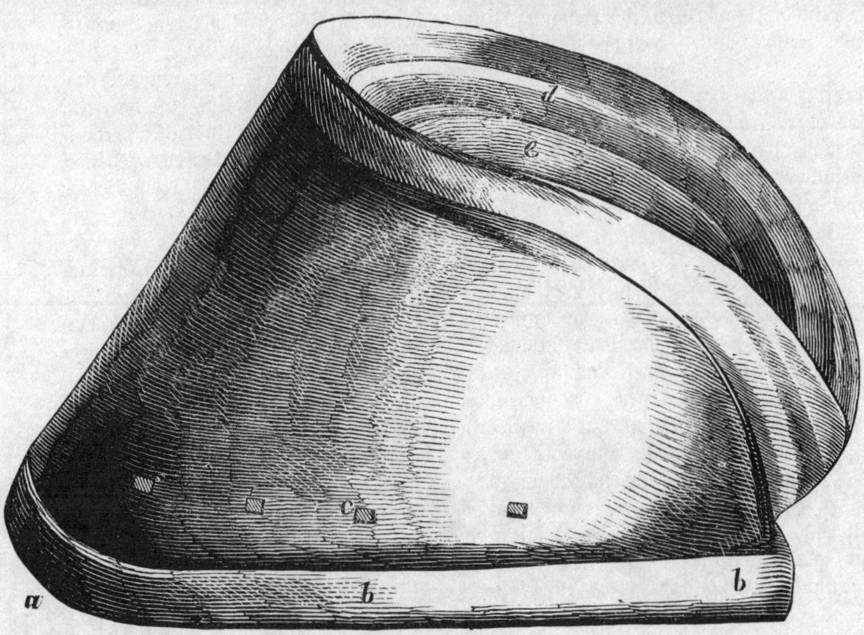

Beschlagener Huf von der Seite.
(Natürliche Größe.)

Das Hufbein.

2. Das Rind.

Das älteste von allen Nutzthieren ist die Kuh. Wir wissen mit Bestimmtheit aus aufgefundenen Ueberresten, daß sie von allen Thieren neben dem Hund zuerst gezähmt gewesen, in Heerden gehalten und mit Hülfe des letzteren gehütet worden ist. Allein vergebens sehen wir uns um nach den Stammeltern des Rindes; sie sind nirgends mehr zu finden. Zwar gibt es in Schottland, in dem ungeheuren Park von Chillingham, eine Heerde wirklich wilder Rinder von grauröthlicher Farbe, bösartig und nur auf der Jagd zu erlegen, welche daselbst seit vielen Jahrhunderten gehegt werden; allein, ob sie nicht blos verwildert sind ist zweifelhaft, während dies gewiß ist bei den wilden Rinderheerden Amerikas und der Falklandsinseln. Mit dem Auerochsen oder europäischen Bison, dessen einzige übergebliebenen Reste in einem Walde Litthauens unter sorgsamer Hut leben, ist das Hausrind zwar verwandt, ebenso mit den ostindischen Ochsen Zebu, Yak und Gayal — dagegen hinreichend unterschieden, um durchaus eine eigene Art für sich zu bilden. Durch die Pflege des Menschen ist diese seit vielen Jahrtausenden geworden, was sie ist; die meisten unserer Hausthiere wie Nutzpflanzen haben auf die gleiche Weise Heimath und Abstammung verloren. — Der Landwirth hält das Rindvieh zur Erzeugung von Milch und Fleisch, zur Leistung von Arbeit; außerdem schätzt er den Mist desselben als den Grundstock seines Düngerbedarfs. In vielen Gegenden, in den Marschen der Meeresküsten und Flußniederungen, auf den ausgedehnten Weiden dünnbevölkerter Landstriche, auf den kräuterreichen Matten der Alpen bietet die Rindviehzucht das Mittel zur vortheilhaftesten Ausnutzung des Bodens. Von den örtlichen Verhältnissen hängt es ab, auf welche Weise dies erzielt wird in der vorzugsweisen Gewinnung einer derLeistungen dieser Thiere. Hiernach ist denn auch die Auswahl der Rassen oder Schläge zu treffen, welche man halten will, ebenso diejenige der Zugthiere selbst. Es gibt aber Eigenschaften, welche allen Rassen gemein sein können und deren Besitz von Thieren gefordert werden muß, welche zur Zucht vorzüglich geeignet, also nicht blos von schönem, sondern auch von nutzbarem Körperbau sind. Als allgemeine Eigenschaften sind zu fordern: a. Rasse und Abkunft, welche sich durch Milchergiebigkeit oder Mastungsfähigkeit oder Arbeitstüchtigkeit oder sonst vorzügliche Leistungen auszeichnen. b. Frisches, gesundes Aussehen, Entwickelung in gefälliger Gestalt und Farbe. c. Beträchtliche Größe, hinreichend schwer und kräftig, ohne plump und grobknochig zu sein. d. Lose aufliegende, fein behaarte, weiche und glatte Haut. Die erforderlichen Kennzeichen der Beschaffenheit der einzelnen Körpertheile veranschaulichen die bezifferten Abbildungen von Stier und Kuh. A. Kopf- und Halstheile. 1. Der Kopf sei leicht und klein, bei der Kuh weiblich, bei dem Stier breit, kräftig, überhaupt von entschiedenem männlichem Charakter. 2. Das Auge lebhaft, weit geöffnet, klar und sanft, nicht eingesunken. 3. Das Gesicht fein behaart, trocken. 4. Das Maul fein und weich. 5. Nase und Nasenspiegel breit, feucht, beweglich, ohne erregtes Aufreißen. 6. Ohren groß, frei vom Kopf abstehend, nicht schlaff herabhängend, nicht lauschend. 7. Hörner glatt, ohne Schuppen, gleichmäßig verjüngt, gut angesetzt, fein und sanft gekrümmt. 8. 9. Hals, dessen Kamm und Seiten nicht zu lang, leicht auf den Schultern sitzend, Kamm bei Kühen zart und mager, bei Bullen breit und dick, doch ohne starke Fettwulst. 10. Kehle und Behang bei Kühen zart mit weicher Haut ohne grobe Falten; bei Bullen stark, wulstig, faltenreich. B. Andere Vordertheile. 11. Widerrist oder Bug sanft gewölbt, ohne merkliche Rückenvertiefung, breit, die Schultern wenig überragend. 12. Schultern mäßig schief gestellt, mehr senkrecht nach dem Rumpfe, breit, fleischig und beweglich. 13. Vorderschenkel von der Schulter ab geradegestellt, gleichmäßig weit von einander, von der Seite breit und stark bis zum Knie. C. Mittlere Körpertheile. 20. Rücken, gerade vom Widerrist bis zum Kreuz, nicht eingesenkt, breit. 21. Rippenseite in hohem Bogen regelmäßig rund gewölbt. 22. Brust breit, weit und schön gerundet (Hauptzeichen von Gesundheit, Kraft und Nutzbarkeit.) 23. Lenden in gleicher Richtung mit dem Rücken verlaufend, breit, doch ohne Einsenkung. 24. Flanken (Hungergrube) voll, nur mäßig vertieft, nicht scharf abgegränzt. 25. Bauch gleichmäßig nach allen Richtungen tonnenförmig gerundet. 26. Nabel oder Schlauch mäßig groß, deutlich gerundet und ganz trocken. 27. Euter und Hodensack; ersteres voll und groß, nicht fett und nicht rauh, fein behaart, weich mit 4 feinen, geschmeidigen, gleichmäßig milchenden Zitzen; letzterer nicht schlaff. D. Hintere Theile. 28. Kreuz breit, stark, gerade, nicht abgeschliffen. 29. Hüften gut verdeckt mit starker Fleischlage. 30. 31. Schwanzwurzel nicht zu hoch; Schwanz fein. 32. Hinteroberschenkel fleischig, gleich weit von einander. 33. Leisten, regelmäßig, senkrecht. 34. Unterschenkel nur mäßig abfallend. E. Beine. 14. Vorderbeine, gerade, nicht eingebogen, kräftig, aber leicht. 35. Hinterbeine gerade, nicht steif, nicht weifend. Sprunglauf breit und stark. 15. Kothgelenk wohlgerundet. 16. Fessel mäßig lang, etwas schief gestellt. 19. Huf oder Klauen glatt, fest und zähe, nicht zu stumpf und flach, ohne spitze Zehen. — Das sind die allgemeinen Kennzeichen guter Rinder. Die besonderen finden sich vertreten in den verschiedenen Rassen zur Mästung, Arbeit und Milcherzeugung. Unter ihnen wählt sich der Züchter ein Vorbild, dem er seinen Stamm nachzubilden bestrebt ist. Wer also z. B. in der schottischen Ayrshire-Kuh, einer der besten Milchgeberinnen, ein wünschenswerthes Muster erblickt, der hat seine Zucht darauf zu richten, Milchergiebigkeit mit Ausdauer verbunden zu erreichen bei mittlerer Größe, leichtem Knochengebäude, gut ausgerundetem, am Hintertheil breitem Leib, kurzen Beinen und gefälligem Bau. Am raschesten erreicht er dies Ziel, wenn er sein eigenes Vieh durch Paarung mit dem schottischen verbessert, also durch Kreuzung, oder wenn er einen Stamm Ayrshire Vieh ankauft und in sich rein fortzüchtet, also durch Inzucht. Es kann bei beiden Züchtungsverfahren nicht fehlen, daß zuweilen Rückschläge eintreten, d. h. junge Thiere fallen, welche einen Nachlaß oder Rückgang der vererbten Fähigkeiten gewahren lassen; dem sucht man abzuhelfen durch Einführung von frischem Blute der reinen Rasse; man nennt dies Blutauffrischung. Um Thiere so züchten zu können, daß sie dem Landwirth den höchsten Gewinn abwerfen, muß derselbe nach bestimmten Grundsätzen verfahren, welche ihm die allgemeine Lehre von der Thier-Erzeugung angiebt. Heutigen Tages ist die Befolgung derselben durchaus nothwendig, wenn man nicht hinter den Anforderungen der Zeit zurückbleiben will. Der Viehzüchter hat, ohne der Natur Zwang anzuthun, deren Gesetze so zu handhaben, daß daraus dasjenige hervorgeht, was er erstrebt.

Ayrshire-Kuh.

2. Das Rind.

Das Rindvieh gehört bekanntlich zu den Wiederkäuern, Thiere, welche das zerkaute Futter wieder in den Schlund zurückführen und zum zweitenmal kauen. Hierzu ist ein vierfach abgetheilter Magen nöthig; das erst zerkaute Futter gelangt durch die Speiseröhre in den ersten Magen, den Pansen, tritt darauf in den zweiten, die Haube, aus dieser wieder herauf in den Schlund, und zurück in den dritten, den Blättermagen oder Kalender, aus diesem endlich durch den vierten, den Labmagen, in die Gedärme. Wasser und anderes Getränke wird nicht wieder gekaut. Das Alter des Rindviehs schätzt man auf 25 Jahre, weiß es aber nicht genau, da selten wohl Rinder an Altersschwäche und in naturgemäßen Verhältnissen sterben. Je nach Alter, Geschlecht u. s. w. hat das Rindvieh verschiedene Benennungen erhalten. Bis zum sechsten Monat heißt es Kalb, wenn männlich Ochsenkalb, Stierkalb, Bullenkalb, wenn weiblich Kuhkalb, Mutterkalb. Von da ab bis zur Paarung heißt das männliche Thier Stier, Faselrind; das weibliche Rind, Färse, Starke, Kalbin, Kalbel, Kalbe; ist das weibliche Thier nicht trächtig geworden, so heißt es Güstvieh oder Göltrind; hat es geworfen, Kuh. Das männliche empfängt von der Zeit der Mannbarkeit an den Namen: Zuchtochse, Zuchtstier, Sprungstier, Faselochse, Faselstier, Bulle, Farren, Stammochse, Hummel, Sentenfarr ꝛc. Es giebt sehr viele verschiedene Rassen des Rindvieh's, welche man gewöhnlich in zwei große Gruppen scheidet, diejenigen des Höhelands und die der Niederungen. Besser ist die Eintheilung nach der Farbe und der Körpergestalt. Es wird genügen, wenn wir hier die vorzüglichsten Rassen der wichtigsten Länder Europas kurz herzählen. 1. Das deutsche Landvieh. Dasselbe ist von Mittelgröße, von rother, gelber, fahler oder bunter Farbe. Im Futter ist es genügsam, giebt reichlich gute Milch, ist willig und ausdauernd im Zug, entwickelt sich aber langsam, mästet sich nicht leicht genug, und hat noch ein zu schweres Knochengerüste. Es gehören hierzu die Rassen vom Vogelsberg, im Großherzogthum Hessen, von der Rhön, dem Westerwald, Donnersberg, die Voigtländer, Egerländer ꝛc. Die Vervollkommnung derselben ist eine der dankbarsten Aufgaben der deutschen Landwirthschaft. 2. Die Mürzthaler in Steyermark und Oberösterreich, dachsgrau, liefern treffliche Zugochsen. 3. Die Holländer, Oldenburger und Friesen, schwarz und weißgescheckt, hochbeinig, mit abschüssigem Kreuz, liefern die meiste und beste Milch von allen Rindviehrassen. 4. Das Rindvieh von Angeln in Schleswig, von rother oder braunrother Farbe, mittelgroß, milchergiebig, willig im Zug, trotz großer Lebhaftigkeit leicht fett werdend, gehört zu den besten deutschen Rassen. 5. Die Algäuer, klein, zierlich, hellbraun, sehr schön und regelmäßig gebaut, genügsam, von gutem Milchertrag. 6. Die Schwyzer, mit großem, schwerem Körper, rothbraun und grau mit weißen Ohren und Floßmaul, verlangen viel gutes Futter, verwerthen es jedoch durch reiche Milcherzeugung. 7. Die Berner und Freiburger, roth oder gescheckt, schwer, mit besonders hoch angesetzter Schwanzwurzel und prächtigem Körperbau, gute Milchthiere bei reicher Fütterung. 8. Die Podolische Rasse in Ungarn, Rußland ꝛc., durchgängig grau oder fahl, mit großen, weit abstehenden Hörnern, liefert die besten Zugochsen unter allen, steht aber in den übrigen Eigenschaften zurück. 9. Das englische Durham- oder Kurzhornvieh, eine künstlich gebildete Rasse, weiß oder geblümt, getigert; mit ganz feinem Knochenbau, zarter Haut, tonnenförmigem Leib und von ebenso großer Frühreife als Mastfähigkeit. 10. Das Ayrshirevieh in Schottland, mittelgroß, meist von rother oder grauer Farbe, auch buntscheckig, mit niederem, leichtem Knochengerüste, gutgeformtem Leib, feinem Kopf und Hörnern, kann in Hinsicht auf die Verwerthung des Futters als die vorzüglichste Milchrasse gelten; mästet sich auch ziemlich leicht. 11. Die ungehörnten Rassen von Angus und Galloway in Schottland, sehr sanftmüthig, von guter Ertragsfähigkeit. 12. Die französischen Rassen der Charolais, Limousin, Auvergne, Bretagne ꝛc. 13. Die kleine Graubündtener Alpenrasse von mäusegrauer Farbe, wild und wenig verbreitet, welche für die älteste von allen europäischen Rindviehrassen gehalten wird. — Das naturgemäßeste Futter des Rindviehs ist Gras und Klee. Das Grünfutter soll täglich frisch geschnitten werden; sobald es eingefahren ist, wird es an einem geschützten Ort luftig ausgebreitet. Außer dem gemischten Wiesengras und Feldgras füttert man Rothklee, Luzerne, Esparsette, Wickfutter, Grünmais, Wurzelfrüchte, auch Getreideschrot, Stroh, Kaff, Biertäber, Branntweinschlempe u. s. w. Eine Kuh bedarf zur täglichen Sättigung durchschnittlich den dreißigsten Theil ihres Gewichts an gutem trockenem Wiesenheu oder einen Gleichwerth an anderen Futterstoffen. Durchaus nothwendig ist es, daß die Thiere in dem täglichen Futter die zu ihrer Ernährung und Erzeugung nutzbarer Stoffe nothwendigen Mengen an den verschiedenen Nahrungsbestandtheilen erhalten, ohne welches dies nicht möglich ist. Diese Nährstoffe sind: Proteïn (Stickstoffhaltige Körper) Fett, Kohlenhydrate (z. B. Zucker, Stärkemehl) und müssen dieselben in einem bestimmten Verhältniß zu einander stehen, welches, je nach dem Alter und dem Zweck der Thiere, von 1 Stickstoff bis zu 7 Fette und Kohlenhydraten, durchschnittlich 1 : 5 beträgt. Darnach würde eine Milchkuh von 900 Pfund Gewicht erhalten müssen täglich 26,755 Pfund Trockenfutter, bestehend aus 14,155 Stärkemehl und Zucker, 2,750 Stickstoff, und 0,764 Fett; dazu bedürfte es 30 Pfund Rübenpressel, 15 Pfund Runkelrüben, 10 Pfund Gerstenstroh, 9 Pfund Biertäber, 3 Pfund Roggenschrot und beträgt das Verhältniß des stickstofflosen zu dem stickstoffhaltigen Futter 5,9 : 1. Ueber diese wichtigen Verhältnisse muß sich Jeder klar zu werden suchen, welcher Vieh hält und nicht vergeblich füttern will. Es giebt zu diesem Zweck recht brauchbare Futtermischungen für Milchkühe ꝛc., welche Jeder im Hause haben und benutzen sollte. Uebrigens ist auch ein tieferes Eindringen in die Lehre nicht schwer, und durch viele gute Bücher dazu Gelegenheit geboten. Von Wichtigkeit für die Gesundheit des Rindviehs sowohl, als auch die Bequemlichkeit der Wirthschaft ist eine gute Stalleinrichtung. Der Stall soll im Winter mäßig warm, im Sommer luftig, aber nicht zugig sein. Außer den Luftlöchern dürfen Fenster zur Zulassung hinreichenden Lichtes nicht fehlen. Der Fußboden sei schwach geneigt, so daß der Harn leicht abfließt und die Streu nicht allzu feucht macht. Die Höhe des Stalls soll 10 bis 12 Fuß betragen. Die Decke muß beworfen sein, damit kein Staub vom Heuboden herab auf das Vieh fällt und das Futter nicht von der Ausdünstung des letzteren verdorben wird. Am besten ist immer ein Gewölbe auf eisernen Säulen. Jede Kuh braucht einen Raum von 9 Fuß Länge auf 5 Fuß Breite. Zu Krippen eignet sich Gußeisen gleichfalls am besten. Das Trockenfutter wird in eine Leiter-Raufe gefüllt. Frisches weiches Wasser als tägliche Tränke ist den Rindern unentbehrlich.

Deutsches Landvieh: Vogelsberger Rasse.

Das Rindvieh von Angeln.

3. Das Schaf.

„Das Schaf hat einen goldnen Fuß!" sagt das Sprichwort. Es ist ein wahres Wort, wenn man darunter versteht, daß man mittelst der Schafhaltung Ländereien und Bodenarten noch sehr gut auszunutzen vermag, welche auf keine andere Weise nennenswerthen Ertrag geben. Es war auch ein wahres Wort zur Zeit, als in Deutschland mit der Einführung der feinwolligen Merinoschafe aus Spanien die Erzeugung von feinster Wolle möglich ward, wodurch die Schafzucht binnen kurzer Zeit einen ganz unglaublichen Aufschwung nahm. Wenn sie auch heute noch in Deutschland in Bezug auf Wollerzeugung ohne Gleichen dasteht, so ist sie doch durch die Abschaffung der Hutgerechtigkeit, der Gemeindeweiden, der Brache, der Umwandlung von Weiden in Ackerland und das stets vermehrte Umsichgreifen des Pflugs sehr beschränkt worden und gewährt nicht mehr die ungeheueren Erträge, wie vor 50 Jahren. Andere, dünnbevölkerte Weltgegenden, Südrußland, Algier, Südamerika, Australien betreiben jetzt gleichfalls die Schafzucht mit Erfolg und sind auf den Wollmärkten gefährliche Nebenbuhler Deutschlands, das nur in der hochfeinsten Wolle unübertroffen ist. Für den kleinen Besitzer ist die Schafzucht am aller unerträglichsten geworden, wenn er den größten Theil des Jahres Stallfütterung üben muß und den Reinertrag von der Wolle nehmen will, wohingegen sie auch für ihn passend und einträglich wird, sobald er sich auf die reine Fleischzucht wirft und feiste Schlachtthiere liefert, deren Wolle die Nebensache ist. — Auch die Voreltern des Schafes kennen wir nicht mit Bestimmtheit; man glaubt, es stamme von dem Mufflon ab, einer wilden Schafart in den Gebirgen von Sardinien, Corsika und Nordafrika; hier und da wird sie als Wild in Parks gehalten, z. B. in Böhmen. Das Schaf gehört zu den Wiederkäuern; im ersten Lebensjahr heißt es Lamm, das männliche Bocklamm, Widderlamm, Stährlamm, das weibliche Mutterlamm, Zibbenlamm, Kilberlamm; bis sie zur Zucht gebracht werden, heißen die Schafe Göltvieh; nach dem Wechsel der beiden mittleren Milchschneidezähne im Alter von 1—1½ Jahren nennt man das Thier Jährling oder Zweischaufler; mit 2½ Jahren nach dem zweiten Zahnwechsel Vierschaufler, vierzahnig, das weibliche, jetzt zur Zulassung reife Thier Zeitschaf; mit 3½ Jahr wechseln die vorletzten, mit 4½ die beiden äußersten Schneidezähne; alsdann nennt man das Schaf vollzahnig, achtzahnig, oder sagt: es hat abgeschoben. Vom achten Jahr an nutzen sich die Zähne beim Schafe rasch ab und wird es selten so lange gehalten; doch soll es ein Alter bis zu 15 Jahren erreichen. Nach der Paarung heißen die männlichen Thiere: Bock, Stähr, Widder; die weiblichen Mutterschaf oder schlichtweg Mutter. Die zur Fettmästung bestimmten verschnittenen männlichen Schafe nennt man Hammel oder Schöps. Die Schafe werden gehalten wegen ihrer Wolle, wegen ihres Fleisches und Fettes, hier und da auch als Milchvieh, besonders zur Verfertigung von Käse. Das eigenthümliche und wichtigste Erzeugniß der Schafe ist ihre Wolle, deren Kenntniß und Beurtheilung einen ganz besonderen Zweig der Landwirthschaftswissenschaft bildet, die Wollkunde. Dieselbe lehrt die Eigenschaften des Wollhaars an und für sich, ferner im Stapel, endlich im Vließ, ebenso die Anforderungen kennen, welche der Käufer an die Wolle stellt, der Züchter demnach erfüllen muß. Wollkunde lernt sich nur auf dem Schafe, sagt das Sprichwort; d. h. sie kann nur durch Uebung und Vergleichung erlangt werden. Gewonnen wird die Wolle vom Schafe mittelst der Schur. Dieser soll aber die Wäsche der Wolle auf dem Thiere vorausgehen, welche besser ist, als diejenige der schon abgeschorenen Wolle; die letztere ist nur in solchen Gegenden üblich, in welchen, wegen Wassermangel, die erstere nicht stattfinden kann. Am besten eignet sich zur Schafwäsche ein weiches, fließendes Wasser mit reinem Sandgrund; Teiche 2c. sind weniger günstig. Die beste Art der gewöhnlichen Wollwäsche ist die folgende: die Schafe werden zuerst in der Schwemme eingeweicht und dabei von Personen, welche im Wasser stehen, so durchgearbeitet, daß alle Theile des Vließes vom Wasser erweicht werden. Dabei ist es sehr förderlich, wenn das angeschwellte oder in besonderem Behälter zu- und ablaufende Wasser nur langsam abfließt, weil der von den geschwemmten Schafen darin aufgelöste Fettschweiß seifenartig wirkt; doch darf das Wasser auch nicht sehr verunreinigt werden, weil sonst der Schmutz in die inneren Wolltheile dringt, der dann sehr schwer auszuwaschen ist. Mehrere Stunden nach dem Einweichen bleiben die Schafe im Stall zusammengesperrt, worauf dann das eigentliche Reinwaschen von Leuten, die im Wasser stehen, vorgenommen wird. Wenn man länger damit zuwartet, so wird leicht ein Theil des Vließes, insbesondere an den Spitzen, wieder trocken, was das Auswaschen sehr erschwert, weshalb man durch Angießen nachhilft; auch zieht sich je nach dem Wollcharakter leicht der Schmutz tiefer in die Wolle hinunter und ist dann viel schwieriger, beinahe gar nicht mehr herauszuwaschen. Beim Reinwaschen kommt es sehr viel darauf an, ausdauernde, in der Sache geübte und erfahrene Arbeiter zu hoben, welche, im Wasser stehend, die Thiere durch die Hand gehen lassen, das Vließ derselben an allen seinen Theilen durch Untertauchen, Reiben, Kneten durcharbeiten und rein zu bringen suchen. Sturzwäsche nennt man das Waschen mittelst eines in Rinnen von einer Höhe herabfließenden Wasserstroms; die Spritzwäsche geschieht mittelst kräftiger Wasserspritzen. Eine gute Wäsche ist von großem Einfluß auf den Werth der Wolle beim Verkauf. Zuweilen sucht man sie auch durch künstliche Zusätze von Seife, Seifenwurzel, Quillajarinde u. s. w. zu erzielen; dann heißt sie Kunstwäsche. Eine derartige Kunstwäsche wird folgendermaßen vorgenommen: Von Seifenwurzel (auf das Stück 3 bis 4 Loth gerechnet) wird eine starke Abkochung, 36 Pfund auf 150 Quart Wasser, unter stetem Umrühren bis zur Hälfte eingekocht. Zuerst werden dann die Schafe eingeweicht, dann, nachdem der Schmutz erweicht ist, mit Besen oder Bürsten aus Piassava gründlich gefegt, darauf kommen sie in den Stall. Am andern Morgen wird erst das eigentliche Waschen vorgenommen; es geschieht in drei Kübeln oder Wannen mit so viel Wasser, daß jedes Schaf ganz davon bedeckt wird, wenn es auf dem Rücken liegt. Zu dem Wasser kommen im ersten Kübel 2—3 Quart, im zweiten 1—2 Quart Seifenwurzellauge; der dritte enthält reines Wasser. Dadurch gehen nunmehr die Schafe indem sie gründlich bearbeitet werden. Je nach 2—3 Stück füllt man immer etwas Wasser und Lauge zu; sind 6 Stück fertig, so wird der erste Kübel ganz ausgeleert, der zweite zum ersten u. s. f. Nach dieser Behandlung läßt man die Schafe dann noch einmal durch den Teich schwimmen. Das Abtrocknen der Schafe muß so vor sich gehen, daß die Wolle nicht wieder beschmutzt werden kann. Am besten geschieht es auf einer rasigen Fläche, welche wo möglich etwas überschattet, auch ringsum eingezäunt ist.

Die Schafwäsche.

3. Das Schaf.

Die Umzäunungen, in welche die Schafe nach der Wäsche gebracht werden, sind überall vorhanden, weil es Gebrauch ist, die Heerden allnächtlich bei der Weide im Freien in einen Pferch zu bringen, damit ihre Auswürfe dem Boden als Düngung zu gut kommen. Hergestellt wird derselbe aus Hürden von Latten, von Flechtwerk oder Netzwerk; letztere sind die leichtesten, was berücksichtigt werden muß, weil der Schäfer sie zu schleppen hat; sie werden mittelst eingeschlagener Pfähle befestigt. Die Lattenhürden, aa (siehe Abbildung) werden am besten etwas schräge gestellt und mittelst schiefer Streben bb, welche in einem Holznagel c beweglich sind, an einem Pflock c in der Erde festhalten. Die Netzhürden werden zwischen senkrecht eingeschlagenen Pfählen aa so gespannt, daß die Enden der Stricke bb stets in der Mitte zwischen den Pfählen bei c zusammengeknüpft werden. Neuerdings ist man, wenigstens bei den feinen Schafen, von dem Pferch oder Hordenschlag abgekommen, und das mit Recht, weil sowohl die Gesundheit der Thiere leidet, als auch viel Düngerstoffe durch Verflüchtigung dabei verloren gehen. Am besten ist es, wenn die Schafheerde allabendlich in den Stall kommt. — Nächst der Wollerzeugung ist es die Fleischzucht der Schafe, welche wichtig und besonders für den kleineren Landwirth von Werth ist. Es versteht sich von selbst, daß zu dieser die Auswahl besonderer Rassen und Zuchtthiere geboten ist; ein Schaf, welches hochfeine Wolle liefert, ist nicht zugleich auch stets ein gutes Mastthier. Die Eigenschaften eines guten Fleischschafes vereinigen sich bei mehreren neueren, sogenannten künstlichen Rassen, besonders den englischen. — Die Schafe sind vielen Krankheiten und Uebeln unterworfen. Die allgemeinsten und gefährlichsten darunter sind: 1. Die Klauenseuche. 2. Die Fäule (Egelkrankheit, Bleichsucht). 3. Die Drehkrankheit. 4. Die Räude. 5. Die Pocken. 6. Die Trommelsucht. 7. Die Ruhr. 8. Die Lämmerlähme. Die Klauenseuche verläuft gutartig oder bösartig, sie ist eines der verbreitetsten Leiden. Allein häufig verwechselt man mit ihr ganz andere Krankheiten des Fußes, deren es eine ganze Reihe giebt. Betrachtet man den Fuß des Schafs, so gewahrt man unter dem Hufe das Kronenband, darunter das Hufbein, darüber das Kronenbein und nach hinten das Kahnbein, durch Bänder mit einander verbunden. Etwa einen Zoll hoch über der Fußfläche findet sich eine kleine Höhlung, der Zwischenzehencanal, diese Röhre geht nach unten und hinten zwischen die Zehen (die Nebenabbildung zeigt dies deutlich) und er ist es namentlich, dessen Entzündung Lähmungen hervorbringt. Während die Klauenseuche überhaupt eine Entzündung der inneren Gebilde des Fußes ist, treten neben ihr noch auf als häufig mit ihr verwechselte Fußkrankheiten der Fingerwurm, der Krebs, die Verschwärung des Zehen- und Krongelenks; bei der letzteren schwillt das Bein vom Knie ab stark an. Um das Thier dabei am Leben zu erhalten, ist nur das Wegschneiden der Zehe zu empfehlen. Es geschieht in folgender Weise: Nachdem das Schaf gelagert und befestigt ist, schneidet man zunächst das Haar ab und macht dann an der Außenseite einen halbkreisförmigen Schnitt (siehe Abbildung). Nun bildet man einen Hautlappen 1 den man nach oben in die Höhe schlägt, und durchsägt mit einer feinen scharfen Säge den Knochen ½ Zoll unterhalb des Fesselgelenks bei 2. Nun zieht man die Zehe nach unten herab, wodurch das Knochenende nach außen hervorkommt, dieses hält man dann mit der einen Hand fest, bringt mit der andern das Messer zwischen Haut und Knochen ganz hart an der Seite des letzteren ein und schneidet so ohne viele Schwierigkeit den noch übrigen Zusammenhang durch. Man muß hierbei sehr sorgfältig darauf achten, daß man den Zwischenzehencanal, sowie die Gelenke der stehenbleibenden Zehe nicht verletzt. Ist die Zehe entfernt und sind die Blutgefäße unterbunden, so näht man die Wunde zu, legt darüber einen leinenen, mit warmem Wasser angefeuchteten Lappen und macht einen Verband über Fuß und Schenkel. In allen Fällen muß darnach das Thier ein paar Wochen lang ruhig und warm gehalten werden. — Die Fäule, von schlechtem, wässerigem Futter herrührend, ist eine Erschlaffung der Schleimhäute; man heilt sie durch bittere Tränke und kräftiges Trockenfutter. Die Drehkrankheit ist das Auftreten des Bandwurm's der Hunde in der Gehirnhöhle der Schafe; sie ist unheilbar, verschwindet jedoch, wenn man die Hunde von den Schafheerden entfernt. Die Räude oder Krätze, ein juckender ansteckender Ausschlag, eine der lästigsten und verbreitetsten Schafkrankheiten, die jedoch leicht zu heilen ist durch Bäder von Abkochung aus Tabaksblättern mit einer Lauge von Kalk und Potasche. Dazu nimmt man am besten eine eigene Schafwasch-Vorrichtung, welche aus einer Kufe besteht, worein jedes Schaf der Heerde getaucht wird; auf einem daran angebrachten Tisch wird die Lauge noch tüchtig eingerieben und dann das Thier auf einer schrägen Ebene herabgleiten gelassen. Setzt man der Flüssigkeit noch Schwefel und Quecksilber zu, was jedoch einigermaßen gefährlich ist, so schützt man auch längere Zeit hindurch die Thiere gegen Insectenbelästigung. Die Trommelsucht entsteht durch Ueberfressen mit grünem Klee; es hilft dagegen der Bauchstich, auch Kalk, Tabak und Springkörner. Die Pocken der Schafe werden durch Impfung verhütet. Die Ruhr entsteht bei Lämmern durch Erkältung oder unzweckmäßige Ernährung; es läßt sich dagegen nicht viel thun. Ebenso gegen die Lämmerlähme; man giebt hier Spießglanzpulver oder Glaubersalz. Stets sorge man für gleichmäßige, richtig zusammengesetzte Ernährung, allmählichen Uebergang von der Winter- zur Sommerfütterung, Fernhaltung der Schafe von nassen, morastigen Weiden. Man treibe sie an heißen Sommertagen nicht zu sehr ab, vermeide die Berührung mit anderen Heerden, halte auf einen verständigen Schäfer und habe einen Vorrath von guten Arzneimitteln zur Hand. Häufig muß auch den Schafen zur Ader gelassen werden; dies geschieht auf der Backe mit der Lanzette, und ist ganz leicht zu verrichten, jeder Schäfer muß es verstehen. Die Krankheiten der Schafe, in welchen ein Aderlaß nothwendig und ein dringendes Mittel ist, sind Sonnenstich, Fallsucht, Schwindel und Blutschlag. An den Adern erkennt man auch den Gesundheitszustand des Schafes. Sind dieselben im Weißen des Auges sehr sichtbar und lebhaft roth und ist die Drüse im inneren Augenwinkel ebenfalls schön roth, so ist dies als ein Zeichen guter Gesundheit zu betrachten. Jeder Landwirth soll hinreichende Kenntniß in der Thierheilkunde besitzen, um sich in leichteren Fällen selber helfen zu können; in ernsteren gehe er dagegen sofort zum Thierarzt, aber zu einem wirklichen, geprüften, nicht zu einem Kurschmied oder sonst einem sogenannten Wunderdoctor! Bei eintretenden Seuchen ist dieser Rath ganz besonders zu beherzigen.

Langwolliges englisches Leicester-Schaf mit Lamm.

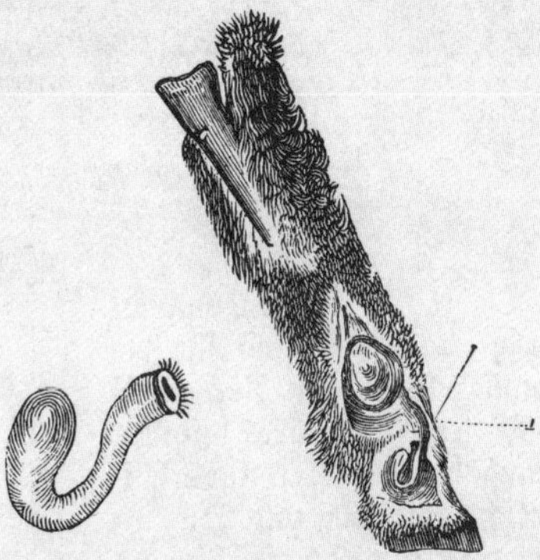

Der Fuß des Schafs.

Eigenschaften eines guten Fleischschafes.

Der Kopf sei lang und kahl; die Schnauze fein; die Augen vorspringend; die Ohren lang, breit und dünn. Die Beine müssen dünn, aber fest und kräftig, der Rumpf muß rund, wollreich sein und von der Seite gesehen nahezu wie ein regelmäßiges rechteckiges Viereck erscheinen. Die Schulter bei a soll sich wölben; die Brust bei g breit und behangen sein; die Rippen seien rund und weit gespannt; der Rücken bilde von a nach d eine gerade Linie. Die Wolle, welche hinter den Ohren bei i aufrecht empor und unter Hals und Bauch bei h, g, b und c abwärts wächst, sei überall gleichmäßig vertheilt und namentlich seien damit Bauch b und Schenkel c bedeckt.

Für mittleren und kleineren Betrieb muß die Hervorbringung von Fleisch bei den Schafen eine größere Wichtigkeit haben, als die Wollerzeugung.

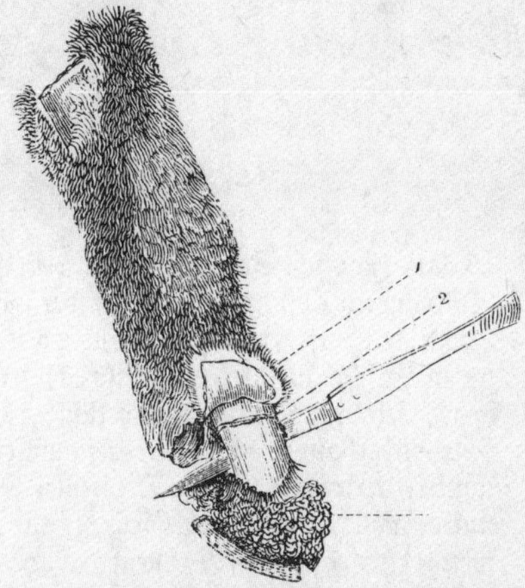

Heilung der Klauenseuche des Zehengelenks.

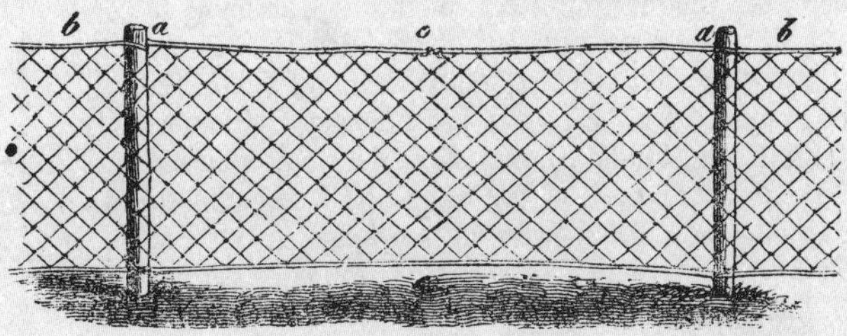

Schafhürde von Netzwerk.

Schafhürde aus Latten.

Schaf-Wasch-Vorrichtung gegen Räude.

Das Schwein.

Das Hausschwein, welches unzweifelhaft von dem europäischen Wildschwein abstammt, ist eines der nützlichsten Thiere wegen der Leichtigkeit mit der es sich auffüttern und mästen läßt, wegen des guten Geschmackes seines Fleisches, das sich gepökelt und geräuchert, sehr lang aufbewahren läßt, wegen der Ausgiebigkeit an Fett, überhaupt, weil sein gesammter Körper sich vortheilhaft nutzbar verwenden läßt. Die Zucht des Schweines ist aber auch um deswillen sowohl im Großen, als im Kleinen für den Landwirth empfehlenswerth, weil dadurch eine Menge von Abfällen und sonst werthlosen Futterstoffen auf das Beste verwerthet wird. Das Schweinefleisch ist daher auch die vorzugsweise Fleischnahrung auf dem Lande, insbesondere der kleineren Besitzer und der Arbeiter. — Das männliche Schwein heißt Eber, Hauer, Hacksch, Keuler, Baier, Kampe, Faselschwein; das weibliche Sau, Mutterschwein, Zuchtsau, Ferkelsau, Kosel, Bache; die jungen Thiere bis zu 2 Monaten Alter Ferkel, so lange sie saugen Milchschwein oder Spansau; später bis zur Paarung Läufer. Verschnittene männliche Thiere heißen Bark, weibliche hier und da Nonne. — Die Rassen der Schweine sind schwierig von einander zu scheiden und festzustellen. Es genügt die Aufstellung der folgenden: 1. Das deutsche Landschwein, langgestreckt, mit besonders schönen Speckseiten, hochbeinig, von schmutzig weißer Farbe; gute Schläge sind die fränkischen, die Düsselthaler, die Westfalen. 2. Das ungarische Schwein, mit großen Ohren, glatthaarig, ist groß und schlank, wächst aber nur langsam. 3. Das serbische Schwein, (die Mangalicza-Rasse), kraushaarig, mit nach vorn hängenden Ohren, kleinem Kopf und kurzen Beinen. 4. Das chinesische Schwein, kurz, fleischig, mit tonnenförmigem Leib, kurzen Beinen und meistens von schwarzer Farbe. 5. Die englischen Schweine, hervorgegangen aus Kreuzungen zwischen dem Landschwein und dem Chinesischen; sie zeichnen sich aus durch große Frühreife und Mastfähigkeit und man theilt sie in kleine oder große Rassen, von welchen die ersteren mehr von der chinesischen, die zweiten mehr von der deutschen Rasse haben. — Die Eigenschaften eines guten Zuchtschweins laufen darauf hinaus, durch dasselbe eine Nachzucht zu erzeugen, welche in möglichst kurzer Frist am meisten Fleisch und Fett ansetzt, demnach das Futter am besten verwerthet. Mit ihnen muß aber verbunden sein eine zweckmäßige Haltung und Fütterung, welche dieses Ziel begünstigt. Früher glaubte man, es sei gar nicht nöthig, auch den Schweinen eine besondere Pflege zu widmen. Neuerdings weiß man aber, daß sich dieselbe ebenso, ja noch weit höher lohnt, wie bei jedem andern Nutzthier. So ist man denn auch dahin gelangt, die elenden Ställe, die man früher gut genug für Schweine hielt, überall da abzuschaffen, wo man die Landwirthschaft mit Verstand treibt und dafür den Thieren gesunde, geräumige und reinliche Wohnungen anzuweisen. Eine vortreffliche Anlage von Schweineställen zeigen die gegenüberstehenden Abbildungen, welche sowohl im Ganzen, als im Einzelnen nachahmungswerth ist. (Die angegebenen Maße sind in französischen Metern, wonach sie am leichtesten umzurechnen sind). Der Grundriß des ganzen Schweinehofs zeigt die ganze Anlage. Die Längenseite ist nach der Sonne gerichtet; ein Wasserbehälter ist für die Gesundheit der Thiere höchst zuträglich. In der kleinen Hofabtheilung A befinden sich die Eberställe und der Sprungplatz; der große Hof B dient als Aufenthaltsort, wo sich die Thiere frei bewegen, auch an den Pfählen CC reiben können. Die Ställe DD sind für die Ferkel nach der Abgewöhnung bestimmt. Unter dem Vordach E sind die Behälter für das gegohrene Futter. Seitwärts befinden sich die Dampfküche, die Futtergährungsbehälter, der Futterhof, der Krankenstall u. s. w. Grundriß, Aufriß und Durchschnitt eines Gebäudes für 8 Schweineställe erklären sich von selbst. Das Dachsparrenwerk zeigt die einzelnen Sparren einfach durch nur einen Zapfen miteinander verbunden, was der Haltbarkeit nicht schadet. Der Reinlichkeit halber bekommen die Stallungen einen Rostboden, unterhalb desselben ist eine Jauchengrube FF angelegt. Bei ersterem sind auf 2 Balken GG Latten von 0,05 — 0,04 Meter Stärke aufgenagelt; der Zwischenraum der Latten aus Eichenholz JJ beträgt 0,03 M., der Rost ruht auf den Säulen H. Damit ein Thier beim Fressen nicht von dem andern belästigt werde, sind in der Vorderwand des Stalls bogenförmige Oeffnungen JJ in der Bohle K angebracht; Sandstein ist hier dem Holz vorzuziehen. M ist die Wand, N der Trog, O P der Bodenrost, R eine Oeffnung zum Behuf steten Luftdurchzugs in den Ställen. Der Durchschnitt einer Stallabtheilung verdeutlicht die ganze Anordnung. Dergleichen Musterställe sind nicht blos für große Güter, sondern für die kleinsten Besitzungen in der Ordnung, zumal ihre Herstellung weder schwierig, noch kostspielig ist. Um die Gesundheit der Schweine zu fördern und zu erhalten, ist den Thieren so lange, bis sie zur Mast aufgestellt werden, ein tägliches Maß an frischer Bewegung zu gönnen. Zu dem Ende ist bei größerer Zucht ein eigener Schweinehof wünschenswerth, oder man läßt sie heraus auf den Wirthschaftshof. Auf demselben füttert man die jungen Thiere am besten in kreisrunden Trögen aus Gußeisen, welche mit beweglichen Scheidewänden so abgetheilt sind, daß keines das andere beim Fressen hinwegdrängen kann. Das freie Umherlaufen hat aber auch seine Schattenseite, da nicht zu verhüten ist, daß die Thiere dabei mancherlei Schädliches genießen. Dies gilt insbesondere von den Resten todter Thiere, Mäuse, Ratten und Katzen, von welchen die Schweine die Trichinen bekommen sollen, kleine, nur mit Vergrößerungsgläsern sichtbare Eingeweidethierchen, die sich aus dem Magen des Menschen in dessen Muskeln einbohren, und, wenn in größerer Zahl, gefährliche Krankheitsfälle veranlassen. Da man an den Schweinen selbst nichts von der Beherbergung solcher schlimmen Gäste merkt, so ist immer einige Vorsicht nöthig. Glücklicherweise werden die Trichinen durch Kochen und Braten, Einpökeln und Räuchern unfehlbar getödtet, so daß nur der Genuß des rohen Schweinefleisches Vorsicht erheischt. Er thut dies auch mit Rücksicht auf andere, in den Schweinen vorkommende Schmarotzerthiere, die Finnen. Diese sind weiter nichts, wie unentwickelte Bandwürmer, die erst im Körper des Menschen den ihnen von der Natur angewiesenen Boden ihrer vollständigen Entwickelung finden. Es sind das dieselben lästigen Eingeweidethiere, welche dann durch die Hunde wieder auf die Schafe übertragen werden, in denen sie gleichfalls nicht zur Entwickelung gelangen, sondern wässerige Blasen als Mißbildungen in der Stirnhöhle und durch diese die Ursache der Drehkrankheit bilden. Auch die Entwickelung der Finnen wird zuverlässig verhindert, wenn die Schweine nicht Abfälle u. s. w. fressen können.

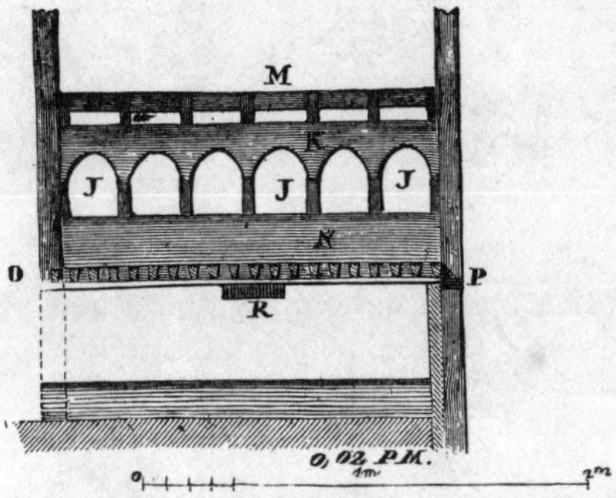

Aufriß der Vorderseite eines Stalls.

Eigenschaften eines guten Zucht-schweins.

Der Nacken von a nach b sei breit und voll; das Hintertheil von b nach c weit und rund; ebenso der Rumpf von c nach d; die Rippen in f seien breit gewölbt, tonnenförmig; das Schulterblatt bei g nicht hervorstehend; die Flanke von c nach e tief und voll; die Beine k seien kurz, fein und möglichst nackt. Der Rüssel i muß spitz und lang, die Backenmuskeln bei h sollen stark entwickelt, hängend sein. Dazu kommen feine, spitze, aufrechtstehende Ohren, klare, helle Augen, ein langgestreckter Leib, der von der Seite gesehen möglichst ein längliches Rechteck darstellt, und eine völlige Uebereinstimmung zwischen allen einzelnen Körpertheilen.

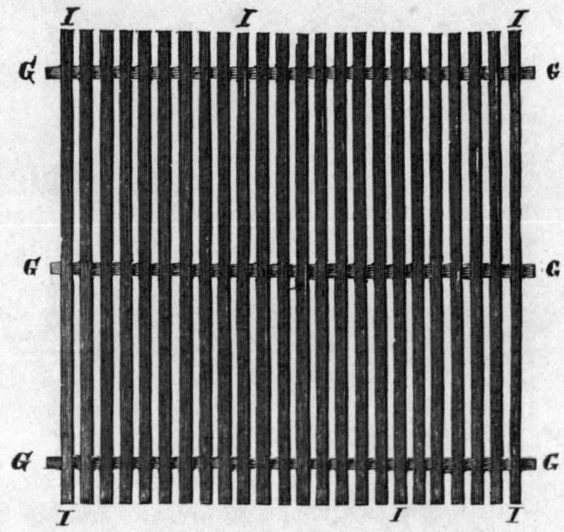

Rostboden der Schweineställe.

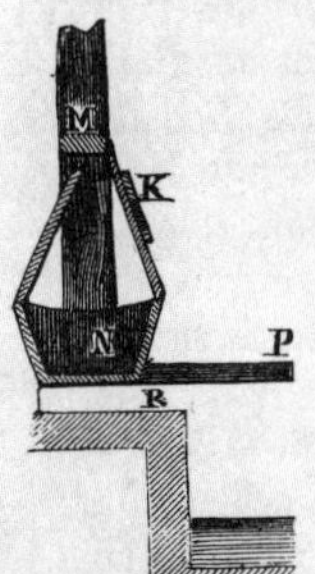

Durchschnitt einer Abtheilung.

Aufriß von acht Ställen.

Durchschnitt eines Stalls.

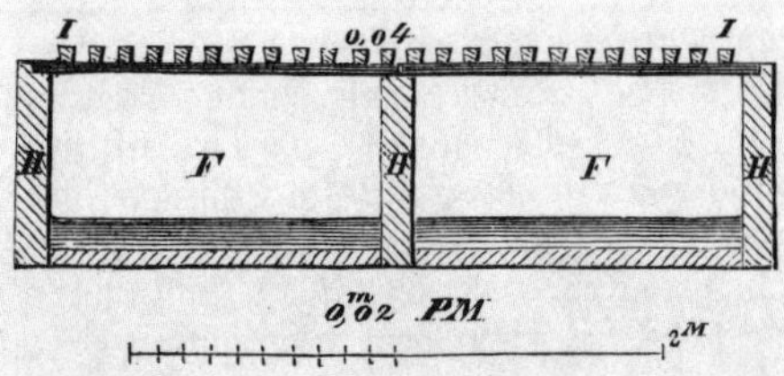

Durchschnitt der Grube unter dem Stalle.

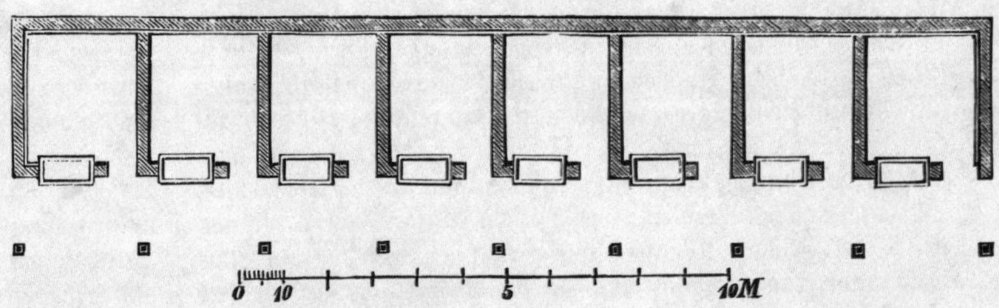

Grundriß für acht Ställe.

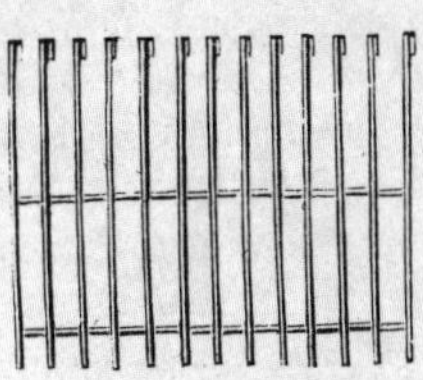

Dachsparrenwerk.

Kreisrunder Schweinetrog.

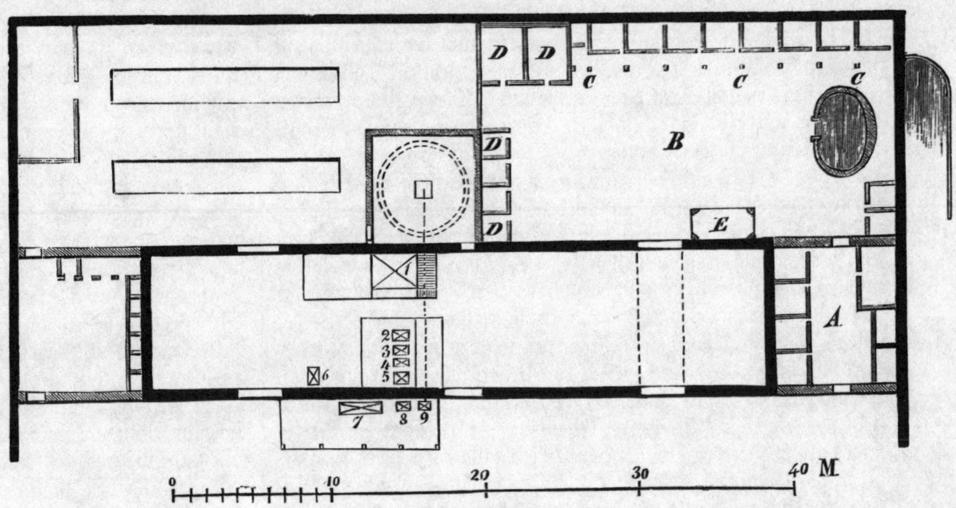

Grundriß des Schweinehofs.

Pläne von Schweineställen.

Fuhrwerk zu landwirthschaftlichem Gebrauch.

Zum Ausfahren des Düngers, zum Einbringen der Ernte, zum Verführen seiner Erzeugnisse und zu mannichfachen anderen Zwecken bedarf der Landwirth des Fuhrwerks oder der Geräthschaften zum bequemen Fortbewegen von größeren Lasten. Es giebt deren eine ziemliche Anzahl unterschiedlicher Art. Vor Allen kennt man Fuhrwerke mit und ohne Räder. Bei den Räderfuhrwerken ruht das Gestell, welches die Last trägt, auf einer Achse, welche selbst wieder von einer oder mehreren schmalen Walzen getragen wird. Diese Walzen sind die Räder, welche die gleitende Reibung in eine wälzende überführen; eine solche nimmt das geringste Maß bewegender Kraft zur Fortschaffung der Last in Anspruch. Zu den Radfuhrwerken sind zu zählen: 1. Schiebkarren, mit einem Rad, durch die Kraft des Menschen bewegt; 2. Pferdekarren, mit zwei Rädern (auch in einigen Fällen mit 3) für Thiere; 3. Wagen mit 4 Rädern, gleichfalls für Gespann. Fuhrwerke ohne Räder bewegen die Last einfach auf einem Gestell, das auf dem Boden fortgezogen, eine gleitende Reibung hervorbringt, die sich umsomehr steigert, je rauher, vermindert, je glatter der Boden ist. Zu ihnen gehören: Schleifen und Schlitten, das Muldbrett, sämmtlich Gespannwerkzeuge. Diesen gegenüber stehen die Handfuhrwerke. — Es ist eine alte Streitfrage, ob als Räderfuhrwerk solche mit 2 oder mit 4 Rädern, Karren oder Wagen zu wählen seien. Sie ist noch unerledigt, weil ihre Entscheidung durchaus von der Oertlichkeit bedingt wird. Im allgemeinen läßt sich sagen, daß das Fuhrwerk mit Karren für Gegenden geeigneter scheint, welche einen starken, gedrungenen und billigen Pferdeschlag besitzen. Ebenso ist es in größerer Ausdehnung vielleicht nur auf mittelgroßen und kleinen Besitzungen mit Vortheil anzuwenden, während auf großen den Wagen der Vorzug bleibt. Am besten wendet man aber beide nebeneinander an, so daß man mit Wagen die Ernte-, Stroh- und Heufuhren, mit den Karren dagegen das Verfahren von Erde, Dünger, Mergel, Wurzelwerk ꝛc. bewirkt. In England und Frankreich hat das Karrenfuhrwerk bei Weiten das Uebergewicht erlangt. Das französische Karrenfuhrwerk, die sogenannten Burgunder Karren, ist plump und schwer, es entspricht den gewaltigen Gestalten der Ardenner, Normänner und Percheron-Pferde. Eigenthümlich ist die Hemmvorrichtung der französischen Karren. Sie werden auch ausschließlich zu schwerem Lastfuhrwerk verwendet und man sieht oft Reihen von Pferden bis zu acht Stück davor gespannt. Die englischen Karren sind weit zierlicher, zweckmäßiger, dabei jedoch ebenso dauerhaft gebaut. Ihr bestes Muster ist der schottische Pferdekarren. Er ist ein Sturzkarren, worunter man einen solchen versteht, dessen Kasten sich in einer besonderen Achse derartig bewegt, daß nach Oeffnung einer Schließvorrichtung an dem Vorderbrett sich derselbe von selber, oder mit geringer Beihülfe nach hinten überstürzt und entleert. Der große Vortheil an Arbeitsersparniß geht hieraus deutlich hervor. Um Getreide, Stroh und dergleichen zu fahren, erhält der schottische Karren durch ein besonderes Lattengestell, die Ueberladleitern, die nöthige Verbreiterung seines Kastens. Seine Schließvorrichtung besteht aus einem durchlöcherten Eisenbügel, in welchen ein Stellnagel greift, der durch einen Hebel mit Handgriff regiert, augenblicks die Neigung des Kastens in beliebiger Weise gestattet. Bei dem englischen Kippkarren für Flüssigkeiten wird die Hebung des zwischen den beiden Rädern frei schwebenden Kastens durch eine Winde bewerkstelligt, welche auf den Scheerenbäumen liegt und mittelst der Aufrollung eines Tau's jede beliebige Neigung ermöglicht. Zur Ausfuhr von Jauche, zum Wasserholen oder Vertheilen sind dergleichen Kippkarren höchlichst zu empfehlen, da sie sich bei der Fortbewegung allmälich entleeren, indem der Fuhrmann neben her geht und die Winde mittelst der daran angebrachten Handhabe dreht. — Bei den Wagen liegt die Last vertheilt auf und zwischen zwei Achsen, der Vorder- und Hinterräder. Die letzteren werden stets größer gemacht, als die ersten; diese müssen so weit als möglich unter das Gestell laufen, des Wendens halber, während die Hinterräder vermittelst ihres größeren Durchmessers eine schiebende Gewalt gegen den Vorderwagen ausüben, daher den Gang erleichtern. Dies Verhältniß sieht man auch bei den allereinfachsten Wagen beibehalten. So zeigt es der russische Pferdewagen, ein ganz aus Holz, ohne einen eisernen Nagel, angefertigtes, kleines Fuhrwerk, auf welches nicht mehr als 8 Scheffel Getreide geladen werden und dessen Preis auch nicht höher, als 8 Thaler ist. Eine Merkwürdigkeit daran sind die Räder, deren Kränze nicht aus Felgen bestehen, sondern aus einem einzigen Stücke Holz gebogen sind, wodurch sie natürlich die kreisrunde Gestalt bald verlieren, nichts destoweniger aber auf den dortigen weichen Wegen ganz gut zu gebrauchen sind. Dergleichen kleine Wagen lohnen natürlich nicht da, wo gute Straßen und Feldwege vorhanden und große Pferdeschläge im Gebrauch sind. In vielen Gegenden Deutschlands ist der vierspännige Wagenzug bei den Landwirthen üblich; er ist nicht gerechtfertigt, weil dabei unzweifelhaft unnütz Kraft des Vordergespanns verschwendet wird, ein Viererzug sich auch niemals so gut lenken läßt, als ein Zweigespann. Dieses, und zwar nebeneinander, ist offenbar die beste, vortheilhafteste Anspannung. Da, wo Fuhrwerk mit Ochsen im Gebrauch ist, müssen die Karren und Wagen besonders dazu eingerichtet sein. Beide sollen solche Bauart haben, daß sie mittelst Umstellung und Versatzstücken zu möglichst vielen Zwecken zu gebrauchen sind; nur auf größeren Gütern hat man für jede Leistung besonderes Fuhrwerk, also Erntewagen oder Karren, (Leiterwagen oder Heuwagen), Kastenwagen (für Kartoffeln, Wurzeln, Kohlen), Mistwagen, (zugleich für Erde, mit niedrigen Bohlenleitern) Marktwagen, Strohkarren, Viehwagen, Steinwagen u. s. w. Gute Aufbewahrung, öfteres Waschen, jährlicher Anstrich und fleißiges Schmieren der Achsen ist bei allem Fuhrwerk geboten. Ob man sich mit größerem Vortheil der Pferde oder der Ochsen zum landwirthschaftlichen Fuhrwerk bedient, ist gleichfalls eine alte, nur durch die besonderen örtlichen Verhältnisse zu beantwortende Streitfrage: Für die Pferde spricht: Schnellere und ausdauernde Arbeit; sie sind auf größere Entfernungen zu verwenden; eignen sich für jeden Weg; erliegen nicht so leicht der Witterung; sind für verschiedene Arbeiten, z. B. Eggen, unentbehrlich, und lassen sich auch außerhalb der Wirthschaft vortheilhaft benutzen. Ochsen kosten dagegen weniger im Ankauf und in der Unterhaltung, verlieren durch zunehmendes Alter nichts an ihrem Werth, liefern besseren Dünger, leiden nicht so sehr an äußeren Mängeln und Krankheiten, kosten weniger an Geschirr und sind auf weichem Boden, sowie zur Bewältigung schwieriger Lasten häufig den Pferden vorzuziehen. Es ergiebt sich aus der Erwägung der Vorzüge der beiden Gattungen der Gespannthiere, daß eine wie die andere ihren vollen Gebrauchswerth hat.

Russischer Pferdewagen.

Kippkarren für Flüssigkeiten.

Schottischer Karren

Französisches Karrenfuhrwerk.

Obstbau.

Auf leeren Raum pflanz' einen Baum und pflege sein! Er bringt Dir's ein! — Ein Sprichwort, welches wohl zu beherzigen ist, wenn es auch nicht gerade genau genommen werden darf, da nicht überall Obstbäume hin gehören und gedeihen. Jedenfalls ist aber der Obstbau ein ebenso schöner, als einträglicher Zweig der Landwirthschaft und sollte nirgends vernachlässigt werden, da er sowohl eine gesunde, schmackhafte Nahrung liefert, als auch zur Weiterverarbeitung und für den Handel werthvolle Erzeugnisse bietet. Die verschiedenen Obstarten theilt man ein in: 1. Kernobst: Apfel, Birne, Quitte, Mispel. 2. Steinobst: Kirsche, Pflaume (Zwetsche) Aprikose, Pfirsich, Kornelkirsche. 3. Beerenobst: Stachelbeere, Johannisbeere, Himbeere, Brombeere, Weintraube, Maulbeere. 4. Schalenobst: Wallnuß, Haselnuß, Mandel und zahme Kastanie. Darunter sind folgende die zum Anbau geeignetsten, allgemein besten Sorten: Aepfel. Pariser Ränette, großer Bohnapfel, Luikenapfel, Danziger Kantapfel, Wintergoldparmäne, Grafensteiner, gelber Bellflör (Schönblühender) Karmeliter Ränette, rother Taubenapfel, Winterborsdorfer, große Kasseler Ränette, Ananas-Ränette, Goldzeugapfel, virginischer Sommerapfel, Prinzenapfel, rother Eisapfel, Champagner-Ränette, englische Spitalränette, königlicher rother Kurzstiel, Orleans-Ränette, Rambur-Ränette, weißer und rother Wintercalvill, Goldränette, Pepping, Stettiner, Fürstenapfel, Sommerparmäne, weißer Astrachan, weißer Mahdapfel, Taffetapfel. Birnen: Weiße Herbstbutterbirne, Grumkower Winterbirne, Napoleon's Butterbirne, Forellenbirne, Winterbutterbirne, fürstliche Tafelbirne, Dechantsbirne, gute Graue, Flaschenbirne, Jacobsbirne, Rettigsbirne, Bestebirne, Schmalzbirne, Bergamottbirne, Gaishirtenbirne, Sommerdornbirne; als Kochbirnen: Schneiderbirne, Hangelbirne, Weinbirne, Bratbirne, Kuhfuß, Margarethenbirne, Jacobsbirne. Pflaumen und Zwetschen: Gemeine Hauszwetsche, Frühzwetsche, italienische Zwetsche, Eierpflaume, Kaiserpflaume, gelbe Zwetsche, Spilling, gelbe Mirabelle, Aprikosenpflaume, große Rähnkloth, Johannispflaume, Königspflaume, Damastpflaume. Kirschen: Maiherzkirsche, schwarze Herzkirsche, Ochsenherzkirsche, Luzienkirsche, Riesenkirsche, Knorpelkirsche, Prinzessinkirsche, spanische Frühsauerkirsche, rothe Maikirsche, Glaskirsche, Muskatellerkirsche, Oranienkirsche, Frühweichsel, Ostheimer Weichsel, Lothkirsche, Amarelle. Aprikosen: Muschmusch, Braunauer, Ananasaprikose, Muskatelleraprikose.' Pfirsiche: Magdalenenpfirsich, Purpurpfirsich, gelber Wunderschöner, weiße Nectarine, Riesenhärtling, doppelter Bergpfirsich, Venusbrust, Peruvianer. Quitten: Apfelquitte, Birnquitte, portugiesische Quitte. Mispel: Riesenmispel, kernlose Mispel, große holländische Mispel. Wallnuß und Haselnuß: Hartschalige große Wallnuß, Johannisnuß, Zwergwallnuß; Zeller (Hasel-) Nuß, Riesennuß, römische Haselnuß, Blutnuß, Lambertsnuß, Mandelnuß, Barcelloner Haselnuß. — Stachelbeeren: Die grüne runde behaarte, die großen rothen, gelben und weißen englischen. Johannisbeeren: Rothe und weiße holländische, Kirschjohannisbeere, Perljohannisbeere. Himbeeren: Fastolf, Vorster's, Monatshimbeere, gelbe Antwerpener, gelbe von Chili, Königin Victoria. Brombeeren: Rochelle, Amerikanische, Gelbe. — Mit dieser Auswahl wird ein Jeder, der den Obstbau nur nebenbei treibt, genügend versorgt sein. Man glaube aber ja nicht, es genüge, einen Baum zu pflanzen und ihn sich selber zu überlassen, um einen reichlichen Obstertrag zu erzielen. Ein jeder Obstbaum verlangt einen besonderen Standort und Boden, er will gedüngt und behandelt sein und ist gegen gute Pflege immer dankbar. Man erzieht die Obstbäume in der Baumschule; kauft man sie, so muß man auf sichere Bezugsquellen bedacht sein, weil man nur allzu leicht betrogen wird. Bei dem Pflanzen der Obstbäume werden entweder tiefe Kessel ausgegraben oder das ganze Grundstück rajolt (3 Fuß tief umgegraben). Den Ertrag der Obstbäume sichert man: Durch richtiges Beschneiden, durch alljährliche Reinigung und Vorsichtsmaßregeln gegen Insecten, durch Bewässerung und Düngung. Außerdem wendet man zu diesem Behuf noch verschiedene Verfahren an: Unterdrückung der zu zahlreichen Früchte, Verkürzung der Hauptäste, Anbringung einer Stütze oder Unterlage der Früchte, um zu verhindern, daß ihr Gewicht den Stiel dehnt und zusammendreht, Ermäßigung der Verdunstung der Früchte, zeitweiliges Begießen mit einer Auflösung von Eisenvitriol, Anwendung des Ringelschnitts, Pfropfen durch Annäherung (Abhängen) eines kräftigen Triebs an den Stiel junger Früchte desselben Baumes, oder auf den Zweig, der solche Früchte trägt, in der Nähe ihrer Ansatzstelle. Das letztere, bildlich dargestellte und sehr leicht auszuführende Verfahren ist jedoch nur im Kleinen räthlich. Das Beste bleibt unter allen Umständen das Begießen der Obstbäume mit Wasser während der trockenen Jahreszeit und mit flüssigem Dünger im Herbst und zeitigen Frühjahr. Je kräftiger ein Baum während der Blütezeit sich entwickelt, um so bessere Obsternte verspricht er. — In vielen Gegenden hat man die Obstbäume im Felde ausgerottet, weil man den Ackerbau dadurch beeinträchtigt glaubt; dies ist nicht der Fall, sobald sie gut gezogen und gepflegt werden. Jedenfalls verdienen sie längs der Straßen und Wege, auf Gemeindeängern, im Umkreis der Gehöfte, auf Oedstellen überall angepflanzt zu werden. Jede Gemeinde sollte ihre eigene Baumschule besitzen, deren Besorgung dem Lehrer gegen Entgelt anvertraut werden mag, zumal der Obstbau als Erziehungsmittel von großem Werth ist. Bei der Ernte des Obstes soll berücksichtigt werden: 1. Schonung der Bäume. 2. daß der passende Zustand der Reife gewählt werde; 3. daß das Obst selber nicht beschädigt wird. Die Regeln der Aufbewahrung des Obstes gründen sich auf Verhütung von Fäulniß durch Ansteckung, auf gesunde, trockene Luft und Schutz gegen Hitze und Frost Als Zeichen der Reife des Obstes gilt es, wenn das vordem in dem Fruchtfleisch vorwaltende Stärkemehl sich vollständig in Zucker umgebildet hat und die im Kernhaus befindlichen Samen der Kernfrüchte schwarz oder dunkel braun geworden sind, in welchem Zeitraum sie, ebenso das Steinobst, stark von den Bäumen abzufallen beginnen. Zu einzelnen Zwecken, z. B. Einmachen, nimmt man das Obst vor dem völligen Reifwerden ab, sonst muß dieses abgewartet werden, weil es nur dann seine völlige Güte erlangt. Bei dem Brechen mit der Hand oder dem Obstbrecher sind die Früchte möglichst vor Beschädigung zu bewahren. Nach starkem Thaufall oder Regen erntet man klein Obst. Der Ertrag der Obstbäume ist sehr verschieden und hängt von vielen örtlichen Umständen ab. Im Allgemeinen rechnet man auf einen um so besseren Ertrag, je rascher und vollständiger die Blüthe vorübergeht. Von Kernobstbäumen will man alle zwei Jahre, von Steinobst alle drei Jahre auf eine zufriedenstellende Mittelernte rechnen.

Magdalenenpfirsich.

(Pfropfen durch Annäherung zur Vergrößerung der Obstfrüchte.)

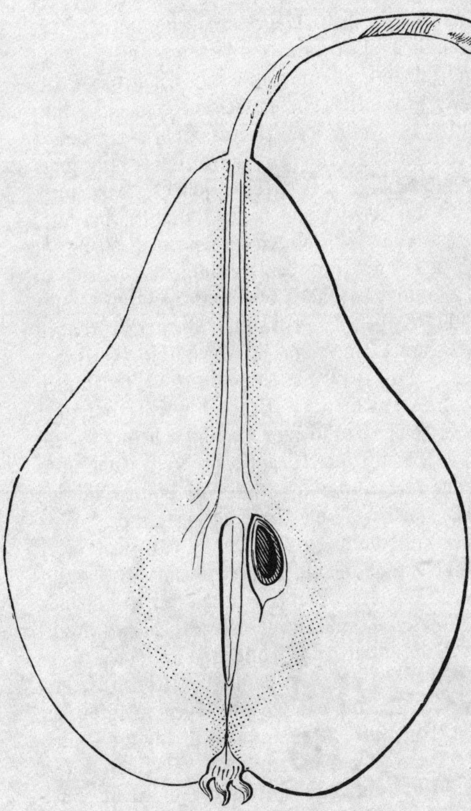

Hangelbirne.

(Vorzügliche Markt- und Wirthschaftsbirne.)

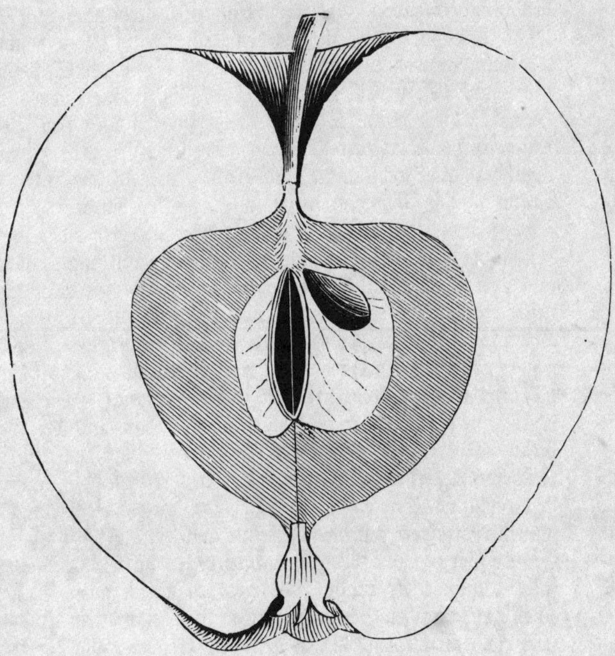

Englischer gelber Bellflör-Apfel.

(Tafel- und Wirthschaftsapfel ersten Ranges.)

Obstbau.

Bei der Obstbaumzucht sind folgende Regeln zu merken: Im Baumgarten giebt man den Aepfelbäumen die Mittagsseite, den höheren Birnbäumen, des Beschattens wegen, die Mitternachtseite. Beim Versetzen größerer Bäume müssen die Aeste bis auf wenige zurück geschnitten werden. Befürchtet man Eintrocknen derselben, so bindet man sie im ersten Jahre bis zur Krone in Stroh ein. Junge Bäume schützt man durch Umgebung mit Latten oder Dornen gegen Vieh und Wild. Rings um jeden Baum herum soll in jedem Spätjahr 5 bis 6 Fuß aufgegraben, im Sommer diese Stelle von Unkraut rein gehalten werden; auf Aeckern und in Grabgärten ist dies nicht nöthig. Wo möglich soll in der Nähe von Bäumen der Anbau tiefwurzelnder Gewächse vermieden werden, z. B. von Luzerne, Esparsette, Klee rc. In Baumgärten und Schulen empfehlen sich als Zwischenbenutzung des Bodens nur der Anbau von flachwurzelnden nicht hoch aufschießenden Gewächsen, z. B. Buschbohnen, Linsen, Gurken, Kürbissen; im Süden findet man häufig Melonen und Wassermelonen in den verschiedensten Arten zwischen den Bäumen mit Vortheil angepflanzt; sie liefern einen guten Ertrag, indem sie nicht allein zur menschlichen Nahrung, sondern auch vorzugsweise zur Schweinefütterung dienen. Frischen Dünger soll man nicht an die Baumwurzeln bringen; am besten eignen sich zur Düngung Kompost, Abfälle, thierische Reste u. s. w. So lange der Baum jung ist, erhält er einen Pfahl als Stütze, welcher mit Stroh oder Weiden angebunden wird. Das Band ist öfters zu erneuern, da sich gern Insekten einnisten. Das Beschneiden und Ausputzen der Bäume verschafft denselben nicht blos eine schöne Krone, sondern auch der Luft und Sonne freien Zugang, wodurch der Ertrag wesentlich gehoben wird. Das Beschneiden der Obstbäume geschieht im Februar und März vor Eintritt des Saftes. Um eine regelmäßige Krone zu gewinnen, werden alle überflüssigen Zweige herausgeschnitten, von sich kreuzenden Aesten der schwächste entfernt, ebenso die sich nach dem Boden hinabsenkenden. Bei Kirschbäumen entsteht nach dem Schnitt leicht der Harzfluß, sie werden daher nur selten beschnitten. Wallnußbäume sollen nur vor Winter, wenn der Saft sich verdickt hat, beschnitten werden. Der Obstzüchter hat es in der Gewalt, die Bäume je nach ihren Zwecken und den Verhältnissen ihres Standortes in verschiedenen Gestalten zu ziehen; entweder als Hochstämme, oder als Zwergbäume und Formbäume. Die letzteren theilt man wieder ein in: Eigentliche Zwergbäume, Kugel- oder Kesselbäume, Kegel- oder Pyramidenbäume und Spalierbäume. Spalier nennt man ein Gerüst aus Latten oder Draht, an welches die Aeste der Bäume angeheftet werden. Sehr empfehlenswerth sind die beweglichen Obstspaliere, deren Latten nach verschiedenen Richtungen hin gestellt werden können, je nachdem es die Wachsthumsverhältnisse und das Vertheilen der Zweige verlangt. Die Spalierobstbäume eignen sich vorzugsweise für das Haus und den Garten. Man wählt dazu Pfirsiche, Aprikosen, Pflaumen, Weichselkirschen, Aepfel und Birnen; von letzteren nur die vorzüglichsten, feinsten Sorten mit mäßigem Wuchs. Neuerdings hat man insbesondere mit vielem Erfolg auch den Apfelbaum als Einfassung von Wegen und Gehegen mittelst der Spalierzucht benutzt. Er macht sich dazu vorzüglich gut. Will man einen zweiarmigen Baum bilden, so sucht man durch Abschneiden zwei Aeste zu bilden, die in der erforderlichen Höhe längs eines gespannten Drahtes angebunden werden. Bei den einarmigen Bäumchen biegt man das Stämmchen in der Höhe des Drahtes wagrecht um; sobald es das nächste, 8—12 Zoll entfernte erreicht hat, werden beide durch Ansaugen verbunden. Auf diese Weise wird die ganze Reihe nur ein einziger Baum, in welchem die Saftströmung höchst regelmäßig vor sich geht, sodaß also die Verbindung nicht etwa nutzlose Spielerei ist. Diese Bäumchen tragen fast immer sicher und sehr reich, werden daher höchst nützlich, indem ein sonst unbenutzter Raum dadurch Ertrag bringt. Die Früchte werden weit besser, als an hohen Bäumen; freilich dürfen keine Hasen in den Obstgarten kommen. Die Drähte werden über Pflöcke gezogen und durch in die Erde vergrabene Steine gespannt erhalten. — Im Herbste sollen die jungen Bäume mit Stroh, Reisern und Dornen eingebunden werden um sie gegen Frost und Thiere zu schützen. Letztere hält man ab durch widrig riechende Abkochungen oder Theeröle. Gegen die Raupen des Frostnachtschmetterlings legt man im Oktober den Theergürtel um den Stamm; starkes Papier, fest mit einem Faden umgebunden und mehrere Zoll breit dick mit Theer oder Wagenschmiere überstrichen, woran die ungeflügelten, aus dem Boden kommenden Weibchen der Schmetterlinge kleben bleiben. Moos und Flechten entfernt man von den Bäumen durch Abkratzen und einen Anstrich aus zwei Theilen Kalkpulver, drei Theilen Lehm und etwas Holzasche gut in Wasser oder Jauche zerrührt. Alte Bäume müssen alle 2—3 Jahre ausgeputzt werden. Alle sogenannten Wasserschößlinge oder Wasserreiser sind zu entfernen, wenn sie nicht zur Ergänzung der Krone benutzt werden. Verdorrte Aeste und die stärkeren werden mit der Baumsäge, schwächere mit dem Messer weggenommen. Alle Wunden sind vollkommen glatt mit dem Stamm oder Ast zu schneiden, damit sie zuwachsen können und kein Schorf entsteht; sie müssen mit einem Baumkitt überstrichen werden. Bei jungen Bäumen, welche in Folge des reichen Bodens ein allzu kräftiges, geiles Wachsthum erlangen, wird öfters ein sogenannter Aderlaß nothwendig. Derselbe geschieht, indem im zeitigen Frühjahr mit der Messerspitze tiefe Einschnitte bis aufs Holz senkrecht von der Krone bis auf den Boden durch die Rinde gemacht werden, jedoch nicht auf der Mittagseite. Sehr zu hüten hat man die Baumpflanzungen vor dem Weidevieh, insbesondere den genäschigen Ziegen. Bei guter Abwartung können Kernobstbäume 100 Jahre und länger, Steinobst 50 Jahre lang tragbar bleiben. Das höchste Alter von allen Obstbäumen erreichen Wallnuß- und Birnbaum. Ueber die Wichtigkeitder Obstbaumzucht sagt Schlipf: Ein schönes Baumgut bringt seinem Besitzer nicht blos viel Freude und Genuß, sondern in manchen Jahren auch eine schöne Geldeinnahme. Deshalb pflanze Bäume auf seine Grundstücke, wem es die Umstände erlauben. Dadurch errichtet sich der Landmann ein Denkmal, das für Kinder und Kindeskinder, noch lange, wenn er bereits im Grabe ruht, in Segen fortbestehend bleibt. Selbst wer die Früchte seines Fleißes und seiner Vorsorge nicht mehr selber genießen kann, der hat sie für seine Nachkommen sicher angelegt und diese werden ihm dafür danken. So kann er dann am Abend seines Lebens mit Ruhe und Freude auf seine Schöpfungen zurückblicken mit dem belohnenden Bewußtsein, auf lange Zeit hinaus Gutes gestiftet zu haben. Durch die Förderung der Obstbaumzucht arbeitet man aber nicht blos für das eigene und das Wohl seiner Familie, sondern zugleich für dasjenige des Vaterlands und der Menschheit.

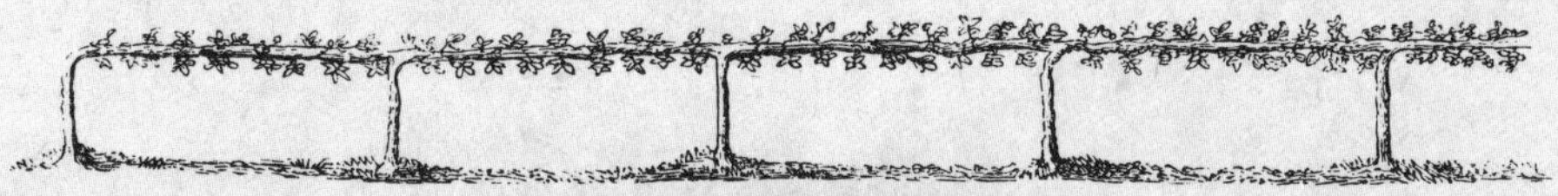

Einarmige verbundene Einfassungsbäume.

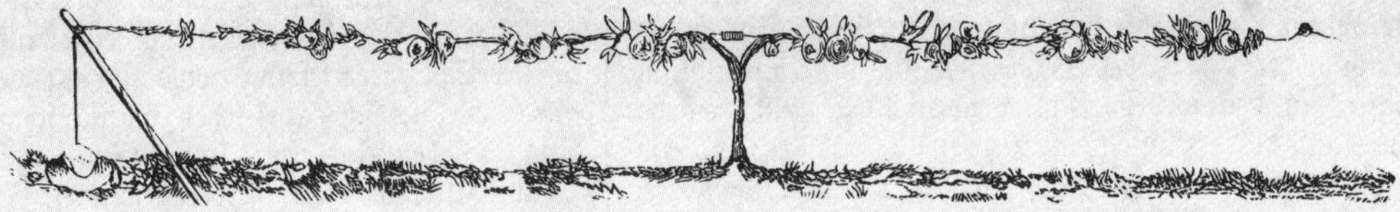

Zweiarmiger Spalierbaum.

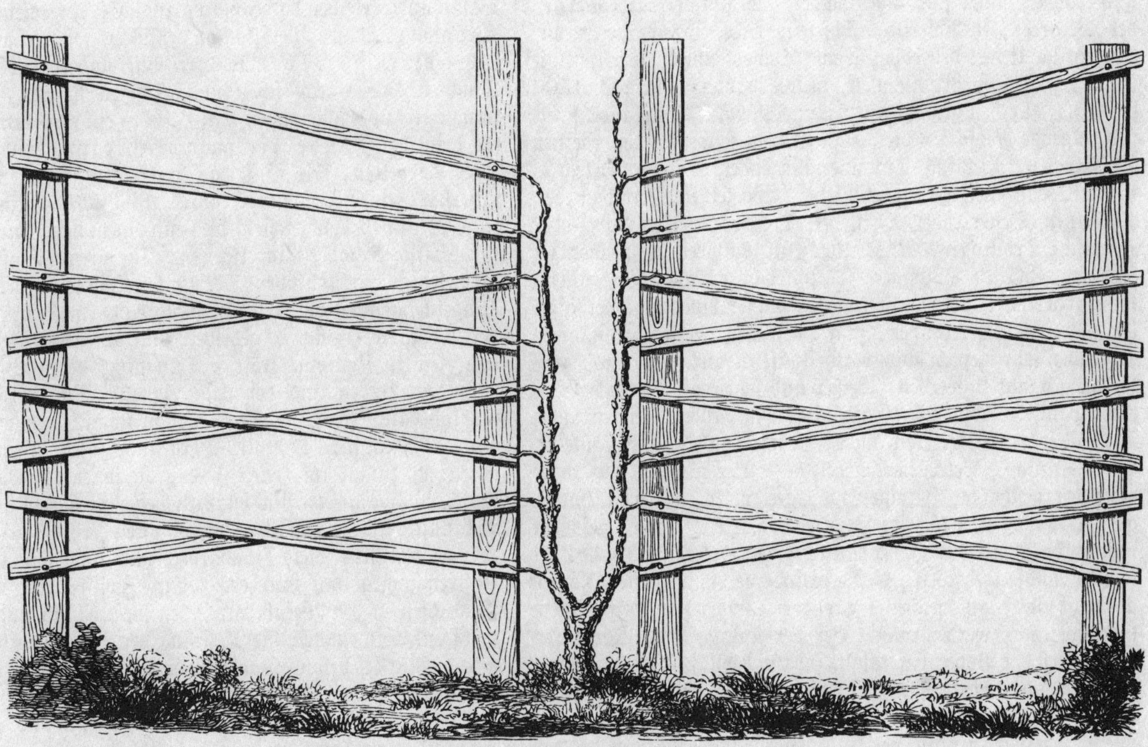

Bewegliches Obst-Spalier.

Wassermelonen.

Weinbau.

Der Wein erfreut des Menschen Herz! — sagt schon das Buch der Bücher und erzählt uns zugleich, daß schon im grauesten Alterthum der Anbau der Weintraube und die Umwandlung ihres Saftes in den sorgenverscheuchenden Wein geübt wurde. Das Vaterland des Weinstocks ist unzweifelhaft Asien, im Süden und Osten des kaspischen Sees; von hier aus verbreitete er sich, immer nur nach Westen wandernd, nach Griechenland, Italien, dann über die ganze Welt. Allein nicht überall kann Weinbau betrieben werden, große Hitze oder Kälte, trockene Luft und späte Sommer sind ihm zuwider. Es gibt verschiedene Arten der Weinrebe; in Amerika wächst eine wilde Traube; aber nur eine einzige liefert den edlen Wein. Davon gibt es aber zahllose Abarten; es gibt Weinschulen, welche davon mehr als 1500 besitzen. Für den gemäßigten Himmelsstrich Deutschlands scheinen folgende Rebsorten die geeignetsten zu sein: zu den edelsten Weißweinen: Riesling, Traminer, Ruländer, Klävner, Orleans; zu mittleren Weißweinen: Gutedel, Weißelben, Krachgutedel, Rothelben, Oesterreicher, Ortlieber, Tokayer, weißer Burgunder Heunisch, Trollinger, Muskateller; zu Rothweinen: Schwarzer Klävner, blauer Sylvaner, Rothurban, blauer Burgunder, Schwarzwelscher, blauer Portugiese, blauer Liverdün, Rothgipfler. — Als Tafeltrauben, zum Verspeisen, welche in manchen Gegenden sehr gesucht und vortheilhaft zu verkaufen sind, verdienen genannt zu werden: Weißer und schwarzer Muskat-Gutedel, spanischer Gutedel, Gaisdutte, Malvasier, Seidentraube, Damascener, frühe Lahntraube, Calebstraube, Königsgutedel, Vanilletraube, Petersiliengutedel. — Der Anbau der Rebe erfordert geschützte, sonnige Lage, geeigneten, warmen Boden, gute Düngung und tüchtige Bearbeitung. Die letztere geschieht mehrentheils mit der Hand durch die Weinbergshane, oft in sehr mühseliger Weise, da die Weinberge oft an steilen Hängen angelegt sind, an welchen sogar der Dünger auf dem Rücken hinaufgetragen werden muß. Bei der Anlage eines Weinbergs wird zuerst der Boden tief rajolt, sodann bepflanzt; dies geschieht entweder mit Stecklingen (Blindreben) oder Wurzelreben, die in Reihen gesetzt werden. Die Erziehung oder der Schnitt der Weinreben wird in den verschiedenen Weinbaugegenden in verschiedener Weise ausgeführt. Die hauptsächlichsten Verfahren sind: 1. Die Bockschnitterziehung, wobei die Austriebe der Reben, die Schenkel, deren nur 4 bis 5 stehen bleiben, auf zwei Augen zurückgeschnitten und die daraus wachsenden Loden oder Sommertriebe in der Höhe von 3 Fuß bogig zusammengebunden werden. Bei der sogenannten Halbbockerziehung wird ein Pfahl zum Anheften der Loden beigegeben. 2. Die Stockschnitterziehung, wobei drei Schenkel stehen bleiben, auf 2 Augen geschnitten und mit einem Pfahle versehen werden. 3. Die Schenkelerziehung; hierbei werden dem vierjährigen Stock nur die beiden schönsten Schenkel gegenüber gelassen, auf 10 bis 12 Augen verschnitten und jeder an einen Pfahl geheftet. 4. Die Rheingauer-Erziehung, ist gleichfalls ein Schenkelschnitt mit 8 bis 10 augigen Tragreben und einem Zapfen von zwei Augen, wozu drei Pfähle verlangt werden; es ist dies die beste Erziehungsart. 5. Die Rahmen- und Lauben-Erziehung. Diese ist im Süden üblich; die Rahmenerziehung ist entweder eine einfache, wobei je zwei Stöcke auf je einen Schenkel verschnitten an einem Pfosten mit zwei abstehenden Latten aufgezogen werden, oder es ist statt der letzteren ein ganzes leiterartiges Gestell angebracht als Doppel-Rahmen-Erziehung. Bei der Laubenerziehung werden durch Latten und Stangen laubenförmige Gänge gebildet und daran die Tragreben, je eine auf den Stock, geheftet. 6. Die Spaliererziehung wird vorzugsweise in Gärten ausgeführt; es läßt sich dabei jeder Schenkelschnitt anwenden. Neuerdings werden statt der freien Spalierwände und der Pfähle Drahtspaliere mit Vortheil angewendet. 7. In südlichen Ländern pflanzt man endlich die Weinreben an andere Bäume, namentlich Ulmen und Maulbeeren, an und läßt sie daran emporlaufen; oft schlingen sich ihre Ranken, mit Trauben beladen, von Baum zu Baum und verleihen dadurch der Landschaft ungemeinen Reiz. — Wer auch nur einen Weinstock an der Wand seines Hauses hinaufzieht, der weiß, welch' eine angenehme und köstliche Gabe seine Frucht ist. Sie recht schön und groß zu machen, zugleich die Fruchtreife zu beschleunigen, dazu gibt es ein altbekanntes Mittel. Es heißt der Zauberring und besteht darin, daß man mittelst eines doppelten, bis auf das Holz dringenden Rundschnitts unterhalb einer Frucht oder ihres Ansatzes die Rinde vom Ast entfernt; am besten geschieht dies mit einem besonderen Werkzeug, der Saftscheere oder Ringelscheere. Die zweckmäßigste Zeit dazu ist diejenige des Abblühens. Auch bei Obstbäumen läßt sich das Ringeln mit gleichem Erfolg ausführen. Im Uebrigen verlangt der Weinstock, wenn er gedeihen und guten Ertrag geben soll, von Zeit zu Zeit eine kräftige Düngung, deren Wiederkehr sich nach dem Boden und der Lage richtet. Man sorgt dabei wo möglich dafür, daß der Dünger nicht unmittelbar an die Wurzeln der Weinstöcke kommt. Man findet viele Weinberge leider in Lagen, zumal im freien Felde, die ihnen keineswegs günstig sind, und wo andere Nutzpflanzen besser an ihrem Platze wären. Bekanntlich ist der Weinbau nur in guten Jahrgängen einträglich, er verlangt sehr viele Handarbeit und lohnt nicht immer die Anstrengungen des Winzers. Ein Zwischenbau von anderen Gewächsen in den Weinbergen, den man häufig findet, ist nicht rathsam, weil dadurch die Nahrung der Weinstöcke beeinträchtigt wird. Nur in besonders günstigen Verhältnissen, wie z. B. in Italien, kann man darüber hinwegsehen. Die Ernte der Trauben oder die Weinlese fällt in den Spätherbst und gestaltet sich bekanntlich in den Gegenden des Weinbau's zu einem wahren Volksfest. Es sind dabei folgende Regeln wohl zu beachten: Die Lese soll niemals eher stattfinden, als bis sämmtliche Weintrauben den höchsten Grad der Reife erreicht oder völlig süß und zuckerreich geworden sind. Dies kennzeichnet sich besonders durch eine ganz dünn gewordene Haut der Beere, die schon einen Grad der Zersetzung erreicht hat, welche man die Edelfäule nennt. Da nicht alle Trauben gleichmäßig reifen, so sollen die nicht reifen von den reifen getrennt und abgesondert gekeltert werden. Auch die wirklich faulen Weintrauben werden ausgeschieden. Nicht rathsam ist es, weiße und schwarze Trauben durcheinander zu keltern. Bei Regen und so lang der Thau nicht aufgetrocknet ist, soll nicht gelesen werden. Sind bei der Spätlese Trauben erfroren, so erfordern diese eine besondere Verwerthung. Werden die Trauben abgebeert, so bekommt man einen feineren, milderen Wein, als wenn die Kämme mit ausgepreßt werden; am raschesten geht diese Arbeit mit einer Traubenraspel. Ein oft vernachlässigtes Erforderniß bei der Weinlese ist die sorgfältigste Reinlichkeit. Es ist ein Aberglaube, daß die Gährung alle aufgenommenen ekelhaften Stoffe ausscheide. Dies gilt auch für die benutzten Gefäße, Keltern, Kufen, welche nach dem Gebrauch so gereinigt werden müssen, daß sie nicht säuern.

Laubenerziehung der Weinreben.

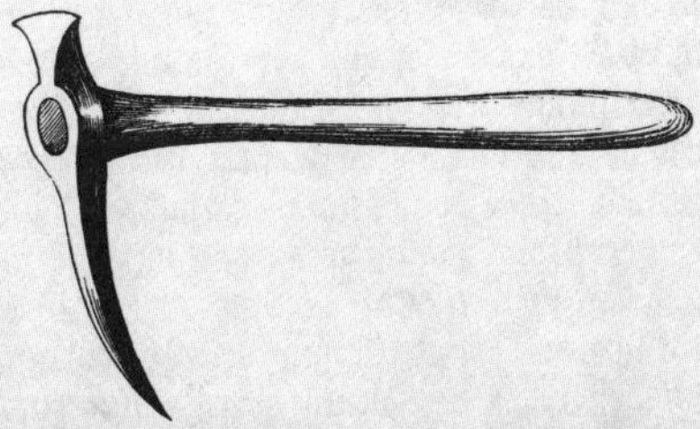

Tyroler Weinbergshaue.

Doppel-Rahmenerziehung

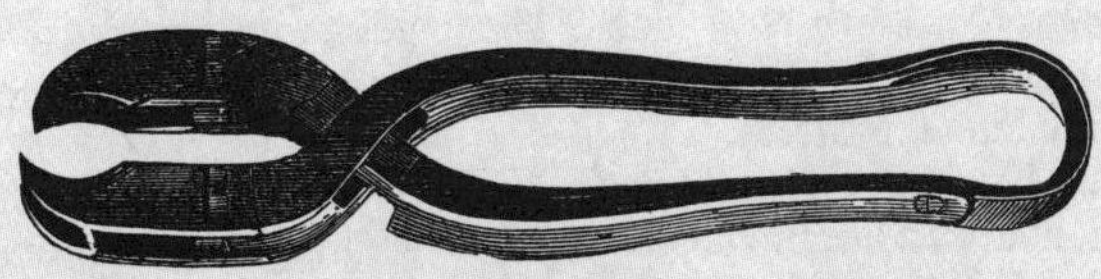

Die Ringelscheere.

Einfache Rahmenerziehung.

Der Zauberring.

Gartenbau.

Der Landwirth hält bekanntlich meistens nicht viel von dem Garten und betrachtet ihn gewissermaßen als nothwendiges Uebel, das ihm jährlich so und so viel Dünger wegnimmt, um den sein Getreidebau zu kurz kommt. Aber mit Unrecht. Der Gartenbau ist an und für sich die gesteigerte Landwirthschaft nach dem Sprichwort: Hat der Pflug ein Schar von Eisen, so hat der Spaten ein Blatt von Gold. Er bringt, richtig betrieben, viel ein, bereichert die Hauswirthschaft, gestattet die nützliche Verwerthung schwächerer Kräfte und fügt zu dem Nutzen das Angenehme und Schöne. Darauf ist viel Werth zu legen. Auch die Schönheit hat im gebildeten Leben ihr Recht und wer ihr das nicht zugestehen will, der steht auf einer tieferen Stufe der Gesittung. Es ist schon mehrfach die Bemerkung gemacht worden, daß ein Blumengärtchen am Haus, ein paar Blumenstöcke im Fenster auf bessere, ordentlichere, tüchtigere Menschen unter den Landwirthen schließen lassen, als die Vernachlässigung der Umgebung, welche aus der bloßen Hast nach augenblicklichem Gewinn entspringt. Wird der Gartenbau sachgemäß im Großen betrieben, so wirft er jährlich einen sehr hohen Ertrag ab. Es giebt in Deutschland Gegenden, in welchen die Gärtnerei gewissermaßen zu Hause ist, so vor allen Erfurt, die Städte Bamberg, Ulm, Frankfurt, Mainz, Quedlinburg, Lübbenau, Hamburg u. s. w. Wer daselbst die großen Kunst- und Handelsgärtnereien besucht, der wird erstaunen darüber, welchen gewaltigen Umfang deren Betrieb einnimmt; es ist nichts Seltenes, Hunderte von Morgen blos dem Samenanbau gewidmet zu sehen. Der Gartenbau ist fast noch mannichfaltiger, als der Ackerbau, zumal wenn man dem ersteren Obstbau und Weinbau zuzählt. Diese bilden aber besondere Zweige der Landwirthschaft für sich und es zerfällt demnach der eigentliche Gartenbau in folgende Abtheilungen und Unterabtheilungen: I. Nutzgärtnereien oder Gemüsebau im Lande, in Mistbeeten, und in Häusern. Der besondere Bau der Gemüse erstreckt sich auf: 1. Kohlarten. 2. Hülsenfrüchte. 3. Blättersalatpflanzen. 4. Spinate. 5. Lauch- und Zwiebelarten. 6. Gurken, Kürbisse, Melonen und Arbusen. 7. Rüben, Wurzeln und Knollen. 8. Spargel. 9. Meerkohl, Rhabarber, Artischocken und Kardonen. 10. Suppen und Gewürzkräuter. 11. Champignons. 12. Anbau der Erdbeeren und Ananas. — II. Ziergärtnerei. 1. Blumenzucht im freien Land. A. Sommergewächse oder einjährige Pflanzen. a. Zur Aussaat in das Land. b. Zur Verpflanzung. c. Für Töpfe. d. Besondere Anbauverfahren. B. Zweijährige Blumen. C. Stauden. D. Zwiebeln und Knollen. E. Gehölzblumen, besonders Rosen. 2. Blumenzucht in Töpfen. 3. Gehölzzucht. Unter die Abtheilung II. 2. Blumenzucht in Töpfen gehört auch die Erziehung und Pflege, sowie das Treiben der Pflanzen in den Gewächshäusern. Man unterscheidet von den letzteren Kalthäuser, bloße Ueberwinterungsräume mit hinreichendem Frostschutz, und Warmhäuser, deren künstlicher Wärmegrad den Pflanzen das Fortwachsthum gestattet, wie in ihrer wärmeren Heimath. In der Neuzeit verdrängt der Bau eiserner Gewächshäuser überall denjenigen von hölzernen, da die ersteren weit dauerhafter, heller, raumersparender und demzufolge billiger sind, als die letzteren. Auch zu bloßen Mistbeetfenstern nimmt man jetzt vielfach Rahmen von Eisen oder Zink. — Ein Gemüsegarten soll mit bequemen Wegen versehen, besonders der Mittelweg hinreichend breit sein. Größere Abtheilungen erhalten Querwege und nach dem Umgraben wird das gesammte Land in gleichmäßig breite Beete, deren Maß sich nach dem besonderen Anbau richtet, abgetreten. Gewöhnlich nimmt man 4 Fuß Beetbreite, für einzelne Gemüse schmäler, für andere breiter. Die Beete sollen nur in dem Fall lang gemacht werden, wenn sie mit den Enden auf Hauptwege treffen. Zu Mistbeeten wählt man stets die sonnigste, wärmste Lage. Für die ausdauernden Gemüse, welche Jahre lang stehen bleiben, wird ein besonderer Platz ausersehen. Die Hauptwege werden eingefaßt mit Buchsbaum, Erdbeeren, Sauerampfer, Majoran u. s. w. oder auch mit niedrigen Obstspalieren. Längs derselben legt man gewöhnlich Rabatten, d. i. schmale Langbeete, an. Ist der Boden noch nicht gartenmäßig urbar, so wird er zunächst auf $1^1/_2$ Fuß Tiefe rajolt und tüchtig gedüngt. Gut ist es, wenn er vorher Hackfrüchte trägt und fleißig bestellt worden ist. Auf dem Land ist gewöhnlich der Gemüsegarten auch zugleich Zier- und Blumengarten, indem man die Wege mit Buchsbaum oder andern zierlichen dauernden Gewächsen einfaßt, und die Rabatten zwischen Beerensträuchern und Obstbäumchen mit Blumen besetzt. Ein erfahrener Kunstgärtner meint indessen, es werde größerer Nutzen und auch der Zweck der Schönheit besser erreicht, wenn man die Blumen auf einem Platze, vorzugsweise nahe am Wohnhause und um Gesellschaftsplätze vereinigt, außerdem nur die Seiten des Hauptwegs mit einigen ausdauernden Blumen schmückt. Will man für eine Familie oder Wirthschaft Gemüse bauen, so hat man zunächst das Bedürfniß in's Auge zu fassen. Es genügt $^1/_4$ Morgen Land meistens für den gesammten Gemüseverzehr einer Familie reichlich, Kartoffeln und Kohl (Weißkraut) ausgenommen, die auf dem Lande gewöhnlich im Feld gebaut werden. In der Nähe großer Städte, wo beständiger Absatz ist, wird die Gemüsezucht besonders lohnend und es ist nicht selten damit ein Reinertrag von 150 Thaler vom Morgen Gemüseland zu erzielen, während dieser selbst nicht unter 3000 Thaler verkauft wird. Da diese Beschäftigung um so mehr einbringt, je mehr Arbeit man ihr widmet, so eignet sie sich vorzugsweise für vielzählige Familien, die durch Gemüsebau, sobald der Absatz gesichert ist, auf der gleichen Fläche weit mehr zu erübrigen vermögen, als durch Ackerbau. Um aber den höchsten Gewinn aus dem Garten zu ziehen muß dem Boden desselben eine doppelte und dreifache Ernte jährlich abgewonnen werden. In einem ordentlich bestellten Gemüsegarten, der nicht allzugroß ist, darf man, so lange noch etwas wächst, gar kein leeres Beet erblicken. Was nicht schon im Herbste bestellt wurde, wird im Frühjahr angebaut, um wieder dem Sommergemüse Platz zu machen. Eine solche Bewirthschaftung ist natürlich nur durch Aufwand von viel Dünger und Arbeit möglich. Wer viel Land und wenig Dünger hat, auch wenig dafür aufwenden will, unterläßt einen solchen Betrieb, er zieht auf jedem Lande nur eine Ernte und läßt es oft lange leer. Dafür hat er den Nachtheil, daß unterdessen viel Unkraut darauf wächst, welches ebenso viel Nahrung aus dem Boden zieht, als Gemüse. Man unterscheidet zwischen Hauptfrucht, Vorfrucht und Nachfrucht. Zu den letzteren eignen sich alle Pflanzen von kurzer Wachsthumszeit, und welche nicht empfindlich gegen Kälte sind, weil sie stets im Frühjahr oder Herbst wachsen müssen. Solche sind Körbel, Körbelrüben, Herbst- oder Wasserrüben, Rabinschen oder Feldsaat, Schnitt- oder Rupfsalat, Schnittkohl, Spinat, Wintersalat, Winterzwiebeln, Johannislauch, Endivien, Garten- oder Kopfsalat, Radieschen, Sommerrettig, einjährige Suppenkräuter, selbst frühe Erbsen, Kohlrabi, Krauskohl u. a. m. (Näheres in Jaegers illustrirtem Gartenbuch). —

Eisernes Gewächshaus. Ansicht des Innern.

1. Die Anfertigung der Käse.

Milchwirthschaft oder Molkerei nennt man die Ausnutzung der Kühe mittelst ihres Milcherzeugnisses, sei es durch unmittelbaren Verkauf oder durch Verarbeitung desselben. In vielen Ländern bildet die Molkerei den Mittelpunkt des Betriebs, der den größten Theil seines Reinertrags aus ihr zieht; so in der Schweiz und in Holland, in Schleswig-Holstein und in Tyrol, in Norwegen und im Algäu. Der Milchverkauf ist überall in der Nähe von Städten eine der besten Einnahmequellen der Landwirthschaft. Wo weitgedehnte, fette Triften den Weidgang von Rindvieh erheischen, wo ein bedeutender Futterbau zur gesteigerten Düngererzeugung möglich ist, ohne die Milch frisch verwerthen zu können, da wird sie auf ihre Bestandtheile verarbeitet, auf Butter und Käse. Die Milch, das vollkommenste Nahrungsmittel, ist nämlich eine dickfaftige Mischung (Emulsion) von Käsestoff, Fett, Salzen und Wasser; die beiden ersteren werden gesondert daraus gewonnen als Käse und Butter, die Salze bleiben gelöst in dem Abwasser (Schoiten oder Molken und Buttermilch) und können daraus durch Abdampfung dargestellt werden: Milchzucker. Da, wo die Verarbeitung der Milch üblich ist, wird entweder vorzugsweise Käse oder Butter, seltener beides gleichzeitig gemacht. Die berühmtesten Käse sind: der holländische (Edamer und Limburger), der englische (Chester, Cheddar und Stilton) der französische (von Brie, Roquefort, Neufchatel und Straßburg), der Schweizer (Emmenthaler, Greyerzer, Schabzieger) der italienische (von Parma, von Gorgonzola); in Deutschland werden entweder nur kleine Sauerkäse, sogenannte Handkäse gemacht (die Harzer sind berühmt) oder die gefertigten Käse werden unter fremden Namen verkauft; eine Ausnahme macht nur der im größeren Handel befindliche baierische Rahmkäse. — Man macht Käse aus fetter, unabgerahmter und aus magerer Milch; auch unterscheidet man Sauermilchkäse und Süßmilchkäse; zu den ersteren läßt man die Milch stehen, bis sie sich von selber scheidet, bei der letzteren bewirkt man dies durch ein Gerinnungsmittel. — Früher glaubte man, die Darstellung des edlen und beliebten Schweizerkäses (Emmenthaler) könne nur auf den Alpen stattfinden. Allerdings war und ist dort seine Heimath. Da, wo in den weitgedehnten Gebirgszügen der Gang des Pflugs aufhört und die Nutzpflanzen des Ackers nicht mehr gedeihen wollen, beginnt der Bezirk der kräuterreichen Weiden, welche dem Rindvieh, auf höheren Staffeln den Schafen und Ziegen, reiche, würzige Nahrung gewähren, deren Gehalt sich auf die Milch und ihre Bestandtheile überträgt. Die Rinderheerden der Alpen bleiben nur während der guten Jahreszeit — Sömmerung — auf der Weide und zwar gewöhnlich Tag und Nacht; nicht immer ist ein enger Stall oder Stadel vorhanden zum nothdürftigen Schutz der Thiere bei Unwetter. Nichtsdestoweniger gedeihen sie trefflich. Ihr Wärter und Melker, der Senn, bewohnt die Sennhütte, ein niedriges, aus Steinen lose aufgeschichtetes Gebäude, dessen Dach aus Brettern besteht, die mit Steinen beschwert sind, damit der Wind sie nicht wegnimmt. Sie ist in zwei Abtheilungen geschieden: die Käseküche und der Salzraum (Käsekammer). In der ersten werden die Käse angefertigt, im letzteren aufbewahrt und gesalzen. Die Hauptgeräthe der Küche sind: Der offene Heerd mit dem Kessel, der an einem bewegbaren Galgen, dem Turner hängt; die Käsepresse, in welcher der Käse, nachdem schon vorher in einem spitzen Sack das Wasser, die Molken, abgelaufen ist, festgepreßt wird; sodann die verschiedenen Milchgefäße, Melchter (Melkeimer), Brente, (zum Tragen der Milch) Gepse (zum Abrahmen) Nidelkelle (Schaufel zum Rahm (Nidel) abnehmen), Milchmaß; Käsequirle, Eimer, Melkstühle, Pfannen, Käserahmen u. s. w. vervollständigen die sehr einfache Ausstattung. Die Käsebereitung geht in folgender Weise vor sich: Die Milch vom Abend vorher und vom Morgen und Abend zuvor kommt in den Käskessel und wird bis 30 Grad erwärmt; alsdann kommt das Lab, das Gerinnungsmittel hinzu, welches aus Kälbermagen besteht; nach 15 Minuten soll die Milch geronnen sein, dann wird der Quark mit dem Käseschwert, einem hölzernen Messer, kurz und klein zerstückelt, hierauf noch einmal ebenso mit dem Quirl behandelt. Bei letzterem wird der Kessel allmälich wieder erwärmt und ruhig stehen gelassen, bis sämmtliche Käsetheile sich auf dem Boden abgesetzt haben. Mittelst eines Tuches hebt der Senn sie heraus, füllt sie in die Form und bringt diese unter die Presse. Hier wird von Zeit zu Zeit der Käse gewendet und das Gewicht verstärkt, bis nach 24 Stunden der Käse reif zum Trocknen ist. Hat man ihn einige Tage in der Luft abtrocknen lassen, so bringt man ihn in die Käsekammer, hier wird er mit Salzwasser eingerieben und mit feinem Salz überstreut. Dies wird am nächsten Tag eingerieben, der Käse gewendet, und auf der anderen Seite ebenso verfahren u. s. f. Die Dauer dieser Behandlung richtet sich nach der Größe der Käse; es giebt deren bis 2 Centner schwer. Dies ist die Behandlung der fetten Käse. Die mageren macht man aus Milch, welche 24 bis 36 Stunden in den Gepsen stehen geblieben und abgerahmt worden ist. In den Molken bleibt nach Ausscheidung des Quarks immer noch fein zertheilter Käsestoff, der Zieger, zurück; sie werden daher nochmals erwärmt, Essig oder Salzsäure zugesetzt, und zum Sieden gebracht, wobei sich der Zieger obenauf sammelt und mit einem Schaumlöffel abgenommen wird. Im Canton Glarus wird dem Zieger das Pulver des blauen Steinklee's zugesetzt und damit der bekannte Kräuterkäse (Schabzieger) dargestellt. Die nach dem Ausscheiden des Ziegers zurückbleibenden Molken — welche bekanntlich ein gesuchtes Heilgetränk bilden — werden entweder an die Schweine verfüttert, die zu dem Endzweck stets auf den Alpen gehalten werden, oder es wird daraus Milchzucker, auch Molkenessig gewonnen. Man erhält durch Abdampfung aus 8 Litres oder 16 Pfund Molken ungefähr ein Pfund rohen, noch mit anderen Salzen vermischten Milchzucker. Der gewöhnliche deutsche Handkäse (Sauermilchkäse, Kuhkäse) wird dargestellt aus abgerahmter dicker Milch, welche in Töpfe geschüttet und mäßig erwärmt wird, bis sich die Käsemasse gut von den Molken geschieden hat. Der größte Theil der letzteren wird hierauf abgegossen, und der Rest läuft ab, indem man den Quark in einen zugespitzten leinenen Sack hängt, welcher zuletzt noch zwischen Brettern mittelst aufgelegter Gewichte völlig ausgepreßt wird. Sodann wird der Quark in einer Mulde gut mit den Händen verarbeitet, zugleich Salz und gewöhnlich auch etwas Kümmel mit eingeknetet. Will man ganz besonders guten Käse machen, so mischt man bei dem Durcharbeiten etwas Rahm dazu. Die Masse bleibt nunmehr an einem mäßig warmen Ort mehrere Tage stehen, damit sie etwas weich werde; dann formt man die Käse mit der Hand. Das Trocknen geschieht entweder an der Luft oder bei gelinder Ofenwärme, niemals an der Sonne oder bei starker Ofenhitze. Ist der Käse gehörig ausgetrocknet, so wird er in Töpfe oder Fässer gelegt, zugedeckt und an einem kühlen Orte aufbewahrt. Von Zeit zu Zeit werden die Gefäße geöffnet, die Käse herausgenommen, mit Tüchern abgerieben, angesetzter Schimmel mit dem Messer abgeschabt, und dann wieder bis zu ihrer völligen Reife verschlossen, welche je nach dem Geschmack, eine verschiedenartige ist. —

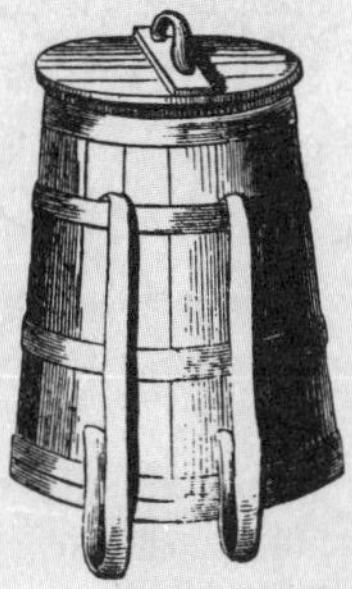

Brente.

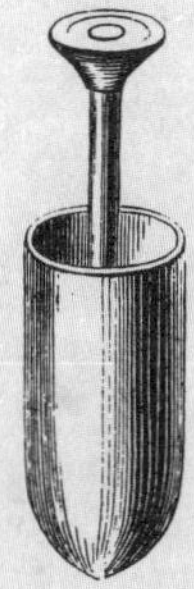

Milchmaß.

Melkstuhl.

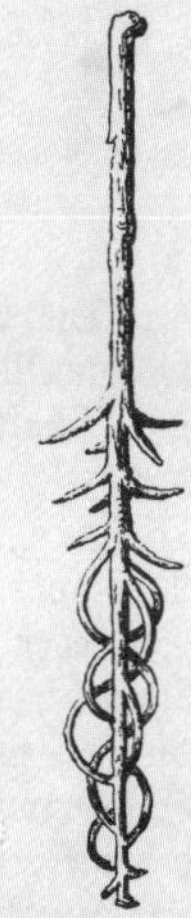

Käsequirl.

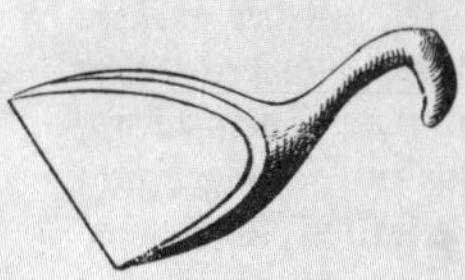

Nidelkell.

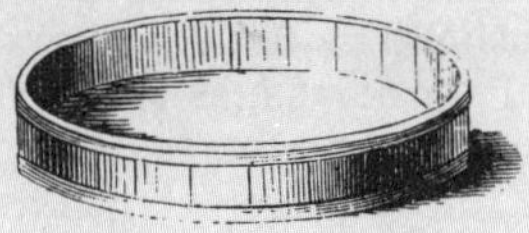

Gepse.

Melchter.

Geräthe der schweizerischen Molkerei.

Inneres einer schweizerischen Sennhütte.

1. 2. Darstellung der Käse und der Butter.

Die besten Weiden des Gebirgs liegen auf den Voralpen, wo zuweilen noch der Pflug geht neben einer ausgedehnten Weidewirthschaft auf den höher gelegenen, steileren Matten. Besonders reich an Ertrag sind die Voralpen des baierischen Hochlandes, Tyrols, des Algäus, Steyermarks, der Schweiz und Piemonts. Aber auch hoch im Norden, in Norwegen und Schweden, wird die Alpen- oder Sennerei-Wirthschaft unter ähnlichen Verhältnissen betrieben, wie in den süddeutschen Gebirgen; wie in Tyrol besorgen dort auch Mädchen und Frauen, Sennerinnen, das Geschäft. Es ist aber ein durchaus ungegründetes Vorurtheil, als sei die Darstellung von gutem Käse nur auf den Alpen möglich; im Gegentheil wird er nicht selten in der Ebene noch besser gefertigt. So sind denn auch z. B. in der Schweiz überall im Flachland Käsereigenossenschaften entstanden, Gemeinden, aus welchen jeder einzelne Landmann einen Theil seiner Milch zu gemeinschaftlicher Verarbeitung auf Käse hergibt und sich dabei sehr gut steht. Der Schweizerkäse wird auch in Deutschland vielfach nachgeahmt und zwar öfters so, daß ein Unterschied gar nicht zu bemerken ist. — In England ist der Chesterkäse der beliebteste und allgemeinste; es wird bei dem Zurühren des Labs der Saft von Ringelblumen, oder Safran und Orleans zugesetzt, um ihm eine tiefgelbe Farbe zu geben. Gekocht wird die Milch nicht, sondern in einem Fasse geschieden, nachdem so viel warme Milch zugegossen worden ist, um die ganze Milch kuhwarm zu machen. — Der Limburger Käse wird in Holland aus halbfetter oder magerer Milch gemacht, in viereckigen Kästchen nicht sehr fest gepreßt, und stark gesalzt. — Den Holländischen Käse scheidet man vielfach mit Salzsäure, anstatt des Labs; die Milch wird nicht gesotten. Fast ebenso wird der Holsteiner Käse bereitet, welcher vielfach unter dem Namen „Holländer" auf den Markt kommt. — Wie die Gebirgsweiden die Erzeugung von gehaltreicher, würziger Milch begünstigen, so diejenige der Meeresniederungen den Ertrag an Masse und Fett. Daher sind die holländischen und holsteinischen Milchwirthschaften nicht minder berühmt, wie die schweizerischen. In Schleswig-Holstein ist das Molkereiwesen zu einer Vollkommenheit gediehen, welche musterhaft genannt werden kann. Die Darstellung von Käse ist aber daselbst bei weitem nicht so allgemein, wie diejenige von Butter, durch welche hauptsächlich der Reinertrag dortiger Güter geschafft wird. Die holsteinische Butter ist die beste und dauerhafteste der Welt und liegt diese Eigenschaft minder an der Beschaffenheit der Milch, als vielmehr vorzugsweise in der überaus sorgsamen und verständigen Behandlung. In dieser sind die holsteinischen Landwirthe Meister. Es gibt in ihrem Lande viele große Güter, deren Milchkeller wahre Sehenswürdigkeiten und nirgends anderswo in ähnlicher Vollkommenheit zu treffen sind, selbst nicht in England. Manche dieser Molkereien sind so großartig, daß sie mit Dampf betrieben werden. Für solche bestimmt sind die höchst sinnreich erdachten Destinon'schen Molkereigeräthschaften. Der Milchraum dazu befindet sich halb unter der Erde, ist fest aus Steinen erbaut, geräumig, kühl, heizbar und hell; er ist zu lüften vermittelst gußeiserner Fenster, die sich in Mittelzapfen drehen. Die Milchsatten sind von Gußeisen, emaillirt (mit einer Glasur überzogen) und viereckig, wodurch mehr Platz erspart wird, wie bei runden; sie sind bis 7 Fuß lang und 2 Fuß breit und fassen 6 bis 36 Meßkannen; hinten sind sie tiefer, als vorn. Die eingefüllte Milch kühlt sich in diesen großen, flachen Satten sehr rasch ab und setzt schneller und mehr Rahm ab, als in tieferen Gefäßen. Abgenommen wird derselbe mit einem Messer, das durch zwei auf den Sattenrändern laufenden Röllchen geführt und mittelst eines langen Stabes regiert wird. Dieser Abrahmer streicht den Rahm ganz sacht und regelmäßig nach der abgeflachten Sattenmündung; aus dieser fließt er in einen davor gestellten Trog von emaillirtem Gußeisen, der in einem Gestell mit vier Rädern steht, das auf einer eisernen Schienenbahn vor den Milchsatten herfährt; auf diese Weise kann ein Mädchen die sämmtlichen Arbeiten im Milchkeller ganz bequem allein ausführen. Soll die Milchsatte entleert werden, so geschieht dies ganz einfach durch eine leichte Schraubenwinde, welche an ihrem hohen Ende eingesetzt wird und sie mit der größten Leichtigkeit in jeden Neigungswinkel bringt, was schon des mehrmaligen Abrahmens halber nothwendig erscheint. Diese Winde kann bequem getragen und von einer zur andern Satte gebracht werden; um letztere in schiefer Richtung zu erhalten, wird einfach ein Brett oder Pflock untergeschoben. Dadurch ist es aber auch leicht, die Satten vollständig zu reinigen, ohne sie vom Platze zu bewegen; das eingegossene oder geleitete Wasser fließt ab in den Rahmkarren, welcher dann ebenfalls mit gereinigt wird. Dieses sinnreiche Verfahren vereinigt folgende Vorzüge: 1. Je größer die Fläche der Berührung der Milch mit der Luft, um so vollständiger findet die Ausscheidung des Rahms statt. 2. Nur durch ein regelmäßiges Behandeln der Milch, das sich Tag für Tag gleich bleibt, können gleichmäßige Erträge von der Molkerei gewonnen werden; die Maschine arbeitet aber regelmäßiger, als die Hand. 3. Je mehr Arbeit erspart wird, um so höher der Ertrag, um so pünktlicher die Leistung. 4. Peinlichste Reinlichkeit ist eines der ersten Erfordernisse tüchtigen und einträglichen Molkereibetriebs; die Destinon'schen Geräthe gestatten nicht allein dieselbe, sondern fordern sie geradezu heraus. 5. Die Einrichtung des Milchraum's ist eine so zweckmäßige, daß sie besser gar nicht gedacht werden kann. — Es ist dies Verfahren aber nicht blos auf große Milchwirthschaften, sondern ebenso gut auch auf kleine anwendbar. Je flacher das Milchgefäß, um so besser die Abrahmung. Tiefe Töpfe dazu werden nur da beibehalten, wo man dem Käsestoff nicht alles Fett entziehen will. Um ein gutes und schnelles Rahmen der Milch zu erzielen ist es nothwendig, daß die Milchkammer stets eine Durchschnittswärme von 9 bis 10 Graden des Reaumür'schen Thermometers (Wärmemessers) habe. In einer guten Milchkammer ist das Rahmen gewöhnlich im Sommer in 12 Stunden und im Winter in 24 Stunden vollendet, was man daran bemerkt, daß der Finger keine Feuchtigkeit annimmt, wenn man mit ihm sanft die Oberfläche des Rahms berrührt. Man schöpft alsdann den Rahm mit einer Rahmkelle ab und bewahrt ihn in Gefäßen mit enger Oeffnung, welche sich verschließen lassen, damit er durch Berrührung mit der Luft nicht verdirbt, an einem luftigen Orte. Gute Milch darf nicht zu dick und nicht zu flüssig sein, ihre Farbe ist mattweiß, und Kühe von mittlerem Lebensalter auf guter Weide pflegen die beste zu liefern. Man erhält beim Molken jedesmal verschiedene Milch aus dem Euter, die zuerst gemolkene ist viel weniger reich an Rahm, als die zweite. Die zuletzt gemolkene Milch enthält bis sechzehn mal mehr Rahm als die erste, welche daher auch viel weniger Butter liefert. Das Frühmelken giebt die beste Milch, weil die Ruhe und der längere Aufenthalt der Milch im Euter deren Fettgehalt vermehret hat.

Die Destinon'schen Molkereigeräthschaften.

Voralp im bairischen Hochland.

2. Darstellung der Butter.

Gußeiserne Milchsatten sind den zerbrechlichen thönernen oder gläsernen stets vorzuziehen; sie müssen nur emaillirt und so leicht, als möglich, daher bequem zu heben sein. Der von der Milch abgenommene Rahm — der sich im Sommer gewöhnlich binnen 12, im Winter in 24 Stunden absondert, wird gesammelt, in enghalsigen Gefäßen aufbewahrt, und durch Schütteln, Umrühren, Schlagen oder Stoßen in Butter verwandelt. Der Vorgang dabei besteht blos in der Vereinigung der Fettkügelchen der Milch zu einer halbfesten (butterweichen) Masse. Sobald diese sich gebildet hat, wird die Masse zusammengedrückt, und mit reinem kalten Wasser so lang ausgewaschen, bis dasselbe keine milchige Trübung mehr zeigt. In diesem Zustande wird die Butter leichter fest, wenn man sie an einen kühlen Ort bringt. Zur Vereinigung der Fettkügelchen der Milch gibt es eine ganze Anzahl von Maschinen. Eine solche ist auch das gewöhnliche, in der ganzen Welt verbreitete Stoßbutterfaß. Es besteht aus einem hohen Fasse a, worin ein hölzerner Stößer b mit senkrechter Handhabe, unten mit einer Stoßscheibe, durch den Deckel c geht, und die eingefüllte Flüssigkeit peitscht. Eine Verbesserung ist das doppeltwirkende Stoßbutterfaß, zuerst von Drummond in England gebaut, bei welchem zwei Stößer abwechselungsweise in demselben, getheilten Faß durch eine Riemenrolle mit Kurbel in Bewegung gesetzt werden. Für kleinere Wirthschaften sind diese Fässer vollkommen hinreichend; es ist sogar schon oft behauptet worden, das Stoßbutterfaß werde von keiner andern Buttermaschine übertroffen. Für größere Mengen Milch oder Rahm eignet sich die Buttertonne besser. Eine vorzügliche Art derselben ist die Schlagbuttermaschine wie sie in Belgien im Gebrauch ist. Sie ist ganz von Holz; in ihrem halbrunden Trog bewegt sich eine Welle mit abstehenden Schlägern, die zwischen den Leisten eines festen Rechens hindurch gehen und solchergestalt die Flüssigkeit äußerst kräftig durcharbeiten. Aehnlich gebaut ist die Lavoisy'sche Buttermaschine, deren Mantel von Blech ist, sie steht in einem mit Zink ausgeschlagenen Kasten, in den nach Bedürfniß kaltes oder warmes Wasser gefüllt werden kann, um der Milch den richtigen Wärmegrad zu verleihen. Auch die Kreiskraft (Centrifugalkraft, welche durch Rundschwingungen eines Körpers erzeugt wird) hat man auf Buttermaschinen übertragen. Bei der Kreiskraftbuttermaschine wird die Flüssigkeit in ganz dünnen Strahlen in einem runden Gefäße herumgewirbelt. So gibt es noch zahlreiche andere Arten von Buttermaschinen. Die Handhabung derselben ist leicht. Am günstigsten ist der Butterwerdung erfahrungsgemäß eine vollkommen gleichmäßige, nicht übereilte Bewegung; gegen das Ende des Geschäfts, sobald der Zusammentritt der Fettkügelchen beginnt, muß sich dieselbe bedeutend verringern, bis sie endlich, um die Butter ordentlich zusammenzubringen, ganz stetig langsam wird. In kleineren Wirthschaften hat man das ganze Buttergeschäft in der Uebung; daher weiß man es sich auch oft gar nicht oder nur ganz falsch zu erklären, warum es einmal nicht buttern will, während es das anderemal geschwind damit geht. Hier ist nur der Wärmegrad der Luft und der Butterflüssigkeit die Ursache. Deswegen sollte jede, noch so kleine Molkerei, mit einem Thermometer (Wärmemesser) versehen sein; ohne dasselbe bleibt die Arbeit stets Sache des Zufalls! Nur unter bestimmten Wärmegraden kann die Butterwerdung erfolgreich vor sich gehen. Man findet zwar häufig, daß Wirthschafterinnen oder Schweizer die Wärme der Milch mit der Hand oder dem Arm ziemlich genau messen können, allein dazu gehört viele Erfahrung und selbst diese kann irren; das Thermometer aber nie; es ist ein so einfaches Werkzeug, daß es Jedermann anvertraut werden kann. Am passendsten sind 12 bis 15 Grad Wärme für das Buttern. Durch Zusatz von heißem oder kaltem Wasser, besser durch Umgeben der Buttermaschine damit, läßt sich der Wärmegrad der Butterflüssigkeit regeln. Größere Molkereien haben für den Sommer einen Eiskeller, für den Winter eine heizbare Milchstube oder einen warmen Molkereikeller zur Verfügung. Am meisten und besten wird die Butter dargestellt aus dem Rahme von süßer Milch; für den gewöhnlichen Verbrauch aus Sauermilch-Rahm; sie kann aber auch aus der frischen Milch unmittelbar gewonnen werden. Die bei dem Buttern zurückbleibende Flüssigkeit, die Buttermilch, wird als erfrischendes Getränk oder auch als Mastfutter für die Schweine verwendet. Nach dem Herausnehmen der Butter aus dem Faß findet das Auswaschen der Buttermilch und Käsetheile statt. Um es gründlich zu verrichten, wird sie wiederholt in irdenen Schüsseln, hölzernen Mulden oder auf Marmorplatten durchgeknetet. Ist dies geschehen, so wird sie kreuz und quer mit dem Haarmesser durchschnitten um Haare, Fasern und fremde Körper daraus zu entfernen; nach Erforderniß kann dies mehremal wiederholt werden. Die Marktbutter wird alsdann entweder frisch, wie in Süddeutschland, oder nachdem sie vorher gesalzen worden ist, in besondere Formen gebracht, die sich nach der Landessitte richten (Stückchen, Züpfen, Wecken, Ballen u. s. w.) Gern wählt man dazu besondere Formen mit Verzierungen oder dem Zeichen des Gutes. Das Färben der Butter, um ihr die beliebte gelbe Farbe zu geben, ist sehr gewöhnlich; im Kleinen thut man am besten daran, dazu Möhren- oder Ringelblumensaft zu nehmen. Möhren (Gelbrüben) werden zu diesen Behufe auf einem Reibeisen zerrieben und der Saft mittelst eines leinenen Tuches ausgepreßt. Der Saft muß schon dem Rahm zugesetzt werden. Man rechnet auf 20 Liter Flüssigkeit einen Eßlöffel voll. Dieser Zusatz ist natürlich ganz unschädlich. Die Butter soll stets in einem kühlen Raum, in welchem es jedoch im Winter nicht friert und woselbst eine reine Luft herrscht, aufbewahrt werden. Jede Hausfrau weiß, daß die Fette, vorzüglich aber die Butter, Geruch und Geschmack fremder, stark riechender Gegenstände annehmen, die sich mit ihnen in dem nämlichen geschlossenen Raum befinden; es dürfen daher mit der Butter zugleich niemals dergleichen Stoffe aufbewahrt werden. Den Verderb der Butter bedingt ihr Gehalt an Wasser und Luft; bei dem Schmelzen und Sieden der flüssigen Butter werden beide möglichst entfernt, daher auch die Schmelzbutter sich ungesalzt längere Zeit hindurch hält. Bei dem Schmelzen wird fortwährend abgeschäumt, der erhaltene Butterschaum giebt einen guten Maßstab ab für die Güte und vorhergegangene Behandlung der Butter, denn in ihm sondern sich alle fremden Bestandtheile ab, namentlich der Käsestoff, aber auch die Unreinigkeiten. Wägt man die erhaltene Schmelzbutter auf einer genauen Wage und vergleicht ihr Gewicht mit demjenigen der rohen Butter, so kann man aus dem Verlust ziemlich sicher berechnen, wie viel Wasser und andere fremde Bestandtheile man für Fett gekauft und bezahlt hat. Sämmtliches Wasser der Butter gelangt jedoch durch das Schmelzen derselben keineswegs zur Verdampfung.

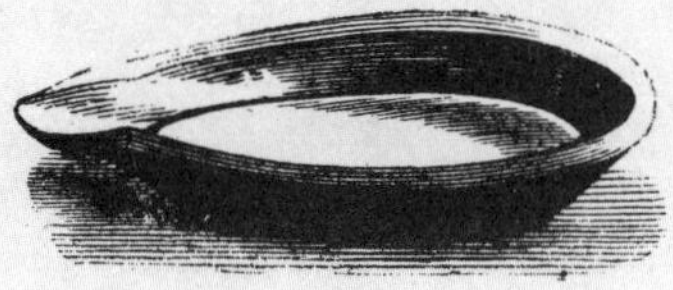

Gußeiserne Milchsatte.

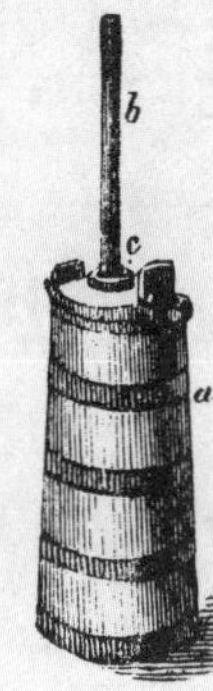

Stoßbutterfaß.

Lavoisy's Butterfaß.

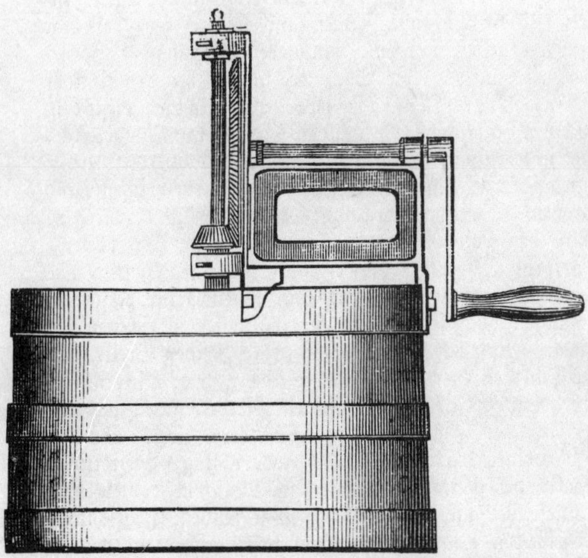

Kreiskraftbuttermaschine.

Schlagbuttermaschine.

Doppeltwirkendes Stoßbutterfaß.

1. Säemaschinen.

Seit alter Zeit und heute noch meistentheils geschieht die Aussaat der Samen der Nutzpflanzen in's Erdreich mit der Hand, sei es mit breitem Wurf, sei es durch Stecken von einzelnen Körnern. Ersteres nennt man breitwürfige Saat, letzteres Dibbeln. Erst seit ungefähr hundert Jahren hat man auch Maschinen zu dieser schwierigen Arbeit verwendet, allein erst in dem letzten Vierteljahrhundert ist der Gebrauch von Säemaschinen allgemeiner geworden, während sie immer noch unter allen landwirthschaftlichen Maschinen diejenigen sind, welche sich am langsamsten einführen. Nur in einzelnen Gegenden Deutschlands, z. B. in Mecklenburg, wo lauter große Güter sind, benutzt man sie durchgängig; in Süddeutschland ist insbesondere die Rapssäemaschine allgemein, auch bei kleineren Besitzern. In England dagegen und Nordamerika wird kein Korn mehr mit der Hand gesäet. Als Vorzüge der Maschinensaat können angeführt werden: 1. Ersparniß an Saatgut, welche $^1/_8$ bis $^3/_4$ der breitwürfigen Saatmenge betragen und oft in einer einzigen Jahreszeit den Anschaffungspreis der Maschine vergüten kann. 2. Regelmäßigere Vertheilung der Samen, gleichtiefe Lage eines jeden Korns, und das dadurch hervorgebrachte gleichmäßige und frühere Keimen der Saat. 3. Schnelleres und bequemeres Unterbringen der Saat, das zugleich von der Maschine bewirkt werden kann und dadurch Ersparniß an Spannarbeit. 4. Bessere Benutzung des Düngers und verminderter Bedarf desselben, wenn z. B. die Maschinensaat auf Kämmen geschieht und nur diese reihenweise gedüngt werden. 5. Leichtere und zweckmäßigere Bearbeitung der Saaten während ihres Wachsthums, sowohl durch die Hand, als auch durch Gespannwerkzeuge. Das Behacken des Getreides mittelst der letzteren bildet eine eigenthümliche Bestellungsart, die Drill- und Pferdehackenwirthschaft, durch welche sich der Gebrauch der Säemaschinen am auffallendsten und besten verwerthet. 6. Geringere Gefahr der Lagerung durch allzu üppiges Wachsthum oder durch heftigen Wind; stärkere Bestockung der einzelnen Pflanzen. Endlich 7. größerer Ertrag sowohl in Menge als auch in Güte der Früchte, welche mit der Säemaschine gesäet worden sind, der sich bis zum Fünffachen des Durchschnittes erhöhen kann. — Es gibt sehr verschiedenartige Säemaschinen, die sich, der Bauart nach, in folgende Abtheilungen bringen lassen: 1. Löffelsäemaschinen; die Samen werden durch kleine, an Walzen oder Scheiben befindliche Metalllöffel ergriffen, in Trichter geworfen und mittelst Röhren in die das Erdreich darüber streichenden Hohlschare geleitet. 2. Bürsten-Säemaschinen; eine breite Rundbürste drückt die Samen gegen Oeffnungen, durch welche sie in den Boden gelangen. 3. Walzensäemaschinen; die Samen werden durch vertiefte Walzen oder Rädchen aufgenommen und weiter befördert. 4. Kapselsäemaschinen; die Samen werden in Kapseln eingefüllt und entleeren sich bei der Umdrehung derselben durch die darin angebrachten Löcher. 5. Schiebersäemaschinen, bei welchen die Samen in Löcher von hin und her geschobenen Brettchen fallen und von diesen einem hohlen Schar übergeben werden. — Außerdem unterscheidet man die Säemaschinen nach Art ihrer Fortbewegung in Handsäemaschinen und Gespannsäemaschinen; nach der Weise der Samenvertheilung in breitwürfige, in Reihen- (Drill-) und Horst-(Dibbel-)säemaschinen. Es giebt Säemaschinen, welche alle Samengattungen, andere, die deren nur eine säen. — Unter die in Deutschland am meisten verbreiteten gehört die Alban'sche breitwürfige Säemaschine; sie hat Saatwalzen und Bürsten, welche den überflüssigen Samen zurückstreichen; derselbe fällt auf ein darunter hängendes Vertheilungsbrett, welches ihn regelmäßiger zerstreut, als die Hand zu thun vermag; sie säet zwölf Fuß breit, mit einem davor gespannten Pferd, das jedoch gewechselt werden muß, täglich bis 36 Morgen. Mittelst eines in der Mitte angebrachten Zifferbretts mit Zeiger kann sie auf jede beliebige Aussaatmenge gestellt werden. Ein nebenher laufender eiserner Stab zeichnet (markirt) die Spur des Rades bei der Umkehr vor. — Die Sternsäemaschine, von Fichtner erfunden, ist eine Reihensäemaschine, die zugleich Samen und Düngepulver streut und unterbringt. Ihre arbeitenden Theile werden bewegt durch einen Stern, dessen Spitzen in den Boden dringen und sich umdrehen. Sie eignet sich besonders zum Versuch der Reihensaat für kleinere Landwirthe. — Die englische Drillmaschine ursprünglich von Cooke erfunden, säet mit Löffeln. Sie ist blos für Reihensaat berechnet, und gegenwärtig dergestalt vervollkommnet, daß sie eine der vorzüglichsten Maschinen ist, die es giebt. Man hat sie von 5 bis zu 18 Reihen Breite, mit und ohne Düngerstreuer, blos für Getreide, oder auch für Rüben und Klee. Sie bedarf eines kräftigen Pferdes zum Zug und eines verständigen, geübten Führers oder deren zwei. Bei den älteren Maschinen war blos hinten einer nöthig, der mittelst einiger Hebel die ganze zusammengesetzte Maschine richtete und lenkte. Diese Maschinen haben neuerdings auch in Deutschland Eingang gefunden, namentlich auf großen Gütern und in Gegenden, wo Zuckerrübenbau betrieben wird. Ihr hoher Anschaffungspreis, der ihre Erwerbung dem mittleren Besitzer erschwert, könnte durch das Mittel einer Maschinengenossenschaft leicht überwunden werden, so daß der große Vortheil, den die Saat damit den Einzelnen, wie dem Ganzen gewährt, den Mitgliedern des Verein's der Reihe nach zu gut käme. Dergleichen Verbände sind schon mit vielem Erfolg in England, der Schweiz, Frankreich &c. thätig. Es ist nicht zu leugnen, daß die Einführung der Reihensaat (Drillcultur) des Getreides eine der wünschenswerthesten Verbesserungen sein würde, welche die deutsche Landwirthschaft sich aneignen könnte, und daß das Streben von Vereinen sowohl als von Einzelnen mit Beharrlichkeit darauf gerichtet zu werden verdient. Nur sehe man sich vor, bei der Anschaffung von Maschinen zu diesem Zweck; man hüte sich vor solchen, welche allzuviel angepriesen und mit Zudringlichkeit ihrer Billigkeit halber empfohlen werden, wie dies so häufig geschieht; gewöhnlich steckt hinter dieser Billigkeit nur ein untaugliches, zusammengestohlenes Werk unwissender Nachpfuscher. Man wende sich nur an vertrauenswürdige Bezugsquellen, um nicht betrogen und unlustig gemacht zu werden; dies gilt überhaupt von allen landwirthschaftlichen Maschinen. Diese sind in der neueren Zeit mehr als unentbehrlich, sie sind eine Macht geworden gegenüber dem stetig zunehmenden Mangel an Handarbeitskräften. Der Landwirth des Fortschritts sucht sich daher die durch sie gewährleisteten Vortheile in möglichstem Maße anzueignen; dies kann er aber nur, wenn er sich mit den Zwecken, der Bauart und der Behandlung der einzelnen hinlänglich vertraut macht. Eine ausreichende Kenntniß des landwirthschaftlichen Maschinenwesens gehört heutzutage für jeden ausübenden Landmann zu den Erfordernissen der Bildung in seinem Fach.

Alban'sche breitwürfige Säemaschine.

Fichtner's Sternsäemaschine.

Englische Drillmaschine.

2. Ernte-Maschinen.

Die wichtigsten unter allen Maschinen sind unstreitig für den Landwirth, namentlich den größeren, diejenigen, welche ihm die Ernte erleichtern und rasch zu beenden gestatten, weil es ihm gerade zur Zeit derselben nicht selten an den nöthigen Kräften dazu fehlt und er öfters Hülfsarbeiter nur zu unerschwinglich hohen Preisen bekommen kann. Daher hat man von jeher Versuche gemacht, auch bei der Ernte die Arbeit der Sichel und der Sense durch Maschinen zu ersetzen. Wenn wir recht berichtet sind, hat man deren schon im grauen Alterthum besessen; sie waren aber schwerlich etwas anderes, als Zinkenreihen oder Rechen, ähnlich den Kleekämmen, auf Rädern, welche gegen die stehende Frucht geschoben wurden, deren Aehren abrissen und in einen Korb fallen ließen. Erst im Anfang unseres Jahrhunderts scheinen die ersten wirklichen Getreidemähemaschinen in Schottland gebaut und versucht worden zu sein. Ihre eigentliche Erfindung, so wie sie jetzt sind, gehört aber Nordamerika an, von wo aus sie seit dem Jahre 1851 auch in Europa bekannt wurden. Erst in der letzteren Zeit, nachdem sie vielfach verbessert worden waren, haben sie angefangen, sich mehr zu verbreiten. — An eine gute Mähemaschine müssen, der Natur der Sache nach, fast mehr Anforderungen gestellt werden, als an jede andere landwirthschaftliche Maschine. Man verlangt von ihr folgende unerläßliche Eigenschaften: 1. Guten scharfen Schnitt, welchem weder ein Halm, noch der etwaige Unterwuchs entgehen darf. 2. Sie darf keine Körner ausschlagen, soll die ausfallenden auffangen, daß sie nicht verloren gehen. 3. Leichte Stellung der Schneidevorrichtung auf jede beliebige Stoppelhöhe. 4. Sie soll die geschnittene Frucht gut in Garben oder in Schwaden ablegen. 5. Sie darf sich während des Gangs nicht verstopfen. 6. Sie muß vom Platz weg sogleich schneiden, so daß es nicht nöthig ist, die Schneidetheile erst eine Zeit lang in Gang zu bringen, ehe sie thätig werden. 7. Sie muß das Getreide unter allen, selbst ungünstigen Bedingungen noch mit verhältnißmäßiger Sicherheit abbringen, wobei indessen nicht gerade das Unmögliche verlangt werden darf. 8. Bodenhindernisse gewöhnlicher Art dürfen auf Gang und Arbeit keinen störenden Einfluß ausüben. 9. Sie darf nur wenige Bedienung erheischen. 10. Sie muß viel leisten, unter allen Umständen mehr, als Handarbeit bei gleichem Kostenverhältniß. 11. Ihr Gang soll leicht, für die Zugthiere nicht allzu ermüdend sein; sie muß zugleich stets bequem gelenkt werden können. 12. Ihre Leitung und Behandlung soll nicht schwierig, sondern leicht verständlich sein. 13. Endlich soll hinreichende Dauerhaftigkeit des Baus und angewendeten Stoffs eine schnelle Abnutzung der Maschine oder eine häufige Unterbrechung ihrer Arbeit möglichst verhindern. Manche fügen noch die Forderung hinzu, daß die Mähemaschine mit geringen Veränderungen ebenso gut zu Gras und Klee als zu Getreide zu gebrauchen sein soll. — Alle neueren Mähemaschinen haben sich entwickelt aus derjenigen, welche zuerst Cyrus M'Cormick in Nordamerika gebaut und seither mehrfach verbessert hat. Als die beste für Getreide gilt gegenwärtig die sogenannte Victoria-Mähemaschine von Samuelson in England. Sie legt in Schwaden garbenweise ab, vermittelst zweier Harken die mit zwei Raffbrettern oberhalb im Kreuze stehend sich auf einer von senkrechter Welle getragenen kreisrunden Bahn in eigenthümlicher Weise schwingen, Harken und Raffbretter ahmen dabei geschickt die Bewegungen eines Arbeiters nach, welcher diese Werkzeuge mit den Armen führt und dabei den Körper in eine geeignete Drehung um eine senkrechte Achse versetzt. Die Schneidevorrichtung besteht aus einer sägenförmigen Messerstange, mit dreieckigen, gleichschenklichen Messern, welche von zwei Seiten zugeschärfte Schnittkanten haben. Dieselbe läuft, durch eine Kurbel mit dem Triebwerk verbunden, außerordentlich rasch zwischen gußeisernen Fingern hin und her, welche ihre Bahn bilden; was von Halmen dazwischen geräth, wird abgeschnitten und fällt mittelst der Einwirkung der Raffbretter auf eine viertelkreisförmige Plattform, von der es durch die darauf folgenden Harken säuberlich herabgestrichen und schwadenweis bei Seite gelegt wird. Zwei Pferde dienen zur Bespannung; der Führer reitet auf dem Sattelpferd; ein Mann geht zur Aushülfe neben der Maschine her. Die Deichsel ist seitwärts von der Plattform vor dem Triebwerk angebracht, ein geripptes gußeisernes Laufrad vermittelt die Uebertragung der Bewegung. Die Schnittbreite der Maschine beträgt 5 Fuß; wenn 2 Pferde von Mittelstärke mit 4 Fuß Geschwindigkeit in der Minute arbeiten, so können sie bei zehnstündiger Arbeit ohne jede Unterbrechung 20 Morgen abmähen; mehr wie 15 wird jedoch selten erreicht, bei einigen Schwierigkeiten sinkt die Leistung auf 10, und bei Lagergetreide, wenn nicht rings um das Feld herum fortgeschritten werden kann, sogar auf 5 Morgen. — Die Grasmähemaschinen sind fast gerade so gebaut, wie die zu Getreide, nur daß die ganzen Vorrichtungen zum Aufnehmen und Ablegen wegfallen. Die Allen'sche Grasmähemaschine, eine der besten, besteht blos aus dem Triebwerk und der seitwärts nebenhergehenden Messersäge mit Abweisebrett (Schwadenhalter) und Handgriff zum Emporheben; der Lenker sitzt hier auf einem Bock über dem Getriebe, das zwischen zwei Laufrädern liegt. Die Grasmähemaschinen sind minder verwendbar, wie die Getreidemähemaschinen, weil sie völlig ebene Flächen und gleichmäßigen Graswuchs verlangen; sie eignen sich besser für Feldgrasländereien als für Wässerwiesen. Die Behandlung jeder Mähemaschine erfordert, nach dem Ausspruch eines Sachverständigen, wenn sie ein erfreuliches Ergebniß liefern soll, eine weit größere Aufmerksamkeit und Kenntniß, als der Betrieb einer Dampfmaschine und eine beinahe ebenso große, als der vortheilhafte Betrieb einer großen zusammengesetzten Dampfdreschmaschine. Ein Uebelstand der meisten Mähemaschinen ist, wie Perels richtig bemerkt, daß dieselben eine außerordentliche Breite besitzen und demnach ihr Transport bis zur Arbeitsstelle häufig mit Schwierigkeiten verbunden ist. Für Getreidemähemaschinen mit Ablegvorrichtung läßt sich dieses freilich nicht ändern, da die Breite der Maschine vollständig durch die Bauart bedingt ist; für Grasmähemaschinen hat man aber mit bestem Erfolge die Verbindung des Messers mit der Zugstange derartig eingerichtet, daß dasselbe aufgeschlagen werden kann, so daß die Breite der Maschine lediglich durch die Spurbreite der Fahrräder bestimmt wird. Diese Einrichtung möchte überall zu empfehlen sein, wo enge Wege und Thore mit der Maschine zu durchfahren sind und hat sich dieselbe als sehr vortheilhaft bewährt. Zusammengesetzte (combinirte) Mähemaschinen, welche ebenso zum Getreide wie zum Gras dienen sollen erweisen sich übrigens nicht vortheilhaft, indem sie zu verwickelt und schwerfällig ausfallen müßten, wenn sie beiden Zwecken gleichgut genügen sollten; es ist daher vorzuziehen, sich für jede Art der Schnitternte mit einer besonderen Maschine zu versehen. Getreidemähemaschinen ohne Ablegevorrichtung leisten zu wenig gegenüber der Handarbeit.

Victoria-Mähemaschine.

Grasmähemaschine von Allen.

2. Ernte-Maschinen.

Die außerordentliche Verbreitung der Erntemaschinen in Nordamerika wird leicht nachgewiesen durch die folgenden Zahlen: Cyrus M'Cormick zu Chicago im Staate Illinois, der Erfinder der neueren Getreidemähemaschinen, hatte zur Londoner Weltausstellung im Jahre 1862 die vierzigtausendste dieser Maschinen, die in seiner Fabrik angefertigt worden waren, gestellt; bei der großen allgemeinen landwirthschaftlichen Schau zu Hamburg 1863 war er aber schon bis zu Nummer 48,000 gediehen; es werden demnach in seiner Anstalt jährlich im Durchschnitt 8000 Stück Erntemaschinen angefertigt, deren Verkaufswerth die ungeheure Summe von 1,600,000 Thalern darstellt. Ein anderer berühmter Verfertiger, Wood, ebenfalls in Illinois, hat in 3 Jahren über 12,000 Stück geliefert, und außer diesen beiden giebt es noch eine große Anzahl von ausschließlichen Erntemaschinen-Fabriken. Die Wood'schen Mähemaschinen sind übrigens in ihrem Vaterland als die besten angesehen, hauptsächlich mit aus dem Grunde, weil sie ebenso gut zum Getreide, wie zu Gras und Futter zu gebrauchen sind. Bei der Arbeit mit denselben kommt es den amerikanischen Landwirthen durchaus nicht darauf an, daß eine so vollkommen saubere, gleichmäßige Arbeit geliefert wird, wie die Deutschen sie verlangen; die ersteren rechnen nur, ob die Arbeit mit der Maschine sie billiger zu stehen kommt, als mit der Hand und dann ist es ihnen einerlei, ob da oder dort ein paar Halmen stehen bleiben oder die Stoppeln ungleiche Höhe erhalten. Das letztere ist bei Lagerfrucht überhaupt nicht zu vermeiden, bei dieser stellt sich der Gebrauch der Maschinen am unvortheilhaftesten. Da wo sie angewendet werden, muß neben dem Getreide Platz genug für den Gang der seitwärts angespannten Pferde sein; wo dies nicht der Fall ist, muß mit der Sense eine Breite dazu rings um vorgemäht, und das geschnittene Getreide davon entfernt werden. Gut ist es auch, wenn dies mit den scharfen Ecken der Feldstücke geschieht. Alsdann mäht die Maschine rundum fahrend ununterbrochen ab, bis zuletzt der Streifen so schmal wird, daß sie an den Breitseiten aussetzt und nur noch in der Länge hin und her fährt. Das Schneiden mit der Maschine geht regelmäßiger und besser von Statten, als mit der Hand; die Schneidevorrichtung läßt nichts zu wünschen übrig. Auch der früher oft erhobene Einwand, die einzelnen Messer der Säge würden zu leicht stumpf und seien dann schwierig zu schärfen, hat sich neuerdings dadurch gehoben, daß man von den fein gezahnten Schnitträndern derselben abgegangen ist und neuerdings nur glatte Schneiden anwendet. Zu jeder Maschine muß man eine zweite Messerstange als Rückhalt haben, welche eingesetzt wird, sobald die erste stumpf und zum Schleifen herausgenommen worden ist. Nicht ebenso günstig ist aber das Urtheil über die verschiedenen Vorrichtungen zum Ablegen des geschnittenen Getreides. Es geschieht diese Arbeit entweder durch Menschen, welche auf der Maschine sitzen oder stehen und mit Harken die gefallenen Halme von der Plattform abstreichen oder durch besondere Maschinerie. Die bekanntesten Einrichtungen dazu sind: Ein endloses Tuch, das Umkehren der Plattform, eine Anzahl von großen Schrauben, deren Umdrehung die Halme seitwärts abschiebt, schwingende Harken und Raffbretter, endlich ein Rechen, welcher die Bewegung des menschlichen Arms nachahmend, soviel Getreide, als zu einer kleinen Garbe gehört, von der Plattform aufnimmt und an der Seite ablegt. Die letztere Art nennt man Automaten-Mähemaschinen (Selbstbeweger, Menschen nachahmende); sie sind erfunden von dem Amerikaner Atkins, verbessert von M'Cormick. Allein trotz ihrer sinnreichen Einrichtung verrichten sie ihre Aufgabe immer noch nicht mit der nothwendigen Sicherheit, so daß also auf dem Gebiete der Mähemaschinen noch viel Spielraum für neue Erfindungen ist. — Da der Leichtigkeit wegen viele Theile der Mähemaschinen aus Holz angefertigt sind, welches bei dem Wechsel der Witterung Veränderungen ausgesetzt ist, so wird es nothwendig, vor jedesmaligem Gebrauche die Maschine ganz genau bis auf's Einzelne zu prüfen, alle Schrauben gut anzuziehen und dies namentlich bei großer Hitze täglich mehremale zu wiederholen. Ebenso darf nicht vernachlässigt werden, die Maschine recht gut und oft zu schmieren, weil sonst die sich rasch bewegenden Theile derselben rasch warm laufen und sich abnutzen. Je länger eine Mähemaschine sich in unausgesetzter Arbeit befindet, um so besser und schneller macht sie sich bezahlt. Es erhellt schon daraus, daß sie für große Güter geeigneter ist, als für kleine; ebenso, daß sie in den Händen von Unternehmern die allerbesten Ergebnisse liefern muß. In Frankreich und England ist schon seit geraumer Zeit die sehr vernünftige Einrichtung im Gange, daß Unternehmer mit einer Anzahl von Mähemaschinen sich in die verschiedenen Bezirke begeben, und daselbst das Abbringen der Ernte damit im Accord übernehmen. Es ist dies jedenfalls die sicherste Art der Einführung der Mähemaschinen und der Möglichkeit ihrer vortheilhaften Benutzung auch von Seiten der kleineren Besitzer. Wenn auch im Anfang die Arbeit damit kaum billiger zu stehen kommen wird, als mit der Hand und Sense, so liegt doch ein Gewinn schon in dem an Zeit und in der Sicherheit durch Benutzung günstiger Witterung. Außerdem zeigen auch schon jetzt die Mähemaschinen den Weg, wie es möglich ist, die in der Ernte oft geradezu in das Unerträgliche sich steigernden Anforderungen der Arbeiter etwas herabzustimmen. Daher nimmt ihre Verbreitung auch von Jahr zu Jahr Fortgang. Fast keine andere Maschine hat die gleiche Bedeutung für die Landwirthschaft, wie die Mähemaschine. Die Ernte ist das Ziel des ganzen Betriebs: sie muß die Mühen eines Jahres krönen, und kann dies nur, wenn sie gut und sicher beendigt wird. In keiner Zeit des Jahres aber gebietet die Witterung größere Eile, als in der Ernte, in keiner anderen zugleich hängt der Landwirth so sehr ab von seinen Arbeitern. Wo großer Mangel an diesen ist, wo er sich entweder den übermüthigen Bedingungen roher Söldner fügen muß, welche einige Wochen im Jahre streng arbeiten, um die übrige Zeit faullenzen zu können, oder wo er die Hälfte, ja noch mehr seines Schweißes verloren sehen muß, da wird die gesegnete Erntezeit für den Landwirth zu einer Zeit der Qual und Noth. Die Mähemaschine überhebt ihn derselben; sie besiegt die Schwierigkeiten des Mangels an Zeit und an Arbeitern und macht den Landwirth unabhängiger, als jede andere Maschine dies zu thun vermag. Man sollte demnach glauben, die Mähemaschinen würden überall schnellen Eingang finden. Dem ist aber nicht so; stärker als die Furcht vor der stets wiederkehrenden Erntenoth ist immer und überall noch das Mißtrauen gegen das Neue. Es würde aber niemals gelingen, irgend eine Maschine auf den wünschenswerthen Grad von Vollkommenheit zu bringen, wenn nicht die Erfahrung ihr zu Hülfe kommt, auch die Erntemaschinen werden erst durch sie Geltung erlangen.

Wood'sche Mähemaschine in der Rast.

(Nach einer amerikanischen Photographie.)

Die Automat-Mähemaschine.

2. Erntemaschinen.

Nächst der Getreideernte ist die Heuernte die wichtigste Vornahme des landwirthschaftlichen Jahres. Das Gras und die Kräuter der Wiesen zusammen bilden das naturgemäßeste Futter der wiederkäuenden Thiere, welches getrocknet, als Heu, einen Maßstab abgibt zur Beurtheilung des Nahrungswerthes anderer Futterstoffe. Je sorgsamer das Heu gewonnen wird, um so werthvoller ist es. Aufgabe der Heugewinnung (Heu-Werbung) ist demnach, dem Futter soviel an Nahrungsbestandtheilen zu erhalten, als möglich und nichts davon verloren gehen zu lassen, als die Wasserbestandtheile. Diese verdunsten an der Sonne und Luft; je kräftiger beide einwirken, um so rascher und gründlicher wird der Zweck erreicht. Früher erhielt man nach dem Sprichwort: Das Heu soll auf dem Rechen trocknen — das abgemähete Gras in beständiger Bewegung, wendete es mehrmals um, setzte es zusammen in Haufen, warf es wieder aus einander und so fort, bis die Trocknung vollendet war. Davon ist man bei vernünftigem Betrieb jetzt abgekommen, denn es ist doch ganz klar, daß durch das viele Bearbeiten eine Menge der werthvollsten Bestandtheile des Heues, Samen, Aehren, Blüthen, Blätter, welche abbrechen, unwiederbringlich verloren gehen. Je weniger das Heu mit Geräthschaften durcharbeitet wird, um so besser bleibt es. Nichtsdestoweniger muß es vollkommen trocken sein, ehe es eingefahren oder in Feimen gebracht wird; ist dies nicht der Fall, so tritt im Inneren des eingebansten Heu's eine Gährung mit auffallender Wärmeentwickelung ein, welche bis zur Selbstentzündung führen kann, jedenfalls aber das Futter moderig und zur guten Ernährung ungeeignet macht. Dagegen benutzt man heutzutage nicht selten eben diese Gährung des Heu's, aber in regelmäßig herbeigeführtem Verhältniß, zur Darstellung des Braunheu's, welches für sehr nahrhaft und von den Thieren bevorzugt gehalten wird. Wo das Gras mit der Sense abgemäht wird, da liegt dasselbe hinter den Mähern in Schwaden. Diese müssen zerstreut werden, was gewöhnlich mit den Händen geschieht. Neuerdings benutzt man aber dazu mit dem größten Erfolg die Heuwendemaschine. Dieses in England schon seit 30 Jahren in Gebrauch befindliche nützliche Instrument besteht ursprünglich aus einer mit Rechen besetzten Trommel, welche zwischen zwei Karrenrädern liegt und bei deren Fortbewegung sich mit vergrößerter Geschwindigkeit umdreht, so daß die eisernen Rechenzinken den Boden streifen, dabei das Gras erfassen, in die Höhe schleudern, verstreuen und wenden. Gegenwärtig haben die verbesserten Maschinen dieser Art zwei Trommeln nebeneinander auf derselben Achse oder anstatt deren bloße abstehende mit Zinken besetzte Arme, wie dies unter andern bei der trefflichen Howard'schen Heuwendemaschine der Fall ist. Bespannt wird die Maschine mit einem Pferd in der Gabel, das ein nebenhergehender Führer leitet. In raschem Schritt quer über die Schwaden geführt zerstreut sie dieselben so rasch und gleichmäßig gründlich, wie dies auf andere Weise gar nicht geschehen kann. Auch zum Wenden des verstreuten Grases läßt sie sich, nachdem die Trommeln tiefer gestellt worden sind, ganz trefflich benutzen, und das Heu trocknet dabei um so rascher, da es hoch in die Luft geworfen wird. Die Heuwendemaschine verrichtet gut und gern die Arbeit von 20 Menschen. Man müßte aber zum Zusammenbringen immer wieder eine größere Zahl von Leuten haben, wenn es nicht auch dafür eine sehr brauchbare Maschine gäbe. Dies ist der Pferderechen. Bekanntlich benutzt man zum Sammeln der verstreuten Getreidehalme schon längst von Menschen gezogene, große Rechen (Sausterben, Hungerharken; vgl. S. 28 u. 29); viel besser eignen sich aber die mit Pferden bespannten, welche nicht blos viel breiter und leistungsfähiger, sondern auch sicherer sind und dem Menschen eine höchst mühselige, wenig lohnende Arbeit abnehmen. Gewöhnlich bestehen die Pferderechen aus einer Reihe hoher eiserner gekrümmter Zinken auf einer und derselben Achse, von welchen sowohl jeder einzelne beweglich ist, um etwaigen Hindernissen auszuweichen, als auch die ganze Reihe sich mit einemmale empor hebt, sobald der hintennachgehende Führer auf einen starken Hebel drückt. Bei dem Pferderechen von Ransomes und Sims in England ist diese Arbeit dadurch glücklich vereinfacht, daß der Führer auf einem Bock über der Maschine sitzt, und den Rechen mit den Füßen regiert; sobald er sich mit denselben kräftig gegen ein vorn angebrachtes Trittbrett stemmt, hebt sich der Rechen und entleert die angesammelte Last an Gras oder Heu. Es ist blos darauf zu achten, daß dies in langen zusammenhängenden Zeilen geschieht, die entweder sofort aufgeladen oder zu Haufen zusammengeschoben werden, wozu man gleichfalls besondere Geräthschaften hat. Die Pferderechen werden mit einem oder zwei Pferden bespannt und leisten die Arbeit von 12 bis 18 Menschen. Sie dienen aber nicht blos in der Heuernte sondern auch in der Getreideernte zum Zusammenharken der Halme und Aehren, was damit ebenfalls viel vollständiger, besser und rascher geschieht, als mit der Hand. Endlich hat man sie auch dazu angewandt, um feine Sämereien auf dem Acker unterzubringen und zwar mit vielem Erfolg. Kurz, es gibt nicht leicht ein vortheilhafteres Geräth für den Landwirth, als einen guten Pferderechen und es ist dringend zu wünschen, daß derselbe sich immer mehr verbreite. Wenn man auch die englischen Pferderechen immer noch für die besten halten muß, so gibt es doch auch in Deutschland sehr viele Maschinenwerkstätten, wo sie zur völligen Zufriedenheit und dabei weit billiger hergestellt werden. Eine sehr empfehlenswerthe Verbesserung der Pferderechen ist neuerdings in England dadurch eingeführt worden, daß dieselben von ihrer eigentlichen Achse zwischen den beiden Laufrädern abgenommen werden können; es wird durch die letzteren eine kurze Achse gezogen, die Deichsel in der Quere vorgehängt, und auf den so entstehenden schmalen Karren der eigentliche Rechen der Länge nach gesetzt. Dadurch wird den Uebelständen vorgebeugt, welche durch die große Spurweite der Pferderechen bei dem Gange derselben auf schmalen Wegen, über Brücken, durch Thorwege u. s. w. leicht verursacht werden. Ebenso fertigt man jetzt die Zinken aus Stahl, was bei vergrößerter Dauerhaftigkeit auch die Leichtigkeit des Geräthes sichert, eine bei demselben sehr wünschenswerthe Eigenschaft. — Mit Heuwendemaschine und Pferderechen wird es möglich, wenn anders die Witterung dies begünstigt, in einem einzigen Tage das Heu einer am frühen Morgen gemähten Wiese trocken und heim zu bringen. Man wirft zwar diesen Geräthen vor, daß sie auf Wässerungswiesen, der Gräben halber, nicht gut zu verwenden seien; indessen schaden die Ueberschlagsgräbchen ihrer Verwendung nicht im Geringsten, so daß nur hier und da für eine Ueberbrückung der Zuschlagsgräben würde gesorgt werden müssen. Für Feldgras, Klee und Futterfelder überhaupt eignen sie sich ganz vorzüglich, nicht minder für alle trockenen Wiesen und Weiden.

Howard's Heuwendemaschine.

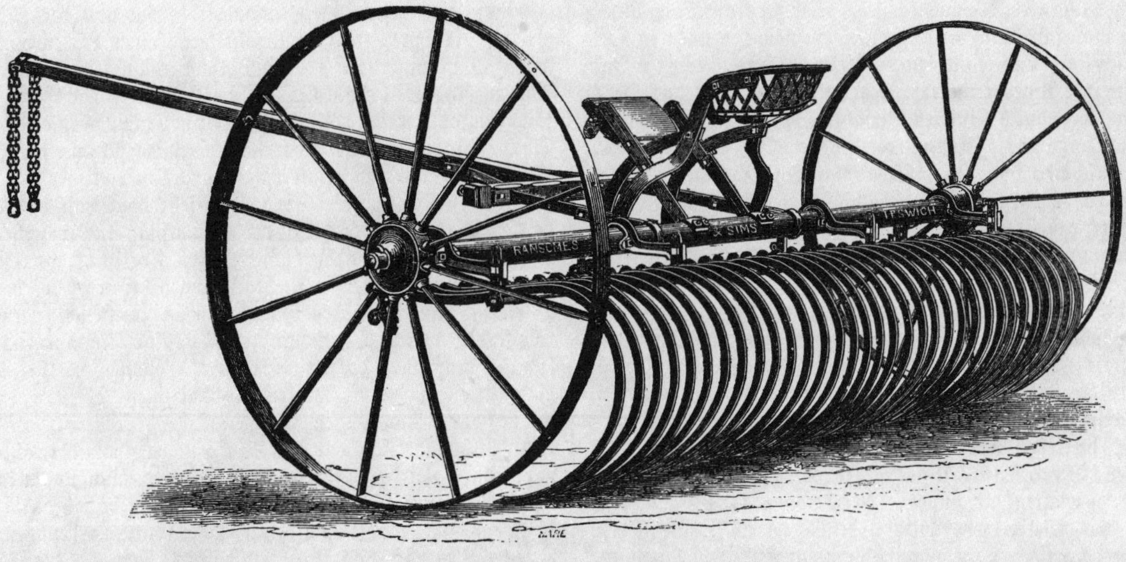

Pferderechen von Ransomes & Sims.

3. Dreschmaschinen.

Die Gewinnung der Körner aus den Aehren des Getreides, der Samen aus Schoten, Kapseln u. s. w. heißt das Dreschen, eine Arbeit, welche durch Schlagen, Treten, Stampfen u. s. w. bewirkt wird und zu den anstrengendsten des landwirthschaftlichen Betriebs gehört. In ältester Zeit hat man die Körner ausgeklopft mittelst biegsamer, knotiger Ruthen; alsdann ließ man sie von Thieren austreten, erfand besondere Vorrichtungen dazu, Dreschwagen und Walzen, bis man endlich zum Dreschflegel gelangte, der noch gar nicht sehr alt ist. Trotzdem bildete er viele Jahrhunderte hindurch das hauptsächlichste Geräth zur Körnerlostrennung, bis man endlich die Dreschmaschinen erfand, welche, von Jahr zu Jahr außerordentlich vervollkommnet, in vielen Ländern und Gegenden schon den Flegel gänzlich verdrängt haben und ihn mit der Zeit ohne Zweifel überall verdrängen werden. Es giebt eine Menge verschiedenartig gebauter Dreschmaschinen: 1. Walzen und Wagen. 2. Dreschmühlen, nach Art der Kaffeemühlen. 3. Stampfen, welche mit Wasserkraft betrieben werden. 4. Dreschhaspel, mit schwingenden Flegeln. 5. Scheibendreschmaschinen, welche die Körner wie zwischen Mühlsteinen ausreiben. 6. Walzendreschmaschinen, bei welchen die Körner zwischen Walzen ausgequetscht werden. 7. Kreiskraft= (Centrifugal=) Dreschmaschinen mit beweglichen Rollen. 8. Schlagdreschmaschinen (Schottische) mit Schlagtrommeln, welche gegen einen gerippten Korb arbeiten; die am meisten verbreitete Art. 9. Stiftdreschmaschinen (Amerikanische) bei welchen eine mit abstehenden Stiften besetzte Walze gegen einen gleichen Mantel wirkt. Je nachdem das Getreide der Länge nach eingelegt, wobei das Stroh gebrochen wird, oder der Quere nach, wobei es völlig geschont bleibt, unterscheidet man Langdreschmaschinen und Breitdreschmaschinen. Nach der Aufstellung unterscheidet man fahrbare, welche von einem nach den anderen Orte beweglich sind, und feststehende Dreschmaschinen. Wo die Verhältnisse ihre Anwendung erlauben, verdienen die letzteren den Vorzug, weil durch häufiges Verfahren, öftere Aufstellung und Auseinandernahme, Einfluß der Witterung, die bewegbaren Dreschmaschinen nicht selten Schaden nehmen. Sind sie aber, wie bei den großen Breitdreschmaschinen jetzt allgemein üblich, auf Räder gestellt, so fallen natürlich diese Nachtheile großentheils weg und die großen Vorzüge beliebiger Bewegbarkeit treten in den Vordergrund. Endlich theilt man je nach der bewegenden Kraft die Dreschmaschinen noch ein in: Handdreschmaschinen, Göpeldreschmaschinen und Dampfdreschmaschinen. Wasserkraft wird öfters, Wind selten zum Betrieb derselben benutzt. Für den mittleren und kleinen Landwirth eignen sich am besten die Göpeldreschmaschinen, welche durch Zugthiere, Pferde oder Ochsen, betrieben werden, und zwar hauptsächlich aus zwei Gründen: Sie arbeiten billiger wie jede andere Art des Dreschens und sie verstatten die nutzbare Verwendung der Zugthiere in Zeiten, wo dieselben gewöhnlich unbeschäftigt im Stalle stehen. — Eine derartige, vorzugsweise für kleinere Wirthschaften berechnete Göpeldreschmaschine ist die französische Langdreschmaschine von Damey. Der Göpel mit 2 oder 3 Pferden betrieben, befindet sich unterhalb derselben, und zwar auf einem Wagengestell, so, daß das Ganze bequem wegzuschaffen ist. Die Räder des Gestells werden zwischen Bremsklötzen A mittelst Pflöcken B fest vor Anker gelegt; die Pferde werden zwischen eine kurze Gabel so hinter die Göpelzugbäume CC gespannt, daß sie stets den Balken vor sich haben, daher niemals in's Zeug springen. Das Göpelwerk bewegt zunächst eine große Riemenscheibe, diese die arbeitenden Theile der Dreschmaschine. Sie befindet sich in dem Holzgestell F, mit dem Speisetisch G, von welchem das Getreide bei H unter die Schlagtrommel gelangt. Die Riemscheibe I betreibt einen Windflügel, der das Korn vorläufig reinigt, so daß es bei K in den untergestellten Sack abläuft. Das Stroh wird durch eine Schüttelvorrichtung über die Bahn D auf den Siebtisch E geführt, von welchem ab es in Garben gebunden wird, während die Spreu sich unterhalb sammelt. Es ist diese französische Dreschmaschine eine recht sinnreiche und gedrängte Zusammenstellung. — Im Wesentlichen stimmt, der inneren Einrichtung nach, mit ihr überein die große englische Breit=Dreschmaschine von Garrett. Derartige Maschinen nennt man auch Fertigmach=Dreschmaschinen, weil sie das Getreide vollständig reinigen und zugleich sondern, so daß es völlig marktfähig in vier vorgehängte Säcke abläuft, welche enthalten: 1. Bestes, schweres Korn. 2. Mitteles Korn. 3. Leichtes Korn. 4. Nachkorn. Dazu sind großartige Maschinen mit einer Menge von besonderen Einrichtungen versehen und bedürfen zum Betriebe der Dampfkraft. Das Getreide wird von zwei Einlegern oben auf der Maschine in der Quere eingelegt. Die ausgedroschenen Körner werden, nachdem sie die Schüttelsiebe durchlaufen haben, anstatt eines Schöpfwerks wieder in die Höhe gehoben durch die Wirkung eines heftigen Luftstroms, der in dem Windwerk (Ventilator) A erzeugt, in den Röhren BB 1 sich bewegt und bei C 1 geregelt werden kann. Sie gelangen endlich in eine Sonderungstrommel mit durchschlagenem Blechmantel und daraus in die Säcke. Das Stroh (Straw) wird durch einen Schüttler hinten aus der Maschine geleitet, die Spreu (Cavings) fällt durch einen Lattenrost. Gewöhnlich ist unterhalb solcher Maschinen auch noch eine Vorrichtung angebracht, um die Spitzen (Grannen) der Gerste abzuschlagen, mit welchen sie die Bierbrauer nicht brauchen können. Solche fahrbare Breitdreschmaschinen eignen sich nur für größere Güter oder auch zum Lohndreschen durch Unternehmer, die damit von Ort zu Ort ziehen. Sie müssen sehr dauerhaft und gut gebaut sein, kosten daher viel in der Anschaffung und Unterhaltung. Dagegen leisten sie aber auch Alles was verlangt werden kann und es kann kein einziger Nachtheil angeführt werden, der ihre Wirkung hinter die des Handdreschens zu stellen vermöchte. Sie finden auch in Deutschland immer mehr Eingang, namentlich auf dem Wege des Erwerbs durch Genossenschaften. Durch die Anwendung von dergleichen mächtigen Dreschmaschinen, welche die Ernte binnen wenigen Tage körnerrein aus den Aehren und marktfertig in den Sack bringen, spart der Landwirth nicht allein Zeit und Geld, sondern wird auch unabhängiger in seinem Geschäft, so daß er im Stande ist, jede sich darbietende Gelegenheit zum Verkauf seiner Früchte sofort zu benutzen. In vielen Fällen hält von ihrer Anschaffung noch ab die Rücksicht auf die ständigen Arbeiter, welchen man durch das Dreschen mit dem Flegel auch im Winter Verdienst gönnen will; indessen läßt sich diese lobenswerthe Sorge für die Gutsarbeiter durch deren anderweitige Verwendung oder Betheiligung an dem Gewinne durch den Dampfdrusch leicht auch beim Maschinengebrauch übertragen, da es zumal keine Wirthschaft giebt, welche nicht noch der Verbesserung fähig wäre.

Französische Lang-Dreschmaschine von Damey.

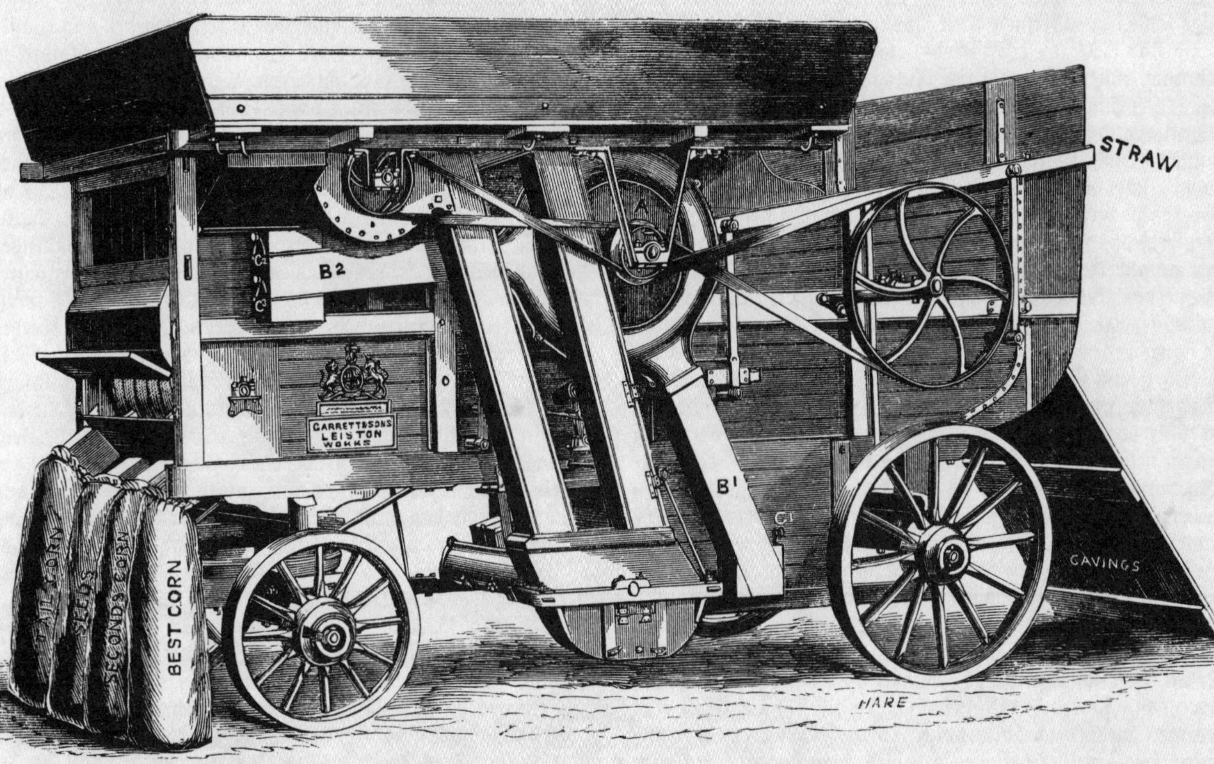

Englische Breit-Dreschmaschine von Garrett.

4. Bewegungs-Maschinen.

Die älteste Landwirthschaft hatte keine andere Kraft zu ihrer Verfügung, als diejenige des Menschen. Dieser bearbeitete mit den allereinfachsten Werkzeugen, zugespitzten Baumästen, Hacken aus Hirschhorn, Spaten aus Knochen, den ihm zunächst liegenden Boden, und zwar den unfruchtbaren immer früher, als den fruchtbaren, weil der letztere in der Urzeit so bewachsen war, daß die Kräfte zu seiner Bewältigung gar nicht hinreichten. Dann vereinigten sich verschiedene Menschen zur Bestellung eines Feldes; der erste Pflug ward von ihnen selber gezogen, bis sie endlich lernten, sich die Kräfte gezähmter Hausthiere nutzbar zu machen. Erst viel später lernten sie die mächtigeren des Windes und Wassers benutzen und einer allerjüngsten Zeit gehört an die welterschütternde Entdeckung der Dampfkraft. Sie war schon lang erfunden und im Gebrauch, ehe man daran dachte, sie auch im Dienste der Landwirthschaft zu verwenden; höchstens, daß Brennereien damit betrieben und nebenbei einige andere Maschinen, namentlich Mühlen, damit verbunden wurden. Erst die Erfindung der fahrbaren Dampfmaschine, (Locomobile) bezeichnet den wirklichen Eintritt der Alles bewältigenden Kraft des Dampfes in das eigentliche Gebiet der Landwirthschaft. Diese gehört der allerneuesten Zeit an; noch auf der ersten Londoner Weltausstellung im Jahre 1851 waren nur einige schüchterne Versuche ihrer Ausführung zu sehen. Gegenwärtig sind viele, viele Tausende, vielleicht Hunderttausende im Gebrauch, eine einzige englische Maschinenfabrik hat davon schon über 7000 Stück geliefert und in zahlreichen Anstalten werden sie in Deutschland gerade jetzt so gut gebaut, als in England. Daher ist mit Gewißheit anzunehmen, daß ihre Verbreitung immer zunimmt, und dies ist als ein Segen für das landwirthschaftliche Gewerbe zu betrachten. Denn die fahrbare Dampfmaschine ist ein Pferd, das nur frißt, wenn es gebraucht wird, wie man sagt; oder mit anderen Worten, sie verzehrt nichts, so lange man ihrer Dienste nicht benöthigt ist, während die Zugthiere gefüttert werden müssen, gleichviel, ob sie arbeiten oder nicht. Es kommt bei ihr ferner in Betracht, daß sie zu gar vielen Zwecken verwendbar ist. Da sie auf Rädern steht und von einem Gespann ohne Mühe hingefahren werden kann, wo man ihrer bedürftig ist, so lassen sich zahlreiche Arbeiten damit ausführen, zu deren Vollendung es einer bedeutenderen Bewegungskraft bedarf. Hat sie die Ernte ausgedroschen als Beweger der Dreschmaschine, so stellt sie sich vielleicht an einem Teich auf und entwässert denselben, indem sie Pumpwerke treibt; heute fördert sie Kohlen aus einem Schacht, morgen betreibt sie eine ganze Maschinenzusammenstellung von Schrotmühle, Häckselmaschine, Wurzelschneider, Schleifstein und wer weiß sonst noch was auf einmal. Seitdem man in den Drahtseilen ein Mittel gefunden hat, die Kraft ohne großen Verlust selbst auf weitere Entfernungen hin zu übertragen, ist die Anwendung fahrbarer Dampfmaschinen selbst nicht durch das Bedenken mehr beschränkt, welches man früher gegen ihre angenommene Feuergefährlichkeit gehabt hat; diese aber kann durch zweckentsprechende Vorrichtungen auf ein unbedenkliches Mäß verringert werden. Die fahrbare Dampfmaschine ist der feststehenden überlegen durch folgende Gründe: Einmal ist es eine zweifelhafte Sache, ob die feststehende Dampfmaschine nicht als unbewegliches Stück des Hausbestandes (Inventarium) zu betrachten sei und Eigenthum des Besitzers wird, wenn der Pächter abzieht, wogegen dieser sich natürlich verwahren will. Dann erspart man bei der fahrbaren Maschine die Kosten der Anlage eines gangbaren Zeugs, da sie überall hin gebracht werden und daher meistens unmittelbar wirken kann. Ferner findet bei ihr eine große Gebäude-Ersparniß statt; es kann mit ihr alles Korn auf dem Felde gedroschen und marktfähig hergestellt werden. Die fahrbare Maschine kann man verleihen, es können sich daher auch kleine Güter ihre Vortheile aneignen. Endlich gewährt dieselbe freieren Betrieb, der nicht auf einem einzigen Punkte sich sammelt, wie dies bei feststehenden Maschinen und in Fabriken der Fall ist. Daß mittelst der fahrbaren Dampfmaschine das Mittel gegeben ist, auch den Boden mittelst Dampf zu bearbeiten, mag gleichfalls bei der Beurtheilung nicht vergessen werden. (Vgl. S. 22 u. 23). Eine fahrbare Dampfmaschine zum landwirthschaftlichen Gebrauch besteht aus dem Kessel, gewöhnlich mit Sicderöhren, der Feuerung, dem Schlot, welcher umzulegen und oben mit Funkenfänger versehen ist, und der Maschine mit Pumpe. Bis zu 10 Pferdekraft erhält die letztere gewöhnlich nur einen Cylinder (Kolbenstiefel), darüber zwei, welche, um Abkühlung zu vermeiden, vortheilhaft in der Feuerbüchse gelagert sind. Alle erdenklichen Ausrüstungstheile zur genauen Ueberwachung und Ungefährlichmachung dürfen nicht fehlen; dazu gehört auch ein Aschenkasten der mit Wasser gefüllt werden kann, um jedes glimmende Theilchen sofort zu ersticken. Das Ganze ruht auf einem festen Gestell mit 4 Rädern, die bei der Arbeit zwischen Bremsklötzen festgelegt werden. Die Uebertragung der bewegenden Kraft geschieht mittelst einer großen Riemenscheibe und breiter Riemen. Die Bauart solcher Locomobilen ist sehr verschieden; bei der Anschaffung soll man nur an die allerzuverlässigsten Quellen gehen. Der Preis ist ziemlich hoch. Je weniger Kraft die fahrbaren Dampfmaschinen besitzen um so höher kommt dieselbe zu stehen, um so vortheilhafter arbeiten sie. Die Ansprüche, welche an eine fahrbare Dampfmaschine zu landwirthschaftlichem Gebrauch gestellt werden müssen, sind vor Allem: Große und leichte Bewegbarkeit, so daß man damit überall hin selbst auf schlechten Wegen fahren kann; Verbrauch von möglichst wenigem Brennstoff, ohne daß dadurch die Kraftentwickelung verringert wird; möglichste Feuers-Ungefährlichkeit; eine leicht verständliche Bauart, so daß sich ein gewöhnlicher Arbeiter mit einiger Aufmerksamkeit leicht mit der Handhabung der einzelnen Theile und der Besorgung des Ganzen vertraut machen kann; Dauerhaftigkeit, Leistungsfähigkeit und Billigkeit; hinsichtlich der letzteren ist es jedoch nicht wohlgethan, sie allzu sehr zu berücksichtigen, da bei auffallenden Preisunterschieden sie gewöhnlich nur eine Folge von mangelhafter Ausführung ist. Die Behandlung der Locomobilen muß mit großer Vorsicht und Sorgfalt geschehen; man wähle dazu einen recht zuverlässigen Mann, welcher dazu von einem Sachverständigen gründlich angelernt werden muß. Täglich sind die arbeitenden Theile wiederholt mit gutem Oele zu schmieren, die Sicderöhren zu reinigen, die blanken Theile zu putzen; soll die Maschine längere Zeit hindurch nicht gebraucht werden, so erhalten die letzteren einen Ueberzug von Talg, der flüssig aufgetragen wird. Im Uebrigen gelten die gesetzlichen Bestimmungen, welche allerdings in verschiedenen Staaten der Einführung der Locomobilen keineswegs günstig sind.

Fahrbare Dampfmaschine zum landwirthschaftlichen Gebrauch.

5. Getreide-Reinigungs-Maschinen.

Bei den gewöhnlichen Lang-Dreschmaschinen müssen die gewonnenen Körner noch einer besonderen Reinigung unterworfen werden, welche bewirkt wird theils durch Siebe, theils durch den Wind. Bekanntlich beruht auf der verschiedenen Schwere der Getreidesamen die Wirkung der ältesten Art der Reinigung, des Worfelns; mit einer Schaufel wurde das Getreide in der Richtung des Luftzugs auf der Tenne ausgeworfen; je leichter die Körner waren, um so weiter flogen sie; auf diese Weise ließ sich ganz gut die schwere Frucht von der leichten trennen. Auf demselben Gesetz beruhte auch die Wirkung der ersten Getreidereinigungsmaschine, der sogenannten Putzmühle oder Kornklapper; es ward in derselben durch einen Windflügel Luft in Bewegung gebracht, welche die eingeschütteten Körner weiter trieb. Indem man zuerst ein Sieb für die Aehren, dann andere für die verschiedenen Samengattungen, Unkräuter, Steine u. s. w. anbrachte und sie durch ein Schüttelwerk in Bewegung brachte, entstand nach und nach die vervollkommnete sächsische Getreidereinigungsmaschine. In England gab man dieser verschiedene Zuthaten, auch änderte man die Anordnung; so entstand die vollkommene Hornsby'sche Getreidereinigungsmaschine, die beste zum landwirthschaftlichen Gebrauche, die es gibt. Folgendes sind die einzelnen Theile derselben: a. Trichter zum Einschütten des Samens, wie er von der Dreschmaschine kommt; b. Schieber zur Regelung des Ablaufs; c. Stachelwalze, welche die Strohtheile aus der Maschine schleudert; d. Doppeltes Schüttelsieb von Eisen an Kettchen; e. Windflügel; f. Ausflug des Kaffs, der Spreu und der leichtesten Samen; g. Stellbrett, vermittelst dessen der Ausflug vermehrt oder beschränkt werden kann; h. Ablauf der schweren Samen; i. senkrechtes Sieb damit die Körner nicht unter die Flügel gerathen; k. schräge Siebe zur Sonderung, es können nach Bedarf 3 über einander eingeschoben werden; l. Zapfen, in welchem der schüttelnde Siebrahmen sich bewegt; m. Ablauf der leichten Frucht. Darnach wird man sich die Arbeit der Maschine ganz leicht versinnlichen können. Durch Drehen an der Kurbel wird zugleich mit der Flügelwelle mittelst eines Riemens die Stachelwalze und auf der anderen Seite durch ein Gestänge das Schüttelzeug in Bewegung gesetzt; die schwere Frucht fällt hinten, frei von Unkrautsamen, das in ein besonderes Kästchen läuft, heraus; die mittlere in der Mitte, die leichte vorn. Eine ganz genaue Sonderung findet statt, welche der Landwirth für eigene Zwecke ja beibehalten soll: Die schwere Frucht zu Saatgut, die mittlere zu Mehl für den Hausbedarf, die leichte zu Futter. Für den Verkauf wird er freilich nicht umhin können, die beiden besseren Sorten zu mischen. Es gibt aber zur Gewinnung vorzüglichen Saatguts auch ganz besondere Samensondermaschinen. Sie heißen auch Leinklappern, weil sie vorzugsweise zu Leinsamen angewendet werden und beim Gebrauch ein nicht geringes Geräusch machen. Dies wird hervorgebracht durch eine Welle mit Dreischlag, welche ein langes, schräge liegendes Blechsieb in Erschütterung bringt; dasselbe ist mit Löchern verschiedener Größe durchschlagen, welche die verschiedenen Größen der Samen durchfallen lassen, die in unterhalb angebrachten Tüchern ablaufen. Was stärker ist, z. B. Steine, Hülsenfrüchte, kommt unten am Ende heraus. Der Ablauf des Einfülltrichters kann gestellt werden; nie darf zuviel Samen auf einmal über das Sieb laufen. Noch vollkommener und neuerdings auch beliebter, jedoch viel theuerer ist die Samenreinigungsmaschine von Pernollet. Diese besteht aus einem liegenden walzenförmigen Sieb von Zink, dessen verschiedene Abtheilungen mit Löchern von verschiedener Größe durchschlagen sind. Ein blecherner Einfülltrichter läßt die Samen in das Sieb gelangen, während es gedreht wird und sie fallen je nach ihrer Größe gesondert in die darunter aufgestellten Gefäße. Dergleichen Maschinen sind sehr werthvoll zur Erlangung guten Saatkorns, welches eine der ersten Bürgschaften guten Ertrags ist, was aber noch lange nicht so allseitig anerkannt wird, als der Fall sein müßte. Es empfiehlt sich daher, daß die Gemeinden oder mehrere Nachbarn zusammen sich eine Samensondermaschine zum gemeinschaftlichen Gebrauch anschaffen; sie wird sich bald bezahlt machen. Es gibt aber auch noch Getreidereinigungsmaschinen blos für den Speicher, sogenannte Bodenmaschinen. Bekanntlich muß das Getreide auf den Speichern, wenn es nicht verderben, mulstrig werden soll, häufig gewendet, d. h. mit Schaufeln tüchtig umgestochen werden, damit es nicht einen dumpfigen Geruch und Geschmack annimmt, der ganz unausbleiblich sich einstellt, wenn dies nicht geschieht, weil die in den Körnern stets enthaltene Feuchtigkeit bei der Verdunstung von unten nach oben sehr viele davon beschlägt, Gährung oder Schimmelbildung veranlaßt. Außerdem besetzt sich das Getreide bei längerem Lager dermaßen mit Staub, daß dieser entfernt werden muß, ehe es zu Markt gebracht werden kann. Zu einer solchen Reinigung nun eignen sich die Bodenmaschinen ganz vorzüglich; sie bestehen nur aus dem Windflügel und einem darunter angebrachten schrägen Sieb. Die gewöhnliche Getreidereinigungsmaschine ist wohl die allgemeinst verbreitete unter allen landwirthschaftlichen Maschinen. Leider sieht man sie aber häufig noch in so unvollkommener Gestalt, daß man darüber erstaunen muß, wie die Fortschritte im Maschinenbau hier und da noch so ganz unbekannt geblieben sind. Bei der außerordentlichen Wichtigkeit eines möglichst reinen Saatguts und dem stets höher gewährten Preis für reines, gefällig aussehendes Marktgetreide ist darauf hinzuweisen, daß eine gute Getreidereinigungsmaschine eines der ersten Erfordernisse des landwirthschaftlichen Sachbestandes ist. Neben einer Langdreschmaschine für den Göpel ist sie gar nicht zu entbehren. An eine gute Getreidereinigungsmaschine hat der Landwirth folgende Anforderungen zu stellen: Sie muß leicht gehen, so daß keine große Kraft zu ihrer Bewegung nothwendig ist, sei es, daß diese mit der Hand oder irgend einer anderen Kraft geschieht: sie muß nicht allzu viel Geräusch machen, was gewöhnlich auch von starker Abnutzung begleitet ist; ihre Behandlung soll leicht verständlich sein, so daß sie rasch für verschiedene Zwecke umgestellt werden kann; endlich ist gewöhnlich wünschenswerth, daß sie leicht im Gewicht, also bequem von einer Tenne auf die andere zu schaffen sei. Da wo Dampfmaschinen oder Göpelwerke vorhanden sind, läßt sich die Getreideputzmaschine mit diesen verbinden. Ihr Besitz ist oft neben den Fertigmachdreschmaschinen noch wünschenswerth, sei es auch nur, um eine etwaige Verunreinigung des Getreides während der Lagerung damit beseitigen zu können. Die Getreidereinigungsmaschinen sind in der neuern Zeit derartig vervollkommnet worden, daß sie kaum noch etwas zu wünschen übrig lassen; da es aber eine große Menge von verschiedenartigen Bauarten derselben gibt, so ist bei der Auswahl zu bestimmtem Zweck mit Umsicht zu verfahren.

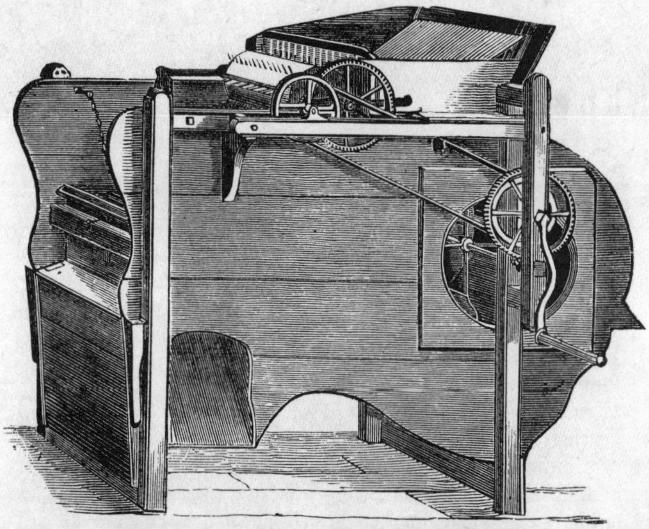

Hornsby'sche Getreidereinigungsmaschine.

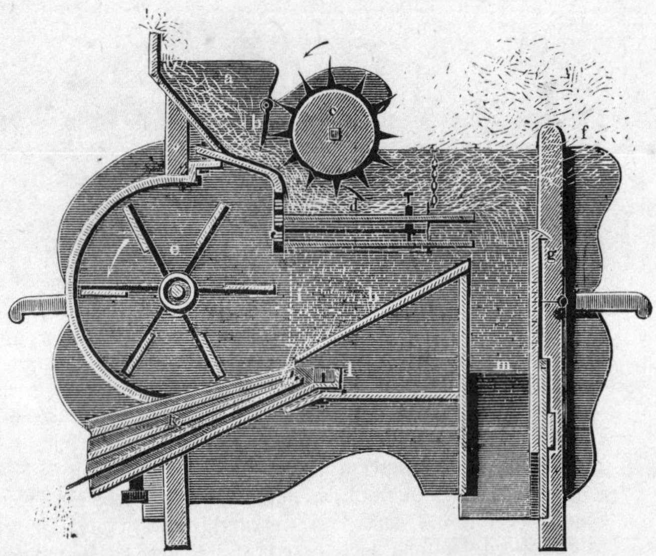

Hornsby's Getreidereinigungsmaschine; Längen-Durchschnitt.

Bodenmaschine.

Samensondermaschine.

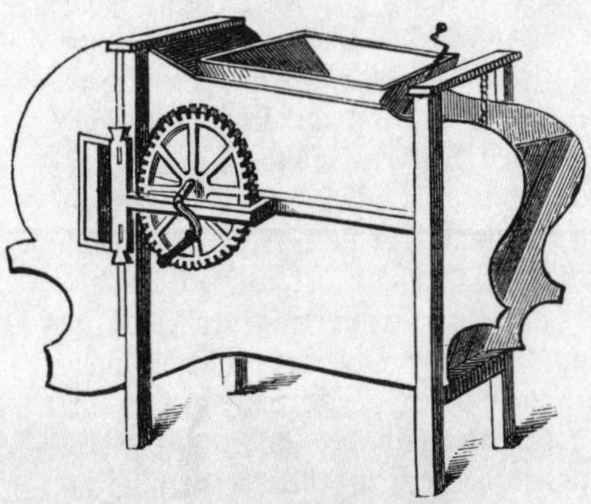

Sächsische Getreidereinigungsmaschine.

Samenreinigungsmaschine von Pernollet.

1. Hühner.

Die Zucht des Geflügels wird in Deutschland vielfach auf dem Lande noch nicht recht gewürdigt, über die Achsel angesehen, während in Frankreich viele Gegenden aus ihr den hauptsächlichen Reinertrag schöpfen. Es giebt in der Normandie Bauernhöfe, welche Heerden von 3000 Stück Hühnern halten und in dem Verkauf von Eiern, die nach England gehen, von gemästetem Geflügel, eine reiche Einnahmequelle haben, während der Gewinn eines kräftigen Düngers nicht ausgeschlossen ist. Die Zucht des Geflügels ist aber nur in dem Fall einträglich, wenn sie blos geringe Auslagen in Anspruch nimmt, wenn die Zahl der Thiere mit der Größe des Guts, der Bodenbeschaffenheit, den Ernten im richtigen Einklang steht, außerdem aber noch die Hauptsache, nemlich ein gesicherter Absatz vorhanden ist. Wird der hohe Preis des Fleisches und der ersten Lebensbedürfnisse in großen Städten in Erwägung gezogen, so geht schon daraus hervor, daß in deren Nähe die Geflügelzucht einen sehr bedeutenden Ertrag abwerfen muß, wenn die übrigen Verhältnisse ihr günstig sind. Das Gleiche ist der Fall bei der Nähe von Höfen oder im Mittelpunkte von Verkehrswegen. Leicht können aber auch manche Grundstücksbesitzer in den Städten selbst sich mit ganz geringen Kosten alle die Vortheile der Geflügelhaltung schaffen, welche sie blos dem Landbewohner zugänglich halten. — An der Spitze des Hausgeflügels steht das Huhn, dessen Fleisch und Eier die schmackhaftesten sind, dessen Haltung bei geringen Kosten den höchsten Ertrag abwirft. Daher ist auch das Huhn eines der ältesten Hausthiere des Menschen, so zwar, daß wir dessen Stammeltern und Vaterland gar nicht mehr kennen, für das letztere jedoch mit um so größerer Wahrscheinlichkeit Ostindien halten, als daselbst noch mehrere, dem Haushuhn ganz nahe verwandten Hühnerarten in der Wildniß leben. Die Zucht und Haltung der Hühner hat nicht immer den gleichen Zweck; während sie auf dem Lande hauptsächlich des Eiergewinns, in einzelnen Bezirken blos zur Fleischgewinnung oder Mästung gehalten werden, geschieht dies in den Städten häufig nur aus Liebhaberei, mehr zur Zierde und Unterhaltung auf einem Gehöfte, als des Nutzens wegen. Darnach kann man die Hühner in zwei Abtheilungen bringen, Zierhühner und Nutzhühner; die letzteren wieder in Eierhühner und Fleischhühner. Die hauptsächlichsten Rassen derselben sollen in dieser Folge aufgeführt werden: I. Zierhühner, deren Ertrag Nebensache ist: 1. Bramaputra (aus Ostindien). 2. Dorking (aus England). 3. Cochinchinesen. 4. Brabanter. 5. Goldglänzendes Fasanenhuhn (aus Rußland). 6. Brasilianer. 7. Bantam (ostindisches Zwerghuhn). 8. Javanesen. 9. Chinesen. 10. Malabaren. 11. Gangeshuhn. 12. Negerhuhn (aus Afrika). 13. Sonneratshuhn (aus Bengalen). 14. Jerusalemhuhn (aus Syrien). 15. Bankivahuhn (aus Java). 16. Indisches Kluthuhn (aus Ceylon). 17. Wollhuhn (aus China) 18. Seidenhuhn (aus Japan) 19. Englisches Zwerghuhn (in vielen verschiedenen Spielarten). 20. Hamburger Prachthuhn. — II. Nutzhühner. A. Vorzüglich zum Brüten geeignet: 21. Cochinchinesen. 22. Englisches Haubenhuhn. 23. Vierländerhuhn (auch Hamburger genannt, eine Spielart davon sind die prachtvollen Hamburger Prachthähne). 24. Polnisches Haubenhuhn. 25. Russisches Kluthuhn (ohne Schwanz). 26. Deutsches Bauernhuhn. — B. Gute Legehennen: 27. Spanier, auch Andalusier genannt; 28. Paduaner (aus der Lombardei). 29. Friesländer (aus Holland, auch geldrische genannt). Von den schon angeführten gehören in diese Abtheilung noch die Cochinchinesen, Dorking, Kluthühner, Polnische Haubenhühner und deutsche Bauernhühner. — C. Zur Fleischgewinnung oder Mästung: 30. Flandrische Hühner (Brabanter, auch als Zierhuhn). 31. Die französischen Hühner aus der Bresse, la Fleche, von Houdan, Crevecoeur und Mans. 32. Das Vierländer Huhn, das beste deutsche Masthuhn. — Für alle Zwecke der Zucht eignen sich die gewöhnlichen Bauernhühner; mit einiger Aufmerksamkeit wird es nicht schwer sein, sich daraus eine künstliche Rasse zu bilden, welche allen Erwartungen entspricht. Man rechnet, daß ein Landhuhn von seinem ersten Lebensjahr ab bis zum zweiten im Durchschnitt 90 bis 120 Eier legt, es giebt aber auch bessere Legerinnen; vom vollendeten zweiten Jahr an, nimmt die Nutzbarkeit desselben von Jahr zu Jahr ab. Ein im März ausgebrütetes Huhn beginnt schon mit dem Herbst, ja selbst im August, Eier zu legen und fährt damit fort bis zu eintretendem Froste, es beginnt wiederum, sobald die Kälte nachläßt, und setzt das Geschäft fort bis zur eintretenden Mauserzeit. Da dasselbe hiernach schon im ersten Jahre seinen vollen und größten Nutzen gewährt, so ist es räthlich, solches mit $1^1/_2$ Jahren, wo es noch ein sehr zartes Fleisch hat, zu schlachten, und nur zum Brüten ältere Hühner zu behalten. Das Futter der Hühner besteht vorzugsweise in Körnern und zwar eignen sich Gerste und Mais am besten dazu, letzterer ist ein unvergleichliches Mastfutter. Sie verlangen nebenbei aber auch noch thierische Nahrung, da das Huhn sowohl körner- als insectenfressend ist; auf dem Lande finden sie dieselbe hinreichend in dem Boden, im Mist u. s. w., wo dies nicht gegeben ist, muß eine künstliche Würmerei nachhelfen oder man füttert kleingehacktes Fleisch gefallener Thiere. Endlich bedarf das Huhn auch noch des Kalks zur Bildung seiner Eierschalen; wo ihm Gelegenheit fehlt, denselben aufzupicken, da fehlt dem Ei die harte Umhüllung. Ein klares, frisches Trinkwasser ist für das Huhn unerläßlich. Es versteht sich von selbst, daß viele Abfälle aus Haus, Küche und Gewerben sich gleichfalls zu Futter eignen; gekochte Kartoffeln u. dgl. dürfen aber nicht im Uebermaß gegeben werden. Gut ist es, wenn die Hühner in's Grüne gehen können; wo dies nicht thunlich ist, muß ihnen von Zeit zu Zeit Grünes vorgelegt werden. Gewürzhafte Kräuter, kleingehackt und mit Kleie vermischt, bekommen ihnen von Zeit zu Zeit gegeben besonders gut. Die Zucht des Geflügels ist nur dann gewinnbringend und geringe Auslagen erfordernd, wenn derjenige, der sie betreibt, die Zahl des Geflügels, das er hält, mit der Größe seiner Wirthschaft, der Beschaffenheit des Bodens und der Ernteerträge desselben in richtigen Einklang zu bringen versteht; außerdem ist aber noch die Hauptsache das Vorhandensein eines gesicherten Absatzes für die Erzeugnisse der Zucht. Bedenkt man den hohen Preis des Fleisches und die Kostspieligkeit der ersten Lebensbedürfnisse in großen Städten, so drängt sich gewiß Jedem die Ueberzeugung auf, daß in deren Nähe die Geflügelzucht im Großen und Kleinen bei richtigem Betrieb einen bedeutenden Nutzen abwerfen muß. Leicht können sich auch Grundstücksbesitzer in den Städten mit geringen Kosten alle Vortheile derselben verschaffen, wenn sie es richtig anfangen.

Fig. 1 und 2. Hamburger Prachthuhn. Fig. 3 und 4. Goldglänzendes Fasanenhuhn.

Fig. 1. Bramaputra. Fig. 2. Spanier. Fig. 3. Englische Zwerghühner.

2. Tauben. 3. Gänse.

Zwar sagt schon das derbe altdeutsche Sprichwort: Wer sein Haus will halten sauber, der hüte es vor Pf — und Tauben — allein nichts destoweniger gewährt die Taubenzucht so viel Vergnügen und Nutzen, daß sie wohl eine berechtigte Stelle in der kleinen Thierzucht verdient. Einzelne Spielarten der Taube, die sogenannten Feldflieger, suchen bekanntlich ihre Nahrung weit draußen im Felde, so daß ihre Unterhaltung eigentlich gar nichts kostet; aber gerade diese stehen dem Hofe des Landwirths am schlechtesten an, weil sie, wenn sie gleich eine Menge Unkrautsamen von den Aeckern ablesen und ausgefallene Körner z. B. vom Raps verwerthen, auch dem Saatgut nachgehen und dasselbe nicht blos aufpicken, sondern auch ausziehen, z. B. Erbsen und Wicken. Es ist daher gerathen und an vielen Orten mit Recht polizeiliche Vorschrift, daß während der Saatzeit die Tauben streng im Schlage gehalten werden. Im nördlichen Frankreich erbaut man besondere Taubenthürme, hohe runde Gebäude mit Mauerlöchern zum Nisten, worin viele Tausende von Tauben gleichzeitig gehalten werden. Diese fliegen täglich zweimal in großen Schwärmen oft mehre Meilen weit bis zum Gestade des Meers, woselbst sie sich von den ausgespülten Seethierchen und Pflanzenstoffen ernähren. Denn es ist eine, vielen unbekannte Thatsache, daß auch die Tauben schädliche Insekten ꝛc. vertilgen. Es gibt unzählige Spielarten der Taube, welche aber alle von der gewöhnlichen Feldtaube abstammen; die blos an den Hof sich haltende Haustaube geht nicht selten zu den Feldfliegern über und umgekehrt. Es gibt allerdings noch viele andere Taubenarten, so die einheimischen Holztaube, Turteltaube, Ringeltaube, die afrikanische Lachtaube, die wundervolle ostindische Ziertaube, die schönste von allen, die Fasanentaube der Molukken, die chinesische Krontaube, die nikobarische Taube, die javanische Muskattaube, die südafrikanische Hühnertaube, die brasilianische Zwergtaube, die nordamerikanische Wandertaube, die sich von Zeit zu Zeit in Zügen von Millionen zeigt, u. s. w.; aber alle diese zum Theil sehr schönen und zierlichen Vögel haben keinen Werth für die Zucht zur Nutzung. Dazu eignen sich blos die Haustaube und die Feldtaube, letztere am meisten, besonders auf dem Lande, während erstere doch wohl mehr des Vergnügens halber gehalten wird. Als das beste Taubenfutter hält man die Wicken, doch können sie auch mit Getreidenachfrucht jeder Art, Erbsen, Buchweizen, Kanariensamen gefüttert werden, auch lernen sie sehr rasch den Mais würdigen. Ebenso sind ihnen Weintraubenkörner, welche als Kelterrückstand gewonnen werden, angenehm; Brod, Kartoffeln und Küchenabfälle fressen sie ebenfalls, sogar in Würfelchen geschnittenes unreifes Obst, Möhren und dgl. Frisches Wasser ist ihnen immer Bedürfniß. Der Taubenschlag soll gegen Morgen, warm und hoch gelegen sein. Die jungen Tauben, deren Verkauf den Ertrag der Zucht bildet, sind am besten und saftigsten einen Monat oder 6 Wochen nach der Geburt ehe sie das Nest verlassen, in einem späteren Zeitpunkt haben sie wieder abgenommen. — Blos den Nutzen berücksichtigt, steht die Zucht der Gänse jedenfalls auf einer höheren landwirthschaftlichen Rangstufe, als diejenige der Tauben. In vielen Gegenden bilden sie, durch die örtlichen Verhältnisse begünstigt, geradezu die bevorzugten Hausthiere, so z. B. in Pommern, wo sie das Schwein ersetzen und ebenso zum Vorrath eingeschlachtet werden, wie anderwärts dieses; im südlichen Frankreich, in der Wetterau u. s. w. Die Pommerschen Spickgänse (Gänsebrüste und Räucherkeulen), das Gänsesauer der Oderniederungen, die Gänseleberpasteten aus Straßburg, Lyon und Toulouse ꝛc. bilden weit bekannte Handelsartikel, abgesehen von den Flaumfedern zur Bettfüllung, welche stets ungeheuren Absatz haben, und den nunmehr durch die Stahlfedern verdrängten Posen zum Schreiben. In Hinsicht auf diese verschiedenen Erzeugnisse würde die Gans sogar noch wichtiger sein, wie das Huhn, wenn sie zur günstigen Aufzucht nicht das Vorhandensein von Wasser zum Schwimmen verlangte. Es gibt nur eine Art der Haus-Gans, welche unzweifelhaft von der wilden abstammt, dagegen viele Spielarten, z. B. die große Schwanengans, die pommersche Fettgans, die Toulouser Gans, die spanische Bastardgans ꝛc. Neuerdings hat man auch verschiedene ausländische Gänse zur Einführung vorgeschlagen; so die schon ziemlich bei uns verbreitete, große Astrachan'sche Gans aus dem südöstlichen Rußland; die nordische Baumgans oder Graugans; die ägyptische Gans; die Sandwichsgans und die hübsche australische Hühnergans. So sehr aber dieselben allerdings zur Mannichfaltigkeit des Hühnerhofs und zur Belebung der Gewässer beizutragen vermögen, so ist doch ihr zu erwartender Nutzen noch nicht hinreichend festgestellt, während wir an unserer Hausgans wissen, was wir haben. Das Futter der Gans besteht vorzugsweise aus Pflanzenstoffen, sie frißt gern Gras, Klee, Kräuter, Lattich, Cichorien, Wicken, wird daher noch überall gern in Heerden auf die Weide getrieben. Nach derselben ist ein Futter von Roggenkleien nebst zerschnittenen und gestampften Kartoffeln sehr zu empfehlen; auch gebrühte Möhren, Runkelrüben, Weißrüben frißt sie gern. Als Kraftfutter empfehlen sich Mais und Gerste, zuweilen Hafer. Die Gänse werden häufiger gemästet, als jedes andere Geflügel; die Mästung ist entweder eine freie, oder eine gezwungene (Stopfen, Nudeln). In Milch gekochte Getreidekörner oder Schrot, gequellter Mais, Nudeln aus Kartoffeln und Mehl oder Kleie in Fett getaucht, bilden das Hauptmästfutter; dabei darf ein Getränk ans frischem Wasser, etwa mit Milch vermischt, nicht fehlen. Große Ruhe, Reinlichkeit und ein dunkler Aufenthaltsort tragen nicht wenig zum Erfolg der Mast bei. In Pommern hat man schon Gänse bis auf 30 Pfund Schlächtergewicht gebracht, 16 Pfund sind nichts Seltenes. Wo man die Erzielung großer Lebern bezweckt, kann man dem Mastfutter etwas Spießglanz zusetzen. Den Gänsen darf es nie an frischem Tränkwasser fehlen, stehendes Wasser wird gern trüb und faul. Es ist schon häufig die Wahrnehmung gemacht worden, daß Gänse, welche mit solchem Wasser getränkt wurden, erkrankten und starben. Die Gänse sind sehr gefräßig, daher auch leicht zu ernähren; sind sie einmal 12 Wochen alt, so bedürfen sie bei gutem Weidgang wenig Futter mehr. In der Regel treibt man die Gänse nur nach dem andern Vieh dahin, wo sie diesem gleichsam eine Nachlese halten müssen, denn die Gänseheerde verdirbt die Weide sehr, so daß anderes Vieh daselbst nicht nur nichts mehr vorfindet, sondern allenfalls vorhandene Gräser und Kräuter sind so durch den Mist der Gänse verunreinigt, daß jenes sie nicht mehr anrührt. Man muß deshalb auch darauf verzichten, die Gänse auf gute Wiesen zur Weide zu schicken, indem sie die besten Gräser zerstören, während schädliche Pflanzen sich rasch vermehren, übrigens bringen die Gänse, wenn sie blos auf der Weide erhalten werden sollen, keineswegs den hohen Ertrag, welchen sie im strengen Sinne kosten. Für die Geflügelhaltung in Städten eignet sich die Gänsezucht nur wenig.

Ostindische Ziertauben.

Fig 1. Graugans. Fig. 2. Astrachan'sche Gans. Fig. 3. Hühnergans.

Die Waschmaschine.

Neben der Landwirthschaft steht die Hauswirthschaft als eng verbundene Schwester. Beide lassen sich nicht von einander trennen, gehen vielfach ineinander über, und sehr oft muß die eine ergänzen, was der andern gebricht. Es ist ja ein bekanntes Sprichwort: die Frau kann mehr in der Schürze aus dem Hause tragen, als der Mann mit vier Pferden hinein fährt! Daher ist auch eine geordnete, bis in das Kleinste sparsame häusliche Wirthschaft die Grundbedingung des Erfolgs im Betrieb überhaupt. Sie erstreckt sich auf die verschiedenen Gegenstände und Obliegenheiten in Stube und Küche, Keller und Waschhaus, Speicher und Backstube, Bleichplatz und Räucherkammer. Dies Gebiet gehört den Frauen; oft wird es ihnen so ganz ausschließlich überlassen, daß der Mann sich gar nicht darum bekümmert, ja sogar es noch nach Möglichkeit zu beschränken sucht. Dies ist unrecht, denn auf der Grundlage einer schönen und angenehmen Häuslichkeit erhebt sich das dauerhafteste Gebäude des Glücks. Es ist daher von Wichtigkeit, daß sich der Mann auch um die einzelnen Zweige der Hauswirthschaft kümmert und in ihnen hinreichend Bescheid weiß, d. h. soviel, als ihn angeht. Sie erstreckt sich auf folgende Gegenstände im Besonderen: 1. Waschen und Bleichen. 2. Kochen. 3. Backen (Brotbereitung). 4. Aufbewahrung der Lebensmittel (Einkochen, Pökeln, Räuchern, Trocknen, Einmachen, Mariniren, u. s. w). 5. Darstellung des Biers und des Essigs zum Hausgebrauch. 6. Seifekochen. 7. Spinnen und Weben. 8. Federnschleißen und kleinere Vornahmen des täglichen Lebens. — Gewöhnlich bleiben alle Gegenstände der Hauswirthschaft viel länger dem Fortschritt verschlossen, wie das große Gewerbe. Daher gibt es in ihr noch sehr viel zu verbessern oder neuzugestalten, dadurch aber viel zu gewinnen, oder zu ersparen. Betrachtet man gleich eine der wichtigsten häuslichen Arbeiten, das Waschen, so weiß man, daß es, mit seltenen Ausnahmen, sonst überall bei uns noch so geübt wird, wie seit alter Zeit. Die Wäsche wird eingeweicht, häufig noch in eine Lauge, die man aus Holzasche darstellt oder auch durch Auflösung von Potasche (Kali) oder Soda (Natron) im Wasser bildet; ist dadurch ein Theil des Schmutzes erweicht, gelöst worden, so wird die Wäsche mit Seife in warmem Wasser zwischen den Händen durchgerieben, die Seife durch Ausringen und Ausspülen entfernt, das überflüssige Wasser ausgerungen, und die Wäsche sodann getrocknet, zuweilen gleich auch gebleicht. Bei diesem Verfahren sind mehrere Uebelstände nicht zu vermeiden: 1. Es ist sehr kostspielig, umständlich und zeitraubend; es bedarf dazu großer Mengen an heißem Wasser, Seife und Arbeitskraft, ferner geeigneter Räume und mancherlei Vorrichtungen, z. B. eigene Küchen oder Waschhäuser; mindestens Wäschekessel, Fässer, Züber u. dgl. mehr. 2. Es ist eine schwere, ungesunde Arbeit, die stete Feuchtigkeit, der Dunst, die raschen Wechsel zwischen Wärme und Kälte wirken höchst ungünstig auf den Körper und geben sehr häufig Anlaß zur Schädigung oder zum völligen Verlust der Gesundheit. 3. Die Wäsche leidet darunter viel zu sehr. Es ist nämlich kein Zweifel, daß durch das Reiben zwischen den Händen der Verband der Gewebe gelockert, nicht minder, daß durch das heftige Ausringen sehr häufig ein Stück gebrochen, zerrissen wird. Diesen sehr ungünstigen Erscheinungen bei dem gewöhnlichen alten Waschverfahren hat man schon lange zu begegnen gesucht durch Erfindung von Maschinen zu diesem Zweck. Es gibt deren eine große Anzahl, welche mehr oder minder entsprechen. Neuerdings ist man endlich stehen geblieben bei der Einrichtung, welche die Wasch-Ring- und Mangelmaschine von Hornsby in England zeigt. Der Gebrauch derselben ist folgender: Die Wäsche wird, nachdem sie einige Stunden zuvor eingeseift worden war, in den Trog der Maschine lose eingepackt und mit kochendem Seifenwasser übergossen; dann wird der Deckel fest aufgeschraubt, und der schwebend hängende Trog mittelst eines Doppelhandgriffs in hin und herschaukelnde Bewegung versetzt. In seinem Innern ist er mit dreikantigen Querleisten besetzt, an welchen sich das Wasser so stark bricht, daß eine höchst kräftige Reibung entsteht, welche die Wäsche gründlich reinigt. Sie wird alsdann noch einmal auf gleiche Weise mit kaltem Wasser durcharbeitet, ausgespült und darauf ausgerungen. Dies geschieht zwischen zwei mit vulkanisirtem Kautschuk bekleideten Walzen auf die leichteste, die Wäsche durchaus nicht angreifende Weise. Ebenso können auch oberhalb in demselben Gestell zwei breitere Holzwalzen angebracht werden, um als Rolle oder Mangel zu dienen, die mittelst eines Schwungrads und Rädergetriebes in Bewegung gesetzt wird. Es versteht sich, daß solche Maschinen auch viel einfacher und doch ebenso zweckmäßig hergestellt werden können. Sie haben entschiedene Vorzüge gegenüber der Handarbeit. Sie gehen sehr leicht, ermüden gar nicht, greifen die Gesundheit nicht an; die Wäsche wird bei richtigem Verfahren untadelhaft rein; sollte sie in dieser Hinsicht wegen allzu großer Beschmutzung zu wünschen übrig lassen, so kann man sie auch zweimal mit heißem Wasser behandeln, immer wird man davon und an Seife viel weniger gebrauchen, wie bei der Handwäsche. Daher findet schon von vorn herein durch Anwendung der Maschine eine große Ersparniß statt an Zeit, Arbeit, Seife und Brennstoffen. Außerdem aber bedingt dieselbe eine weit größere Schonung der Wäsche, deren einzelne Fäden nicht so gewaltsam auseinandergezerrt werden, als mit der Hand. Kurz das gesammte Geschäft des Waschens geht bei dieser nützlichen Maschine mit einer Güte, Sicherheit, Schnelligkeit und Wohlfeilheit vor sich, wie dies bisher zu erreichen noch nicht möglich gewesen ist. In Großbritannien wird gegenwärtig nur noch in wenigen, kleinen Familien mit der Hand gewaschen, sonst Alles und überall mit der Maschine; besonders für ländliche Haushaltung ist der Nutzen derselben ein unbestreitbarer, ihr Gebrauch daher empfehlenswerth. Das wirksame französische Waschverfahren, welches neuerdings vielfach eingeführt wird, geschieht folgendermaßen: Es werden 2 Pfund Seife zu einem Brei verkocht, mit 25 Maß Wasser verdünnt und ein Eßlöffel voll Terpentinöl, nebst 2 Eßlöffeln voll Salmiakflüssigkeit hinzugesetzt, das Ganze darauf mit einem Besen tüchtig durchgepeitscht, wobei das Wasser so warm sein muß, daß man die Hand darin leiden kann. In dieser Flüssigkeit wird die trockene Wäsche eingeweicht zwei Stunden lang, dann mit der Maschine einfach ausgewaschen, kommt in laues Wasser und wird gebläut. Bei richtigem Verfahren erhält man sie vollkommen rein, während sie viel mehr geschont wird, als bei dem gewöhnlichen; neben der Arbeit wird auch bedeutend an Zeit und Kosten erspart. Die Flüssigkeit kann zum zweiten Male benutzt werden, wenn sie wieder erhitzt und abermals Terpentinöl und Salmiakgeist zugesetzt wird; die Wirkung dieser beiden Stoffe ist leicht erklärlich; der eine löst die mit Fett gebildeten Harze auf, der andere tilgt die Säuren.

Wasch-, Ring- und Mangel-Maschine.

F. G. Schulze.

(Fortsetzung von Seite 4.)

Je näher denkende Landwirthe und Männer der Wissenschaft der richtigen Begründung des landwirthschaftlichen Gewerbes kamen, um so mehr wuchs auch die Erkenntniß, daß dasselbe keineswegs, wie man früher geglaubt, selbst für die von der Natur im Geiste Vernachlässigten immer noch gut genug sei, sondern daß es im Gegentheil, um tüchtig betrieben zu werden, eine größere Fülle von Wissen verlange, wie jedes Andere. Daher war denn auch bald die Ueberzeugung gewonnen, daß die bisherige Bildung der Landwirthe eine ganz andere werden müsse. Schon war in der Schweiz der edle Pestalozzi aufgetreten, um den altherkömmlichen, geistlosen und planlosen Unterricht in der Volksschule gründlich umzugestalten; in seine Fußtapfen trat Emanuel Fellenberg in Hofwyl, welcher zugleich in der Landwirthschaft selbst ein wichtiges Bildungsmittel erkannte; in Norddeutschland gründete Thaer die erste landwirthschaftliche Lehranstalt und bald folgten andere. Diese Fachschulen waren gut und nützlich, so lange das Gewerbe selbst noch nicht in sich gefestigt war; heutzutage können sie entbehrt werden, da überall dem jungen werdenden Landwirth Gelegenheit geboten ist, sich in den Hülfswissenschaften gründlich zu unterrichten, welche er braucht, um nicht gedankenlos zu wirthschaften, um zu wissen, weshalb er etwas in der Praxis thut, und warum er es so thut, und nicht anders. Einer der Ersten, welche diese Ansicht in Wort und That predigten war der edle Friedrich G. Schulze, dessen Namen daher in der Entwickelungsgeschichte der deutschen Landwirthschaft eine unvergängliche Stelle behaupten wird. Er war geboren am 28. Januar 1795 auf dem Gute seines Vaters Obergävernitz bei Meißen. Von Jugend auf erhielt er eine gute Erziehung, besuchte das Gymnasium, bezog die Universität und ging erst von dieser zur ausübenden Landwirthschaft über. Erst übernahm er die Verwaltung mehrerer Weimar'schen Kammergüter, darauf ward er Sturm's Nachfolger als Professor der Volkswirthschaft in Jena. Es waren ihm mehrere junge Landwirthe, welche er früher schon in Tiefurt unterrichtet hatte, gefolgt; in dem festen Bewußtsein, daß eine tüchtige wissenschaftliche, überhaupt volkswirthschaftliche Bildung die beste Grundlage für den ausübenden Landwirth sei, gründete dann Schulze im Jahre 1826 eine mit der Universität in der engsten Verbindung stehende landwirthschaftliche Lehranstalt. Dieselbe hob sich ungemein rasch, von allen Seiten strömten die Schüler zu und unter ihnen herrschte der beste Geist. Im Jahre 1835 ward Schulze von der preußischen Regierung zur Gründung und Leitung der höheren landwirthschaftlichen Lehranstalt Eldena bei Greifswald berufen. Er entsprach auch hier den auf ihn gesetzten Hoffnungen im vollen Maaße, und bald hob auch diese neue Anstalt sich in überraschender Weise. Allein schon im Mai 1839 erhielt er einen Rückruf nach Jena, dem er folgte, begleitet von 30 Zöglingen, 2 Lehrern und 2 Beamten, ein redendes Zeugniß dessen, was er ihnen war, und was sie von ihm hofften. Mit ihnen vereint errichtete er sofort wieder in Verbindung mit der Universität eine landwirthschaftliche Lehranstalt, die nunmehr um so schneller und kräftiger empor wachsen konnte, als sie ein edler Zweig des kräftigen Stammes war, welcher hier dereinst gestanden hatte. Hier nun ward zuerst gründlich und menschenfreundlich dem jungen Landwirth seine erziehende Bildung verliehen, ohne welche alles Eintrichtern von oberflächlichem Wissen werthlos ist. Und darin beruht auch Schulze's größtes Verdienst, daß er seinen Zöglingen nicht blos Liebe zu ihrem Fach, Kenntnisse in demselben, sondern auch Liebe zu den Menschen, Sinn für das Schöne und Edle, allgemeinen Bildungstrieb einzuimpfen verstand. Ueber diese großen Gaben durfte vergessen werden, daß er sich nur schwer entschließen konnte, von den alten Ansichten zu den neuen naturwissenschaftlichen Forschungen, von Thaer zu Liebig überzugehen. Der Einfluß, den seine Schüler, deren es mehre Tausend waren, auf die Entwickelung der deutschen Landwirthschaft im Sinne des Ganzen, der allgemeinen Volkswohlfahrt, nicht blos des Einzelnerwerbs, ausgeübt haben, ist außerordentlich hoch anzuschlagen, denn nur ihnen ist die heutige Klärung über den nothwendigen Bildungsgang werdender Landwirthe zu verdanken. Die ungemeine Thätigkeit Schulze's begnügte sich aber nicht blos mit dieser einen Aufgabe des Lebens, er trat mit Rath und That überall fördernd ein, wo es die Interessen der Menschheit galt. Als Vereinsvorstand, Gründer von Wanderversammlungen, landwirthschaftlichen Armenschulen u. s. w., als fruchtbarer Schriftsteller, als Universitätslehrer, hat er sich unermeßliche Verdienste erworben um Verbreitung wissenschaftlichen Sinnes und gesteigerter Hervorbringung der Bodenerzeugnisse. Schulze war ein ächt deutscher Mann, ein Vaterlandsfreund, furchtlos und treu, aufopferungsfähig für alles Edle und Gute. Er starb plötzlich am 3. Juli 1860 in Jena, viel zu früh. Der Verlust, den die deutsche Landwirthschaft durch seinen Tod erlitt, war ein unersetzlicher, aber sein Andenken wird nicht erlöschen. Schulze ist es gewesen, der zuerst in Deutschland die ungemein schwierige Aufgabe gelöst hat, die Wissenschaft mit dem Leben treu und erfolgreich zu verbinden, indem er dahin arbeitete, die Landwirthschaft nicht blos als eine Quelle des Erwerbs, sondern auch als eine solche der Veredelung des Geistes, daher des Menschenwohls betrachtet zu sehen. Er selbst hat sich darüber ausgesprochen: Die Jugenderziehung ist das Hauptmittel, wodurch das wirthschaftliche Volksleben, besonders das Verhältniß der Arbeiter, gründlich und andauernd verbessert werden kann. Vor Allem kommt es darauf an, daß bei der Jugend, welche sich der Landwirthschaft oder den Gewerben widmet, nicht blos das Wissen (die Intelligenz) sondern auch das Gemüth und der Willen (der Character) gebildet werden. Besonders soll in denjenigen Lehranstalten, welche zur wirthschaftlichen Bildung bestimmt sind, mit der gewerblichen eine höhere, sittliche Bildung verbunden werden, so daß der Zögling sich daran gewöhne, bei dem Streben nach Geldgewinn sein Auge gleichzeitig auch auf die Lebenszwecke zu richten, vorzüglich auf das Wohl der Menschen, mit welchen er in Geschäftsverbindung steht. — Der wahrhaft gebildete Mensch sorgt zwar zunächst für die Befriedigung seiner eigenen irdischen Bedürfnisse, übt seine Kräfte und sucht eine äußere Lage sich zu bereiten, in welcher er als selbstständiges Mitglied der Gesellschaft mit Ehren auftreten kann, und nicht nöthig hat, in Kriecherei und Bettelei sein Leben an fremdes Leben hinzugeben; aber sobald er diese Lage erreicht hat, arbeitet er gemeinsinnig mit allen seinen Kräften und Mitteln dahin, daß durch sein Leben das Leben seiner Familie, seiner Gemeinde, seines Staats, seiner Freunde und seines Volks möglichst gefördert werde. Ist solche Bildung im Volke verbreitet, dann halten Selbstliebe und Gemeingeist einander das Gleichgewicht; so daß Privatleben und öffentliches Leben in schöner Vereinigung wie in Wissenschaft, Kunst und im Staate, so auch in der Wirthschaft die herrlichsten Blüthen entfalten. Unter solchen Verhältnissen kann Armuth nur selten vorkommen; und wo sie auftritt, da bieten ihr alsbald Arbeit und Gemeinsinn die hülfreiche Hand.

Friedrich G. Schulze.

Die Wirthschaftsarten.

Es ist schwer, sich davon eine richtige Vorstellung zu machen, in welcher Weise der Mensch zuerst darauf gekommen ist, den Boden zu bearbeiten, ihm Samen anzuvertrauen und Ernten abzufordern. Sind ja doch noch nicht einmal die Meinungen darüber einig, ob er zuerst das gute oder das schlechte Land in Angriff genommen habe; während der erste Blick auf jenes verweist, sprechen für dieses die ungeheueren Hindernisse, die ein reiches Pflanzenwachsthum in den meisten Fällen der Bestellung des reichen Bodens entgegen setzte. Wie dem auch gewesen sein möge, so scheint soviel sicher, daß die erste geordnete Benutzung des Bodens durch die Weide von gezähmten Thieren geschah, also reine Weidewirthschaft war, wie noch heutzutage in vielen Gegenden; so auf den Matten der Hochgebirge (Alpwirthschaft) und in den fetten Niederungen der Flüsse und Meeresküsten (Marschwirthschaft.) Wenn es nöthig schien, so reinigte man den Boden von abgestorbenen Gräsern und Gestrüpp durch Abbrennen; als man die günstige Wirkung desselben auf den nachfolgenden Pflanzenwuchs gewahrte, machte man es zur wiederkehrenden Regel und schuf so die Brandwirthschaft. Wohl gleichzeitig mit der Zähmung und Benutzung wilder Thiere begann diejenige von Grasarten mit nahrungskräftigen Körnern, des Getreides; wahrscheinlich wurden zuerst die Samen von wilden Gräsern zur Nahrung eingesammelt, als sie zu mangeln begannen aber in nothdürftig vorbereitetem Boden ausgestreut. Dies ward auf einem und demselben Erdreich so lang ausgeführt, bis dasselbe zuerst nachließ, endlich sich gänzlich weigerte, Erträge zu geben. Man nennt ein solches Verfahren reine Körnerwirthschaft; sie ist heutzutage noch üblich in allen Ländern, deren Boden noch unerschöpft ist, deren Klima sie begünstigt. Als man wahrnahm, daß nach einer gewissen Zeit der Nichtbenutzung der Acker wieder von Neuem Früchte hervorbrachte, lernte man das Wesen der Brache als eine Art Ruhe kennen und führte sie regelmäßig ein. Da man es zugleich vortheilhaft fand, Winter- und Sommergetreide abwechselnd anzubauen, so entstand die Dreifelderwirthschaft: 1. Brache, 2. Winter-, 3. Sommerfrucht, welche schon bei den ältesten Ackerbauvölkern üblich war und heute noch die ausgedehnteste Verbreitung unter allen Wirthschaftsarten hat. Da die Länder anfangs dünnbevölkert, die von den Stärksten in Beschlag genommenen Strecken daher meist sehr groß waren, so ward mit der steigenden Sittlichung nur der nächstgelegene Besitz zur Hervorbringung von Nahrungssamen, der entferntere aber als Viehweide benutzt; diese Verbindung der Körnerwirthschaft mit der Weidewirthschaft veredelte sich späterhin zu der sogenannten Koppelwirthschaft; sie nimmt heutzutage noch große Flächen ein, hauptsächlich da, wo der Besitz in wenigen Händen, der Bezirk menschenarm ist. Die roheste Art dieser Verbindung herrscht da, wo man dem Boden nur unbarmherzig nimmt, ohne ihm zu geben. So werden die weitgedehnten Güter im südlichen Rußland bewirthschaftet, wo man den tiefgründigen, trefflichen Boden Jahr für Jahr unablässig mit Getreide bestellt, bis er der Ansaat nicht mehr lohnt; dann läßt man ihn liegen, er wird wieder zur Steppe, auf welcher die Heerden weiden, während man jungfräuliches Land aufbricht und ohne Gedanken in gleicher Weise aussaugt. Ein dortiges Landgut in der Steppe ist das einfachste, was es giebt; das Weidevieh kommt das ganze Jahr über nicht unter Dach; Heu, Getreide, Stroh gleichfalls nicht; neuerdings werden die geernteten Körnerfrüchte binnen wenigen Tagen mittelst Dampfmaschinen ausgedroschen; dies ist aber auch das einzige Zeichen des Fortschritts, vom Arbeitermangel aufgedrungen. Auch in andern südeuropäischen Ländern wird leider noch ähnliche Raubwirthschaft, die nicht an die Zukunft denkt, getrieben; ja man braucht nicht einmal über die Grenzen des Vaterlandes hinaus zu gehen, um sie noch in ihrer althergebrachten Gestalt vielfach zu finden. Die geregelte Koppelwirthschaft, welche das Gut in Binnenschläge für den Acker, in Außenschläge für die Weide scheidet, düngt die ersteren und sorgt für eine geordnete Folge der Früchte. Auch mit dem Waldbau verbindet sich die Körnerwirthschaft, in der Abwechselung als Hackwald-, Haubergs- und Röderwaldbetrieb, neben einander als Baumfeldwirthschaft. Die Zunahme der Bevölkerung beschränkte Wald und Wiesen, veranlaßte Nahrungsnoth. Die Menschheit erhielt Ersatz in Klee und Kartoffeln; aber diese Gewächse fügten sich nicht in die beschränkte Bahn der Dreifelder; längst war auch schon die Beobachtung gemacht worden, daß die Folge von Vor- und Nachfrucht wesentlichen Einfluß auf das Gedeihen der Gewächse habe. So stellte man die an einzelnen Orten längst in Thätigkeit gewesenen Gesetze zusammen zu der Lehre vom Fruchtwechsel und gründete auf diese die Wechselwirthschaft, welche zwischen zwei Körnerfrüchte ein Futter oder eine Hackfrucht einschiebt, so daß stets nur die Hälfte des Feldes dem Bau von Körnern oder andern verkäuflichen Erzeugnissen gewidmet ist. Die Grundlage dieser Wirthschaft ist die englische Vierfelderwirthschaft: 1. Hackfrucht. 2. Sommergetreide. 3. Klee. 4. Weizen. Weil der Klee alle vier Jahre zu häufig wiederkehrt, so wird an seiner Stelle im 7. Jahr gern eine Hülsenfrucht zu Futter, Ackerbohnen, Gemenge, gesetzt, und entsteht solchergestalt ein achtfelderiger Fruchtwechsel. Natürlich kann man denselben auch in vielfach anderer Gestalt einführen. Er ist die allerbeste Wirthschaftsart, weil bei richtiger Anordnung dadurch dem Boden nicht ein Uebermaß an nothwendigen Pflanzenbestandtheilen entführt wird; ganz aber verringert er einen Verlust nicht, und muß daher in der Reihe der Jahre ebenfalls zur Erschöpfung führen, wenn ihm nicht Ersatz wird durch gesteigerte Viehzucht mittelst Wiesen oder Futterzukauf oder Gewerbe, sowie durch künstliche Düngung und Benutzung der Grubenabfälle der Städte. Bindet sich die Feldbestellung an gar keine andere Regel, als an das Bedürfniß und die vorhandenen Hülfsmittel, dann tritt die freie Wirthschaft ein. Sie kann die niedrigste, aber auch die höchste Stufe des Betriebs sein; ohne Zweifel ist sie die über die Welt am weitesten verbreitete Wirthschaftsart, denn nicht blos der fast überfeinerte Ackerbau der Japaner und Chinesen befolgt sie, sondern auch derjenige aller Völker, die noch ohne Gedanken und blos auf das augenblickliche Bedürfniß hin wirthschaften. Die freie Wirthschaft mit Verstand und den nöthigen Mitteln betrieben ist der Gipfel der landwirthschaftlichen Kunst; sie besteht darin, daß der Boden so im Stande gehalten, mit Pflanzennahrungsstoffen versehen wird, daß er jederzeit hergiebt, was man gerade von ihm verlangt. Dies zu erreichen ist allerdings schwer, aber keineswegs unmöglich. Alle berühmten Wirthschaften der vorgeschrittenen Länder betreiben gegenwärtig mehr oder weniger freie Wirthschaft, indem sie sich an den Fruchtwechsel nur in so weit binden, als ihre Mittel ihnen nicht erlauben, davon abzugehen. Sowohl gesteigerte Viehzucht als Nebengewerbe sind die hauptsächlichen Stützen freier Wirthschaft. Sie ist nicht blos für größere sondern auch für kleinere Güter wohl geeignet; im Gegentheil wird sie sogar auf letzteren schneller und gründlicher eingerichtet werden können als auf ersteren.

Ein Landgut in der Steppe.

3. Die Futter-Kräuter und Gräser.

Die zweite Gruppe der landwirthschaftlichen Futtergewächse bilden die nicht oder nur ausnahmsweise zur menschlichen Nahrung verwendeten Gräser und Kräuter. Gewöhnlich unterscheidet man je nach der Art des Anbaus dieselben in solche der Wiesen und der Felder, allein da Viele davon in beiderlei Lagen gedeihen, so ist dies nicht streng festzuhalten. Von Futterkräutern liefert die Familie der Schmetterlingsblüten zunächst die größte Zahl in den verschiedenen Kleearten. Angebaut werden davon vorzugsweise: Der Rothklee (auch gemeiner deutscher Klee) mit der Abart grüner oder steyrischer Klee, das trefflichste Futter, die Grundlage des verbesserten Ackerbaus; der Weißklee (Kriechklee, Schafklee) besonders zur Ansaat von Weideschlägen geschätzt; der Incarnatklee (Rosenklee) als einjähriges Futter zur Aushülfe zu empfehlen; der Bastardklee; der Mittelklee; der Salzklee; der Goldklee; der Erdbeerklee; der Prahlklee sind zu jenen gehörige eigentliche Kleearten der Wiesen und Weiden. Daran schließt sich die Luzerne, (ewiger Klee) ein höchst werthvolles, Jahre lang den Acker einnehmendes Hartfutter, das seine Nahrung aus den tiefsten Erdschichten holt; die Hopfenluzerne (gelber Klee); die schwedische Luzerne (Sichelklee) die Sandluzerne; alle für Feld sowohl als dauerndes Futterland geeignet; dies ist auch die Esparsette (Süßklee) das allerköstlichste Futter, das der Trockenheit ziemlich widersteht, aber nur in Kalkboden gedeiht. Als Feldfutterkräuter gelten ferner Wicken, Erbsen, Platterbsen, Linsen und Kichererbsen. Die letzteren werden ihres Samens zur Nahrung halber nur im Süden angebaut, liefern aber im Kraut ein ganz vorzügliches Futter und nehmen mit so geringem, selbst kiesigem und steinigem Boden vorlieb, daß ihr Anbau um so mehr verbreitet zu werden verdient, als die Sicherheit der Wickfutterernten vielerorts bedeutend abgenommen hat, ohne daß Möglichkeit des Ersatzes vorhanden wäre. Die Platterbse wird unter dem Namen Kapern in der Mark vielfach zu lohnendem Futter gebaut. Eine neue, erst seit 15 Jahren eingeführte treffliche Schmetterlingspflanze für den Sandboden ist die portugiesische Serradella aus der bekannten Familie der Vogelkrallenkleearten; sie liefert sehr gute Erträge, ausgezeichnetes Futter, besonders zur Weide, und ihr Anbau nimmt immer mehr überhand. Ein gleicher Segen für den allerschlechtesten Boden ist die Lupine, welche aus Italien stammt, sich aber in dem sandigem Schwemmland Norddeutschlands eingebürgert und dies erst ertragsfähig gemacht hat. Es werden davon verschiedene Abarten, weiße, gelbe, blaue, gezogen; verwendet wird das Kraut grün und getrocknet, die Thiere müssen aber erst daran gewöhnt werden. Auch die Samen sind als Futter werthvoll. Die Benutzung der Lupinen zu Gründünger ist uralt. In England wird der Stechginster als Futter auf dem Acker und zur Weide angebaut. Zu den Futterkräutern sind außerdem noch zu rechnen die verschiedenen Gemüsepflanzen, Oelfrüchte, Farbe- und Gewürzpflanzen, die wie Kopfkohl, Raps, Rübsen, Senf, Waid, Cichorien u. s. w. auch zum Zweck der Grünfütterung angesäet werden; endlich der Spörgel, eine ausgezeichnete Futterpflanze des Sandbodens, die auch als Stoppelfrucht noch gebaut werden kann. — Aus der Familie der Gräser werden zunächst bekanntlich sämmtliche Getreidearten auch als Futter auf dem Acker gebaut; in neuerer Zeit geschieht dies in Norddeutschland besonders gern mit dem Johannisroggen, der, im Juni gesäet, in demselben Jahr noch ein- auch zweimal zu Futter abgehauen werden kann und doch im nächsten Jahr noch eine schöne Körnerernte liefert. Wichtig geworden ist als treffliches Futtergewächs ferner der Mais, dessen Samen dazu (Pferdezahnmais) noch großentheils aus Amerika bezogen wird; neben ihn treten Zuckermohrenhirsen und ungarischer Kolbenhirsen. Die Gräser des bloßen Futterbau's für's Feld sind vorzugsweise die Raygräser; das englische, das italienische und das vielblütige, die sich wesentlich von einander unterscheiden durch die Gestalt ihrer Aehrchen. Nur das italienische Raygras wird unvermischt im Felde, die beiden andern meist im Gemenge mit Kleearten und anderen Kräutern angebaut; sie liefern treffliche Weiden und Futterfelder bis zu vierjähriger Dauer. Das Thimothygras (Wiesenliesch,) das französische Raygras (Glatthafer), neuerdings die Schradertrespe oder das australische Horngras finden ebenfalls ihre Stelle auf dem Acker. Die vorzüglichsten Gräser der Wiesen und Weiden oder des natürlichen Futterbaus gegenüber dem künstlichen, sind: Fuchsschwanz, Rispengras, Schwingel, Glanzgras, Ruchgras, Honiggras, Liesch, Kammgras, Knaulgras, Quecke, Schmiele, Zittergras, Hafer, Straußgras, Trespe, Wiesengerste, Haargras, Dubgras, Fingergras und Schilfrohr; von Seggen, Simsen, Binsen, Wollgräsern und anderen Sauergräsern des Torfbodens wird natürlich abgesehen. Eingesprengt zwischen jenen erscheinen auf guten natürlichen Futterflächen außer den meisten Kleearten des Feldbaus noch die Futterkräuter: Beinwell, Spitzwegerich, Becherblume, Schafgarbe, Flockblume, Kümmel, Bärenklau, Wiesenknopf, Löwenzahn, Wundklee, Hornklee, Schotenklee, Hörnchenklee, Honigklee, Gaisraute, Hufklee, Traganth, Brahm, Vogelwicke, Wiesenplatterbse, Salzhornklee, Zaunwicke, Waldwicke, Bocksbart, Bibernell und Futterbinse (letztere nur auf Salzwiesen am Meeresufer.) — — Die Auswahl der verschiedenen Pflanzen für den Bestand einer natürlichen Futterfläche richtet sich: Nach dem gewöhnlichen Feuchtigkeitsgrade des Bodens; nach dessen ursprünglicher Zusammensetzung; nach dem Zweck der Futterfläche, ob sie abgemäht oder abgeweidet werden soll; nach dem Zeitpunkt der Blüte der Pflanzen, endlich nach der beziehentlichen Beschaffenheit und Ertragsmenge des Futters. — Die Futter-Kräuter und Gräser werden entweder grün verfüttert, oder gedörrt und aufbewahrt. Das letztere geschieht entweder unter Dach, in Scheunen und auf Heuböden, oder im Freien in Feimen oder Schobern, welche entweder ein dauerndes, bewegliches Dach haben, wie die holländischen, oder jedesmal ein gutes Dach von Schlichtstroh erhalten. Dürrklee und Heu halten sich ganz gut darin; es ist aber vortheilhaft, bei Bedarf das Futter nicht heraus zu reißen, sondern mit besonderen Heumessern herunterzuschneiden. Außer dem gewöhnlichen Trockenverfahren fertigt man auch Braunheu, indem das Futter eine Gährung übersteht, welche einen Theil seiner stärkmehlhaltigen Bestandtheile in Zucker verwandelt, aber rechtzeitig unterbrochen werden muß, wenn nicht viel davon zu Grunde gehen soll. Dies gilt namentlich für die Gährung in offenen Haufen (nach Klappmeyer) weniger für die Braunheubereitung in Gruben. Vortheilhaft, besonders zum Behuf weiterer Verfrachtung, ist das Zusammenpressen des Dürrfutters mittelst der Heupresse, wodurch zugleich neben ungemeiner Raumersparniß größere Sicherheit gegen jeden Verderb und möglichste Erhaltung der vollen Nahrungskraft erzielt wird.

Englisches Raygras.

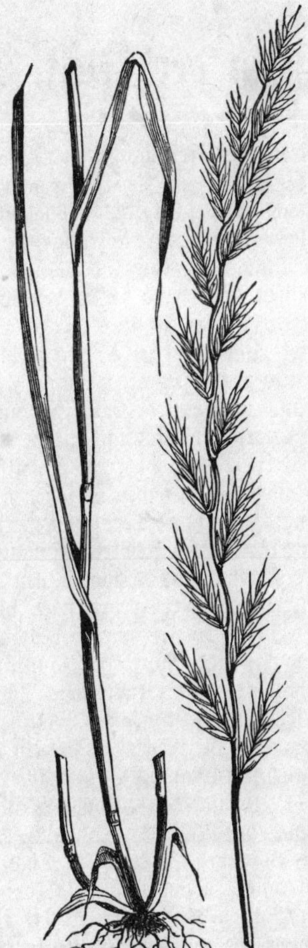
Italienisches Raygras.

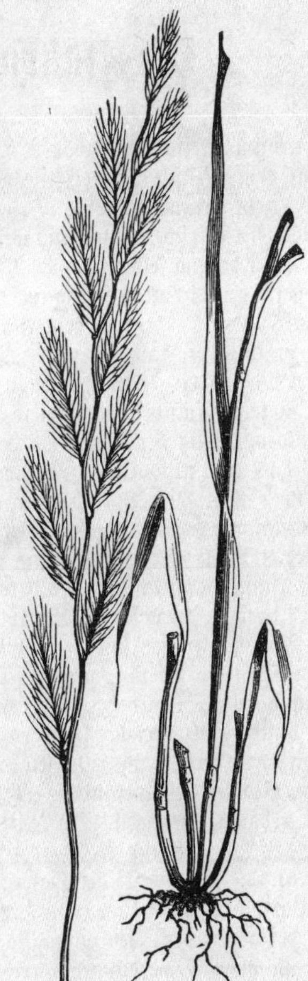
Vielblütiges Raygras.

Aehrchen des englischen Raygrases.

Aehrchen des italienischen Raygrases.

Aehrchen des vielblütigen Raygrases.

Esparsette.

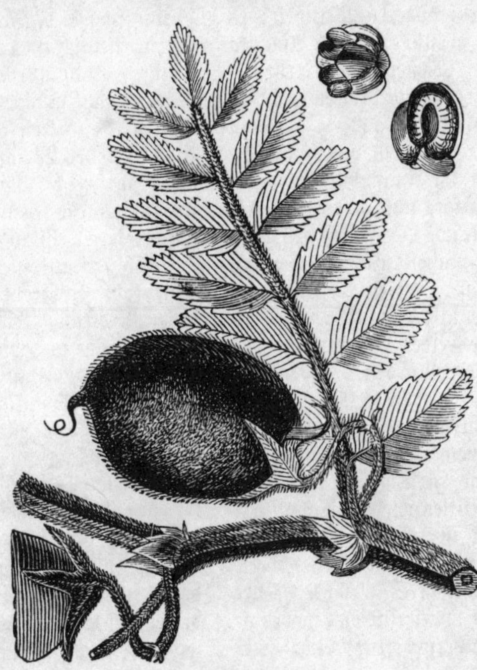
Kichererbse.

Serradella.

Die Nahrungspflanzen der Welt.

Der Umblick in dem großen Kreise von Schätzen des Pflanzenreichs, welche die Natur dem Menschen bietet, ist äußerst anziehend und belehrend. Es geht daraus hervor, auf wie vielerlei Weise derselbe das nämliche Ziel erreichen kann, und welche Fülle von Hülfsmitteln ihm zur Befriedigung seiner nächsten Bedürfnisse zu Gebote steht. Ein großer Theil davon ist streng auf die Grenzen seiner Heimat beschränkt und bis jetzt noch dem Verkehr entzogen; es ist daher nicht zu fürchten, daß dauernder Mißwachs irgend einer Nutzpflanze der Menschheit jemals größeren Schaden zu bringen vermöchte, so lange der Handel fortfährt täglich neue Straßen und Stoffe zu finden. Was der Masse der Erzeugung des einen Landes abgeht, das wird alsbald die Mehrerzeugung des andern liefern. Dennoch ist hinwiederum bei der außerordentlich großen Zahl der Pflanzenarten diejenige der eigentlichen Nahrungspflanzen entschieden klein zu nennen, ohne daß dies jedoch zu irgend einer Besorgniß Veranlassung geben könnte, so lange noch fast nahezu drei Viertheile der Erde der Sittlichung und mit ihr dem sachgemäßen Anbau entzogen sind. Selbst Europa ist nur in seinem kleineren Theile so bebaut, wie es sein könnte und müßte. Seine Nahrungspflanzen bilden im Süden: Reis, Weizen, Spelz, Emmer, Mais, Hülsenfrüchte (Kichern, Erbsen, Bohnen) Hirsen, Mohrhirsen, Gerste, Pinselhirsen, Bataten, Golddistel, Zuckerwurzeln, Erdnuß, Weintrauben, Obst, Südfrüchte: Kastanie, Feige, Oelbaum, Orangen. In Mitteleuropa tritt vielfach an die Stelle des Weizens und Spelzs der Roggen, im Gebirg das Einkorn, an die der Gerste der Hafer; um sie reihen sich die eßbaren Wurzeln und Knollen von der uralten Pastinake an, welche schon der alten Deutschen vorzüglichstes Gemüse bildete, bis zu den jüngsten Erwerbungen Kartoffel und Topinambur. Schon die ältesten Spuren menschlichen Daseins, die Reste der Pfahlbauten, haben dargethan, daß man in der Urzeit Weizen und Gerste, neben wilden Aepfeln und Birnen, Wurzeln und Beeren des Waldes, hier und da auch Hülsenfrüchte, zur Nahrung angebaut oder benutzt hat, wie heute. Der Bau von Getreide und Wurzeln zieht sich aber in Europa höher hinauf gen Norden an die Eisgrenze, als in jedem anderen Welttheil; es werden in Norwegen noch Obstfrüchte gepflückt, wo in Amerika unter gleichem Grade weite Schneeflächen höchstens von verkrüppelten Nadelhölzern oder Heidekrautflächen unterbrochen werden, die das Muselthier und der Bisamochse durchwandern. Wo in senkrechter und wagerechter Verbreitung der Anbau von Nutzfrüchten aufhören muß, da ist immer noch die Ausnutzung niederen Pflanzenwuchses durch Viehweide möglich, und sei es auch nur durch Rennthierheerden, wie in Lappland. — Asien ist wahrscheinlich die Heimat unserer meisten Nutzpflanzen, namentlich Getreidearten. Daher ist es auffallend, daß in diesem Welttheil gegenwärtig eigentlich nur noch wenig Weizen, Gerste, Roggen und Hafer angebaut wird. Seine beiden Hauptfrüchte sind Reis für den Süden, Buchweizen für den Norden. Ersterer ist bekanntlich diejenige Getreideart der Welt, von welcher die meisten Menschen leben; letzterer, in Sibirien daheim, ist erst in spätgeschichtlicher Zeit zu uns gekommen. In den gemäßigten Himmelsstrichen Asiens sind Hirsen und Hirsengräser zu Hause; im äußersten Norden bilden die Feuerlilienzwiebeln ein alltägliches Nahrungsmittel. Um so reicher ist der Süden: Pisang, Brodbaum, Sagopalme, Gemüsepalme, Mohrhirsen, Thee, Kaffee, Zuckerrohr und hunderterlei köstliche Südfrüchte, welche namentlich in dem herrlichen Seeklima Wasserindiens in üppigster Fülle gedeihen, bilden hier eine unerschöpfliche Quelle der Nahrungsbefriedigung und zwar meistens ohne jede besondere oder ermüdende Thätigkeit von Seiten des Menschen. Davon macht allerdings eine Knollenpflanze Ausnahme, welche zu den allerverbreitetsten Nahrungsmitteln der Welt gehört, denn nachdem nunmehr ihr Anbau auch im südlichen Europa Platz gegriffen hat, wird sie in den warmen Ländern aller Welttheile gezogen. Es ist dies der in China und Ostindien ursprünglich heimische Yams, eine Windenpflanze, mit sehr stärkemehlhaltigen, schmackhaften und nahrungskräftigen Knollen, deren Ertrag denjenigen der Kartoffeln um das Vierfache übertrifft. Auch in Deutschland sind mit seinem Anbau schon viele gelungene Versuche gemacht worden. In Afrika ist das Hauptgetreide der Mohrhirsen in seinen verschiedenen Spielarten, daneben die Hirsengräser Tef und Tocusso (Negerkorn) und der Guineakornhirsen; einzelne Landschaften leben fast ausschließlich von der Dattelpalme, der Erdmandel, Sagobäumen, Butterbäumen u. s. w. Im Alterthum waren Nordafrika und Aegypten die Kornkammern der Welt; letzteres erzeugt heute noch vielen und schönen Weizen. Aus Amerika haben wir bekanntlich höchst werthvolle Nutzgewächse erhalten: Mais, Kartoffeln, Topinambur und Tabak. Ersterer ist das Hauptgetreide des Welttheils und heißt daher überall auch vorzugsweise „Korn.“ In dem heißen Himmelsstrich dienen zur Nahrung: Maniok, Batate (süße Kartoffel) Pfeilwurzel (Arrowroot) Kornmelde (Quinoa,) Arakatscha, die Nüsse der Schuppentanne, die Milch des Kuhbaum's, die Samen des Cacaobaum's, die Blätter des Matee (zu Thee); im gemäßigten treten hinzu: Kartoffel, Sonnenblume (Topinambur,) californische Eichel; im Norden der Wasserreis, die Büffelbeere und die Knollen von Apios und Psoralea. Australien hat als einheimische Nahrungspflanzen von erster Bedeutung aufzuweisen die Cocusnuß, den Brodfruchtbaum, das Tarro (eine Arumwurzel) und die Tacca (Farnwurzel,) daneben Pandanusarten, die australische Feige und verschiedene stärkemehlhaltige Baumfarne. — Wenn wir aus dieser Reihe von einzelnen Nahrungsgewächsen solche herausgreifen, welche schon seit allerältester Zeit angebaut worden sind, so müssen wir darüber erstaunen, welche Menge von Arten und Spielarten sich im Laufe der Zeit aus einer — wahrscheinlich — einzigen Stammart herausgebildet haben. So kennen wir vom Weizen nicht weniger als 20 Arten und gegenwärtig über 400 Spielarten, deren Anzahl sich alljährlich vergrößert. Von der einen Art des Weinstocks gibt es weit über 1000 verschiedene Abarten, welche man nicht selten in Musterrebgärten vereinigt neben einander sehen kann. Von dem gewöhnlichen Kohl, einer unscheinbaren Pflanze der Mittelmeerländer, stammen ab: Gemüsekohl, Blattkohl, Kuhkohl, Braunkohl, Riesenkohl, Wirsing; Rosenkohl; Kopfkohl; Rothkohl; Blaukohl; Kohlrabi; Blumenkohl; Brokkoli; chinesischer Kohl; Staudenkohl; Palmenkohl und vielleicht noch viele andere. Alle diese Abarten sehen sich so wenig einander ähnlich, daß die Ueberzeugung oft schwer hält, daß man Abkömmlinge einer und derselben Pflanzenart vor sich habe. Und alle pflanzen sich beharrlich sich selber gleich fort, ohne Rückschlag, ohne Aufgabe ihrer Eigenthümlichkeiten. Dies sind redende Beispiele dafür, welche Macht der Mensch über die Erzeugnisse der Schöpfung erlangt, indem er sie durch Veredlung, durch Zuführung von Bedingungen, die sie vorzugsweise verlangen, durch Beobachtung ihrer Lebensweise und stete Pflege dahin zu führen weiß, wo und wie sie seinen Zwecken am besten dienen. Daher ist auch der Landwirth vorzugsweise der Gebieter, aber auch der Diener der Natur!

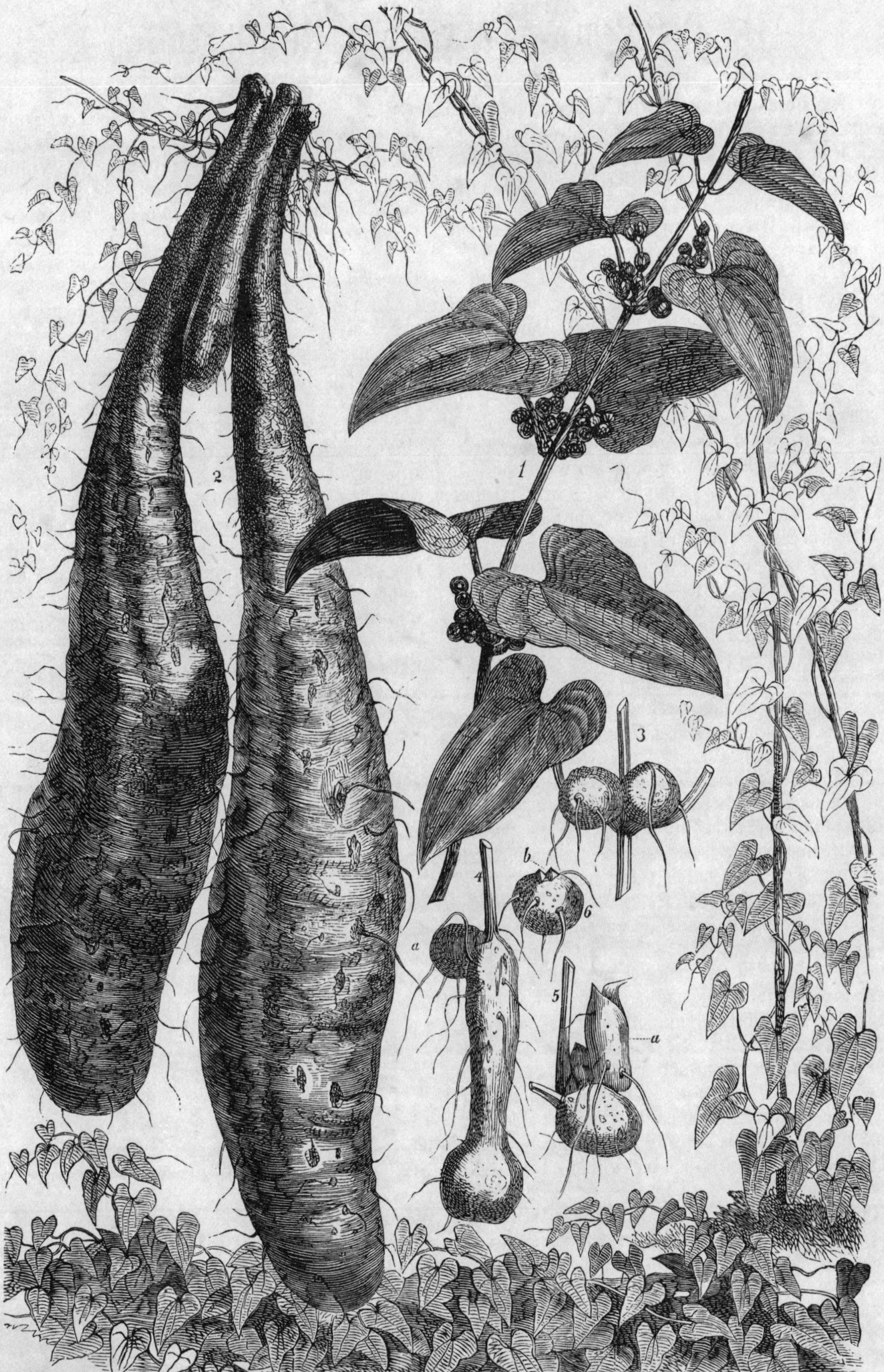

Der Yams.

1. Blätter und Blüten. 2. Ausgewachsene Knollen. ($^1/_4$–$^1/_{10}$ der natürlichen Größe.) 3. Rankenstück aus dessen Blattachseln sich Knöllchen entwickeln. 4. Steckling aus einer abgeschnittenen Ranke mit gebildeter Wurzel; bei a. hat sich ein Saatknöllchen entwickelt. 5. Entwickelung eines Knöllchens, a. Uebergang in die Ranke. 6. Abgelöstes Knöllchen. b. Die Keime.

Die Lehre vom Ebenen (Nivelliren).

Eine der ersten Vornahmen zur Darstellung einer geeigneten Wiesenfläche ist das Ebenen nach Bestimmung der senkrechten Abstände verschiedener Punkte auf der Erdoberfläche von einer wagerechten Ebene aus. Man nennt dieselbe das Nivelliren und versteht darunter das gewonnene Bild der Höhenabstände der einzelnen Punkte von dieser Ebene oder der Höhenunterschiede derselben unter sich auf jene Ebene bezogen. Die zum Nivelliren nothwendigen Geräthe bezeichnet man mit dem Namen Nivellirinstrumente; es gibt deren einfache (statische) als: Setzwage, Pendelwage und Bergwage, — welche aber neuerdings überall verdrängt worden sind durch die besseren (hydrostatischen): Canalwage, Quecksilberwage und Libelleninstrument. Die bekannte Canalwage (Wasserwage) besteht aus einer $2^1/_2$—3 Fuß langen, 1—$1^1/_2$ Zoll weiten Röhre rr von Metall, mit rechtwinklich aufgebogenen Enden aa, die eingekittete Glasröhren mm von gleichen Durchmessern tragen. Die ganze Vorrichtung kann durch eine Hülse h mittelst der Schraube s auf einem Dreifußgestell (Stativ) befestigt werden. Soll dies Geräth gebraucht werden, so füllt man die Röhren mit farbigem Wasser, welches sich scharf in den hellen Glasröhren abscheidet, und sieht (visirt) über die beiden in einer wagerechten Ebene liegenden Wasserspiegel der Röhren von o nach p hinweg. Die Quecksilberwage besteht nach dem gleichen Grundsatz aus einer viereckigen Röhre von hartem Holz mit zwei senkrechten Auffätzen, die durch entsprechende Löcher in den wagerechten Scheidungen aa mit dem Kasten kk in Verbindung stehen; letzterer wird mit Quecksilber gefüllt, das in beiden Auffätzen gleich hoch steigt; auf seinen Spiegeln schwimmen aus Elfenbein gefertigte Würfel oo, welche Sehspalten (Diopteru) dd mit Fadenkreuzen tragen. Eine über die Querfäden gehende Linie x y ist den Quecksilberspiegeln gleichlaufend (parallel) daher ebenfalls wagerecht. Die Wage kann auf einem Fuß befestigt werden, wie die vorige. Am vollkommensten eignen sich jedoch zum Nivelliren die Libelleninstrumente, welche daher auch vorzugsweise Nivellirinstrumente genannt werden. Ihr wichtigster Theil ist die Libelle; sie besteht aus einer an den Enden zugeblasenen, walzenförmigen, mit einer Flüssigkeit so angefüllten Glasröhre in einer Metallfassung, daß sich über der Flüssigkeit eine entsprechend große Luftblase, die nach dem Naturgesetz immer die höchste Stelle in der Röhre einnimmt, befindet. Bei der wagerechten Lage der Libelle liegt die Luftblase genau in der Mitte zwischen beiden Röhrenenden, und diese Lage ist durch zwei Einschnitte auf der Röhre bezeichnet. Die Metallfassung der Libelle ist mit einem Fernrohre so verbunden, daß die Achse der ersteren mit der des letzteren, die durch ein Fadenkreuz bezeichnet wird, völlig gleich läuft. Befindet sich die Luftblase der Libelle nun in der bezeichneten Mitte der Röhre, so ist die Visirlinie (Achse des Fernrohrs) wagerecht. In der Abbildung ist a b die Röhrenlibelle, die mit dem Fernrohr c d verbunden ist, welches durch den Träger e f mit der Säule x, in der sich ein senkrechter, kegelförmiger Zapfen befindet, in Verbindung steht. Die Säule x ruht auf einem Dreifuß h i k, der auf der Platte l eines Stativs durch eine Schraube g befestigt wird. — Außer dem Nivellirinstrument sind zur Vornahme der Arbeit nunmehr nur noch zwei Nivellirlatten nothwendig. Eine solche besteht aus einer von gutem, trockenem Holze in rechteckigem Querschnitt angefertigten Stange, mit Beschlägen an den Enden. In derselben liegen 2 Rollen rr, über die eine Hanfschnur läuft, an der die Zielscheibe F, die durch Federn qq an die Latte gepreßt wird, bewegt werden kann. An der Zielscheibe F befindet sich eine Hülse h, mittelst deren sofort die Höhe des Kreuzungspunktes an der in Grade abgetheilten Stange abgelesen werden kann. Das Nivelliren kann nunmehr mittelst dieser Geräthe in der Weise ausgeführt werden, daß man, wenn es sich um die Bestimmung der Höhenunterschiede zweier Punkte x und y handelt, das Instrument an das Ende der Linie in x, die Nivellirlatte in y aufstellt, eine wagerechte Linie v t bestimmt und den Unterschied der senkrechten Abstände t y und v x von der wagerechten Linie v t ermittelt. Ergiebt sich hierbei die Höhe t y größer als die Höhe v x des Instruments, so sagt man, der Boden fällt und bezeichnet den Werth r y mit dem Namen Gefälle. Im andern Fall steigt das Erdreich oder die Punkte x y liegen ohne Unterschied in gleicher Ebene (Niveau.) Man kann aber auch das Instrument in der Mitte aufstellen, eine wagerechte Linie r s festlegen und die senkrechten Abstände s y, r x von dieser ermitteln. Der Unterschied der Abstände ergiebt in diesem Falle den Höhenunterschied der Punkte x und y. Dieses Nivelliren aus der Mitte ist dem aus den Endpunkten vorzuziehen; es wird hierdurch die Unsicherheit in der Bestimmung der Höhe des Instruments vermieden und eine Vergrößerung der Meßräume möglich. Sollen die Vornahmen des Nivellirens sich nicht allein auf Ermittelung der Höhenunterschiede zweier entfernter Punkte o p beschränken, sondern will man gleichzeitig mehrere Punkte bestimmen, so ermittelt man die Entfernungen der einzelnen Punkte O I, I II, II III, die in die Untersuchung mit herein gezogen werden sollen, durch eine Messung mit der Kette, und faßt diese Längen und Beobachtungen mit dem Nivellirinstrument in eine Tabelle zusammen. Hierbei ist das Verfahren folgendes: Zwischen den Punkten O und I stellt man das Nivellirinstrument auf und läßt an beiden Punkten eine Nivellirlatte aufrichten, bestimmt eine wagerechte Linie und die senkrechten Entfernungen der Punkte O und I von derselben, wobei man die Höhe des Punktes O unter der wagerechten Lattenhöhe rückwärts, die des Punktes I unter derselben Lattenhöhe vorwärts nennt. Diese Beobachtungen trägt man in eine Tabelle, welche die nachstehende Einrichtung hat, und wiederholt das Verfahren und Eintragen mit Bezugnahme auf die Punkte I und II, II und III, u. s. w.

Bezeichnung der Punkte	Wagerechte Entfernung.	Lattenhöhe rückwärts.	Lattenhöhe vorwärts.	Steigt.	Fällt.
O— I	130 ⁰ 5′	5′ 3″ 8‴	4′ 1″ 6‴	1′ 2″ 2‴	—
I— II	120 ⁰ 4′	2′ 1″ 7‴	8′ 2″ 9‴	—	6′ 1″ 2‴
II—III	134 ⁰ 7′	2′ — 5‴	5′ 3″ 2‴	—	3′ 2″ 9‴
III— P	131 ⁰ 4′	7′ 5″ 2‴	8′ 7″ 4‴	—	1′ 2″ 2‴
O — P	517 ⁰ —	16′ 10″ 10‴	26′ 2″ 9‴	1′ 2″ 2‴	10′ 6″ 1‴

Hieraus läßt sich nun der Höhenunterschied der Punkte O und P auf einem zweifachen Wege bestimmen; man kann entweder die Summe der Lattenhöhen rückwärts = 16′ 10″ 10‴ von der Summe derjenigen vorwärts = 26′ 2″ 9‴ abziehen und erhält = 9′ 3″ 11‴; oder den Unterschied der Summe des Steigens und Fallens ermitteln; derselbe ist hier ebenfalls = 9′ 3″ 11‴. Bei den gemachten Annahmen fiele demnach das Erdreich im Allgemeinen, ohne Berücksichtigung der Zwischenpunkte, von O bis P um 9′ 3″ 11‴. Es ist leicht zu übersehen, daß wenn die Summe der Lattenhöhen rückwärts größer als diejenige nach vorwärts ausgefallen wäre, das Erdreich von O nach P nicht, wie in diesem Falle sich senken, sondern steigen würde.

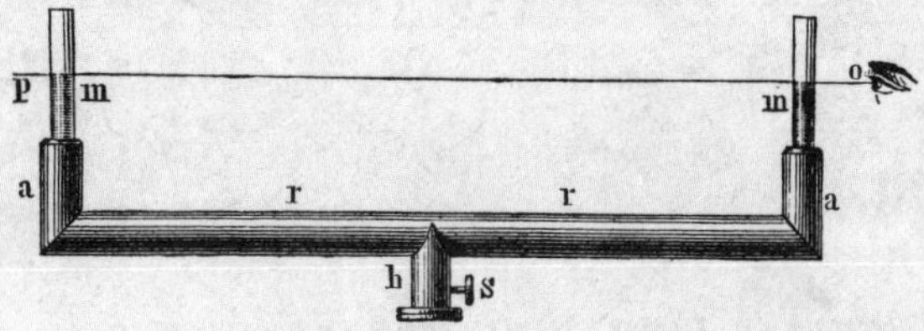

Canalwage.

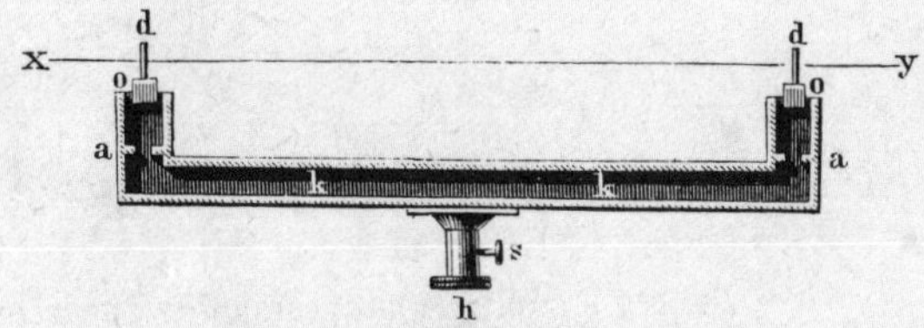

Quecksilberwage.

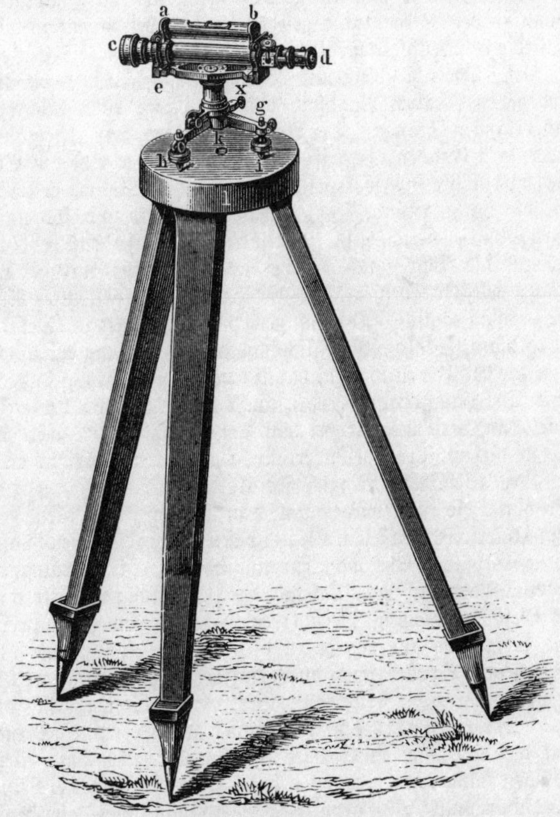

Nivellirinstrument.

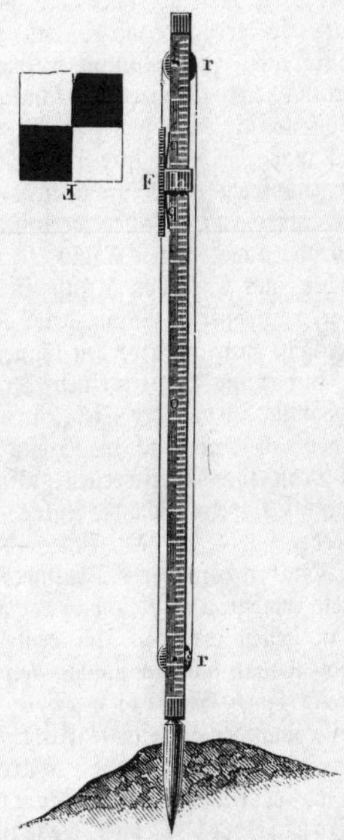

Nivellirlatte.

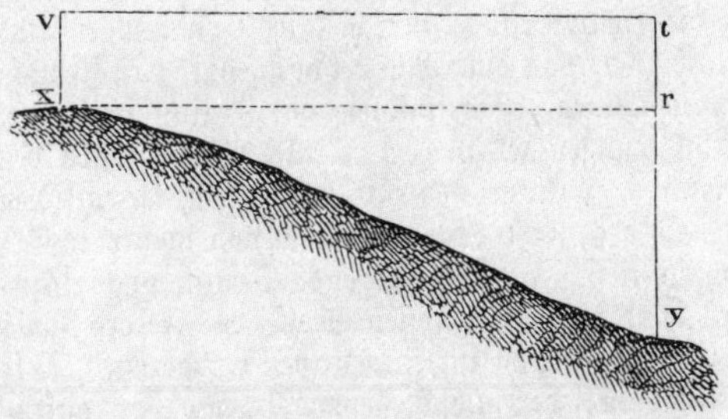

Bestimmung des Höhenunterschieds vom Ende der Linie.

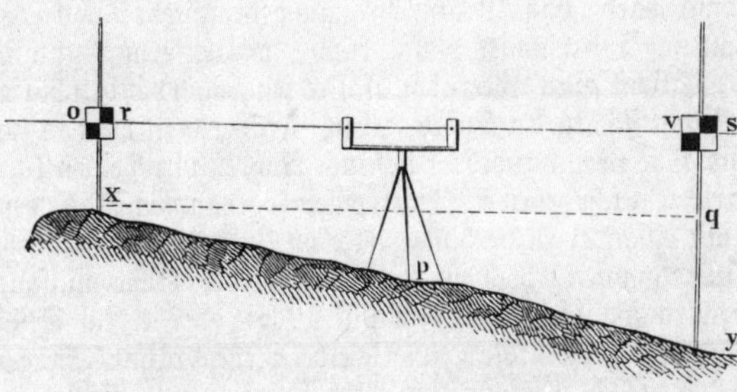

Bestimmung des Höhenunterschieds von der Mitte aus.

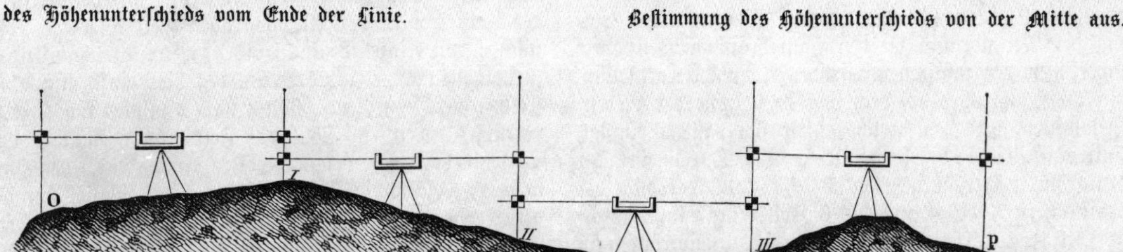

Bestimmung des Höhenunterschieds mehrerer Punkte.

1. Die Drainirung.

(Fortsetzung von Seite 12.)

Bei der Drainirung mit gebrannten Thonröhren ist zunächst die Gestalt der Oberfläche des Bodens in's Auge zu fassen. Häufig kommt es vor, daß man schon durch bloße Anlage eines Saugeschachtes das überschüssige Wasser von der tiefsten Stelle einer Mulde entfernen kann, sobald der Untergrund eine durchlassende Schicht führt, die es aufnimmt. Es bedarf zu dem Ende nur eines in dieselbe mündenden Bohrlochs, welches oberhalb mit Reisig, Bruchsteinen und Feldsteinen so verpackt wird, daß die hier senkrecht eingesetzte Röhre nicht zugeschlämmt werden kann. Weil von den Saugedrains das Wasser in schräger Richtung, gewissermaßen schichtweis, angezogen wird, ist auch die Tiefe der Drains maßgebend für ihre größere oder geringere Wirksamkeit. Angenommen die Röhre a liege 4 Fuß tief und das von derselben angezogene Wasser verlasse den ganzen durch die Winkelschenkel angedeuteten Raum, so muß nach dem Gesetz der Schwere bei einer Tiefe von 5 Fuß ein in demselben Verhältniß wachsender, vergrößerter Raum, bei 7 Fuß Tiefe eine noch größere Oberfläche entwässert werden können. Daraus geht hervor, daß die Entfernung der einzelnen Drains von einander zum Theil abhängig ist von der Tiefe, in welcher sie gelegt werden. Diese sowohl aber, als auch die Breite der Graben darf ein bestimmtes Maß nicht überschreiten, also nicht zu viel Erde bewältigen müssen, wenn nicht die Anlage unverhältnißmäßig kostspielig werden soll. Zu dem Ende bedient man sich zum Ausheben der Gräben besonderer Drainwerkzeuge, welche die Arbeit in die Tiefe ermöglichen, ohne daß der Arbeiter sich selbst in den Graben zu stellen braucht. Um denselben gleichmäßig auszuführen bedient man sich zum Nachmessen seiner genauen und richtigen Breite eines Grabenmaßes, das mittelst 3 in der Quere untereinander auf eine senkrechte Latte genagelten Lattenabschnitten die genaue Größe des Durchschnitts eines Grabens angiebt, wie er sein soll. Die Röhrendrains sind entstanden aus den Hohlziegeldrains, die man früher darstellte, indem man auf die Grabensohle flache Ziegelsteine legte, und dann Hohlsteine darauf stellte, so daß dieselben einen ununterbrochenen Canal bildeten, während der Graben darüber wieder mit Erde zugestampft ward. Eine Drainröhre aus gebranntem Thon oder Lehm soll im Durchschnitt völlig rund, walzenförmig und inwendig möglichst glatt aber nicht glasirt sein, auch völlig scharfe, gerade Schnittflächen der Enden haben. Früher hielt man es für nothwendig, je zwei aneinander stoßende Röhren durch einen kürzeren darüber geschobenen Abschnitt, einen sogenannten Röhrenmuff, mit einander zu verbinden; davon ist man aber meistens wieder abgekommen, höchstens daß man da, wo Schwemmsand zu befürchten ist, die Stoßfugen mit Moos oder einem Stück Thonband überdeckt. Man unterscheidet Nebendrains (Saugedrains) die das Wasser aus dem Acker unmittelbar aufnehmen, und Hauptdrains, in welche die ersteren münden. Die Einmündung der Nebendrains in den Hauptdrain werden durch Ineinanderfügen der zusammentreffenden Röhren bewerkstelligt, indem in die Hauptröhre ein Loch von der Größe der Nebenröhre geschnitten wird, in welches diese sich passend einfügt, und somit eine Winkelröhre bildet. Der Durchmesser der Nebendrainröhren beträgt gewöhnlich $1\frac{1}{2}$ Zoll, derjenige der Hauptdrainröhren 3 bis 4 auch bis 6 Zoll, ihre Länge durchschnittlich 12 Zoll. Die Ausmündungen der Hauptröhren in offene Ableitungsgräben verschließt man gegen das Eindringen von Thieren entweder durch einen einfachen Draht, der fünfmal umgebogen davor ein Gitter bildet, Mündungs-Verschluß I, oder mittelst eines gitterartig durchschnittenen, mit Theer angestrichenen Stücks Eisenblech, Mündungs-Verschluß II. Die Röhren werden zuerst in den Hauptdrains, dann in den Nebendrains gelegt; es ist dabei darauf zu achten, daß die Grabensohle möglichst eben und glatt sei. Das Legen der Röhren geschieht mit der Legestange, einem rechtwinklich gebogenen eisernen Rundstab von der Länge einer Röhre, an einer langen Stange. Der Arbeiter steht mit gespreizten Beinen über dem Graben, ergreift mit der Legestange eine am Boden liegende Röhre und senkt sie auf die Grabensohle, wo er sie dicht an die vorhergehende legt, etwas fest drückt und sodann den Haken wieder herauszieht. Es ist eine Thatsache, daß bei einiger Uebung die Röhren sicherer aber auch wohlfeiler mit der Legestange gelegt werden, als mit der Hand. Ein geschickter Arbeiter vermag täglich 6000 Fuß gewöhnliche Röhren zu legen. Es ist rathsam, sobald als möglich nach der Beendigung der Röhrenlage die Gräben zuzufüllen, damit jene keiner Störung ausgesetzt sei. Die Hauptdrains werden zuerst und zwar von der tiefsten Stelle an, verschüttet, wobei man am sichersten fährt, wenn man die zu diesem Zweck gesondert ausgeworfene Ackerkrume wieder an ihre alte Stelle bringt. Ist alsdann der Röhrendrain verschüttet, so ist er wieder ganz dem übrigen Felde gleich, mit dem Unterschied, daß sein Grund einen unvergänglichen Wasserabzug enthält. Ehe man zur Ausführung einer Drainanlage schreitet, hat man, nach Maßgabe der Vermessung des Feldes und der Gefällermittelung zuerst einen genauen Plan zu entwerfen und womöglich auf Papier zu bringen. Es kommt vor, daß Gallen oder Quellen schon durch einzelne Röhrenstränge abgeleitet und dadurch die Felder entwässert werden können. Als einfache Drainanlage kann auch noch gelten, wenn ein Grundstück a e i o nur ein einziges Gefälle oder einen ganz gleichmäßigen Hang von a e nach i o hat. Wird die Länge der Leitungen dadurch nicht allzu groß, so werden sämmtliche Saugedrains S S in gleicher Richtung unmittelbar in den Hauptdrain D geleitet, welcher nach Umständen zugleich Ableitungsgraben und als solcher selbst offen sein kann. Eine verwickelte Drainanlage entsteht, wenn die Feldoberfläche verschiedene Erhöhungen und Vertiefungen, und zwar von einer Ausdehnung hat, daß sie nicht eben gelegt werden können. Hier müssen die Drains in so viel verschiedenen Abtheilungen gelegt werden, als Aenderungen des Gefälls eintreten. Der Acker a b c d hat seinen wesentlichen Hang von a b nach c d, wird aber außerdem von mehreren Erhöhungen durchschnitten. Hier ist folgende Drainirung einzurichten: Zuerst wird auf der höchsten Stelle des Feldes, das an einem Hügelabhang gedacht ist, ein Graben e f gezogen, welcher dazu bestimmt ist, das abschießende Regenwasser aufzunehmen. Gleichlaufend mit demselben an der tiefsten Stelle des Feldes wird der Abzugsgraben g h angelegt. In diesen münden die Einzelndrains i bis k, welche gleichlaufend und von gleicher Länge die ganze Breite des hier einförmig abfallenden Feldes durchschneiden. Von k nach z müssen sich dieselben aber verkürzen, weil ein Thal das Feld von m nach n durchzieht. Dieses erhält seine besondere Drainirung durch den Hauptdrain m n, in welchen die Saugedrains o o das Wasser von den einem der gegenüberliegenden Abhängen leiten, und der es dann dem Abzugsgraben zuführt. Der Abhang p wird durch gleiche Nebendrains entwässert, während der Einzelndrain q wieder in das gleichmäßige Gefälle der ganzen Feldbreite zu liegen kommt.

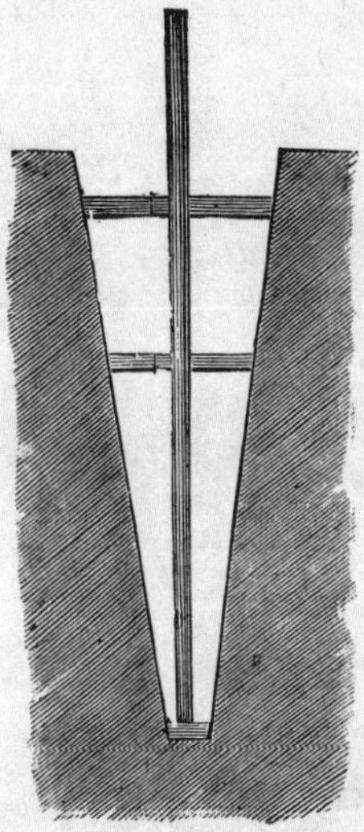

Grabenmaß.

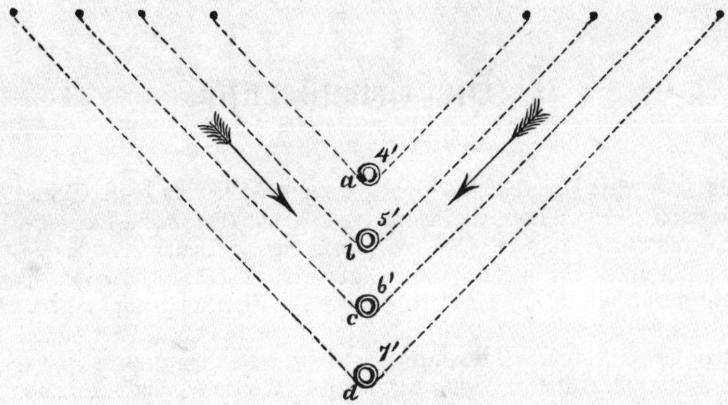

Die Tiefe der Drains.

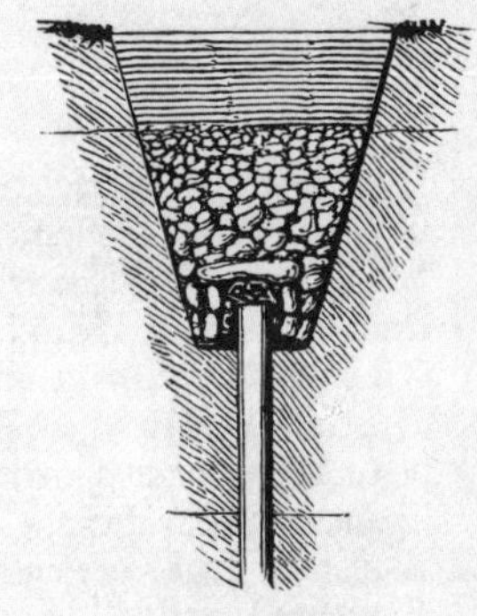

Saugeschacht.

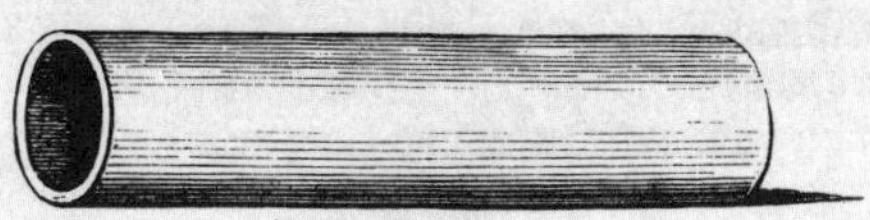

Drainröhre.

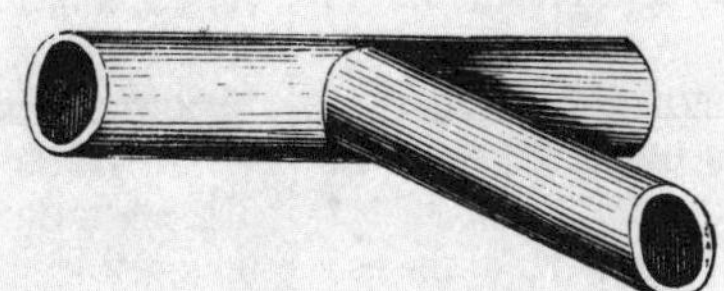

Winkelröhre.

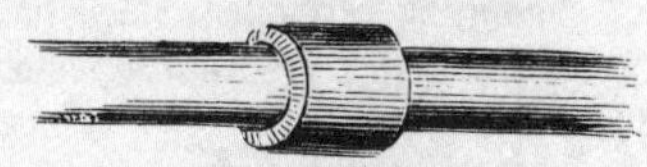

Röhrenmuff.

Mündungs-Verschluß I.

Das Legen der Röhren.

Mündungs-Verschluß II.

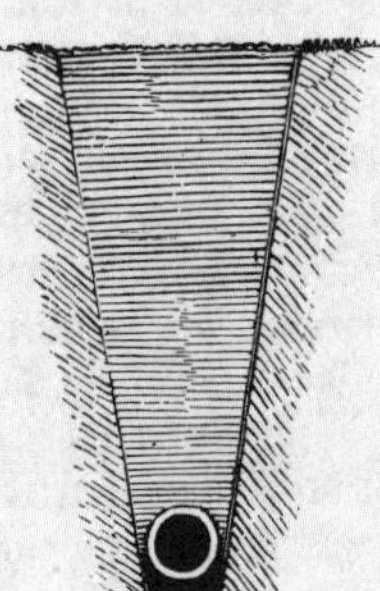

Röhrendrain.

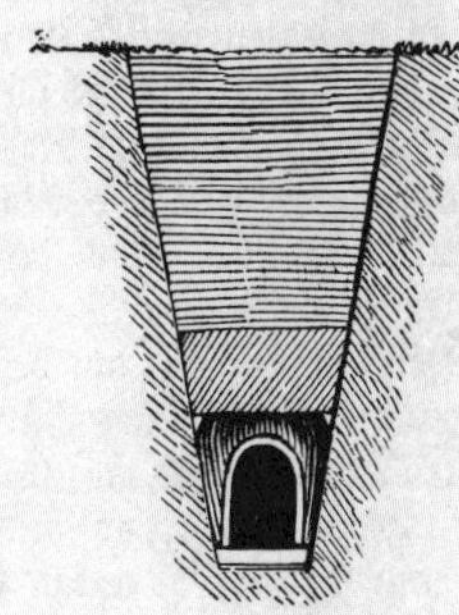

Hohlziegeldrain.

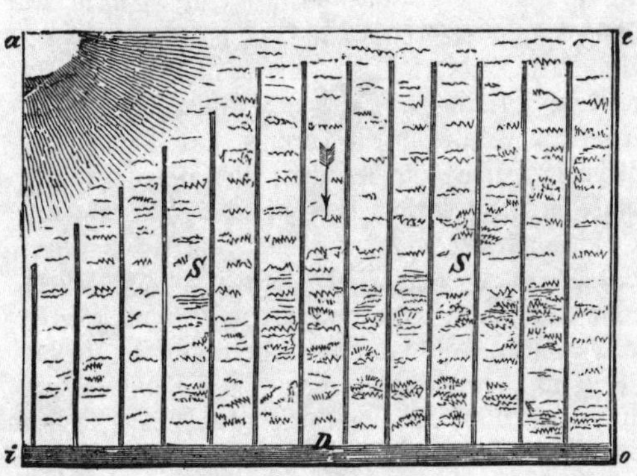

Einfache Drainanlage.

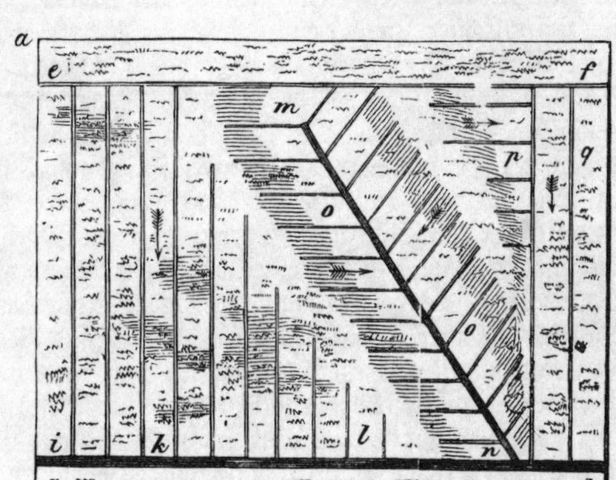

Verwickelte Drainanlage.

2. Die Bewässerung.

(Fortsetzung von Seite 16.)

Wenn ein Ueberschuß von Trockenheit die gedeihliche Entwickelung von Nutzpflanzen in einem Boden hindert, so kommt der letzteren die Thätigkeit des Landwirths durch Zufuhr von Feuchtigkeit, oder Bewässerung zu Hülfe. Sie ist ohne Zweifel das einfachste, billigste und wirksamste Mittel, um die Bodengüte eines Landes zu erhöhen, weil sie Futter im Ueberfluß und in Folge dessen auch hinreichenden Dünger gewährt. Die mineralischen Pflanzennährstoffe, die Säuren und Alkalien, welche das Wasser oft in so geringen Verhältnissen enthält, daß sie der chemischen Untersuchung entgehen, werden doch von den Pflanzen aufgefunden und in ihrem wachsenden Körper aufgenommen, ebenso wie sie auch die luftförmigen Stoffe, die ja oft nur in der Menge von einigen Zehntausendtheilen in dem die Erde umgebenden Luftring verbreitet sind, einsaugen und durch Umwandlung verdichten. Auf diese Art sammeln die Pflanzen die Grundstoffe, die im Wasser aufgelöst, in der Erde und in der Luft zerstreut sind, in sich und gestalten sie neu, blos um den Thieren deren Aufnahme und Aneignung zu erleichtern. Es braucht nicht mehr, um den großen Nutzen der Bewässerung einleuchtend zu machen, um aber von demselben jeden wünschenswerthen Vortheil zu ziehen, müssen gewisse allgemeine und besondere Bedingungen erfüllt werden. Vor allen Dingen ist Wasser nicht Wasser, im Gegentheil ist die befruchtende Kraft oder der Gehalt der einzelnen an Nahrungsbestandtheilen in aneignungsfähiger Gestalt wesentlich verschieden. Hierüber giebt die chemische Untersuchung den besten Aufschluß, außerdem aber ist die Erfahrung die beste Lehrmeisterin über die Tauglichkeit eines Wassers zur Bewässerung. Wo ein gutes, süßes Gras, wo ein üppiges Gemeng bester Futterkräuter längs dem Wasserrande reichlich wächst, da ist das Wasser zur Bewässerung geeignet, im entgegengesetzten Fall aber nicht. Allein nicht auf alle Nutzpflanzen hat dieselbe eine gleich vortheilhafte Wirkung, denn ihr Endzweck ist unter gemäßigtem Himmelsstriche, der, möglichst große Massen von Stengeln und Blättern hervorzubringen, während sie der Menge und Güte des Körnerertrags häufig Eintrag thut. Es geht schon daraus hervor, daß in unserem Klima die natürlichen Wiesen sich am besten für die Bewässerung eignen. Wenn es auch kaum einen nicht schon hinreichend mit Feuchtigkeit getränkten Boden giebt, auf welchem sie nicht mit Erfolg durchgeführt werden könnte, so sind doch am dankbarsten dafür die Sand- und Kalkböden, welche sich am schnellsten erwärmen und am durchlassendsten sind. Hinsichtlich des günstigsten Zeitpunktes zur Bewässerung wird dieser stets in den Sommer fallen, weil ihr wesentlichster Zweck darin besteht, die Nutzpflanzen vor den Nachtheilen der Trockenheit und Bodenhitze zu schützen. Es ist immer räthlich, nicht in der heißen Tageszeit, sondern nur Morgens und Abends zu wässern. Der Bedarf an Wasser endlich richtet sich nach der Größe der zu bewässernden Fläche und ihrer geneigten Lage, wodurch ein schnellerer oder langsamerer Abfluß bewirkt wird, nach der mittleren Wärmemenge der Gegend und der Durchlassungsfähigkeit des Bodens. Außerdem muß auch die Wiederkehr der Wässerung und ferner die Befruchtungskraft des Wassers mit in Betracht gezogen werden. Sind die allgemeinen Bedingungen vorhanden, so müssen noch die besonderen erfüllt werden, ohne welche die Möglichkeit einer Bewässerung wegfällt; sie sind: Vorrichtungen zur Wasserleitung und Gestaltung der Bodenoberfläche zu deren Aufnahme, Vertheilung und Weiterführung. Wenn man nicht das Wasser mit Maschinen heben will, so muß dessen Spiegel höher liegen, als das damit zu überfluthende Grundstück. Bei fließenden Gewässern erreicht man dies gewöhnlich durch Anlage von Wehren oder Schleußen. Dieselben können bei schwachen Wasserläufen einfach aus Faschinen oder Holz angefertigt werden, bedürfen jedoch bei stärkeren eines Unterbaus von Stein, welcher häufig noch auf ein Rostwerk gestellt werden muß. Eine große Hauptvertheilschleuße besteht aus einem, am besten aus Quadern erbauten, quer über den Wasserlauf gezogenen festen Damm, welcher sehr zweckmäßig eine annähernd halbrunde Form annimmt, wobei leicht eine Vertheilung der Zufluth in drei Richtungen A, B, C und Mitte erfolgen, außerdem noch Stauung zum Abzug in D stattfinden kann. Für kleinere Gewässer genügen einfache Schleußen aus Holz; für die Vertheilungsgräben Stauschützen oder einfache Schützenbretter (Stauschleußen, Steuerschützen, Auslässe, Stechbretter). Die Gestaltung der Bodenoberfläche zur Herstellung einer zweckmäßigen Bewässerung verlangt vorerst ein sorgfältiges Nivellement zur Ermittelung des Gefälls, sodann die nothwendigen Erdarbeiten zum Ebenen sowie zum Ausheben der Gräben. Da hierbei nicht selten große Erdmassen bewegt werden müssen, so ist man in Frankreich darauf gekommen, dazu die Hülfe von Maschinen in Anspruch zu nehmen, welche Erdförderungsmaschinen (Terrassirmaschinen) genannt werden. Sie bestehen aus einer fahrbaren Dampfmaschine von 6 Pferdekraft, welche eine Eimerkette ohne Ende bewegt, die mit Kästen oder Eimern von starkem Stahlblech versehen ist. Jeder Kasten ist so gestellt, daß er Alles, was er packen kann, aufnimmt, sich von selbst füllt, und, mittelst des endlosen Riemens auf dem höchsten Punkte des Gestells angekommen, sich in einen doppelten Auslauf entleert, welcher mit niedrigen Wagen in Verbindung steht, die auf einer versetzbaren Eisenbahn laufen. Dergleichen Erdförderungsmaschinen sind gewöhnlich nur in der Weise in Gebrauch, daß die Besitzer sie an Alle, welche ihrer bedürftig sind, vermiethen; die Anschaffung zum Zwecke von Erdarbeiten würde für den Landwirth in den meisten Fällen zu kostspielig sein. Ueberall da, wo regelmäßige Bewässerungsanlagen seit längerer Zeit bestehen, wird man finden, daß durch ihre wohlthätige Einwirkung die Natur des Bodens, welchen sie tränken, ja das äußere Aussehen und die Ertragsfähigkeit einer ganzen Gegend verändert wird. Wenn ein Acker nicht an und für sich reich genug ist, um eine häufigere Wiederkehr der Düngung unnöthig zu machen — und solchen giebt es bekanntlich unter gemäßigtem Himmel nicht — so kann derselbe niemals auf die Dauer vortheilhaft angebaut werden, sobald nicht eine Wiese dazu gehört. Oder mit einem Wort, es muß ein Theil des Gutes fortwährend Ernten liefern, ohne Dünger zu verzehren, um so auf unmittelbarem Wege die alkalischen und erdigen Salze wieder in den Boden zu bringen, welche demselben durch fortgesetzten Anbau stets auf's Neue entzogen werden. Aus diesem Grunde sind Landstriche, welche durch Ströme bewässert und bereichert werden, die einzigen, welche ohne jemals durch eine Erschöpfung zu leiden, fortwährende Ausfuhr ihrer Gesammterzeugnisse gestatten. Zu solchen gehört das von dem Nil bewässerte reiche Thal Aegyptens und es würde schwer halten, sich einen Begriff zu machen von der ungeheueren Menge an Phosphorsäure, Kali und Bittererde, welche seit ältesten Zeiten blos allein mit dem Getreide von diesem Lande ausgeführt worden ist. Das Wasser ist somit derjenige Dünger, dessen Anwendung dem Landwirth am wohlfeilsten zu stehen kommt.

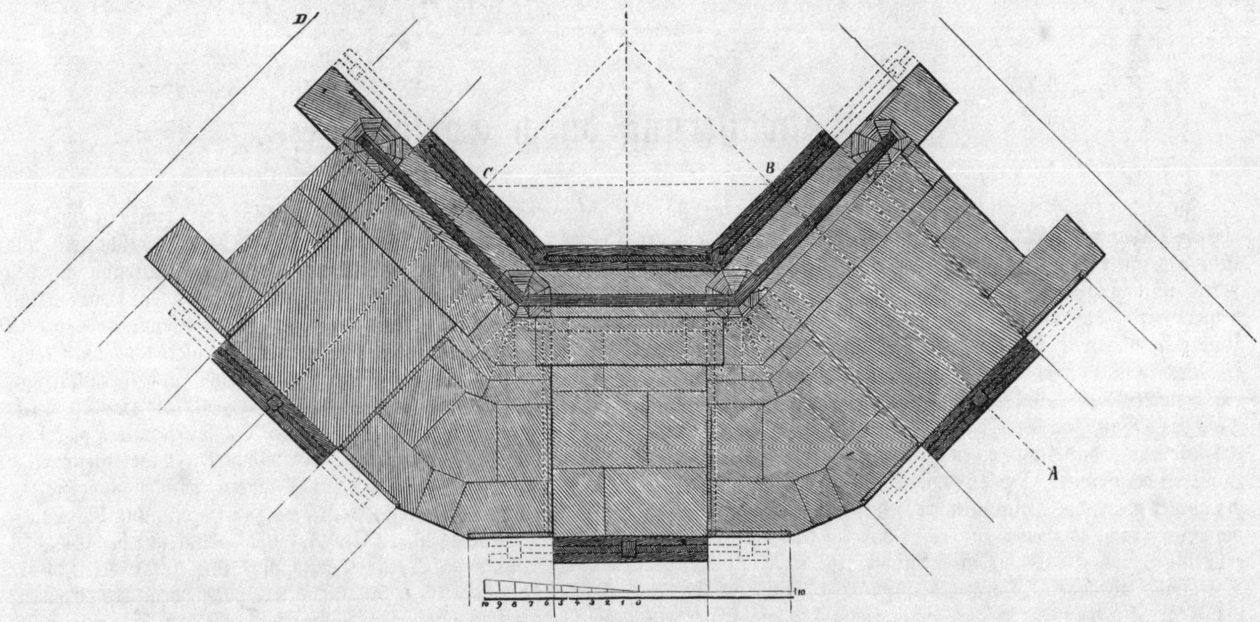

Hauptvertheilschleuße bei Bewässerungsanlagen. Grundriß.

Erdförderungs-Maschine.

3. Entwässerung durch Torfstich.

In vielen Gegenden sowohl der Niederungen als der Hochebenen, liegen weite Strecken versumpften Bodens, welcher höchstens als saure Weide ausgebeutet werden kann, dem Ackerbau jedoch unzugänglich ist, so lange er nicht entsäuert und entwässert wird, daß dies sehr gut möglich ist, beweisen derartige Unternehmungen in Baiern, in der Schweiz, am Niederrhein, in Mecklenburg, vor Allem aber in Holland und Hannover. In letzterem Lande haben die berühmten Moorkolonieen der Veen dargethan, daß der Torfstich eine sehr gesunde Grundlage des Ackerbau's bildet und einen Haupthebel des Volksreichthums zu bilden berufen ist. Der Brennstoff unserer Wälder verschwindet immer mehr, die Steinkohlen werden für viele Gegenden durch die weite Fracht zu theuer und es ist daher Zeit, daß man sich ernstlicher, als jemals einem möglichst ergiebigen Abbau der Torfmoore zuwendet. Durch denselben wird häufig ein werthvolles Areal gewonnen, welches anfänglich als Wiese, später als Acker zu benutzen ist, während die durch den Stich eröffneten Gräben in zahlreichen Fällen zugleich die Canäle für das Weiterschaffen des gewonnenen Brennstoffs bilden können. Die zunehmende Gewinnung des Torfs hat denn auch die neuere Chemie veranlaßt, den Werth desselben durch Erzeugung einer Menge von neuen Stoffen aus ihm bedeutend zu erhöhen; schon spielen Photogen, Solaröl, Paraffin eine große Rolle in dem Beleuchtungswesen; man gewinnt Theerfarben und brenzliche Oele, Bittermandelöl, Riechstoffe, Kreosot, Ruß, Theer, Asphalt und noch eine ganze Reihe von Körpern daraus, welche die Torfindustrie zu steigender Wichtigkeit bringen müssen. Daher ist dringend zu wünschen, das der deutsche Torfreichthum immer mehr erschlossen werde; dadurch wird die Arbeit gefördert, der Fleiß lohnender, der Staat blühender. Jeder Besitzer von Torfländereien, welche bald als mächtige Lager einen Theil der großen Torfbank bilden, die sich im Norden Deutschlands von Holland bis zur Ostgränze Preußens hinzieht, bald einzelne Hochthalbecken am Abhang der Gebirge, wie in Irland und der Schweiz, bald weite Niederungsmulden ausfüllen, wie in den Mooren der Donau und des Niederrhein's — muß dahin trachten, den möglichsten Nutzen auch für sich daraus zu ziehen. Um dies zu können, muß der Torf vor Allem auf eine leichte und möglichst billige Weise gewonnen oder dem Schooße der Erde entnommen werden. Dann erst kann der gewonnene Stoff in die vielerlei Erzeugnisse, welche er in sich birgt, umgeformt werden. Man ist noch nicht recht darüber einig, wie der Torf entsteht und wächst; gewiß ist, daß er im Wesentlichen aus Pflanzenresten besteht, welche mit Wasser vollgesogen darin niedersinken und mit dazwischen eingesprengten mineralischen Bestandtheilen verbunden sind. Je nach der größeren oder geringeren Zersetzung und Größe, oder nach dem Alter der ersteren unterscheidet man Formtorf und Stichtorf. Ersterer, gewöhnlich der ältere, hat eine ziemlich gleichmäßige, vollkommen erdige Beschaffenheit und kann, wie Lehm zu Ziegeln, in Formen eingetreten oder gestrichen werden (daher heißt er auch Streich- oder Strichtorf.) Während er noch vielfach mit der Hand gegraben wird, bedient man sich neuerdings mit Vortheil dazu der Torfstechmaschine, welche namentlich in Norddeutschland schon sehr verbreitet ist. Sie besteht aus einem schweren kastenförmigen Messer, welches mittelst einer Kreuzkurbel in die Höhe gewunden und dann fallen gelassen wird, so daß es mit Wucht tief in die weiche Torfmasse einschneidet. Mittelst Hebels wird sodann ein zweites wagerechtes Messer von der Seite regiert, welches die Torfsäule unten am Boden abschneidet; sie wird darauf emporgewunden, mittelst eines besonderen Breitspatens in Soden oder Ziegel zerschnitten und diese durch einen kleinen Wagen auf einer Eisenbahn auf den Trockenplan geführt. Es können 2 Mann und ein Knabe damit täglich 25000 Soden Torf liefern. Das Wichtigste dabei ist aber, daß die Maschine denselben auch unter dem Wasser bis in 18 Fuß Tiefe vollkommen gut sticht und heraufbringt, also auch in dieser Hinsicht mehr leistet, als die Hand. Diese ist dagegen nicht zu umgehen, wo der Torf mit Holzresten, Wurzelgeflecht und Moosen durchflochten, keine gleichartige Masse bildet, sondern nur in kleineren Stücken ausgestochen werden kann. Das beste Verfahren zur Gewinnung des Stichtorfs ist das Folgende: Ein Arbeiter räumt mit der Schaufel die Erde hinweg bis zur Torfschicht; ihm folgt der Oberstecher, der mit einem langstieligen Spaten, dem Vorhauer, die Grenzen der Soden im Boden senkrecht absticht, wozu er sich als Vorlage des Stecherbretts, welches er auflegt, bedient. Nun kommt der Unterstecher oder Aufleger, sticht mit einem hölzernen, bei a mit Stahl beschlagenen Spaten, dem Aufleger, die Soden wagregt ab, und legt sie auf das schräge gestellte Auflegebrett. Von diesem nimmt sie der vierte Arbeiter, der Setzer, mit der Furke vorsichtig hinweg, legt sie auf den Torfkarren, und führt sie auf den höher gelegenen, vorher geebneten Trockenplan. Hier nimmt endlich ein Junge oder Mädchen die Torfsteine vorsichtig von dem Karren und setzt deren 5 bis 7 weitläufig, so daß die Luft überall hindurchziehen kann auf die sogenannte kleine Bank. Sind diese kleinen Bänke in einigen Tagen ziemlich trocken, so werden die Torfsoden in größere Bänke und später endlich in Verkaufsklafter von der üblichen Zahl gesetzt; gewöhnlich 1000 mit 50 Stück Zugabe. Will man indessen, des besseren Nachzählens wegen, stets gerade nur 1000 Stück Soden in das Klafter bringen, so wählt man am besten die stufenförmige Torflage in 13 Lagen, und 6 Stufen von je 300, 180, 160, 140, 120 und 100 Stück, während auch vielfach die Klafter von 1084 Soden in 16 Lagen landesüblich ist, welche gleichfalls nach oben spitz aufgesetzt wird. Auf diese Weise lassen sich viele Tausende von Steinen leicht überzählen und auch selbst die einzelnen Lagen genau nachsehen. — In den Ländern, in welchen die Torfgräberei erst im Entstehen ist, indem bisher entweder Holz genug vorhanden war oder Steinkohlen eingeführt wurden, um die Bedürfnisse der Fabriken und Gewerbe zu befriedigen, wo aber allmälich das erstere abnimmt und die letzteren zu theuer werden, verschreibt man nicht selten mit großen Kosten Torfmeister und Torfgräber aus denjenigen Gegenden, in welchen die Kunst der Torfgewinnung schon seit längerer Zeit Eingang gefunden hat. So z. B. in Ostpreußen, wo seit dem Jahr 1854 der verheerende Schmetterling, die Nonne, Hunderttausende von Morgen Waldland zerstört hat, so daß nunmehr Torf das einzige benutzbare einheimische Brennmaterial bilden muß. Gewöhnlich kommen diese Torfarbeiter aus Hannover, Hessen, Oldenburg und Holland. Es ist aber die Torfgräberei durchaus keine so große Kunst, daß es dazu besonders geschickter Leute bedürfte; sie wird im Gegentheil überall, wo es an Arbeitern nicht fehlt, sehr bald von diesen erlernt werden können. Sie darf aber, wenn sie wirklich lohnend sein soll, nicht so völlig planlos ausgeübt werden, wie dies leider noch häufig geschieht, sondern bedarf eines vorherigen sorgfältigen Voranschlags. Die Torferde und Torfabfälle haben Werth für den Landwirth.

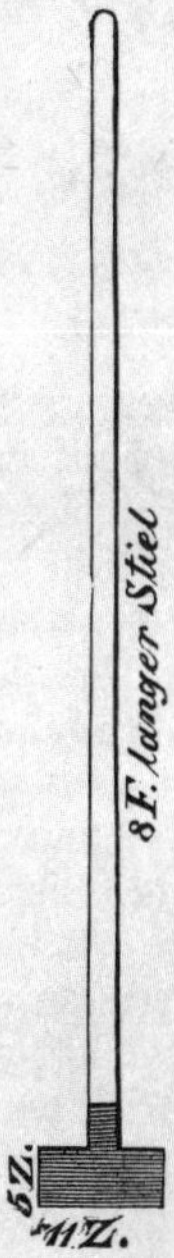

Des Oberstechers „Vorhauer.“

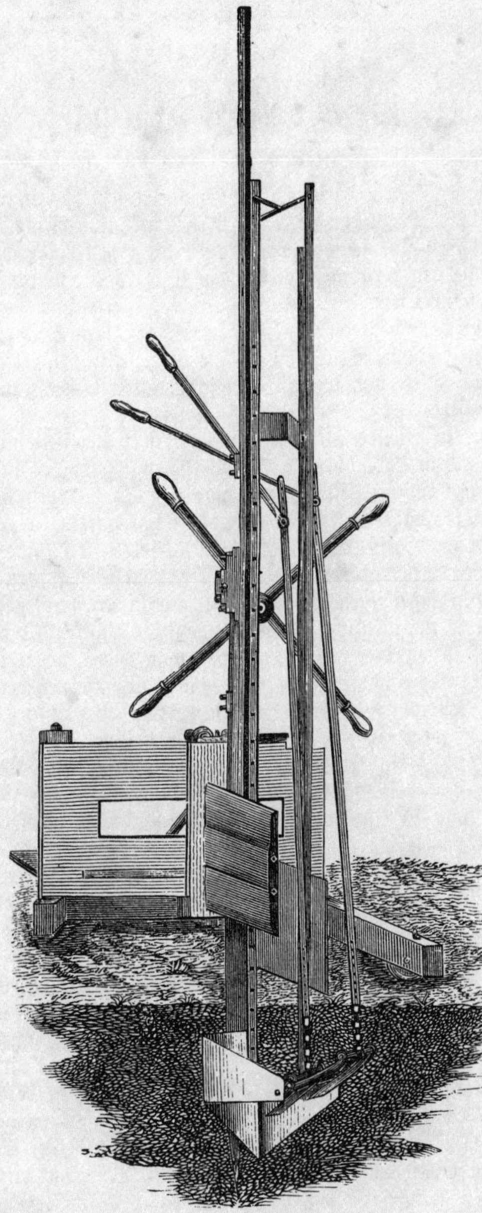
Torfstechmaschine.

Stecherbrett.

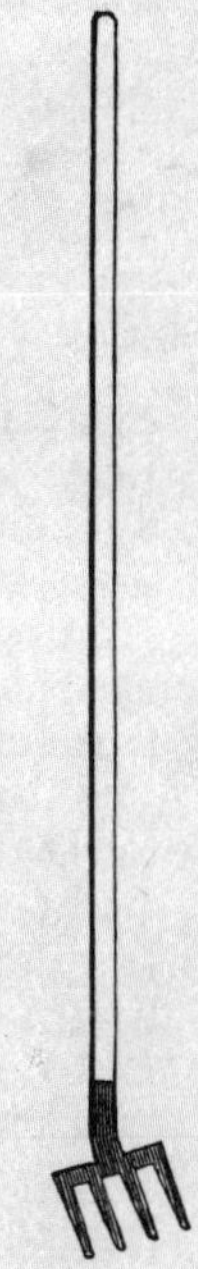
Furke des Setzers.

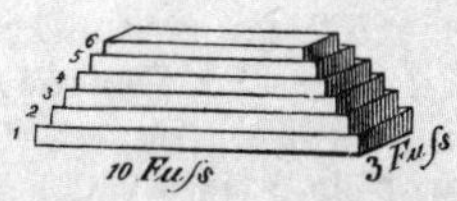

Torflage von 1000 Stück.

Torf-Karren.

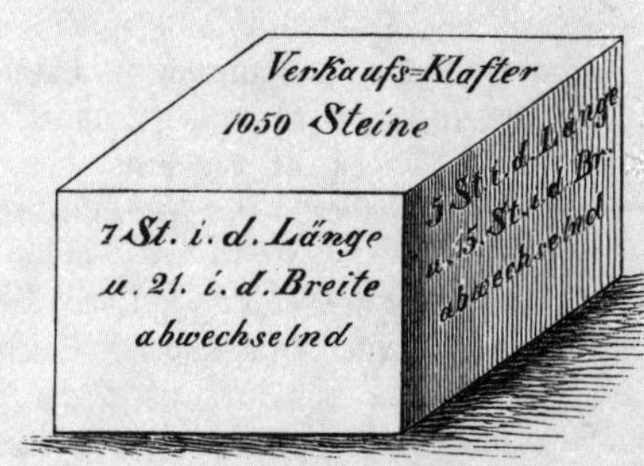

Verkaufsklafter.

Des Unterstechers „Aufleger“.

Klafter Torf = 1084 Soden in 16 Lagen.

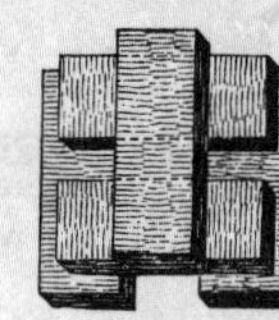
Kleine Bank.

Auflegebrett.

1. Der Pflug.

(Fortsetzung von Seite 20.)

Der Zweck der Arbeit eines guten Pflugs besteht darin, daß er einen Erdstreifen gleichlaufend mit der Oberfläche zugleich senkrecht und wagrecht abschneidet, denselben um seine eigene Achse dreht, und dermaßen umkehrt, daß sein vordem oberer Theil nunmehr nach unten zu liegen kommt, und der darauf folgenden Wirkung der Egge, die ihn dann noch mehr zerbröckelt und pulvert, eine gleichmäßige Reihe von rechtwinklichen, dachförmigen Kanten oder Kämmen darbietet. Diese dreifache Aufgabe, das doppelte Loslösen und das Umlegen des Erdstreifens, verrichtet gleichzeitig der Körper oder der arbeitende Theil des Pflugs, und dieser besteht aus dem Schar, dem Streichbrett und dem Sech. Ohne diese drei wesentlichen Bestandtheile ist eigentlich kein guter Pflug denkbar; auf sie muß sich daher das Augenmerk hauptsächlich richten und ihnen bei der Herstellung eines jeden Pflugs diejenige Gestalt und Beschaffenheit gegeben werden, welche nach den Lehren der Wissenschaft, den Ergebnissen der Erfahrung und den Hülfsmitteln der Gewerbe zur möglichst guten Erreichung des Zwecks für sie erforderlich ist. Leider ist immer noch nicht überall diese Einsicht verbreitet; wenn auch nicht verkannt werden darf, daß eine bedeutende Wendung zum Besseren schon längst in vielen Gegenden des Vaterlandes eingetreten ist, während andere leider noch mit hartnäckigster Zähigkeit an ihren vorsündfluthlichen Pflugwerkzeugen festhalten. So sahen wir von Hohenheim aus den flandrischen Pflug in einem großen Theil von Süddeutschland zu Ehren gekommen; in Oesterreich haben sich die Zugmaierschen, in Ungarn die Pflüge von Vidacs allgemeineren Eingang erzwungen; in der Schweiz, im Elsaß und Lothringen ist der Pflug von Dombasle eingeführt; der böhmische Ruchadlo ist von Mitteldeutschland aus in alle Sandgegenden gewandert; in der Mark, in Oderbruch sind die durch Thaer zuerst in Gebrauch genommenen Schwingpflüge nach Bailey'scher Bauart ganz allgemein; Belgien und England besitzen ganze Reihen von hochverfeinerten Pflügen; Sachsen begnügt sich mit einer Verbesserung des Ruchadlo und in den Zuckerfabriksdistricten sieht man noch Tiefpflüg-Geräthe von der merkwürdigsten Bauart alter Zeit. So stoßen die Gegensätze hierin auf einander. Dies gilt aber auch von den einheimischen deutschen Landpflügen; neben den schlechtesten, erbärmlichsten Geräthen, die man merkwürdiger Weise oft gerade in den bevorzugtesten Ackerbaugegenden findet, wie z. B. den Wendepflug mit breitem Zungenschar in der Pfalz, begegnet man auch wieder anderen, die dafür Bürgschaft geben zu wollen scheinen, daß schon frühzeitig das Gute anerkannt und angestrebt worden ist. So gab es in Deutschland Pflüge mit gewundenen eisernen Streichbrettern viel früher, als in England, und es scheint sogar kein Zweifel darüber gestattet zu sein, daß der in Westphalen, in der Umgegend von Soest, gebräuchliche Beetpflug den vielbewunderten neueren englischen Pflügen zum Muster gedient hat, wie schon ein Blick auf seine Gestalt, namentlich auf sein Streichbrett und dessen Verbindung mit dem Schar darthut. Der **Soester Pflug**, ein wirklich gutes und schönes Geräthe, ist insbesondere durch seinen langen Pflugkörper ausgezeichnet. Das rechtwinklich geflügelte oder halbherzförmige Schar a ist mittelst einer sogenannten Nase oder eines Kopfbands b mit dem eisernen Streichbrett verbunden, welches bei bedeutender Länge, ganz die weite Schraubenwindung der englischen zeigt und daher den Erdstreifen sehr schön umlegt. Die Griessäule c und das Sech d sind, erstere durch ihre Stärke und Krümmung, letzteres durch sein Knie bemerkenswerth. Mittelst der Kette e, welche in dem Grindelring k hängt, ist das Vordergestell am Pfluge befestigt. Dieses ist jedenfalls der mißlungenste Theil und besteht aus einer hölzernen Räderkarre; die beiden Stellsäulen f f derselben, die Widerlage g worauf der Grindelkopf liegt und die an der Deichsel i befestigte Kopfkette h sind in der Abbildung deutlich erkennbar; wenn auch das Ganze mit den verbesserten englischen Vordergestellen den Vergleich nicht aushalten kann, so ist es doch nichts destoweniger brauchbar und erfüllt seinen Zweck. Eigenthümlich ist das bei den westfälischen Pflügen gebräuchliche Scharrholz m. Die mit Eisen beschlagene Sohle l erscheint im Verhältniß zu ihrer Länge etwas zu breit. Es ist an dem Pflug nur eine Sterze vorhanden und der Ackerknecht setzt eine besondere Ehre darein, die Pferdeleine recht kunstvoll verschlungen um dieselbe zu flechten, was aber zugleich den Nutzen eines festeren Halts gewährt. Der Pflug wendet gut und erfordert nur wenig Kraftanstrengung. Diesem alten deutschen Geräthe stellen wir entgegen ein amerikanisches aus der neuesten Zeit, um daran zu zeigen, wie weit sich der Pflug von seiner ursprünglichen Gestalt zu entfernen vermag, ohne derselben doch gänzlich los zu werden. Es ist dies **Platt's Pflug**, mit einem Schar in der Form einer sich verjüngenden Schraube oder Schnecke, welches seine Umdrehungsbewegung durch den Fortgang des Pflugs selber erhält und sich ziemlich mit derjenigen eines Hohlbohrers vergleichen läßt. Unsere Abbildungen zeigen diesen Pflug von der Seite (mit Weglassung einer Gestellhälfte) und von Oben. Das Gestell ruht auf drei Rädern, von welchen die beiden Haupträder A A gleichzeitig die Bewegung auf das Schar übertragen. Dieselben haben sehr breite Felgen oder bilden vielmehr starke, eiserne Walzen, auf deren Mantel in geringen Abständen in der Quere vorspringende Rippen angebracht sind, damit die Radkränze einen Widerhalt in dem Boden bekommen und nicht schleifen oder versagen können. Das dritte Rad B ist ein Stelzrad unter dem Kopf des Grindels, und läßt sich höher oder tiefer stellen, um die Tiefe der Pflugart zu regeln. Das Schar besteht aus einer schraubenförmig um eine Achse gewundenen verstählten Platte, wie dies bei C ersichtlich ist. Das Ganze bildet eine Art von Bohrkegel und läuft mittelst einer schiefgelagerten eisernen Welle in der unterhalb des Grindels festgeschraubten Büchse D; an ihrem hinteren Ende trägt diese Welle das zulaufende Triebrad E, welches in das senkrechte Zahrad F greift, das auf der Achse der beiden hinteren Laufräder befestigt ist. Der Pflug wird durch Pferde oder Ochsen gezogen; das Schar dringt je nach der ihm gegebenen Stellung mehr oder minder tief in die Erde ein; wirft dieselbe herum und zerkleinert zugleich alle Schollen und Brocken vermittelst seiner drehenden Bewegung. An der Spitze ist die Schraube blos doppelt geflügelt; an ihrer breitesten Stelle hingegen fügen sich noch zwei andere Scharflügel a c an, welche somit eine vierfache Wendung hervorbringen. Es soll sich ein derartiger Pflug hauptsächlich als Untergrundpflug bewähren, indem er in diesem Fall, anstatt die tiefere Bodenschicht blos zu wenden oder heraufzubringen, auch gleichzeitig das Umlegen, die Zertheilung und Mischung besorgen soll, wobei freilich vorausgesetzt zu werden scheint, daß der Boden völlig steinfrei sein muß. Man hat ähnliche Drehschare schon mit Dampfkraft zu Grabemaschinen verbunden, indessen davon keinen größeren Erfolg gehabt. Jedenfalls ist Platt's Pflug ein bemerkenswerthes Beispiel von dem Bestreben, sich von der ursprünglichen Pfluggestalt möglichst zu entfernen und eine thunlichste Bodenmischung zu erzielen.

Soester Pflug von der Arbeitsseite.

Soester Pflug von unten.

Platt's Pflug.

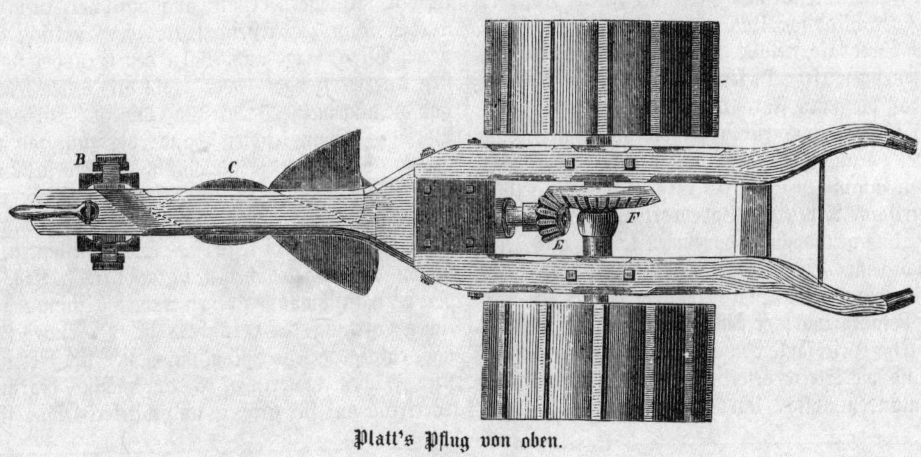

Platt's Pflug von oben.

1. Der Pflug.

Die Bespannung des Pflugs geschieht sowohl mit Pferden, als mit Ochsen, doch zieht man der rascheren Arbeit halber gewöhnlich die ersteren vor, während man da, wo es ungewöhnlich harter und tiefer Pflugarbeit gilt, auch gern die stetigere Kraft der letzteren verwendet. Meistens genügen zwei Pferde nebeneinander vor den Pflug; wünscht man aber tiefer, als sonst zu pflügen, so spannt man auch drei oder vier Pferde vor. Die Pflugbespannung oder das Ackergeschirr besteht aus folgenden Theilen: a. Kummt. b. Kummthörner. c. Kopfgeschirr und Zügel; d. Traggeschirr (Rückenriemen) für Zugstränge oder Ketten. e. die Zugketten (Stränge) welche vom Kummt ausgehen und an den Ortscheiten f. befestigt sind. f. Ackerwage mit den Ortscheiten. g. Doppelzügel oder Leitseil. h. der Pflüger, welcher den Pflug mittelst der Sterzen i. leitet. Ruhige, gleichmäßige Führung ist ein Haupterforderniß zu guter, gleichartiger Pflugarbeit. Das Gespann soll vom Pflüger sanft und verständig geleitet werden; jede unvernünftige Behandlung desselben verursacht eine Fehlstelle in der Leistung. Ein Ackersmann, der während des Pflügen's alle Augenblicke an seinem Pflug und Geschirr flicken und nachbessern muß, ist ein fauler Knecht; denn ein ordentlicher Pflüger hat sein Arbeitszeug im Stande, ehe die Arbeit beginnt. — Früher begnügte man sich jahrtausendelang mit der Bearbeitung der alleroberstenBodenschichte, der Ackerkrume, blos auf wenige Zoll Tiefe; selten, daß der Pflug einmal über 4 und 6 Zoll tief gestellt ward. Auf diese Weise war es kein Wunder, daß der artbare Boden mit der Zeit seiner Pflanzennahrungsbestandtheile beraubt wurde, wohingegen man in vielen Fällen fand, daß die darunter befindliche Schichte, der Untergrund, noch einen hinreichenden Gehalt davon besaß, und, hervorgeholt, den flachwurzelnden Gewächsen darbot. Auf diese Weise kam das Tiefpflügen in Aufnahme; es bezweckt dasselbe also zunächst eine zeitweilige Vermehrung der Pflanzennahrungsbestandtheile in der Ackerkrume, zweitens eine Verstärkung derselben überhaupt, drittens eine tiefe Lockerung zur Erleichterung des Eindringens von Pfahlwurzeln. Die Bearbeitung des Untergrundes ist eine Bedingung des neueren verbesserten Ackerbau's; sie geschieht durch den Pflug entweder in der Art, daß derselbe den Untergrund nur durchrührt, lockert, vertieft, oder auch, daß er ihn zugleich heraufbringt und mit der Ackerkrume vermischt, insofern er dazu geeignet ist. Gewöhnlich geht beim Untergrundpflügen der Pflug voran und ein Untergrundpflug folgt ihm in derselben Furche. Die Abbildung verdeutlicht den Vorgang: b ist ein schottischer Schwingpflug, welcher bei 8 Zoll Furchenbreite eine 6 Zoll tiefe Furche eröffnet; ihm folgt darin der Read'sche Untergrundpflug a mit einem Streichbrett c nach Tweddale, welches die Erde hinter dem meiselförmigen Schar empor wirft. Dieser greift ebenfalls 6, auch 10 Zoll tief, so daß die ganze Furchentiefe 12 bis 16 Zoll beträgt, wie sie z. B. für den Zuckerrübenbau erforderlich ist; wenn die Furchentiefe des vorausgehenden Pflug's e d ist, so beträgt diejenige der beiden zusammen e c. Es versteht sich von selbst, daß man diese wirksame Arbeit der Bodenvertiefung mit jedem guten Pflug und Untergrundpflug vornehmen kann. Als letzterer empfiehlt sich seiner Einfachheit und Billigkeit halber der Pietzpuhler Untergrundpflug, welcher den Boden nur durchwühlt, nicht heraufbringt; er besteht aus einem rechtwinkligen Schar an starker Griessäule von Schmiedeeisen; daraus ist auch die Sohle und die Sterze gefertigt. Eine andere Art ist der in den Rheinlanden übliche Untergrundpflug von Loe. Derselbe hat drei Füße oder zugespitzte Schare, welche hintereinander in einem besonders starken Grindel stehen, so daß sie die Erde in der ganzen Furchenbreite gleichmäßig durchwühlen, und eine Wirkung hervorbringen, welche häufig derjenigen eines einzigen Schars vorgezogen wird. Uebrigens giebt es noch eine ganze Reihe von Untergrundpflügen verschiedenster Bauart. — Eine besondere Art von Pflügen bieten die aus dem bekannten Ruhrhaken entstandenen Häufelpflüge mit doppeltem Streichbrett. Sie dienen zum Ziehen von Kämmen in dem zubereiteten Land, zum Aufstreichen von Wasserfurchen, vorzugsweise aber zum Behäufeln der Reihensaaten. Ein schönes Geräth dieser Gattung ist der englische Häufelpflug mit gewundenen eisernen Streichbrettern, welche auf verschiedene Reihenweiten verstellbar sind. Oft vereinigt man auch mehrere Häufelpflugkörper in einem und demselben Gestell, um damit, nach Art der Saatpflüge, mehrere Doppelfurchen oder Kämme auf einmal aufwerfen zu können. So gebaut ist der vierscharige Kartoffellegepflug (Kartoffelmarker) mit welchem vier Kammfurchen auf einmal eröffnet werden, um die Kartoffeln einzulegen; indem man alsdann die Kämme wieder spaltet, deckt man die Knollen zu. — Näher den Haken, als den eigentlichen Pflügen, stehen die Grubber (auch Exstirpator) mit mehreren Scharen, die jedoch gewöhnlich den Boden nur aufreißen und lockern, ohne ihn zu wenden. Sie sind sehr nützliche, der allgemeinsten Anwendung werthe Pflugwerkzeuge, welche eine Pflugfurche ersparen und nebenbei die Arbeit wesentlich beschleunigen. In England sind sie allgemein im Gebrauch, aber auch in Sachsen, in der Mark, überhaupt wo der Ackerbau schon eine höhere Stufe erreicht hat. Ganz von Schmiedeeisen ist der treffliche schottische Grubber, welchen man vielfach nach dem Umpflügen der Stoppel zur weiteren Pflugarbeit anwendet; a b ist das kräftig gebaute Gestell; c d der Vordertheil des Grindels; e e die Sterzen; f der Zughaken; g ein Laufrad, welches, höher oder tiefer gestellt, die Tiefe des Eingreifens regelt; h sind die lanzenförmigen Schare (auch Gänsefüße genannt) ein Schraubenschlüssel i mit Hammer vervollständigt das Geräth. Das schmiedeeiserne Gestell ist jedoch nur in schwerstem Boden gerechtfertigt und vertheuert die Anschaffung wesentlich; daher ist für gewöhnliche Verhältnisse der deutsche Grubber mit fünf oder sieben Scharen, verstellbarem amerikanischem Laufrad und hölzernem Gestell vollkommen hinreichend. Eine beliebte und vielverbreitete Gestalt des Werkzeugs ist auch diejenige von Tennants Grubber (auch Traiprain=Exstirpator genannt) welcher eben sowohl mit eisernem als auch mit hölzernem Rahmen gebaut werden kann. Hartstein sagt: der englische Landwirth zählt neben Pflug, Egge und Walze den Grubber zu den gewöhnlichsten Ackerwerkzeugen, was wohl am besten seinen hohen Werth und die allgemeine Verbreitung beweist. Auf dem verschiedensten Boden — vom leichten Sande bis zum zähen Thon — wird der Grubber für die gewöhnliche Ackerbestellung benutzt. Am meisten schätzt man seinen Gebrauch auf den milderen Bodenarten; keine oder doch nur beschränkte Anwendung dagegen findet er auf Aeckern, die viele größere Steine enthalten, wie auf Grundstücken, die eine sehr unebene und abhängige Lage besitzen. Wegen der verhältnißmäßig großen Arbeitsleistung, wie der vortrefflichen Wirkung des Grubbers bei der Bearbeitung der Felder nach entgegengesetzter Richtung eignen sich hierzu am besten größere Flächen. Hierin ist es hauptsächlich begründet, daß dieses Werkzeug nur für größere und mittlere Güter sich eignet.

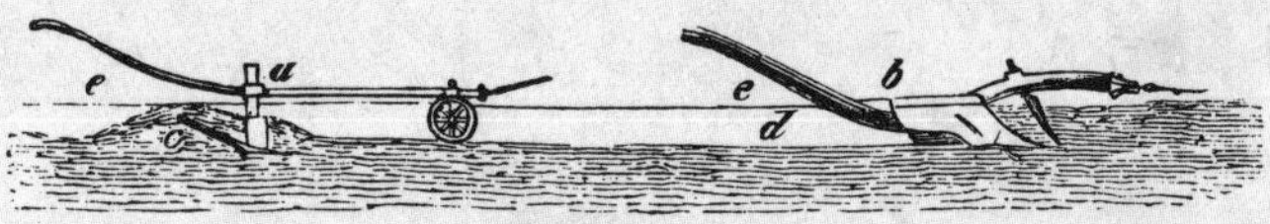

Untergrundpflügen.

Pflugbespannung.

Pietzpuhler Untergrundpflug.

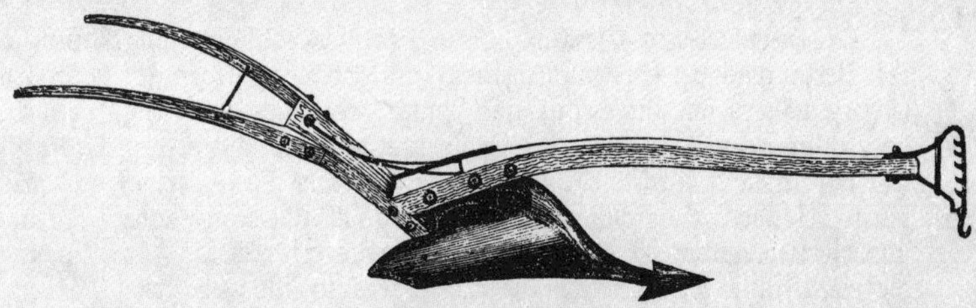

Englischer Häufelpflug.

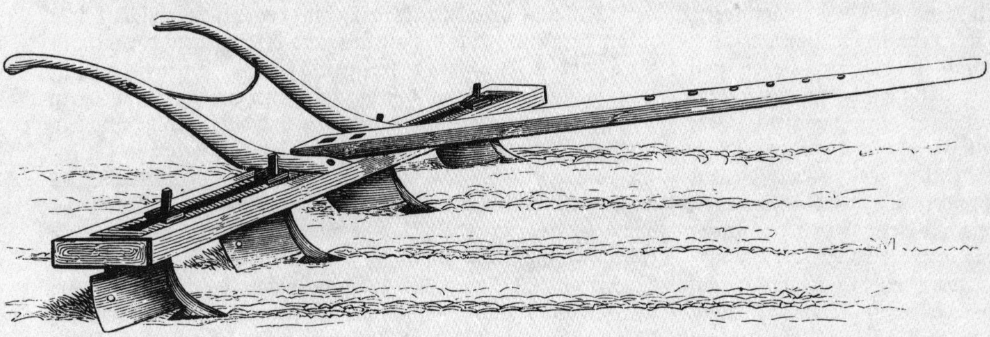

Vierschariger Kartoffellegepflug.

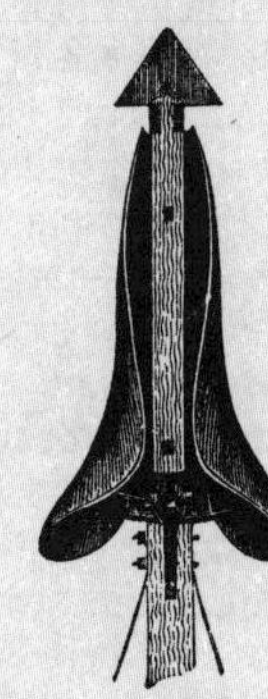

Häufelpflug von unten.

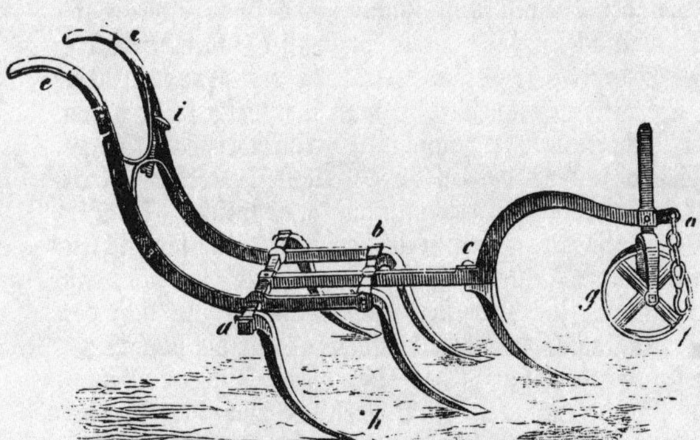

Schottischer Grubber.

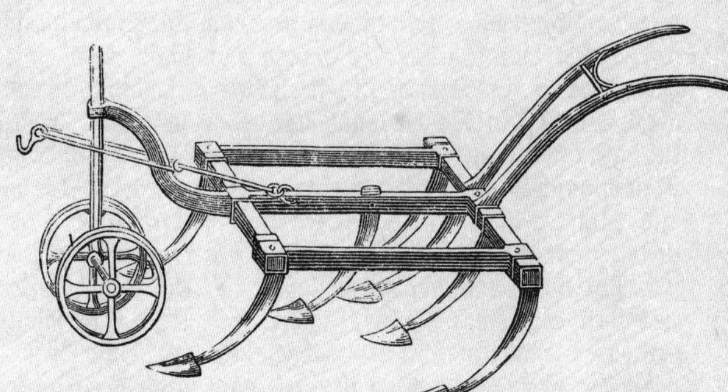

Tennant's Grubber.

Deutscher Grubber.

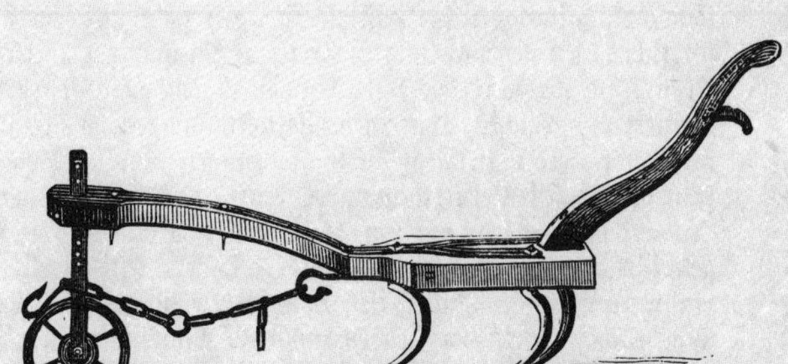

Untergrundpflug von Loe.

1. Der Pflug.

Der Dampfpflug.

(Fortsetzung von Seite 22.)

Die verschiedenen Geräthe, welche zur Vervollständigung des Verfahrens der Bodenbearbeitung mittelst Dampfkraft gehören, nähern sich in Gestalt und Bauart natürlich sämmtlich dem Pflug, dem Grubber, der Egge, und zeichnen sich vor den letzteren nur aus durch mehr Körper oder wirkende Theile, sowie durch besondere Vorrichtungen, wie sie das Wenden am Ende und die Uebernahme einer neuen Arbeitsbreite erfordern. Für die eigentlichen Pflugarbeiten ist der sogenannte Wagebalken-Pflug (Balance-Pflug) die gebräuchlichste Gestalt; er ist in verschiedener Bauart üblich. Neben demjenigen von Fowler ist der Dampfpflug von Williams einer der anerkannt besten. Derselbe besteht aus zwei Abtheilungen von je drei Pflugkörpern, deren Schare sich einander gegenüber stehen. Sie liegen derartig in einem sehr starken, eisernen, auf vier Rädern, wovon zwei zur Steuerung, laufenden Gestell, daß sie sechs Furchen nebeneinander bilden müssen, drei herwärts, drei hinwärts. Jede Reihe von Scharen wird mittelst Hebeln und Zügen regiert, welche der auf dem Gestell sitzende Führer lenkt; sobald die eine sich in den Boden senkt, hebt die andere sich aus demselben empor, und diese Abwechselung findet am Ende einer jeden Furche statt. Der Pflug wird durch das von der Winde der Dampfmaschine ausgehende Drahtseil gezogen und es kommt darauf an, daß derselbe recht genau und dauerhaft gebaut sei, damit nicht Brüche vorkommen, welche die Arbeit stören. Zu den am leichtesten ausgesetzten Theilen hat man überdies immer noch Ersatztheile vorräthig. — Eine andere Art des Dampfpflügens bewerkstelligt man mit den sogenannten Zugmaschinen (Automobilen). Unter einer solchen versteht man eine Dampfmaschine, welche nicht blos fahrbar ist, sondern auch läuft, oder, mit andern Worten, im Stande ist, sich selber fortzubewegen und zugleich eine Last in Wagen hinter sich her zu schleppen. Bekanntlich hat man lange Zeit sich bemüht, eine solche sich selbstbewegende Dampfmaschine zu schaffen, bis es endlich in neuerer Zeit mehrfach gelungen ist. Eine der besten und verbreitetsten ihrer Art ist die landwirthschaftliche Zugmaschine von Aveling und Porter zu Rochester in England. Dieselbe besteht in einem liegenden Kessel mit Maschine ganz nach Art der gewöhnlichen fahrbaren Dampfmaschinen, zeichnet sich jedoch vor diesen aus durch die Stärke ihrer Verhältnisse, namentlich der sehr kräftig gebauten Räder mit überaus breitem Kranz, der an den Hinterrädern noch mit hervorspringenden Rippen zum Widerhalt versehen ist. Dadurch hauptsächlich gewinnt die schwere Maschine soviel Anhaftungskraft, daß sie sich auf gewöhnlichem Boden fortzubewegen vermag, und sogar kleine Steigungen überwindet. Ebenso ist sie ganz leicht lenkbar durch ein vorn angebrachtes Steuerrad, welches, von einem Steuermann regiert, es ihr ermöglicht, selbst ziemlich kurze Kehrungen ohne Schwierigkeit zu nehmen. Die Uebertragung der Kraft von der Dampfmaschine aus auf die mit sehr großem Durchmesser begabten Hinterräder geschieht mittelst einer starken eisernen Gliederkette, welche über Zahnräder läuft. Hinten ist ein kleiner Kohlenwagen (Tender) angebracht, worin der Feuermann oder Maschinenführer seinen Platz hat. Da die Zugmaschine mit einer Riemscheibe als Schwungrad versehen ist, so eignet sie sich ganz gut zu allen Arbeiten einer gewöhnlichen fahrbaren Dampfmaschine, also auch zum Betrieb des Dampfpflugs nach Art des Verfahrens von Smith und Howard. Sie bietet dabei den nicht zu unterschätzenden Vortheil, daß sie mittelst angehängter Wagen nicht allein alle Pfluggeräthe, die Winden, Kabel, Anker, nebst den Personen — auch einem leichten eisernen Haus zum Aufenthalt für diese — mitführen kann, sondern auch ihren Weg ohne Pferdevorspann selber zurücklegt, ebenso leicht den Platz bei der Pflugarbeit, des allmählichen Vorrückens halber, verändert. Außerdem kann sie aber auch noch zu verschiedenen anderen Vorrichtungen gebraucht werden. Der Vortheil, welchen die Zugmaschinen auf diese Weise gewähren, hat schon die verschiedensten Arten derselben und ihrer Verwendung in der Landwirthschaft in's Leben gerufen. Eine der ältesten und bekanntesten darunter ist Boydell's Zug- und Pflugmaschine. Diese eigenthümliche Zusammenstellung besteht aus einer kräftigen fahrbaren Dampfmaschine mit Steuerungswagen und der Eigenthümlichkeit, daß ihre Räder sich selber Schienen unterlegen, welche in Gelenken an den Kränzen derselben hängen, so daß damit auch über weichen Boden bequem gefahren werden kann. Soll damit gepflügt werden, so erhält die Maschine auf der einen Seite einen kräftigen Zugbalken angefügt, an welchen mittelst verschiedener Querriegel und Ketten bis 4 Doppelpflüge angehängt, also 8 Furchen auf einmal eröffnet werden können. Indessen hat sich doch gerade diese Art des Dampfpflügens, obgleich sie fast als die einfachste erscheint, doch am allerwenigsten bewährt. Dagegen hat man von der Boydell'schen Zugmaschine schon öfters vortheilhaften Gebrauch gemacht zum Fortschaffen schwerer Lasten über weiches Erdreich, z. B. im Krimkrieg von Kanonen über Sümpfe. So viele wichtige Erfolge man sich übrigens auch von den landwirthschaftlichen Zugmaschinen versprochen hat, so gering sind dieselben bisher doch in der Wirklichkeit gewesen. Insbesondere setzt sich ihrer Verwendung auf gewöhnlichen Straßen einestheils die Gefahr entgegen, welche durch die Feuerfänglichkeit mittelst entfliegender Funken entsteht, anderntheils diejenige, daß Pferde und andere Zugthiere stets davor scheuen, so daß der Verkehr der Zugmaschinen schon häufig blos auf die Nachtstunden verwiesen worden ist. Neben Dampfen, Zischen, Rauchqualm und Pfeifen entwickelt die Boydell'sche noch insbesondere ein ganz unerträgliches Geklapper mit ihren Schienen. Daß sie bei ihrer großen Schwere hier und da den Straßen schaden, ist ebenfalls hervorgehoben worden. Der schlimmste Fehler ist aber, daß sie bis jetzt noch nicht genug leisten, und dabei ihr Betrieb so kostspielig ist, daß man sich bei der Verwendung von Gespannen zu gleichem Zwecke besser steht. Nichts destoweniger dürften die Zugmaschinen doch noch bei größerer Vollkommenheit ihres Baus eine Zukunft haben. Bei der großen landwirthschaftlichen Ausstellung zu Hamburg im Jahr 1863 war ein Wettkampf zwischen sieben Stück ausgestellten Zugmaschinen (sie heißen auch Straßenlocomotiven) unternommen worden. Bei den damit angestellten Proben erwiesen sie sich sämmtlich leistungsfähig und überwandten namentlich — ohne Last — eine Steigung von 1 : 14 mit Leichtigkeit. Ebenso wendeten sie bequem in den schärfsten Krümmungen und zeichnete sich hierbei vor Allen die Aveling'sche Maschine aus. Bei der Ausstellung zu Köln im Jahre 1865 waren nur zwei Zugmaschinen vorhanden.

Dampfpflug von Williams.

Landwirthschaftliche Zugmaschine.

Boydell's Zug- und Pflugmaschine.

2. Die Egge.

(Fortsetzung von Seite 24.)

Gegen den richtigen Bau der Egge wird noch weit mehr gefehlt, als gegen denjenigen des Pflugs, es ist daher eine gerechtfertigte Aufgabe, das Verhältniß der Form und Zinkenvertheilung der Egge zu dem Zugpunkt durch eine Reihe von Abbildungen anschaulich zu versinnlichen. In der ersten, Figur 1, haben wir eine vollkommen viereckige Egge A, angespannt an einem ihrer Winkel. Sie hat 25 Zinken, diese bilden aber nur 9 Furchen; der Zugpunkt ist demnach entschieden unrichtig, da nur dann eine Egge hinreichend wirksam sein kann, wenn jeder ihrer Zinken eine besondere Furche für sich zieht. In Fig. 2 ist die nämliche Egge A mit etwas von dem Winkel weggerückten Zugpunkt; hier werden zwischen den dicht geeggten Streifen unberührte Gassen gebildet; die Anspannung, eine der am häufigsten vorkommenden, ist daher ebenfalls falsch. Dagegen scheint die Egge der Fig. 3, bei welcher A noch weiter ab vom Winkel angespannt ist, so daß die Zuglinie in die Mitte zwischen die vordersten Zinken der zwei äußersten Balken fällt, regelmäßig zu eggen; es fallen aber dennoch zweimal je zwei Zinken in die nämliche Furche; die Egge ist daher immer noch nicht richtig gebaut. Wird dieselbe Egge A Fig. 4 noch weiter ab vom Winkel so angespannt, daß die Zuglinie vom Mittelpunkt aus durch den ersten Zinken des zweiten Balkens geht, so entstehen nur 13 Furchen; mit Ausnahme von 4 einzelnen bilden stets je 2 oder 3 Zinken eine Furche, daher auch diese Bauart entschieden falsch ist. Dagegen stellt Fig. 5 eine Egge dar, welche nach der Regel angespannt ist, so daß die Zinken des zweiten Balkens mitten zwischen die Furchen des ersten, die des dritten zwischen die des zweiten fallen u. s. f. Auf diese Weise bildet jeder Zinken eine eigene Furche und diese haben alle gleiche Entfernungen unter sich; mit Ausnahme der zwei äußersten der rechten und der zwei letzten der linken Seite, welche doppelt so große Zwischenräume haben, als die übrigen 21 Zinken. In Fig. 6 ist aber bei der Egge A der Anspannungspunkt so weit gegen die Mitte gerückt, als gerade erforderlich ist, damit jeder Eggenbalken in gleichen Zwischenräumen neben dem andern vorbei arbeitet; dieses ist also eine vollkommen richtige, zweckentsprechende Bauart. Eine zweite Egge B ist in Fig. 7 in Form eines länglichen Rechtecks, mit 35 Zinken, nnd im Winkel angespannt, dargestellt. Sie zieht nur 23 Furchen, weil 23 Zinken zu 2 und 3 in eine Furche fallen, zusammen also deren nur 11 bilden, weshalb die Anspannung eine falsche ist. Dieselbe Egge B ist in Fig. 8 etwas von der Spitze entfernt angespannt; sie bildet so mit 35 Zinken nur 15 Furchen, der Zugpunkt ist daher noch unrichtiger. Dagegen ist endlich Fig. 9. die Egge B nach dem gleichen Grundsatz, wie die Egge A in Fig. 6 angespannt, geht daher richtig. Ihre 35 Zinken bilden 29 Furchen in gleichen und 6 in doppelten Entfernungen, je 3 auf jeder Seite; letzteres ist kein Fehler, weil man bei der Eggenarbeit doch stets annimmt, daß ein schmaler Theil des vorigen Strichs von dem neuen jedesmal überdeckt wird. — Um die gleiche Vertheilung der Zinken in dem Eggenrahmen zu bewirken und den richtigen Anspannpunkt zu finden, verfährt man folgendermaßen: Man bringt die Figur des Eggenrahmens in verkleinertem Maßstab zu Papier und zieht nunmehr eine der Zahl und Stärke der Zinken entsprechende Anzahl von gleichlaufenden Linien von einer wagerechten aus, welche die Ackerwage bildet, in der Richtung der Zugkraft nach dem Balken. Die Entfernung dieser Linien untereinander richtet sich ganz nach dem Gebrauch, zu welchem die Egge bestimmt ist, sowie nach dem Durchmesser der Zinken, welchem auf jeder Seite noch ein genügender Spielraum zugetheilt werden muß. Da, wo diese Linien den Balken schneiden, muß der Zinken eingefügt werden; wohl zu beachten ist jedoch dabei die Vertheilung der Zinkenzahl in gleichen Abständen. Hat man diese einfache Vornahme auf dem Papier vollzogen, so ist es ein Leichtes, in vergrößertem Maßstabe die gebildete Figur auf den Rahmen des Geräthes selbst zu übertragen. Sicherer ist es dabei, den Winkel der Balken mit der Zuglinie größer zu bestimmen, was die Furchen ihrer Zinken mehr von einander entfernt, und dabei die Zinken jedes Balkens zwischen diejenigen des nebenstehenden mitten hindurch greifen zu lassen. Bei Befolgung dieser Vorschriften wird man jedoch finden, daß die Zahl der Zinken in jedem Balken eine ungerade — 3, 5 oder 7 — sein muß und die äußersten Furchen zu jeder Seite doppelt so weit von den nächsten entfernt stehen, als alle andern unter sich, und zwar, wenn jeder Balken drei Zinken hat, je eine Furche auf jeder Seite; hat jeder Balken 5 Zinken, je 2 Furchen, und bei 7 Zinken je 3 Furchen an jedem äußersten Ende jeder Eggenbreite. Da man aber immerhin, wie schon gesagt, einige Zoll übereinander eggt, um ungeeggte Streifen zu vermeiden, so sind diese größeren letzten und ersten Strichweiten von keinem Nachtheil. Eine jede rechtwinklig gebaute Egge hat zwei richtige Zuglinien, die sich im Mittelpunkte kreuzen, von welchen die eine auf der rechten, die andere auf der linken Seite der Mitte der Vorderseite des Zinkenvierecks nach vorn läuft und deren Abstände von dieser Mitte gleich sind. Es ist gleichgültig, in welche von beiden man den Anspannpunkt verlegt. — Die Zwecke der Egge sind so verschiedener Art, daß es kaum gerathen ist, sich einer und derselben zu den einzelnen Arbeiten derselben zu bedienen. Die schwerste Egge ist die Brachegge oder der Furchenbrecher, mit eisernen, schief nach vorn gerichteten, weit gezahnten Zinken, deren Zahl sich zwischen 12 und 25 bewegt, letztere aber nicht übersteigen darf. Die Egge zum Ausreißen des Unkrauts muß eine engere Zahnung, und 30 bis 35, höchstens 42 Zinken für 2 Zugthiere haben; sie soll nicht so stark und schwer, als die vorige sein. Die Zinken müssen ebenfalls schräg nach vorn gerichtet und ziemlich lang sein, damit die Wurzeln nicht nur besser ergriffen werden, sondern auch an den Zinken hinaufgleiten und daselbst Raum finden. Zu dem Ende hat man Zinken von runder Gestalt empfohlen. Zum Unterbringen des Samens, vorzüglich der Getreidesorten, können derartige Eggen ebenfalls ganz gut dienen. In größeren Wirthschaften thut man dagegen wohl, dafür besondere Eggen zu halten, welche nicht so stark und schwer zu sein brauchen, dagegen etwas breiter sein können. Hölzerne Zinken sind hier am Ort. Endlich werden noch zur Verebenung und feinen Zerkrümelung der aus dem Groben vorgeeggten Oberfläche, sowie zur Unterbringung ganz feiner Samen enggezahnte, nicht tief greifende leichte Eggen erfordert, deren Zinken von Eisen oder Holz sein können. Wer größere Flächen bebaut, sollte sich demnach vier verschiedene Arten von Eggen halten: Furchenbrecher oder Bracheggen, Unkrauteggen, Saateggen und Krümeleggen. Nicht nur kann man die Zwecke der Einen mit der Andern nur unvollständig erreichen, sondern es wird viel Zugkraft erspart, daher viel mehr Arbeit beschafft, wenn man zu den Zwecken, welche leichtere Eggen erfüllen können, nicht schwere anwendet, und hinwieder diese nicht enger zahnt, also nicht schwerer baut, als gerade zu dem Gebrauche erfordert wird, wozu sie bestimmt sind.

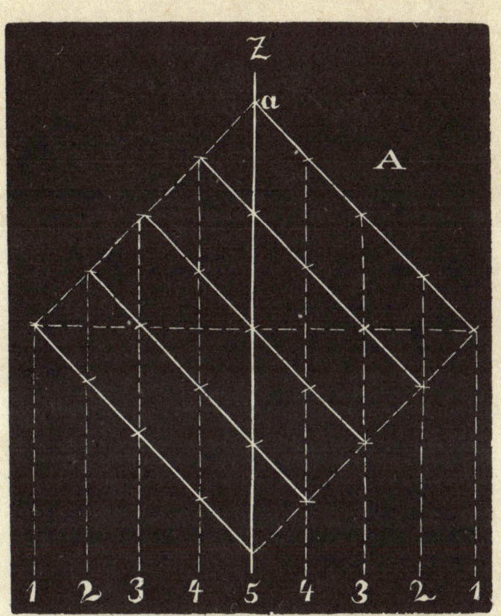

Fig. 1.

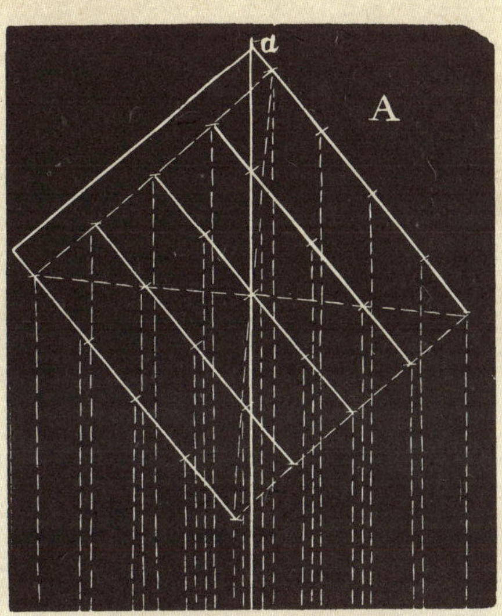

Fig. 2.

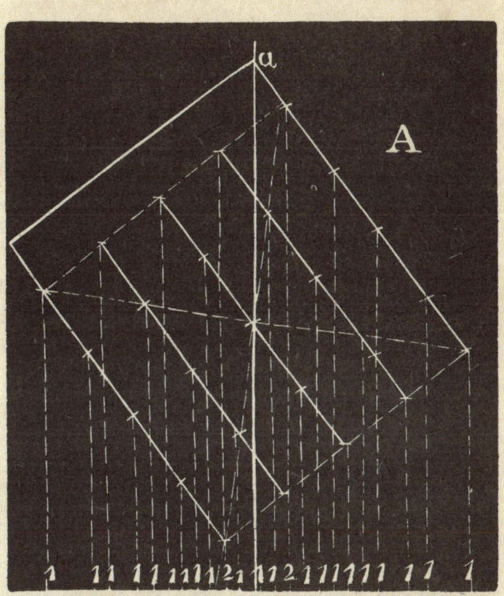

Fig. 3.

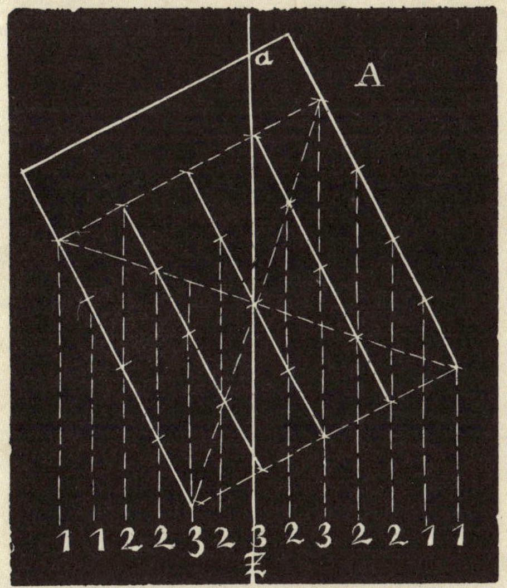

Fig. 4.

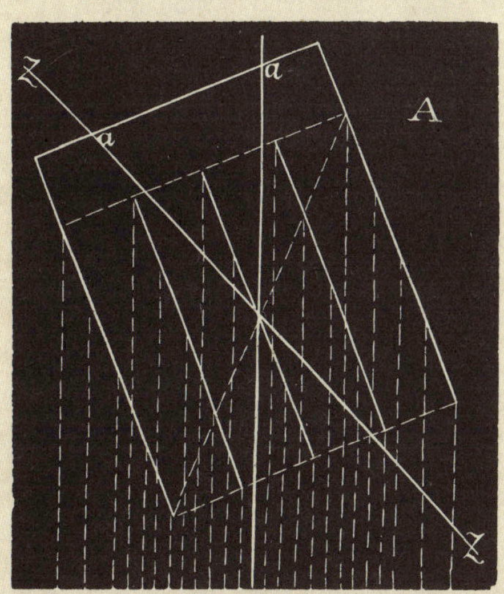

Fig. 5.

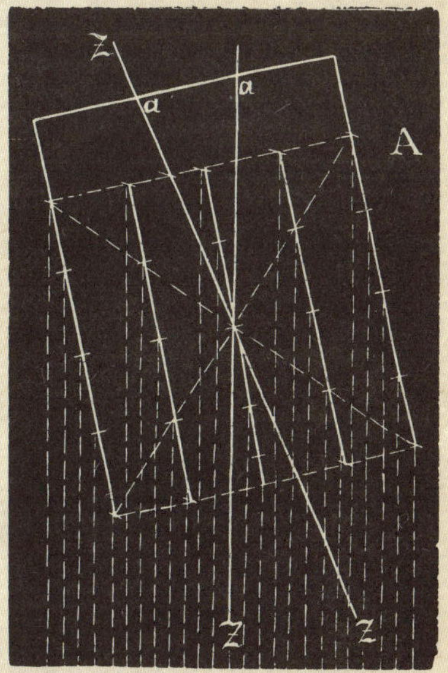

Fig. 6.

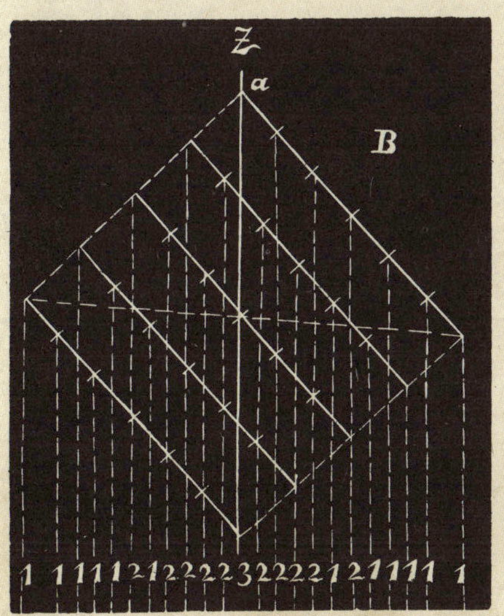

Fig. 7.

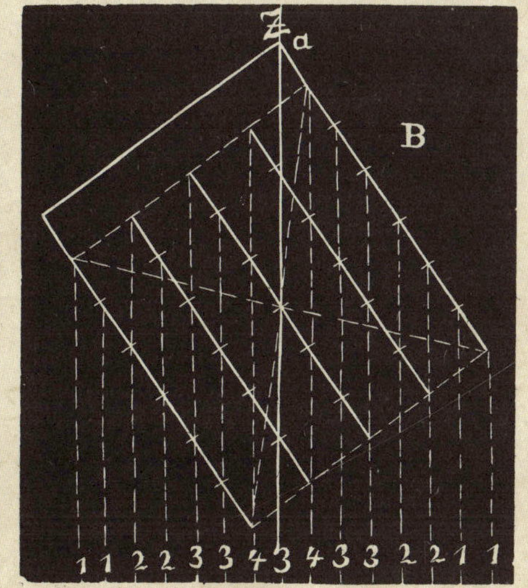

Fig. 8.

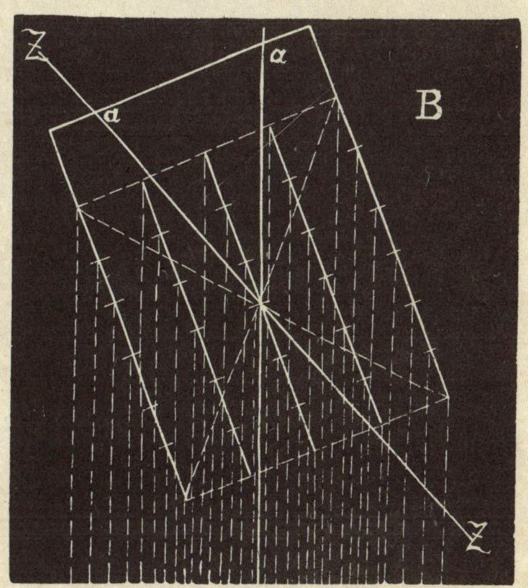

Fig. 9.

Z. Z. Zuglinien. — a a. Anspannpunkte. — + Die Zinken.

Die Ledocte'schen Handgeräthe.

Das Land Belgien ist von jeher für den Ackerbau die Hochschule des verfeinerten gartenmäßigen Betriebs gewesen. Dort ist auch in der neuesten Zeit ein Verfahren zu allgemeiner Aufnahme gekommen, welches alle Vortheile des entwickelten Maschinenwesens mit denjenigen der Handarbeit vereinigt, und deshalb besonders für solche befähigte Bewirthschafter von mittleren und kleineren Gütern sich eignet, welche mit allen Kräften den höchsten Reinertrag herauszubringen bestrebt sind. Dasselbe heißt „Hackfruchtbau mit dem mechanischen Pflanzer oder der Pflanzmaschine" und ist zuerst von dem Ackerbauschuldirector Ledocte in Thourout aufgestellt und eingeführt worden. Es läßt sich sowohl bei Getreide und Hülsenfrüchten, welche gedibbelt und behackt werden sollen, als auch bei Zuckerrüben, Runkelrüben, Weißrüben, Möhren, Kartoffeln, Raps, Taback u. s. w. mit gleichem Vortheil anwenden, und seine wesentlichste Eigenthümlichkeit besteht in der Handhabung einer Anzahl sehr sinnreich erdachter Handgeräthe. Das erste derselben ist die Steckmaschine (oder Dibbelmaschine). Sie besteht aus zwei nebeneinander befindlichen kegelförmigen Gefäßen von Blech, das eine d nimmt den Samen, das andere e das Düngepulver auf. Damit beide nicht sogleich hindurchfallen, begegnen sie beim Herabgleiten auf ihrem Weg dem durchlöcherten Schieber M; vermittelst des Hebels b c und des Handgriffs b bringt man die geeigneten Löcher des Schiebers unter die Behälter und alsdann fällt der Samen hindurch in die Röhre k, der Dünger in den runden Trichter g h, dergestalt, daß sie zusammen in das Loch gelangen, das der Arbeiter mit der Steckmaschine im Boden eröffnet, indem er mit der linken Hand den festen Griff a, mit der rechten den des beweglichen Hebels b erfaßt. Das Werkzeug wird vermittelst einer Laufstange in einer Röhre der Körpergröße des Arbeiters angepaßt und durch die Stellschraube S der Handgriff a in der erforderlichen Höhe gehalten. Die Schiebereinrichtung der Steckmaschine zeigt 2 Oeffnungen o, eine für den Samen, die andere für das Düngepulver; sobald dieselben sich genau unter die Röhre stellen, so fallen natürlich die in den Behältern enthaltenen Stoffe hindurch auf die unteren Schieber, aber noch nicht in den Boden; dazu ist eine zweite Bewegung nothwendig, durch welche die beiden Oeffnungen r der unteren Schieber oder Zungen gerade unter die Röhren zu stehen kommen. Nur in diesem Falle kann also die Aussaat stattfinden. Durch diese sehr sinnreiche Anordnung kann die Menge des in die Erde zu bringenden Samens genau geregelt werden. Scheiben, welche mit Löchern von verschiedenem Durchmesser, wie 1, 2, 3, 4 . . . 9 versehen sind, werden je nach der Größe und Dicke der zu säenden Körner hergerichtet, und in den Röhren oberhalb der Schieber nach Bedürfniß eingesetzt; diese werden sodann wieder in ihre Falzen eingeschoben und durch einen Vorstecker s befestigt. Alle reibenden Theile der Steckmaschine müssen stets mit gutem Oel, Klauen- oder Knochenfett hinreichend geschmiert sein. Die Düngepulver, wie Guano, Knochenmehl, Oelkuchenmehl, Kothmehl (Poudrette) müssen vorher gehörig zerkleinert und durchgesiebt werden. Sie kommen, wie die Samen, in Säcke, die an verschiedenen Stellen des Feldes so aufgestellt werden, daß man damit die Steckmaschine jederzeit ohne Zeitverlust speisen kann. Die Bodenvorbereitung muß natürlich eine besonders sorgfältige sein. Der Acker wird völlig glatt hingelegt, ohne Rücken und Beete. Hervorstehen von strohigem Dünger, Getreide- und Kleestoppeln, Narben von Rasen, Haidekraut und Gestrüpp muß gänzlich vermieden, Alles vielmehr in genügende Tiefe untergebracht werden. Durch Eggen und Walzen müssen schwere Böden völlig klar und gut zubereitet, leichte, sandige möglichst festgewalzt werden. Den letzten Eggenzug gibt man in der Quere, der Richtung des Feldes entgegen, dann folgt ein nochmaliges Walzen. Nunmehr kommt der Furchenzieher, welcher Linien für die anzubauenden Gewächse zieht. Folgende Entfernungen sind zu beobachten: Für Ackerbohnen, Speisebohnen, Buchweizen, Steckrüben, Kohlrüben, Runkelrüben, Hanf, Mohn und Raps 10 Zoll nach der einen, 18 Zoll auf der andern Seite; für Möhren, Eichorien, Dotter 14 Zoll nach einer, 15—16 Zoll nach der andern Seite; für Tabak 18 Zoll auf der einen und 18—20 Zoll auf der andern Seite; für Samenzuckerrüben (Träger) 18 Zoll von einer, 24 Zoll von der andern Seite. Immer ist es besser, einen etwas größeren, als einen zu kleinen Abstand zu nehmen. Man erhält die genauen Entfernungen mittelst des Furchenziehers, indem man auf die beiden Arme des Gestells eine lange Stange befestigt, auf welche, in den geeigneten Abständen, die gegliederten, mit Gelenken versehenen Zinken A E F G geschoben werden. Es werden nur 3 Linien auf einmal gezogen, denn der eine Zinken dient nur dazu, die Furche für das Rad bei dem nächsten Zug anzugeben. Zuerst werden die beiden Zinken A und F auf eine völlig gleiche Entfernung von dem Mittelpunkt ihrer Achse gerückt; der zwischen jedem dieser Zinken bleibende Raum muß noch einmal so groß sein, als die beabsichtigte Entfernung der Reihen; alsdann rückt man die beiden anderen Zinken E und G an die beiden Enden der Stange, auf eine, derjenigen der ersten gleiche Entfernung, so daß nunmehr sämmtliche Zinken den gleichen Abstand von einander haben. Will man auf Straßen und Wegen mit dem Geräth aufs Feld fahren, so schlägt man die Zinken in der Weise in die Höhe, wie das in der Abbildung beim Zinken A ersichtlich ist. Die Laufgewichte D werden entweder hinaufgeschoben, herabgesetzt oder auch ganz weggenommen, je nach der Lockerheit oder Gebundenheit des Bodens. Zuerst werden die engsten Linien gezogen, wobei man, wenn das Feld kein völliges Viereck ist, der Breite oder Quere nach arbeitet. In entgegengesetzter Richtung werden alsdann die weiter von einander abstehenden Linien gezogen. Am Ende der Linien hebt man die Zinken aus dem Boden, um bequem und sauber wenden zu können. Zu dem Furchenzieher gehört ein geschickter, anstelliger Arbeiter, dem bei hügeligem oder sonst schwierigem Boden noch zwei Knaben helfen müssen, die sich mittelst eines Seiles vor das Geräth spannen und ziehen. Der Arbeiter zeichnet (markirt) auf diese Weise täglich 6—8 Morgen vor. Das Gestell des Furchenziehers bildet zugleich dasjenige einer ganzen Sammlung von Hackgeräthen, von welcher das erste eine Reihenhacke ist, gebildet aus einem senkrechten Messerpaar, mit hintendreingehender Stellwalze; sie wird von einem Manne geschoben, einem davor gespannten Knaben gezogen. — Bevor man jedoch zum Hacken schreitet, muß die Saat vorhergegangen sein; sie geschieht bei Ackerbohnen, Erbsen, Zwergbohnen, Kartoffeln einfach durch Dibbeln mit der Hand, bei allen andern Samen mit der Steckmaschine. Damit braucht man an Saatgut per Morgen: 4—5 Pfd. Runkelrüben, $1^1/_8$—$2^1/_8$ Möhren, $1^3/_8$ Raps, $2^3/_8$ Weißrüben; $2^1/_8$ Kohlrüben; $1^1/_8$ Dotter; 90 Ackerbohnen; 15—$22^1/_2$ Weizen und Roggen; 18—26 Gerste; 18—30 Buchweizen und Hafer; $^3/_8$—$^3/_4$ Tabak. Die außerordentliche Samenersparniß des Verfahrens geht hieraus hervor. Die Steckmaschine legt häufchenweise.

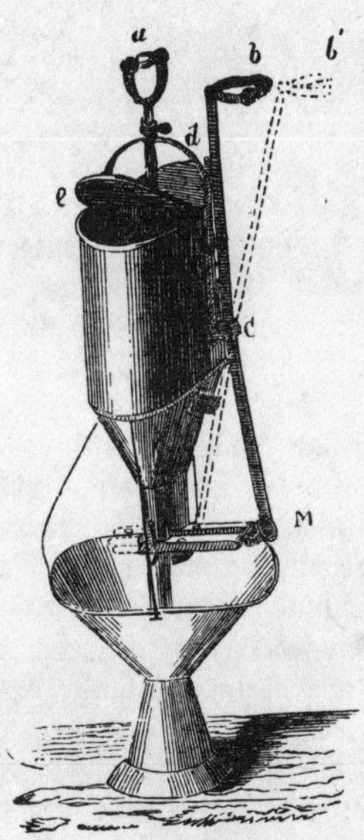

Steckmaschine.

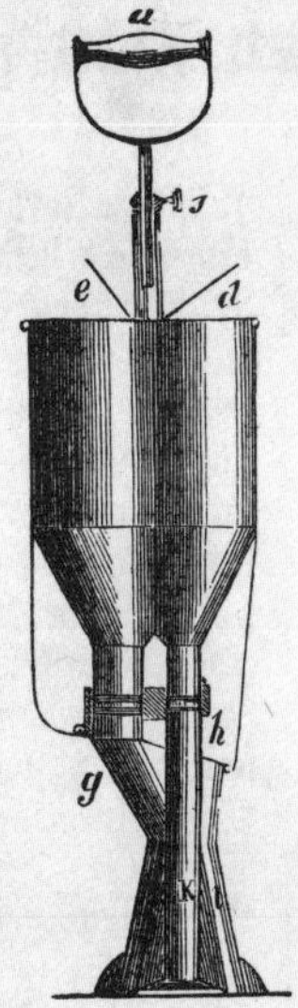

Durchschnitt der Steckmaschine.

Arbeiter mit der Steckmaschine.

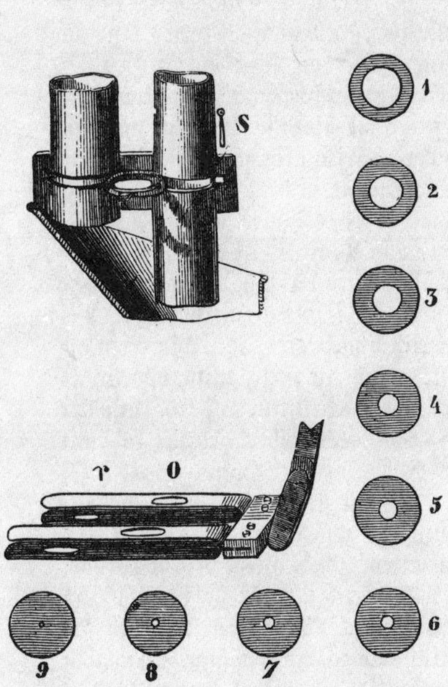

Schiebereinrichtung der Steckmaschine.

Der Furchenzieher.

Reihenhacke.

Die Ledocte'schen Handgeräthe.

Die Stellung der Reihen kann bei dem Ledocte'schen Verfahren eine dreifache sein, indem mit dem Furchenzieher in gleicher Leichtigkeit rautenförmige (rhomboidische), viereckige (quadratische) und rechteckige (parallelogrammatische) Figuren durch Furchenschnitte gebildet werden können, je nach der anzubauenden Pflanze und dem besonderen Zweck. Um den Furchenzieher in andere Geräthe zu verwandeln, lassen sich auf dem einräderigen Gestelle desselben alle Bestandtheile der letzteren, wie Zinken, Schare, Seche, Streichbretter, Querbalken 2c leicht und bequem anbringen oder wieder davon wegnehmen, indem sie sämmtlich mittelst eines einzigen Schlüssels an- oder abgeschraubt werden können. Sobald das Unkraut zwischen den Reihen aufzulaufen beginnt, muß wiederholt behackt werden, was nur ganz oberflächlich, $1\frac{1}{2}$—2 Zoll tief, zu geschehen braucht. In leichtem Boden verrichtet ein Mann die Arbeit allein, in schwerem mit Beihülfe eines Knaben. Zu dem Ende wird das Gestell in einen Jätpflug oder Reihen-Grubber umgestaltet, mit zwei Schürfmessern A und B seitwärts, einem halbmondförmigen Doppelmesser C in der Mitte; die ersteren sind auf der Achse D mittelst der Laufbüchsen E F stellbar befestigt. Mit diesem Jätpflug wird nach Erforderniß einmal oder mehreremal durch die Reihen gefahren, bis das Unkraut hinreichend bewältigt ist. Zur Lockerung und Zerkrümelung derjenigen Bodentheile, aus welchen die Wurzeln zunächst Nahrung schöpfen, nimmt man das Krümmern vor. Zu diesem Zweck werden die Messer des Geräths durch nach vorn gekrümmte spitze Zinken ersetzt, so, daß dasselbe zum Krümmer oder zur Furchenegge wird. Bei schmalen Reihen genügen 3, bei breiten 5 Zinken, wovon die mittleren immer tiefer, als die äußeren gehen sollen. Auf diese Weise läßt sich das Geräth ganz gut von einem Mann, einer Frau, in leichtem Boden selbst durch einen Knaben ziehen. Für Mittelgüter oder den Betrieb im Großen kann auch zur Fortbewegung ein Pferd für drei Krümmer auf einmal verwendet werden, die man alsdann, wie Eggen, an einen besonderen Wagebalken (Wegbaum) hängt. Da die Geräthe gar nicht mit einander verbunden sind, so schmiegen sie sich allen Unebenheiten, selbst den Wasserfurchen, genügend an, so daß sie keine Stelle übergehen und selbst auf wellenförmigem Lande gut arbeiten. Statt eines kleinen Pferdes (Pony) kann man auch einen Esel verwenden; in Flandern sieht man sogar häufig einen Hund, den Häufelpflug ziehend; sein Geschirr ist ganz einfach, und befähigt zugleich das Thier, die Zwischenräume der Reihen ordentlich innezuhalten. Nach Beendigung des Hackens, nachdem die Pflanzen schön aufgelaufen sind, schreitet man zum Verziehen oder Lichten derselben. Dabei verfährt man folgendermaßen: Vorher werden die Zwischenräume der Pflanzenreihen in die Länge und Quere recht tüchtig gehackt, damit das Erdreich vollkommen rein und locker werde. In jedem Häufchen oder Horst wird die schönste oder werden die schönsten Pflänzchen stehen gelassen. Die Pflanzen, welche stehen bleiben sollen, werden mit der linken Hand festgehalten, die überflüssigen mit der rechten ausgezogen. Gleichzeitig mit dem Lichten zieht man auch alles, etwa durch das Behacken noch nicht zerstörte Unkraut rings um die Pflanzen aus. Erforderlichenfalls muß das letztere mit einer kleinen zweizinkigen Hacke oder Leinhacke losgemacht, und dabei, besonders bei feuchtem Wetter, so wenig als möglich Erde mit herausgerissen werden. Dieses Unkraut wird in den Zwischenreihen aufgehäuft, damit, wenn es ja theilweise wieder anwüchse, es durch ein Behacken sogleich zerstört werden könnte. In jedem Horst oder Häufchen läßt man stehen: Von Möhren 3 Pflanzen, von Zuckerrüben, Runkelrüben, Weißrüben, Kohlrüben, Kopfkohl, Raps, Tabak, je 1 Pflanze; von Hanf 6 Pflanzen; von Mohn 3—5 Pflanzen; von Dotter 5—6 Pflanzen; von Eichorie 1—3 Pflanzen; von Luzerne und Esparsette 4—6 Pflanzen. Von Getreide läßt man im Durchschnitt 3—5 kräftige Pflänzchen stehen. Nach dem Verziehen wird der Länge und der Quere nach behäufelt, indem man das Gestell durch Zusatz eines Sechs vorn, und eines Pflugkörpers mit Doppelstreichbrett hinten in einen Häufelpflug umwandelt. Man beginnt zu guter Zeit das Häufeln der engsten Reihen und nimmt später das der weiteren vor. Bei Wintersaaten geschieht häufig erst im Frühjahr das Behäufeln. — Aus der seitherigen Beschreibung des Ledocte'schen Verfahrens geht hervor, daß in demselben die Pflege der Pflanze auf die Spitze getrieben ist. Allerdings ist dasselbe umständlich und erfordert viele Handarbeit, aber gerade diese lohnt es so ausgezeichnet, daß es für kleinere Güter und gartenmäßigen Betrieb überhaupt ganz vorzüglich geeignet erscheint. Leider steht der allgemeineren Benutzung für Häusler und Kleinbesitzer einigermaßen der etwas hohe Preis der Geräthe — sie kosten zusammen etwa 28 Thaler — entgegnen; allein auch dieser läßt sich erschwingen, zumal, wenn eine Reihe von Wirthen sich zu ihrer Anschaffung vereinigt. Die Erfolge, welche damit erzielt werden, sind außerordentlich; sie liegen nicht blos in dem an und für sich nicht so bedeutenden Minderbedarf an Saatgut, als in dem sehr gesteigerten, sicheren Ertrag, sowie in dem vorzüglichen Zustande, in welchem die Früchte das Feld hinterlassen. Ein Ertrag von 24 Scheffel Weizen vom Morgen ist auf diese Weise nichts Seltenes; bei Zuckerrüben verhielt sich der gewöhnliche Anbau zu dem des Ledocte'schen Verfahrens wie 3 : 11. Bei einem Versuch im Großen, welcher mehrere Jahre hintereinander durchgeführt wurde, stellten sich die Erträgnisse von breitwürfig gesäetem Raps auf 41, von gedrilltem auf 56, mit der Steckmaschine gesäetem auf 83; bei Kohlrüben gedrillt 72, mit der Steckmaschine 188; Runkelrüben mit der Hand gesteckt 207, mit der Steckmaschine 298. Es hat sich auch heraus gestellt, daß die Bearbeitungskosten bei dem neuen Verfahren nicht einmal so hoch sind, wie bei dem alten. Aus alledem geht hervor, daß dasselbe berufen ist, eine wohlberechtigte Stelle in dem vervollkommneten Ackerbau einzunehmen. Das Ziel desselben für den kleinen Wirth ist bekanntlich eine gärtnermäßige Spatenbestellung, diese wird ihm aber wesentlich vereinfacht, vervollständigt und erleichtert durch die so sinnreichen Ledocte'schen Geräthe. Daher sind dieselben in Belgien auch allenthalben zu finden, wo man sich von der althergebrachten Weise losgerissen hat. Aber auch in den Großbetrieb haben sie ihren Weg gefunden, insbesondere werthvoll sind sie für den Zuckerrübenbau geworden, welchen sie in erstaunlicher Weise begünstigen. Während uns in der Landwirthschaft Großbritanniens die wahrhafte Großartigkeit der Mittel zum Zweck Bewunderung einflößt, nöthigt uns der Belgische Landmann diese ab durch den emsigen Fleiß einer bis in das Kleinste herausgekünstelten Bodenbestellung, durch die gewissenhafteste Benutzung aller nur irgend zu bewegenden Kräfte, durch die liebevollste Lenkung der Natur ohne jenen Zwang, der sich später doch immer wieder rächt. Es versteht sich übrigens von selbst, daß sich das oben beschriebene Verfahren eines verfeinerten Hackfruchtbau's auch mit anderen zweckentsprechenden Geräthen ausführen läßt.

Sätpflug oder Reihen-Grubber.

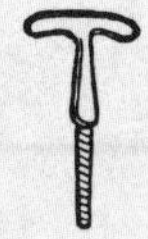

Schlüssel.

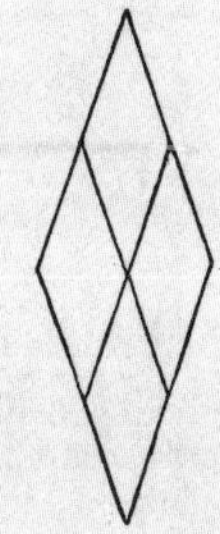

Rautenförmige Stellung der Furchen.

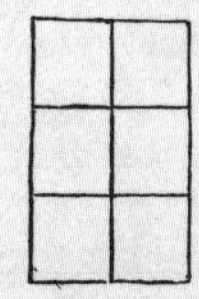

Viereckige Stellung der Furchen.

Rechteckige Stellung der Furchen.

Furchenegge oder Krümmer.

Furchenegge durch einen Knaben gezogen.

Häufelpflug.

Hund den Häufelpflug ziehend.

Drei Krümmer mit einem Pferd.

Das Pferd.

(Fortsetzung von Seite 30.)

Vergeblich hat man nach dem Vaterlande, dem Ursprung des Pferdes gesucht, welches in so mannichfaltigen Formen in unseren Dienst tritt, daß wir uns oft kaum verstehen können, dieselben einer und derselben Thierfamilie zuzugestehen. Wahrscheinlich ist indessen Asien seine Urheimath gewesen. Wenigstens durchstreifen die Steppen der Tartarei vom Ural bis zur chinesischen Grenze große Heerden von Pferden, die man für wilde hält, und Tarpan oder Muzin nennt. Aber selbst unter ihnen unterscheidet man mehrere Rassen. Das tartarische Steppenpferd, der Muzin, ist ein Thier von edlem, feinem Knochenbau, nur mit etwas schwerem Kopf, nicht hoher Gestalt, dunkelbraun oder silbergrau, mit weißen Füßen und sehr starker Mähne und Fahne des Schweifs. Es hat viele Aehnlichkeit mit den verwilderten Pferden Amerikas, welche daselbst unstreitig erst durch die Spanier eingeführt worden sind, jetzt in ungeheuren Schaaren durch die Grasebenen wandern, und von den Eingeborenen häufig gefangen und gezähmt werden. Ziemlich in halbwildem Zustand leben die Pferde in den Gestüten menschenleerer Länder, so in Ungarn, Polen, Rußland, während sie in den edlen Gestüten bei aller ihnen gewährten Freiheit doch keineswegs der Hand und Sorge des Menschen entfremdet werden. In vielen deutschen Staaten beschränken sich die Gestüte blos auf die Haltung von Hengsten (Beschälern) zur Deckung der Stuten von Privatbesitzern; in andern hält man aber auch Stutereien mit Fohlenzucht. Es läßt sich nicht leugnen, daß die Beeinflussung der Pferdezucht von Seiten des Staates ihre Berechtigung hat, sobald dieselbe noch nicht eine höhere Stufe erreicht hat; nur darf dieselbe nicht blos einseitig zu Militärzwecken dienen und keinen Zwang ausüben. Daß auch ohne Bevormundung ein Land vortreffliche Pferde züchten kann, beweisen gerade die Länder, welche die besten Pferde erzeugen: Arabien, Syrien, England, Spanien, Neapel u. s. w. Zur Pferdezucht eignet sich übrigens nicht jede Gegend gleichgut; am besten fällt sie dort aus, wo der Boden noch nicht allzuhohen Werth hat, auf trockenen, grasreichen Flächen. Neben den Eigenschaften des Hengstes und der Zuchtstute überhaupt hat man auch zu berücksichtigen, welches Ziel man durch die Züchtung erreichen will. Die Wahl wird anders ausfallen, wenn man Rennpferde oder Karrenpferde, Reitpferde oder Wagenpferde erziehen will; man wird sich daher im Voraus ein richtiges Bild entwerfen müssen; so wird der Landwirth vor Allem die Eigenschaften eines guten Zugpferdes in's Auge fassen. Sobald eine Stute trächtig geworden ist, soll sie in der Arbeit möglichst geschont werden; mißhandeln darf man ohnedies ein Thier niemals. Im Futter hält man sie nunmehr gern etwas besser, namentlich, wenn die Zeit des Abfohlens heranrückt; alsdann erhält sie auch eine weichere Streu. Gewöhnlich trägt die Stute elf Monate lang. Ist das Fohlen glücklich zur Welt gekommen, so legt man es der Mutter zum Ablecken vor und bringt es sodann an's Euter derselben zum Saufen. Nunmehr erhält die Stute, und zwar so lange sie säugt, recht kräftiges Futter und namentlich Getränk; von der Arbeit braucht man sie nicht länger als 14 Tage entfernt zu halten, da das Fohlen bekanntlich zutraulich nebenherläuft, was dem jungen Thiere überdies sehr gesund ist. Man läßt das Fohlen etwa 5 bis 6 Monate lang saugen; es giebt dies von selber auf, sobald es auf der Weide fressen gelernt hat; im Stall giebt man ihm ein gutes, süßes Heu, Getränk aus Schrot oder Kleie, später etwas Hafer, welchen man gut thut, anfänglich zu quetschen, geschnittene Möhren und Häcksel. Je allmählicher der Uebergang von der Milch zur festen Nahrung, um so besser wird das junge Thier den Uebergang bestehen. Es ist ein noch viel verbreiteter, verderblicher Irrthum, daß man das Jungvieh keineswegs gut und kräftig zu füttern brauche; im Gegentheil muß dasselbe noch viel besseres und nahrhafteres Futter erhalten, als ausgewachsene Thiere, weil es einen Theil desselben zu seinem Wachsthum bedarf, derselbe sich demnach in nothwendige Theile des Körpergerüstes verwandelt, was bei alten Stücken nicht mehr der Fall ist. So bedarf das junge Thier zur Bildung seiner noch zunehmenden Knochen eines Ueberschusses an Phosphorsäure und Kalk, den das alte entbehren kann. Gutes, klares Trinkwasser ist neben dem Futter das Haupterforderniß geordneter Ernährung; es ist am besten, wenn die jungen Thiere sich dasselbe holen können, so oft sie durstig sind. Ueberhaupt darf ausgesprochen werden, daß bei einer reinen Stallaufzucht niemals etwas Ordentliches herauskommt. Am schädlichsten wirkt dieselbe vor anderen Thieren auf Pferde. Im ersten Jahre soll das Fohlen sich vollkommen frei bewegen können, vom zweiten ab nur an den Stall und die Wartung soweit gewöhnt werden, als nothwendig ist. Erst im dritten legt man ihm Halfter und Zaum an, lernt es auch nach und nach, gleichsam spielend, im Geschirr gehen. Zum Reiten soll das Thier nicht vor dem vierten Jahr gebraucht werden; freilich macht man hier viele Ausnahmen, werden doch Rennpferde schon mit Vollendung des zweiten Jahres beritten gemacht, freilich um mit 6 Jahren auch untauglich zu sein. Die freie Bewegung, welche das Fohlen zu seiner tüchtigen Ausbildung unumgänglich nöthig hat, verschafft man ihm auf umhegten Tummelplätzen oder Fohlengärten in der Nähe der Gehöfte. Gut ist es, wenn dieselben mit einem Brunnen, sowie mit einem überdachten Schuppen zum Schirm gegen schlechte Witterung versehen sind. Die Fohlen blos auf dem Hofe herum laufen zu lassen, ist schädlich, einmal, weil sie daselbst mancherlei Gefahren ausgesetzt sind, sodann, weil sie hier allzuleicht durch Neckereien verdorben werden. Ebendeshalb soll auch der Fohlengarten nicht an einer Straße liegen, wo viele Leute vorüber gehen. Durch Spielereien, Erschrecken, Jagen, Schlagen, Werfen u. s. w. werden die jungen Thiere scheu, muthwillig, tückisch, bösartig, kurz eignen sich Fehler an, deren Abgewöhnung im Alter sehr schwer ist. Wie häufig findet man kräftige, gesunde Pferde, die nicht anziehen wollen, Andere, welche vor jedem Gegenstand scheuen, oder schlagen, beißen, hufen u. s. w. Die großen Gefahren, welche dadurch entstehen können, abgesehen von den damit verknüpften Nachtheilen und Unannehmlichkeiten, haben zu der besonderen Kunst der Pferdebändigung geführt, in welcher sich von jeher einzelne bevorzugte Männer ausgezeichnet haben. Der berühmteste unter ihnen war der Amerikaner Narey. Er verfuhr mit ebensoviel Geschick, als Kühnheit. Wie man ein Pferd, das sehr wild ist und bösartige Gewohnheiten hat, im Pflug einfährt, hat er einfach dadurch gelehrt, daß er ihm das Vorderbein in die Höhe zieht und mittelst einer Schlinge befestigt. So muß das Thier auf 3 Beinen hinken, kann sich nicht wehren, nicht ausschlagen, und legt, sobald der Versuch nur ein paarmal wiederholt worden ist, sehr bald seine Unarten ab. Wollen die Thiere nicht, oder nicht gleichmäßig anziehen, was stets blos falsche Behandlung verursacht, so hilft nicht Strenge, sondern blos Güte. Namentlich lasse man sie zuerst eine Zeit lang ganz ruhig stehen und liebkose sie; dann wende man etwas.

Eigenschaften eines guten Zugpferdes.

Der Kopf a sei klein und fein; der Hals laufe von b h nach a in schlanker Krümmung zu; die Beine k l m seien kräftig, rein, vom Huf an bis zum Schenkel an Durchmesser zunehmend; der Huf sei breit, flach, fest, Kraft andeutend; die Schulter muß von h nach b zurückweichen, der Widerrist bei b dünn und hoch, der Rücken von b nach c kurz, der Brustkasten von b nach o weit und tief sein; das Kreuz sei von c zu d abgerundet; die Flanke von c bis n tief, der Hinterschenkel von e nach f breit, das Schulterblatt bei g flach und breit. Der ganze Körper habe das Ansehen besonders stark entwickelter Vorder- und Hinterhand.

Eigenschaften der Zuchtstute.

Von a nach b sei der Mähnenkamm fein, der Rücken von b nach c breit und kurz; das Kreuz von c nach d gut abgerundet; die Schulter von b nach e breit; der Schenkel von g nach h lang; der Vorarm k stark und kräftig; Schienbein und Fessel l und m seien vorn wie hinten gerade und fein, die Hufe rund, fest und glänzend. Je breiter und runder eine Stute zwischen b c und i ist, desto besser wird sie das Fohlen bringen. Außerdem soll sie breit in den Leisten, zwischen den Hinterbeinen und in der Brust sein. Nur gesunde und von Erbfehlern freie Stuten sollen zur Nachzucht verwendet werden.

Wie man ein Pferd, das sehr wild ist und bösartige Gewohnheiten hat, im Pflug einfährt.

Pferde, die nicht anziehen wollen.

Tartarisches Steppenpferd.

Das Pferd.

(Fortsetzung von Seite 32.)

Vom Hufe des Pferdes hat man früher eine fast regelmäßig runde Form verlangt, und, wo diese nicht vorhanden war, glaubte der Schmied durch Nachhülfe von seiner Seite Einzwängung in dieselbe vornehmen zu müssen. Allein dies ist irrig, wenn gleich nicht bestritten werden kann, daß die Grundflächen der Pferdehufen im Allgemeinen stets dieselbe Gestalt zeigen. Daraus geht hervor, daß die Form des Beschlags oder der Hufeisen keineswegs über einen und denselben Leisten geschlagen werden darf, nichtsdestoweniger aber ganz bestimmte Grundsätze darüber aufgestellt werden können. Genaue Kenntniß des Hufes und seiner Zwecke ist zu dem Ende unerläßlich. Die Folgen und Wirkungen des Beschlags veranschaulicht ein Vergleich zweier Hufe mit einander. Der unbeschlagene Huf im Längendurchschnitt zeigt folgende Theile: 1. das Kronenbein. 2. das Hufbein. 3. das Strahlbein. a die Wand. b die Sohle. c. die Strahlgrube. d d der Strahl. e e der Fettstrahl oder das federkräftige (elastische) Kissen. f. die Fleischsohle. g. der Fleischstrahl. h h h die Bänder der Muskeln, welche den Huf biegen. i ein Theil des Fesselbeins. k k Bänder der Muskeln, welche den Fuß vorwärts biegen. l das Hufbeingelenk. m das Strahlbeingelenk. n die Fleischkrone. o die Fleischblättchen des Hufbeins. Vergleicht man nunmehr die darunter stehende Abbildung mit der oberen, so versinnlicht erstere leicht die Folgen und Wirkungen des Beschlags auf den Strahl und das elastische Kissen. Zunächst muß auffallen der große Unterschied in der Größe des elastischen Kissens oder Fettstrahls, sowohl an den Trachten, Fig. 1 e und Fig. 2 b, wie auch an dem unmittelbar zwischen dem Strahlbeingelenk und dem Hornstrahl liegenden Theil, Fig. 1 e, Fig. 2 e. Der Unterschied in der Beschaffenheit der beiden Hufe ist aber von noch größerer Wichtigkeit, als irgend eine Verminderung der Masse, denn während Fig. 1 e e einen Stoff zeigt, welcher durchgängig aus Fett und elastischem Zellengewebe besteht, der dem Druck einer Messerspitze nachgiebt, ohne durchstoßen zu werden, so zwar, daß er auf diesen Druck gleichsam verschwindet, so zeigt sich in Folge des fehlerhaften Beschlags in Fig. 2 b e diese Masse in denselben Theil unnachgiebig, einen Widerstand, wie harter Knorpel leistend, und, statt dem Messer nachzugeben, widersteht sie dessen Spitze mit einem kratzenden Ton. Beim Vergleich beider Abbildungen ist die Beschaffenheit der Masse Fig. 1 e (oben) in Fig. 2 b bei beiden Füßen ziemlich gleich, ungeachtet ein großes Mißverhältniß zwischen ihren Mengen stattfindet. In Fig. 2, wo sie durch schlechte Behandlung gelitten und fast zu Nichts zusammengeschwunden, erhält sie sehr bald, wie sie von b nach c läuft, eine feste, zähe Beschaffenheit, bis — indem alle ihre weichen Theile aufgesogen sind — sie zuletzt als harte Masse endigt, wie dies in der Abbildung 2 in c durch quer übereinander laufende Striche bemerkbar gemacht worden ist. Außer den nachtheiligen Veränderungen des Fettstrahls ist nun auch der Fleischstrahl, Fig. 1 f g, der sich über die ganze Fläche des Hornstrahls, welcher zwischen diesem und dem Fettstrahl ausdehnt, sehr verändert; vergebens sucht man in Fig. 2 nach ihm; die fortwährende und stets vermehrte Zusammendrückung, welche dieser Theil zwischen dem sich allmälich verhärtenden Kissen und dem Hornstrahl erlitten, hat nach und nach seine vollständigste Auffaugung bewirkt; auch nicht das Geringste ist von ihm übrig geblieben, wie auch in der Abbildung 2 bei g dargethan und im Vergleich mit Fig. 1. f g, ersichtlich ist. Wenn nun aus dieser Vergleichung augenscheinlich hervorgeht, daß der Beschlag die Gestalt des Hufes sowohl als auch die für seine Zwecke besonders geeignete Masse desselben wesentlich zu verändern vermag, so folgt natürlich auch hieraus die Thatsache, daß ein richtiger Hufbeschlag dahin trachten müsse, den Huf möglichst vor allen Veränderungen zu schützen, ihn im Gegentheil in dem vortheilhaften Zustande zu lassen, den ihm die Natur eigens so zweckmäßig verliehen hat. Diesen Hauptgrundsatz muß der Hufschmied sich aneignen, wenn er sein Gewerbe mit Verstand und Erfolg betreiben will. Neben der fehlerhaften Form der Eisen läßt gewöhnlich auch diejenige der Hufnägel viel zu wünschen übrig. Sie sind in Bezug auf die Eigenschaft, das Hufeisen auf die Dauer recht fest zu halten, äußerst mangelhaft; ihre kurzen, dreieckigen Köpfe, eckigen Klingen und langen, dünn zulaufenden Spitzen tragen sämmtlich dazu bei, das Festhalten des Eisens bei irgend welchem Gebrauche zu gefährden; denn wenn die Köpfe der Nägel nicht bis an den untersten Theil des Gesenkes oder des Falzes herangehen, wie oftmals, so wird der untere Lochtheil nur theilweise durch die Klingen ausgefüllt, so daß die Nägelköpfe schon weit eher verschwunden sind, als das Eisen abgeschliffen ist, wodurch dessen Befestigung Gefahr leidet. Bei einem zweckmäßigen Hufnagel muß der Kopf lang und breit genug sein, um den untersten Theil des Falzes zu erreichen und auszufüllen, die Schulter breit genug, um die Oeffnung, welche durch das Zurücklochen entstanden, auszufüllen, auch muß die Klinge durchgängig von beinahe gleicher Breite und Dicke sein, und mit einer kurzen Spitze endigen; in keinem Theile des Loches darf die Nagelklinge Spielraum haben. Ein Vergleich der abgebildeten Nägel, wie ihn a a, b b, c c, d d zeigt, beweist den großen Unterschied beider Nägel und weshalb der eine besser und dem andern vorzuziehen ist. Der Kopf des ersten zum Beispiel füllt jeden Theil des Falzes aus; sein keilförmiger, oberer Theil der Schulter füllt ebenfalls die Oeffnungen an der Fußfläche aus, während die Klinge, indem sie nicht durch eine lange dünne Spitze geschwächt ist, eine kräftige, breite Niete ermöglicht, und die Befestigung sehr sichert. Der andere Nagel dagegen wird wahrscheinlich den breiten Theil seines dreieckigen Kopfes recht fest in den oberen Theil des Lochs hineingetrieben bekommen, während der engere, obere Theil der Klinge in dem unteren Theil des Lochs gleichsam hängen bleibt, wodurch er also auch nicht im mindesten zum Festhalten des Eisens beiträgt. Da ferner die lange dünne Spitze nur eine höchst schwache Niete abgiebt, so ist es begreiflich, daß die Befestigung des Eisens äußerst mangelhaft und unzuverlässig wird; namentlich wenn Pfuscher und deren Handlanger in aller Eile und ohne Bedacht das Beschlagen vornehmen, wie gewöhnlich. Die Anzahl der Nägel des Hufeisens bedarf ebenfalls der Beachtung; sie ist entschieden zu groß bei den gewöhnlichen Beschlageisen. Es ist eine durch viele Versuche festgesetzte Thatsache, daß zu den Vordereisen 5, zu den Hintereisen 7 Nägel vollständig genügen; je mehr Nägel, um so mehr wird der Huf zerrissen, geschädigt, um so leichter Krankheiten ausgesetzt. Stollen, wenn sie auch auf beiden Seiten ganz gleichmäßig angebracht, sind stets zu verwerfen, außer bei schweren Zugpferden, welche dadurch sicheren Halt bekommen. Das Streifen der Füße wird meistens durch einseitiges Befestigen der Eisen vermieden. Alles Beschlagen muß nur in der Schmiede geschehen, weil die etwaigen Mängel des Eisens sofort nur hier mit Feuer, Hammer und Ambos, niemals aber im Stalle abgeändert werden können; wer mit der Genauigkeit bekannt ist, die zum Eisenaufpassen gehört, wird den Versuch dazu nicht machen.

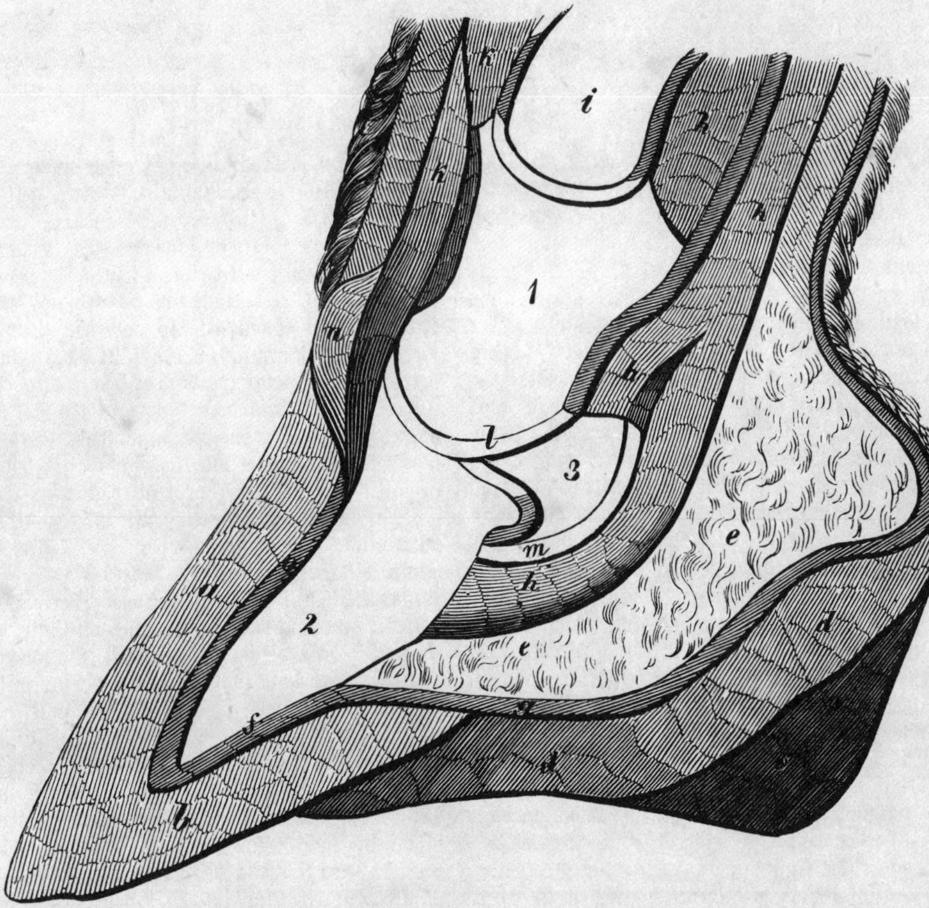

Der unbeschlagene Huf des Pferdes im Längendurchschnitt. Fig. 1.

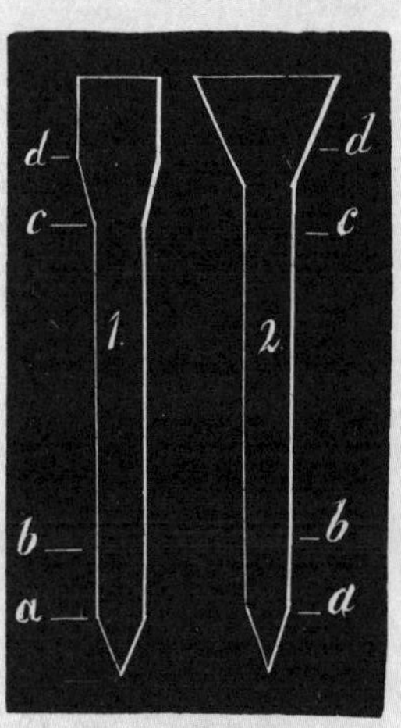

Hufnägel.

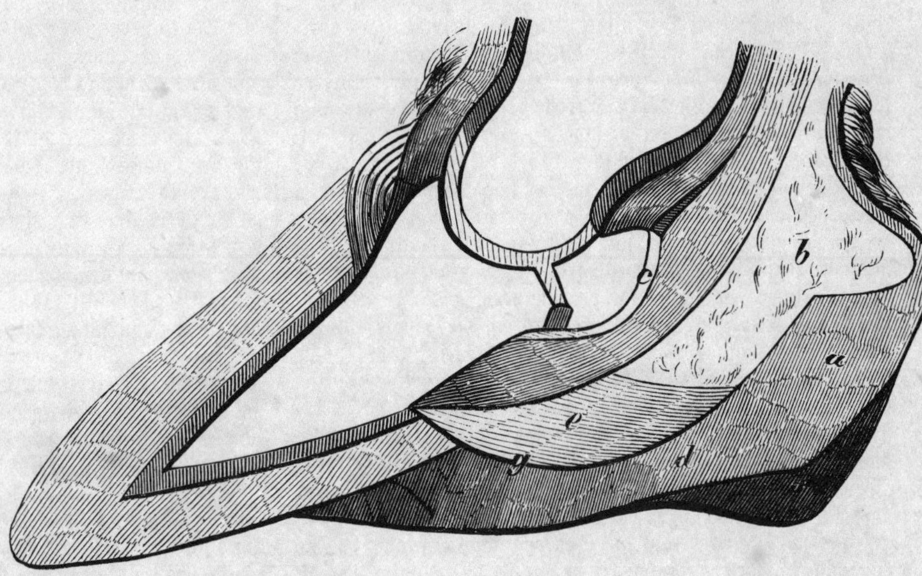

Folgen und Wirkungen des Beschlags am Huf des Pferdes im Längendurchschnitt. Fig. 2.

Das Rind.

(Fortsetzung von Seite 36.)

Bei der Rindviehzucht ist die Frage aufzuwerfen, ob es geeigneter sei in dem Stamme des Rinds, welchen man züchten und halten will, alle Eigenschaften zum Zwecke der Benutzung möglichst zu vereinigen, oder ob man dahin trachten soll, nur eine davon in besonderer Ausbildung zu erwerben. Es ist schwer, sogar unmöglich, eine richtige Antwort darauf zu geben, ohne die besonderen, örtlichen Verhältnisse in's Auge zu fassen. Im Allgemeinen wird man wohl sagen dürfen, daß der kleinere Landwirth wohlthuen wird, solche Thiere in seinen Stall zu bringen, von welchen er zuerst Milchergiebigkeit, vielleicht auch Arbeit, dann aber leichte Mastfähigkeit zu gewärtigen hat. Beim großen Betrieb ist aber dies weniger gerathen, hier müssen die verschiedenen Nutzungszwecke von einander geschieden werden, um so mehr, als sie nur in seltenen Fällen in einem und demselben Thiere zusammentreffen. Gutes Milchvieh mästet sich oft schwierig, und gutes Fettvieh eignet sich nicht immer zum Zug. Daher wird der Landwirth, der ein großes Gut bewirthschaftet, wohlthun, die Zwecke zu trennen und verschiedene Rassen aufzustellen; so findet man z. B. in Sachsen häufig Algäuer als Milchvieh, Voigtländer als Zugochsen, und Kurzhornkreuzungen als Mastvieh aufgestellt; doch wird gewöhnlich der Zweck der Arbeit und der Mästung miteinander verschmolzen, indem man die Zugochsen später fett macht. Selbst mit den Milchkühen geschieht das, so daß man heutzutage noch nicht weiß, wie alt eine Kuh wird, da man bekanntlich keine an Altersschwäche natürlichen Todes sterben läßt. Es unterliegt keinem Zweifel, daß es einzelne natürliche Rassen giebt, welche für den einen oder anderen Zweck sich bevorzugt geeignet zeigen, ebenso aber auch, daß es in des Züchters Hand gegeben ist, künstliche Rassen zu besonderen Zwecken heranzubilden. So eignen sich als Milchvieh besonders gut die Höhenrassen von Bern, Schwyz, Algäu, Pinzgau, Montafun, die Landrassen von Franken, Vogelsberg, Ayrshire, Kerry, Guernsey, (Alderney), die Niederungsrassen von Holland, Angeln, Danzig; zum Zug die Podolische Rasse, die Mürzthaler, die Egerländer, Voigtländer, Donnersberger; zur Mästung die Triesdorfer, Pinzgauer, die Glanrasse, die englischen Rassen von Devonshire, Angus, Galloway und Durham. Die letztgenannte ist eine künstliche Rasse und heißt auch Kurzhornvieh (Shorthorn) im Gegensatz zu der langgehörnten Herefordrasse. Die Kurzhornrasse verdankt ihre Entstehung und heutige Gestalt zwei berühmten englischen Viehzüchtern, den Brüdern Colling zu Darlington in der Grafschaft Durham, welche es unternommen hatten, aus der kurzgehörnten Rasse von Holderneß oder Teeswater, welche wahrscheinlich holländischen Ursprungs war, eine neue, für ihre besonderen Zwecke geeignete Rasse heranzubilden, wie dies vorher schon dem Begründer der Zweckzüchtung, Bakewell, mit der langhörnigen Rasse gelungen war. Der Erfolg war ein so großer, daß die letztere dadurch gänzlich verdrängt worden und verschwunden ist, während die Kurzhörner gegenwärtig als die vollkommenste Rindviehrasse von Allen gilt. Sie hat sich in England vollständig eingebürgert, und behauptet dort, neben manchen anderen sehr guten Rassen, stetig den ersten Platz; sie ist von da zunächst nach Nordamerika gewandert, wo sie die gleiche Verbreitung erlangt, ebenso nach Australien und sogar nach Ostindien; in allen Ländern des gesteigerten Ackerbaus auf dem europäischen Festland hat sie Eingang gefunden, insbesondere in Frankreich, dann aber auch in Deutschland, wo schon viele reine Stammzuchten, mehr aber noch Kreuzungen damit angetroffen werden. Die Farbe des Kurzhornviehs ist gewöhnlich hell, weiß, gelb, roth, grau oder geblümt mit roth, seltener mit schwarz, auch getigert. Ihre Gestalt ist eine sofort auffallende. Der Kopf ist klein, ungemein zierlich und sanft, mit kleinen, feinen, nach vorwärts gebogenen Hörnern; der Leib lang und sehr breit, besonders über dem Kreuz und den Schultern, so daß sein Durchschnitt hier einen viereckigen Rahmen fast völlig füllt; dazu tonnenförmig rund, bedeckt mit sehr zarter, dünner Haut und feinem Haar. Die Füße erscheinen besonders kurz und die Röhren so dünn, daß man sogleich sieht, wie fein und leicht das Knochengerüst sein muß auf Kosten des Mehrgewichts an Fleisch und Fett. Es ist daher auch das Kurzhornrind dasjenige von Allen, welches sich am schnellsten und leichtesten mästet. Seine Frühreife ist erstaunlich; zweijährige Ochsen von 1800 bis 2400 Pfund sind nichts Seltenes. Man rechnet im Durchschnitt auf 1200 Pfund Schlächtergewicht in den vier Vierteln, oder auf 65 Prozent Fleisch vom lebenden Gewicht; an Talg auf $8\frac{1}{2}$ Prozent; häufig betragen die nutzbaren Theile zusammen 75 Prozent. In dieser Hinsicht kann sich kein anderes Rind mit den Kurzhörnern messen; sie verlangen allerdings starke, gute Fütterung, bezahlen dieselbe jedoch rasch und hoch. Auch die Milchergiebigkeit wird gerühmt, doch steht dieselbe erst in dritter Reihe hinter der Frühreife und Mästungsfähigkeit. Wenn jedoch auch die Menge der Milch von anderen Rassen übertroffen wird, so ist dies nicht hinsichtlich ihrer Güte der Fall, sie liefern vielmehr eine besonders fette, butterreiche Milch, so daß sie auch mit Rücksicht auf Molkerei ihren Platz im Stall würdig ausfüllen. Somit ist die Einführung dieser künstlichen Rasse, namentlich behufs gesteigerter Fleischzucht, und ihre Fortzüchtung, sei es rein, sei es in passenden Kreuzungen, eine Aufgabe der deutschen Landwirthschaft, welche um so näher an sie herantritt, je mehr die Erkenntniß wächst, daß die Viehzucht überhaupt die nothwendige Grundlage des Ackerbaus bilden und einen großen Theil des Reinertrags liefern müsse. Für alle Gegenden wird sich übrigens das Kurzhornvieh nicht eignen; es ist wesentlich das Thier der Stallfütterung; die Marschweiden und Alpmatten werden durch dasselbe nicht ausgenutzt werden können. Dafür besitzen wir aber auch andere, wohl geeignete Rassen von den Alpen an bis nach Jütland. Auf den Bergen des südwestlichen Deutschlands, im Bregenzer Wald und Montafuner Thale, weidet ein schwarzbraunes Rind, welches gleichsam das Mittelglied zwischen der großen Schwyzer und der kleinen Algäuer Rasse bildet; das Montafuner Rindvieh steht als natürliche Rasse in dem größten Gegensatz zu jener künstlichen; denn während es als Milchvieh ganz ausgezeichnet ist, liefert es höchstens 340—400 Schlachtgewicht oder kaum 17 Prozent nutzbare Theile. Darin ist auch ein Hauptunterschied der natürlichen Zucht und der Zweckzüchtung begründet; jene benutzt oder pflegt vorhandene Eigenschaften der Thiere, ohne darnach zu trachten, dieselben weiter auszubilden; diese dagegen sucht unter Verschmelzung der Eigenschaften der Eltern in den Nachkommen besonders ausgesprochene Körperfähigkeiten zu ihrer höchsten Entwickelung zu bringen. Jedenfalls kann es nicht schaden, wenn auch dort, wo die Viehzucht noch eine reine Weidewirthschaft ist, etwas mehr Werth auf die richtigen Züchtungsgrundsätze gelegt wird, als bisher, denn dieselben lassen sich überall anwenden und werden stets lohnenden Erfolg bringen.

Kurzhorn-Bulle.

Montafuner Rindvieh.

2. Das Rind.

Wenn man die Ernährung unserer Hausthiere näher in's Auge faßt, so wird man nicht selten zu der Ueberzeugung gelangen, daß dieselbe keine naturgemäße ist, ja sogar in vielen Fällen sich von der Natur unglaublich weit entfernt. Füttert man doch in Norwegen, wie an den Küsten des rothen Meeres die Kühe mit Fischen und Fischmehl, in deutschen Hauptstädten mit den ekelhaftesten Auswurfstoffen; Niemand wird auch sagen können daß Pressel (Rückstände von der Zuckerfabrication) und Schlempe (von der Branntweinbrennerei) naturgemäßes Futter für Wiederkäuer seien. Dieses liefert ihnen vielmehr eigentlich nur der freie Weidegang. Leider verträgt sich derselbe jedoch sehr schlecht mit den Anforderungen der vervollkommneten Landwirthschaft und den Bedürfnissen der Bevölkerung; diese verlangen gebieterisch jedes brauchbare Plätzchen zum Pflanzenanbau und zu diesem bedürfen sie wiederum der Düngung, des Stallmistes. Daher ist heutzutage die Stallfütterung Grundlage des geordneten Betriebs unter gewöhnlichen Verhältnissen. Sie ist eine reine, wenn die Thiere das ganze Jahr hindurch in dem Stalle gehalten und gefüttert werden, höchstens, daß sie täglich vielleicht ein oder zweimal zur Tränke geführt, oder ein paar Stunden auf die umplankte Miststätte gelassen werden. Es läßt sich nicht leugnen, daß die reine Stallfütterung in jeder Hinsicht die höchsten Erträge liefert, und, sobald sonst Alles in Ordnung ist, auch der Gesündheit der Thiere keineswegs schadet. Da man aber doch nicht immer alle schädlichen Einflüsse abzuwehren im Stande, auch die stete Gefangenschaft der Thiere eigentlich etwas grausam ist, so hat man in England und anderwärts vielfach die Ställe so eingerichtet, daß jedes erwachsene Thier eine besondere Abtheilung bekommt, in der es sich völlig frei bewegen, herumgehen, fressen und saufen kann, von Jungvieh werden gewöhnlich mehrere Stück in einer solchen vereinigt. Noch besser ist es, wenn ein solcher Freihof mit einer Stallabtheilung so verbunden ist, daß das Thier nach Belieben sich im Freien oder unter Dach aufhalten kann. Diese vortreffliche Einrichtung erfordert leider einen ziemlich großen Raum, der nicht immer vorhanden ist. Halbe oder gemischte Stallfütterung ist eine Verbindung mit dem Weidegang, entweder für die gesammte gute Jahreszeit, oder blos für den Tag mit abendlicher Heimkehr, oder nur für einige Stunden des Tags. Es geht dabei allerdings an Dünger etwas verloren, dies wird jedoch durch das gesteigerte Wohlsein der Thiere ersetzt. Kühn sagt: Die Ernährung des Milchvieh's im Stalle schließt einen theilweisen Weidegang nicht aus, vielmehr empfiehlt es sich sehr, wo es irgend thunlich ist, dem Milchvieh einen Raum anzuweisen, auf dem es den Tag über einige Stunden weidend verbringt. Dies wirkt außerordentlich auf das Wohlbefinden der Thiere nicht nur, sondern auch auf die Milchergiebigkeit und besonders auf den Rahmgehalt ein. Kann man den Kühen nicht ein Stück in der Nähe gelegenes dauerndes Grasland überweisen, so bestimme man dazu einen Theil des Kleegrasschlags. Es genügt für diesen Zweck auf das Haupt $^1/_4$ Morgen zu rechnen. Während der heißen Jahreszeit werden die Thiere am besten des Nachts auf dem Weideplatz gelassen und am Tage im Stalle gefüttert. Eine solche Einrichtung ist für das Gedeihen und die Nutzung der Thiere viel wirksamer, als das sonst wohl zu empfehlende Herauslassen der Kühe auf die Düngerstätte. Die Thiere finden bei täglich mehrstündiger, wirklicher Weide eine gedeihlichere Bewegung und freieren Genuß reiner Luft. Nach der Ernte findet sich für sie Raum auf Stoppelfeldern und jungem Klee, dem ein vorsichtiges und nicht zu spät in den October hinein fortgesetztes Abweiden, der gewöhnlichen Meinung entgegen, eher nützlich, als schädlich ist. — In England verbindet man gewöhnlich die Stallfütterung mit dem Weidegang, was durch die dortige Einfriedigung der Felder mit Hecken sehr erleichtert wird. Nicht selten werden auch die Rüben auf dem Acker geradezu abgeweidet, indem durch Horden bestimmte Abtheilungen gebildet, die Rüben auch zuvor ausgemacht werden. — Der reine Weidegang des Viehs ist in dünnbevölkerten Ländern oft ein weites Wandern von einem Platze zum andern, die sogenannte Nomadenwirthschaft der alten Zeit und nicht gesitteter Völker. Ihr sehr nahe kommt die Alpwirthschaft auf den mit würzigen Gräsern und saftigen Kräutern bestandenen Matten der Hochgebirge. Sie ist eigentlich nicht einmal reine Weidewirthschaft, weil unter gemäßigtem Himmelsstrich das Vieh über Winter in Ställe des Tieflands eingestellt werden muß, allein man rechnet sie dennoch dazu, weil ein Ackerbau gewöhnlich nicht damit verbunden ist. Sobald im Frühjahr der Schnee von den Bergwiesen zu verschwinden beginnt, findet die fröhliche Auffahrt der Heerden statt; sie bleiben den ganzen Sommer in den Bergen und werden durch Käsebereitung ausgenutzt; nicht selten werden neben den Rindern auch Schafe, Ziegen und Schweine gehalten; erstere, weil sie den Kühen unzugängliche Grasplätze ersteigen, letztere, um die Abfälle der Molkerei durch sie zu verwerthen. Das Rindvieh, welches auf den Alpen geweidet wird, gehört ohne Ausnahme den Höhelandsrassen an, deren es zwei Stämme giebt, den rothen, gescheckten, des Berner Oberlandes und den grauen oder schwarzbraunen von Schwyz, der sich über Vorarlberg, Montafun, Tirol bis weit nach Baiern und Oesterreich hinein in verschiedenen Abstufungen erstreckt; zu ihm gehört auch das beliebte Algäuer Rindvieh, das so häufig als Milchvieh nach dem Norden geholt wird, ein kleiner, aber sehr schöner, ertragreicher Viehschlag. Die Sommerung der Heerden auf der Alp dauert selten länger als 4 bis 5 Monate; alsdann erfolgt die Abfahrt von der Alp in festlichem Zug, voran der bekränzte Sentenfarr (Stier) und die Leitkuh mit der Glocke. Die Alpwirthschaft ist bisher wenig einträglich gewesen und sehr der Verbesserung bedürftig. Reine Weidewirthschaft wird betrieben in den Steppen des südöstlichen Europa's, in Ungarn, Südrußland, wo die Thiere jahrein jahraus im Freien bleiben, und sich ihr Futter suchen, das im Sommer oft ebenso reichlich, als im Winter dürftig ausfällt. In den Niederungen der Flüsse und Meeresmarschen ist ebenfalls der Weidegang vorzugsweise zu Hause; nicht immer, daß in der schlechten Jahreszeit für gutes Futter und Unterkommen des Viehs gesorgt wird. Die lohnendste Art des Weidens ist das sogenannte Tüdern, wobei jedes einzelne Thier mittelst eines Stricks an einen eingeschlagenen Pfahl so gefesselt wird, daß es nur seinen Kreis abfressen und sich daraus nicht entfernen kann; es müssen aber dabei Vorsichtsmaßregeln getroffen werden, daß sich das Vieh nicht verwickelt und beschädigt. Jedenfalls wird eine vernünftige Verbindung der Stallfütterung mit Bewegung im Freien, wie oben angedeutet, die zweckmäßigste Haltung des Rindviehs bedingen. Man hat insbesondere gefunden, daß Thiere, welchen die letztere mangelte, rascher alt wurden, sich nicht so gut fortpflanzten, auch kein so gutes Fleisch lieferten, als solche, bei welchen dem naturgemäßen Leben besser Genüge geleistet worden war; nur reine Mastthiere sollten stets im Stalle gehalten werden.

Algäuer Rindvieh.
(Abfahrt von der Alp.)

Das Schaf.

(Fortsetzung von Seite 38.)

Das wichtigste Ereigniß der Schafzucht im Laufe des ganzen Jahres, die eigentliche Ernte derselben, ist die auf die Wäsche folgende Wollschur. Daher wird derselben gewöhnlich auch ganz besondere Aufmerksamkeit gewidmet und es ist keineswegs einerlei, in welcher Weise sie vorgenommen wird. Die einfachste, am häufigsten übliche Art dabei ist, daß Arbeiter in besonderen Sälen, auf Scheunentennen oder auch bei schöner Witterung im Freien sitzen, dabei die Schafe auf den Schooß oder zwischen die Füße legen, und sie so mit einer federnden Wollscheere ihres Pelzes entledigen. Es ist selten nothwendig, aber immer gut, wenn dabei die Thiere leicht gefesselt werden, so daß sie wenig widerstreben können. Vorzuziehen ist die Schur auf dem Tische wobei das Schaf auf einen mäßig hohen Tisch gelegt wird und der Arbeiter es stehend scheert. Derselbe hat dabei das Thier viel besser in der Gewalt, als wenn es sitzt und das Geschäft selber geht dabei leichter, schneller und sicherer von statten. Es müssen bei der Wollschur folgende Punkte wohl in's Auge gefaßt werden: Vor Allem soll die Wolle möglichst tief an der Wurzel und so völlig abgeschoren werden, daß sie sämmtlich ohne Verlust gewonnen wird und keine Stoppeln oder Kämme, sogenannte Treppen, stehen bleiben. Möglichste Gleichmäßigkeit in der Führung der Scheere ist ein Haupterforderniß, denn wo diese fehlt wird nicht nur an Wolle verloren — wenig beim einzelnen Thier, viel bei einer großen Heerde — sondern der Nachwuchs erfolgt späterhin auch unregelmäßig und das Vließ wird dadurch ungleich. Besonders hat der Scheerer darnach zu trachten, daß er das Vließ nicht zerreißt, dies muß vielmehr möglichst geschlossen zusammenhängend bleiben und soll wenig auseinandergezerrt sein, dies aus dem Grunde, weil hierdurch die Vergleichung und Schätzung der Wolle erschwert wird. Möglichste Reinlichkeit ist eine wesentliche Bedingung bei der Wollschur; der Raum, worin dieselbe vorgenommen wird, muß gesäubert, mit Tüchern überlegt sein; die Scherer haben reine Schürzen vor, enthalten sich während der Arbeit des Essens und Rauchens. Streng ist darauf zu sehen, daß sie während der Schur sich des muthwilligen Zerschneidens der Schafläuse enthalten, wodurch die Wolle nicht allein blutig, sondern auch oft in der Mitte des Wollhaars durchschnitten wird. Jede Beschädigung der Thiere durch die Scheeren ist zu vermeiden, weil sie leicht üble Folgen haben kann; am besten umgeht man die rücksichtslose Behandlung der Schafe in dieser Hinsicht dadurch, daß man auf jeden Schnitt eine kleine Geldstrafe, z. B. $^1/_4$ oder $^1/_2$ Pfennig setzt, die man den Leuten am Lohn abzieht. Man kann zu der Wollschur sowohl Männer als Weiber verwenden; letzteren giebt man in einigen Gegenden den Vorzug in der Meinung, sie könnten besser mit der Scheere umgehen und behandelten die Thiere sanfter; beides ist aber ein Irrthum, wie die Erfahrung in allen größeren Schäfereien längst dargethan hat. Die Weiber sind theils zu flüchtig und unachtsam bei dem Geschäft, theils ermüdet ihnen auch zu bald die Hand von der Spannung der Scheere und der Arm vom Herumkehren der Thiere. Auch sind sie stets ungeduldiger und jähzorniger gegen störrische Schafe, als die Männer, welchen daher die Wollschur immer mit größerer Zuverlässigkeit übertragen wird. Begreiflicherweise ist diese Arbeit eine sehr verschiedene, je nach der Gattung der Schafe und der Wolle, die man zu scheeren hat. Am schwersten ist sie bei hochfeinen Merino's mit niedrigem, aber dichtem Stapelbau, am leichtesten bei langwolligen Landschafen. Thiere mit vielen Hautfalten, wie sie häufig edle Schafe kennzeichnen, sind schwieriger zu scheeren, als solche mit straffer, fest anliegender Haut, magere Thiere als fette u. s. w. Das ganze Geschäft verlangt Uebung und Sachkenntniß. Ein geübter Scheerer nimmt täglich von hochfeinen Merino's bis 12, von Negretti 15, von Kammwollschafen bis 20 Vließe; von groben Landschafen, je nach der Größe, sogar noch mehr. Am besten ist es, wenn die Schur in Accord gegeben wird, wobei natürlich dennoch stete Beaufsichtigung, sowie eine Festsetzung von Geldbußen für begangene Fehler, nicht ausgeschlossen ist, welche bei der Arbeit im Tagelohn gleichfalls unumgänglich bleibt. Die Gestalt und Wirkung der Schafscheere ist bekannt; man weiß aber vielfach noch nicht, daß es deren schlechte und gute giebt. Mit der schlechten Schafscheere quält der Arbeiter sich und das Thier, verdirbt die Wolle, ärgert und schädigt den Besitzer. Alle Schafscheeren bilden eine hufeisenförmig gebogene Stahlfeder, deren Schneiden durch den Druck der vollen Hand über einander laufen und abschneiden. Eine gute Schafscheere muß folgenden Erfordernissen entsprechen: 1. Sie muß scharf und von gutem Stahle sein. 2. Ihre Federkraft und Spannung darf sie nie verlieren; diese soll weder zu kräftig sein, was die Hand ermüdet, noch zu schwach, weil dann die Schnittflächen zu weit übereinandergreifen und oft nicht zurückschnellen. 3. Ist sie stumpf geworden, so muß sie bequem und rasch zu schleifen sein. 4. Die Schneiden sollen sich bei gewöhnlichem Druck nie ganz übereinander schieben, sondern nur gerade so viel, daß die zwischen sie gerathenden Wollhaare scharf abgetrennt werden; auch dürfen sie nie zu streng auf einander klemmen. 5. Die Spitzen der beiden Klingen sollen etwas in die Höhe gebogen sein, wodurch man nicht blos ein Verletzen der Thiere vermeidet, sondern auch eine gleichmäßigere Schur erzielt, da flache Spitzen immer tiefer zu greifen pflegen, als die breite Klinge. 6. Die Schafscheeren sollen so einfach und billig, als möglich sein, und sich in ihrer Gestalt den landesüblichen Werkzeugen, so weit thunlich, anbequemen. Ist die Schur vollendet, so werden die Vließe gesondert (sortirt) und zusammengebunden. Unter dem Sortiren versteht man eine Arbeit, welche keine größere Schäferei unterläßt, weil durch sie die Schönheit und Gleichmäßigkeit der Wolle gehoben wird; sie besteht in der Absonderung aller Locken und Zotteln, in der Entfernung von groben Unreinlichkeiten und in der stattlichsten Zurüstung der Vließe. Diese werden darauf einzeln oder zu mehreren Stücken zusammengebunden, und zwar so, daß der Bund von außen möglichst gleichmäßig und glatt aussieht, ebenso, damit der Käufer die Beschaffenheit und Güte der Wolle sofort genau prüfen kann. Die Wolle wird nach dem Gewicht verkauft, je nach dem Marktgebrauch rechnet man nach Centnern oder Stein (22 Pfund). Gern verkauft man die Wolle möglichst bald nach der Schur um deswillen, weil sie durch längeres Lagern nicht allein an ihrem Gewicht, sondern auch von ihrem vortheilhaften Aussehen verliert. Ob es vortheilhafter sei, die Schafe nur einmal jährlich, oder zweimal zu scheeren, ist früher eine Streitfrage gewesen, welche sich jetzt erledigt hat, indem man in gemäßigtem Klima sich für die einmalige Schur im Frühjahr entschieden hat. Die Behauptung. daß eine doppelte Schur mehr Wolle erzeuge, sagt von Weckherlin, mag vielleicht nur auf der Täuschung beruhen, daß bei zweimaligem Scheeren die unreinen Wollspitzen sich jährlich zwei Mal ergeben, daher das Gewicht, aber nicht die Wolle so vermehren, daß dies die doppelten Unkosten bezahlen würde. Uebrigens giebt es stark- und langwollige Schafrassen, welche zweimal geschoren werden müssen.

Die Wollschur.

Zweckmäßige Stallgebäude.

Nichts ist wichtiger für die Viehzucht im geordneten Betrieb, als die Gesundheitspflege der Hausthiere, die Sorge für ihr leibliches Wohl, für ihre gedeihliche Entwickelung; von dieser hängt allein der Erfolg, der Ertrag ab, und nichts rächt sich schwerer, wie Vernachlässigungen in dieser Hinsicht. Nun sind aber, um mit Haubner zu reden, die Stallungen die Wohnungen für unsere Hausthiere und üben, wie diejenigen der Menschen, einen mächtigen Einfluß auf deren Gesundheit und körperliches Gedeihen aus. Der Zweck der Stallungen ist aber ein mehrfacher, nämlich: 1. Sicherung der Thiere gegen schädliche Witterungseinflüsse, auch wohl gegen Insecten. 2. Gewährung bequemer Ruhestätten oder Lagerplätze. 3. Bessere Anordnung und Durchführung der Fütterung und sonstigen Wartung und Pflege. Die allgemeinen Erfordernisse eines guten Stalles sind aber: 1. Er muß mit gesunder, reiner Luft erfüllt sein und einen entsprechenden Wärmegrad besitzen. 2. Die Luft muß sich erneuern lassen, ohne daß Zugluft die Thiere trifft. 3. Er muß das gehörige Maß Helligkeit besitzen. 4. Er soll trocken und reinlich; 5. hinreichend geräumig und bequem sein; endlich 6. soll er die Thiere gegen Verletzungen und andere Fährlichkeiten sicher stellen. Ueber die verschiedenen Bedingungen, unter welchen die Erreichung dieser Eigenschaften gelingt, fährt Haubner fort: Jeder Stall muß eine trockene Lage haben und etwas über die nächste Umgebung erhöht sein, damit die Jauche freien Abfluß hat, und nicht von außen her Feuchtigkeit in den Stall eindringe. Ein feuchter, mit Jauche vollgesogener Stall stört die Gesundheit und das Gedeihen der Thiere. Pferde- und Rindviehställe legt man gern mit den langen Vorderseiten, in denen die Eingänge und Fenster sich befinden, nach Norden oder Westen, damit sie im Sommer möglichst kühl sind und die so lästigen Fliegen weniger leicht Eingang finden. Für die Hauptseite der Schafställe ist dagegen die Mittagsseite zu wählen; die Nord und Ostwinde werden so am besten abgehalten und es läßt sich im Winter der Stall gehörig warm halten, ohne die Zufuhr frischer, freier Luft abzuschneiden. Alle Stallungen sollen stets einen freien, nicht durch andere Gebäude eingeengten Stand haben, damit Luft und Licht gehörig einwirken können, daneben müssen sie jedoch möglichst gegen scharfe Winde geschützt werden, der Raum vor den Stallungen, besonders den Schafställen, soll trocken sein. Ein zu großer oder hoher Stall ist stets kalt und nicht allein im Winter nachtheilig, sondern auch im Sommer, wenn das von der Arbeit erhitzte Vieh in ihm verweilen soll. Ein kleiner niedriger Stall ist zu warm und wird hierdurch gefährlich, wird es aber auch durch Luftverderbniß und dann durch die leicht möglichen Erkältungen beim Wechsel des Aufenthalts, besonders im Winter. Der Stall soll so geräumig sein, daß die Thiere bequeme Lagerplätze haben und vor gegenseitigen Verletzungen sicher gestellt werden. Ein gewöhnlicher Pferdestand ohne Latterbäume oder Kastenstände erfordert 5 Fuß Breite und 9 Fuß Länge; ein Rindviehstand 4½ Fuß Breite auf 7—8 Fuß Länge; im Schafstall ist für das Stück 8 Quadratfuß Raum erforderlich; Schweine verlangen zur Mast 24, für Zuchtthiere 30—40 Quadrat-Fuß. Der Fußboden in jedem Stalle soll fest, rein und trocken sein, der Jauche vollständigen Abfluß gewähren und den Thieren ein gutes Lager gestatten. Die Decken der Ställe sollen fest und dicht sein und keinen Abzug der Dünste in das darüber liegende Heu gestatten; Futteröffnungen müssen mit guten Thüren verschlossen werden können. Die Thüren sollen so angelegt werden, daß Zugluft vermieden wird. Bei der Anlage der Fenster ist darauf zu sehen, daß der Stall vollständig hell sei, das Licht aber Pferden und Rindvieh niemals unmittelbar in die Augen falle. Endlich ist ein Haupterforderniß guter Stallungen eine gute, unaufhörliche Lufterneuerung (Ventilation) durch Züge und Dunströhren. Der ganze Bau des Stalls soll einfach, dauerhaft, zweckmäßig sein; natürlich sind Steinbauten immer den Holzbauten vorzuziehen. Das Muster eines schönen und gut eingerichteten Stalles geben die Abbildungen; er ist für ein mittleres, eher kleines Gut berechnet. Die Vorderansicht des Stallgebäudes zeigt, daß dasselbe von gebrannten Steinen auferbaut ist, und über den Stallungen Räume für Getreide, Futter und Stroh hat; es ist 64 Ellen lang, 22 Ellen tief und der Stall hat 8 Ellen Gewölbhöhe. Gewölbte Decken sind weitaus allen übrigen vorzuziehen, namentlich mit Eisenbau. In dem Grundriß des Stallgebäudes ist A der Kuhstall für 2 Bullen, 24 Stück Kühe, 6 Stück Jungvieh und 2 Zugochsen. Die Futtergänge a a sind gegen die Sohle erhöht und bei nicht starker Mistlage mit den Krippenrändern gleich; durch kleine Treppen werden sie vom Futterhause B aus zugänglich, die Ausgänge b b nach dem Hofe sind überbrückt. Bei c ist die Einfahrt in den Kuhstall vom Giebel her; C ist das Kesselhaus zum Futterdämpfen. Vom Futterhaus führt eine Treppe in den oberen Raum, welcher zwei sehr schöne Schüttböden enthält. Den westlichen Flügel D nehmen Schweineställe ein, welche sowohl vom Futterhaus, als vom Hof aus zugänglich sind; vor der äußeren Thüre ist der Schweinehof. Die Einrichtung des Kuhstalls ist aus dem Querdurchschnitt des Stallgebäudes zu ersehen. Die Futtergänge a a sind mit Bruchsteinen aufgemauert und mit Platten bedeckt; b b sind die beweglichen Krippen, deren Einrichtung der Durchschnitt ergiebt. Der Stall ist nämlich darauf berechnet, daß der Mist unter den Thieren liegen bleibt, bis zum Ausfahren, wodurch er bekanntlich an Güte außerordentlich gewinnt, indem er wenig von seinen Bestandtheilen verliert; in dem Maßstab aber, als er sich unter den Füßen der Thiere erhöht, müssen auch die Krippen höher gestellt werden können; Raufen sind darüber mit angebracht. Der Mittelgang c dient zur Einfahrt der Wagen, und zeigt zu beiden Seiten die mit eisernen Gittern versehenen Rinnen zum Auffangen und Abführen der Jauche in die überwölbte Jauchengrube e e, deren Zugang auf dem Hofe mit einer Pumpe versehen ist, um den flüssigen Dünger in Faßwagen heben und fortschaffen zu können. Der Fußboden des Kuhstalls ist mit Feldkieseln gepflastert. Ueber den Fenstern mit schmiedeeisernen Rahmen führen Dunströhren f f in's Freie; auch die Schüttböden haben Luftzüge g g, über dem Gewölbe zur Erhaltung des Holzwerks. Die beweglichen Krippen bestehen aus gußeisernen, inwendig verglasten Trögen C, die in starke Pfosten eingelassen sind; je drei Krippen sind mit den dazu gehörigen Raufen e e zu einem Ganzen vereinigt, das im Gestell a a nach Bedürfniß bis um 4 Fuß gehoben werden kann. In den Pfosten sind Löcher, in welche Bolzen von Schmiedeeisen d passen. Sollen nun die Krippen gehoben werden, so fassen einige Mann an, heben das Ganze bis zum nächst hohen Loche und stecken hier den Bolzen d ein, auf welchen die Pfoste zu liegen kommt. Die zwischen den Krippen angebrachten Raufen haben das Gute, daß von vorgelegtem Grün- oder Rauhfutter nicht so viel unter die Füße getreten und verwüstet wird, als ohne diese Einrichtung.

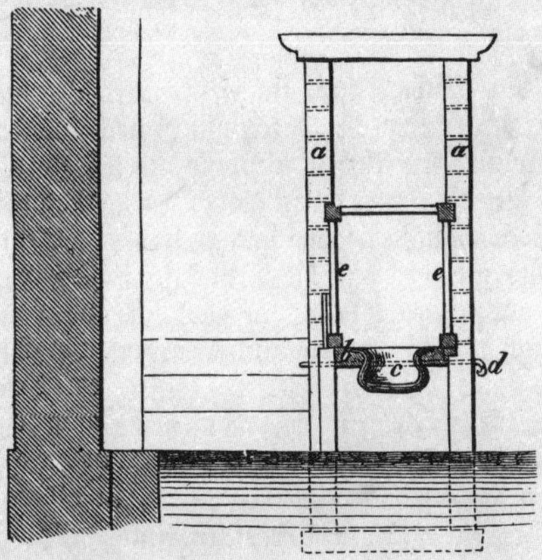

Stallgebäude, Durchschnitt der Krippen.

Stallgebäude, Querdurchschnitt nach A. B.

Stallgebäude, Vorderansicht.

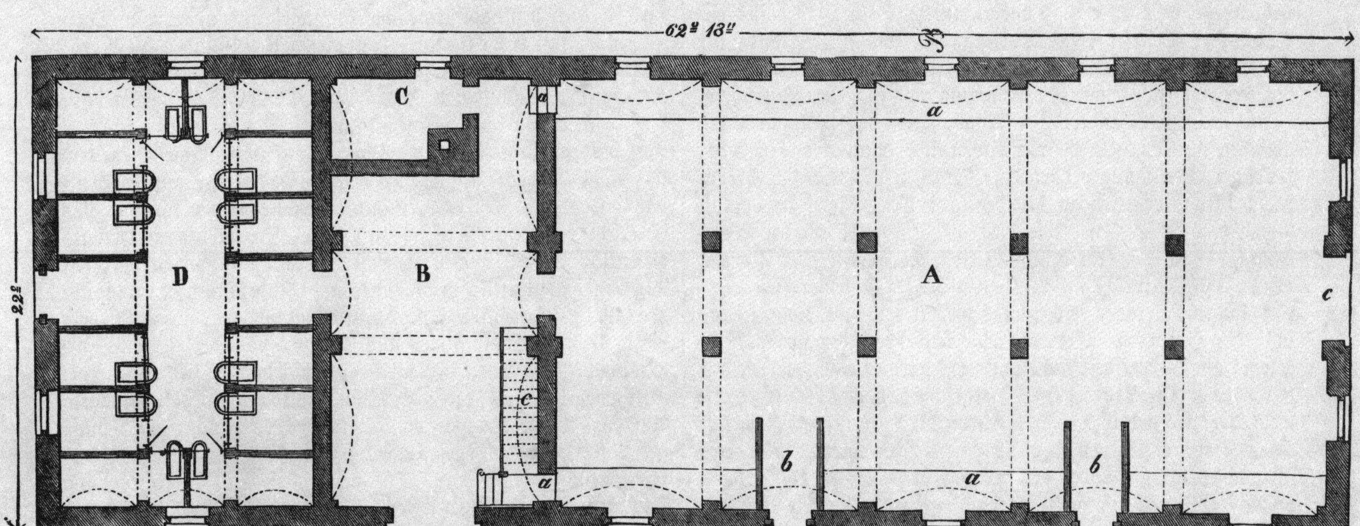

Stallgebäude, Grundriß.

Fuhrwerk zu landwirthschaftlichem Gebrauch.

(Fortsetzung von Seite 44.)

Die Gestalt und Bauart der Fuhrwerke zu landwirthschaftlichem Gebrauch richtet sich noch mehr, als diejenige anderer Geräthe, nach der Oertlichkeit oder Landesart. In Deutschland haben fast noch überall die Wagen das Uebergewicht gegen die Karren; anders ist es in England, wo die letzteren vorherrschen. Nichts destoweniger aber bedienen sich größere Güter, namentlich zu Erntefuhren, auch der vierräderigen Wagen, deren Bau allerdings mancherlei Abweichungen von denjenigen der deutschen zeigt. Der englische Erntewagen ist für zwei Pferde berechnet; sein Gestell bildet einen Kasten, der längs seiner oberen Kante mit fußbreiten Ueberladsparren versehen ist, die von eisernen Stützen von den Querriegeln des Kastenbodens ausgehend getragen werden. Das Gespann geht an einer einfachen Deichsel. Das sehr lange Drehscheit besteht aus vier gleichlaufenden Armen; der Schemel des Vorderwagens ist durchbrochen und ruht auf 4 getrennten Säulen oberhalb der Schale; die Vorderräder laufen ganz unter den Kasten. Die Beweglichkeit und das bequeme Kehren des Fuhrwerks wird hierdurch vollständig erreicht. Auf der linken Seite, unmittelbar unter dem Kasten, ist, dem Führer des Gespannes handgerecht, ohne daß er die Zügel zu verlassen braucht, ein kleines Steuerrad mit Handgriff angebracht, welches die Hemmvorrichtung regiert. Diese besteht aus einem vor den Hinterrädern befindlichen Bremswerk, das mit federnder Kraft einen Holzklotz gegen die Radreife preßt, eine der Nachahmung werthe Eigenschaft. Im Uebrigen passen die englischen Wagen nicht immer für deutsche Verhältnisse; so gut, dauerhaft und zweckmäßig sie auch gebaut sein mögen, so sind sie doch meistens zu schwer für den Schlag der deutschen Arbeitspferde; außerdem ist aber auch ihr Anschaffungspreis bedeutend höher, als derjenige unserer gewöhnlichen Wagen zu landwirthschaftlichem Gebrauch. Diese bestehen im wesentlichen aus folgenden Theilen: den Rädern; die vorderen sind stets niedriger, als die hinteren, sowohl um das Kehren zu erleichtern, als auch weil dann die letzteren gegen die ersteren schieben; der sie verbindenden Achse, aus Eisen, früher häufig noch von Holz; dem Gestell, das entweder aus einem Kasten oder bloßen Leitern — wagerechten und senkrechten — besteht; den Zugvorrichtungen, der Gabel für ein Thier, der Deichsel (oder Doppelgabel, wie in England) für ein Zweigespann. Die Kenntniß der einzelnen engeren Bestandtheile erwirbt sich leicht, ist aber nothwendig für jeden Landwirth. Häufig müssen besonders bei Erntefuhren &c. Gegenstände hoch über die Leitern geladen werden, welche dann noch einer besonderen Befestigung bedürfen, so Gras, Heu, Getreide, Stroh. Man bringt deshalb an den deutschen Erntewagen gewöhnlich hinten eine Winde an, wie dies an dem geladenen Heuwagen von hinten ersichtlich ist, die aus einer hölzernen Welle besteht, welche in den letzten breiten Leitersprossen liegt. Ein langer, gerader und genügend starker Baum von Fichtenholz, der Heubaum, wird der Länge nach über die ganze Ladung gelegt; am Vordertheil des Fuhrwerks wird er entweder befestigt durch die oberste Sprosse eines Fürgestützes, oder durch ein Seil, welches von den beiden oberen Enden der Leitern um seinen mit einer Kerbe versehenen Kopf so geschlungen wird, daß es ein gleichschenkliches Dreieck an der vorderen Wand der Ladung bildet. Gleicherweise schlingt man ein anderes Seil um das hintere Ende des Heubaums; die Enden dieses Heuseils werden an zwei in der Welle befindliche Zapfen geknüpft und nun diese durch die Windelöffel, Hebel welche in dazu bestimmte viereckige Oeffnungen derselben abwechselnd eingesetzt werden, kräftig herumgedreht. Dadurch wird der Heubaum hinten stark angezogen und bildet somit eine Art von Presse, welche die ganze Ladung zusammenhält. Dies ist die in ganz Deutschland übliche und jedenfalls zweckmäßigste Befestigung hoher Ladungen. Wenn man übrigens glaubt, daß die Erntefuhren nur mittelst Wagen ordentlich auszuführen seien, so wird man durch den allgemeinen Gebrauch der Karren dazu in Frankreich, auch theilweise in England, eines besseren belehrt. Eines der vorzüglichsten Fuhrwerke dieser Art ist der Erntekarren von Crowley, der sich in letzterem Land großer Verbreitung erfreut. Insbesondere zweckmäßig erscheinen an demselben die geschwungenen, weit vorspringenden Ueberladgerüste, und deren muldenförmige, zusammenhaltende Gestalt. Eine besondere Eigenthümlichkeit sind auch die geknieten Karrenbäume. Auf diese Weise soll der Karren den Leiterwagen beim Einfahren der Ernte sogar übertreffen, weil, wenn die Garben mit den Aehren ordentlich nach dem Mittelpunkt zu gelegt, alle ausfallenden Körner von dem Kasten aufgenommen werden. Es verdrängen daher auch in England diese Karren immer mehr die eigentlichen Erntewagen, und sicherlich verdienen sie selbst in Deutschland eine größere Verbreitung, als sie bisher gefunden haben. — Kein Hülfsgeräth ist so unbedeutend, daß nicht eine Verbesserung desselben lohnend wäre. Dies gilt auch von den Schiebkarren, den einräderigen, durch Menschenhand bewegten Fuhrwerken, deren Verwendung eine so ungemein große ist, daß jede daran erzielte Krafterspanniß sich für den gesammten menschlichen Haushalt zu ungeheuren Größen zusammenrechnet. Thatsache ist es aber, daß noch überall und seit Alters her der Gestalt dieses Handfuhrwerks nicht die mindeste Aufmerksamkeit zugewendet wird. Daher ist und bleibt dieselbe auch unzweckmäßig; das einzige Rad, auf welches die Last drückt, bringt stete Schwankungen hervor, welche dem Arm des Arbeiters ungewöhnliche Anstrengung zumuthen, während eine jede ungleiche Vertheilung der Ladung diese noch vermehrt. Außerdem liegt auch noch meistens der Schwerpunkt der Last keineswegs auf der Achse des Rades, sondern er drückt auf die Hand des Führers, welcher demnach jene nicht blos schieben, sondern zum Theil auch noch mit tragen muß. Um diesen Uebelständen zu begegnen, sind mancherlei Versuche gemacht worden; am besten wird das Ziel erreicht durch den doppelräderigen Schiebkarren. Man giebt nemlich dem Gestell nicht eines, sondern zwei Räder neben einander, welche so auf ihrer Achse sitzen, daß sie, nach Erforderniß eng (z. B. bei Erdfuhren auf Bohlenbahnen) oder weiter von einander gestellt werden können. Es ist leicht ersichtlich, daß dadurch die Stetigkeit des Ganges wesentlich erhöht, indem die Last auf zwei Stützpunkte vertheilt wird, also nicht mehr schwanken kann. Zudem kommt eine solche Bauart des Kastens, daß die darin befindliche Last ihren Schwerpunkt über der Achse finden muß, ohne, daß der Arbeiter die Handhaben des Schiebkarrens übermäßig hoch zu heben braucht; im Gegentheil soll deren Erhebung nur wenige Zoll betragen. Auf diese Weise hat man ein Handfuhrwerk, welches allen billigen Anforderungen entspricht und sich bisher in der Ausübung vortrefflich bewährt hat. Die bei seinem Bau in Anwendung kommenden Grundsätze lassen sich auf alle möglichen Arten von Schiebkarren ausdehnen: Erdkarren, Mistkarren, Holzkarren, Strohkarren, u. s. w. In England bedient man sich übrigens auch mit vielem Vortheil der ganz eisernen Schiebkarren.

Doppelräderiger Schiebkarren, Seitenansicht.

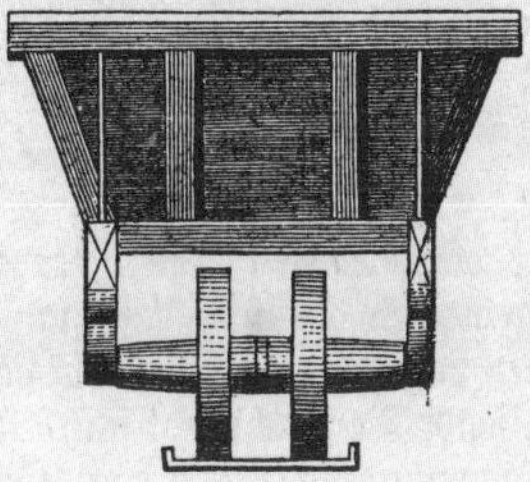

Doppelräderiger Schiebkarren, Ansicht von vorn.

Erntekarren von Crowley.

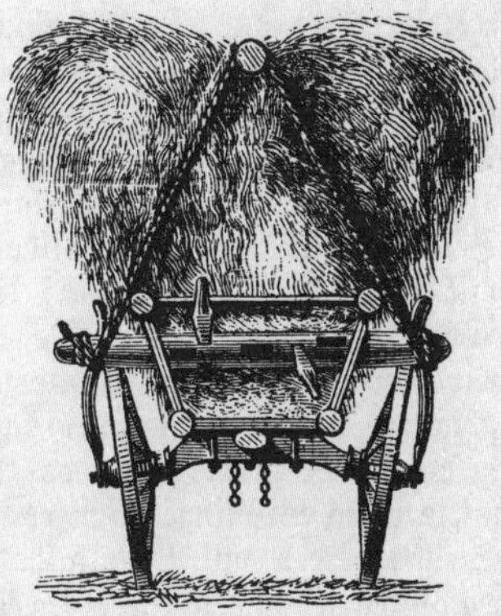

Geladener Heuwagen von hinten.

Englischer Erntewagen.

Die Veredlung der Obstbäume.

(Fortsetzung von Seite 46.)

Die verschiedenen Arten der Obstbaumveredlung beruhen im Allgemeinen darauf, daß man Reiser oder Augen mit Rindenstücken von edlen Bäumen auf passende Wildlinge so einimpft, daß passende Verwachsung stattfinden kann. Bei einer solchen Vornahme muß vor Allem berücksichtigt werden: daß der Schnitt so sauber, als möglich geführt werde; daß die Rinde, der Bast und Splint des Edelreises genau auf den des Wildlings passe; daß das Holz des letzteren mit dem des ersteren von ziemlich gleicher Beschaffenheit sei; daß Wildling, wie zahmes Reis, vollkommen gesund und hinsichtlich der Gattung mit einander verwandt seien. Im Allgemeinen läßt sich hierbei annehmen, daß Steinobst nur auf Steinobst und Kernobst nur auf Kernobst veredelt werden kann. Die gebräuchlichsten Veredlungsarten in der landwirthschaftlichen Obstbaumzucht sind das Pfropfen, das Anschäften, das Ansaugen, das Aeugeln und das Sattelschäften. Das Pfropfen wird am meisten geübt, obgleich es den Stamm allzusehr verdirbt. Es geschieht in den Spalt und in der Rinde. Bei dem ersteren wird der wilde Stamm an einer glatten Stelle mit einer guten Säge scharf durchgeschnitten, die verursachte Wunde mit einem scharfen Messer sauber geglättet, und alsdann wird der Stamm in der Mitte gespalten. Das keilförmig zugeschnittene, auf 4—5 Augen zurückgeschnittene Veredlungsreis wird in den Spalt so eingesetzt, daß die Rinde an der äußeren Seite mit der des Wildlings leicht verwachsen kann. (I). Die wunden Stellen werden mit Baumsalbe bedeckt, mit Papier oder Leinwandstreifen umwunden. Gewöhnlich fügt man in einen Spalt zwei Edelreiser. Das Pfropfen in die Rinde wendet man gewöhnlich bei älteren Bäumen an; dabei wird mit einem kleinen Keil die Rinde vom Holzkörper los gelöst und das nach einer Seite schräg zugeschnittene Veredlungsreis (II) zwischen Rinde und Holzkörper eingefügt. Das Anschäften (Copuliren) ist die einfachste Veredlung, wobei ein junger Wildling schräg durchgeschnitten und darauf ein Edelreis von gleicher Dicke so gesetzt wird, daß Rinde und Holzkörper genau auf einander passen und verwachsen können. (I) Das zahme Reis wird auf wenige Augen eingekürzt, die Wundstelle umwickelt man mit einem in Baumwachs getränkten Papierstreifen. Eine andere Art des Anschäftens besteht darin, daß aus dem Wildling ein Stück von gleicher Länge und Tiefe geschnitten wird, wie das zugespitzte Ende des Edelreises (II), welches sodann in jene Oeffnung eingefügt wird, wie beim Pfropfen. Das Ansaugen (Ablactiren) geschieht bei zwei dicht nebeneinander stehenden Bäumen, indem man den Stamm des Wildlings mit einem Zweige des veredelten Baumes durch einen Einschnitt verbindet. Die Veredlungsstelle wird mit Baumwachs überstrichen. Sobald eine vollkommene Verwachsung stattgefunden hat, wird der veredelte Zweig vom Mutterstamm getrennt. Das Aeugeln (Oculiren) bei fast allen Obstarten anwendbar, muß während des Sommers, wenn die Bäume in vollem Saft stehen, unternommen werden. Die Wildlinge dürfen noch nicht zu alt sein und müssen eine schöne glatte Rinde haben. Zu Veredlungsreisern wählt man die in demselben Jahre ausgetriebenen jungen Zweige, kürzt an denselben bis zur Hälfte des Blattstiels die Blätter zurück und schneidet dann sorgfältig einzelne Augen mit der Rinde in schildförmiger Gestalt so aus, daß der Kern des Auges sauber an dem jungen Holze abgebrochen wird. In den Wildling macht man einen Einschnitt in Form eines T, lößt mittelst eines feinen Werkzeugs die Rinde auf beiden Seiten ab und schiebt dann das Veredlungsauge dazwischen. Es muß die Wunde sorgfältig mit Bast verbunden werden. Man äugelt auf 2 verschiedene Arten, auf's treibende und aufs schlafende Auge; erstere wird früher im Jahr vorgenommen und der Stamm einige Zoll über der Veredlungsstelle abgeschnitten, so daß das Auge gezwungen wird, noch in demselben Jahre zu treiben. Das Aeugeln auf's schlafende Auge geschieht von Juli bis Ende August; das Auge treibt erst im nächsten Frühjahr, wo dann der Wildling abgeschnitten wird. Eine treffliche Veredlungsart, von E. Lucas erfunden, ist das Sattelschäften. Es ist ein verbessertes Anschäften und geschieht auf folgende Weise: Das Edelreis (1) wird von gehörig ausgebildeten Jahrestrieben genommen, bei a unterhalb einer Knospe gegen die Mitte des Reises hin nach oben geschnitten, dann bei b gegen den ersten Schnitt hin aufwärts, worauf mit der Spitze des Messers die Fläche von c nach d gebildet wird. Bei d wird das Ende des Reises etwas abgestutzt. Durch einen Querschnitt bei f, dicht über dem zweiten oder auch dritten Auge ist dann das Edelreis fertig (2). Der Wildling wird entweder in Kronenhöhe oder dicht am Boden abgestutzt; man schneidet ihn (3) von a nach b schräg ab, so daß diese Fläche dem ersten Schnitt am Edelreis (a c, 2) entspricht. Der Schnittfläche c d am Edelreise gleich wird am Wildstamm von c nach b soviel Rinde und Holz weggenommen, daß die Rinde des Edelreises die des Wildstamms deckt. Endlich wird die scharfe Kante bei b gerade geschnitten und somit ist der Wildling (4) fertig. Der Verband (4) geschieht durch mit Baumwachs dünn bestrichene schmale Bänder; sie werden bei a angelegt, fest um Stamm und Reis gewickelt, und zuletzt bei b fest angedrückt; dann wird der ganze obere Theil der Edelstelle c mit flüssigem Baumwachs überstrichen. Man kann auch auf andere Weise sattelschäften; das Edelreis (5) wird dann bei a b seiner äußeren Rinde beraubt und am Wildstamm (6) von a bis b ein der Breite des Edelreises entsprechender Einschnitt in Rinde und Holz gemacht. Die Fläche von a bis c wird von unten nach oben geschnitten, indem die Spitze des Messers in den Einschnitt eingesetzt wird. Nach vollendeter Veredlung (7) wird mit Bändern und Baumwachs verfahren, wie früher. Nach dem Grundsatz, daß die möglich größte Berührung der jüngeren Theile des Holzes (des Bastes) das beste Veredlungsverfahren bedinge, muß dieses doppelte Sattelschäften, bei welchem eine sechsfache Berührung stattfindet, die allervorzüglichste Veredlungsart sein. Die Veredlung der Obstbäume bietet das Mittel, edle Obstarten in großer Mannichfaltigkeit auf verhältnißmäßig kleinem Raume zu erzeugen, in schnellster Weise schlechte Bäume in werthvolle zu verwandeln, ohne große Kosten sich die besten Obstsorten anzueignen und aus weitester Ferne dieselben beziehen zu können, ohne größere Umstände und Ausgaben. So kam die berühmte Ostheimer Weichselkirsche in der Zeit des spanischen Erbfolgekriegs durch einen Arzt in der Form einiger gut in feuchtem Moos verpackter Reiser aus der Sierra Morena in Spanien nach dem Dorf Ostheim in Franken; ähnlicher Beispiele gibt es mehrere. Die Zeit der Veredlung ist abhängig von dem einzuschlagenden Verfahren. Die Veredlungsarten, bei welchen eine Verwachsung des Holzkörpers nöthig ist, müssen im Frühjahr vor dem Aufsteigen des Saftes vorgenommen werden. Die Edelreiser schneidet man schon gewöhnlich im Januar oder Februar und bewahrt sie bis zur Veredlung an einem feuchten Orte, damit sie nicht austrocknen können. Die Veredlungsarten, bei welchen blos eine Uebertragung von Augen stattfindet, werden dann vorgenommen, wenn sowohl der Wildling, wie das zahme Reis vollkommen im Safte stehen.

Pfropfen I.

Pfropfen II.

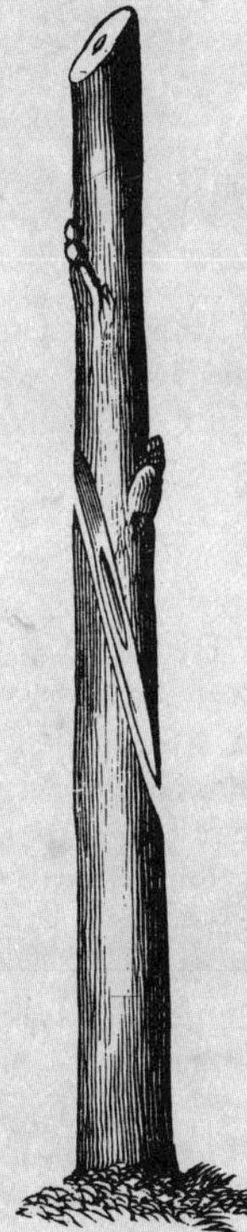

Anschäften I.

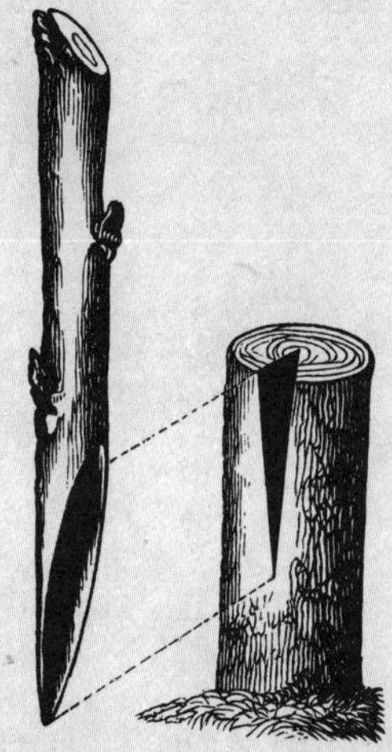

Anschäften II.

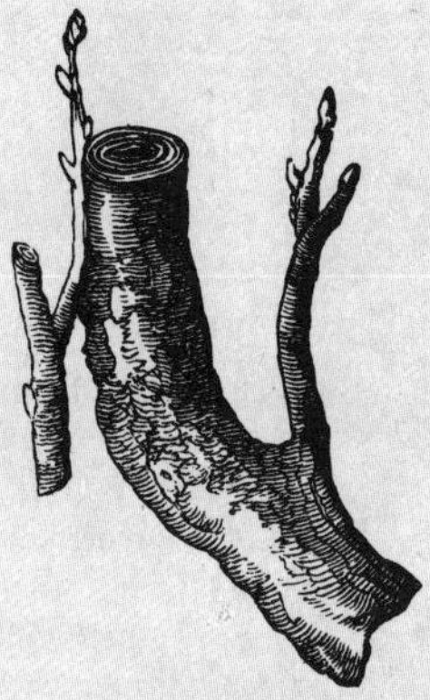

Ansaugen.

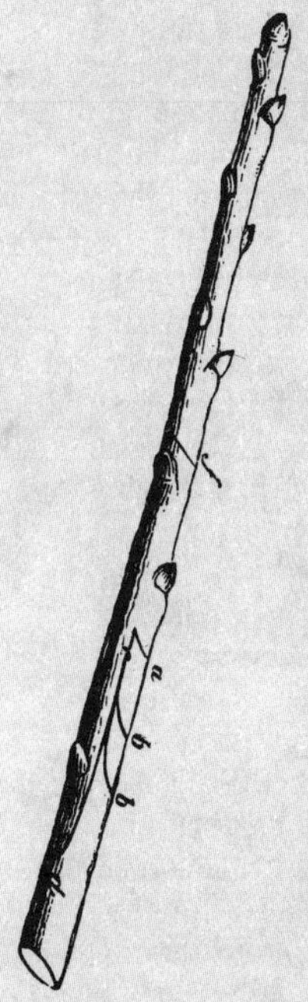

Sattelschäften 1.

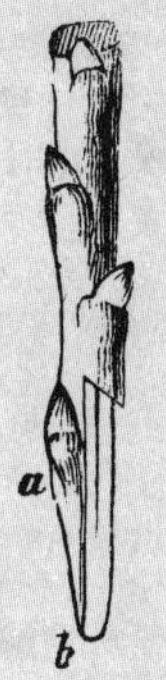

Doppeltes Sattelschäften 5.

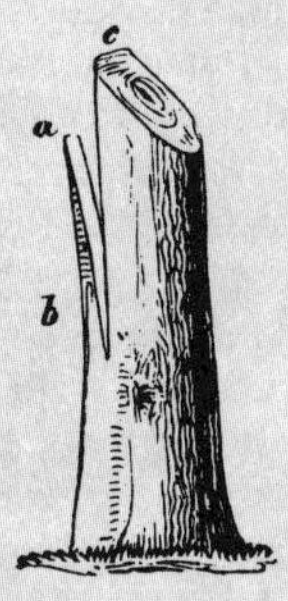

Doppeltes Sattelschäften 6.

Sattelschäften 2.

Aeugeln.

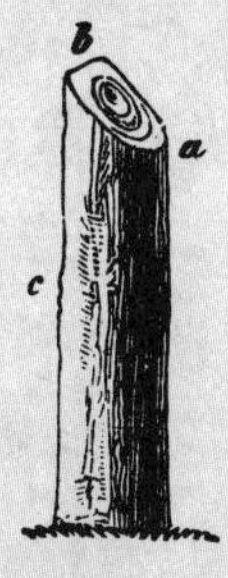

Sattelschäften 3.

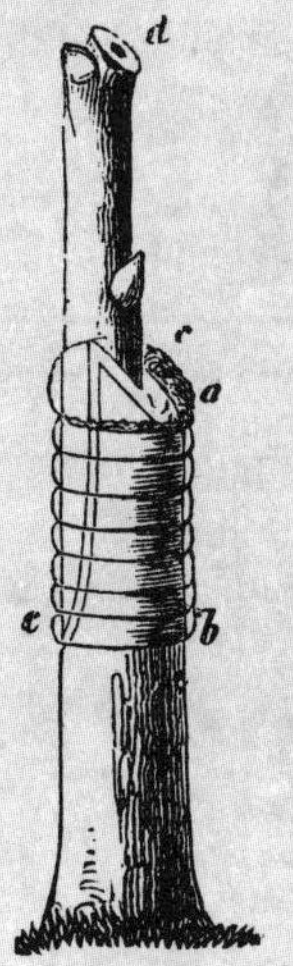

Sattelschäften 4.

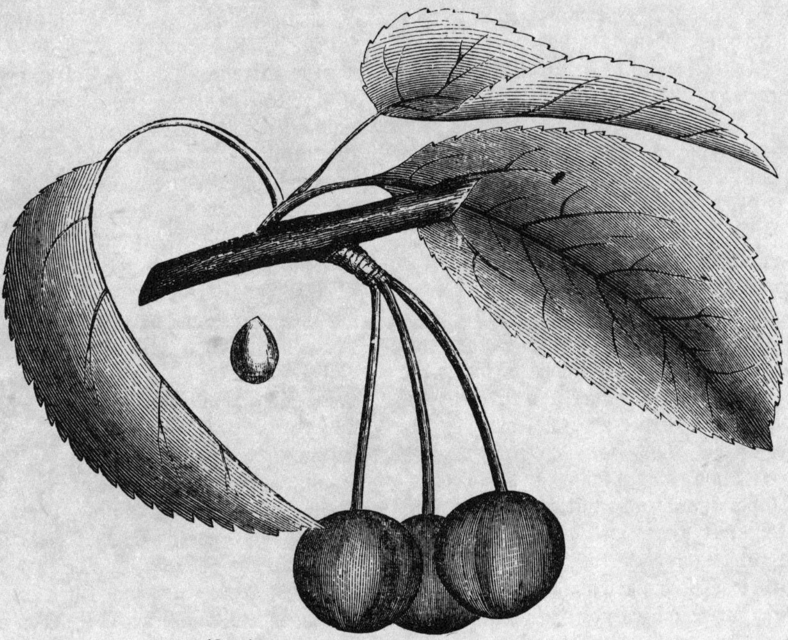

(Kern.)

Ostheimer Weichselkirsche.

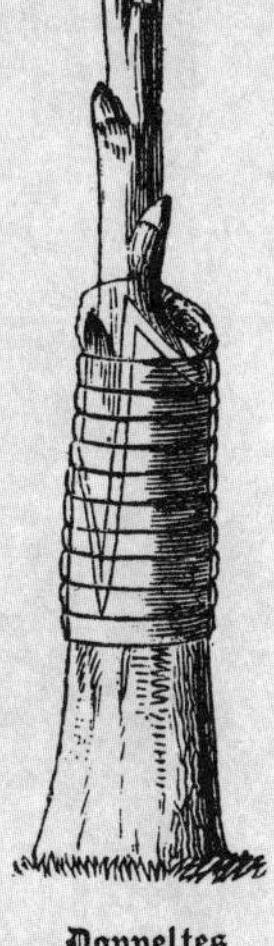

Doppeltes
Sattelschäften 7.

Obstbau.

Die Veredlung der Obstbäume läßt sich auch theilweise benutzen zu derjenigen der Früchte an und für sich. Es giebt nämlich eine ganze Reihe von Verfahrungsarten, um die gewöhnliche Größe der Früchte zu steigern, wie schon S. 46 und S. 50 des Näheren dargethan worden ist. Das Pfropfen durch Annäherung, dessen dort schon gedacht ist, geschieht auf folgende Weise: Gegen Ende Juni wählt man einen kräftigen Trieb, welchen man durch Annäherung auf den Stiel einer Frucht pfropft oder mit demselben eng verbindet: hierauf, wenn der Trieb mit dem Stiele zusammengewachsen ist und hinreichende Ausbildung erlangt hat, um den Saft in großer Menge nach diesem Punkte hinzuleiten, unterwirft man diesen Trieb der Abkneipung um dadurch zu verhindern, daß er zu viel Saft zum Nachtheile für die Frucht an sich ziehe. Wenn der Fruchtstiel zu kurz ist, so vereinigt man den Trieb mit dem Zweige, welcher die Frucht trägt, indem man ihn, auf der entgegengesetzten Seite, wo die Frucht steht, und etwas unterhalb des Ansatzpunktes mit demselben verbindet. In dem einen, wie in dem andern Fall dient der so angehängte Trieb zur Ernährung der Frucht, indem er eine große Menge Saft anzieht, welche dazu beiträgt, ihre Größe zu vermehren. In welchem Verhältniß dies geschieht, zeigen z. B. die beiden aus derselben Trageknospe entsprungenen Flaschenbirnen, von welchen die angehängte bedeutend größer geworden ist, als die andere. Uebrigens ist das Pfropfen durch Annäherung mehr ein Ansaugen (Ablactiren, auch Abhängen), bei welchem Zweig und Fruchtstiel etwas abgeplattet, von der Oberhaut entblößt, auf einander gebunden und mit Baumwachs verstrichen werden. — Eine gute Pflege und Unterhaltung lohnt sich bei den Obstbäumen weit mehr, als man gewöhnlich annehmen will. Daher sieht man leider noch so häufig die Stämme mit Flechten und Moos bedeckt, mit Schorfen, Rissen und faulenden Rindenstücken, in und unter welchen schädliche Insecten sichere Brutstätten finden, verunstaltet; Wasserreiser wachsen nach allen Richtungen, während die Tragäste absterben; die Früchte gehen jährlich zurück in der Menge und Güte; zuletzt ist der Baum, gerade wenn er in's beste Lebensalter treten soll, schon ein unnützer Krüppel, nur des Abhauens werth. Anders dagegen, wenn ihm die richtige Sorgfalt gewidmet wird, dann dauert er nicht blos noch einmal so lang, sondern vergilt auch durch gesteigerten Ertrag, sogar sein Holz ist werthvoller, wenn er endlich einmal fallen muß. In der Jugend erhält das Obstbäumchen einen Pfahl zur Unterstützung, bis es erstarkt ist, damit es gerade empor wächst; angebunden wird es mit Stroh, worin sich aber gern Insecten bergen, oder besser mit getheerten Lederstreifen. Zum Schutz gegen emporkriechende Insecten legt man auch ihm im Spätherbst ein klebriges Theerband um, dessen Anstrich nach Befinden zu erneuern ist. Gegen Moos und Flechten schützt man die Bäume durch fleißiges Abkratzen. Am besten bedient man sich dazu einer besonderen Obstbaumscharre; dies ist ein Werkzeug in Form einer kurzen Hacke mit Stiel, auf jeder Seite anders geformt und geschärft, so daß man damit alle Rundungen, Höhlungen, Risse u. s. w. gleich gut bearbeiten und reinigen kann. Ist dies genügend geschehen, so empfiehlt sich sofort der Anstrich mit Kalkmilch, in Wasser zerrührtem Löschkalk, welcher die Insectenbrut vertilgt, die etwa der Scharre entgangen wäre. Während der dürren Jahreszeit begieße man die Obstbäume ebenso fleißig, wie den Garten. Auch die Düngung vermögen sie ebenso wenig zu entbehren, als der letztere; um den Stamm herum muß zu dem Ende die Erde in hinreichend weitem Kreise aufgelockert werden, auch empfiehlt sich rings um das Einschlagen von 2—3 Fuß tiefen Löchern, damit Feuchtigkeit und Düngerstoffe den Saugwurzeln der Bäume näher gebracht werden können. Beschädigungen durch Thiere, z. B. Weidevieh, sind durch Dorneinband ꝛc. leicht zu verhüten. Bei der Obsternte wird häufig noch sehr rücksichtslos zu Werk gegangen, und dadurch mancher gute Tragast weggebrochen, mancher schöne Baum verstümmelt. Man gehe auch bei derselben mit der nöthigen Vorsicht zu Werke, bediene sich der Bockleitern und anderer Hülfsmittel. Zu ihnen gehört ein Obstbrecher, ein kleiner aus Leinwand gefertigter Sack, der um einen eisernen Ring befestigt ist, und vorn zwei kurze, stumpfe Zähne zum Abbrechen der Früchte hat. Derselbe ist an einer langen Stange befestigt, so daß man damit das Obst, welches sonst schwer zu erreichen wäre, bequem und ohne Beschädigung abnehmen kann. Netze, welche man oft statt der Leinwandsäcke angewendet sieht, bleiben gern in den Zweigen hängen, zerreissen daher leichter. Im Herbste oder Winter wird von den Obstbäumen das überflüssige Holz entfernt. Ein gutes Baummesser soll einen guten Zug, bequemen Griff und nicht allzu stark gebogene Klinge haben; es muß immer recht scharf sein, denn glatte Wunden heilen viel leichter und rascher zu, als rauhe, daher nach dem Schnitt die Fläche immer noch sorgfältig geebnet werden soll. Schneidet man einen Ast ab, ohne die Erhöhungen über seine Umgebung zu tilgen, so bleibt eine wulstige Narbe, ebnet man hingegen die Schnittfläche mit ihrer Grundstelle, so kann sich die Rinde wiederum darüber ziehen. Ueber die besten Arten des Obstschnitts, welcher je nach den verschiedenen Früchten und Zwecken sehr verschieden auszuführen ist, unterrichtet man sich am besten durch besondere Schriftchen darüber, von welchen diejenigen von Jäger und Lucas die vorzüglichsten sind. Die Wahl der Obstsorten richtet sich nach dem Absatz, der Größe der Obstpflanzungen, dem häuslichen Bedürfniß, dem Boden und dem Klima. Für kleinere Anlagen, welche nur für häusliche Zwecke dienen sollen, ist es nicht schwer, eine Anzahl von guten Sorten zusammen zu stellen; wer es kann, sollte dieselben auf eigenen Sortenbäumen zur Veredlung vorräthig haben; man versteht darunter Bäume, auf welche verschiedene Sorten von Edelobst nebeneinander durch Veredlung gebracht worden sind, und welche somit beinahe eine Baumschule ersetzen. Nicht überall bekannt ist, daß es auch doppelt tragende Obstsorten giebt, welche in einem Jahre zwei Ernten liefern. Man hält zwar gewöhnlich derartige Bäume für Ausnahmen, allein dem ist nicht so; verschiedene Kernobstsorten tragen zweimal in der Regel, so z. B. die doppelt tragende grüne Muskatellerbirne. Diese Birne ist sowohl als Tafelobst, wie auch als Wirthschaftsfrucht sehr werthvoll und gehört unbedingt zu den besseren Sorten; die erste Frucht reift Mitte oder Ende August nach und nach, hält sich aber kaum acht Tage lang, und wird leicht um das Kernhaus herum teigig. Die zweite Frucht, welche aus Blüthenknospen, die an den Spitzen der Sommertriebe sich befinden und sich von Johannis an entfalten, entsteht, ist, weil sie sich unvollkommner ausbildet, stets kleiner, als die erste, sonst in der Form veränderlich; sie reift erst gegen Ende October, stimmt aber sonst mit der ersten ganz überein. Die Birne heißt auch Kleebirne. Es giebt auch doppelttragende Aepfel, z. B. der Tulpenapfel, außerdem kennt man auch unter den andern Obstarten, z. B. Pflaumen, Wallnüssen, Weinreben u. s. w. zwei- und dreimal tragende Sorten. Es ist jedoch diese Eigenschaft, so schätzbar sie sein mag, nicht für die Wahl der Frucht entscheidend.

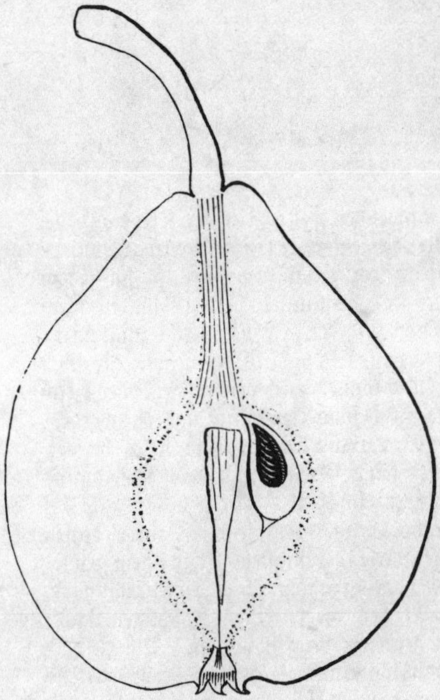

Doppelt tragende grüne Muskatellerbirne.

Erste Frucht.

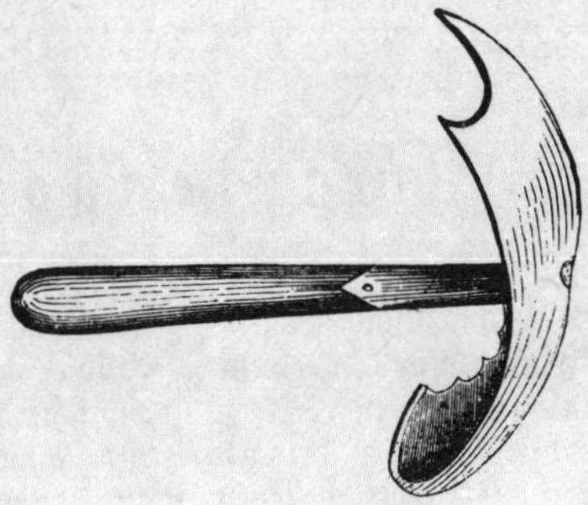

Obstbaumscharre.

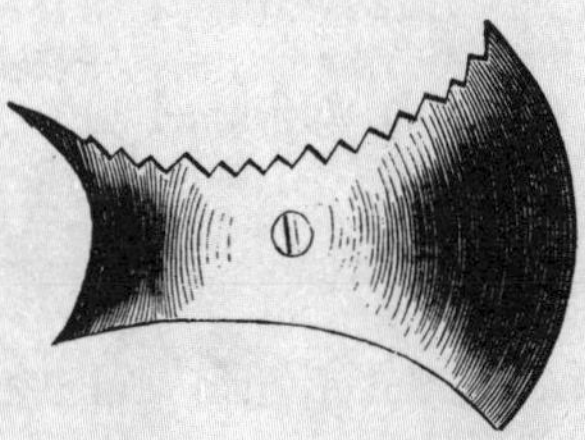

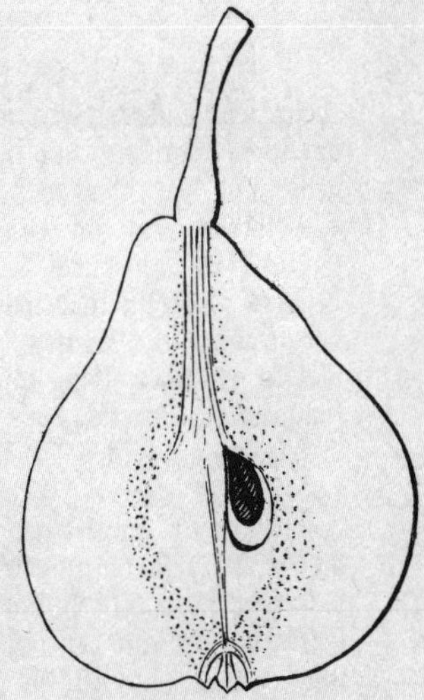

Doppelt tragende grüne Muskatellerbirne.

Zweite Frucht.

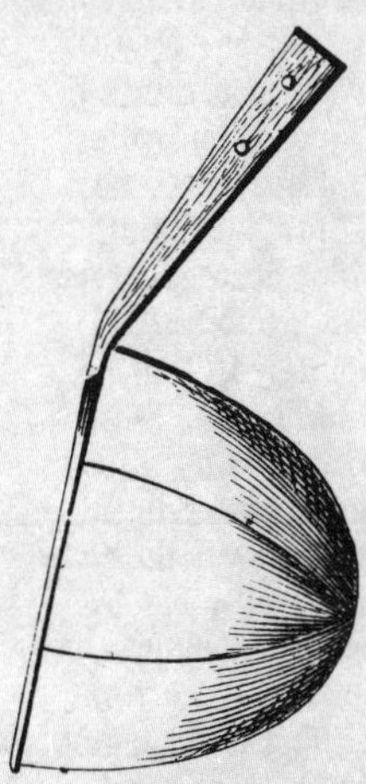

Obstbrecher.

Flaschenbirne.

(Pfropfen durch Annäherung.)

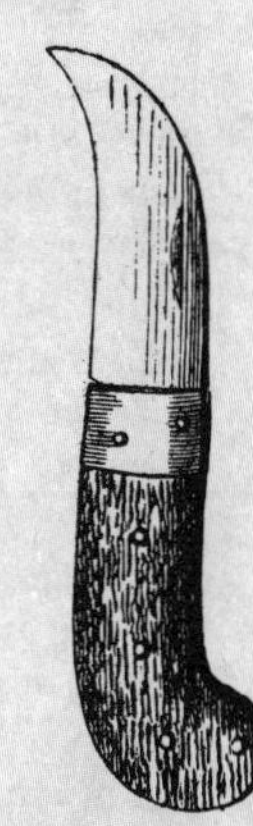

Baummesser.

Gartenbau.

(Fortsetzung von Seite 52.)

Die Geräthe, welche der Gartenbau verlangt, sind größtentheils sehr einfacher Art und wenig kostspielig; nichts destoweniger ist es gerathen, auch in ihrer Auswahl sorgfältig zu Werke zu gehen und stets das Bessere an Stelle des Guten zu bringen. So werden im schweren Boden die in England beliebten Gabelspaten durch leichteres Eindringen in den Boden und besseres Zerkrümeln desselben öfters bessere Dienste leisten, als der gewöhnliche Spaten, dessen deutsche Form überhaupt noch viel zu wünschen übrig läßt; es gibt derartige Grabgabeln mit schmalen und breiten, mit 3 und mehr Zinken. Was derartige Werkzeuge zu leisten vermögen, zeigt die spanische Laya, ein zweizinkiges eisernes Grabscheit, der eine Arm zum Aufsetzen des Fußes im Winkel gebogen, damit wird der Boden bis auf 24 Zoll Tiefe herumgebrochen und dient dasselbe sogar dem Ackerbau statt des Pfluges. Ganz ähnlich ist der schottische Cashrom, der auf den Hebriden im Gebrauch ist. Die Zubereitung des Bodens ist die wichtigste Arbeit bei der Anlage eines Gartens. Ist das Erdreich noch nicht hinreichend tief gelockert, so muß es rajolt werden, eine Vornahme, welche überhaupt in bestimmten Zeiträumen wiederholt werden muß. Das Rajolen hat zugleich den Zweck der Erneuerung des Pflanzbodens durch wechselweises Heraufholen des Untergrundes. Es besteht bekanntlich darin, daß man ein Stück Land mit Gräben der Art durchzieht, daß der Inhalt des einen den darauf folgenden zufüllt, wobei immer die oberste Bodenschicht unten, die untere oben hin kommt. Dies geschieht in lockerem Boden mit Spaten und Schaufel oder mit dem Gabelspaten, in hartem mit dem letzteren und der Hacke, wozu oft eine besondere Rajolhacke unentbehrlich ist. Die Tiefe ist verschieden von $1^1/_2$—3 Fuß; die Wiederholung geschieht alle 5 bis 6 Jahre. Eine wichtige Arbeit des Gartens ist ferner das Begießen der Pflanzen. Jaeger sagt hierüber: Man muß einen Unterschied machen, ob man Samen und nicht tief wurzelnde Pflanzen oder starke Pflanzen mit tiefgehenden Wurzeln zu begießen hat. Im ersten Falle gieße man oft und schwach, im letzteren selten und stark. Die beste Gießzeit ist der Abend. Unter Bespritzen oder Begießen mit Gartenspritzen, versteht man ein Befeuchten der Pflanzen, nicht des Bodens, obgleich auch das Letztere damit verbunden sein kann. Es geschieht hauptsächlich, um den Regen und Thau zu ersetzen, und Luftfeuchtigkeit zu schaffen, wird daher auch in Gewächshäusern geübt, und dient ferner auch zum Reinigen der Pflanzen. Das Bespritzen ist ein höchst wohlthätiges Mittel, unentbehrlich in Räumen, wo viel geheizt wird, höchst nützlich auch in kälteren Räumen vom April bis September. Auch für die Pflanzen im freien Grund ist es überaus nützlich, besonders an Spaliermauern, wo kein Thau auf die Bäume kommt. Niedrige Pflanzen bespritzt man mit der Brause der Gießkanne, höhere mit der einfachen Handspritze, die höchsten mit fahrbaren Druckspritzen, wobei die Feinheit des Strahls geregelt werden kann. Im Zimmer spritzt man mit kleinen Handspritzen, auch mit einem naßgemachten Haarbesen. Das Spritzen geschieht im Winter stets des Morgens im Gewächshaus. Im Hausgarten spritzt man namentlich, um bei großer Hitze und Trockenheit die Luft zu erfrischen, was wohlthätig für Pflanzen und Menschen ist. — In dem Ziergarten, der keiner noch so kleinen Wirthschaft ganz fehlen sollte, bilden die Blumenbeete die Hauptmasse des Schmucks. Von Form sind dieselben regelmäßig oder unregelmäßig, letztere sind aber nur im Park anwendbar. Die einfachste und angenehmste Beetform, welche man am allgemeinsten anwenden sollte, ist der Kreis und die Ellipse. Besonders bietet die letztere eine im Garten höchst erwünschte Veränderlichkeit in der Breite, wodurch sie sich jedem Platz anpassen läßt. Aus den genannten beiden Figuren kann man dann eine Menge von anderen Formen leicht zusammensetzen. Solche Beetfiguren passen sowohl für gemischte, als auch für regelmäßige Gärten, und können auch vergrößert, oder durch Hinzufügung neuer Beete zu besonderen Blumengärten werden. Dergleichen sogenannte Teppichgärten sind sehr beliebt. Ihre Abwechselung findet keine Grenze und das Kaleidoskop (Sehrohr welches farbige regelmäßige Figuren bildet) gibt bei jeder Wendung neue Muster dazu. Künstliche Figuren passen übrigens nicht für einfache Gärten, wenigstens ist es übrig genug, wenn eine derselben an dem bevorzugten Platze angebracht wird. In den Prunkgärten der Reichen, neben einem prächtigen Landhause oder Schlosse, treten andere Rücksichten ein. Um zu versinnlichen, wie bei der Anlage eines derartigen Teppichgartens zu verfahren ist, seien mehrere Anleitungen dazu nachstehend gegeben. Von den vier verschiedenförmigen Eckstücken möge man eines auswählen, wenn überhaupt die Anlage solcher beabsichtigt wird. I. Plan. 1. Entweder Wasserbecken mit Seerosen oder Rundstück, in der Mitte Arundo donax, umgeben von Caladium odoratissimum und Panicum micranthum, die äußerste Linie bildet Coleus Verschaffeltii. 2. 3. 4. 5. 6. Rosa borbonica, Souvenir de Malmaison, hell; 7. 8. 9. 15. 16. 17. Rosa hybrida Remontante Prince Joinville, roth; 10, 11, 12, 13, 14 Malmaison Rosen. Alle diese Rosen werden in zweifüßiger Entfernung umgepflanzt und niedergehakt; sie blühen den ganzen Sommer durch. 18, 20, 22, 48, 46, 30, 32, 34, 36, 38, Gnaphalium lanatum, weiß, niedergehackt. 24, 26, 28, 40, 42, 44, Achyranthes Verschaffeltii, roth. 19, 21, 23, 29, 31, 33, 35, 37, 39, 45, 47, 49 Pelargonium scarlet minimum, Nosegay. 25, 27, 41, 43, Pelargonium scarlet Silver Queen, weißbunt. Die Beete 18, 20, 32, 34, 36, 48 2c. können auch, was sich sehr schön machen würde, hochstämmige Rosen aufnehmen, die, wie bei 60 angedeutet, mit Guirlanden von Pilogyne suavis zu verbinden wären. Eckstücke zu Plan I: 50, 53, Verbena Wondroffe, scharlachroth. 51. 52. Verbena teucrioides, weiß, oder 54, Hedera helix latifolia, niedergehakt. II. Plan. Sämmtliche Beete mit Monatsrosen, entweder einfarbig, oder, wie bei 1, 2, abwechselnd. In letzterem Fall kann das Rundtheil mit Malmaison-Rosen bepflanzt werden. Oder auch 1—49 Rosen; 55, 57, 59. Heliotrop blau; 56, 58 Heliotrop weiß. III. Plan. 1. Blattpflanzen: Canna, Ricinus, Solanum, oder Gladiolus. 2—17 abwechselnd rothe und weiße Petunia, beide aus Samen. Will man mehr Abwechselung, so können noch blaue Lobelia dazwischen kommen. 18—49. Sommerlevkoyen, oder die geraden Zahlen Sommer- die ungeraden frühe Herbstlevkoyen; nach dem Verblühen der ersteren blaue Ageratum aus dem Vorrathsgarten oder ähnliche Blumen. 55—59. Die Eckstücke werden bepflanzt mit Oxalis tetraphylla oder O. tropaeoloides, oder mit Reseda, oder mit verschiedenfarbigen Portulacca. Die letztere Teppichbepflanzung ist die mindest kostspielige. — Als nothwendige Gartenwerkzeuge empfehlen sich ein gekrümmtes Messer, die Gartenhäpe, deren Klinge mittelst eines drehbaren Rings vor dem Niederklappen geschützt werden kann, und eine Rosenscheere mit Federwirkung, die zugleich zum Beschneiden der Bäume und Gesträucher gute Dienste leistet.

Die Laya.

Teppichgarten.

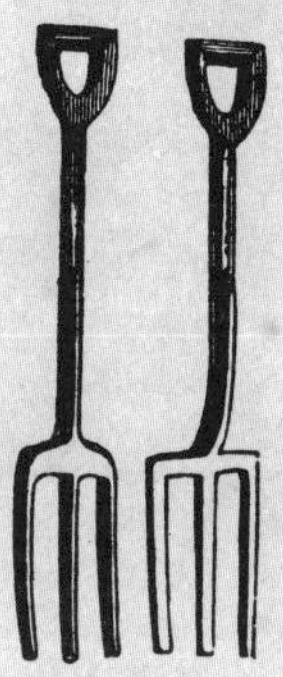

Gabelspaten.

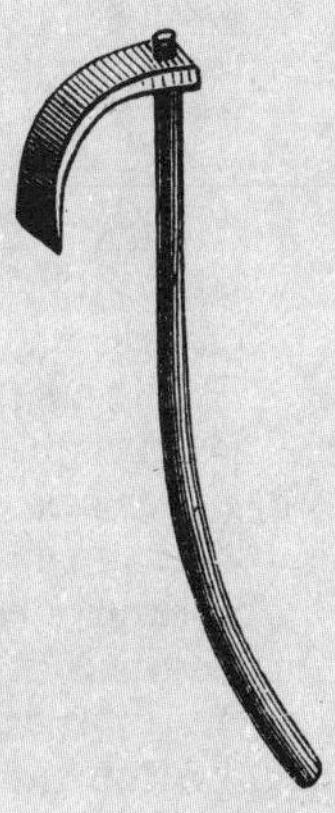

Rajolhacke.

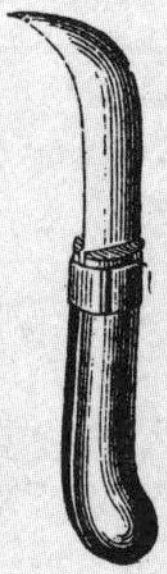

Gartenhäpe.

Das Begießen mit Gartenspritzen.

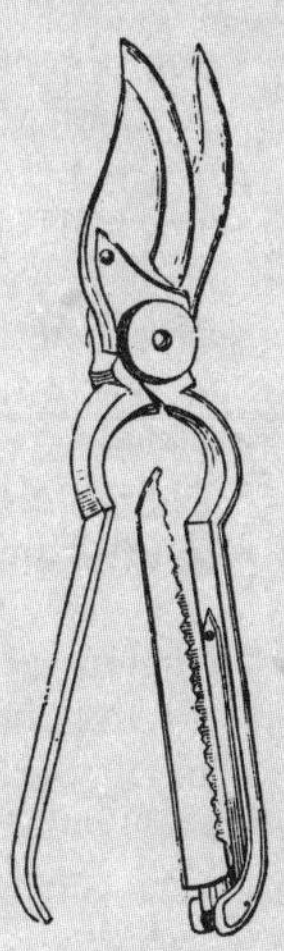

Rosenscheere.

Landschaftsgärtnerei und Forstwirthschaft.

Die höhere Gartenkunst hat die Aufgabe, nicht blos in der nächsten Umgebung der Wohnungen schöne, dem Auge angenehme und auf das menschliche Gemüth einwirkende Pflanzenzusammenstellungen, Gärten oder Parks zu bilden, sondern ganze Landschaften in solchen Einklang zu bringen. Daher nennt sie sich auch Landschaftsgärtnerei und ihr Wesen ist keineswegs bloße Spielerei oder Ueberfluß, nein, sie ist nothwendig als ein sehr bedeutendes Mittel der Bildung für das Schönheitsgefühl, als ein Beweis von der menschlichen Macht über die starre Natur, als eine Annehmlichkeit, die um so größer ist, als sie den Nutzen keineswegs zu beeinträchtigen braucht. Nur in der Verbindung des Schönen mit dem Guten liegt das würdigste Ziel der Thätigkeit. Der Sinn für Landschaftsgärtnerei ist seit dem letzten Jahrhundert erwacht, nachdem der steife Geschmack der französischen Gärten in den unregelmäßigen englischen Gärten ein Gegengewicht gefunden hatte. Was in dieser Hinsicht geleistet worden ist, geht in's Erstaunliche; für die neuere Gartenkunst gibt es fast keine Unmöglichkeiten mehr. Sehr häufig macht die Landschaftsverschönerung es z. B. wünschenswerth, große Bäume an bestimmte Stellen zu bringen, und es gelingt ihr; schon oft hat man hundertjährige Riesen des Waldes mit Erfolg auf andere Stellen versetzt. Auch im gewöhnlichen Leben, namentlich des Landwirths, können dergleichen Versetzungen annehmlich erscheinen und es ist daher eine kurze Anleitung dazu hier wohl am Ort. Das Versetzen älterer Bäume geschieht, wie Jedermann weiß, am zweckmäßigsten nur im Winter, bei hinreichend festgefrorner Erde. Ehe diese jedoch in solchem Zustand ist, müssen einige Vorkehrungen getroffen werden. Soll z. B. ein Baum auf eine Strecke von 50 oder 100 Fuß weit von seinem bisherigen Standpunkt versetzt werden, und das Land oder dessen Bestellung legt keine Schwierigkeiten in den Weg, so beginnt man im Herbste die Vorarbeit damit, daß man einen 4 Fuß breiten und 2—3 Fuß tiefen Graben von dem zu versetzenden Baum bis zu seiner neuen Stelle auswirft. Ist dies geschehen, so wird bei dem ersten eintretenden Frost der Ballen des Baumes in je 2 Fuß Halbmesser vom Stamm ringsum abgegraben. Sobald alsdann dieser gehörig durchfroren ist, so wird er in 2 bis 3 Fuß Tiefe mittelst Keilen abgesprengt, auch mit der Axt ohne Sorge bei den einzelnen tiefgehenden Wurzeln nachgeholfen. In dem Graben, welcher zweckmäßig mit etwas Gefälle angelegt wird, wird entweder eine Bahn aus 2 Brettern gebildet, oder aber die Sohle desselben mehrmals mit Wasser begossen und so zur Schlittenbahn gemacht. Der losgetrennte Ballen wird darauf theils mittelst Hebebäumen, theils indem er durch am Stamm angebrachte Stricke gelüftet wird, auf eine breite Plattform von Bohlen geschoben, welche selbst auf untergelegten hölzernen Walzen läuft. Sobald dies geschehen, ist auch die Hauptarbeit vollendet, es bedarf dann nur geringer Nachhülfe, um die ganze mächtige Last auf den immer sorgfältig wieder vorgelegten Walzen langsam aber sicher vorwärts zu ziehen oder zu schieben. Bei der Unternehmung darf die Vorsicht nicht versäumt werden, mittelst zweier in der Höhe des Stamms angebrachter Stricke den Baum immer im Gleichgewicht zu halten; zwei Leute sind dazu hinreichend, während zwei andere zur Fortbewegung meist genügen. Ist der Baum am Ende seiner Laufbahn angelangt, so steht er auch auf seinem Fleck und es bedarf dann blos des Anstampfens der Erde rings um denselben, worauf späterhin der Graben wieder zugeworfen wird. Verhindert es die Oertlichkeit, einen solchen zu ziehen, so ist die Ausführung etwas schwieriger; es muß alsdann vorher eine mäßig geeignete schiefe Ebene nach der unteren Ballenfläche aufgeböscht und der Baum dann auf die vorhin beschriebene Art, allerdings mit größerer Kraftanstrengung auf diese gehoben werden. Hierbei ist besonders Rücksicht darauf zu nehmen, daß derselbe nicht umschlägt, was bei sehr hohen Stämmen leicht der Fall sein kann. — In derlei Unternehmungen bildet die Landschaftsgärtnerei den Uebergang zur Forstwirthschaft, mit welcher sie überhaupt nahe verwandt ist, indem sie neben Wasser und Rasen vorzugsweise Bäume und Buschwerk zu ihren Wirkungen verwendet. Die Forstwirthschaft, die jüngere Schwester der Landwirthschaft — denn in früheren Jahrhunderten beutete man blos den Wald aus, ohne ihn zu pflegen — hat zum Ziel die Benutzung des Bodens mittelst der Holzpflanzen oder Forstgewächse, deren Lebensdauer eine viel längere, als die der Nutzpflanzen des Ackers ist, daher einen ganz anderen Betrieb bedingt. Die Forstwirthschaft hat sich in verhältnißmäßig kurzer Zeit weit mehr ausgebildet, als die Landwirthschaft; einige Kenntnisse von derselben sind jedem Landwirth unentbehrlich. Ihre wichtigste Lehre für diesen ist diejenige vom Waldbau. Sie begreift in sich I. die Holzzucht: Anlage der Schläge, Größe des jährlichen Holzschlags; die Verjüngung der Hochwälder; die Schlagführung in denselben; die Anlage und Schonung der Samenschläge; die Vornahme der Durchforstungen; das Verfahren in gemischten und unregelmäßigen Hochwaldungen zur Erziehung und Erhaltung der Bestände; die Einrichtung des Betriebs des Niederwalds und Mittelwalds, der Plänterwirthschaft, der Kopfholz- und Schneidelholzwirthschaft; den Uebergang einer Waldbewirthschaftungsart in die andere; die Regeln der Holzernte; das Stockroden; endlich die Verbindung des Ackerbau's mit dem Forstbetrieb: Hackwald, Röderwald und Baumfeldwirthschaft. Der II. Theil des Waldbau's lehrt den Anbau des Holzes, Auswahl und Art der Saaten, die Vorbereitung und Urbarmachung des Bodens und dessen Entwässerung, Einsammeln und Aufbewahrung des Holzsamens, Aussaat, rein und vermischt, Holzpflanzung, Anbau durch Ableger und Stecklinge, Pflege und Schutz der Saaten. Alle diese wichtigen Lehren gehören aber dem Gebiete der Landwirthschaft nicht an, und wer sich darüber unterrichten will, findet genug treffliche Schriften, welche ihnen eigens gewidmet sind. Viele derselben treffen aber doch auch wieder mit der letzteren zusammen und haben für den Landwirth besondere Anziehungskraft, weil sie auch seinen eigenen Zwecken dienen. So die Lehre von der Holzernte, insbesondere vom Stockroden. Es kommt sehr häufig vor, daß die Ueberreste von gefällten Baumstämmen, sogenannte Stöcke, aus dem Boden geschafft werden müssen; eine höchst langwierige Arbeit. Neuerdings bedient man sich mit Vortheil der Maschinen dazu. Unter diesen eignet sich die Stockrodemaschine von Schuster mit Vortheil für solche Stämme, welche weniger als einen Fuß Durchmesser haben. Ihr Gebrauch ist der folgende: Sobald die Stöcke aufgegraben sind, wird die Zange entweder unter den Stock selber oder unter eine besonders starke Seitenwurzel eingetrieben. Ist die Zange auf diese Weise befestigt, so hängt man die oberen Haken derselben in die Kette B und hebt dann das Ganze mittelst der Handhabe C empor. Die Kraft wird ausgeübt mittelst der Uebersetzung eines senkrechten Stirnrades, welches durch eine Schnecke bewegt wird. Die Maschine leistet verhältnißmäßig Befriedigendes.

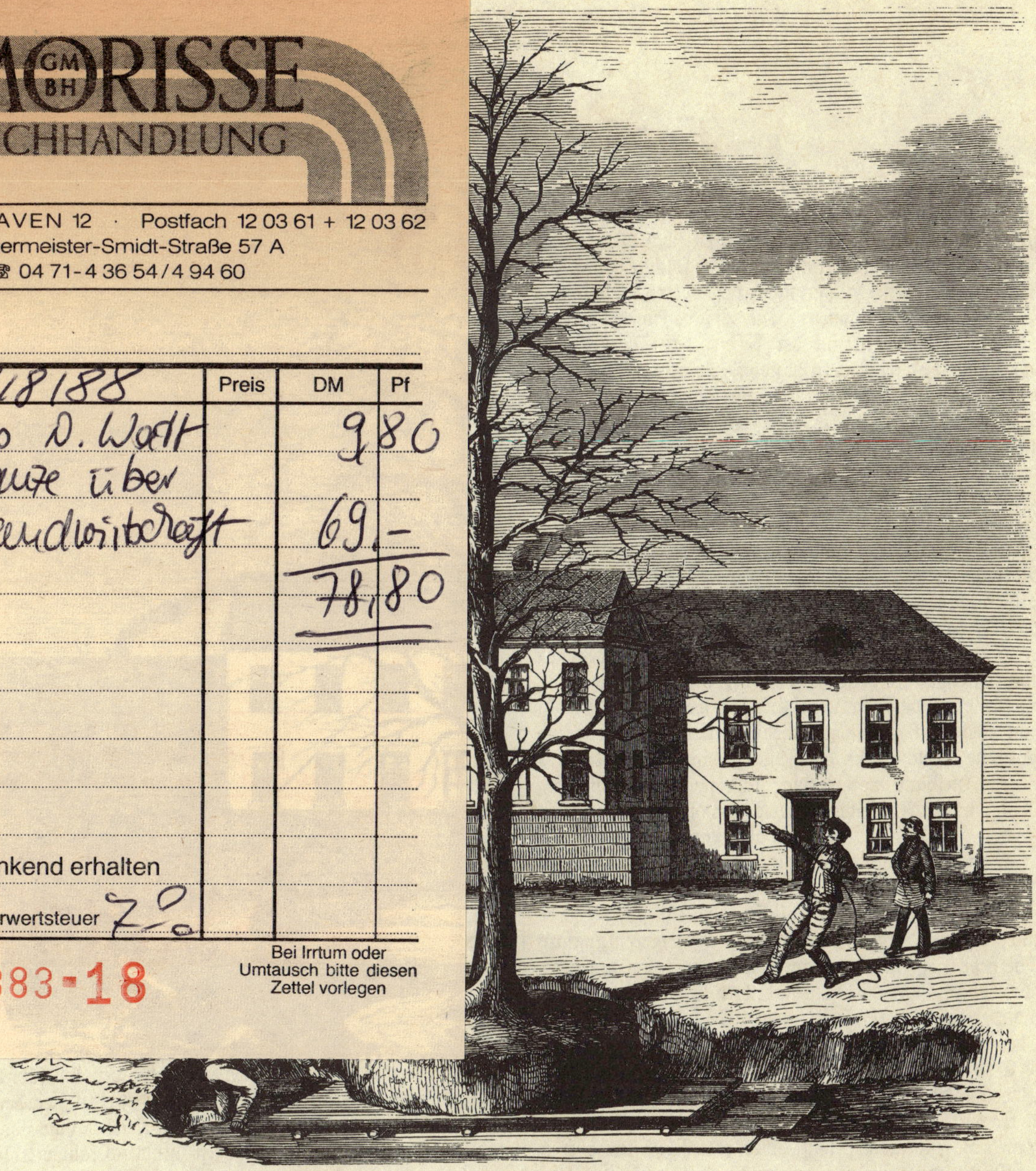

Das Versetzen alter Bäume.

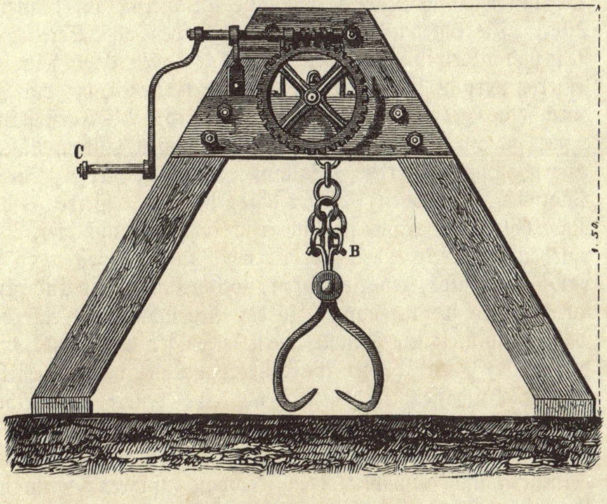

Schuster's Stockrodemaschine.

Zange der Schuster'schen Maschine.

Forstwirthschaft.

So wichtig es wäre, eine vollkommen leistungsfähige Stockrodemaschine zu besitzen, so bedauerlich ist es, daß die meisten empfohlenen nicht allen Anforderungen an eine solche entsprachen, indem sie entweder nicht mächtig genug waren, oder allzu schwierig in Gang gesetzt werden konnten. Die Würtemberg'sche Stockrodemaschine ist eine der besten; der Schuster'schen verwandt, ist sie weit leichter zu handhaben und viel kräftiger. Auch in den dichtesten Beständen läßt sie sich anwenden. Der Haken B wird in einen in den Stock getriebenen Ring gehängt, oder kann auch durch die Zange der Schuster'schen Maschine ersetzt werden. Durch Verringerung der Länge der Kette, woran der Haken B befestigt ist und mit Hülfe des in A in der Verkürzung sichtbaren Hebels wird der Stock ausgehoben und auf die Seite geworfen. Außer diesen beiden, durch Menschen bewegten Maschinen, giebt es auch noch andere, welche der Kraft der Zugthiere bedürfen. Aus der Zahl derselben heben wir hervor die Ungarische Stockrodemaschine des Barons Lo Presti di Fontana, bei welcher eine vorbereitende Arbeit gar nicht nöthig sein soll. Der Stock wird vermittelst der Zange B ergriffen, und durch die Schraubenspindel C, welche einen Durchmesser von ziemlich 6 Zoll hat, ausgehoben. Zur Bedienung dieser Maschine, welche über 60 Centner wiegt, sind 3 bis 4 Arbeiter nebst Gespann nothwendig, und schon deshalb kann dieselbe wohl nur in Ausnahmefällen Anwendung finden. Die drei Füße des Gerüstes sind mit stellbaren Laufrädern versehen, um ihren Transport von einem Platz zum andern zu erleichtern. Am Ende des Hebels oder Zugbaums A, welcher oben mit einer Mutter die Schraubenspindel umschließt, wird ein Paar Pferde angespannt, welches durch seinen Umgang die letztere langsam in die Höhe hebt. Ist der Stock ausgehoben, so kann man vermittelst des oben angebrachten wagerechten Schwungrades die Spindel wieder rasch herabsteigen lassen. Es soll sich diese Maschine in der Ausübung sehr gut bewährt haben. Die amerikanische Stockrodemaschine (Stump-puller) liegt auf zwei Rädern, welche das sehr fest gefügte und widerstandsfähige Gestell B tragen; eine starke Kette, mit einem ihrer Enden an diesem Gestell B festgemacht, läuft über eine Rolle im oberen Theile desselben und ist mit dem andern Ende in der geflügelten Mutter der bewegenden Schraubenspindel befestigt. Handelt es sich nur um Aushebung schwacher Stöcke, das Emporbringen von leichteren Gegenständen, so arbeiten 2 Mann an den Handhaben C des Stellrades oder Steuerrades am Schwanze der Schraube. Sind dagegen die Stöcke sehr stark, die zu besiegenden Hindernisse größerer Art, so läßt sich auch bei D ein Paar Ochsen oder Pferde anspannen, welche durch eine Räderübersetzung die Bewegung auf die mit einem Zahnkreuz versehene Stellscheibe C und folglich auf die Schraube übertragen. Diese amerikanische Stockrodemaschine, welche besonders viel leichter zu handhaben ist, als die ungarische, scheint eine der besten ihrer Art zu sein, namentlich bemerkenswerth ist die Einfachheit der Uebertragung ihrer Bewegung. Mit einigen Zuthaten oder Aenderungen kann sie auch zum Emporheben und Weiterbringen von anderen Lasten, z. B. von großen Ortsteinen, dienen. Dies sind gegenwärtig die vollkommensten Hülfsmittel, die man bis jetzt zum Ausheben der Stöcke bei Waldrodungen benutzt hat. Daß diese Maschinen äußerst wichtig sind, daher der Fortbildung dringend empfohlen werden müssen, wird kein Landwirth oder Forstmann in Abrede stellen. Denn das Verfahren, welches jetzt noch vielfach bei der Holzgewinnung beobachtet wird, stimmt schlecht mit der allgemein anerkannten jährlich zunehmenden Holznoth. Indessen ist das Stockroden doch nicht überall gleich gut anwendbar. Schon Heinrich Cotta hat gelehrt: Durch die Herausnahme der Stöcke und Wurzeln wird der Boden aufgelockert, die Erde wird umgewendet, vermengt und durch die Einwirkungen der Luft offenbar fruchtbarer, dadurch, wie auch durch Wegräumung der für den Wuchs der jungen Pflanze so nachtheiligen Verwurzelung zur Besamung empfänglich gemacht. Bei frischem, mürbem und kräftigem Boden hat die Wegnahme der Wurzeln durchaus keinen Einfluß auf dessen Ernährungsfähigkeit. Der neue Bestand wird sich ebenso kräftig entwickeln und fortwachsen, als der frühere. Darüber liegen unzweifelhafte Erfahrungen vor. Bei kaltem, schwerem und humusarmem Boden hingegen hält die Lockerung nicht lange vor; es erfolgt sogar öfter ein stärkeres Zusammensetzen, als vorher. Das würde jedoch dem Holzwuchse nicht schaden, wenn das Heraufbringen des todten Bodens bei einer vollkommenen Rodung zu vermeiden wäre, wodurch das Gedeihen des jungen Holzes sehr beeinträchtigt wird. Bei solchem Boden hat man also das Stockroden zu ändern. Unbezweifelt nachtheilig aber ist die Stockrodung: 1. an steilen Bergen, die einen lockeren Boden haben, weil daselbst nach derselben das Wasser die Nahrungsstoffe auslangt, die fruchtbare Erde zu Thale führt und oft Wasserrisse verursacht; 2. auf einem Boden, der reinen Flugsand enthält, wo durch das Stockroden Sandschellen erzeugt werden können, wenn der Wiederanbau nicht unmittelbar nach der Rodung geschieht, und 3. auf ebenem und nassem Boden mit Thonunterlage, weil daselbst leicht Versumpfungen entstehen, wenn die Löcher nicht gut wieder geebnet werden. — Nothwendig ist das Stockroden insbesondere da, wo durch die Verbindung des Ackerbaus mit Forstwirthschaft ein höherer Ertrag, als der gewöhnliche, für beide Theile erzielt werden soll. Diese Verbindung kann entweder eine auf einander folgende oder eine gleichzeitige sein. Der erstere Fall tritt ein beim Hackwald- und Röderwaldbetrieb, der im südwestlichen Deutschland zu Hause ist; dabei wird von Zeit zu Zeit der Boden vom Waldwuchs geräumt, oft durch zu Hülfenahme von Feuer, und dann eine Reihe von Jahren hindurch landwirthschaftlich benutzt durch Bestellung mit Roggen, Hafer, Buchweizen, Kartoffeln, worauf man eine neue Ansaat, gewöhnlich in Getreide, vornimmt. Bei der Baumfeldwirthschaft dagegen wachsen Bäume und landwirthschaftliche Erzeugnisse gleichzeitig auf demselben Acker. Die ersteren werden in lichte Reihen oder Streifen gestellt und bilden so Beete, welche mit Ackerbeeten abwechseln; auf letzteren wird der Feldbau nur so lange betrieben, bis das Holz durch seine Größe demselben hinderlich wird. Als Forstpflanzen eignen sich am besten: Eichen, zahme Kastanien, Eschen, Rüstern, Ahorn, Buchen, Erlen, Wallnuß, Kirschen, Aepfel, Birnen, Pflaumen, Elsbeeren, Speierlinge, Pappeln, Weiden und die Nadelhölzer. Daraus ist auch ersichtlich, daß auf diese Weise vortheilhafte Gelegenheit gegeben wird zum Betrieb des Obstbau's im Walde, ein Verfahren, welches nicht dringend genug anempfohlen werden kann. Zu der Ausnutzung der Ackerbeete wählt man geeignete Früchte, meist diejenigen des Sandbodens, denn in der Ebene soll der Wald überhaupt nur noch da bestehen, wo die Beschaffenheit des Bodens keine bessere Verwerthung desselben zuläßt, oder wo er als Schirmwand gegen Winde &c. stehen muß. Man kann aber einen Boden durch den Holzanbau verbessern und allmählich dem Feldbau zuführen, wenn man ihn mit dem letzteren zusammen bewirthschaftet.

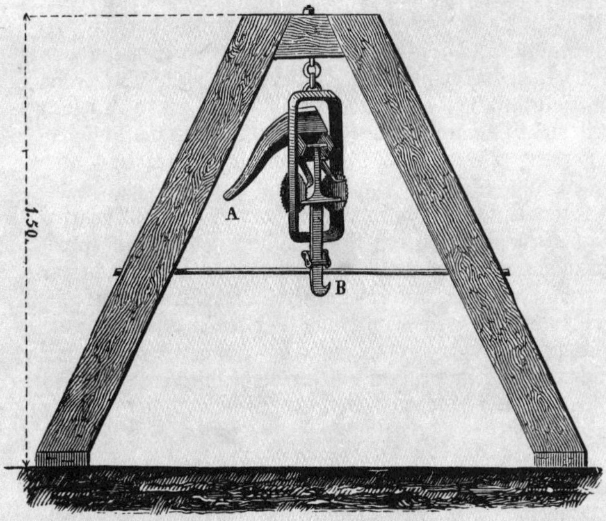

Würtembergische Stockrodemaschine.

Ungarische Stockrodemaschine.

Amerikanische Stockrodemaschine.

Schädliche Thiere.

Der Ertrag der Ernten wird sehr oft durch Thiere empfindlich geschädigt und es ist wichtig und nothwendig, diese Feinde zu kennen, um ihnen erfolgreich entgegen treten zu können. Unter den vierfüßigen Thieren thut das Wild — Hirsche, Rehe, Hasen, Sauen — vielen Schaden, besonders in der Nähe von Waldungen; Scheuchen, Umdornen der Bäume, Hütung, Bestreichen von Pfählen mit starkriechenden Salben helfen nur wenig, wenn eine unvernünftige Hegung das Vergnügen des Einzelnen über das Bedürfniß des Ganzen setzt. Der Hamster und in südlichen Gegenden die Zieselmaus, oder große Wühlmaus, rauben vieles Getreide in Körnern; Fangen in Fallen, Ausgraben, Vergiften muß gegen sie schützen. Noch weit verderblicher sind aber die manchmal in ungeheurer Zahl auftretenden Feldmäuse und die Wühlmäuse; durch Gift, Fallen, Ausräuchern u. s. w. kann man zwar viele vertilgen, aber mehr noch durch den Schutz ihrer Feinde: Füchse, Wiesel, Katzen, Igel, Raubvögel, besonders Eulen. Wo daher, wie häufig, eine Eule an's Scheunenthor genagelt ist, da stellt sich der Bauer selber ein schlechtes Zeugniß aus. Der Maulwurf nützt auf dem Acker durch Aufsuchen der Engerlinge, schadet aber auf den Wiesen unbedingt, und muß von diesen durch Fallen oder Bewässern vertrieben werden. Von Vögeln stiehlt der Feldsperling in großen Flügen oft so viele Körner, daß ihm durch Scheuchen, Klappern rc. gewehrt werden muß, trotzdem er auch ein Insectenvertilger ist. Dies sind auch die Staare, welche nichtsdestoweniger den Weinbergen oft großen Schaden thun. Dem Obst gefährlich sind Pirole, Kernbeißer, Nußhäher; Krähen und Raben setzen sich gern auf Pfropfreißer und verderben die schönsten Veredlungen, sind aber zur Sühne fleißige Insectensucher. Die Tauben sind der Saat von Raps, Rübsen, Erbsen und Wicken durchaus schädlich, und müssen während derselben entschieden im Schlage gehalten werden. Auch die Hühner soll man, so wenig wie die Gänse jemals, zur Saatzeit in die Felder lassen. Außerordentlichen Schaden thut die gefräßige Trappe, der größte Vogel Europas, der im Süden in Heerden von Hunderten die Saatfelder plündert und zertritt, aber auch zu uns kommt; diese Vögel sind so scheu, daß ihnen nur schwierig beizukommen ist. Sehr mit Unrecht werden häufig verfolgt viele Thiere, welche dem Landwirth nur von Nutzen sind, dahin gehören die Schlangen — Ringelnatter und glatte Natter — der Frosch, die Kröte, die Eidechsen, Blindschleichen, Salamander — ferner die Kukuke, Ziegenmelker, Wachteln, Rohrdommeln — und Igel, Iltis, die Fledermaus, die Spitzmaus, der Maulwurf — alle diese sind Hauptvertilger von Insecten, Mäusen und anderem Ungeziefer und vergelten durch diese Thätigkeit hundertfach den Schaden, den vielleicht einzelne darunter nebenbei mit anrichten. Von schädlichen Schmetterlingen oder deren Raupen sind zu nennen: 1. Gemüseraupen: Kohlweißling, die braune Kohlraupe (Kohleule, Herzwurm) die grüne Gemüseraupe (Gamma-Eule). 2. Wiesen- oder Grasraupen: Die nordische und die deutsche Grasraupe (Wiesenraupe). 3. Obstbaumraupen: Die grüne Spannraupe (Frostnachtschmetterling, Frostmotte), die Wickelraupe (Blattwickler), der Baumweißling, die Stammraupe, die Ringelraupe, die Rebenmotte. 4. Feldraupen: Die Hopfenraupe, die Hopfenspringraupe, der Harlekin, die Wintersaateule. 5. Waldraupen: Die Fichtenraupe (Kienraupe), die Nonne, der Föhrenspanner, der Fichtenwickler, der Eichenwickler, der Eichenvogel, die Processionsraupe, der kleine Fichtenspinner, die Kiefernraupe. Hieran reiht sich die Fichtenblattwespe, die Hessenfliege, die Roggenfliege und die Graumade. Es giebt zahlreiche Mittel gegen die Raupen, leider lassen sie sich meist nur im Kleinen anwenden. In Wäldern hilft Eintrieb von Schweineheerden, möglichster Schutz der Raupenfeinde, schnelle Absperrung der überfallenen Schläge — aber so wenig, daß oft in einzelnen Jahren viele Quadratmeilen herrlichen Waldes gänzlich zerstört werden, wie z. B. von der Nonne in Ostpreußen. Auch im Felde kann man wenig thun, wenn man nicht zugleich die Saat opfern will; dann hilft Walzen, Ueberspritzen mit scharfen Flüssigkeiten u. s. w. Ein treffliches Mittel gegen Baumraupen besteht in einem kleinen Kessel mit Spirituslampe, der an einer langen Stange hängt, und einen heißen Dampfstrom entströmt, welcher Insecten, deren Larven und Eier sofort vertilgt. Auch mit Schwefeldämpfen rc. kann man die Bäume säubern. An schädlichen Käfern sind zu nennen für die Feldfrüchte, Obst, rc.: Der Weizenkäfer (Brachkäfer), der Saatschnellkäfer (Drahtwurm) der buckelige Wurzellaufkäfer, der Pfeifer, der Erbsenkäfer, der Stengelbohrer, der Gleitkäfer, der Rebenstîcher, der Kornrüsselkäfer (schwarze Kornwurm, der Obstwurm, der Pflaumenbohrer, der Aepfelblüthennager, der Maikäfer (insbesondere dessen gefräßige Larve, der Engerling) der Julikäfer, der Ohrwurm u. s. w. Von Motten ist noch zu erwähnen der weiße Kornwurm, welcher, wie der schwarze, das Getreide auf dem Speicher aushöhlt und dadurch oft große Verluste veranlaßt. Ein Insect, welches in südlichen Ländern oft die allergrößten Verwüstungen auf dem Felde anrichtet, ist die Wanderheuschrecke, die in Schwärmen von Millionen über die Saaten herfällt und sie gänzlich vertilgt. Ihr nahe steht die einheimische Maulwurfsgrille (Reutwurm), welche die Wurzeln der Pflanzen abnagt; ihr größter Feind ist der Maulwurf. Für den Forst sind schädlich: Der gemeine Borkenkäfer (der Buchdrucker), der Fichten-, der Lerchen-, der Tannenborkenkäfer, der Bocksdornschröter, der Kiefernadelkäfer, die Holzwespe, der Fichtenblattsauger, der Bretterbohrer, der Zimmermann. Unter den Weichthieren ist die Ackerschnecke öfters in großer Menge den Saatfeldern schädlich; man vertilgt sie durch Bestreuen der Saaten mit Asche, Kalk, Gerstengrannen, woran sie hängen bleiben, sich verwunden und umkommen, oder durch tüchtiges Walzen der jungen Saat; letzteres muß aber bei Nacht geschehen, weil am Tage die Schnecken sich im Boden verborgen halten. Eines der besten Mittel gegen sie besteht darin, daß man eine Entenheerde in das Saatfeld treibt, welche die Schnecken bald sämmtlich aufgezehrt hat, freilich aber auch manche Pflanze zerstört. Im Großen ungemein schädlich ist der Erdfloh, welcher die jungen Saaten von Oel- und Hülsenfrüchten, Kraut u. s. w. oft mehremale hinter einander gänzlich zerstört; man hilft sich gegen ihn durch Aufstreuen von Asche, Kalk, auch durch Wegfangen mittelst einer Maschine. Vielen Gewächsen sehr nachtheilig sind auch die Blattläuse; von einzelnen kann man sie vertreiben durch Räucherungen, Abwaschungen mit Lauge u. s. w. Die Ameisen sind dem Obst und zuckerigen Trieben feindlich, ebenso die Wespen, die man in aufgehängten Gläschen mit Zuckerwasser wegfängt. Die Regenwürmer schaden durch Benagen und Abfressen der Wurzeln; sie werden beim Ackern und Graben oder nach einem warmen Regen leicht gesammelt und getödet (an die Hühner verfüttert) Krähen und Maulwürfe stellen ihnen eifrig nach. Zu den schädlichen Thieren zählen endlich noch die den Hausthieren gefährlichen Insecten: Schnecken, Mücken, Fliegen, Bremen, Bremsen, Läuse, Flöhe, Zecken und Milben.

Der Weizenkäfer.

Die deutsche Grasraupe.

Die grüne Gemüseraupe.

Die braune Kohlraupe.

Große Trappe, Männchen.

Die Zieselmaus.

1. Die Anfertigung der Käse.

(Fortsetzung von Seite 54.)

Wenn die Anfertigung der Käse im Großen betrieben wird, so bedient man sich dabei mit Vortheil vervollkommneter Geräthe und sogar der Maschinen. Man hat es in dieser Hinsicht zu großer Vollendung gebracht, und es verdient hervorgehoben zu werden, daß dieses Geschäft keineswegs mehr blos in den Händen des Landwirths sich befindet, sondern schon vielfach ganz fabrikmäßig betrieben wird. So giebt es z. B. im Königreich Sachsen Käsefabriken, welche von Unternehmern betrieben werden, die selber kein Stück Land und keine Kuh im Stalle haben, sondern die Milch oder den Quark aufkaufen und weiter verarbeiten. Sie machen dabei ganz glänzende Geschäfte, ein Beweis dafür, daß die Molkereiwirthschaft noch bedeutend vervollkommnet werden und weit mehr abwerfen kann, als man bisher angenommen hat. Die hauptsächlichsten Geräthschaften zur Käsebereitung im Großen sind die folgenden: 1) Das Quarkmesser. Dieses dient zum Zerkleinern der zusammengeronnenen Milch oder des Quarks, um daraus die Molken völlig abzuscheiden. Es besteht aus einem eirunden Ring von Bandeisen, 30 Centimetres lang, 20 Centimetres weit, 5 Centimetres hoch, in der Mitte geschieden durch ein gerades Stück Bandeisen, eine Gabel c und der Handgriff d dienen zur Führung des ganzen, welches etwa 50—60 Centimetres hoch ist. Mit diesem Messer wird die geronnene Milch so lange bearbeitet, bis die Molken sich von dem festen Stoff hinlänglich geschieden haben, um zuerst abgeschöpft und hernach durch die Presse entfernt zu werden. 2) Der Quarkbrecher. Eine einfache Maschine, womit in großen Käsereien die ausgepreßte Quarkmasse zu einer Art Pulver zermahlen wird, ehe sie in die Form kommt. Auf dem hölzernen Gestell a steht der Rumpf p, dessen Boden zwei Wolfcylinder bilden, welche durch die Getriebe c mittelst einer Kurbel umgedreht werden; ihre Verzahnung verhält sich wie 24 : 46; d d ist das obere Verbindungsbrett des Gestells. Die Cylinder, im Innern des Rumpfs, haben je 3 Reihen von kurzen parallelen eisernen Klingen und greifen beide in einander, so daß ihre Wirkung auf den eingefüllten Quark eine völlig befriedigende ist, zumal die kleine Maschine ziemlich viel leistet. Gewöhnlich wird der gebrochene Quark alsbald gesalzen, wenn dies nicht, wie in England und Holland, mit den geformten Käsen geschieht. 3) Käseform oder Käsenapf. Die Käseform besteht gewöhnlich, besonders in der Schweiz, aus einer Art flachem Faß oder Zuber aus Ulmenholz, gewöhnlich auch mit Holz-, seltener mit Messingreifen gebunden. Der Boden der Form ist vielfach durchlöchert zum Ablaufen der letzten Molken; oben darauf kommt ein hölzerner, doppelt starker Deckel. In England sind zinnerne Käseformen gebräuchlich, welche ringsum siebartig durchlöchert sind, ob dieselben einen Vorzug vor den hölzernen haben, ist nicht bekannt, es sei denn der, daß sie leichter rein zu halten sind. 4) Gewöhnliche Käsepresse. Diese in England noch häufig gebräuchliche Presse, die sich mit einigen Aenderungen überall findet, besteht aus einem schweren Steinwürfel d e, welcher in dem Gestelle a b c mittelst der Spindel und Drehmutter f gehoben und gesenkt werden kann. Der Käse wird zwischen Brettern untergelegt, dann der Stein herabgeschraubt, bis man zuletzt, nach Abnehmen der Flügelmutter, sein ganzes Gewicht wirken läßt. Häufig wird auch der Stein bloß in der Größe von d—g angewendet und das Gewicht desselben durch aufgelegte Steine verstärkt. 5) Verbesserte Käsepresse. Der vorherbeschriebene Apparat ist wirksam, aber plump und unbequem. Neuerdings wendet man verbesserte, eiserne Hebelpressen an. Dieselben bestehen aus einem Gestell a b von schmiedeeisernen Säulen, mit gußeisernen Füßen; in ersterem liegt die Bankplatte c mit Rinnen zum Ablaufen der Molken, auf welche der Käse zu liegen kommt. Auf ihn wirkt die Preßplatte d, welche mit Büchsen in den Säulen auf- und abläuft, mittelst der, in dem Rahmen l durch ein Triebwerk bewegten Zahnstange f. Das Sperrrad g wird durch die Kurbel l bewegt, ist der Hebel k mittelst des Vorsteckers bei h gestellt worden, und wird nun die Kurbel von der Rechten zur Linken gedreht, so steigt die Zahnstange mit der oberen Preßplatte herab bis auf den Deckel der Form, dann wird der Hebel in die Höhe genommen und die Sperrklinke greift in das Sperrrad, durch das Gewicht m hat nun der Hebel unaufhörlich das Bestreben das Rad i zu drehen und die Zahnstange tiefer zu senken, so daß also eine continuirliche Pressung stattfindet. 6) Der Käsewender. Das tägliche Umwenden der Käse, welches durchaus nöthig ist, veranlaßt viele Arbeit; man hat daher in England ein Lagergestell erfunden, welches diese wesentlich erleichtert. Es besteht aus einem Balkenrahmen a b c d und den in den beiden Pfosten c f eingelassenen Gestellbrettern l k g, 12 an der Zahl. Dieselben haben genau das Spiel eines Amerikanischen Sommerladens (Jalousieladen); da sie auf einer Seite vorspringen, so haben hier die Käse das Uebergewicht; es können auf jedes Brett deren je 5 Stück angebracht werden; läßt man eine Feder los, so drehen sich sämmtliche Bretter herum und wechseln, so daß nunmehr die untere Seite der Käse nach oben kommt; senkrechte Latten verhindern, daß die Käse beim Umdrehen aus dem Gestell herausfallen können, und die Entfernung der wagerechten Bretter von einander ist oben gerade nur so groß, daß die Käse sich drehen können, ohne anzustreifen. Uebrigens sind die Gestellbretter noch mit Leisten derartig benagelt, daß die Käse nicht flach aufliegen, sondern auch die Luft von unten sie berührt, was auf ihre gleichmäßigere und schnellere Reife von nicht geringem Einfluß ist. — Ueber die Käsebereitung in England, wo sie bekanntlich auf einer hohen Stufe steht, bemerkt Morton: Mag die Einrichtung zum Käsemachen in den verschiedenen Gegenden noch so sehr von einander abweichen, überall gleich gebieterisch sind doch die Vorschriften peinlichster Reinlichkeit. In größeren Anstalten dient ein Raum der Nordseite des Wirthschaftshauses zur Aufnahme der Milch, entweder in Satten auf Gestellen zum Abrahmen hingestellt, oder in der Käsekufe am Erdboden zum Gerinnen. Hier sind auch die Bleiwannen, worin die Molken zur Rahmabsonderung einen Fuß tief stehen, und von wo sie nach dem Abschöpfen derselben nach den Schweinetrögen abfließen. An der Nordseite dieses Raumes ist ein gepflasterter Schuppen, worin gebuttert wird und in welchem die Gefäße zum Trocknen aufgestellt werden. An einem Ende dieses Schuppens in der Nähe des Brunnens ist das Waschhaus, mit Ofen und Kessel, worin die Milch gewärmt werden kann und die Gefäße gewaschen werden. Hierzu kommt ein Käsezimmer, gewöhnlich ein Boden (Entresol) über der Milchkammer, obgleich im Sommer bei warmer Witterung ein abgesonderter, kühler, luftiger Ort vorzuziehen ist. Hier werden die Käse auf dem hölzernen Fußboden und hölzernen Gestellen beinahe dicht aufeinander gestellt und häufig wiederholt umgewendet, bis sie zum Verkaufe reif sind. Man rechnet in England bei jährlichem Milchertrag von 600 Gallonen (zu etwa 4 Quart) jährlich als besten Ertrag 5 Centner Käse von der Kuh.

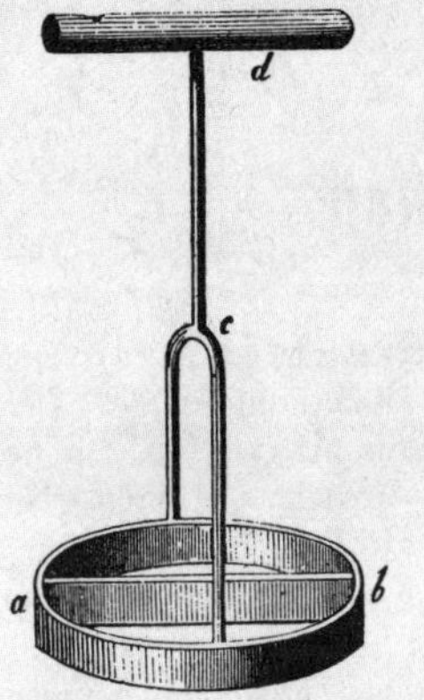

Das Quarkmesser.

Der Quarkbrecher.

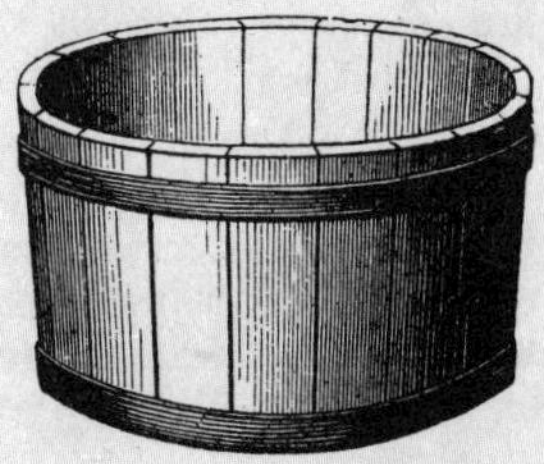
Käseform oder Käsenapf.

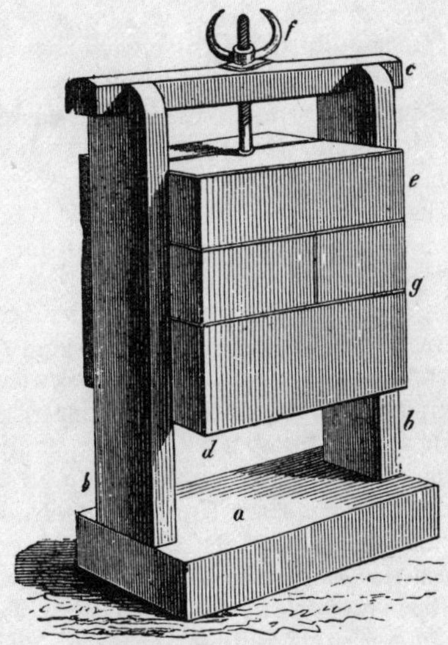

Gewöhnliche Käsepresse.

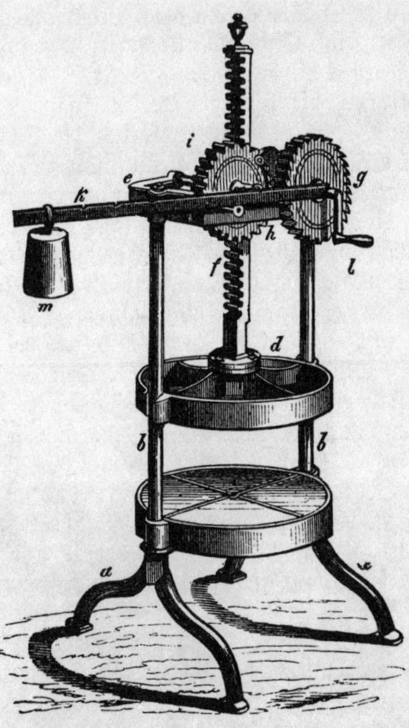

Verbesserte Käsepresse.

Der Käsewender.

1. Säemaschinen und Pferdehacken.

(Fortsetzung von Seite 60.)

Die Vortheile der Reihensaat oder Drillcultur, nicht blos der Hackfrüchte, sondern auch des Getreides und der Hülsenfrüchte, lassen sich folgendermaßen zusammenstellen: Samenersparniß, welche die langsamere Bestellung, gegenüber der breitwürfigen Saat, aufwiegt; Gewinn stärkeren Stroh's; gleichmäßiger Aufgang und Stand der Früchte, in Folge dessen gleichmäßigere Körner bei der Ernte; Leichtigkeit der gleichzeitigen Verwendung von künstlichen Düngestoffen; Möglichkeit einer Bearbeitung zwischen den Reihen während der Zeit des Wachsthums. Auf die letztere mittelst Maschinen legt der englische Landwirth das größte Gewicht; sein Betrieb zeigt daher auch die Drillcultur mit Pferdehackenwirthschaft im vervollkommnetsten Grade. Zu derselben bedarf es vervollkommneter Maschinen für Gespann, sowohl zur Saat, als zum späteren Behacken der aufgelaufenen Feldfrüchte. Die englischen Drillmaschinen und Pferdehacken gelten als die vorzüglichsten, doch hat auch Deutschland sehr gute ursprüngliche Geräthe dieser Gattungen aufzuweisen. Ein solches ist die Drillmaschine von Eckert in Berlin, deren Bau der folgende ist: Ein Holzrahmen, durch eiserne Eckstücke gegen Winkelverschiebung gesichert, wird von der Achse getragen, an welcher sich die 30 Zoll im Durchmesser haltenden Räder befinden; die Scharweite beträgt eine halbe Ruthe, wodurch die Berechnung des Saatquantums für den preußischen Morgen erleichtert wird. Ein Laufrad dient zum leichtern Wenden und zur weitern Unterstützung der ganzen Maschine. Um das Vordersteuer der englischen Drillmaschinen und damit einen Arbeiter entbehrlich zu machen, wird von hinten an Sterzen, die durch ein Querstück verbunden sind, gesteuert; der Führer der Maschine kann an jeder Stelle steuern, wird aber in der Spur desjenigen Rades gehen, welches dicht an der bereits gedrillte Fläche läuft. Durch diese Anordnung wird es auch möglich, die Anspannung kürzer zu machen und dadurch leichter zu wenden. Die Anspannung erfolgt nicht in einer Scheere, weil sich durch diese die Schwankungen des Pferdes leicht auf die ganze Maschine übertragen, sondern an einer Kette. Die Scharhebel sind mittelst Schrauben an einer Scharbank befestigt und zwar in der Zahl von 11 bei einer Reihenweite von $6\frac{1}{2}$ Zoll; für größere Weiten werden die überzähligen Hebel entfernt. Der Säekasten ist in gabelförmigen Ständern, neben deren rechtem sich die Räder zur Uebertragung der Bewegung auf die Säewelle befinden. Ein Hebel vermittelt die Ausrückung der Säewelle. Die obere Abtheilung des Säekastens dient zur Aufnahme der Saat, welche letztere durch soviel Oeffnungen, als Bürsten vorhanden sind, in die untere Abtheilung, worin die Säewelle liegt, treibt. Das Bürstensystem ist allerdings das billigste, sonst aber wenig dauerhaft, weil die Bürsten oft ersetzt werden müssen, was freilich keine große Arbeit ist, es wird dadurch das Säen jeder Art von Samen, des größten wie des kleinsten gestattet, ohne daß es nöthig ist, die Welle auszuwechseln. Zwar nutzen sich die Bürsten innerhalb 2—3 Jahren ab; sie können aber billig, für $2\frac{1}{2}$ Thaler, erneut werden. Endlich gestattet die Anwendung der Bürsten, selbst auf dem unebensten Terrain gleichmäßig zu säen. Die Abtheilung des Säekastens, in welcher die Welle liegt, ist nach hinten mit einer Platte geschlossen, worin sich 11 Oeffnungen von 1 Zoll Durchmesser befinden und auf der sich in Nuthen eine zweite Platte mit korrespondirenden Löchern bewegt; eine Schraube vermittelt die Bewegung und werden die Oeffnungen damit enger oder weiter gestellt. Eine Saattabelle dient in Verbindung mit einer an der Schieberplatte befindlichen Skala zur Bestimmung der Saatmenge. Eine deutsche Erfindung ist auch die Hackmaschine von R. Sack, welche zu verschiedenen Zwecken gebraucht wird; sie läßt sich nämlich auch ebenso gut als Grubber oder Krümmer verwenden und ist ein höchst sinnreich und dauerhaft zusammengesetztes Geräth. In der Hauptsache besteht es in einem Fahrgestelle, unter welchem durch starke gekuppelte Hebel ein Rahmen mit Scharen, für den Tiefgang beliebig stellbar, angebracht ist. Das Fahrgestell ist mit dem Vorderwagen oder Vordersteuer so verbunden, daß die Deichsel nach hinten steht und an derselben ebenso wie die Saat- und Hackmaschine gesteuert wird. Die Spurweite ist von 36—60 Zoll, auch die Schare sind nach Bedürfniß der Arbeit eng und weit verstellbar, und können in beliebiger Zahl und in verschiedener Form angebracht werden. Bekanntlich haben alle Grubber und Krümmer den Fehler, daß sie nicht gleichmäßig tief arbeiten, sie lassen sich durch feste oder lockere Stellen irre machen, weichen nach der Seite, greifen auf der einen Seite zu tief oder auf der andern Seite an festen Stellen gar nicht, und verstopfen sich leicht. Diese Uebelstände sind durch die Hackmaschine als Grubber vermieden, sie geht als solcher immer sicher und so tief wie er gestellt ist. — Will man Stoppelacker damit umbrechen — was selbstverständlich nicht im ausgetrockneten, sondern nur im feuchten Zustande geschehen kann — so darf dies nicht in einer Breite von 60 Zoll mit einem Zuge gemacht werden, sondern man darf nur 36—40 Zoll breit nehmen, je nachdem der Acker bündig oder fest ist, oder je nachdem man tief arbeiten will, — es muß sonach die Spurweite des Grubbers danach gestellt und eine entsprechende Zahl Schare oder Messer angebracht werden. Die beiden Verbindungsstücke A., an welchen die gekuppelten Hebel a. a. angebracht sind, werden mittelst der Schraubenbänder b an den Tragbalken des Gestelles eng und weit gestellt, ebenso sind die Räder am Vordersteuer verstellbar. Für die Schare sind auf den Querschienen d Eisenstäbe e, die nach Bedürfniß eng und weit verstellbar sind, mit Schraubenklammern befestigt. Die Stäbe e und Schienen d bilden ein festes Gestelle, welches von den Hebeln a getragen, die bei f für den Tiefgang bis zu 6 Zoll verstellbar sind. An die Stäbe e werden die Schare und Hackmesser mit Schraubenklammern befestigt, und zwar werden beim Bearbeiten des Stoppelackers von Drillsaat die Schare so gestellt, daß man die Stoppelreihen richtig faßt, auch die Zwischenräume gelockert und alle Wurzeln abgeschnitten werden. So bearbeiteter Stoppelacker nimmt nach einiger Zeit eine ganz andere Verfassung an, er ist milder oder gahrer; — auch kann man solchen Acker mit einer Frucht zu Schafweide oder Gründüngung bestellen. Mit solchem Grubber werden die nassen Stellen auf dem Acker, sobald sie von den Zugthieren betreten werden können, sehr vortheilhaft bearbeitet, um sie rascher zum Abtrocknen zu bringen. Es leistet diese Hackmaschine auf bündigem oder festem Boden mit Messern in weiten und mit Scharen in 8zölligen Reihen bei Getreide ausgezeichnete Dienste. Außerdem verrichtet sie jede Arbeit des Grubbers und Krümmers. Mit Häufelscharen ist sie als Kartoffelmarker und zum Bearbeiten der Kartoffel- und Rübenreihen zu verwenden; je nach der Arbeit wird sie ein- oder zweispännig gebraucht. Ein derartiges Geräth setzt allerdings schon einen sehr gehobenen Zustand der Ackerwirthschaft voraus, wenn es mit vollem Nutzen im Großen angewendet werden soll.

Die Hackmaschine von R. Sack.

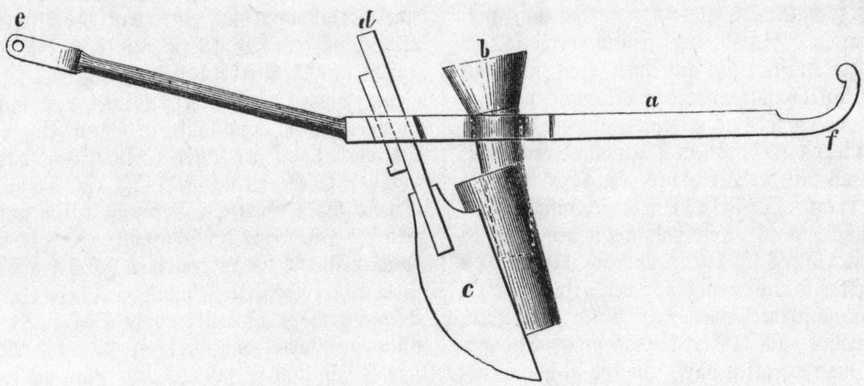

Scharhebel der Drillmaschine von Eckert.

a. Scharhebel. b. Trichter. c. Schar. d. Scharträger. e. Vordere Befestigung. f. Haken zum Anhängen von Beschwergewichten.

Drillmaschine von Eckert.

Erntemaschinen.

(Fortsetzung von Seite 64.)

Wenn die Einführung von guten Erntemaschinen zum Abbringen des Getreides sowohl als des Grases unbedingt eine der wünschenswerthesten Neuerungen im Gebiete der Landwirthschaft genannt werden muß, so ist die Auswahl einer solchen Maschine um so schwieriger, je weniger endgültig sich bisher noch die Erfahrung über die vortheilhafteste und brauchbarste Art derselben ausgesprochen hat. Es ist daher eine genaue Kenntniß sowohl der einzelnen Maschinen an und für sich, als auch insbesondere ihrer arbeitenden Theile sowie auch ihrer Leistungen für den Landwirth, welcher dem Fortschritt huldigen will, eine sehr wichtige Sache und wird er wohl thun, sich damit hinreichend vertraut zu machen. Die Ansicht der arbeitenden Theile der Victoria-Mähemaschine nach der Bauart von Ransomes weicht in einigen Theilen ab von derjenigen Samuelson's (vergleiche Seite 62); sie hat nur zwei schwingende Ablegeharken, die sich auf einem vereinfachten Schemel drehen und der Kutscher sitzt auf einem Bock, nicht auf den Pferden. Im Vergleich mit anderen Mähemaschinen hat sich die genannte bisher, wie schon angedeutet, als die beste bewährt, und sind schon sehr viele davon in Deutschland verbreitet. Das Gleiche ist der Fall mit der Grasmähemaschine von Allen, deren arbeitende Theile die sehr vereinfachte Zusammenstellung gegenüber den Getreidemähemaschinen erkennen lassen (vergleiche Seite 62, 63.). Sie unterscheidet sich im Bau ihrer Bewegungstheile nur wenig von der ursprünglichen M'Cormick'schen Erntemaschine, auf deren Erfindung überhaupt, wie schon erwähnt, alle anderen Mähemaschinenbauer gefußt haben, so daß man erwarten darf, eine bedeutende Neuerung auf diesem Gebiete sei für die nächsten Zeiten kaum zu erwarten. Das große gußeiserne Laufrad, mit Rippen besetzt, welche seine Fortbewegung auf dem Boden unterstützen, überträgt die Bewegung mittelst einer Kniekurbel in bekannter Weise auf die Säge, welche ganz frei und ohne jede weitere Unterstützung, gewissermaßen schwebend, seitlich nebenher läuft; trotz aller Befestigungsmittel muß doch Sorge getragen werden, daß hier durch Anfahren oder Schwierigkeiten nicht leicht ein Bruch entstehe. Der auf dem Bock sitzende Führer hat 2 Hebel zur Hand, von welchen der zur Linken das Hauptzahnrad ein- oder ausrückt und so jederzeit das Spiel der Säge in oder außer Gang zu bringen vermag; mit dem zweiten zur Rechten kann er die Säge selbst heben oder senken, also höher oder dichter am Boden mähen. Sollte sich die Säge verstopfen, so ist an der rechten Seite derselben, da, wo das sogenannte Schiffchen zur Vertheilung der Gräser eine Bahn schafft, eine Handhabe angebracht, vermittelst welcher die Säge ganz emporgehoben und etwas später wieder niedergelassen werden kann. Die Richtung der Zugkraft läßt sich gleichfalls durch Stellung der Deichsel in einem durchlöcherten Eisenbügel verändern. Das gemähete Gras fällt hinter der Säge auf den Platz, wo es gestanden, es braucht daher nicht zerstreut zu werden. Hinter der Maschine läßt man einen Pferderechen folgen, wenn das Gras in Schwaden gebracht werden soll. Die Ansicht der arbeitenden Theile der Wood'schen Mähemaschine zeigt viele Aehnlichkeit mit der vorigen. Bei dem großen Wettmähen auf den Wiesen der Musterwirthschaft Vincennes bei Paris lautete das Urtheil der Richter über diese Maschine, welcher der erste Preis zuerkannt wurde, folgendermaßen: Die Grasmähemaschine von Wood ist besonders merkwürdig durch ihre geringen Größenverhältnisse, durch die Leichtigkeit, mit welcher sich die Säge in und außer Gang bringen läßt, durch den geringen Raum, den sie einnimmt; sie befährt mit Bequemlichkeit alle Wege, in denen ein Pferd gehen kann; ein Vorzug, welcher für Deutschland besonders wichtig ist. Was sie außerdem vorzugsweise auszeichnet, ist die äußerst sinnreiche Zusammenstellung ihrer einzelnen Theile. Sie bewegt sich auf zwei Laufrädern mit gerippten Kränzen; inwendig bilden diese beiden Räder ein gezahntes Kronrad, in jedes derselben greift ein Trieb, der die Bewegung auf die Wellen weiter leitet. Es geht aus dieser Anordnung hervor, daß die Laufräder, welche die Maschinen tragen, die Bewegung der arbeitenden Theile vermitteln, so lange sie mit einander gleichlaufen; sobald aber die Maschine sich dreht oder wendet, so bleibt nur das Rad, welches den größeren Weg beschreibt, Bewegungsrad, indem es auf den Trieb wirkt, der in seine Verzahnung eingreift. Auf der Welle der beiden Triebe befindet sich ein Winkelrad, welches die Geschwindigkeit vergrößert und die Kurbel der Säge regiert. Die letztere hat breite, offene Zähne, die in einem Winkel von ungefähr 40 Grad zu einander stehen, und läuft in einem Fingerbalken; ein kleines Streichbrett auf der linken Seite streicht das Gras auf die abgemähete Stelle zurück und läßt eine schmale Spur längs des noch stehenden Grases. Der Führer sitzt auf einem Bock oberhalb des Laufwerks der Maschine, er hält die Zügel mit einer Hand, während die andere einen Hebel regieren kann, vermittelst dessen er die Säge leicht und schnell hebt oder senkt, um in verschiedener Höhe zu mähen und Steinen oder anderen Hindernissen im Boden auszuweichen. Da die Maschine hinreichend klein ist, so läßt sie sich auf dem Platz vollkommen gut umwenden und kann sich daher bei gelagertem Grase stets die günstigsten Richtungen zum Schneiden wählen. Außerdem bietet aber die Wood'sche Mähemaschine auch noch andere Vortheile. Sie ist nämlich nicht blos Grasmähemaschine, wie die Allen'sche; sondern auch Getreidemähemaschine (vergleiche Seite 64.) Zu diesem Zweck erhält sie mehrere leicht anzubringende und abzunehmende Zugaben, deren hauptsächlichste eine Flügelwelle, eine Plattform, ein Laufrad und Abweisebrett auf der linken Seite sind. Sie hat demnach einen doppelten Gebrauchswerth. Der einzige Uebelstand der Wood'schen Maschine — so wie mancher anderen — beim Getreidemähen darf übrigens nicht verschwiegen werden. Sie hat keine Ablegevorrichtung das geschnittene Getreide fällt auf die Plattform, von welcher es ein Arbeiter, sobald sich genug zu einer Garbe angesammelt hat, mittelst einer Gabel abschiebt. Derselbe steht hinter der Maschine auf einem angebrachten Tritt und lehnt sich mit dem Leib an eine senkrechte Säule mit einer Lehne. An derselben ist zugleich ein Sitz zum nothwendigen Ausruhen angebracht. Die Arbeit dieses Mannes ist eine ziemlich beschwerliche und erfordert Uebung; ist diese jedoch erlangt, so liefert sie immer noch einen besseren Erfolg, als die meisten verwickelten Ablegevorrichtungen, welche bisher in Gebrauch gekommen sind. Durch Wegnahme der Plattform, des Tritts, und des breiten Abweisebretts läßt sich aber auch die Getreidemähemaschine rasch in eine solche verwandeln, die das Getreide blos abschneidet, wie die Grasmähemaschine, so daß es auf die Stelle seines Standorts zurückfällt; hier muß es alsdann von Arbeitern rasch gesammelt, gebunden und beseitigt werden. Neuerdings kommt in Amerika und England, namentlich bei dem Sommergetreide, das Verfahren in Aufnahme, dasselbe unmittelbar hinter der Maschine mit dem Pferderechen zusammenzubringen und wie Heu auf die Wagen zu laden.

Die Victoria-Mähemaschine.

Ansicht der arbeitenden Theile.

Die Grasmähemaschine von Allen.

Ansicht der arbeitenden Theile.

Wood'sche Mähemaschine.

Ansicht der arbeitenden Theile.

3. Dreschmaschinen.

(Fortsetzung von Seite 68.)

Man kann wohl sagen, daß gegenwärtig neben der Getreideputzmühle und der Häckselmaschine, die Dreschmaschine die verbreitetste von allen landwirthschaftlichen Maschinen ist. Und das mit Recht, denn sie ist eine der vortheilhaftesten. Das sieht aber immer noch nicht ein Jeder ein, sondern glaubt, die Handarbeit mit dem Flegel könne nicht übertroffen werden. Für Solche erzählt Stamm eine beherzigenswerthe Geschichte folgendermaßen: Bei wichtigen Neuerungen höre ich gern alle Meinungen, mögen sie kommen, woher sie wollen. Ich habe daher auch über die Einführung der Dreschmaschinen Alles gründlich erwogen, was dafür oder dawider aufgebracht wurde, und kam zu dem Schlusse, sie seien gut. Man beschleunigt damit die Arbeit, man verwohlfeilt den Drescherlohn und also auch das Getreide; man spart Hände und kann diese zu anderen Zwecken verwenden. Ich wollte eben dies Ergebniß schriftlich zusammen stellen und trug es im Kopfe über den Hof, als ich da die Gänse und Hühner neben dem Stroh stehen sah, welches eben von der Dreschmaschine herausgetragen wurde. Es gibt keine besseren Aufpasser und Arbeitsrichter beim Dreschen, als die Gänse und Hühner, und ich zog sie immer zu Rathe, wenn ich die genaue und fleißige Arbeit der Drescher beurtheilen wollte. Vielleicht wird dieser Wink auch von andern Landwirthen benutzt. Sie werden dann sehen, wie die Gänse über das von schlechten oder guten Arbeitern ausgedroschene Stroh herfallen und die Aehren untersuchen. Sind recht viele Körner darin geblieben, dann fangen die Gänse an, die Drescher zu loben und es erhebt sich ein Geschnatter, das um so heller schmettert, jemehr die Flegel den Gänsen übrig ließen. Nun kommen auch die Hühner und locken die Jungen herbei; und der Haushahn stößt in die Trompete und bläst zum Angriff. Es geht laut und lustig her. Kommt einige Zeit darauf der Hausherr, reibt sich die schläfrigen Augen und untersucht das Stroh, dann ist es leer, und er lobt die schon von Gänsen und Hühnern gelobten Drescher, und Alle sind zufrieden; auch die Hausfrau, deren Geflügel von selbst fett wird und Eier legt in die Millionen. Weil ich nun weiß, welchen Antheil die Gänse und Hühner am Dreschen haben und welch' feine Urtheilskraft darüber in ihnen verborgen liegt, so betrachtete ich diese Aufpasser neben den Dreschmaschinen, was sie dazu schnattern und glucksen würden. Sie sagten aber gar nichts dazu. Die Hühner stiegen auf dem Stroh herum, wie auf einem Reisighaufen, und guckten, und kletterten wieder herab, und schlichen davon, als wären sie alle krank und hätten den Pips. Die Gänse streckten die Hälse und wackelten bedächtig herbei und raschelten darin herum und zogen die Aehren durch den gelben Schnabel und schüttelten mit dem Kopfe und standen eine Weile; dann sahen sie einander verlegen an, hoben erst das eine Auge zum Himmel, dann das andere, fuhren mit dem Schnabel wieder in den Haufen, zogen ihn abermals leer heraus, dachten wieder eine Weile nach, wendeten sich dann verächtlich um, zogen den einen Fuß in die Höhe und standen, steckten den Kopf unter die Flügel, was bei den Gänsen dasselbe ist, als wenn sich ein verlegener Mann hinter den Ohren kratzt und schlichen endlich still davon. Holla! dachte ich, die Gänse und Hühner sind mit den Dreschmaschinen nicht zufrieden; und ich riß sogleich einer flügelschleppenden Gans eine Feder aus und schrieb damit ihr Urtheil nieder, um es zur allgemeinen Kenntniß zu bringen. — Trotz der scherzhaften Haltung in dem vorstehenden Bericht liegt doch ein großer Ernst und viel Wahrheit in demselben. Zwar ist noch nicht überall die Landwirthschaft so weit vorgeschritten, daß sie sich mit Vortheil der großen Maschinen, der Dampfpflüge u. s. w. bedienen könnte, allein die Dreschmaschinen lassen sich allenthalben einführen, und zwar selbst in kleineren Wirthschaften. Ja selbst da, wo man noch auf andere Art bisher den Ausdrusch der Körner schneller und billiger beschaffen zu können meinte, greift man doch am Ende nach Hülfsmitteln, welche eben auch nichts anderes sind, als Maschinen. So sind z. B. die in Süddeutschland (Baden), in Ostfriesland und Kurland gebräuchlichen, uralten Dreschwalzen, wie sie vielleicht schon die Römer und Gallier zum Ausfahren der Körner aus den Aehren gebraucht haben, neuerdings wieder vielfach in Aufnahme gekommen, allerdings in verbesserter Gestalt und von erhöhter Leistungsfähigkeit. Ein derartiges Geräth ist der Ungarische Dreschwagen; er besteht aus zwei eisernen Walzen, welche nach Art der Ringelwalzen aus einzelnen Ringen mit vorspringenden Kränzen zusammengesetzt sind, die sich auf derselben Achse drehen; diese Walzen von welchen die hintere den größeren Durchmesser hat, befinden sich hintereinander in demselben Gestell, die vordere mit einem Lenkschemel, so daß sie bequem jede Kehre nehmen kann; obenauf ist ein Sitz für den Kutscher und werden zwei Pferde vorgespannt. Auf dem Felde wird ein hinreichend großer Dreschplatz geebnet, festgeschlagen, mehremals mit Jauche übergossen und solchergestalt zur freien Tenne umgewandelt. Hier wird nun das Getreide, und zwar Aehre gegen Aehre, die Strohenden nach Außen und Innen, in große Kreise gelegt, und nun mit dem Dreschwagen darüber gefahren; nach mehrmaliger Wendung sind alle Körner aus dem Aehren gebracht; sie werden in die Mitte auf einen Haufen geschoben und ein neues Gelege begonnen. Es läßt sich nicht leugnen, daß die Arbeit auf diese Weise sehr rasch und billig von statten geht, doch eignet sie sich im Freien nur für Gegenden mit beständiger Witterung. Man kann übrigens die Walze auch auf bedeckten Tennen anwenden. Bekanntlich bedient man sich selbst in Ländern des höheren Ackerbau's noch vielfach der Pferde zum Ausreiten des Getreides, besonders von Hafer und Raps; von letzterem behaupten viele Landwirthe, daß er auf keine bessere Weise auszudreschen sei. Aber auch dieser Gebrauch wird durch die Dreschmaschinen um so bälder verdrängt werden, je mehr sie sich von Jahr zu Jahr vervollkommnen. Wer sich eine Dreschmaschine anschafft, hat vorher genau zu überlegen, welche Zwecke er damit zunächst erreichen, ob er im Freien dreschen, die Maschine an verschiedene Orte bringen will, oder sie stehen bleiben soll, welche Kraft ihm dafür zu Gebote steht, wie er das Stroh haben muß, u. s. w. Er sehe darauf, daß die Uebertragung der Kraft nicht anders, als durch Riemen geschieht, und die Dreschmaschine mit einer Reinigungsmaschine verbunden werden kann, wie dies bei der sehr schönen feststehenden Dreschmaschine mit Reinigungsmaschine von Duvoir in Liancourt (Frankreich) der Fall ist. Bei derselben ist auch eine sehr angenehme Einrichtung in der Weise angebracht, daß der beim Dreschen entstehende arge Staub mittelst künstlichen Luftzugs durch einen Schlot weiter geführt wird. Sie hat gerippte Speisewalzen, welche das in der Breite etwas schräg eingelegte Getreide der Schlagwelle zuführen; diese sowohl als der sie umgebende eiserne Korb, an welchem die Aehren ihre Körner ausreiben, liegen in federnden Lagern, welche nachgeben, sobald ein harter Körper, Seilknoten, Bindknebel, Stein, zwischen sie geräth, so daß derselbe hindurchgehen kann ohne die Maschine zu beschädigen.

Feststehende Dreschmaschine mit Reinigungsmaschine von Duvoir.

Ungarischer Dreschwagen.

3. Dreschmaschinen.

Die großen Fertigmach-Dreschmaschinen, welche das Stroh nicht beschädigen und marktfähiges Getreide in den Sack liefern, können zweckmäßig nur mit Dampfkraft — oder auch mit Wasserkraft — betrieben werden. Für alle kleineren Arten von solchen Maschinen ist dagegen die Verwendung von Dampf entweder eine zu kostspielige, nicht lohnende, oder doch ziemlich überflüssige Sache, da geringere bewegende Kräfte ebenso viel leisten und dabei geeignetere Verwendung finden. Nichts destoweniger hat man schon vielfach versucht, auch für kleinere Arten von Dreschmaschinen den Dampf nutzbar zu machen und es finden sich in Frankreich derartige Zusammenstellungen im Gebrauch. Eine solche ist die fahrbare Dampfdreschmaschine von Renaudin Lotz in Nantes. Bei derselben sind Dampfmaschine und Dreschmaschine zusammen auf einem und demselben Gestell vereinigt; erstere hat eine Wirkung von drei Pferdekraft und damit sollen täglich 200 bis 300 Scheffel Getreidekörner ausgedroschen werden können. Das gesammte Werk ist von Eisen und ruht auf zwei Rädern nach Art des französischen Karrenfuhrwerks, so daß es überall hin gefahren werden kann. Bei einer dreipferdekräftigen Dampfmaschine macht die Schlagwelle in der Minute 1200 Umdrehungen; es werden dabei stündlich 50 Pfund Steinkohlen und 300 Pfund Wasser verbraucht. Derartige Maschinen sind namentlich im südlichen Frankreich sehr verbreitet und es läßt sich nicht leugnen, daß ihr zusammengedrängter Bau, sowie der ziemlich billige Anschaffungspreis wohl geeignet sind, die Beachtung des Landwirths anzurufen. Dabei ist aber jedenfalls die Frage begründet: Welche Art des Ausdrusches mittelst Dampf ist vorzuziehen, diejenige, bei welcher Dreschmaschine und Dampfmaschine vereinigt, oder die, wobei sie getrennt sind? Hierbei mag ganz abgesehen werden von der schwieriger zu beantwortenden Frage, ob stehende oder bewegbare Dampfmaschinen vorzuziehen sind. Die Dreschlocomobilen oder fahrbaren Dampfdreschmaschinen, wie man die zu einem Geräthe vereinigten Maschinen wohl wird nennen dürfen — scheinen durch ihre zusammengepackte Gestalt, durch unmittelbare Wirkung und durch Wohlfeilheit im ersten Augenblick den Sieg davon zu tragen. Zweifelhaft wird man aber werden, wenn man überlegt, daß solche Maschinen, der Feuersgefahr wegen, unter gewöhnlichen Verhältnissen eigentlich nur im Freien, hinreichend entfernt von den Wirthschaftsgebäuden, zu gebrauchen sind, daß sie deshalb in vielen Fällen einen weiten Transport des Getreides, Strohes und der ausgedroschenen Früchte erfordern würden; daß endlich die Arbeiter, zumal, ehe sie an ihre Verrichtung gewöhnt sind, in der steten Nähe des Kessels und bei einigermaßen warmer Witterung eine ganz außergewöhnliche Anstrengung auszuhalten haben. Die Entscheidung wird aber die Betrachtung geben, daß man bei getrennten Maschinen sowohl eine fahrbare Dampfmaschine, als auch eine Dreschmaschine zu völlig beliebiger Benutzung hat. Ist die letztere nicht thätig, so kann man mit der ersteren das ganze Jahr hindurch alle möglichen Verrichtungen vornehmen (vgl. S. 70), die nur in einer größeren Wirthschaft vorkommen können; außerdem kann man eine fahrbare Dampfmaschine öfters mit Vortheil verleihen oder damit Accordarbeiten übernehmen. Dieser große Vorzug ist es denn auch, welcher in England die Vereinigung der beiden Maschinen, in dem nämlichen Gestell durchaus nicht hat aufkommen lassen und es ist mit Bestimmtheit anzunehmen, daß sie sich in diesem Lande, der Heimath der vervollkommneten landwirthschaftlichen Maschinen überhaupt nicht einbürgern werden. Dagegen giebt es bekanntlich daselbst keine größere Wirthschaft, welche nicht ihre Dampfmaschine, stehend oder fahrbar besäße, und damit ihren Ausdrusch, sowie viele andere Arbeiten verrichtete. Wer jemals Gelegenheit gehabt hat, die Wirksamkeit und die Unterhaltungskosten einer Dampfmaschine mit derjenigen von Gespannen im großen Betrieb zu vergleichen — denn nur für diesen eignen sich jene meistens — wer rechnen gelernt hat und nicht blind eingenommen ist für das Hergebrachte, der wird einsehen müssen, welchen Werth ein solches Hülfsmittel bei umfassenderen Verhältnissen stets haben muß. Mit Bezug darauf sagt Hartstein folgende beherzigenswerthe Worte: Wie läßt sich der Forderung einer vielseitigen Benutzung der Dampfmaschine in deutschen Wirthschaften entsprechen? In erster Linie wird dieselbe allerdings für den Getreide-Ausdrusch zu verwenden sein. Allein hierin kann die Dampfkraft selbst auf dem größten Gute doch immer nur eine kurze Beschäftigung erhalten. Denn setzen wir die tägliche Leistung einer 6 pferdekräftigen Dampfdreschmaschine nur zu 200 Scheffeln, so wird die Ausdruschmenge während 60 Tagen schon 12000 Scheffel betragen, und die Maschine in diesem Zeitraum bei einem durchschnittlichen Körnerertrage von 10 Scheffeln per Morgen den Ausdrusch einer Getreideernte von 1200 Morgen bewirken. Verdoppeln wir aber selbst die mit Getreide bestellte Fläche, so wird die Dreschmaschine doch immer nur 4 Monate im Jahre beschäftigt sein. Allerdings wird auch schon in solchem Falle die eigene Anschaffung und Unterhaltung einer Dreschmaschine schon lohnen; unser Bestreben muß aber auf einen vielseitigeren Gebrauch der Dampfkraft gerichtet sein, wozu sich auch in den deutschen Wirthschaften mindestens die gleiche Gelegenheit bietet, wie in den englischen. Vor Allem wird auch bei uns die Dampfmaschine für die Zwecke der Futterzubereitung, also namentlich zum Betrieb der Häcksel- und Wurzelwerkschneidemaschine, der Schrot- und Quetschmühle, des Oelkuchenbrechers, sowie zum Dämpfen des Futters eine lohnende Verwendung finden. Ferner kann regelmäßig die Dampfmaschine zum Pumpen des Wassers und zum Betriebe der Pumpwerke für die flüssige Düngung benutzt werden. Berechnen wir in einer Wirthschaft von mittlerer Ausdehnung alle diese Arbeiten zu einer verhältnißmäßig langen Dauer, so wird dennoch die Dampfmaschine längere Zeit im Jahre unbeschäftigt sein. Wir müssen daher noch eine anderweitige lohnende Verwendung der Dampfkraft zu erlangen suchen. Diese bietet sich namentlich im Betriebe einer mit der Wirthschaft verbundenen Mahl- und Oelmühle. Das Mahlen des Getreides ist gewiß in vielen Fällen, außer für das Bedürfniß der Wirthschafter und der Arbeiter, mit Vortheil soweit auszudehnen, daß der größere Theil der gewonnenen Frucht dazu verwendet und als Mehl in den Handel gebracht wird; dasselbe gilt von Oelmühlen. Da wo sonstige technische Nebengewerbe, als Brauerei, Brennerei, Stärkefabrik ꝛc. mit der Wirthschaft verbunden sind, bieten auch diese eine günstige Gelegenheit zur gleichmäßigen Beschäftigung der Dampfmaschine, namentlich der fahrbaren. Wie groß sind z. B. nicht die Massen von Getreideschrot, welche in einzelnen dieser Nebengewerbe zum Verbrauch kommen. Die Locomobile kann ferner zur Trockenlegung und Bewässerung von Grundstücken, namentlich zur Trockenlegung von Torfgruben verwandt werden. Endlich aber sollte nach dem in England gegebenen Beispiel auch in unseren Wirthschaften eine Holzsäge, Knochen-, Traß- oder Gypsmühle eingerichtet werden, deren Betrieb die sonst unbeschäftigte Zeit der Dampfmaschine auf nützliche Weise vollständig auszufüllen vermag.

Fahrbare Dampfdreschmaschine.

6. Futterzubereitungs-Maschinen.

Viele Arten des Futters bedürfen zu ihrer gedeihlichen Ausnutzung im Thierleib sowohl, als zur willigen Annahme und Bewältigung durch die Thiere, eine Vorbereitung, meistens eine Zerkleinerung. So kann das Wurzelwerk ohne Zerkleinern nicht wohl ordentlich mit vollem Nutzen und ohne Gefahr für die Thiere verfüttert werden. Je größer und dabei fester die Körper sind, desto nothwendiger ist die vorherige Zerkleinerung, zum Theil schon der Abnutzung der Zähne wegen, und große, schlüpfrige Stücke, z. B. Kartoffeln, können leicht im Schlunde stecken bleibend, gefährliche Zufälle herbeiführen. Auch im Darmkanal ist die schwierig sich entfernende viele organische Feuchtigkeit solcher großen Stücke, ebenso das noch nicht ertödtete Leben ganzer Wurzeln ein wesentliches Hinderniß für gute Verdauung. Ist nach diesem Ausspruch Weckherlin's eine Verfütterung der verschiedenen, als Futter verwendbaren Wurzeln und Knollen, in zugerichtetem, also zerkleinertem Zustand unbedingt räthlich und vortheilhaft, so mußte der Landwirth natürlich darauf sinnen, jenes Geschäft auf die nutzbringendste Art zu vollziehen. Erst seit etwa sechzig Jahren kennt man dazu die Maschinen, überhaupt seit allgemeiner Einführung des Hackfruchtbau's. Es gibt eine große Anzahl von verschieden gestalteten Wurzelwerkschneidemaschinen, welche die Wurzeln und Knollen in unregelmäßige Stücke, in Scheiben, in Streifen, in Würfel und Prismen, bald stärker, bald schwächer, zertheilen, je nach der Thierart, für welche das Futter bestimmt ist, oder nach der Art des letzteren selber. Unter den englischen Maschinen dieser Art zeichnet sich die Hornsby'sche Rübenschneidemaschine vortheilhaft aus durch gefälliges Aeußere und bedeutende Wirksamsamkeit. Sie besteht aus einem Gestell, in welchem sich eine mit Messern besetzte Trommel oder Scheibe dreht, welche die in den Trichter eingefüllten Rüben, Kartoffeln, Runkelrüben 2c. bis auf das letzte Stück in kleine Scheiben und Streifen theilt; eine zierliche eiserne Umhüllung bedeckt und schützt das ganze Schneidewerk. Eine Zeit lang hat man es für sehr zweckmäßig gehalten, das gesammte Wurzelfutter ganz fein zu zertheilen in eine Art Muß oder Brei, indem man glaubte, daß es auf diese Weise von den Thieren am leichtesten aufgenommen und verdaut werden würde. Zu dieser Zerkleinerung hat man besondere Wurzelreibmaschinen oder Mußmaschinen, welche mit vielen kleinen Stahlhäkchen die Wurzeln und Knollen zerreißen und in Brei verwandeln. Allein ein derartiges Futter könnte höchstens für zahnlose Thiere geeignet sein; es wird von gesunden Thieren zu hastig verschlungen, so daß die durch das Kauen bedingte nothwendige Aufspeichelung wegfällt, sodann aber verliert es, wenn nicht sehr sorgfältig damit umgegangen wird, viel von seiner Nahrhaftigkeit in dem Safte, welcher verloren geht, und die wichtigsten Nahrungsbestandtheile in Lösung enthält. Eine allzu große Zerkleinerung des Wurzelwerks muß also vermieden werden, es sei denn, daß man den abfließenden Saft gehörig auffange und den Futterbrei sofort mit andern Stoffen, wie geschnittenes Heu, Häckfel, Spreu, Rapsschoten 2c. vermenge, welche ein Kauen bedingen. Zur Herstellung von gegohrenem Futter sind derartige Gemenge vorzüglich. Während sich für Kühe und Ochsen die Scheibengestalt der geschnittenen Wurzeln empfiehlt, gibt man dem Jungvieh am liebsten Streifen oder Fingerstücke, den Schafen Würfel, den Schweinen Brei oder jede beliebige Form. Möhren für Pferde werden am besten in Würfel geschnitten, mit Häckfel und Hafer oder Kleie gemischt, verfüttert, ebenso Pastinaken. Auch das Stroh wird nicht immer unzertheilt, als Wirrstroh, aufgegeben, sondern bedarf der Zerkleinerung zu Häckfel, vorzugsweise für die Pferde, obgleich sich die Häckselfütterung nicht minder bei Rindvieh und Schafen lohnt. Das gleiche ist auch der Fall bei Heu und Dürrklee; selbst Grünfutter soll, etwa mit Stroh vermischt, geschnitten werden, wenn man befürchten muß, daß sein hastiger Genuß die Trommelsucht hervorrufe. Zum Zerkleinern des Strohs bedient man sich der Maschinen, von welchen die älteste der bekannte Strohstuhl oder die Häcksellade ist, bei welcher der Arbeiter ein breites Messer in einer Bahn vor der Mündung einer Lade handhabt, in welcher das Stroh liegt und mit der linken Hand vorgeschoben wird. Diese Arbeit ist schwierig und wenig fördernd. Von den zahlreichen Bauarten der Häckselmaschine, welche raschere Arbeit mit minderer Anstrengung bezweckt, haben sich diejenigen mit Schwungrad und daran befindlichen senkrechten, mit der Schneide gekrümmten Messern, bis jetzt am besten bewährt und am meisten verbreitet. Es gibt deren von allen Größen, welche sowohl für den Bedarf eines Pferdes bestimmt sind, als auch solche, die denjenigen für große Viehhaltungen binnen kürzester Zeit bewältigen. Eine solche große Häckselmaschine für Dampfkraft ist mit Riemenscheibe, anstatt Kurbel versehen, sehr stark und fast ganz von Eisen gebaut; vortheilhaft wird sie auf ein Wagengestell mit vier Rädern gesetzt, um der fahrbaren Dampfmaschine zu folgen; auf diese Weise kann das Häckfel sogar gleich im Felde neben den Feimen geschnitten und dann in Planwagen heimgefahren werden. Von einer guten Häckselmaschine wird verlangt, daß sie das eingelegte Stroh 2c. mit scharfem Schnitt gleichmäßig abtrenne; sie muß das Häckfel in der gewünschten Länge liefern und soll es zugleich recht weich darstellen, indem sie die starken Halmröhren des Strohs zerquetscht; sie muß leicht zu handhaben und zu stellen sein; die Messer müssen leicht abgenommen und geschärft werden können; endlich soll sie billig in der Anschaffung, dauerhaft gebaut und nicht allzu schwer zu betreiben sein. Je kleiner eine Häckselmaschine ist, desto weniger leistet sie, je größer, um so schwerer geht, um so kostspieliger ist sie. Im Allgemeinen wird eine kleine Häckselmaschine in vielen Fällen nicht mit dem gewöhnlichen Strohstuhl in der Menge der Leistung wetteifern können; dagegen ist wohl zu bedenken, daß der letztere einen kräftigen, sehr geübten Arbeiter, die erstere dagegen weder große Kraft noch Uebung erfordert. Gute, leistungsfähige Häckselmaschinen sind gewöhnlich ziemlich theuer, nirgends aber ist eine Ersparniß weniger angewandt, als bei einer solchen Maschine, bei welcher vieles von der Güte ihrer Bauart abhängt. Bei großem Bedarf an Häckfel wird es immer wohlgethan sein, die Maschine durch andere Kräfte, als durch Menschenarme zu bewegen. Häckselmaschinen zu verwenden, welche drei oder vier Mann zur Bewegung erfordern, ist unwirthschaftlich. Für die Aufbewahrung und Erhaltung einer Häckselmaschine muß genügende Sorge getragen werden. Gutes Schmieren ist immer nothwendig; wird sie längere Zeit nicht gebraucht, so sollen die Messer geölt werden. Rathsam ist es auch dann die letzteren lieber ganz abzunehmen, oder mindestens das Schwungrad mittelst Kette und Schloß so zu befestigen, daß es nicht gedreht werden kann. Durch Versäumung dieser Vorsichtsmaßregel sind nicht blos öfters schon Beschädigungen, sondern auch Unglücksfälle entstanden. — Mit den Häckselmaschinen muß vorsichtig umgegangen werden, namentlich darf während des Ganges nicht mit der Hand das Stroh bis dicht an die Walzen nachgeschoben werden; ebensowenig ist es gerathen, die Messer zu schärfen, ohne sie abzunehmen.

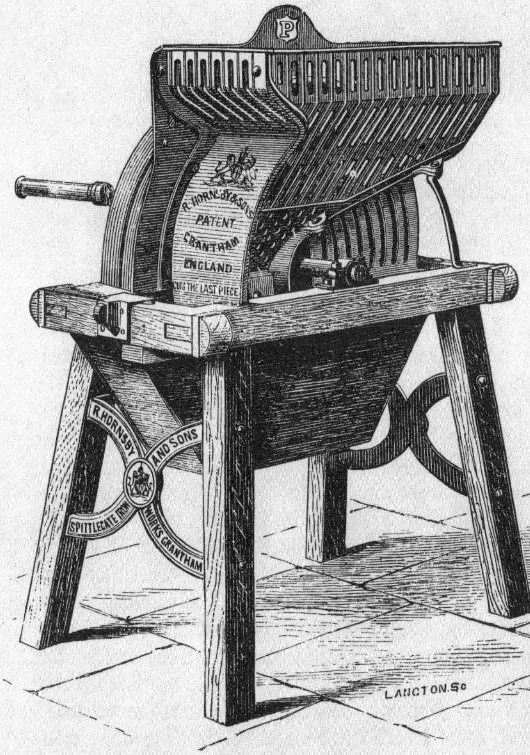

Wurzel-Reib-Maschine.

Rüben-Schneide-Maschine.

Häckselmaschine für Dampfkraft.

6. Futterzubereitungs-Maschinen.

Zur Zerkleinerung der Körnerfrüchte bedient man sich der Schrotmühlen und Quetschmühlen. Es gibt derselben eine große Anzahl von verschiedener Bauart; die arbeitenden Theile an denselben sind entweder Steine — wagerechte, wie gewöhnliche Mühlsteine; kegelförmige, in rechtwinklicher Stellung zu einander und entgegenwirkende Walzen — Scheiben von hartem Gußeisen oder Stahl; Kegel von Stahl oder Hartguß in einer entsprechenden Schale (nach Art der Kaffeemühlen) endlich Walzen von Eisen oder Stahl welche mit ungleicher Geschwindigkeit gegen einander wirken. Die Wirkung eines großen Schwungrads mit breitem Kranz gegen eine kleine Walze ist keine andere, wie diejenige zweier Walzen. Ebenso ist auch die Anordnung nicht selten, daß nur eine einzige Walze gegen eine entsprechende, feste Widerlage wirkt. Dieser Art ist auch die Haferschrotmühle von Smith, welche in einem eisernen Gestelle liegt und einen Trichter mit Schüttelwerk zu flüssigem Ablauf der Körner hat; ein Mann bewegt dieselbe mittelst Kurbel und Schwungrad. Der Hafer wird darauf weniger geschroten, d. h. zu grobem Futtermehl verarbeitet, als vielmehr gequetscht, zerrissen, so daß er eine sehr lockere, fast wollige Masse bildet, in der sowohl jedes Korn, als auch dessen Umhüllung zerdrückt und zertheilt ist. Leicht ist auch die Einrichtung einer derartigen Maschine für mehrere Arten von Getreide; auf sehr sinnreiche Weise ist dieselbe bei der Schrotmühle für Hafer und Bohnen von Biddell ausgeführt, wie dies deren im Durchschnitt der Bohnenquetschwalze dargestellter Arbeitstheil ergiebt. Derselbe besteht aus einer gußeisernen Walze von $5^1/_2$ Zoll Durchmesser, welcher, auf der Achse A des Schwungrades mittelst der 3 Speichen B stehend, eine Umdrehung von links nach rechts empfängt. Der ganze Kranz oder Mantel des Cylinders ist aber in dreikantigen Nuthen gereifelt oder ausgehobelt, und in diesen liegen besonders gehärtete Stahlprismen C C die mit je einer, und zwar der linken, Kante, etwas über den Umfang des Cylinders hervorspringen, so daß dieser gezahnt erscheint. Ein großer Vortheil ist, daß diese Prismen, wenn eine ihrer Kanten abgenutzt ist, herausgenommen und auf die andere gesetzt werden können. Sie wirken gegen die stählerne Widerlage D, gleichfalls von dreikantiger, auf einer Fläche aber etwas gekrümmter, vorn stumpf abgeschnittener Form; die Stahlplatte ist auf einen gußeisernen Kern geschraubt. Mittelst der Stellschraube E läßt sich die Widerlage der Walze näher oder ferner bringen, so, daß das Futter feiner oder gröber wird. Die Frucht wird eingeschüttet in den Trichter F F, welcher von Holz sein kann, läuft auf dem schrägen Boden desselben zwischen Walze und Widerlage und wird hier zermalmt. Die ganze Quetschvorrichtung liegt in einem viereckigen oder runden Rumpfe von Gußeisen. Diese Mühle besitzt verschiedene Vorzüge, welche sie für den praktischen Gebrauch empfehlen. Sie quetscht oder schrotet nicht allein Hülsenfruchtsamen von dem verschiedensten Durchmesser, sondern auch ebenso gut Hafer und andere Getreidearten mittelst einer zweiten, feiner gezahnten Walze, welche neben der gröberen in der gleichen Ebene des Gestells liegt. Je nachdem man nun das Ablaufebrett des Trichters legt, kann man Hafer quetschen, oder Bohnen. Die Trockenheit der Samen, welche bei Steinen und Scheiben sehr in Betracht kommt, ist bei dieser Art Schrotmühlen ohne Einfluß auf die Leistung, da sie auch feuchte Körner ganz gut verarbeiten. Diese Mühle erfordert keine besondere Anstrengung zu ihrer dauernden Bewegung. Mit einem Manne soll sie stündlich bis 2 Scheffel, mit zwei Mann 3, mit Göpel oder Dampf betrieben bei einer Geschwindigkeit von 150 Umdrehungen in der Minute, 16 Scheffel Pferdebohnen zu vortrefflichem, gleichmäßig zerkleinertem Futter zermahlen. Sie wird auf dem Boden festgeschraubt. Mit gerippten Scheiben aus gehärtetem Gußeisen oder Stahl mahlt die sogenannte Excentrische Mühle, nach ihrem Erfinder auch die Amerikanische Bogardusmühle genannt. Sie hat ihrer Zeit vieles Aufsehen gemacht, ist aber jetzt wenig mehr im Gebrauch, obgleich sie sich für manche Zwecke recht gut eignet. Sie heißt „excentrisch" weil von den beiden flachen Scheiben, welche die Körner zwischen sich zerreiben, die eine einen anderen Mittelpunkt (Centrum) hat, als die andere und gerade hierauf gründet sich hauptsächlich die Wirksamkeit des Gerätes. Alle diese genannten Mühlen liefern aber blos gequetschtes Futter oder höchstens Futterschrot, kein Mehl. Wer solches in seiner Wirthschaft erzeugen will, der muß eine besondere Mühle mit Steinen dazu aufstellen, wenn ihm keine andere Kraft, als die von Thieren zu Gebote steht, mindestens eine Göpelmühle, welche mit einem Cylinder aus Seidengaze zur Beutelung der Mehlsorten versehen sein muß. Nur mit Steinen kann lohnend ordentliches Mehl zu Brot und Gebäck für die menschliche Nahrung erzielt werden, und zur Bewegung von Steinmühlen bedarf es unter allen Umständen größerer Kräfte, als der menschlichen. Wenn man überlegt, daß der Mahlgang einer gewöhnlichen Mühle mit 60 zölligen Steinen, der 2 bis 5 Pferdekraft in Anspruch nimmt, stündlich doch nicht mehr, als 3 bis 8 Scheffel grobes Roggenschrot zu liefern im Stande ist, daß ein amerikanischer Mahlgang bei 4 Pferdekraft und 48 Zoll Steindurchmesser gar nur 45—75 Pfund Weizenmehl stündlich ausgiebt, so wird man leicht nachrechnen können, daß die menschliche Kraft zur nachhaltigen und gewinnbringenden Darstellung von Schrot oder Mehl unzureichend ist. Dies hat bisher die Erfahrung allenthalben bestätigt. Rühlmann theilt darüber mit: Wenn eine Maschinenpferdekraft eine Arbeit von 550 Fußpfund in der Secunde, oder 33000 Fußpfund in der Minute leistet (d. h. in einer Secunde ein Gewicht von 550 Pfund auf die Höhe von 1 Fuß zu heben vermag) so hat die Erfahrung hinsichtlich anhaltender Arbeit der Menschen gelehrt, daß ein mittelstarker Mann höchstens eine Arbeit verrichten kann, die in der Secunde = 75 Fußpfund oder in der Minute = 4500 Fußpfund ist, dabei vorausgesetzt, daß er täglich dauernd acht Stunden thätig sein kann. Bei Arbeiten an Maschinen wird letztere Leistungsgröße des Menschen fast niemals erreicht, weil es nicht immer möglich ist, die günstigste Stellung des Körpers für das Uebertragen der Arbeit, sowie für das möglichst geringe Ermüden zu beschaffen. Am unvortheilhaftesten in letzterer Beziehung arbeitet der Mensch an der sogenannten Kurbel, wie dies bei den bis jetzt bekannten Schrotmühlen fast ausschließlich der Fall ist, indem die Erfahrung lehrt, daß die hierbei für die Minute übertragene Arbeit höchstens 3000 Fußpfund, oder $^1/_{11}$ Pferdekraft beträgt, wenn nämlich durchweg acht Stunden gearbeitet werden soll. Nach sorgfältig gesammelten Erfahrungen im Bereich des Mühlwesens ist bestimmt zu behaupten, daß das höchste der Leistung einer guten Mahlmühle 0,517 per Scheffel Brotmehl für Pferdekraft und Stunde, oder 2,67 Scheffel mittelfeines oder auch 5,52 Scheffel Viehschrot ist. Hiernach würde also ein Arbeiter pro Stunde an einer Kurbel nicht mehr, als einen halben Scheffel Roggen grob schroten.

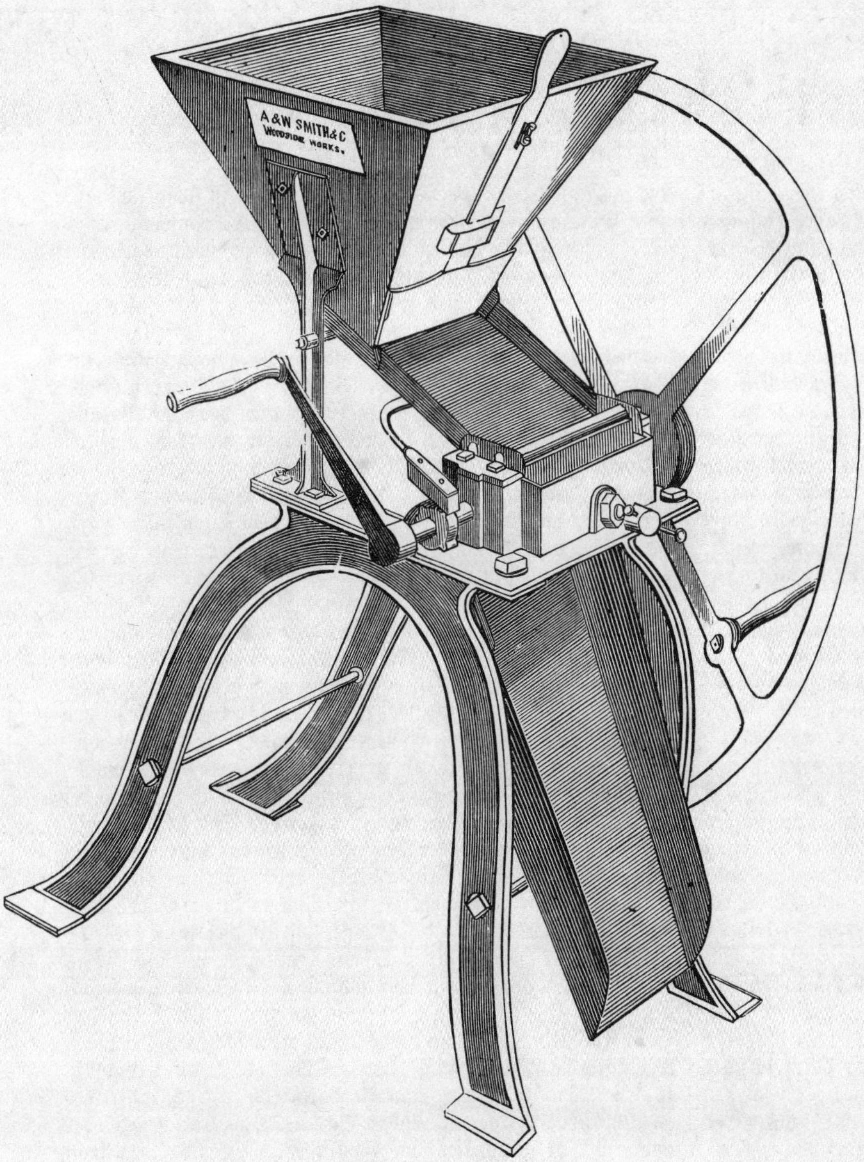

Haferschrotmühle.

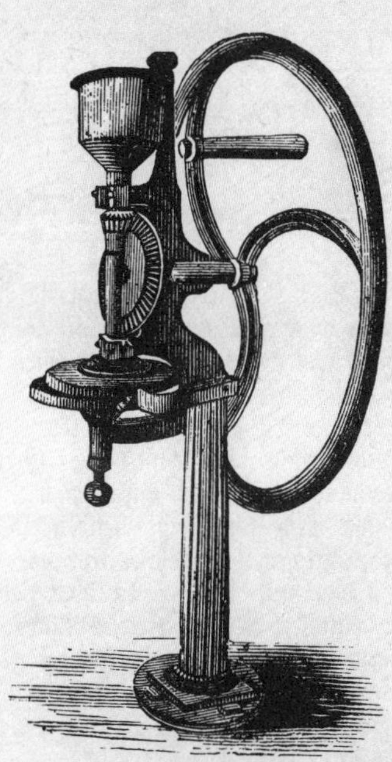

Excentrische Mühle.

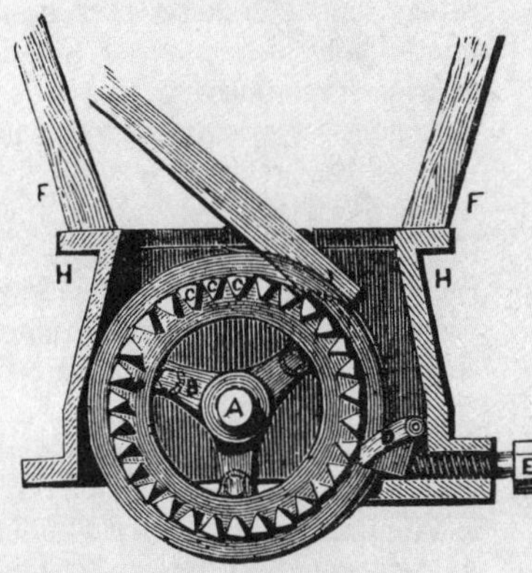

Durchschnitt der Bohnenquetschwalze.

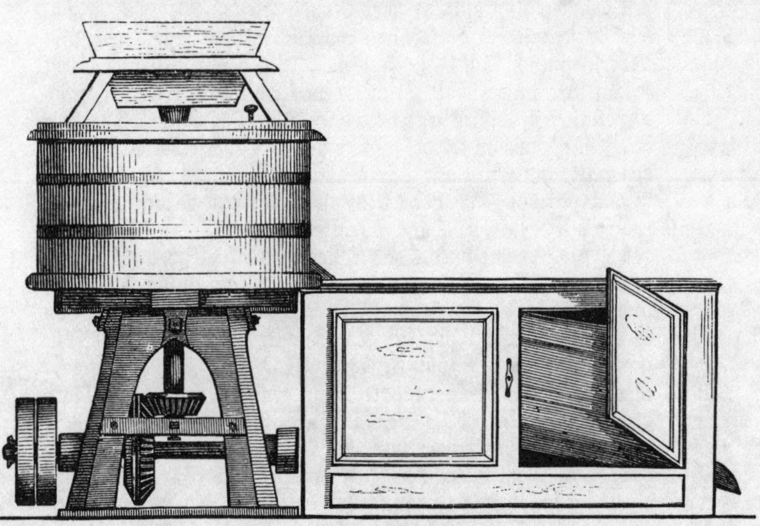

Göpelmühle.

Schrotmühle für Hafer und Bohnen.

1. Hühner.

(Fortsetzung von Seite 74.)

Da, oder weil in Frankreich die Hühnerzucht unstreitig auf einer höheren Stufe steht, als sonst irgendwo, haben sich auch in diesem Lande die vorzüglichsten Schläge hinsichtlich des Gebrauchswerths aus den gewöhnlichen Landhühnern herangebildet. Wem es daher darum zu thun ist, durch eine richtig geleitete Hühnerzucht im Großen gute Geschäfte zu machen, der wird, wenn er neue Rassen einführen will, sich am vortheilhaftesten zunächst nach Frankreich wenden. Die vorzüglichsten Rassen der französischen Landhühner sind: 1. Das Crevecoeur-Huhn soll das beste sein, welches es giebt. Es hat einen sehr stark entwickelten Körper, breiten Rücken, kurze, starke Schenkel, welche dermaßen im ganzen Gefieder begraben sind, daß sie sich gar nicht vom Rumpf abscheiden, so lange das Thier sich in Ruhe befindet. Ein besonderes Kennzeichen ist der Kamm, welcher stets in 2 Spitzen oder Hörner ausläuft und die Gestalt einer Rehkrone im Kleinen hat. Das Gefieder ist oben ganz dunkelschwarz, mit bläulichem oder grünlichem Glanz am Kopf, den langen Rückenfedern, den Flügeln und dem Schweif, das Uebrige ist mattschwarz. Die starke Haube des Huhns und Hahns wird nach der zweiten oder dritten Mauser hinten weiß. Diese Rasse ist es, welche das ausgezeichnete Fettgeflügel der französischen Märkte liefert. Ihre Knochen sind überaus fein und leicht; das Fleisch ist zarter, kürzer, weißer, wie von jeder anderen Hühnerart, und durchwächst leichter mit Fett. Die jungen Hühner sind von unerhörter Frühreife, da sie schon zur Mästung eingestellt werden können, sobald sie $2^1/_2$—3 Monate alt sind; binnen 14 Tagen können sie hinreichend fett zum Schlachten sein. Mit 5 Monaten ist ein Huhn von dieser Rasse beinahe vollkommen ausgewachsen in Größe und Eigenschaften. Ein Mästhuhn (Poularde) von 5 Monaten wird 6 Pfund schwer; ein sechsmonatiger Hahn 7 Pfund. Als Fleischhühner giebt es keine besseren und einträglicheren. 2. Das Normännische Huhn, auch von Houdan genannt, zeichnet sich durch so stark entwickelte Haube aus, daß es oft weder vorwärts, noch zur Seite, sondern nur auf die Erde sehen kann; das ganze Gefieder ist geschuppt, gewöhnlich weiß und schwarz. Die Normännische ist eine der schönsten Hühnerrassen und nichts gewährt einen reicheren Anblick, als ein mit ihr besetzter Hühnerhof; aber ihre Eigenschaften gehen noch über ihre Schönheit. Außer der Leichtigkeit der Knochen, der Menge und Feinheit seines Fleisches ist es noch früher reif, wie das Crevecoeur, die jungen Hähne schon mit 4 Monaten; doch mästet sich jene Rasse besser und fetter. Von allen Hühnerarten ist die Normännische die einzige, bei welcher das Huhn ebenso schwer wird, wie der Hahn. Es legt frühzeitig und reichlich, die Eier sind groß; als Brütehenne ist es nur mittelmäßig. Diese Rasse ist zugleich rüstig, hart, leicht zu züchten und zu gewöhnen. 3. Das Huhn von La Fleche, ganz schwarz, groß, hochbeinig, mit besonders langen Federn, wird vom 5 Monat ab zum Verzehr brauchbar; gewöhnlich fängt man aber die Nudelmästung, welche bei diesen Thieren vorzugsweise angewendet wird, erst im Alter von 7 bis 8 Monaten mit ihnen an, in welchem Zeitpunkt sie ziemlich ausgewachsen sind. Alsdann nennt man die jungen Hähne Jungfernhähne (coqs vièrges) und wenn ihre Behandlung, welche einen Monat bis 6 Wochen dauern soll, vorüber ist, so wird er 12 Pfund und mehr schwer. Ein ungemästeter 8 Monate alter Jungfernhahn hat ein Lebendgewicht von 8—9 Pfund, und ist beinahe ebenso schwer, als ein gewöhnlicher alter Hahn im besten Zustande. Die Feinheit, der ausgezeichnete Wohlgeschmack und die Saftigkeit des Fleisches dieser Hühnerrasse ist schon im mageren Zustand bemerkenswerth, im gemästeten aber unvergleichlich. Die jungen Hähne müssen zeitig von den Hühnern abgesondert werden, wenn sie unverschnitten zur Mast aufgestellt werden sollen. Die genannten drei Rassen verdienen die Aufmerksamkeit der Geflügelzüchter in hohem Grade. In Deutschland fehlt es noch ebenso sehr an Geschick, als an Neigung, Hühner und Hähne des Fleisches halber zu züchten und zu mästen, und doch würde gerade dieser Zweig der Federviehzucht der allerlohnendste sein. Zum gewöhnlichen Fettmachen wählt man fünf bis sechs Monate alte Hähne und Hühner, die noch nicht gelegt haben; nur von solchen erhält man weißes, zartes Fett und Fleisch. Gern sieht man dabei auf die Füße und zieht deren blaue Farbe der gelben vor. Zum Behufe der Mästung setzt man das Geflügel in Käfige mit mehreren Abtheilungen, welche so enge sind, daß die Thiere sich nicht darin herumdrehen können. Dieselben stehen an einem warmen, dunklen Ort, oder werden auch mit Tüchern gut verhangen. Für vollkommene Ruhe, Reinlichkeit und stets frisches Wasser zum Getränk muß hinreichend gesorgt sein. Das beste Mastfutter besteht aus grobem Mehl von Hirsen, Mais, Buchweizen, Gerste und Hafer. Mit diesem wird ein Teig angerührt, als ob man Brod daraus backen wollte, natürlich ohne Sauerteig oder Hefe. Der Teig darf weder gähren noch sauer werden und ist daher von Tag zu Tag frisch anzufertigen. Sobald der Teig geknetet worden und noch warm ist, macht man daraus kleine Nudeln, welche ungefähr die Größe und Form einer Bohne haben, lang und an beiden Enden dünner, als in der Mitte sind. Größer dürfen dieselben natürlich nicht sein, als das Huhn den Schnabel zu öffnen vermag. Das Geflügel wird zweimal im Tag und mit je 12 Stunden Abstand, also um 6 Uhr früh und 6 Uhr Abends genudelt. Bei diesem Geschäfte selbst gießt man soviel als man für nöthig erachtet, Milch in ein flaches Gefäß; wo dieselbe nicht leicht und billig zu beschaffen ist, ersetzt man sie durch eine eigens zubereitete Fleischbrühe, Wasser mit etwas Butter, Schweineschmalz oder anderem Fett geschmälzt; die Flüssigkeit wird etwas erwärmt und dann soviele Nudeln in das Gefäß geworfen, als hineingehen und von jener noch benutzt werden. Die mit dem Mästen des Geflügels betraute Person nimmt nunmehr den Topf mit den feuchten und aufgeweichten Nudeln zu den Mastställen und setzt sich damit vor den Käfig, woraus sie ein Thier nach dem andern nimmt, um es zu stopfen. Dies geschieht so: Sie setzt es auf ihre Kniee, hält es mit dem Arm und der linken Hand dergestalt fest, daß es weder mit den Flügeln schlagen, noch mit den Füßen zappeln kann, faßt zugleich mit derselben Hand nun den Hals und öffnet mit Daumen und Zeigefinger den Schnabel, so daß er immer in Bereitschaft ist, eine Nudel aufzunehmen, welche mit der rechten Hand hineingesteckt und bis an den Anfang der Kehle gedrückt wird; das Thier macht sogleich mit der letzteren die nöthige Anstrengung um die Nudel hinabzuwürgen, und im Augenblick ist sie verschlungen. Es werden ihm davon so viele eingestopft, bis sein Kropf vollkommen damit angefüllt ist. Statt der Teignudeln kann man auch gekochte Maiskörner zum Stopfen verwenden, wie denn überhaupt der Mais das kräftigste und beste Geflügelfutter ist, das es giebt; allerdings müssen sich Hühner und Tauben erst an die großen Körner gewöhnen, wenn sie auf dem Hofe damit gefüttert werden, lernen dies aber bald und sind dann sehr gierig darnach. Nach 14 Tagen oder 3 Wochen ist das Geflügel fett.

Hahn von La Fleche.

Normännisches Huhn.

Huhn und Hahn der französischen Crevecoeurrasse.

3. Gänse. 4. Enten.

(Fortsetzung von Seite 76.)

Wenn es auch nur eine einzige Art der gezähmten Gans gibt, so haben sich doch aus derselben sehr viele Unterarten oder Rassen entwickelt, von welchen einzelne sich durch Gestalt oder Ertrag vor andern auszeichnen. Darunter nimmt einen hohen Rang ein die sogenannte Schwanengans, welche in der Wetterau (Hessen) heimisch und bedeutend größer ist, als die gewöhnliche Gans, indem eine junge, erst gerupfte Schwanengans über 16 Pfund wiegt, während das Gewicht der ersteren, mit Federn, aber nicht gemästet, selten 9 Pfund übersteigt. Wahrscheinlich ist diese Rasse eine und dieselbe mit derjenigen der Gänse von Toulouse in Frankreich, welche ebenso groß sind und den Stoff zu den berühmten französischen Gänseleberpasteten liefern. Eine nicht minder schwere, zugleich aber auch auffallend schöne Gans ist die in Nordamerika gezüchtete Canadische Gans, welche aus einer Kreuzung von Schwan und Gans hervorgegangen sein soll; es könnte in der That scheinen, daß dem so wäre, wenn man die Gestalt des Thieres betrachtet, die mit ihrem langen Halse weit mehr Aehnlichkeit mit dem Schwan, als mit der Gans hat. Eine Zierde des Geflügelhofs bildet die bunte Aegyptische Gans, ein lebhaft gefärbtes, schönes Thier, aber kleiner, wie die gewöhnlichen Gänse. — Noch viel häufiger, wie die Hühner, werden die Gänse gemästet; es gibt verschiedene Verfahren zu diesem Zweck. Sobald die jungen Gänse 14 Tage alt sind, sollen sie mit in Wasser geweichter Gerste gefüttert werden, um sie recht kräftig zum Wachsthum zu machen; in Frankreich giebt man ihnen in diesem Zeitraum sogar Wein, Obstwein oder Bier. Fährt man mit dieser Fütterung fort, so hat man in 6 Monaten eine gute, nicht fette, Fleischgans zum Verspeisen; sie wiegt dann 6—8 Pfund, das Fleisch ist zart und schmackhaft, allein sie kann noch sehr an Fett und Gewicht zunehmen. Zur Mästung bringt man die Gänse an einen dunklen, warmen Ort in abgetheilte Käfige; Viele rupfen ihnen die Bauchfedern aus und entfernen die Oeldrüsen auf dem Rücken. Die größte Reinlichkeit, daher häufiges Wechseln der Streu ist durchaus erforderlich. Als Getränk giebt man am besten Wasser mit abgerahmter Milch; dasselbe muß täglich erneuert werden. Als Futter giebt man, mit immer zunehmenden Maßen, gekochte Körner — Gerste, Mais, Roggen, Hafer — in Milch oder Fettwasser getränkt; Brotabfall mit gekochten Kartoffeln ist ebenfalls ein gutes Schnellmastfutter. Rathsam ist es mit ungeschrotenen und nicht gekochten Haferkörnern die Mast zu schließen, wodurch das Fett fester und schmackhafter wird. Die Gans wird um so besser und rascher fett, wenn sie alle drei Stunden nach Beliebeu zu fressen erhält. Rascher geht die Mästung von statten, wenn man täglich dreimal nudelt, die Nudeln können 2 Zoll lang und 1 Zoll dick sein; damit sie dieselben besser verschlingt, streicht man ihr mit der Hand am Hals herunter. Alsdann giebt man ihr Milch oder Kleienwasser zu saufen. Die Mästung dauert auf diese Art 14 Tage bis 3 Wochen. Man fängt im Monat November mit dem Mästen an; später ist dies nicht räthlich, weil dann die Paarungszeit kommt. Wenn man blos mit Körnern mästet, so bedarf man bis 50 Pfund zur vollständigen Mästung einer Gans. Ihrer Federn wegen wird die alte Gans jährlich 3 mal gerupft, Ende Mai, Mitte Juli und Ende September und zwar unter dem Bauch, um den Hals, unter den Flügeln. Federn von lebenden Gänsen sind viel besser, als solche von geschlachteten. Von letzteren gewinnt man durchschnittlich $^1/_4$ bis $^1/_2$ Pfund Bettfedern. Außerdem verwerthen sich noch die Hauptkiele der Flügel als Schreibfedern, zu welchem Behuf sie im Backofen getrocknet und gezogen, d. h. mit heißer Asche oder heißem Wasser abgerieben werden. Durch die Stahlfedern sind die Gänsekiele fast gänzlich verdrängt worden. — Unter allen Bewohnern des Geflügelhofes ist unstreitig die Ente am leichtesten aufzuziehen und kostet am Wenigsten, sobald sich die Oertlichkeit zu ihrer Zucht eignet; daher ist diese auch sehr lohnend. Die zahme Ente stammt unstreitig von der wilden ab und hat sich in eine Menge von Spielarten oder Rassen gespalten. Darunter sind zu nennen: die weiße englische Aylesbury-Ente oder Doppelente mit besonders schwerem, starkem und mastfähigem Körper; die braune normännische oder Rouener Ente, besonders gute Eierlegerin, mit zartem, wildpretähnlichem Fleisch; die schwarze englische Ente, die größte von allen Spielarten; die graue Ente oder Spiegelente, die verbreitetste Art, der Entrich hat einen prächtig blauen Spiegel auf den Flügeln und eben solche, in die Höhe gekrümmte Schwanzfedern; die Stahlente oder Mohrenente; die weiße Teichente, ebenfalls überall verbreitet; die Muschelente, mit weißem Bauchgefieder, bunten Flügeln, grünschillerndem Hals und Kränzen um die Augen; die geschopfte braune Hollente; die weiße Haubenente (englische Schopfente) die holländische Ente mit dem Hakenschnabel. Andere Arten, nicht Spielarten, der Ente sind: Die Bisamente (türkische Ente) stammt aus Südamerika, nicht aus der Türkei und ist sehr wohl zu verwerthen, trotz der noch vielfach gegentheiligen Meinung; die wunderschöne amerikanische Knäckente (Carolina-Ente), die chinesische Fächerente (Mandarinenente) u. s. w. Fast alle wilden Entenarten zähmen sich leicht und paaren sich dann mit den zahmen, wie man täglich in den Thiergärten (Zoologischen Gärten) beobachten kann, wodurch eben diese ungemein vielen Spielarten entstehen. Mit der Wartung und Aufzucht der Enten hat man nicht viel zu thun; jedes Futter ist ihnen recht, sie begnügen sich mit einem trockenen, gutgestreuten Stall, und sorgen sonst ganz für sich selber. Unerläßlich für ihr Wohlsein ist ein Teich oder Tümpel, in dem sie sich baden können; besonders gern tummeln sie sich auf den mit Meerlinsen bestandenen Sumpfwässern, wo sie reiche Nahrung finden. Die Mästung der Enten geschieht ganz in gleicher Weise, wie diejenige der Gänse. Sehr gut dazu sind Erbsen schlechter Gattung, welche zum Verspeisen nichts taugen; es werden davon täglich soviel gequellt, als man verfüttern kann, und zwar in gesalztem Wasser, damit stopft man den Enten die Kröpfe voll, allein muß sich jedes mal vergewissern, ob dieselben auch völlig leer sind. Auf die gleiche wohlfeile Weise lassen sich auch Kapaunen, Gänse, Truthühner mästen. — Daß die Enten zur Vertilgung der Ackerschnecken treffliche Dienste leisten, ist eine dem Landwirth schon bekannte Sache (vgl. S. 134) sie vertilgen aber auch anderes schädliche Gewürm. Die Chinesen haben dies bei ihrer Liebe zum Ackerbau schon früh eingesehen und legen daher den größten Werth auf die Entenzucht. Sie richten die Enten dermaßen ab, daß sie dem Befehl einer Pfeife folgen; so führt sie der Hirt durch die jungen Getreidesaaten, welche sie gründlich vom Ungeziefer reinigen; Nachts bleiben sie in Horden oder auf den Schiffen der Flüsse und Canäle, die dort allenthalben das Land durchziehen. Die Entenzucht wird auf dem Lande noch viel zu wenig betrieben. Die Ente ist dasjenige Thier, welches die allerwerthlosesten Stoffe als Futter verwerthet und ihr Fleisch ist das billigste, welches sich der Landmann verschaffen kann, sobald er von der Mästung absieht, und über Winter nur die Zuchtthiere behält. In letzterer Jahreszeit ist ein Futter von gekochten Kartoffeln mit Kleie oder Biertrebern Alles, was sie verlangen.

Schwanengans. Canadische Gans. Aegyptische Gans.

Muschelente. Aylesburyente. Rouener Ente.

Die künstliche Fischzucht.

Die Fischzucht bildet in vielen Gegenden einen einträglichen Zweig der Landwirthschaft. Um sie aber auch in den freien Gewässern zu heben, hat man in der neueren Zeit die sogenannte künstliche Fischzucht eingeführt, ein Verfahren, das im vorigen Jahrhundert von einem Deutschen, Jacobi, erfunden, zuerst in Frankreich zur Ausführung im Größeren gelangt ist, und den Zweck hat, den Laich und die junge Fischbrut den vielen Gefahren und verderblichen Zufällen zu entziehen, welchen sie im natürlichen Zustand ausgesetzt sind. Die künstliche Fischzucht stellt sich daher nicht die Aufgabe, Fische zum Gebrauch heranzuzüchten, sondern nur diejenige der Bevölkerung der Gewässer mit werthvollen Fischen, die sie darin aussetzt, sobald sie hinreichend erstarkt sind, um den Gefahren der Freiheit besser entgehen zu können. — Es sollen nunmehr in der Kürze die hauptsächlichsten verschiedenen Vornahmen des Verfahrens der künstlichen Fischzucht beschrieben werden. Sowohl bei den Fischen aus Streckteichen, wie bei denjenigen, die in voller Freiheit gefangen werden, erkennt man die Reife zum Laich an folgenden Zeichen: Der Bauch der weiblichen Fische erscheint weich aufgetrieben, gibt jedem Druck sehr leicht nach und man fühlt unter der Hand eine Hin- und Herbewegung, welche andeutet, daß die schon von dem Eierstock gänzlich abgetrennten Eier sich nach jeder Richtung hin bewegen lassen. Bei den männlichen Fischen ist der Bauch allerdings nicht in gleicher Weise aufgetrieben. Hält man den weiblichen Fisch in dieser Weise senkrecht mit dem Kopf nach Oben, so senken sich die Eier durch ihr eigenes Gewicht gegen die Afteröffnung, deren Ränder geröthet und angeschwollen erscheinen. Wenn man den männlichen Fisch in eben solcher Stellung hält, so fließt öfters die Milch ohne irgend einen Druck von selber aus. Die Operation, durch welche man hier der Natur zu Hilfe kommt, ist nunmehr die folgende. In ein flaches Gefäß gießt man vollkommen klares Wasser; sobald dies geschehen ist, ergreift man einen weiblichen Fisch (Fig. 1.), packt ihn mit der linken Hand um Kopf und Brust und umgreift mit der rechten Hand den Leib des Thieres dergestalt, daß der Daumen auf der einen Seite und die übrigen Finger auf der anderen liegen, die Hand also wie ein Ring den Fisch umschließt; man fährt damit von vorn nach hinten oder von Oben nach Unten und drängt mittelst des so hervorgebrachten Drucks die Eier langsam nach der Afteröffnung, durch welche sie ins Freie treten. Sobald sie sämmtlich in dem Wasser des untergestellten flachen Gefäßes gesammelt worden sind, so nimmt man ein Männchen, welchem man die Milch ganz auf die gleiche Weise, wie dem Weibchen den Rogen ausdrückt. Diese Milch erscheint weiß und dick, wie Sahne. Die Sättigung oder Befruchtung hat hinreichend stattgefunden, sobald das Wasser die Farbe und das Ansehen von dünner Milch bekommt. Alsdann muß diese Mischung sorgsam umgeschüttelt und die Eier mit der Hand oder mit dem feinen Bart eines Pinsels langsam und stetig durch einander gerührt werden. Nach einer Ruhe von zwei bis drei Minuten ist die Befruchtung vollständig vor sich gegangen; man gießt alsdann die Eier mit dem Wasser, worin sie enthalten sind, in die Brütevorrichtungen (Fig. 2, 3.), wenn die Ausbrütung sofort an Ort und Stelle vor sich gehen soll. Sollen sie aber verschickt werden, so läßt man das Wasser, welches zur Befruchtung gedient hat, vorsichtig ablaufen, ersetzt es durch frisches Wasser und füllt dann das Ganze in eigenthümliche zur Versendung des Fischlaichs besonders eingerichtete Büchsen. Zur Erleichterung des Ausschlüpfens der Eier hat man einen eigenthümlichen Brütekasten mit ununterbrochener Wasserströmung; er besteht aus treppenförmig unter einander gefügten Kästen von glasirtem Thon, in welchen kleine Vorsprünge angebracht sind, um darauf eine Art Rost anzubringen, auf dem die zu befruchtenden Eier ausgebreitet werden. Die Stäbe dieses Rostes bestehen aus Glasröhren und liegen zwei bis drei Millimeter von einander entfernt, parallel in einem hölzernen Rahmen, in welchem sie eingebleit sind. Rechts und links ist der Rost mit kleinen Handgriffen zum bequemen Herausnehmen und Einsetzen versehen. Ein mittelst einer metallenen Röhre zugeleiteter Wasserstrahl speist den oberen Kasten (Fig. 2.) und aus diesem dann die unteren, deren es auf jeder Seite etwa sechs bis sieben sind, und aus den letzten fließt das Wasser dann langsam ab und weiter, so daß immer ein frischer Zufluß stattfindet. Es bedarf aber keineswegs solcher größeren oder verwickelten Einrichtungen zur Ausführung des Verfahrens. Man kann auch ganz einfach mit zwei oder drei Holztrögen arbeiten und deren Zahl der Menge der Eier, die man zum Ausschlüpfen bringen will, anpassen; auch steinerne Tröge oder Kästen von Weißblech und Zink lassen sich anwenden, während die Roste auch von Holz oder von gut galvanisirtem Draht angefertigt werden können. Solche Apparate werden mit den nöthigen Vorsichtsmaßregeln zu ihrem Schutz in der Nähe eines laufenden Brunnens aufgestellt, so daß fortwährend ein kleiner Wasserzu- und Abfluß stattzufinden vermag, dessen Leitung man durch eine hölzerne Rinne oder noch besser durch eine Bleiröhre bewerkstelligt. Will man in den Flüssen oder Teichen selbst die Ausbrütung vor sich gehen lassen, so bedient man sich doppelter Siebe von gut verzinntem Blech, die in schwimmenden Rahmen dergestalt liegen, daß sie immer unter Wasser sind. Allein ein solcher Apparat hat den Uebelstand, daß sich sehr gern der Schlamm des Wassers auf seiner Oberfläche ansetzt, wodurch man aber genöthigt ist, ihn häufig zum Behuf der Reinigung heraus zu nehmen, welche Arbeit aber in den ersten Zeiten des Brütevorgangs immer von Nachtheil sein kann. Außerdem sind aber die Metallbleche niemals so glatt, daß nicht kleine unmerkbare Spitzen oder Erhabenheiten an denselben vorkämen, wodurch die Nabelblase der jungen Fische leicht beschädigt werden kann, was dann fast immer den Tod zur Folge haben muß. Um diesem Uebelstand vorzubeugen, construirt man eigene Brutkästen (Fig. 5.). Dieselben sind ungefähr drei Fuß lang, anderthalb Fuß breit und eben so tief, und bestehen von drei Seiten aus Holzbohlen. Der Deckel ist in der Quere in zwei Theile getheilt und läßt sich durch Scharniere auf- und abklappen; in der Mitte eines jeden Theils befindet sich eine Oeffnung von ungefähr 8—10 Zoll im Quadrat, die mit einem Geflecht von verzinntem Drath geschlossen ist; jede der beiden Querseiten ist mit einer ähnlichen Thüre, nur mit etwas größerem Drahtgeflecht verschlossen. Auch diese bewegen sich in Scharnieren, öffnen sich wie die andern nach außen und werden einfach durch Krampen mittelst Vorsteckern oder zur Sicherheit mittelst kleiner Vorlegeschlösser verschlossen. Im Inneren hat der Kasten keine Abtheilung, sondern nur 8 Zoll vom Boden entfernt Querstäbe, worauf die Roste zu liegen kommen, welche die Eier aufnehmen. Die Roste bestehen gerade wie die vorher beschriebenen aus Glasstäben in Holzrahmen und es werden davon gewöhnlich vier Stück über einander und neben einander eingesetzt, so daß in Allem der Kasten acht Roste enthält. Einige Stunden nach dem Vorgang der künstlichen Befruchtung gewahrt man eine entschiedene Veränderung an den Eiern (Fig. 6. 7, 8.). Sie werden undurchsichtiger mit einem runden, trüben Fleck.

1. Ausstreichen des Laichs.

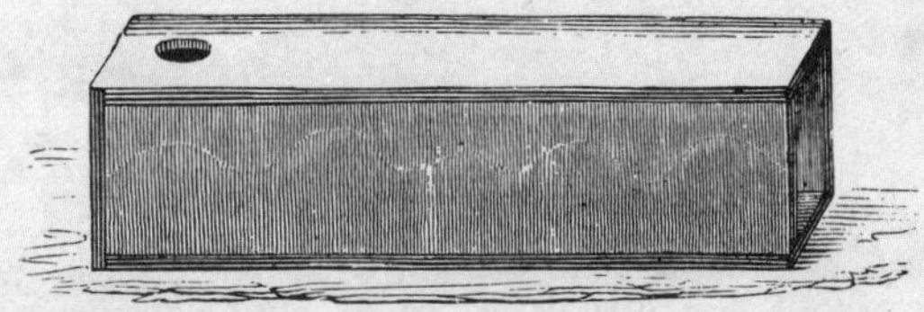

2. Brütekasten.

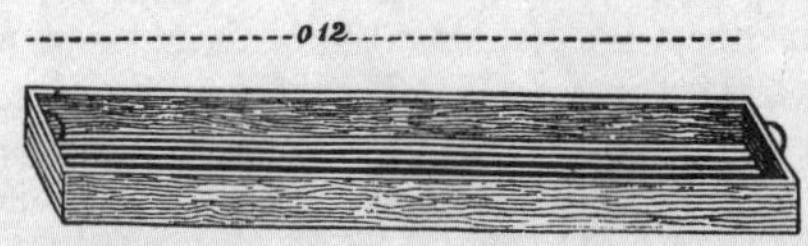

3. Brütekasten zum Einsetzen.

4. Kästen zum Ausbrüten des Fischlaichs von Prof. Coste.

6. Forellenei.

7. Lachsei.

(Natürliche Größe.)

5. Brütekästen unter Wasser für Flüsse oder Teiche.

(Das Maß der Abbildungen ist das französische Meter.)

8. Befruchtetes Lachsei.

(Natürliche Größe.)

Die künstliche Fischzucht.

Nach Maßgabe der immer stärkeren Ausprägung dieser Formen sieht man endlich den Fischembryo sich bewegen und zwar gewinnt der Schwanz zuerst Leben. Dann entsteht auch eine kleine Oeffnung. Gewöhnlich lösen sich Schwanz und Kopf zuerst ab und darauf das Nabelbläschen, eine Art von kleinem Sack, der dem jungen Fisch noch eine Zeit lang unterhalb des Bauchs hängen bleibt und dazu dient, ihn mit der ersten Nahrung zu versehen. (Fig. 9, 10.) Der Laich verlangt besondere Sorgfalt und es sind zu dem Ende wiederum eigenthümliche Instrumente nothwendig. Sehr häufig wird die äußere Haut der Eier nämlich mit einem Niederschlag des vielleicht nicht ganz reinen Wassers überzogen, welcher der Entwickelung des Embryo schädlich werden kann. In diesem Fall wird es nothwendig, den Laich mit der Fahne einer großen Feder oder besser noch mit einem weichen Dachspinsel (Fig. 11), wie ihn die Maler brauchen, von Zeit zu Zeit zu reinigen. Um die Eier herauszunehmen, bedient man sich eines geraden oder gekrümmten gläsernen Stechhebers (Pipette) (Fig. 12); die Handhabung dieses Instruments ist ganz leicht. Mit dem Daumen wird die eine Oeffnung seiner Röhre fest verschlossen und die andere unter Wasser in die Nähe der Eier, welche man herausnehmen will, gebracht. Dadurch, daß man den Daumen abwechselnd wegnimmt und auffetzt, hört der Druck auf die Luft und der Widerstand derselben gegen die Flüssigkeit auf, das Wasser strebt, sein Niveau einzunehmen und flößt die Eier mit sich in den erweiterten Theil des Hebers. Unter allen Fischen behalten die Lachse und Forellen am längsten ihr Nabelbläschen. Anfangs nur mit einiger Schwierigkeit zu unterscheiden, nehmen sie nach der Resorption allmählich ihre charakteristischen Gestalten an, durch welche sie dann leicht von einander kennbar sind. (Fig. 13, 14, 15.). Nach der Ausschlüpfung zeigen die verschiedenen Arten der jungen Fische auch einen abweichenden Instinkt. Die einen, wie z. B. der Hecht, der Barsch ꝛc. entledigen sich rasch ihrer Nabelblase. Sie sind lebhaft und schweifen lustig umher indem sie zugleich immer das hellste Licht aufsuchen. Die andern, wie die Forellen, die Lachse ꝛc. behalten ihre Nabelblase länger, sind schwerfällig und stehen immer in den dunkelsten Winkeln. Diese nehmen auch die größte Sorgfalt in Anspruch. Die ersteren kann man alsbald nach ihrer Ausschlüpfung in die Flüsse oder Teiche setzen; die zarteren oder kostbareren Arten dagegen verlangen die Herstellung von besonderen Fischbehältern, worin sie bleiben müssen, bis sie hinlängliche Körperkraft erlangt haben, um allen den vielen Zufällen der Vernichtung zu entgehen, welchen sie mehr wie irgend andere Thiere in dem Bereich der Freiheit ausgesetzt sind. Ein derartiger Fischbehälter kann ein, der menschlichen Aufsicht nah gelegener kleiner Teich oder irgend ein Behälter mit gehörigem Zu- und Abfluß sein; wo diese fehlen, läßt er sich leicht auf künstliche Weise einrichten. Am besten wird er alsdann aus Mauerwerk ungefähr vier Fuß hoch über dem Boden, und inwendig gut cementirt, ausgeführt (Fig. 16.); das Innere wird in verschiedene Abtheilungen für die verschiedenen Gattungen und Altersklassen getheilt. Auf den Boden kommt eine Lage Kies, worauf hier und da kleine Flußkiesel zerstreut liegen. An einzelnen Stellen bringt man kleine Zufluchtsorte von Hohlziegeln (Fig. 17) an, unter welchen die Fischlein Ruhe und Dunkelheit, welche ihnen nothwendig sind, finden. Endlich werden verschiedene Wasserpflanzen eingesetzt und sorgsam unterhalten, damit sie alle Bedingungen vereinigt finden, welche ihrer Entwickelung im Zustand der Freiheit entgegen kommen. In natürlichen Behältern ist eine besondere Fütterung der jungen Fische selten nothwendig; in künstlichen dagegen ist sie unerläßlich. Aale, Forellen, Lachse, Salmlinge werden mit gekochtem und in einem Mörser zerstoßenem Rind- oder Pferdefleisch gefüttert; man sieht alsdann die jungen Fische mit Begierde auf die außerordentlich fein zertheilten Stückchen der Nahrung zustürzen, sobald dieselben in das Bassin geworfen werden. Durch diese Methode gelingt es in einem Behälter von nur 1½ Fuß Länge bei 8 Zoll Breite und 4 Zoll Tiefe 2000 Stück junge Salmen auf einmal zu erhalten und bis zu einer hinreichenden Körpergröße heranzuziehen. Nur während der ersten acht bis vierzehn Tage erhalten sie gekochtes Fleisch; nach dieser Zeit bekommen sie rohes, gut gestampftes und kleingewiegtes Fleisch in kleinen Pillen. Diese Nahrungsweise ist der Fütterung mit gekochter Kalbsleber oder abgesottenem Ochsenblut vorzuziehen. In Hüningen erhalten die Forellen und die Lachse ebenfalls rohes, kleinzerstampftes Fleisch von Weißfischen. Auch lebende Nahrung sagt den Forellen und Lachsen zu, so z. B. fressen sie mit großer Begierde die Embryonen von Barschen, Plötzen und andern gemeinen Fischen. Auch die mikroskopischen Schalthierchen der Gattungen Cythere, Cypris, Cyklops ꝛc., die sich im Frühjahr in Unmasse in allen stehenden Wassern finden, eben so ganz kleine Erdwürmer werden von den jungen Fischen mit großer Begierde gefressen. Häufig ist es aber nicht damit gethan, blos die Eier zu befruchten, ihre Ausschlüpfung zu erleichtern und die jungen Fische an Ort und Stelle bis zu genügender Größe aufzuziehen, sondern nicht selten müssen auch die Eier auf beträchtliche Entfernungen hin versendet werden, namentlich wenn es sich um eine Neu-Eingewöhnung handelt, welche bekanntlich in der Fischzucht ebenso leicht, als wichtig ist. So gut, wie die Eier, können auch die jungen Fische versandt werden. Zum Transport des Fischlaichs bedient man sich hölzerner Schachteln, die entweder mit Sand, Moos, Stücken von Pferdeschwamm oder mit Wasserpflanzen angefüllt, und hinreichend feucht gehalten werden. (Fig. 18.) Die Eier werden dann schichtenweise zwischen diese Stoffe verpackt. Bei der Uebernahme eines neuen Betriebszweiges ist die erste Frage der Kostenpunkt und dessen Verhältniß zu dem voraussichtlichen Ertrag. In dieser Hinsicht wird die künstliche Fischzucht vor der Hand noch keine bedeutenden Erfolge versprechen können, d. h. solche, die man schwarz auf weiß in den Büchern stehen hat. Der Natur der Sache nach kann das sichtbare Ergebniß erst in einer Reihe von Jahren deutlich und überzeugend hervortreten. Das Anlagekapital ist gering; hat man Wasser und Raum, so bedarf es nur geringer Mittel und Geräthschaften, um sofort eine Brüteanstalt in's Leben rufen zu können. Zur Ausbrütung von einigen Hunderttausend Eiern gehört ein ganz geringes Schiff und Geschirr, kaum der Rede werth, und es läßt sich dieselbe schon als Liebhaberei nebenbei betreiben. Soll aber ein größerer Landstrich in seinen Flüssen neu mit junger Fischbrut besetzt werden und gedenkt man mit der letzteren Handel zu treiben, dann muß allerdings das Unternehmen größer angelegt werden; aber mit einigen Hundert Thalern ist hier schon viel zu erreichen; mehr, als ein paar Tausend Thaler bedarf auch die größte künstliche Fischzuchtanstalt nicht als Anlagekapital. Die hauptsächlichsten Ausgaben beruhen einestheils in der Beaufsichtigung, von deren Sorgfalt der ganze Erfolg abhängig ist, anderntheils auf Bezahlung der Laichfische, welche man von den Fischern kaufen muß. Die kaiserlich französische Fischzuchtanstalt zu Hüningen im Elsaß ist die älteste und Musteranstalt für diesen neuen Betrieb.

9. Fischchen mit dem Nabelsack.

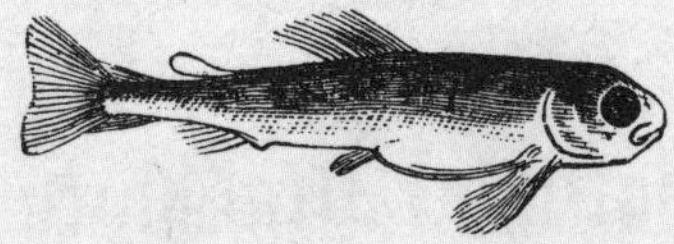

10. Bachforelle von 6 Wochen.

11. Pinsel zum Reinigen des Laichs.

13. Junger entwickelter Lachs.

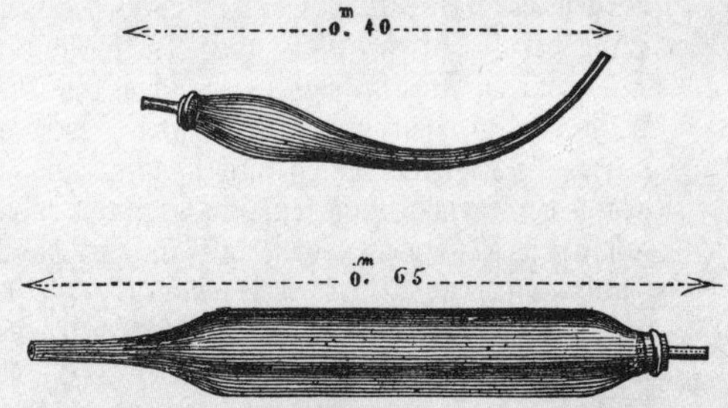

12. Stechheber zum Herausnehmen der Eier.

16. Behälter zur künstlichen Fischzucht.

14 Junge Forelle.

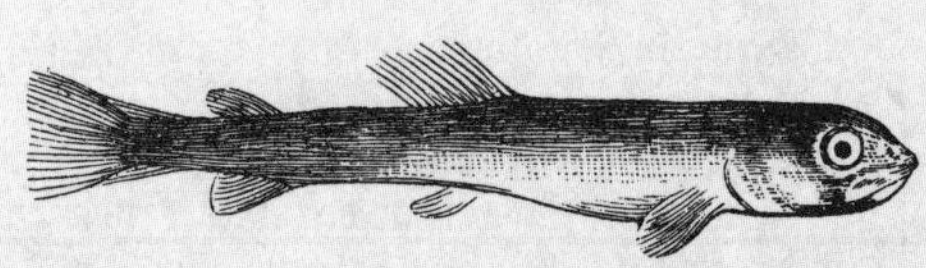

15. Junger Huchen.

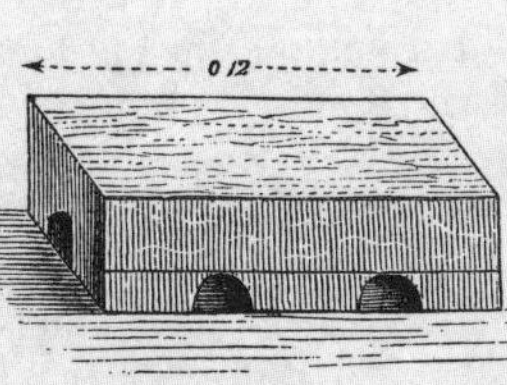

17. Schutzplätze für die Fischbrut.

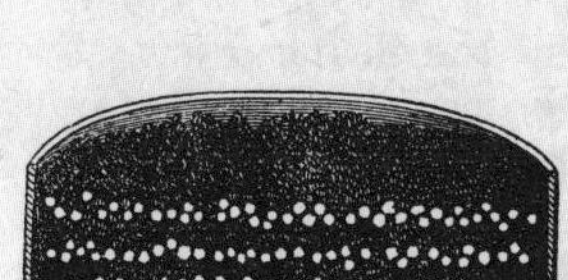

18. Schachtel zum Transport von Fischlaich

Hauswirthschaftliche Maschinen und Geräthe.

(Fortsetzung von Seite 78.)

Es gibt keinen Grund, welcher veranlassen könnte, die unreinliche, mühsame und stets von dem Geschick oder guten Willen der Leute abhängende Arbeit des Teigknetens mit der Hand beizubehalten. Eine gute Knetmaschine, deren wir schon eine ziemliche Anzahl besitzen, verrichtet den Dienst mit minderem Aufwand an Zeit und Anstrengung, weit gleichmäßiger und besser. Der Preis einer solchen kann auch kein Abhaltungsgrund der Anschaffung sein, in England wird schon längst in fast allen Bäckereien, sowie in Familien die Maschine statt der Hand angewendet, und weit entfernt, daß dadurch das Brot schlechter geworden sei, ist es im Gegentheil eine weithin bekannte Sache, daß die Herstellung des Brotes in den letzten Jahren in England einen Aufschwung genommen hat, wie nie vordem und nirgends anderswo. Als eine der empfehlenswerthesten Brotknetemaschinen, und nach ihrer großen Verbreitung, sowie nach den darüber mitgetheilten zahlreichen Zeugnissen zu schließen, auch in der Praxis beliebtesten, muß diejenige von Stevens genannt werden. Aus der Abbildung ist die ganze Einrichtung leicht ersichtlich, da das im Innern sich bewegende eiserne Rührwerk auch außerhalb des Kastens, der hier die Stelle des Backtrogs vertritt, abgebildet ist; auch das Triebwerk ist hinreichend veranschaulicht. Es geht daraus hervor, daß die Construction dieses Apparats eine durchaus einfache und überall leicht nachzuahmende ist; hauptsächlich wird es dabei auf die richtige Stellung der Rührzinken, sowie auf hinreichende Solidität des ganzen Baues ankommen. Es wird diese Brotknetemaschine in allen möglichen Größen gebaut, von den kleinen Familienmaschinen an, womit jedes Haus seinen eigenen Bedarf herrichtet, bis zu den großen, für Dampfkraft berechneten Werken, wie sie für die ungeheuren Bäckereien oder vielmehr Brotfabriken der Weltstadt London nothwendig sind. Für kleinere Haushaltungen wird in den meisten Fällen die sogenannte Familienbrotmaschine, zum Einteigen von 6—16 Pfund Weißmehl auf einmal, genügen. Eine andere derartige Maschine für größeren Bedarf ist die sogenannte deutsche Brotknetemaschine; sie ist für Handarbeit berechnet und zeichnet sich durch vortheilhafte Verarbeitung des Brodes sehr aus, wodurch sie nicht allein für Bäcker, sondern auch für große Haushaltungen, insbesondere auf dem Lande, also namentlich für bedeutendere Gutswirthschaften außerordentlich geeignet und zweckmäßig erscheint. Die Einrichtung ist eine sehr einfache. Durch ein Triebwerk mit Schwungrad wird ein mit senkrechten Stahlmessern versehenes Kreuz in Rotation gebracht, durch dessen Wirkung der zäheste Teig vollkommen durch einander gemengt und zum Verbacken hergerichtet wird, ohne den mindesten Mehlknoten zu hinterlassen. Je nach der Quantität des Mehls von einem oder zwei Mann bewegt, macht die Maschine stündlich 1—$1^1/_2$ Scheffel sächsisch = 2—3 Scheffel preußisch fertig, sie erspart also bedeutend an Arbeit, Zeit und Kraftaufwand. Ihre Reinigung ist außerordentlich leicht und geht sehr schnell vor sich; es braucht blos der obere Theil abgehoben zu werden und alsdann verrichtet sich dieselbe auf das Vollkommenste. Die verbreitetere Anwendung dieser sehr nützlichen Maschinen ist sehr zu wünschen, schon im Interesse der bei dem Brotkneten auf gewöhnliche Weise sehr häufig vernachlässigt werdenden Reinlichkeit und dieselben dürfen nach Ueberzeugung bestens empfohlen werden. Auch die verschiedenen Kocheinrichtungen in ländlichen Wirthschaften bedürfen häufig durchgreifender Veränderungen, wenn sie ihren Zweck erfüllen, und zugleich Brennmaterial sparen sollen. Leider findet man in dieser Hinsicht oft noch wahre Ungeheuer von Kochherden, welche aber den Besitzerinnen so sehr an's Herz gewachsen sind, daß sie sich durchaus nicht derselben entschlagen wollen. Könnte man die Menge an Brennstoffen, welche auf solche Weise jährlich verloren geht, nur einigermaßen berechnen, so würde man erstaunen über die ungeheure Verschwendung daran, welche ganz unglaubliche Zahlen erreicht. Es ist daher eine gute Kochmaschine ein wesentliches Bedürfniß einer jeden guten Haushaltung. Als eine solche, namentlich für's Land, empfiehlt sich der Sparkochherd, der in Berlin von Kayser gefertigt wird und Einfachheit, Billigkeit, Raumersparniß mit großer Wirksamkeit verbindet. Derselbe besteht aus folgenden Theilen: A. Bratröhre. B. Backofen; ersterer kann durch den Zug C für die Feuerung geöffnet oder geschlossen werden; während der andere Zug D das Gleiche mit Rücksicht auf die untere Abtheilung vollbringt. Zur Räumung dient das Schiebfach E. Der Aschenkasten befindet sich in G, darüber die Feuerung, deren Rost in K liegt, während der Brennstoff durch den Trichter L in die mit Chamotte ausgekleideten Feuerräume geschüttet wird. H ist eine kupferne Wasserblase mit Hahn, welche immer heißes Wasser vorräthig hält. Die obere Fläche des Herdes besteht aus Platten, zum Theil mit runden Einsätzen M, so daß auch auf freiem Feuer gekocht werden kann. Der Schieber R S regelt zu diesem Entzweck die Züge. Bei O münden endlich dieselben in ein Rohr, das in die Esse geführt wird. Ein solcher Sparkochherd ist überall leicht aufzustellen, bequem zu behandeln und vereinigt viele Vorzüge. — Zur Ausfüllung stellen wir hierher noch eine Anzahl kleinerer Geräthe vorzugsweise für die ländliche Hausfrau. Zunächst ein neues Obstschälmesser von Horn. Die Klinge a, vorn scharf, ist etwas nach der Seite gebogen, was das Schälen sehr erleichtert; am Rücken c sind zu beiden Seiten herablaufende Aushöhlungen, welche die Biegsamkeit der Klinge noch vermehren; der Griff b liegt sehr gut in der Hand. Der Vortheil dieser hornenen Obstschälmesser liegt darin, daß das Horn von den Obstsäuren nicht angegriffen wird. Ein Rettigschneider besteht aus einer in der Mitte des zu schneidenden Rettigs einzusetzenden Schraube a, einem daran befindlichen Messer b und einem Ring c am Ende, durch welchen das Werkzeug drehend in Bewegung gesetzt wird. Sehr hübsch ist auch eine Taschensäge für den Obstgarten, das Sägeblatt a ist mit doppelter Zahnreihe versehen; unten am Rücken ist eine kleine Verlängerung b, welche, wenn die Säge offen ist, hinten am Heft ansteht und verhindert, daß die Säge zurückschnappt. Das Heft c ist von Holz, ganz rund, und, wenn die Säge geschlossen ist, kann sie ganz bequem in der Tasche getragen werden. Ein Spargelmesser, zum Stechen der Spargel, zeigt die Verbesserung, daß nur eine kurze, zugespitzte Schneide am Ende eines langen eisernen Rundstabs mit handlichem Griff sich befindet. Endlich ist noch eine sehr sinnreiche, wirksame Obstschälmaschine zu erwähnen. Sie besteht aus einem Gestell a das mittelst einer Stellschraube an den Tisch geschraubt wird; der obere senkrechte Theil b trägt eine wagerechte, mit der Kurbel c zu drehende Achse, welche vorn 3 Spitzen hat, in die der Apfel d gesteckt wird. Gegen denselben wirkt ein fein stellbares Messerchen e, welches die Frucht außerordentlich schnell und gleichmäßig schält. Es kann ein Kind bei einiger Uebung mit diesem Maschinchen täglich 3000 Stück mittelgroße Aepfel für die Anfertigung von Dürrobst im Großen schälen.

Obstschälmesser.

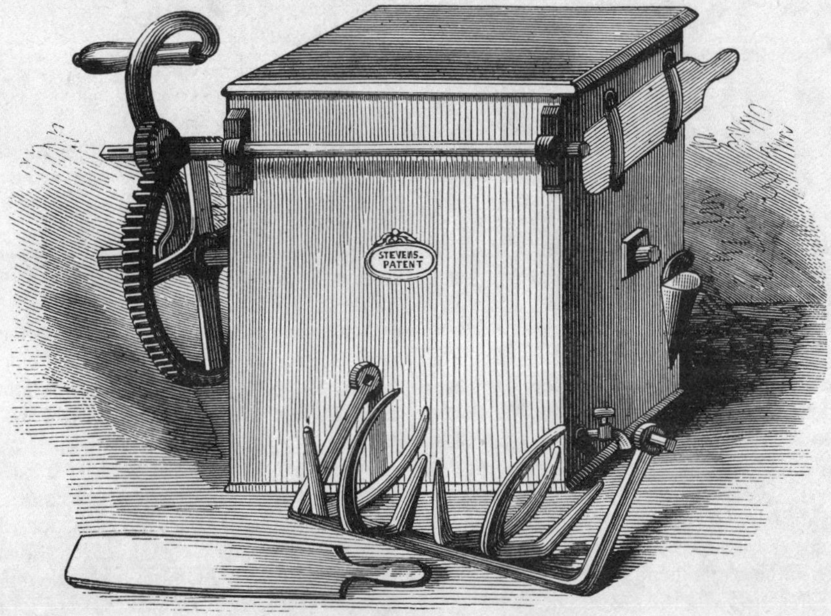

Brotknetemaschine von Stevens.

Rettigschneider

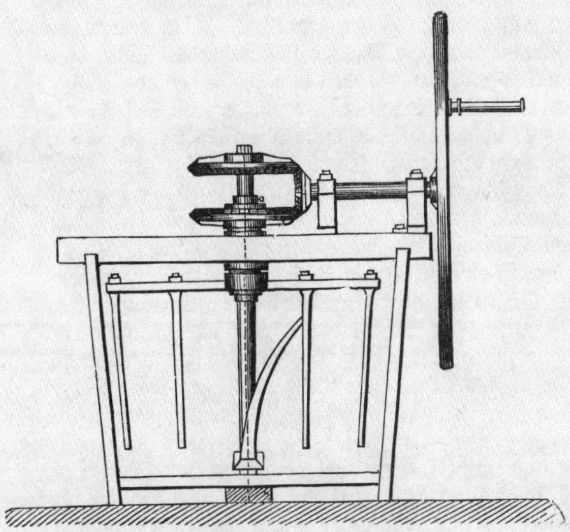

Deutsche Brotknetemaschine. (Durchschnitt.)

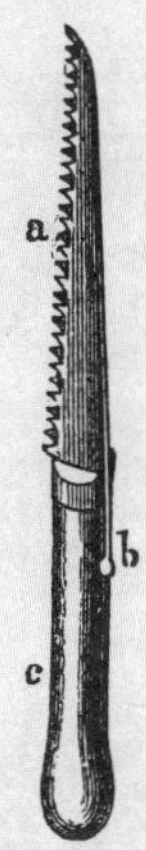

Taschensäge.

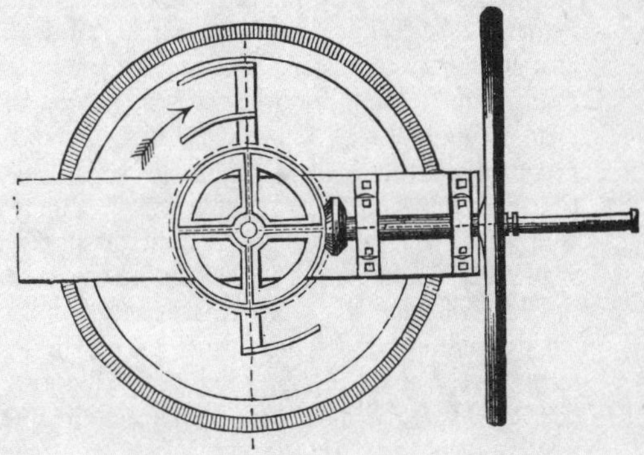

Deutsche Brotknetemaschine, von oben.

Spargelmesser.

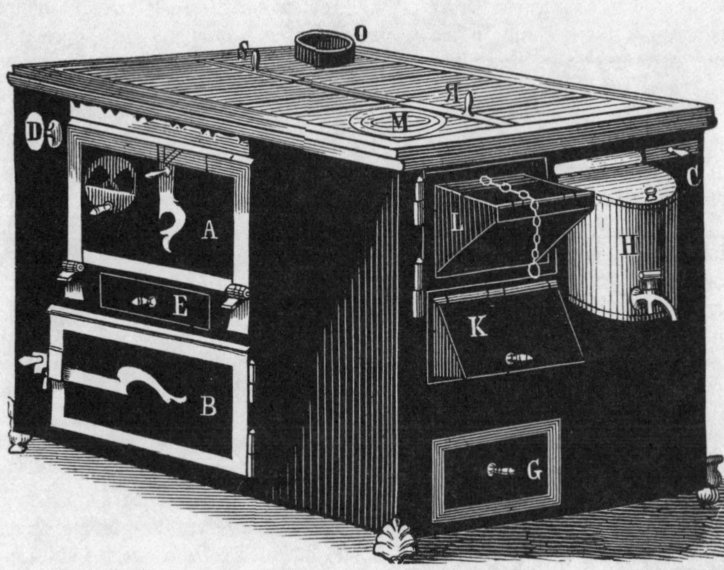

Spar-Kochherd.

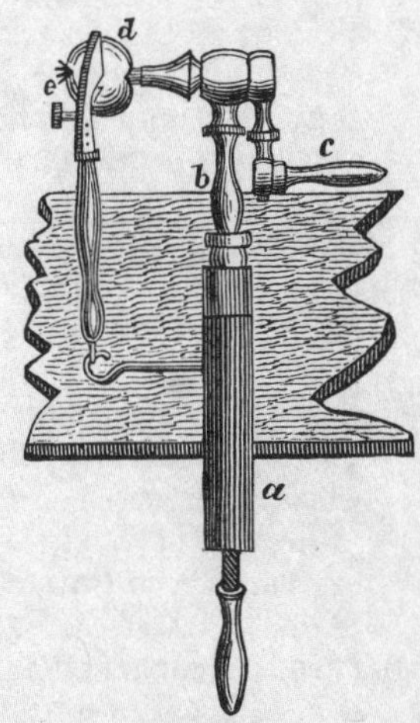

Obstschälmaschine.

Branntweinbrennerei, Ziegelei.

Bergbau und Landwirthschaft — mit Einbegriff der Forstwirthschaft, sind die beiden Gewerbe der Urerzeugung; d. h. sie gewinnen von der Natur blos die Stoffe, wie dieselbe sie bietet, aus erster Hand, und überlassen den forterzeugenden Gewerben (dem Handwerk, der Industrie) die Weiterverarbeitung derselben. In vielen Fällen findet es jedoch die Landwirthschaft räthlich und einträglich, diese weiterverarbeitende Thätigkeit selber zu übernehmen. So sehen wir denn öfters mit ihr verbunden die ihr eigentlich fern stehenden Gewerbe: Branntweinbrennerei, Bierbrauerei, Essigsiederei, Stärkefabrikation, Mehlmüllerei, Zuckerfabrikation, Seifensiederei, Ziegelei und Drainröhrenfabrikation, Kalkbrennerei, Theerschweelerei, Kohlenbrennerei, Potaschesiederei, Oelgewinnung, Knochenmehldarstellung, Leimsiederei, u. a. m. Am häufigsten ist die Verbindung der Branntweinbrennerei oder Spiritusfabrikation mit der Landwirthschaft aus dem Grunde, weil erstere der letzteren in ihren Rückständen ein treffliches Viehfutter liefert. Die Branntweinbrennerei beruht auf der Verwandlung des Stärkemehls des Getreides, der Kartoffeln in Zucker und darauf folgender Abtreibung (Destillation, Ueberdampfung) des gegohrenen Guts (der Maische) in einer Blase mit Kühlvorrichtung zur Verdichtung der weingeistigen Dämpfe in Branntwein oder Spiritus. Der Rückstand in der Blase, die Schlempe, dient als nahrhaftes Futter. Die Maische wird hergestellt durch Anbrühen des geschroteten Getreides oder der vermahlenen Kartoffeln (mit Schrotzusatz) und tüchtiges Vermengen des Ganzen zu einem möglichst gleichmäßigen Brei. Es geschieht dies entweder mittelst hölzerner Maischgabeln, oder auch in größeren Brennereien mittelst der Maischmaschine, welche durch Dampf getrieben wird. Eine solche Vorrichtung für Kartoffelbrennerei besteht aus dem Dämpffaß D, worin die Kartoffeln gekocht werden, und daraus in den Trichter r über die Kartoffelmühle mit den beiden Walzen uu gelangen; zwischen diesen werden sie zerquetscht und gelangen in den Bottich B. Auf dem Boden derselben befindet sich die Säule s mit der Hauptwelle w und dem liegenden Kegelzahnrad p. Am oberen Theile der Welle w befindet sich das Kegelrad t, welches durch ein anderes in dasselbe eingreifendes Rad q, das mit der Uebertragung der bewegenden Kraft in Verbindung steht, in Umdrehung versetzt wird und so die Welle w dreht. An derselben sind zwei Arme bb und zz befestigt. Um die letzteren drehen sich die Gitter vv, welche durch die in das Rad p eingreifenden senkrechten Kegelräder xx gedreht werden. Diese mit großer Schnelligkeit während der Umbewegung des Ganzen um ihre Achse wirbelnden Schlaggitter peitschen die Maische so gründlich durcheinander, wie dies auf andere Weise gar nicht zu erzielen ist. Das Rohr y dient zum Zuleiten von heißem Wasser; hh ist eine Dampfröhre; i ein durch Druckklappe (Ventil) verschlossenes Rohr, durch welches die Maische mittelst einer Pumpe aus dem Bottich gezogen wird; das Rohr K endlich dient zum Ablassen des Wassers beim Reinigen des Maischbottichs. — Bekanntlich wird der Branntwein nicht blos aus Getreide und Kartoffeln, sondern noch aus vielen anderen Stoffen gewonnen. Die wichtigsten derselben sind: Zuckerrüben (besonders in Frankreich), Wein (aus schlechtem Wein, Weinhefen und Weintrestern macht man den Franzbranntwein, Cognac) Melasse (Abfälle der Zuckerfabriken, Buchweizen (Genever) Reis (Arrak) Zuckerrohr (Rum) Obst (Kirschen, Pflaumen, Aepfel) u. s. w. Je kleiner eine Branntweinbrennerei, um so weniger einträglich; daher verschwinden die kleinen Anstalten dieser Art aus dem Verbande mit der Landwirthschaft. — Häufig wird die Ziegelei als landwirthschaftliches Nebengewerbe betrieben. Sie erlangt besondere Wichtigkeit zur Herstellung der Drainröhre (vgl. S. 12, 90), zu welcher der Thon natürlich außerordentlich gut zubereitet sein muß, so daß er keine Knollen (Nieren) noch Steine und andere Unreinigkeiten enthält. Um ihn so zu bearbeiten, gibt es verschiedene Verfahren: Man schlämmt ihn, tritt ihn mit dem Füßen, treibt ihn durch Siebe, zerfährt ihn mit eisernen Walzenrädern u. s. w. Am wirksamsten ist aber zu diesem Zweck eine Thonmühle, wie sie Clayton in London baut. Dieselbe besteht aus zwei mächtigen eisernen Walzen, durch Getriebe in Bewegung gesetzt; obenauf liegt ein Trichter, in welchen der Thon eingefüllt wird; die Walzen erfassen ihn, drücken ihn durch, und stellen ihn auf diese Weise vollkommen fein her; selbst größere Steine werden von ihnen zermalmt. Dazu bedarf es allerdings einer bedeutenden bewegenden Kraft, des Dampfes, Wassers, oder doch eines Pferdegöpels. Nicht immer und zu allen Zeiten stehen diese Kräfte dem Landwirth zu Gebot. Dagegen kann er sich in vielen Fällen eine dienstbar machen, welche er noch viel zu wenig benutzt, den Wind. Es bedarf dazu keineswegs kostspieliger Bauten, wie sie selbst die gewöhnlichen Windmühlen doch mehr oder weniger verlangen, sondern es genügen oft ganz einfache billige Vorrichtungen. Eine solche und empfehlenswerth ist die neue Windmühle mit sechs Leinwandflügeln in Sternform, die, an einem Gerüst von oben zusammenlaufenden Balken derartig angebracht sind, daß ihre Welle mittelst einer Kniekurbel z. B. den Kolben einer unterhalb aufgestellten Pumpe zur Entwässernng in Bewegung setzt. Auch zum Betrieb von Schrotmühlen und anderen kleineren Maschinen läßt sich ein derartiges Windrad sehr gut verwenden. Man kann es auch aus Holz oder Blech herstellen, sogar wagerecht legen; kurz es ist viel Spielraum zur Benutzung der Kraft des Windes gegeben. Da diese jedoch einestheils nicht ganz zuverlässig, anderntheils aber nicht voraus zu kennen und zu bestellen ist, so wird der Landwirth gut daran thun, sie nur für solche Leistungen in Anwendung zu bringen, welche an keine Zeit gebunden sind; ebenso nicht die stetige Beaufsichtigung erheischen. Die Windschrotmühlen sieht man in Holland und Norddeutschland häufig, während man sich im Süden der Windkraft besonders gern zu Bewässerungszwecken bedient. — Was der Räthlichkeit der Verbindung von landwirthschaftlichen Gewerben mit dem eigentlichen Betriebe der Landwirthschaft, des Ackerbau's und der Viehzucht betrifft, so sind darauf von Einfluß die Größe eines Gutes, die Summe der vorhandenen Betriebsmittel, die besondere Lage in Gemeinschaft mit der Bodenbeschaffenheit, endlich die Absatzverhältnisse. Im Allgemeinen wird man annehmen dürfen, daß der fabrikmäßige Gewerbebetrieb sich nur für größere Güter eignet; auf diesen findet man ihn denn auch vorzugsweise eingebürgert. Kleinere Güter finden in der Weiterverarbeitung ihrer Erzeugnisse gewöhnlich keinen Vortheil, daher sie auch immer mehr davon abgehen. Allerdings vereinigt sich die Ziegelei und Drainröhrenfabrikation, die Essigsiederei, Seifensiederei, selbst die Branntweinbrennerei häufig vortheilhaft mit einer mäßigen Wirthschaft; allein alsdann verlegt diese ihren Schwerpunkt in den Betrieb des Gewerbes, und die eigentliche Landwirthschaft wird bei ihr zur Nebensache. Häufig wird die Branntweinbrennerei nur zu dem Zwecke betrieben, um in der Schlempe ein billiges Winterfutter für den Viehstand zu bekommen; diese Rechnung täuscht aber sehr leicht.

Maischmaschine für Brennereien.

Neue Windmühle.

Thonmühle für Dampfkraft von Clayton.

Ein königlicher Landwirth.

(Fortsetzung von Seite 80.)

Während die deutsche Landwirthschaft im Innern nach Neugestaltung und Ausbildung rang, kam ihr von Außen zu Hülfe das Vorbild eines Landes, welches seine landwirthschaftliche Entwickelung viel früher begonnen, demzufolge eine Stufe erreicht hatte, deren Gewinnung das Ziel des Strebens für alle andern Länder sein mußte. Dies war Großbritannien, England und Schottland. Schon Albrecht Thaer hatte mit dem dortigen Betrieb seine deutschen Landsleute bekannt gemacht und wiederholt darauf hingewiesen, daß in England ein Beispiel gegeben, welches nachzuahmen die nächste Aufgabe sei; später haben andere verdienstvolle Männer, unter ihnen namentlich Weckherlin, mehrfach die großen Vorzüge des Betriebs von Ackerbau und Viehzucht im Britenlande in das rechte Licht gestellt. Wenn auch viele gebildete deutsche Landwirthe schon erfolgreich ihre Wirthschaft auf den gleichen Fuß gestellt hatten, so ward doch die Bekanntschaft mit dem englischen Betrieb und seinen Eigenthümlichkeiten: Drainirung, Thonbrennen, künstliche Düngung, Drillcultur und Pferdewirthschaft, Anwendung des Dampfes und der Maschinen, Schnellmästung und Wahlzucht — in Deutschland aber erst allgemein seit der großen weltgeschichtlichen That der Ausstellung der Gewerberzeugnisse aller Völker der Erde zu London im Jahre 1851. Und diese Weltausstellung mit ihren ganz unberechenbaren Folgen war hauptsächlich das Werk eines Deutschen, auf den sein Vaterland stolz zu sein das Recht hat. Dies war der Gemahl der Königin Victoria von England, Prinz Albert von Sachsen-Coburg. Was ihm namentlich die Landwirthschaft seiner engern und weiteren Heimath verdankt, berechtigt ihn den „Königlichen Landwirth" des Jahrhunderts zu nennen, und ihn als Vertreter der Praxis an die Schwelle der neuen Zeit zu stellen neben den Vertreter der Wissenschaft, Justus von Liebig. Prinz Albert interessirte sich von Jugend auf schon, gleich diesem, für die Landwirthschaft, in welcher er die sicherste Grundlage des Wohlstandes und der Sicherheit der Staaten erblickte. Mit einer scharfen Beobachtungsgabe ausgerüstet, ließ er sich nicht entgehen, daß dieselbe in schnellste Entwickelung getreten sei und er folgte unermüdlich allen Wandlungen derselben nicht blos als Zuschauer, sondern kräftig eingreifend, und in mehr als einer Richtung den Reigen des Fortschritts führend. Er hatte in Bonn (1837) unter Kaufmann tüchtige staatswirthschaftliche Studien gemacht, durch die es ihm leicht wurde, sich Lehre und That der Landwirthschaft so zu eigen zu machen, daß er oft durch die Fülle seiner Kenntnisse, durch die Richtigkeit seiner Urtheile und Ansichten, vielerfahrene Gelehrte oder Landwirthe in Erstaunen zu setzen wußte. Wenn England in landwirthschaftlicher, wissenschaftlicher, gewerblicher Hinsicht in der letzten Zeit Siege feierte, so hatte an diesen Prinz Albert gewiß den regsten Antheil, als Förderer, Begründer oder Theilnehmer. Die große Weltausstellung zu London im Jahre 1851, welche wie erwähnt einen höchst hervorragenden Markstein in der gewerblichen und landwirthschaftlichen Entwickelung der Völker bildet, war ganz allein sein Gedanke und sein Werk. Es war seine Thätigkeit und sein gewichtiger Rath, welche die ungeheueren Erfolge dieses ungeheueren Unternehmens ermöglichten und sicherten. Diese Erfolge dauern heute noch fort, haben noch immer großen Einfluß auf jede Art des Fortschrittes in Kunst, Gewerbe, Ackerbau; mit Bezug auf die letztere und Deutschland braucht z. B. nur hervorgehoben zu werden, daß die Londoner Weltausstellung der erste Anstoß zur Umgestaltung oder vielmehr Erstehung des deutschen landwirthschaftlichen Maschinenwesens war und in dieser Richtung heute noch gewaltig nachwirkt. Ganz zu geschweigen des Umstandes, daß die bedeutenden Summen, welche sie einbrachte, in den Händen der Verwaltung, deren Vorstand der Prinz war, durchaus nur zur Förderung der Volkswohlfahrt verwendet wurden. Es sei nur erinnert an die Gründung der Ackerbauschule zu Cirencester, an die Unterstützung der Drainirung u. s. w. Die zweite Londoner Weltausstellung hat seinen Geist und seinen Eifer schmerzlich vermißt. So sehr Prinz Albert jede Fortschrittsregung in Wissenschaft, Kunst und Industrie beachtete und beschützte, so war er doch immer der Landwirthschaft am meisten und thätigsten zugethan; und was seine landwirthschaftliche Laufbahn vorzugsweise auszeichnet, ist nicht die große Ausdehnung seiner Wirthschaften, nicht die Pracht oder Zweckmäßigkeit seiner Gutsgebäude, nicht die Fülle seiner Ernten, die Reinheit und Schönheit seiner Viehrassen; es ist auch nicht einmal der allgemeine Erfolg und Beifall, der ihm überall zu Theil ward, wo er als Bewerber auftrat, z. B. bei den Ausstellungen — sondern es war vielmehr der ernste, gediegene Charakter seiner Praxis, die er nicht blos für einen Zeitvertreib ansah, als eine Laune oder ein unterhaltendes Feld für Versuche behandelte, sondern, wie der ächte Landwirth es soll und muß, als ein rein gewerbliches Unternehmen, dessen Endzweck die höchste Bodenrente ist, daß er also nicht wie ein Prinz, sondern wie ein tüchtiger Pächter gewirthschaftet hat. Der Einfluß, den ein derartiges Vorbild auf den landwirthschaftlichen Betrieb im Allgemeinen äußern muß, ist leicht erklärlich. In der That ist für einen reichen und mächtigen Fürsten nichts leichter, wie auf seinen Gütern gute Ernten zu erzielen, die schönsten und bequemsten Wirthschaftsgebäude zu haben, und in seinen geräumigen Ställen, die wie Prachtsäle ausgestattet sein können, die hübschesten Thiere aus den besten und edelsten Rassen der Welt aufzustellen. Die reisenden Landwirthe aus allen Himmelsstrichen werden sich dann schaarenweise in solchen glänzenden Anstalten einfinden und Stoff genug zur Bewunderung bekommen; aber welchen praktischen Nutzen werden sie aus dergleichen Prachtmustern ziehen können? Was werden sie annehmen dürfen aus einer derartigen Verschwendung von Mitteln? Sie werden rufen: das ist herrlich, das ist königlich! aber man muß eben auch ein Prinz, König oder Kaiser sein, um eine Wirthschaft auf solchem Fuße zu führen! Das ist Alles wunderschön, aber wo bleibt der Reinertrag? Wie viel hat dies Alles gekostet? Es ist daher ganz augenscheinlich, daß derartige Beispiele mehr verderben, als nützen, denn sie benehmen die Lust am Fortschritt und bringen alle Neuerungen in Verdacht, schon aus dem Grunde, weil sie Geld kosten. Der Wirthschaftsbetrieb des Prinzen Albert unterschied sich aber von denjenigen der reichsten und besten Farmer (Landwirth oder Pachter) Englands nur durch eine noch strengere Sparsamkeit in den Mitteln, durch die Weisheit einer großherzigen Verwaltung, welche macht, daß der Arbeiter den Namen des Arbeitgebers segnet und auf seinen Nutzen sieht, endlich und hauptsächlich durch den vollständigen, nutzgerechten und ökonomischen Charakter der Baulichkeiten und Maschinen der Wirthschaft. Auf diesen königlichen Farmen ist nicht das Geringste eingeführt, was nicht der sparsamste und klügste Landwirth unbedenklich in seinem eigenen Betrieb einführen könnte, oder was er als kostspielig von sich zurückweisen müßte. Gebäude, Maschinen, Geräthe, Zuchtungs- und Fütterungsverfahren, Personal, Verwaltung ꝛc. ꝛc. Alles ist streng eingerichtet nach dem Nützlichkeitsprincip ohne Prahlerei.

Prinz Albert.

Nach einer Photographie von Mayall.

Die englische Landwirthschaft und die Wirthschaftsarten.

Tritt man in einen englischen Wirthschaftshof, so ergiebt sich sofort eine Menge von Unterscheidungszeichen gegenüber einem deutschen. Je größer das Gut ist, das zu dem letzteren gehört, um so zahlreicher, umfänglicher, stattlicher sind auch die Gebäulichkeiten; oft verschlingen dieselben einen großen Theil des Stammvermögens, durch Zinsen und Ausbesserungen auch des Betriebscapitals; hier ist einer der wunden Punkte der deutschen Landwirthschaft. In England dagegen beschränken sich die Wirthschaftsgebäude auf das Allernöthigste; sie bestehen gewöhnlich blos aus den — sehr einfachen — Ställen, der Molkerei und dem Gerätheschuppen. Scheunen, Heuböden, Speicher sieht man wenig oder gar nicht; Getreide, Stroh, Heu werden in Feimen gesetzt, worin sie sich trefflich halten; die Wurzeln und Knollen kommen in Mieten; die Körnerfrüchte werden mit der Dampfdreschmaschine im Freien marktfähig ausgedroschen, gleich eingesackt und entweder zum unmittelbaren Verkauf verfahren oder einem Getreidemäkler übergeben. Auf das Wohngebäude des Pachters ist gewöhnlich nur sehr wenig Aufwand verwendet; meistens ist es einstöckig und enthält nicht mehr Räume, als gerade nöthig; nichts destoweniger ist es nett anzusehen, besonders da es fast immer von einer Gruppe hoher Bäume beschattet, von hübschen Gartenanlagen oder Gebüschen umgeben ist. Dies hindert nicht, daß, wie bekannt, oft auch sehr prächtige Landsitze von den reichen Besitzern bewohnt werden. Mag dies aber sein, wie es will, so ist jederzeit die bequeme, verständige Einrichtung der englischen Wirthschaftshöfe als Muster anzuerkennen. Trefflicher findet man dieselbe nicht ausgeführt, als in den Musterwirthschaften, welche Prinz Albert auf dem Grund und Boden des Parkes des Schlosses Windsor errichtet hat, die deshalb eines der nächsten Ziele jedes in England reisenden Landwirths sein sollten. Es sind deren drei: 1) Die Molkerei-Farm, das Beispiel einer bis in das Kleinste praktisch eingerichteten Milchwirthschaft für das Bedürfniß einer großen Stadt; mit ihr verbunden ist der großartige Geflügelhof der Königin Victoria von England, in welchem sich eine der bedeutendsten Sammlungen von Hausgeflügel, die es nur giebt, befindet. 2) Die Shaw-Farm oder Musterwirthschaft (Modellfarm) mit allen Vervollkommnungen, welche der höchstgesteigerte Betrieb nur anzuwenden vermag, zugleich ausgestattet mit den vorzüglichsten Viehrassen. 3) Die Blämische oder Flandrische Farm. 4) Die Norfolk-Farm. Die letztere hat ihren Namen daher, weil auf ihr schon frühzeitig die sogenannte Norfolk-Wirthschaft, von der Grafschaft dieses Namens, als Muster betrieben worden ist. Darunter versteht man den ersten vernünftigen Fruchtwechsel oder eine Wechselwirthschaft, welche die Hälfte des Ackerlandes mit Körnerfrüchten, die andere mit Futtergewächsen bestellt, so daß auf diese Weise die Viehzucht gleichberechtigt neben den Getreidebau tritt und einen großen Theil des Reinertrags bringt. Es scheint ausgemacht, daß die Erfahrung schon in alter Zeit, vielleicht schon bei den Römern, auf die Vortheile des Fruchtwechsels aufmerksam gemacht hatte und daß er in vielen Gegenden eingeführt gewesen ist; folgerichtig durchgesetzt wurde das Verfahren aber zuerst in England und kam dann herüber nach Deutschland. Der Norfolker-Fruchtwechsel oder die Vierfelderwirthschaft beobachtete nachstehende Reihenfolge der Gewächse: 1) Hackfrüchte, gedüngt (an Stelle der Brache). 2) Gerste, Hafer. 3) Klee. 4) Weizen. Bald aber gewahrte man, daß der Klee alle vier Jahre zu häufig auf demselben Boden erscheine, deshalb nicht gerathe; man verdoppelte daher den Zeitraum, und es bildete sich somit folgender achtfelderige Fruchtwechsel: 1) Hackfrucht, gedüngt. 2) Sommergetreide. 3) Klee. 4) Wintergetreide. 5) Hackfrucht, gedüngt. 6) Sommergetreide. 7) Ackerbohnen, Wickfutter. 8) Wintergetreide. Dieser ist nun, mit beliebiger Abänderung, die Grundlage der englischen Wechselwirthschaft, deren Grundsatz ist und bleibt: halb Futter, halb Körner. Zu ersterem werden vorzugsweise Wasserrüben (Turnips) und Raygräser im Feld angebaut, Wiesen sind selten. Neben dem Fruchtwechsel finden aber auch noch andere Wirthschaftsarten in England Boden. So wird in den westlichen Grafschaften noch Weide- oder Koppelwirthschaft betrieben, bei welcher die Hälfte oder ein großer Theil des Ackerlandes zu mehrjähriger Weide liegen bleibt und durch Milch- oder Mastvieh ausgenutzt wird. In einzelnen Gegenden wird auch noch reine Körnerwirthschaft geübt, bei welcher reine oder bestellte Brache und vorwiegender Getreidebau stattfindet; ihr Grundbau ist die alte, überall in Europa bräuchliche, schon Seite 6 erwähnte Dreifelderwirthschaft, welche lautet: 1) Brache. 2) Wintergetreide. 3) Sommergetreide; dieselbe bedarf der Zufuhr an Futter oder Dünger von Außen, also vorzugsweise der Wiesen oder des Düngerankaufs, wenn sie sich erhalten soll; als verbesserte Körnerwirthschaft tritt sie auf, sobald sie die Brache mit Hackfrüchten bestellt und den Klee in ihren Umlauf aufnimmt. Im Norden Englands und Schottlands wird endlich auch noch die Brand- oder Plaggenwirthschaft ausgeführt; sie besteht darin, daß die Narbe des Haidebodens abgeschürft, in Rasenstücken (Plaggen) zusammengesetzt und verbrannt wird; die Asche giebt dem mageren Boden hinlängliche Fruchtbarkeit, um ein paar Jahre lang mit Hafer, Kartoffeln, Buchweizen bestellt werden zu können, worauf er dann wieder sich selbst überlassen zur Haide wird. So sehen wir in Großbritannien alle geregelten Wirthschaftsarten vertreten. Aber auch die ungeregelte, die sogenannte freie Wirthschaft, welche sich an keine Vorschrift bindet, sondern Jahr für Jahr dasjenige baut, was ihre Mittel ihr erlauben und den höchsten Ertrag erzielt. In ihr bewährt sich die beste Kunst des Landwirths. Wenn sie sich aber auch nicht an eine strenge Reihenfolge der Früchte im Acker kehrt, so muß sie dafür doch eine noch weit strengere Regel oder Naturnothwendigkeit befolgen, nämlich dem Acker wieder zu erstatten, was ihm durch die Ernten entzogen worden ist. Diese Aufgabe zu lösen, haben die englischen Landwirthe schon früher verstanden, als sie naturwissenschaflich begründet worden war; sie betreiben daher in vielen Fällen die freie Wirthschaft in umfassendster Weise. Begünstigt werden sie hierin durch eine sehr großartige Gewinnung von sogenannten künstlichen Düngestoffen, durch eine bedeutende Viehhaltung, durch den Gebrauch der vervollkommnetsten Maschinen und Geräthe, sowie durch einen sich stets gleichbleibenden Absatz. Damit ist auch das Bild der englischen Landwirthschaft in seinen Grundzügen gegeben. Vervollständigt wird es durch die Einfachheit des Betriebs, der sich niemals mit sogenannten Nebengewerben belastet, welche in Deutschland gewöhnlich zum Hauptgewerb werden, und sich auf den Anbau weniger Früchte beschränkt. Hierzu kommt noch ein im Ganzen mildes, wenn gleich feuchtes, regnerisches Klima und die überall stattfindende Einfriedigung der Felder mit lebenden Hecken, durch welche namentlich der Viehzucht beträchtlicher Vorschub geleistet wird; eine Folge davon ist die große Ausdehnung des Weidgangs der Thiere, der nicht wenig zur Gesundheit und Ertragsfülle und dadurch zur erhöhten Production derselben beiträgt.

Die Molkerei-Farm in Windsor.

Die Shaw-Farm im Windsor-Park.

4. Oelfrüchte.

In die dritte Gruppe der landwirthschaftlichen Nutzpflanzen stellen sich die Oelgewächse, deren Samen oder Früchte zur Oelgewinnung benutzt werden. Sie bilden eine sehr wichtige Reihe unter den Handelspflanzen und ihr Anbau hat in vielen Gegenden den Erfolg der Wirthschaft bedingt. Die hauptsächlichsten Oelfrüchte unseres Ackerbaues sind: Raps, Rübsen, Mohn, Dotter, Lein; dazu treten, als seltener benutzt: Weißer Senf, Hanf, Wau; endlich die südlichen Oelgewächse: Erdmandel, Sesam, Madia, Sonnenblume und Oelbaum. — Der Raps, welcher in Deutschland am meisten angebaut wird, ist eine Kohlart, welche ein sehr geschätztes, auch in den Gewerben vielfach verwendbares Brennöl liefert. Es giebt davon zwei Abarten, Winter- und Sommerraps; erstere ist die einträglichere, kräftigere; man kennt auch von ihr verschiedene Spielarten, z. B. den Stockraps, den Schirmraps, den Awehl. Der Raps erträgt den Frost ziemlich gut, namentlich unter Schneedecke, er friert nur aus bei abwechselndem Frost und Thauwetter. Er verlangt einen durchlassenden, gesunden, milden und gut bestellten Mittelboden mit tüchtiger Düngung; künstliche Düngemittel, Phosphate, Knochenmehl, Kalisalze, Guano ꝛc. bewähren sich bei ihm vortrefflich. Frische Düngung sagt ihm am meisten zu; da seine Pflege zur Reinigung des Ackers viel beiträgt, so stellt man ihn in den Beginn der Fruchtfolge; als Nachfrucht bringt man am liebsten Weizen. Gesäet wird der Raps in der ersten Hälfte des August, am besten mit der Maschine in Reihen, welche, sobald die Pflanzen ihr viertes Blatt erlangt haben, mit der Hand oder einer Pferdehacke behackt werden. Auch kann er verpflanzt werden. Der Rapssaat schaden viele Insecten: Erdflöhe, Rapskäfer, Kohlraupen, Blattwespen, Pfeifer, Rübsaatmotte — auch Ackerschnecken und Blattläuse. Die Ernte des Rapses fällt vor die Getreideernte, da die Schoten leicht springen und die Körner ausfallen, so ist Beobachtung des richtigen Zeitpunktes dabei sehr wesentlich. Der Ertrag wechselt sehr; Sommerraps giebt in der Regel weniger, als Winterraps. — Der Rübsen ist dem Raps nahe verwandt; er ist aber genügsamer, als dieser, und kommt noch fort, wo der Anbau des Rapses schwierig oder unsicher erscheint; er macht weniger Ansprüche an Boden, Klima und Düngung, liefert dagegen aber auch keinen so hohen Ertrag. Man hat ebenfalls Sommer- und Winterrübsen. Der Anbau findet gerade so statt, wie beim Raps. — Der Mohn liefert ein sehr werthvolles Speiseöl, und eignet sich, da er viele Handarbeit verlangt, sehr gut als Oelfrucht für kleine Besitzungen. Man unterscheidet grauen Mohn oder Schüttmohn, blauen Mohn oder Schließmohn, jener mit offenen, dieser mit geschlossenen Kapseln, und weißen Mohn, der in Frankreich zur Gewinnung von Opium angebaut wird. Im Süden gedeiht der Mohn besser, als im Norden; er ist eine Sommerfrucht; ein leichter, warmer Boden, welcher möglichst gut bearbeitet ist, sagt ihm am meisten zu; an Düngung macht er, trotz des alten Vorurtheils, weniger Ansprüche, als Raps und Rübsen; am besten gedeiht er nach gedüngter Hackfrucht und Klee; es folgt ihm Getreide. Des kleinen Samens wegen ist die breitwürfige Saat schwierig, die Drillsaat empfiehlt sich, wird aber noch wenig angewendet. Stets muß der Mohn behackt werden, was mit besonderer Sorgfalt geschehen soll. Von Insecten leidet er wenig. Die Ernte erfolgt durch Ausklopfen der Kapseln in Wannen oder Tücher beim Schüttmohn, durch Dreschen beim Schließmohn, nachdem die reifen Pflanzen vorher auf dem Felde gehörig abgetrocknet sind. — Der Anbau des Dotters, auch Leindotter, Buttersamen, kleiner Oelsamen genannt, hat neuerdings sehr nachgelassen. Seine gelbrothen Samen geben übrigens ein vortreffliches Brennöl, das mehr Leuchtkraft, als dasjenige von Raps und Rübsen besitzt, minder unangenehmen Geruch entwickelt und weniger Rauch erzeugt. Dagegen haben die Oelkuchen von Dotter nicht den gleichen Nahrungswerth, wie vom Raps, und sollen bei fortgesetzter Fütterung sogar schädlich wirken können. Der Dotter kommt überall gut fort, macht mindere Ansprüche an den Boden, als jede andere Oelfrucht, verlangt aber Düngekraft im Acker. Zur Vollendung seines Wachsthums bedarf er wenig über zwei Monate, eignet sich daher vorzüglich zum Ersatz von ausgegangenen Winterfrüchten. stellt und geerntet wird er, wie der Raps. — Der Lein wird in vielen Ländern, z. B. in Rußland, fast einzig nur der Samengewinnung wegen angebaut; das rasch auftrocknende Leinöl wird sowohl hier und da zur Speise, als auch zu Brennstoff, ganz besonders aber in Künsten und technischen Gewerben sehr vielfach verwendet. Die Leinölkuchen bilden ein ebenso treffliches Viehfutter, als die Kuchen von Raps und Rübsen, gleichzeitig bilden diese Rückstände der Oelpressen auch einen sehr kräftigen Dünger. Schon um deswillen ist es schade, daß der Oelfruchtbau in der Neuzeit abzunehmen beginnt, Folge der ausgedehnten Verwendung des Kohlenwasserstoffgases und des Steinöls (Petroleum) zu Beleuchtungszwecken. Auch geht man immer mehr ab von dem alten Verfahren der Oelauspressung, indem man jetzt die fetten Oele auf chemischem Weg mittelst Auszug durch den flüssigen Schwefelkohlenstoff gewinnt, wobei sämmtliches Oel gewonnen wird, also in dem mehligen Rückstand keines mehr enthalten ist, während gerade der Fettgehalt der Oelkuchen ihren Futterwerth hauptsächlich bedingte. — Der Hanf, die Färbepflanze Wau, die chinesische Oelmadia, der weiße Senf und die Sonnenblume werden bei uns nur selten zur Oelgewinnung angebaut. Die Erdmandel ist eine merkwürdige Oelfrucht des Südens; sie gehört zu den schmetterlingsblütigen Gewächsen und hat die wunderbare Eigenschaft, daß sich bei der Reife der Samen diese mittelst der Blütenstiele bis zwei Zoll tief in die Erde eingraben und sich somit unterirdisch völlig ausbilden. Das Erdmandelöl ist sowohl zum Brennen, als zum Speisen sehr brauchbar und geht vielfach als Mandelöl in den Handel. Die Samen werden auch roh und gekocht gegessen. — Der Sesam ist die Hauptölfrucht Asiens und des tieferen Südens, sein vorzügliches Oel steht an Güte dem Baumöl fast gleich. Das letztere wird gewonnen aus den Oliven, den Früchten des Oelbaumes, der im südlichen Europa eine Hauptquelle des Bodenerzeugnisses bildet, in vielen Gegenden die einzige landwirthschaftliche Benutzung. Bekannt ist, daß außerdem noch vielerlei Baumfrüchte zur Oelbereitung mit Vortheil dienen: die Wallnuß, die Haselnuß, die Bucheckern, die Mandeln u. s. w.; ferner hat man dazu vorgeschlagen die Samen des chinesischen Oelrettigs, des Springkrauts, der Gartenkresse u. s. w. Fast alle Oelgewächse entnehmen dem Boden ein großes Maß von Pflanzennahrungsbestandtheilen, sollen daher nur dann in den Betrieb einer Wirthschaft eingeführt werden, wenn hinreichender Ersatz, also Düngung, zu Gebote steht. Besonders rathsam ist es daher, wenn die Landwirthe bei dem Verkauf der Oelfrüchte sich jedesmal entweder die Rückgabe der Oelkuchen oder mindestens die Lieferung einer bestimmten Anzahl davon gegen einen gleich von der Verkaufssumme in Abzug zu bringenden Ansatz ausbedingen.

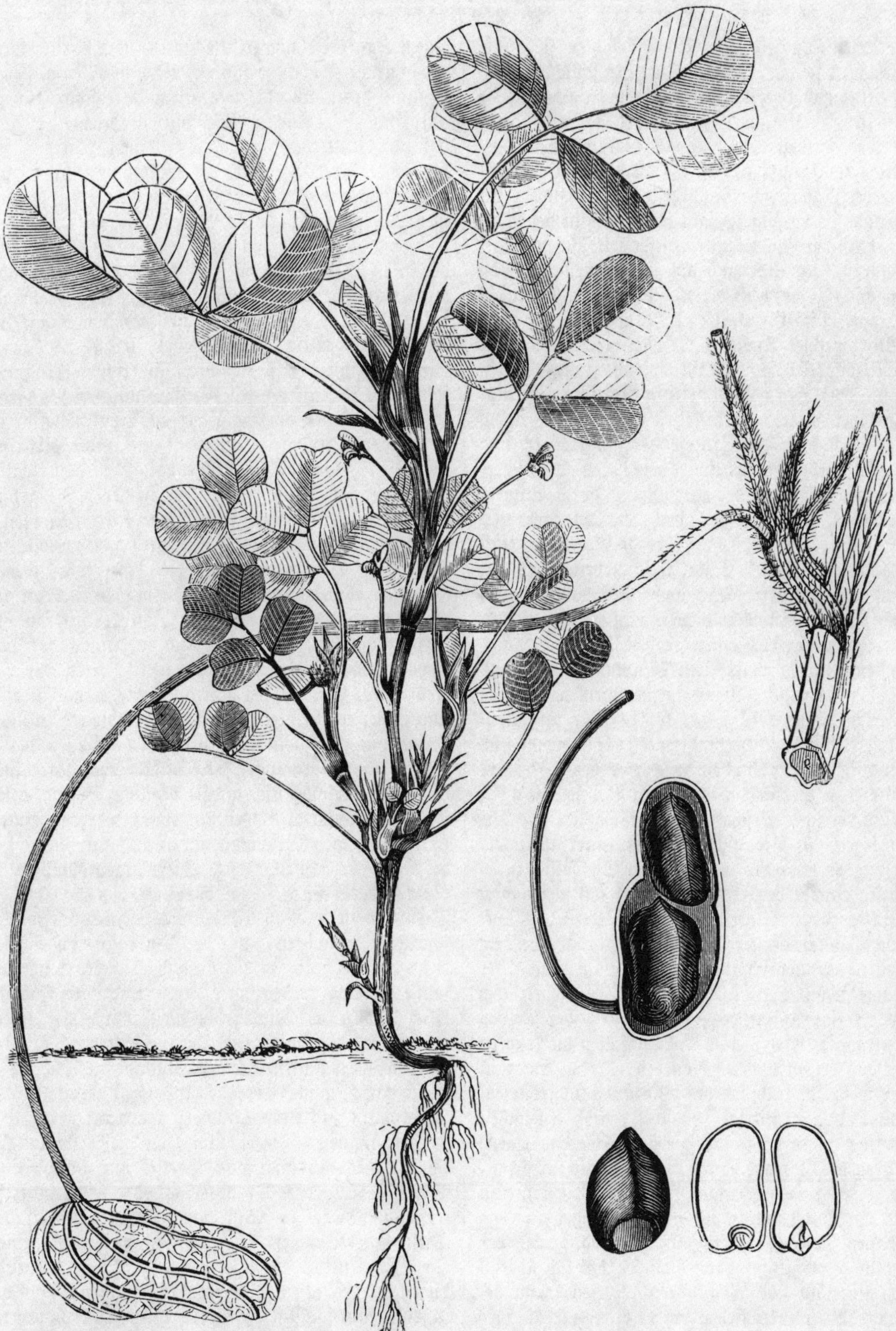

Blütenstiel mit befruchtetem Eierstock, in der Erde.

Durchschnitt der Frucht in natürlicher Größe.

Samen in natürlicher Größe.

Die Erdmandel. (Arachis hypogaea.)

Natürliche Größe.

2. Knollen und Wurzeln. Der Kartoffelbau.

(Fortsetzung von Seite 8.)

Unter sämmtlichen Wurzel- und Knollenfrüchten steht die Kartoffel obenan, weil sie einen Beitrag zur menschlichen Nahrung liefert, wie keine andere Pflanze, und zwar vorzugsweise für die unbemittelte Bevölkerung; sie heißt daher auch recht eigentlich: Brod des Armen. Ihr Anbau verlangt besondere Sorgfalt, seitdem man erkannt hat, daß er in der alten, gedankenlosen Weise betrieben, zahlreiche Nachtheile, insbesondere die leidige Kartoffelseuche im Gefolge gehabt hat. Auch in der Auswahl der Sorten muß der Landwirth in dieser Hinsicht mit Aufmerksamkeit verfahren, zumal deren Zahl und Benennung von Jahr zu Jahr wächst. Man theilt die Kartoffeln am besten in folgende Abtheilungen und Gruppen: I. Runde oder Lerchen-Kartoffeln. 1) Mit weißen Knollen. 2) Mit gelben. 3) Mit hellrothen. 4) Mit dunkelrothen. 5) Mit violetten oder blauen Knollen. II. Spitze oder Horn-Kartoffeln in denselben 5 Gruppen. III. Lange oder Nieren-Kartoffeln, ebenso. Außerdem unterscheidet man noch nach der Erntezeit Frühkartoffeln und Spätkartoffeln. Es giebt vier verschiedene Arten der Fortpflanzung und Vervielfältigung der Kartoffeln: durch Samen, durch Wurzelausläufer oder Keime, durch Knollenaugen und durch die Knollen selbst; letztere ist die sicherste und allgemeinst angewandte. Der Kartoffelbau verlangt viele Arbeit, sei es mit der Hand oder mit Spannwerkzeugen; noch aber wird er sehr häufig höchst nachlässig betrieben und zwar namentlich von den kleinen Besitzern, welchen er doch einen großen Theil des Reinertrags vom Boden bringen muß. Um vollkommen gute und gesunde Kartoffeln zu erzeugen, ist es anzuempfehlen: 1) Die Saatkartoffeln durch Aufbewahrung an kühlem Ort am allzustarken Keimen im Frühjahr zu verhindern. 2) Sie womöglich etwas gewelkt und in ganzen Knollen zu verwenden. 3) Nicht mit frischem Miste dazu zu düngen. 4) Einen Boden von mehr sandig-kalkiger, als thoniger Beschaffenheit zu wählen. 5) Sie nicht zu früh zu legen. 6) Sie nicht allzutief unterzubringen. 7) Sie nicht zu eng an einander zu legen. 8) Sie sollen zweimal gut durchhackt, einmal behäufelt werden. 9) Bemerkt man am Einstellen von schwarzen Flecken auf den Blättern das Auftreten der Krankheit, so kann letztere wesentlich beschränkt werden, wenn sofort alles Kraut abgeschnitten und sorgsam vom Acker entfernt wird, wie schon S. 8 anempfohlen. (Es liegen noch keine hinreichenden Erfahrungen vor, ob hierdurch der Ertrag an Knollen beeinträchtigt wird.) 10) Endlich sollen die kranken Kartoffeln völlig von den gesunden geschieden, die zu Saatgut bestimmten daher mehrmal während des Winters gut durchlesen, vielleicht auch mit Kalk oder Vitriol behandelt, auch gewaschen und scharf getrocknet werden. — Es giebt verschiedene eigenthümliche Verfahren des Kartoffelbaues, welche theils für große, theils für kleinere Besitzungen berechnet sind. Für die letzteren empfiehlt sich als vorzüglich und in der Praxis bewährt ein Verfahren des Anbaues von Frühkartoffeln, welches zuerst der Gartendirector Jühlke eingeführt hat. Dasselbe läßt sich überall ohne Mühe und Aufwand gut durchführen und wird seine genaue Beschreibung, die in Nachstehendem erfolgt, vielen ausübenden Landwirthen willkommen sein. Seitdem sich die größeren Städte unseres Vaterlandes fort und fort erweitern, wird der Kauf- und Pachtpreis der in ihrer Nähe gelegenen Ländereien zu einer ganz ungewöhnlichen Höhe hinaufgetrieben. Es dürfte deshalb wohl gerechtfertigt erscheinen, auf ein Anbauverfahren aufmerksam zu machen, welches sich als sehr einfach in der Ausführung und im Erfolg bewährt gezeigt hat. Bei einem Kaufpreis von 1000 bis 2000 Thlr. p. Morgen reichen gewöhnliche Anbauverfahren nicht aus, um neben der Verzinsung des Capitals noch einen Ueberschuß für den Arbeitsaufwand zu erzielen. Aus diesem Grunde ist auch das nachstehende Culturverfahren allen kleinen Wirthen zu empfehlen, die sich in der Nähe größerer Städte von ihrer Händearbeit ernähren und die in der örtlichen Lage ihrer Grundstücke einen mehr warmen als kalten Boden besitzen. Ob aber überhaupt dort, wo die Oertlichkeit günstig und das Wasser in entsprechender Menge zugeführt werden kann, eine Blumenkohlpflanzung mit entsprechenden Zwischenculturen von Kohlrabi, Knollensellerie, Salat 2c. nicht noch höhere Reinerträge liefern würde, als die Frühcultur der Kartoffel, hängt ab von der Jahreswitterung und von so manchen äußeren Bedingungen des Absatzes 2c., so daß wir die Entscheidung dieser Frage wohl als eine rein örtliche vorläufig auf sich beruhen lassen können. Das nachfolgende Anbauverfahren ist auf Jühlke's Anregung bereits in vielen Gegenden in Anwendung gebracht, dasselbe hat sich überall bewährt und namentlich in der Nähe größerer Städte, in welchen frühe, wohlschmeckende Kartoffeln stets einen sehr hohen Preis haben, den Ertrag der Grundstücke verdoppelt. Das ganze Verfahren ist überdies sehr einfach, wodurch es sich auch den Nichtgärtnern, also vorzugsweise den kleinen Landwirthen um so mehr empfiehlt, als der Ertrag alljährlich ein verhältnißmäßig sehr hoher und der Absatz der nach demselben gewonnenen Producte ein sicherer ist. Von der Wahl der zur Frühcultur geeignetsten Kartoffelsorte, hängt indessen aller gute und schlechte Erfolg ab. Jeder Landwirth weiß aus eigener Erfahrung, daß die zuerst geernteten Knollen der sogenannten frühen Nieren-Kartoffel, der Sechswochen-Kartoffel, der frühen Mistbeet-Kartoffel und andere ähnliche Sorten, auch selbst wenn sie im natürlichen Boden angebaut werden, einen mehr oder weniger seifigen Geschmack haben und daß dieser sich erst später bei der vollen Reife verliert. Diese Eigenthümlichkeit wohnt allen Sorten der länglichen Nieren-Kartoffel (Fig. 1) inne. Bei ihnen ist die End- (Terminal-) Knospe (Fig. 1 a) stets viel schwächer entwickelt, wie bei den runden Sorten (Fig. 2, 3 u. 4), weshalb es die Aufgabe des Gartenbaues sein muß, solche Sorten von runder oder rundlicher Form zu erziehen (Fig. 2, 3 u. 4), deren frühe Reife mit der Feinheit des Wohlgeschmacks zusammenfällt. Die nebenstehend abgebildeten Sorten bewähren sich in ihrem Reichthum an Stärke, Feinheit des Geschmacks, reiche Erträge und Gesundheit, so daß dieselben Jedermann zum Anbau und besonders zur Frühcultur empfohlen werden können. Die Abbildungen dieser Kartoffelsorten ist besonders deshalb auch von Werth, um auf die Wichtigkeit der Schluß-, End- oder Terminal-Knospe überhaupt, sowie auf die Schonung derselben recht nachdrücklich aufmerksam zu machen. Diese End-Knospen (a. b. b. b.) haben für eine erfolgreiche Kartoffel-Cultur die allergrößte praktische Bedeutung, indem dieselben bei allen Sorten Frühkartoffeln die ersten Knollen ansetzen und folglich diese am frühesten zur völligen reifen Ausbildung bringen. Nun ist bekannt, daß die Saatvorräthe der Kartoffeln in der Regel viel zu warm überwintert werden, wodurch die für eine erfolgreiche Frühcultur so wichtige Erhaltung der Schlußknospe in Frage gestellt wird. Dadurch, daß das Abkeimen der Knollen vor dem Auspflanzen oft mehrere Male bewirkt wird, schwächt man die Triebkraft der Mutterknolle und verringert den Ertrag der Ernte.

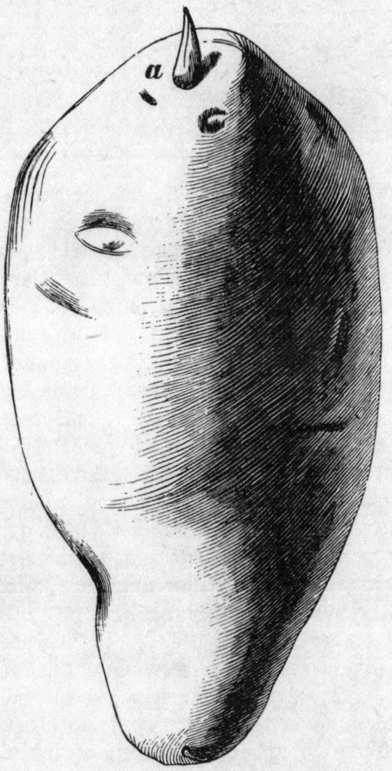

1. Kartoffel von Vigny.
(Längliche Nierenkartoffel.)

2. Mehl-Ball-Kartoffel.
(Gelbe Lerchenkartoffel.)

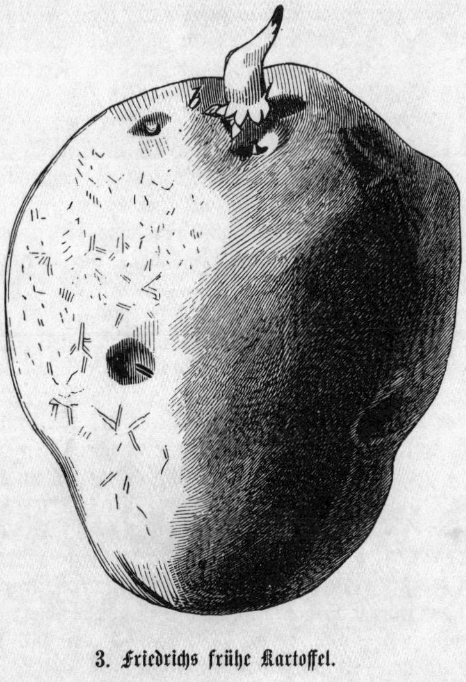

3. Friedrichs frühe Kartoffel.

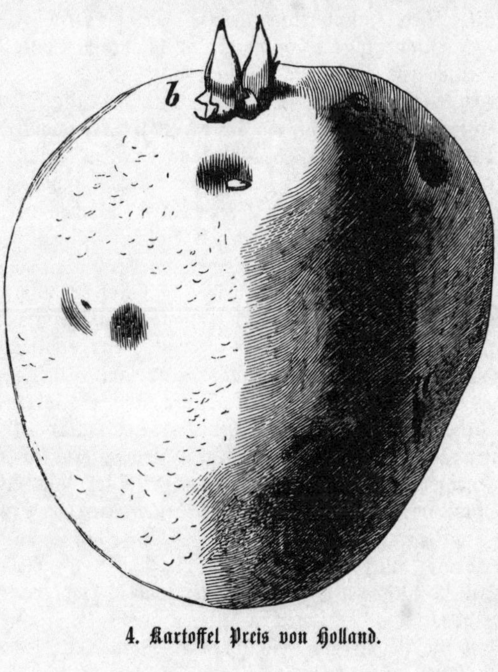

4. Kartoffel Preis von Holland.

2. Knollen und Wurzeln. Der Kartoffelbau.

(Fortsetzung von Seite 66.)

Das in Anwendung zu bringende Verfahren der Frühcultur der Kartoffeln wird in folgender Weise in's Werk gesetzt: Zunächst hebt man von Mitte bis Ende März — oder wenn die Witterung milde ist, auch noch früher — die zum Anbau bestimmten Felder (Fig. 1 I.) von 3 Fuß Breite und in beliebiger Länge 2 Fuß tief aus. Die ausgehobene Erde wird in der oberen fruchtbaren Beschaffenheit zur Bildung von schmalen $1^3/_4$ Fuß breiten Zwischenknoten (2, 2) benutzt, während die untere mit guter Composterde versetzt, einstweilen zur Cultur der Kartoffeln reservirt bleibt. Die 2 Fuß tief ausgehobenen Gruben (3) werden sodann mit halblangem frischen Pferdedünger fest eingetreten, so daß der Dünger noch etwa $^3/_4$ Fuß hoch über dem Niveau des Bodens hervorragt. Hierauf erhalten die Beete eine 1 Fuß hohe Decke der obigen Erde (4, 4), welche mäßig fest angedrückt und an den Seiten durch Bretter oder zusammen gebundene Sträucher vor dem Herabrutschen verwahrt wird; alsdann erfolgt das Legen der mit entwickelter Schlußknospe versehenen Kartoffeln in zwei Reihen (6) in einen $1^1/_2$füßigen Verband. Nachdem die Kartoffeln mit Erde bedeckt sind, schützt man die Felder durch leicht bewegliche Strohbedachungen. Diese bestehen am zweckmäßigsten aus einem 3 Fuß im Quadrat haltenden Lattenrahmen, auf welchen Stroh gebunden ist. Von diesen Lattenrahmen sind je 2 mit Lederstreifen verbunden, so daß sie leicht tragbar sind und in Form von Kappen (7) die Reihen vor Nachtfrösten schützen. Wenn der Wärmegrad der Luft sich erhöht, so hat man bis zum Aufhören der Nachtfröste die Kappen nur am Tage fortzunehmen und des Nachts die Beete wieder damit zu bedecken. Die Kartoffeln, welche anfangs oder in der ersten Hälfte März gepflanzt wurden, sind anfangs Juni verkäuflich und räumen bis Mitte Juni das Feld. Jetzt werden die Beete gegraben, tüchtig durchgegossen und mit zwei Reihen chinesischen grünen Schlangengurken bestellt, die im August und September die zweite Haupternte liefern. Die Zwischenräume der Felder (2) werden mit Knollen-Sellerie, Salat, Radieschen, Kohlrabi und Blumenkohl bepflanzt. Den Hauptertrag liefern hier der Knollen-Sellerie und der Blumenkohl, während Salat, Radieschen und Kohlrabi noch eine sehr einträgliche Unterernte gewähren. Wenn im October die Beete geräumt sind, so wird der alte Dünger auf die Unterländer gebracht, worauf im März des nächsten Jahres der Umlauf ganz in derselben Weise von neuem beginnt. Dieses Culturverfahren erfordert zwar einen verhältnißmäßig großen Aufwand von Dünger und Wasser zum Begießen der Gurken und des Blumenkohls in trockenen Jahren — allein dasselbe gewährt dennoch den höchsten Reinertrag durch die Verwerthung der Ernte, welche in allen größern Städten willige Käufer findet. (Es liegen uns Belege vor, wonach ein rheinischer Gutsbesitzer — kein Gärtner! — durch das oben beschriebene Verfahren der Kartoffelcultur den Morgen pr. mit 300 Thlr. Reinertrag verwerthet. Die Erfurter Blumenkohl-Culturen ergeben, mit Nebenbenutzung, den Dreienbrunnengärtnern 400 Thlr. Reinertrag pro Morgen! Es ist also noch Vieles zu leisten in der Steigerung des Ertrages der Grundstücke. Wir empfehlen daher die vorstehende wichtige Anleitung dazu der Praxis auf das Angelegentlichste!) Auf ähnliche Weise kann auch der Anbau anderer Wurzelgewächse, z. B. der Wasserrüben (Turnips), Kohlrüben, Möhren u. s. w. zu einer solchen Höhe des Ertrags gebracht werden, daß ihnen in dieser Hinsicht kaum eine andere Nutzpflanze gleichkommt. Es ist bekannt, welche Erfolge namentlich der Zuckerrübenbau in Gegenden bringt, wo die Rübenzuckerfabrication heimisch geworden ist; aber nur da lohnt er auf die Dauer, wo durch vorzügliche Bestellung und reiche Zufuhr von Düngung der Acker unabänderlich auf dem gleichen Grade der Fruchtbarkeit erhalten wird. Eben durch den Hackfruchtbau hat man erst gelernt, was denn der Acker eigentlich zu tragen im Stande sei, sobald man ihm alle Bedingungen dazu bietet. Früher wußte man dies gar nicht; erst die verschiedenen Preis-Rübenbau-Versuche haben ein annäherndes Bild davon gegeben; es sind dabei nicht selten gegen 1000 Centner Rüben auf dem Acker gezogen worden, während man ehedem 200 Centner schon für den höchsten Ertrag gehalten hat. Die Ernte der Wurzeln und Knollen wird verschiedenartig ausgeführt, theils mit Handgeräthen, theils mit Spannwerkzeugen. Nur die Zuckerrübe und Runkelrübe und die Wasserrüben bedürfen einer besonderen Zurichtung für die Aufbewahrung. Das Putzen der Rübe geschieht in folgender Weise: Der Arbeiter faßt die Blätter jeder Rübe mit der linken Hand zusammen; nachdem er sie herausgezogen hat, hält er sie in wagerechter Richtung vor sich hin und schneidet erst mit einem Schnitt die Wurzel b und dann mit einem zweiten die Blätter an der Stelle der Krone c ab, wo sie aus der Rübe entspringen. Die so von Blättern und Pfahlwurzel befreite Rübe fällt auf den Boden in Haufen und die Blätter werden bei Seite geworfen. Die Rüben sollen stets rechtzeitig aufgenommen und möglichst bei trockenem, frischem Wetter aufbewahrt werden. Dies geschieht am besten in Wurzelwerk-Mieten oder dachförmigen Haufen auf einem trockenen Felde dicht beim Hofe. Die Haufen werden mit Stroh dick genug zugedeckt, um die Rüben vor Frost zu schützen und das Stroh wird mit Strohseilen befestigt. Bei dem Einmieten der Rüben läßt man sie durch eine Frau, sobald sie vom Wagen oder Karren kommen, in derartige Haufen zusammensetzen, während ein Mann das Stroh und die Seile zum Zudecken besorgt. Die Rübenmieten oben breit oder flach anzulegen, ist nicht gerathen. Das Ueberdecken des Strohes mit Erde ist eigentlich nur nothwendig, wo es an Stroh fehlt, alsdann muß die Erdschicht wenigstens einen Fuß stark werden. Rüben lassen sich in Mieten weit besser aufbewahren, als in Kellern; Zuckerrüben werden niemals anders überwintert. In England ist es vielfach Gebrauch, die geernteten Rüben auf dem Feld, wo sie gewachsen, einzumieten und auch hier gleich an die Thiere, hauptsächlich an Schafe, zu verfüttern. Dazu braucht man eine fahrbare Wurzelschneidmaschine, womit besonders die härteren gelben und schwedischen Rüben zerkleinert und den Schafen in hölzerne Krippen vorgeschüttet werden. Eine solche Maschine besteht aus dem Trichter a, worein die geputzten und gewaschenen Rüben oder Knollen gefüllt, welche von der gußeisernen Scheibe b mit Messern in Scheiben oder fingerförmige Streifen geschnitten werden, indem dazu die Kurbel c gedreht wird, die Stücke fallen von dem Ablauf d in die Tröge und je nachdem dieselben angefüllt sind, rückt man weiter mit der Maschine, vermittelst der Handhaben e und der Räder f f, wodurch ihre leichte Fortbewegung auf dem Feld und in dem Hofe ermöglicht ist. Bei der Theilung der Saatkartoffeln verfährt man folgendermaßen: Man zerschneidet mit einem scharfen Messer die großen Kartoffeln so, daß jeder Scheibe mindestens 2 Augen bleiben; die kleinen läßt man ganz. Die Krone der Kartoffel a a und die Mittelstücke, b b, c c, d d nimmt man zu Saatgut.

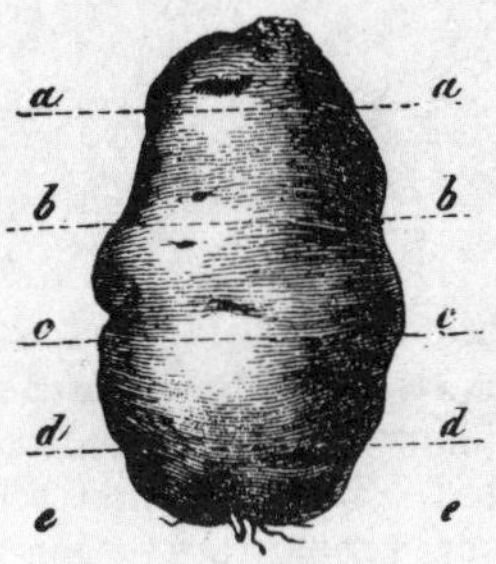

Die Theilung der Saatkartoffel.

Wurzelwerk-Miete.

Putzen der Rübe.

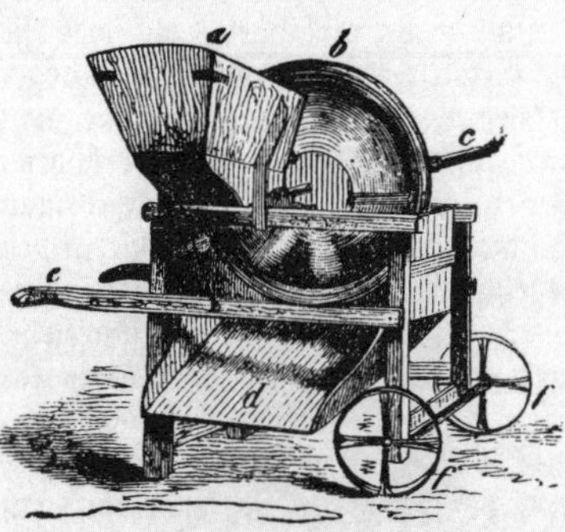

Fahrbare Wurzelschneidemaschine.

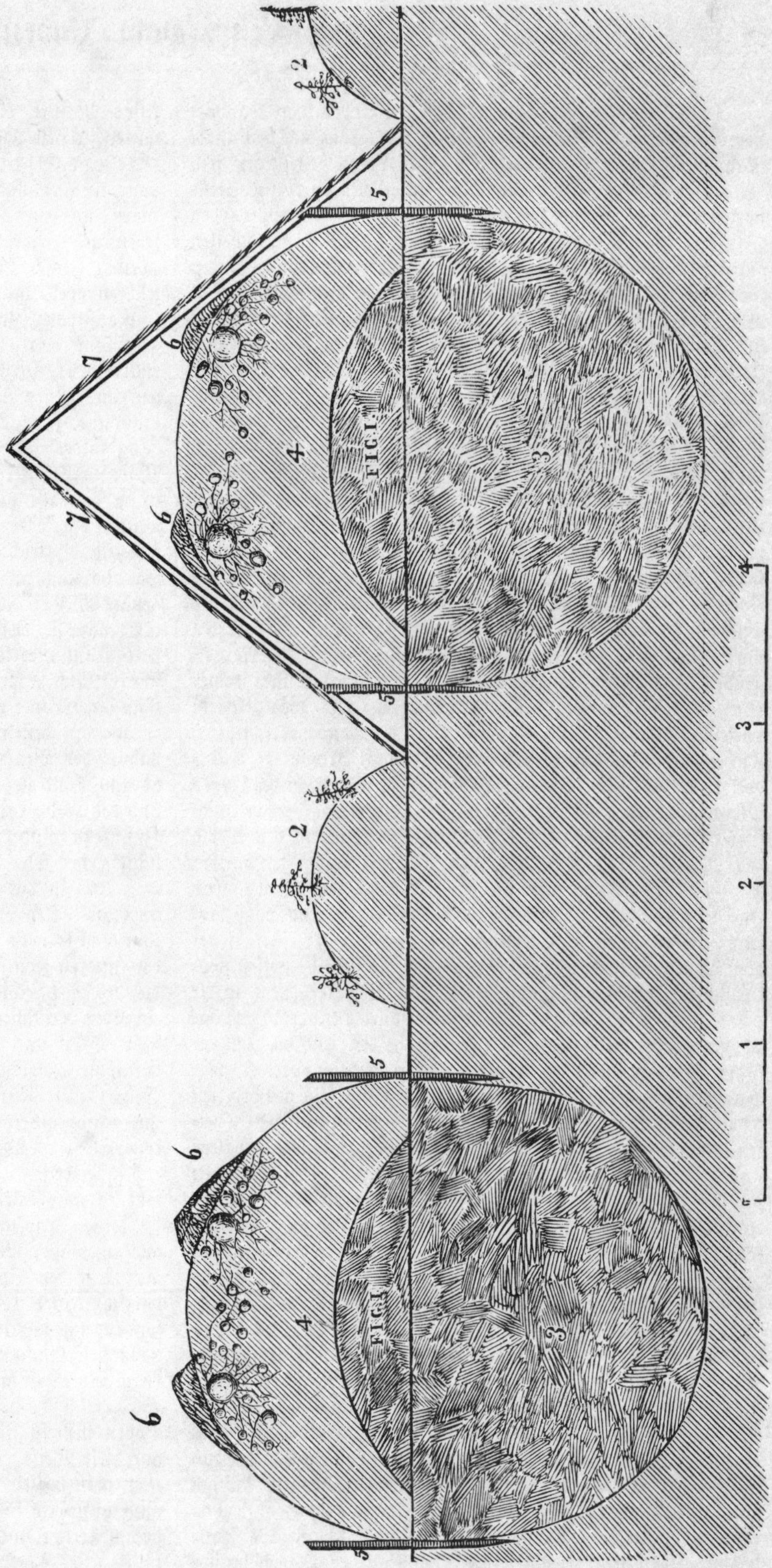

Vortheilhafter Anbau der Frühkartoffeln.

Die Lehre vom Boden.

Die Werkstätte des Landwirths ist der Boden, der Standort der Nutzpflanzen, welchem sie zugleich den größten Theil ihrer Nahrungsbestandtheile entnehmen. Der Boden besteht aus fein zertheilten Gebirgstrümmern, welche entweder an Ort und Stelle verwittert sind (Grundschutt) oder fernher angeschwemmt wurden (Fluthschutt). Außer diesen rein mineralischen Bestandtheilen enthält er auch noch organische, d. i. Ueberreste von Pflanzen und Thieren, oftmals in sehr beträchtlicher Menge; letztere nennt man Humus oder Dammerde. Die Steinbestandtheile des Bodens sind hauptsächlich: Kiesel (Sandstein, Quarz), Thonerde und Kalk; danach unterscheidet man Sandböden, Thonböden und Kalkböden, je nachdem einer dieser Theile überwiegend vorkommt, Außerdem enthält der Boden noch: Eisen, Braunstein, Potasche, Soda, Bittererde, Phosphorsäure, Chlor (Kochsalz) Ammoniak, Salpetersäure. Der Sand ist lose, der Thon bindend, der Kalk hitzig. In zweckmäßiger Mischung vereinigt bilden die Bestandtheile den besten, den Lehmboden, der, wenn er mehr Thon, sandiger Lehm, wenn er mehr Sand enthält, lehmiger Sand genannt wird. Enthält ein Boden neben Thon eine bedeutendere Menge Kalk, so nennt man ihn Mergel. Der Mergelboden ist um des willen hochwichtig, weil er zur Verbesserung anderer Bodenarten vortreffliche Dienste leistet; daher sagt man auch „die Mergelgrube ist des Bauers Goldgrube.“ Da der Mergel nicht immer oben auf liegt, so muß nach ihm gesucht werden; dies geschieht mittelst Erdbohrern; er zeigt sich gewöhnlich an durch verschiedene, ihm eigenthümliche Unkräuter, z. B. Huflattig, Brombeere, Ackerdotter, gelber Klee u. s. w. Man ermittelt den Gehalt eines Mergels durch eine Mergeluntersuchung, welche nicht schwierig vorzunehmen ist. Der Kalkgehalt bestimmt den Werth des Mergels. In 2 Fläschchen A und B, wovon jedes etwa 10—12 Loth Wasser faßt, die durch Korke a geschlossen, durch eine gekniete Röhre c mit einander verbunden und mit Gasentweichungsröhren b d versehen sind, wird in der einen A der abgewogene Mergel mit Salzsäure und Wasser übergossen, wobei sich Kohlensäure enwickelt, die durch die Knieröhre c in die Flasche B gelangt, worin sich Schwefelsäure befindet; etwaige Wasserdämpfe werden in dieser zurückgehalten und die Kohlensäure entweicht durch die Röhre d. Aller Gewichtsverlust, welcher hiernach entsteht, kann nur von der gasförmig gewordenen Kohlensäure herrühren. Da man aber weiß, daß in 100 Theilen kohlensaurem Kalk genau 44 Theile Kohlensäure enthalten und, so darf man nur den Gewichtsverlust mit 100 multipliziren und mit 44 dividiren, um zu erfahren, wie viel kohlensaurer Kalk in der angewandten Menge Mergel enthalten war. — Für Mergelfuhren, überhaupt Erdfuhren bei Bodenverbesserungsarbeiten lohnt sich häufig die Anlage einer beweglichen Eisenbahn (S. S. 207), deren Erdwaggons sich mit leichter Mühe fortschieben und auf Drehscheiben nach jeder Richtung hin entladen lassen. Der eigentlichen chemischen Untersuchung (Analyse) des Bodens muß nothwendiger Weise die physikalische Analyse zur Seite gehn. Ihr Zweck besteht, nach vorläufiger Ausscheidung größerer Kiesel und Steinchen, darin, die schwereren im gröberen nicht zerreibbaren Kerne des Bodens bestehenden Theile von den leichteren, zärteren Theilen, die sich ganz gut in einen sehr feinen Staub verwandeln, abzuscheiden; die ersteren gehören gewöhnlich der Bildung des Sandes, die letzteren derjenigen des Thons an. Das gewöhnliche Verfahren der Ausscheidung besteht in einem Auswaschen oder Auslaugen. Es ist daher dankbar anzuerkennen, daß der Professor Masure, einen sehr einfachen Apparat erfunden hat, mittelst dessen Jedermann bequem die physikalische Analyse des Bodens vornehmen kann und welcher immer genaue und richtige Ergebnisse liefert. Dieser Apparat besteht zuerst aus einer Flasche mit Ablauf, der mit einem Hahn versehen ist, welche das Wasser zum Auswaschen hergibt; einer zweiten Flasche, die das abgelaufene Wasser mit sammt den leichten oder thonigen Bestandtheilen des Bodens aufnimmt, und aus einer Zwischenröhre, in der die Auswaschung vor sich geht, und worin die schweren oder sandigen Bestandtheile zurückbleiben. Diese Zwischenröhre selbst besteht aus drei Theilen, aus einer starken Vorlage, wie sie im Laboratorium gebräuchlich ist, aus einer Kautschukröhre, welche die untere Biegung bildet, und aus einer senkrechten Glasröhre mit angeblasenem Trichter zur Aufnahme des Auswaschwassers; endlich ist die Vorlage mit einem durchlöcherten Kork verschlossen, durch welchen eine heberartig gebogene Glasröhre geht, um das Wasser und die leichten Theile in die Vorlage überzuführen. Die Handhabung des vorbeschriebenen Apparats geschieht in folgender Weise: Die Erde wird an der Sonne getrocknet; dann läßt man sie durch ein Sieb laufen, dessen Maschen anderthalb Millimeter Durchmesser haben, denn die Untersuchung beschränkt sich nur auf die feinere Erde. Diese wird nun vorläufig getrocknet bei einer Temperatur von mehr als 100 Grad; am besten dazu wird sich ein Backofen nach Herausnahme des Brotes eignen. Man wägt davon 10 Grammen ab und füllt sie in die Vorlage; dann wird diese verpfropft und der Hahn der Speiseflasche geöffnet, so daß ein beständiger Zufluß stattfindet; bloß hierdurch geht die Auswaschung vollständig vor sich. Sobald man sieht, daß das Wasser vollkommen klar in das Aufnahmegefäß läuft, so ist die Operation beendigt. Den erdigen Niederschlag darin sammelt man und thut das Gleiche mit dem Sand der in der Vorlage und in der unteren Kautschukröhre zurückgeblieben ist; alsdann werden die beiden Parthien getrocknet und das Gewicht derselben, mit einander verglichen, ergibt aufs Genaueste das Verhältniß zwischen Thon und Sand in der Erde. Setzt man 20 bis 30 Gramme Salzsäure in der Vorlage zu, so läßt sich auch der Gehalt an kohlensaurem Kalk, welcher mit übergeht, bestimmen; ihn ergibt alsdann der Unterschied zwischen dem Sand und dem Thon. Leider wird dies aber nicht in allen Fällen sich richtig erweisen und könnte Irrthümer veranlassen. Vor Allem gibt es auch kalkhaltigen Sand, dessen Kalkgehalt durch das Verfahren also nicht ermittelt würde; sodann müßte man auch alle in Wasser löslichen Salze als Kalk betrachten. Man darf aber von den Apparaten nicht mehr verlangen, als was sie wirklich leisten können; die Ermittelung des Kalks muß abgesondert und unmittelbar geschehen. In neuerer Zeit hat man auch den Einfluß der Luft auf das Innere des Erdbodens durch ein Verfahren erhöhen zu können geglaubt, welches man Bodenlüftung nennt und in einer Zufuhr von Luft in den Boden mittelst Röhren besteht. Den Gehalt der Luft, welche auf diese Weise im Erdinnern umströmt, an Kohlensäuren &c. kann man messen, wenn man an den Drainröhrensträngen Kamine aufwärts führt und auf diesen gekröpfte Glasröhren anbringt, welche, mit chemischen Nachweisstoffen (Reagentien) gefüllt, jenes Maß genau angeben. In der Mitte bringt man noch eine ähnliche Vorrichtung, welche blos den Kohlensäuregehalt der Luft außerhalb der Röhren mißt.

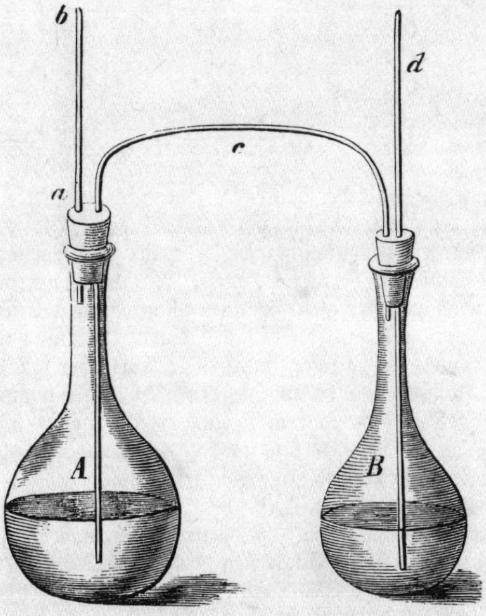

Mergeluntersuchung.

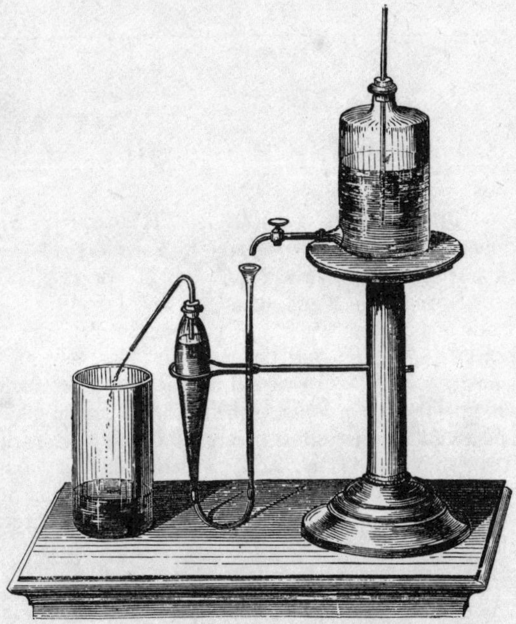
Physikalische Bodenuntersuchung.

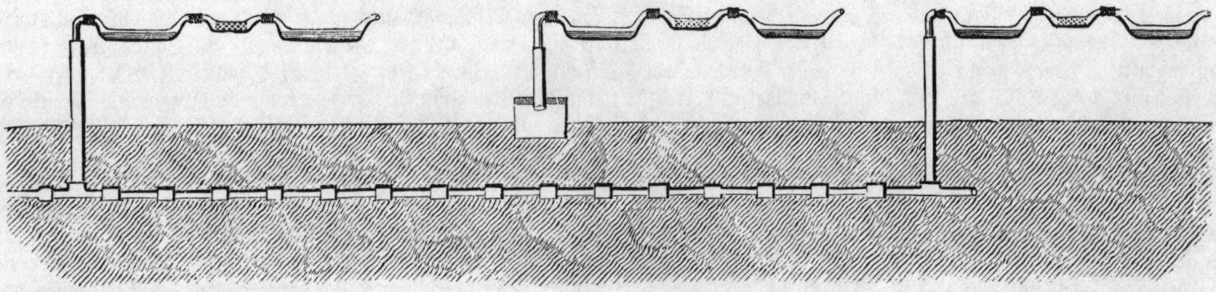
Bodenlüftung.

Erdwaggon.

Der Dünger.

Unter Dünger versteht man jeden Stoff, welcher den Pflanzen Nahrung liefert, dem Boden die durch den Anbau entzogenen Stoffe wiedergiebt, oder zu den noch vorhandenen neue hinzuführt. Man nimmt die Düngerstoffe aus allen drei Naturreichen, dem Thier-, Pflanzen- und Steinreich, und theilt dieselben darnach in thierische, pflanzliche und mineralische Düngerarten. Diese Arten wendet man je nach ihrer Gattung und zweckmäßigsten Verwendung, rein oder vermischt an. Die thierischen Düngstoffe sind entweder Rückstände, als Fleisch, Blut, Fleischerabfälle, Haare, Federn, Gerbereiabfälle, Hörner und Klauen, Knochen, wollene Lumpen ꝛc. oder Auswürfe (Excremente) der Nutzthiere. Thierische Auswürfe mit irgend einem pflanzlichen, seltner erdigen Stoffe, welcher dieselben auffängt, einem Auffangmittel, gemischt, heißen Stallmist. Die vorzüglichsten pflanzlichen Düngestoffe, die der Landwirth durch den Anbau erzeugt, sind Gründüngepflanzen, Gras- und Kleenarbe, Kartoffellaub, Stroh und dergleichen. Aus dem Haushalt oder den Nebengewerben bezieht er überdies Holzasche, Aescherich, Asche von Torf, Braun- und Steinkohlen, Ruß, Kohlenstaub, Sägemehl; Oelkuchen, Malzkeime, Trebern, Abflußwasser u. dergl. m. Die thierischen Düngestoffe, die der Landwirth mit Auffangmitteln gemischt, zur Kräftigung seiner Felder anwendet, sind menschliche Auswürfe, Pferdemist, Rindviehmist, Schafmist und Schweinemist. Darunter sind die vorzüglichsten die menschlichen Auswürfe, denn sie bestehen aus einer zersetzten Mischung von thierischer und pflanzlicher Nahrung, welche den Dünger außerordentlich reichhaltig macht. Hitziger Dünger ist im Gegensatz zu kühlem solcher, der eine geringere Menge von Wasser enthält und daher eine viel raschere Gährung und Wärmeentwicklung äußert. Hitzige sind: Federviehdünger, menschliche Auswürfe, Pferdemist und Schafmist; kühle: Rindviehmist und Schweinemist. In dem Stalldünger empfangen die Pflanzen alle Stoffe, deren sie zur Vollendung ihres Wachsthums bedürfen, auch die sogenannten organischen, welche sich bei seiner Zersetzung in reichlichem Maaße entwickeln. Indem der Stalldünger eine Quelle der Bildung von Kohlensäure und Ammoniak im Boden ist, mit welchen sich das darin enthaltene Wasser sättigt, befähigt er dieses, eine weit größere Menge von mineralischen Nahrungsstoffen auf;ulösen und in die Pflanzen überzuführen, als es ohne dies im Stande sein würde. Außerdem aber trägt er zu der Lockerung und dem Luftgehalt des Bodens, welche Bedingungen eines erfolgreichen Anbaues sind mehr bei als jeder andere bekannte Stoff. Es lassen sich freilich Wirthschaften ganz ohne Anwendung von Stalldünger finden; in vielen Ländern der Erde, namentlich solchen, die das Klima sehr begünstigt, ist sein Gebrauch wenig oder nicht bekannt. In Deutschland aber giebt es nur sehr wenige Oertlichkeiten, die vermöge eines mit organischen Rückständen reich versehenen, lockeren Bodens des Stalldüngers entbehren können. Selbst die kräftigsten sogenannten künstlichen Düngestoffe, wie z. B. der Guano, vermögen ihn weder auf eine längere Reihe von Jahren hinaus, noch in allen Lagen gründlich zu ersetzen. Je mehr und je besser ein Thier gefüttert wird, um so reichlicheren und besseren Mist giebt es auch. Viel schlechtes Futter liefert weniger guten Mist, als kräftige, minder massenhafte Nahrung. Das Mastvieh giebt deshalb den besten Dünger. Wenn man keinen Theil seiner Pflanzennahrungsstoffe verloren gehen lassen will, so sollte man den Mist frisch, d. h. sogleich aus dem Stall weg auf den Acker fahren und unterpflügen. Der frische Mist wirkt langsamer, als der gährende, sogenannte verrottete Mist, weil bei dem letzteren die sich entwickelnden Luftarten sogleich den Pflanzen zu gute kommen. Für alle Pflanzen mit raschem Wachsthum ist daher der verrottete Mist, welcher durch die Gährung schon zu einer gleichförmigen Masse geworden ist, vorzuziehen, sobald man nur die Schnelligkeit der Wirkung in Betracht zieht; viel nachhaltiger und reicher wirkt der frische Mist. — Da es nicht immer angeht, den Mist sogleich aus dem Stall auf das Feld zu fahren, so muß er zweckmäßig und vernunftgemäß aufbewahrt werden, so daß sich seine düngenden, luftförmigen Bestandtheile so wenig wie möglich verflüchtigen. Entweder läßt man den Mist bis zum Ausfahren im Stall unter den Thieren liegen, verhütet die Verflüchtigung der Düngegase durch öfteres Einstreuen von etwas Gyps oder Eisenvitriol, oder sucht durch eine wahrhaft zweckentsprechende Anlage der Miststätte diesem Uebelstand möglichst zuvorzukommen. Folgenden Anforderungen muß eine Miststätte genügen, wenn sie gut sein soll: sie muß vollständig ausgemauert und wasserdicht, vor dem Zulauf des Regenwassers und dem Ablauf der Mistjauche geschützt sein; ihre Bodenfläche soll etwas geneigt und an der tiefsten Stelle ein Jauchebehälter mit Pumpe angebracht sein; ferner soll man gut und bequem ab- und zufahren können. Beschattung der Miststätte ist zuträglicher, als wenn der Mist der Sonne gänzlich ausgesetzt ist. Die Behandlung des Mistes auf der Miststätte darf nicht vernachlässigt werden. Oefteres Uebergießen mit Jauche, festes Aufeinandersetzen der einzelnen Schichten, nicht allzuhohes Aufthürmen des Haufens (höchstens 5 Fuß) tragen Vieles zur guten Erhaltung des Mistes bei. Der Verflüchtigung der düngenden Gase wird vorzüglich vorgebeugt durch Vermengen des Mistes mit Erde, Gyps, Dorfasche, Braunkohlenerde, Schwefelsäure oder Eisenvitriol; diese Stoffe binden die flüchtige Stickstoffluftart (Ammoniak). Man breitet den Mist entweder gleich auf dem Acker aus, oder setzt ihn einstweilen auf Haufen. In den Haufen geht die Zersetzung rascher vor sich, große sind daher kleineren vorzuziehen; kann der Mist, was immer am besten wäre, nicht sogleich untergepflügt werden, so ist es gerathen, die Haufen, welche nie zu hoch sein dürfen, mit Erde zu überdecken. Bei Brache und Graswirthschaft wird der Mist zwischen Frühjahrsbestellung und Ernte, bei Fruchtwechsel und freier Wirthschaft nach den abgebrachten Vorfrüchten aufgefahren. Getreide kann wohl, Wurzelgewächse können aber selten zu viel Dünger haben. Man berechnet den Mist gewöhnlich nach Fudern, ein vierspänniges = 2000, ein zweispänniges = 1400 Pfd. 10,000 Pfd. auf den Mg. pr. nennt man eine schwache, 16,000 eine gute, 20,000 eine starke oder reiche Düngung. Dabei ist zu bemerken, daß ein Cubikfuß strohiger Mist ungefähr nur 44, speckartiger, zersetzter 50—60 Pfd. wiegt. In England wird häufig das Vieh, selbst wenn es sich nicht auf der Weide befindet, doch völlig im Freien gelassen, indem die Ställe dann nur darauf eingerichtet sind, bei allzu üblem Wetter hinreichenden Schutz zu gewähren. Das Vieh befindet sich, je nach den Umständen zusammen, oder in Abtheilungen, den ganzen Tag über auf dem Hof, wo es auch gefüttert wird; damit kein Dünger verloren geht, ist derselbe hoch mit Stroh bestreut, auch wird jährlich einmal die darunter befindliche Erde ausgegraben und durch frische ersetzt. Ein solcher Englischer Düngerhof trägt nicht wenig dazu bei, das Bild eines dortigen Gutes zu verschönen.

Englischer Düngerhof.

Der Dünger.

Der flüssige Dünger, gewöhnlich Jauche genannt, ist für den Landwirth von der höchsten Wichtigkeit. Die Jauche enthält fast ganz dieselben Bestandtheile wie der Guano, und ist deshalb auch in ihren Wirkungen nahe mit demselben verwandt. In der Pfalz, in Baden, der Schweiz, Belgien, England kennt man ihren Werth durch langjährige Erfahrung. Frischer Harn ist reicher an düngenden Stoffen, als alter, vergohrener, kann aber selbstverständlich nicht sofort verwendet werden. Man sammelt und bewahrt die Jauche in einem eigenen Jauchebehälter, in welchen man die Abzugskanäle der Ställe leitet. Sehr gut ist es, wenn man den Jauchebehälter durch eine Scheidwand in zwei gleiche Hälften theilt, von welchen jede groß genug ist, um den Harn der Thiere von 1—2 Monaten Zeit zu fassen. Wenn die eine Abtheilung gefüllt ist, so muß derselbe in die andre, leere geleitet werden können, und während dessen wird die erste verbraucht, da es leider selten angeht, die Jauche unmittelbar zu benutzen. Ein öfters wiederholter Zusatz von Schwefelsäure bewahrt die Jauche vor Verflüchtigung werthvoller Bestandtheile. Man begießt damit von Zeit zu Zeit mittelst einer Jauchen-Pumpe die Misthaufen, um deren Güte und Kraft zu befördern, ebenso den Mengedünger. Ferner führt man die Jauche auf Klee- und Grasland oder auf andre junge Saaten. Dazu ist ein Jauchefaß nöthig, worin sie auf den Acker gebracht wird. Dasselbe liegt auf einem Wagengestell, dessen Räder recht breite Reifen und Felgen haben sollen, damit sie nicht in den Boden einschneiden; der Ablauf der Flüssigkeit muß so eingerichtet sein, daß sie nicht unmittelbar herabstürzt, sondern in einem weiten Bogen ausspritzt. Im Frühjahr und Sommer ist es oft gut, die Jauche nicht allein anzuwenden, sondern sie mit 1—2 Theilen Wasser versetzt fahren zu lassen. Außer auf Wiesen und Futterfeldern wirkt die Jauche vorzüglich bei Kohl, Lein, Hanf, schwachem Getreide. Auf leichterem Boden ist sie besser, als auf schwerem, aber niemals so nachhaltig, wie Mist. Nur selten wird sie untergepflügt; wo und wenn dies geschieht, muß es sehr seicht geschehen. In Großbritannien ist auf vielen Gütern eine bloße Jauchedüngung oder vielmehr Güllendüngung eingeführt. Unter Gülle versteht man den mit Wasser vermischten Harn der Thiere, in welchem zugleich auch die festen Auswürfe durch Abschwenken der Streu breiartig zertheilt worden sind. Die Flüssigkeit wird mittelst eiserner Röhren und einer durch Dampf getriebenen Pumpe über das ganze Gut geleitet, so daß jedes Ackerstück auf diese Weise vollständig damit versehen werden kann. Die Erfolge dieses Verfahrens, welches keineswegs so kostspielig ist, als es aussieht, sind im Anfang sehr groß; auf die Dauer können sie sich aber nicht bewähren, da, wie man schon in Baden erfahren hat, durch bloße flüssige Düngung die Ackererde in einer Reihe von Jahren derartig fest zusammengeschlemmt wird, daß ihre Ertragsfähigkeit aufhört, bis sie durch Vermischung mit Stallmist allmälig wieder hinreichend gelockert worden ist. Auch hat man ganz eiserne oder zinkblechene Spritzwagen zu flüssigem Dünger im Gebrauch, bei welchen sich die Flüssigkeit durch eine mit Löchern versehene Kupferröhre wie aus der Brause einer Gießkanne ausspritzt. Den Federviehmist kann man als werthvollen Dünger betrachten, besonders den Hühner- und Taubenmist, welchen man trocknet und als Pulver über die Saaten streut. In der neueren Zeit bringt man aus Amerika und Afrika den Mist der Seevögel als einen Düngestoff nach Europa, der unter dem Namen Guano bekannt ist. Der Guano lagert auf den Chinchas- und Lobos-Inseln an der Küste von Peru, ferner in Chili, Patagonien ꝛc. in Südamerika, sowie auf den Ichaboe-Inseln in Südafrika in ungeheuren Massen, oft bis 40 Fuß hoch. Er wird dort in Schiffe verladen und bildet jetzt einen wichtigen Handelsartikel. Ein stechender, scharfer Geruch zeigt die Anwesenheit des Ammoniaks in demselben. Er wird leider sehr häufig mit Sand, Torfasche, Gyps u. dergl. verfälscht. Der Guano enthält Stickstoff in der Gestalt von Ammoniak, Phosphorsalze, Kali- und Natronsalze, Kieselerde und organische Theile. Der peruanische Guano ist der beste. Er findet sich unter einem Himmelsstrich, wo es selten oder niemals regnet. Die anderen Sorten dagegen kommen aus Gegenden, woselbst die Regengüsse der Wintermonate die Düngestoffe schon bedeutend ausgelaugt und ihrer kräftigsten Theile beraubt haben. Wer daher den Guano als Dünger gebrauchen will, der wende sich stets an die rechte Quelle und hüte sich vor Verfälschung. Die letztere ist ziemlich sicher zu erkennen, wenn man den Guano in einem blechernen Löffel über dem Licht oder Kohlen verbrennt. Der gute Guano liefert eine weiße oder weißgraue Asche, und zwar um so weniger davon, je besser er ist; bleibt dagegen in dem Löffel als Rückstand eine größere Aschenmenge von röthlicher, gelblicher, bräunlicher Farbe, dann ist der Guano unecht, oder von einer geringeren Sorte. Mit vielem Vortheil wird Guano angewendet zum Ueberdüngen junger zurückgebliebener Getreidesaat, oder anstatt einer ganzen oder halben Stallmistdüngung für Halm- und Hackfrüchte, besonders Kartoffeln, ferner mit vorzüglichem Erfolg für Oelsaaten, Kraut, Rüben, Gartengewächse und Gras. Es ist gerathen den Guanodünger zu bedecken, oder so mit Erde zu vermischen, daß er die Samen nicht berührt, denn er übt oft eine scharfe, ätzende Wirkung auf dieselben aus. Bei Hackfrüchten ist es wirthschaftlicher den Guano mit Stallmist gemischt, zu verwenden, weil er allein dem Lande keine so genügende Menge an organischen Stoffen liefert, als dasselbe zu seiner Lockerung und Gahre bedarf. Wenn der Guano auch den Pflanzen eine große Menge von Nahrungsbestandtheilen liefert, so vermag er sie doch nicht mit allen zu versehen. Daher läßt sich auch bezweifeln, ob die alleinige Anwendung des Guano als Dünger auf die Dauer von Erfolg und deshalb rathsam ist. Zugleich ist darauf aufmerksam zu machen, daß der lockere Zustand der Ackerkrume, welchen wir die Gahre nennen, durch kein anderes Düngungsmittel so zweckmäßig hergestellt werden kann, wie durch den Stallmist. Es gab zwar in Sachsen und Schlesien Wirthschaften, welche bei fast ganz abgeschafftem Viehstand nur mit Guano und Knochenmehl düngten, allein die Erfahrungen derselben haben abgeschreckt. Zum Ueberdüngen der Getreidesaat bedarf man auf den Morgen pr. ungefähr 1—2 Ctr., und 2—3 Ctr., wenn man ihn zur Hälfte mit Stalldünger gemischt für Hackfrüchte anwendet. Das Ausstreuen geschieht mit der Hand aus Säetüchern oder Körben, auch durch Maschinen. Die beste Guanostreumaschine ist die Dungstreumaschine von Chambers, welche in England allgemein zur Saat von pulverförmigen Düngern gebraucht wird; sie ergreift dieselben mit kleinen Spateln auf einer Walze und wirft sie durch einen mit Stiften besetzten Trichter, in welchem jedes Klümpchen zertheilt wird. Sehr praktisch ist auch die englische Düngerschaufel zu solchen Stoffen. Zum Ausführen des Stalldüngers bedient man sich am besten der einpferdigen Düngerkarren.

Jauchepumpe.

Jauchefaß.

Düngerschaufel.

Spritzwagen zu flüssigem Dünger.

Düngerkarren.

Dungstreumaschine von Chambers.

Der Pflug.

Wenn der Landwirth, der gern dem Fortschritt in seiner Gegend durch Einführung eines besseren Pflugwerkzeugs unter die Arme greifen will, ohne dabei verspottet und ausgelacht zu werden, einen unter allen Umständen guten Pflug, welcher zugleich nicht theuer ist, anschaffen will, so sei ihm dazu der französische Grignonpflug empfohlen. Es war auf der ersten Pariser Weltausstellung im Jahre 1855, als bei den dort gewissenhaft angestellten Pflugproben zum ersten Mal ein Pflug genannt wurde, der sich von da an rasch einen großen Ruf erworben und über ganz Europa, namentlich Deutschland, verbreitet hat. Derselbe Pflug trägt den Namen von seinem Entstehungsort, der landwirthschaftlichen Lehranstalt Grignon, und verdankt seine Vervollkommnung vorzugsweise dem Director derselben, Bella. Der Grignonpflug hat ein noch besser geschwungenes Streichbrett, einen sehr sinnreich geformten wohlfeileren Pflugkörper, ein besseres Schar und eine leichtere Führung wie der, sonst an und für sich treffliche, Dombaslepflug. Bei öfter wiederholtem Probepflügen, welches zu Trappes bei Paris unter Leitung eines Preisgerichts der ausgezeichnetsten Männer der Wissenschaft und Praxis stattfand, und unter Benutzung der besten bekannten Kraftmesser — ergab sich, daß der mit einem gewöhnlichen Vordergestell versehene Grignonpflug die mindeste Zugkraft erforderte; dieselbe stellte sich wie 17 : 21 gegenüber dem nächstbesten, dem berühmten englischen Howardpflug, der, nebenbei gesagt, auch drei Mal so viel kostet. Das Aufsehen, welches diese Thatsache erregte, war in Deutschland um so größer, als sonst sehr bekannte Pflüge weit hinter dem französischen Nebenbuhler zurückblieben. Kein Wunder, daß daher der Grignonpflug sich auch in Deutschland rasch verbreitete. Seitdem ist der Grignonpflug in alle Welt gewandert, und es ist anzunehmen, daß er mit der Zeit sich immer mehr und mehr verbreiten wird. Gegenüber dem in Süddeutschland vorzugsweise beliebten flandrischen Pflug hat er folgende Vorzüge: Sein Pflugkörper, ganz aus Gußeisen, besteht aus einem einzigen Stück; es wird daran nichts locker oder verschoben; die Gefahr des Zerbrechens wird aufgehoben durch den billigen Anschaffungspreis; das Streichbrett ist höher und kürzer geschwungen, was offenbar ein leichteres Abwerfen und Wenden des Erdstreifens bedingt; die Landseite ist völlig geschlossen; das Schar liegt flacher, schneidet demnach mehr, anstatt zu brechen; der Grindel ist flach geschwungen und hat eine Verstärkungsstange für die Zugvorrichtungen; es sind zwei Sterzen vorhanden; als Vordergestell läßt sich jedes beliebige anwenden. Das Sech ist durch eine Verschränkklammer befestigt, ohne den Baum zu schwächen und kann bequem erhöht oder erniedrigt werden; die Stellung ist eine bequeme und sichere; der Pflug kann endlich ebenso gut mit als ohne Vordergestell gefahren werden und liefert stets eine vorzügliche Arbeit, je nach den Verhältnissen seines Pflugkörpers bis zu 8, ja sogar 12 Zoll Tiefe. Was seine Leistung vorzüglich auszeichnet, ist, daß er den Pflugstreifen nicht allein völlig wendet, sondern auch zerkrümelt; in dieser letzteren Hinsicht nähert sich die Wirkung seines Streichbretts fast derjenigen der Ruchadlo's. Das Schar des Grignonpfluges ist ein rechtwinkeliges, etwas breit geflügelt, während das des flandrischen und amerikanischen Pflugs bekanntlich kein rechtwinkeliges Dreieck, sondern mehr ein Rhomboïd mit einseitig verlängerter Spitze bildet. Es ist kaum zu zweifeln, daß die erstere Form ihren Zweck besser erfüllt, wie die letztere, sie ist daher auch z. B. an allen englischen Pflügen von jeher beibehalten worden. Eigenthümlichkeit des Grignonschars ist die meiselartige Verlängerung seiner Spitze, die man gewöhnlich nur bei Pflügen findet, die entschieden für steinige Boden bestimmt sind. Indessen hat sich erwiesen, daß jene Spitze in keinerlei Boden etwas verdirbt, im Gegentheil schont sie stets das Blatt des Schars, bezwingt besser ein festes Erdreich und besiegt entgegenstehende Hindernisse. Es ist nothwendig, daß diese Spitze von Stahl und auch das Scharblatt gut belegt sei; noch mehr empfiehlt sich die Anfertigung des ganzen Schars aus Gußstahl, welche dessen Preis kaum vertheuert. Für tiefe Bodenbestellung, insbesondere für einen gründlichen Hackfruchtbau, z. B. Zuckerrüben, geeignet ist der Sack'sche Tiefpflug, der sich schon große Anerkennung erworben hat. Derselbe wird in verschiedenen Größen für die Furchentiefe von 9 Zoll bis zu 18 Zoll Tiefgang gebaut; er ist ganz von Eisen und zeichnet sich sowohl aus durch die eigenthümlich ansteigende und gebrochene Gestalt seines Streichbretts, als auch durch zwei Reibungsrollen, von welchen eine senkrecht, die andere wagrecht in der Sohle angebracht sind; sie sollen den Gang des Pflugs erleichtern, indem sie die gleitende in eine rollende Reibung verwandeln. Bei den leichteren Pflügen von nur 9 Zoll Tiefgang können sie auch weggelassen werden. Auch das Vordergestell, der Grindel, das Vorschälschar und die Verbindung der Sack'schen Pflüge zeigen viel Eigenthümliches und Schönes. Unsere nebenfolgende Abbildung Fig. 1 gibt die Zeichnung von einem Pfluge für 9 Zoll Tiefgang ohne Friktionsräder. — B ist der Pflugkörper von der anderen Seite gesehen. Fig. 2, 3 und 4 zeigen die Ansichten von 3 Pflügen für 15, 12 und 9 Zoll Tiefgang, von hinten gesehen. Ein Pflug für 18 Zoll Tiefgang ist in allen Theilen größer als der in Fig. 2 dargestellte und hat mit Vordergestell ein Gewicht von ca. 375 Pfd. Bei der Angabe des Tiefgangs ist gewöhnlicher, guter Gang des Pflugs und das feste Land gemessen gemeint. Selbstverständlich kann mit jedem der Pflüge in geringerer Tiefe gearbeitet werden. Es wird durch die Arbeit der Pflüge der Boden auf das vollständigste gewendet und gekrümelt, alle Stoppeln, Wurzeln, Dünger ꝛc. verschwinden, so daß man nach gethaner Arbeit davon Nichts mehr obenauf liegen sieht, und in jedem Falle der richtige Zustand des Ackers erreicht wird, wie er für die Anwendung von Drill- und Hackmaschinen nur gewünscht werden kann. Die Arbeit ist derart, daß man zu jeder Fruchtbestellung nur einmal zu pflügen nöthig hat. Die Tiefcultur oder das allmähliche Vertiefen der Ackerkrume eines geeigneten Bodens ist eines der Hauptmerkmale des vervollkommneten Betriebs unserer Zeit; die Vorzüge derselben sind schon S. 98 erörtert. Es gehören aber dazu nicht blos besondere Geräthe, sondern auch Verhältnisse; denn nicht jeder Landwirth, der einen Pflug mit 18 Zoll Tiefgang anschafft, hat auch die Gespanne, um denselben einen vollen Arbeitstag hindurch zu ziehen. Dies will daher im Voraus wohl erwogen werden, ebenso daß, wie schon erwähnt, jeder Boden keineswegs gleich gut dazu geeignet wäre. Die Pflugarbeit kann aber nur dann den Vortheil gewähren, welchen man von ihr verlangt, wenn der Boden sich hinsichtlich des Feuchtigkeitsgrades in einem passenden Zustande befindet. Er muß hinreichend trocken und mürbe sein, so daß er sich vollkommen gut zertheilen läßt. Ist der Boden zu feucht, so bewirkt das Pflügen blos Schnitte oder Streifen, welche dann oft härter und schwerer zertheilbar werden, als das Erdreich vor der Arbeit.

Grignon-Pflug (Seitenansicht.)

Grignon-Pflug (Ansicht von oben.)

Fig. 1.

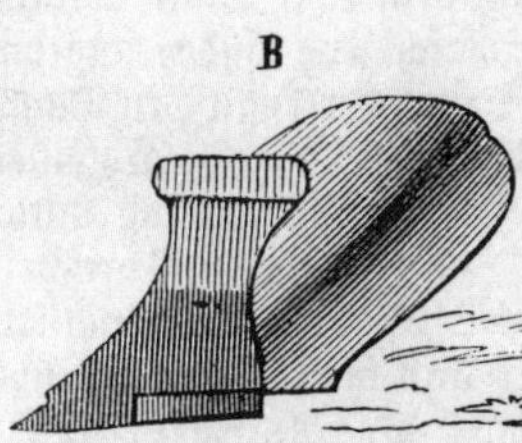

Fig. 2. Fig. 3. Fig. 4.

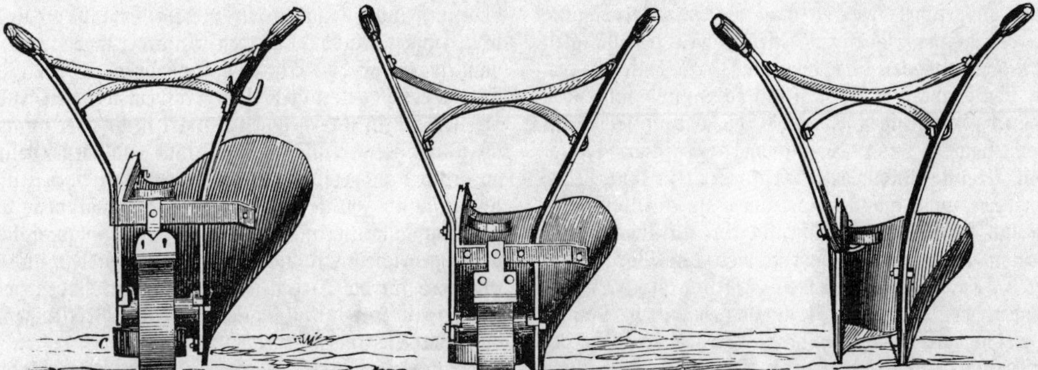

Der Sack'sche Tiefpflug.

Der Dampfpflug.

(Fortsetzung von Seite 100.)

Während das Seite 22 und 23 beschriebene und abgebildete Howard-Smith'sche Verfahren des Dampfpflügens jedenfalls den großen Vorzug der Einfachheit und der billigsten Anschaffung hat, so daß es sich für den gewöhnlichen Landwirthschaftsbetrieb am besten eignet, daher auch bis jetzt am meisten angewandt wird, so leidet es doch unzweifelhaft an einigen Mängeln, welche insbesondere seine Anwendung im Großen beeinträchtigen. Der erste ist die nothwendige große Länge des rund um das Feld geführten Drahtseils, durch die der Kraftaufwand bedeutend erhöht, die Abnutzung vermehrt wird; eine Folge derselben ist der Zeitverlust, welchen das jedesmalige Abankern und Umsetzen der Rollen veranlaßt, und der größer ist, als bei den andern Dampfpflügen. Endlich gab es dabei mancherlei Verwickelungen und durch diese Brüche oder anderweitigen Aufenthalt, welcher nicht selten das Maß der geleisteten Arbeit beeinträchtigte. Indessen ist dieses immerhin noch groß genug und dem ausübenden Landwirth ist es im Grunde einerlei, ob der Dampfpflug den Tag über ein paar Morgen mehr oder weniger umbricht, wenn er nur die Arbeit gut und gründlich verrichtet, wie dies der Gespannpflug nicht vermag. — Anders aber verhält es sich, wenn der Dampfpflug in den Händen von Unternehmern arbeitet. Und hier finden wir zugleich einen Anhaltspunkt für die Anwendbarkeit desselben auf kleineren Gütern, überhaupt in deutschen Verhältnissen. In England ist es nämlich seit geraumer Zeit Gebrauch, daß einzelne Unternehmer größere landwirthschaftliche Maschinen ankaufen und dieselben gegen entsprechendes Entgelt verleihen oder auch auf eigene Rechnung mit ihnen herumwandern, und damit gegen Lohn oder Naturalabgabe arbeiten. Bekanntlich hat sich diese empfehlenswerthe Einrichtung hinsichtlich der Dampfdreschmaschinen auch schon in Deutschland eingebürgert, wenngleich lange noch nicht in dem Maße, als wünschenswerth wäre. In Großbritannien hat sie sich bereits auch auf die Dampfpflüge ausgedehnt, welche von den Besitzern verliehen oder Arbeiten damit im Accord übernommen werden. Für diese ist es natürlich von Wichtigkeit, daß die Arbeit stets ununterbrochen von statten gehe und so viel als möglich in gegebener Zeit fertig bringe. Dies ist auch insbesondere wünschenswerth für solche Länder, wo ungeheure Strecken ebenen Bodens zu beackern sind, während es an Menschen und Maschinenwerkstätten fehlt. Für solche Verhältnisse nun haben die Brüder Howard in Bedford ein neues Verfahren der Bodenbestellung mittelst Dampf erfunden und ausgeführt, welches man als eine Vereinigung aus den zweckmäßigsten bisher zu diesem Zweck in Thätigkeit gebrachten Maschinenwerken betrachten muß. Es entlehnt dem Dampfpflug von Savory die beiden fahrbaren und fahrenden Dampfmaschinen, demjenigen Fowler's die darauf selbst angebrachten Seilwinden und der landwirthschaftlichen Zugmaschine von Aveling und Porter (vgl. S. 100 und 101) die Selbstfortbewegung; nichts destoweniger ist es selbstständig für sich, da sich sowohl die Ausführung der einzelnen Theile, als auch deren Anordnung wesentlich von den Vorgängern unterscheidet. Es werden zu Howard's neuem großen Dampfpflug verwendet zwei sogenannte Zugmaschinen, d. h. Dampfmaschinen, welche sich auf gewöhnlichen Straßen fortbewegen und eine angehängte Last ziehen können. Dieselben tragen ihren Röhrenkessel quer auf dem mit drei breiten Rädern — das vordere zum Steuern — versehenen schmiedeeisernen Wagen; in gleicher Richtung ist vor den Kesseln je eine Seilwinde angebracht, um welche sich das Drahtseil wickelt, nachdem es vorher die seitlich an dem Gestell angebrachte Spannvorrichtung — welche verhindert, daß es schlaff wird — passirt hat. Die Arbeit mit diesen Maschinen ist nun ganz leicht verständlich und einfach. Sie stellen sich an den entgegengesetzten Seiten des Feldes auf, das an dem Drahtseil befestigte Pflugwerkzeug wird von der einen gegen sich herangezogen, indem sie das Seil um ihre Trommel wickelt, während die andere es nachläßt: am Angewende übernimmt die zweite Dampfmaschine nunmehr das seitherige Amt der ersteren, indem sie beide um so viel Fuß vorrücken, als die gelieferte Furchenbreite beträgt, und so geht die Arbeit ununterbrochen vor sich, bis an's Ende. Es läßt sich nicht bezweifeln daß das beschriebene Verfahren Vieles, namentlich große Einfachheit für sich hat, dagegen ist der Anschaffungspreis der Maschinen dazu ein beträchtlich hoher; er beträgt 8000 bis 10000 Thaler, während der einfache Howard'sche Dampfpflug sammt der Locomobile nur wenig über 3000 Thaler kostet. Allerdings ist ganz besonders hervorzuheben, daß die beiden Zugmaschinen nicht blos als solche zum Fortschaffen schwerer Lasten auf gewöhnlichen Wegen dienen können, sondern auch als gewöhnliche fahrbare Dampfmaschinen z. B. zum Betrieb von Dreschmaschinen zu verwenden sind. Die Pflugwerkzeuge, welche durch die beschriebenen Maschinen in Bewegung gebracht werden, sind entweder Tiefscharpflüge mit Wagebalkenkörper, je drei auf einer Seite, ganz von Schmiedeeisen, wie der Williams'sche (vgl. S. 100, 101) oder Grubber nach der Art des Steevens'schen, während die ursprünglichen Smith'schen Pflüge aufgegeben worden sind, wahrscheinlich weil sie nicht dauerhaft hergestellt werden konnten. Nach Allem scheinen nunmehr die Howard'schen Verfahrungsarten des Dampfpflügens allen übrigen den Rang ablaufen zu wollen. Von der einfachen Sorte haben die Fabrikanten schon allein 500 Stück verkauft! Auch die neuen, mit doppelten Zugmaschinen, finden ungemein vielen Beifall und Nachfrage von Seiten der englischen Dampfpflug-Gesellschaften, sowie aus Aegypten und den Colonieen. Wenn nicht zu leugnen ist, daß die Bodenbestellung mittelst Dampf in Großbritannien von Jahr zu Jahr Fortschritte macht und sich mehr verbreitet, so wirft sich die Frage natürlich auf: Warum ist dies nicht auch der Fall in Deutschland, überhaupt auf dem europäischen Festland? Die Antwort darauf ist schon theilweise Seite 22 gegeben worden; vervollständigt wird sie durch den Ausspruch von Hartstein: Ueber die Dampf-Bodenbestellung kommen wir zu dem Schlusse, daß dieselbe in ihrer jetzigen Ausbildung den Anforderungen noch nicht vollkommen entspricht. Einzelne Verfahren — die Zugmaschine mit den davon getrennten Ackergeräthen, wie die Grabwalzen — erweisen sich in ihrer jetzigen Bauart mehr oder minder untauglich und bieten wenig Aussicht zum endlichen Gelingen. Als am meisten ausgebildet und unter gewissen Verhältnissen, sowie für bestimmte Zwecke auch mit Vortheil anwendbar gilt dagegen die Dampfackerung nach dem mittelbaren Zugverfahren. Dieses ist auf geneigtem Erdreich gleich gut anwendbar und leistet ganz besonders für die Tiefcultur auf schwerem Boden, wo so häufig die Gespannkraft unzulänglich erscheint, Befriedigendes. Trotz aller Verbesserungen, welche dasselbe in den letzten Jahren erfahren, entspricht es jedoch noch nicht allen Anforderungen. Namentlich erscheint die Hoffnung zu hoch gespannt, daß es gelingen werde, mittelst einer festen Dampfmaschine vom Wirthschaftshofe aus die gesammten Aecker zu bestellen.

Howard's neue Pflug- und Zug-Maschine, von der linken Seite.

Howard's neue Pflug- und Zug-Maschine, von der rechten Seite.

2. Die Eggen.

(Fortsetzung von Seite 102.)

Unter den mehrgliederigen, mit einander verkuppelten Eggen (vergl. S. 24) nehmen die englischen Gliedereggen einen ersten Rang ein. Ein treffliches Bild derselben geben die sogenannten Bedford-Eggen. Sie sind ganz von Schmiedeeisen gebaut und ihre Rahmen derartig eingerichtet, daß ein jeder Zinken seine eigene Furche aufreißt; in dieser Hinsicht entsprechen sie ganz den auf S. 102 aufgestellten Regeln über den Bau der Eggen. Gewöhnlich sind je drei Stück miteinander verkuppelt und hängen überdies an einem gemeinschaftlichen Wegbaum, der die Stelle der Ackerwage vertritt; ein Zweigespann Pferde geht davor. Durch ihre schlängelnde, hüpfende Bewegung leisten derartige Gliedereggen weit mehr, als die nur aus einem Stück bestehenden, schwerfälligen deutschen Eggen. — Unter den besten Eggenarten, welche die Neuzeit zu Tage gefördert hat, nimmt die von Howard gebaute Kettenegge eine hervorragende Stelle ein. Schon der erste Anblick sagt, daß hier eine ganz eigenthümliche Bauart vor uns liegt, deren Wirksamkeit sofort in die Augen springt. Der Gedanken der Ketteneggen — zusammengesetzt von winkeligen Gliedern aus starkem Draht oder Rundeisen — ist nicht mehr neu und schon mehrfach verwirklicht; in keinem Fall so glücklich, wie bei Howard, dessen Construction sowol wirksamer in der Leistung, wie auch dauerhafter ist, als die gewöhnlichen Ketteneggen. Zudem verwickelt sie sich nicht, wie häufig bei diesen begegnet, und ihre Zusammensetzung ist so einfach und leicht, daß auf dem Felde selbst jeder Ring sofort herausgenommen oder eingesetzt werden kann. Diese Egge besteht aus einer Anzahl von Stahlgliedern mit je drei Doppelzinken, deren Spitzen noch extra „kastengehärtet" auf jeder Seite sind. (Mit der Bezeichnung „Stahl" sind die englischen Maschinenfabrikanten bekanntlich sehr freigebig, so daß man es damit nicht allzugenau nehmen und zufrieden sein muß, wenn man nur schmiedbares Gußeisen, dessen Verwendung immer mehr zunimmt, erhält.) Sie bilden einen offenen Halbkreis, dessen einer Bogen länger ist, als der andere. Bei der Arbeit damit bildet der Zug der Egge eine schlängelnde Bewegung, während die einzelnen Zinken eine springende und hackende erhalten, wodurch ihre Wirkung auf den Boden eine überaus gründliche wird. Vermittelst des vorgehängten Wegebaums läßt sich dieselbe verstärken oder vermindern, je nachdem man kürzer oder länger einhängt. Ein Vortheil ist auch, daß diese Kettenegge auf jeder Seite, oben oder unten, gleich brauchbar ist, ebenso vor- oder rückwärts, je nachdem dies durch den Zweck der Arbeit bedingt wird. Je drei Zinkenglieder sind mittelst eines Ringes so miteinander verbunden, daß der Ersatz eines etwa zerbrochenen oder abgenutzten Gliedes auf der Stelle geschehen kann. Die Howard'sche Kettenegge hat sich rasch in ihrem Vaterlande verbreitet und verdient auch in Deutschland eingeführt zu werden. Namentlich wird ihr Erfolg auf Grasland außerordentlich gelobt. Werden die Eggen so gebaut, daß sie zum Ausreißen des Unkrauts und Auflockern des Bodens zwischen den Reihen der Hackfrüchte dienen können, so heißen sie Furcheneggen. Erhalten dagegen ihre Zinken eine messerartige Gestalt mit Schneide und werden sie in ein starkes Rädergestell eingefügt, so verwandelt sich das Geräth in die Messeregge (Scarificator) die nach ihrer hauptsächlichen Bestimmung auch Wiesenreißer genannt wird. Ein besonders nützliches Geräth für den Hackfruchtbau ist die Furchen-Egge, welche in Sachsen daheim und aus dem Altenburger Kratzigel entstanden ist. Eigentlich gehört das Geräth zu den Hackwerkzeugen oder Reihen-Schauflern, wie sie in einer zahlreichen Reihe von Bauarten vorzugsweise in England und Schottland üblich sind. Es besteht aus einem mit zwei Sterzen versehenen, vorn in die Höhe geschwungenen Grindel, dessen Kopf ein stellbares Laufrad trägt, außerdem mit einem einfachen Kammregulator versehen ist. Von diesem Grindel gehen zwei hölzerne Seitenarme aus; sie sind in Scharnier beweglich und können hinten mittelst durchlaufender Stellschienen enger oder weiter auseinander gestellt werden, je nachdem es die Reihenabstände der Hackfrüchte verlangen; jeder dieser Seitenbalken trägt 4 Zinken, welche unten in kleine herzförmige Schare ausgeschmiedet sind; der neunte etwas größere steht im Grindel selbst in der Mitte und läuft voraus. Es ist begreiflich, daß durch diese Anordnung das Instrument zu einem höchst energischen Hacken in den Reihen befähigt wird. In der That hat es sich sowol beim Anbau der Kartoffeln, als auch der Zuckerrüben als das wirksamste Instrument zur Unkraut-Vertilgung bewährt, und wo es einmal in Gebrauch gekommen, alle übrigen viel kostspieligeren Werkzeuge seiner Art verdrängt. Eine besondere Zugabe ist noch die Vorrichtung zum Anhäufeln der Reihenfrüchte. In den nach hinten verlängerten Grindel ist ein Pflugkörper mit doppeltem Streichbrett ganz von Schmiedeeisen eingesetzt; die beiden kleinen Streichbretter desselben sind stellbar, das Schar ist zungenförmig. Während die vorausgehende dreieckige Egge den Boden lockert und die Unkräuter herausreißt, streicht der nachfolgende Häufelpflug-Körper auf beiden Seiten die Erde an und bedeckt das aufgegangene Unkraut, welches dadurch erstickt wird. Stellt man die Zinkenbalken hinreichend eng, die Streichbretter aber weit, so kann das Instrument vollständig den Häufelpflug ersetzen. Die Furchen-Egge ist eines der besten deutschen Geräthe, die wir kennen, und verdient eine recht wirksame Empfehlung. Die große Messeregge oder der Scarificator ist ein durchaus englisches Werkzeug, das aber in seinem Vaterland so häufig in den Grubber oder Exstirpator übergeht, daß zwischen den Formen beider kaum mehr eine genaue Grenze gezogen werden kann. Zwar gehören die messerförmigen Füße nur dem eigentlichen Scarificator an, allein die Messerform geht sehr häufig in die der sogenannten Gänsefüße des Exstirpators über, abgesehen davon, daß die Gestelle dieser Instrumente gewöhnlich zum Wechsel verschiedener Gestalten von Messern und Scharen eingerichtet sind; eine sehr nachahmungswerthe Construction. Es ist auch diejenige der großen Messeregge eines der vorzüglichsten englischen Geräthe dieser Art. Es ist ganz von Eisen, gewöhnlich von Guß-, seltner von Schmiedeeisen; seine Schare sind flach dreieckig und stehen an gekrümmten Füßen in einem dreieckigen, durch drei Räder getragenen Gestellrahmen. Eigenthümlich ist die Stellung derselben mittelst verschraubbarer Laufbüchsen zum tieferen oder flacheren Eingreifen. In Belgien ist gleichfalls eine Messeregge oder ein Scarificator mit Versetzstücken zum Exstirpiren vielfach im Gebrauch und bekannt unter dem Namen Belgischer Wiesenreißer. Derselbe ist ganz von Eisen; sein Gestell wird vorn durch kleine doppelte Laufräder, hinten durch große eiserne Räder getragen, und kann mit seinen sechs nach vorn gekrümmten Messern mittelst eines an einem Stellbogen zu befestigenden Hebels zwischen den letzteren tiefer oder höher gerichtet werden. Am häufigsten wird der Scarificator in Frankreich, Belgien, und England zum Aufreißen von Wiesen- und Kleenarben verwendet. Die Anwendung der Messereggen ist beschränkt, da man in der Neuzeit sie durch walzenähnliche Geräthe vortheilhaft ersetzt.

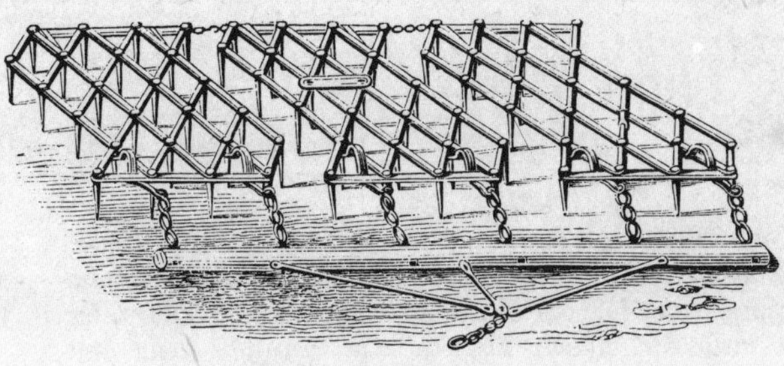

Bedford-Eggen.

Große Messeregge.

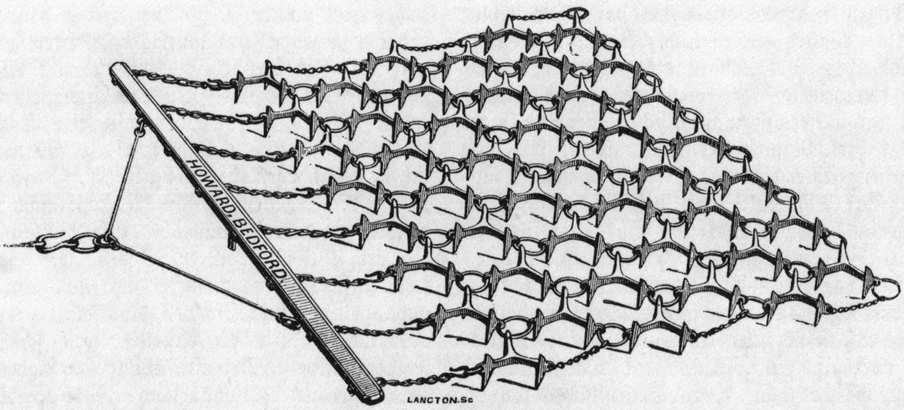

Ketten-Egge von Howard.

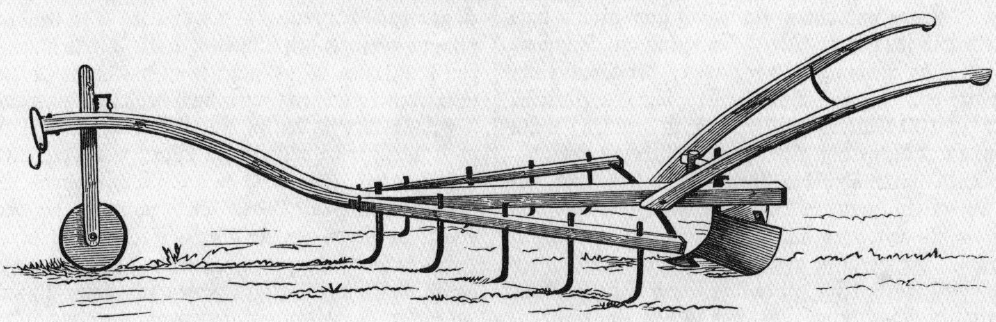

Furchen-Egge.

Belgischer Wiesenreißer.

3. Die Walze.

(Fortsetzung von Seite 26.)

Die eisernen mehrtheiligen Walzen, welche, wie schon Seite 26 erwähnt, in Großbritannien längst die hölzernen gänzlich verdrängt haben, sind in Deutschland bis jetzt nur noch sehr wenig in Gebrauch, da man sich von dem Irrthum nicht losmachen kann oder will, sie seien zu schwer und zu theuer, zumal man auch noch vielfach die Walze für ein blos untergeordnetes Bestellungswerkzeug hält. Daß sie dies nicht ist, weiß aber Jeder, der sich ihren richtigen Gebrauch angeeignet hat. Die hohlen gußeisernen getheilten Walzen nach englischer Bauart mit großen Durchmessern, sind trotz ihres Stoffes nicht schwerer, als die vollen hölzernen, bewegen sich aber weit besser, gehen leichter, wirken energischer und wenden sich namentlich leichter und kürzer durch die Theilung ihres Mantels, dessen Abschnitte sich beim Umdrehen in entgegengesetzter Richtung bewegen, ohne Erde aufzuscharren. Durch ihre ewige Haltbarkeit stellt sich auch ihr Preis geringer, wie derjenige hölzerner Walzen. Eine der besten und neuesten Constructionen von derartigen Geräthen ist die verbesserte dreitheilige Feld-Walze mit Universalgelenken. Sie zeichnet sich aus durch ungewöhnliche Bewegbarkeit, und zwar derartig, daß sie sich allen Unebenheiten eines wellenförmigen Bodens vorzüglich gut anpaßt, so daß man damit auch steilgewölbte Beete walzen kann, deren Seitenflächen sich die Walzen anschmiegen, so weit dies ihr geradliniger Mantel erlaubt. Ein jeder ihrer Theile bildet eine Walze für sich von 2′ 4″ oder 2′ 6″ Länge und bewegt sich völlig unabhängig aufwärts, abwärts und seitwärts. Die Gelenke sind mit Schmierbüchsen versehen, um Reibung zu vermeiden; der Preis einer derartigen Walze von 16 Zoll Durchmesser, mit Gabeldeichsel für ein Pferd ist 100 Thlr.; er ist gering zu nennen, wenn man die Leistung und die geringe Abnutzung in Betracht zieht. — Zur vollkommenen gartenähnlichen Bestellung des Ackers, wie verschiedene feinere Culturen, z. B. Zuckerrüben, dieselbe verlangen, sind die Ringelwalzen äußerst nützliche, ja fast unentbehrliche Geräthe. Trotzdem sie als solche schon vor 25 Jahren dringend empfohlen worden sind, ist es ihnen doch erst in neuerer Zeit, namentlich in Norddeutschland, und in den Zuckerrübengegenden gelungen, sich allgemeineren Eingang zu verschaffen. Ein merkwürdiges Geräth ist die Stachelwalze von Guibal. Dieselbe soll den Pflug ersetzen, sie besteht aus einer schweren, gußeisernen Walze, deren Mantel ringsum mit schmiedeeisernen, stark verstählten, vorn gekrümmten Zinken von etwa 15 Zoll Länge besetzt ist. Durch das Gewicht und den Umschwung der Walze senken sich die Zinken in den Boden, brechen ihn auf, schleudern ihn herum und legen ihn im Zustand ziemlicher Zerkrümelung nieder. Aber die Arbeit ist eine sehr unregelmäßige; bald bleiben große Schollen liegen, bald sind tiefe Löcher sichtbar; an ein Wenden des Erdreichs ist nicht zu denken, und das Geräth erfordert außerordentliche Zugkraft. Die Abbildungen geben Aufriß und Durchschnitt davon; folgende sind seine einzelnen Theile: a. Radachse. b. Radbüchse. In dem Radkranz sind 16 schaufelartige Zinken eingesetzt. c. Messer zum Reinigen des Radkranzes, mittelst der Schrauben dd im Gestelle befestigt. f. Anderes Messer zum Reinigen zwischen den Zinken. g. h. Befestigung desselben. i. Stütze des Messers im Radkranz. k. k. Bretter, von welchen die übergeworfene Erde abrollt. l. Sterze zur Leitung. Hierher gehören auch die Wegwalzen, große gewichtige Instrumente, welchen die Landwirthe bisher nicht genug Aufmerksamkeit zugewendet haben. Diese Walzen sind großen Grundbesitzern oder Gemeinden für Communications- und Wirthschaftswege sehr zu empfehlen. Im Königreiche Sachsen beginnen sich unter den Landgemeinden behufs Anschaffung einer solchen Walze Vereinigungen zu bilden, die um so mehr am Platze sind, als das Geräth, wenn mit größter Solidität gefertigt, in abwechselndem Gebrauche keinen Schaden leiden kann. Die Wegwalze hat gewöhnlich 4 Fuß Durchmesser und 3 Fuß Breite ($43\frac{1}{4}$ und $32\frac{1}{2}$ Zoll) und ist außer zwei starken Deichseln, zwei Schabern und Fülltrichter, für Berggegenden mit zuverlässiger Bremse (zwei Stahlbänder) versehen. Es beträgt ihr Gewicht mit Wasserfüllung $43\frac{1}{2}$, ohne dieselbe 30 Ctr. In der Eisengießerei und Maschinenfabrik Gröditz ist ihr Preis mit Bremse 250, ohne dieselbe 225 Thlr. — Die Arbeit der Walze überhaupt wird vornehmlich in gebundenen thonhaltigen Bodenarten dadurch werthvoll, daß sie die Schollen, welche die Egge nicht zu zerkleinern vermochte, zermalmt; damit aber ihre Wirkung in der That eine gute sei, darf natürlich der Boden, wie schon S. 26 erwähnt, nicht zu feucht sein, damit er sich nicht entweder an die Walze anhängt, oder die Schollen blos platt gedrückt werden, was natürlicher Weise die Arbeiten weit schädlicher als nützlich machen würde. Wird ein gebundener Boden gepflügt, geeggt, darauf gewalzt und dann noch einmal geeggt, so vermag diese Reihe von Arbeiten denselben weit besser zu lockern und vorzubereiten, als ein zwei- oder dreimaliges Pflügen und dann Eggen ohne Anwendung der Walze. Die letztere zerdrückt die zusammenhängenden Schollen in die allerkleinsten Stücke, welche von dem ersten Regen ganz leicht durchdrungen und aufgeweicht zu werden vermögen; wird nach denselben zu rechter Zeit geeggt, so gelangt der Boden in einen Zustand, welcher nichts zu wünschen übrig läßt. Mit einem Wort, wenn die Walze den Boden recht mürbe machen soll, so muß ihr jedesmal die Egge folgen. In ganz leichtem Boden wird natürlich die Anwendung der Walze zu diesem Zwecke überflüssig, weil darin entweder keine Schollen sind, oder dieselben einen so geringen Zusammenhang haben, daß ein einmaliges Eggen sie schon vollständig zerkleinert. In vielen Gegenden hat man noch gewölbte Ackerbeete, häufig sogar nur ein paar Schritte breit, weil man dieselben für Abzug der Feuchtigkeit, Einfluß der Luft und vermehrten Ertrag sehr vortheilhaft hält, was jedoch keineswegs immer der Fall ist. Eine vollkommen geradlinige Walze würde auf derlei Beeten niemals gute Arbeit zu leisten im Stande sein, weil, wenn die Richtung der Arbeit derjenigen des Pflugs folgt, die Walze natürlich nur die Scheitel der Beete berührt, in der Quere aber das Werkzeug so oft auf- und abgehen müßte, daß es das Gespann auf die Länge nicht auszuhalten im Stande wäre. Für die schmalen gewölbten Beete muß daher eine ganz eigenthümlich gebaute Walze angewendet werden, welche ungefähr die Gestalt von zwei mit abgestumpften Spitzen in der Mitte zusammenstoßenden Kegeln hat. Dergleichen Walzen hat in neuerer Zeit auch Horsky in Böhmen mit vielem Glück bei auf Kämme gestellten oder behäufelten Reihensaaten angewendet. Gerade das Gegentheil von ihnen ist die Furchenwalze, welche zum Auswalzen der Beet- und Wasserfurchen gute Dienste leistet. Sie besteht aus einem Körper von Holz in Gestalt zweier mit ihren Grundflächen an einander geschobener Kegel, welcher in einem einspännigen Gestell liegt, worüber gewöhnlich ein Kasten angebracht ist, um durch Beschweren mit Steinen oder als Sitz des Führers die Wirkung des Geräthes zu erhöhen; der Gebrauch ist nur ein beschränkter.

Dreitheilige Walze mit Universalgelenken.

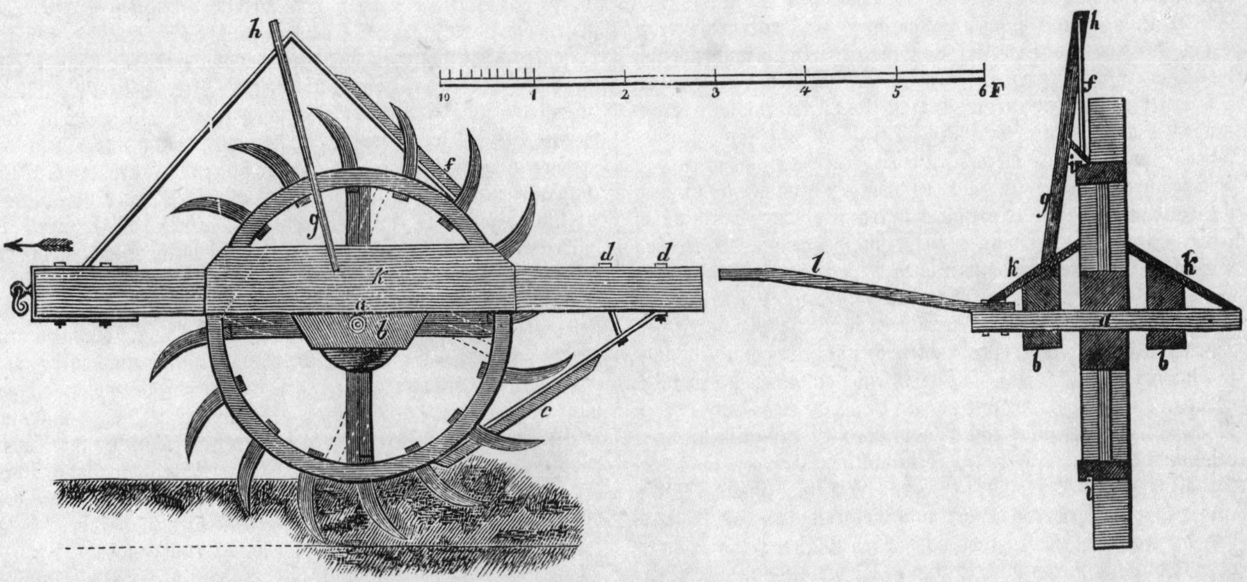

Guibal's Stachelwalze.

Wegwalze.

1. Das Pferd.

(Fortsetzung von Seite 108.)

Der Landwirth hat vor Allem darnach zu trachten, sich geeignete Pferde als Arbeitsthiere zu verschaffen, welche alle diejenigen Eigenschaften besitzen, die schon S. 108 und 109 aufgezählt worden sind. Die vorzüglichsten Ackerpferde liefern wie schon erwähnt, die folgenden Rassen: 1. die Dänische, besonders werthvoll sind die sogenannten Wasserdänen aus Seeland. 2. die Ostpreußische, darin tüchtigste Zucht in dem berühmten Gestüte Trakehnen betrieben wird. 3. die Hannoveranische, welche jedoch schon etwas zu feine Thiere heranbildet. 4. die alte Mecklenburgische, deren schwere Gestalten mit Ramsköpfen aber beinahe ausgestorben erscheinen — endlich unter den süddeutschen Rassen die Oesterreichischen Pinzgauer, unter den ausländischen die Ardenner, die englischen Suffolk's (vgl. S. 30) und die französischen Percheron's. Zu den besten Pferderassen für den schweren Arbeitsschlag gehören bekanntlich die deutschen Pinzgauer und die belgischen Ardenner. Die ersteren sind daheim im Pinzgau des Oesterreichischen Kronlandes Salzburg, um Kraiburg, Straßberg und an der südlichen Grenze Oberbayerns. Dieser kraftvolle, schwere, zu Frachtfuhren sowohl als zu den schwersten Zugdienstleistungen im Landwirthschaftsbetrieb gleich geeignete, mit Sorgfalt in reiner Inzucht fortgezüchtete Pferdeschlag, gehört der großen Norischen Rasse der Südostdeutschen Alpenländer an, und verdient zur Verwendung im Ackerbau sicherlich größere Beachtung, als er bislang gefunden hat. Die Pinzgauer stehen den besten englischen Moderassen nicht nach und sind gesunder, nicht so lymphatisch, als diese. — Das Gleiche gilt in noch erhöhtem Grade von den Pferden des Ardenner Waldes, deren Nachzucht in Kreuzung mit Landpferden in den Rheinlanden besonders beliebt. Die besten Originalthiere werden aus dem Großherzogthum Luxemburg bezogen. Sie sind schwer, stuffig, kürzer als die Percherons, aber auch viel härter und ausdauernder, die Farbe ist meist Fuchs mit gelben Mähnen und Schweif oder Kohlfuchs, Rostbraun, Braun ꝛc. Schimmel fallen seltener. Als Karrenpferd sowol, wie als Ackerpferd ist das Ardenner unvergleichlich. Es ist dabei meist sehr fromm und willig. Die Hengste sind zur Deckung stets ungemein bereit und befähigter, als alle anderen Rassen; im Zweibrückener Gestüt hat man darüber interessante Erfahrungen gesammelt. — Um gute Pferde zu haben, müssen sie auch gut behandelt werden, wie schon mehr erwähnt; dies gilt insbesondere auch für das Fahren mit denselben. Hierfür gelten die von dem pfälzischen Landwirth Villeroy aufgestellten Kutscher-Regeln: Der Bauern-Fuhrmann hat meistens schlechte Wege; um die Ernte aus den Feldern und Wiesen, das Holz aus den Wäldern zu bringen, Dünger hinaus zu fahren hat er oft gar kein Geleise. Er muß oft durch grundlos gewordene Aecker seinen Weg nehmen, Gräben und Schluchten passiren, steile Hänge bergan oder bergab fahren. Unter solchen Umständen lernt man einen geschickten Fuhrmann kennen. Er bleibt nicht stecken, wenn er eine schwierige Stelle zu passiren hat, wirft nicht um, zerreißt nicht das Geschirr und bricht den Wagen nicht; wenn er zehnmal halten bleibt, zehnmal ziehen seine Pferde auf seinen Zuruf jedesmal mit neuem Feuer an: denn sie verstehen ihn, sie fühlen, daß es nothwendig ist, alle ihre Kraft zu entwickeln. Ein Fuhrmann, der seine Pferde liebt, scheut die Mühe nicht, die Bremse seines Wagens so oft auf- und zuzudrehen, als es nothwendig ist. Selbst an wenig steilen Abhängen ermüden die Pferde mehr, wenn sie, durch die Schwere des Wagens getrieben, zurückhalten und eine schnellere Gangart annehmen müssen, als wenn sie bergan ziehen. Hat der Fuhrmann einen Gehülfen bei sich, so ist nichts leichter als die Bremse zur rechten Zeit auf- und zudrehen zu lassen; ist er dagegen allein, so muß er oft anhalten und Acht geben, daß er den gehörigen Zeitpunkt zum (Sperren) Bremsen erfaßt. Durch zu frühes Bremsen verursacht er den Pferden die unnöthige Mühe, den Wagen mit gesperrten Rädern bis zum Anfang des Abhangs fortzuschleppen; bremst er zu spät, so kann es geschehen, daß der Wagen an dem Abhang in Schuß geräth und die Pferde ihn nicht mehr zu halten vermögen. Wo der Abhang aufhört muß die Bremse aufgedreht werden. Schon mehr als einmal haben Fuhrleute, welche eingeschlafen waren, oder zu viel getrunken hatten, vergessen die Bremse wieder aufzudrehen: eine Schande, der sich derjenige nicht aussetzen wird, welcher ein Herz für seine Pferde im Leibe hat. Hat man auf freiem Felde einen Bergabhang hinaufzufahren, so muß man so schief fahren als es ohne Umwerfen des Wagens angeht; bergab muß man mit einem beladenen Wagen immer ganz gerade fahren. Es ist diese Weise des Fahrens in gebirgigen Gegenden, wo es an hinlänglichen Abfuhrwegen fehlt, ein nothwendiges Uebel; die Bauern in solchen Gegenden wissen es recht gut, welchen Nachtheil die im Herbst durch das Bergabfahren gezogenen Wagengeleise ihren Aeckern zufügen und daß diese Geleise im Frühjahr häufig zu tiefen Gräben ausgewaschen sind. An solchen Abhängen auf Feldern ohne gebahnte Wege reicht die Bremse nicht mehr aus, man muß die Räder durch eingelegte Kettten hemmen; oft genügt nicht einmal das Sperren der Hinterräder, man muß zuweilen die Vorderräder sperren. Wenn ein Kutscher mit einem Wagen im Trab über eine Wasserrinne fährt, wie sie auf den Straßen vorkommen, so muß er sie schief überfahren, um den Stoß zu mildern, durch den die Federn brechen können. Dem entgegengesetzt muß der Fuhrmann, der mit einem beladenen Wagen im Schritt ankommt, gerade durch die Rinne fahren und zwar so, daß die beiden Räder zu gleicher Zeit in die Rinne gehen und sie zu gleicher Zeit wieder verlassen. Wenn es gilt über einen Graben zu setzen, wie es deren so viele in den Wiesen gibt, so wollen schlecht dressirte Pferde, oder solche, welche die Gräben fürchten, weil sie schon einmal darin eingebrochen sind, in einem Satze hinüberspringen; durch die Stränge zrückgehalten zerreißen sie dieselben oder fallen gar in den Graben. Gut dressirte Pferde schreiten langsam über die Gräben, indem sie behutsam die Füße vorsetzen und lange Schritte machen wie die Ochsen. Wenn die Räder an deu Graben kommen, die Vorder- wie die Hinter-Räder, so muß derart angehalten werden, daß sie ganz gleichmäßig und gleichzeitig hineinkommen. Erst dann, wann die Hinterräder in der Tiefe des Grabens sind, treibt der Fuhrmann sein Gespann kräftig an, um heraus zu kommen. Der Fuhrmann muß voraus wissen, über welchen Boden er zu fahren hat, welche Hindernisse er übersteigen muß, und je nach den Schwierigkeiten richtet er seine Ladung ein. Der gute Fuhrmann ladet nie zu viel, er setzt nicht seinen Ehrgeiz darein, große Wagenladungen zu fahren, wohl aber darein, nicht stecken zu bleiben und die Pferde nicht übermäßig abzuplagen. In Gebirgsgegenden, wo die Schwierigkeiten, wie ich sie angegeben habe, vorkommen, sollte man eigentlich ganz leichte Wagen haben, die man auf ebenen Wegen mit zwei Pferden bespannt und nur dann mit drei oder vier Pferden, wenn etwas querfeldein oder bergan zu fahren ist.

Pinzgauer Pferde.

Ardenner Pferde.

1. Das Pferd.

Es ist eine lang anerkannte Thatsache, daß die Geschirre unserer Zugthiere sich noch keineswegs in dem Zustand der Verbesserung befinden, welcher so sehr wünschenswerth wäre; Satteldruck, aufgeriebene Schultern und Nacken sind etwas so Gewöhnliches, daß man sich gar nicht mehr die Mühe gibt, darüber nachzudenken, wie sie vermieden werden könnten. In allen landwirthschaftlichen und thierärztlichen Schriften finden sich genug Angaben von Heilmitteln für diese Uebel, aber kaum eine einzige darüber, wie sie vermieden werden könnten und dies ist doch, wie wir denken, die Hauptsache, denn es ist viel besser, eine Krankheit gar nicht zu veranlassen, wie die Gewißheit zu haben, sie heilen zu können. Es scheint daher Pflicht, auf eine neue Art der Pferdegeschirre aufmerksam zu machen, welche in Belgien und Frankreich das größte Aufsehen gemacht und sich immer mehr verbreitet hat. Der Erfinder desselben ist ein belgischer Landwirth. Das eigentliche Wesen der neuen belgischen Pferdegeschirre wird aus den Abbildungen klar werden. Schon diejenigen des Kummets ergeben, wie sehr die Gestalt desselben von der bisher gebräuchlichen abweicht. Eiserne Bügel, die es am Vordertheil rund einschließen und bis zur Spitze A A A sich erheben, bestimmen seine scharf zulaufende Gestalt und geben ihm eine große Dauerhaftigkeit. Die sich daran schließenden Polster werden von unten nach oben zu stärker und erlauben ihm sich vollkommen der ganzen Länge der Vorderschulter anzuschmiegen C C. Die Auflage erstreckt sich über eine sehr große Fläche und ist vollkommen regelmäßig. In dem oberen Theil ist eine Höhlung B aufbehalten für den Widerrist, welcher dadurch vor den sonst so häufigen Verwundungen geschützt ist; am unteren Theil D D ist das Kummet wiederum ausgeweitet, so daß es den Blutumlauf der Pulsadern nicht hemmt und immer der Luft einen freien Zugang in die Luftröhre gestattet, wie stark auch die angewendete Zuganstrengung sein möge. Aber außer diesen Bedingungen der Verbesserung war es wichtig auch das Kummet so zu befestigen, daß es sich durchaus nicht verschieben kann, ihm also eine unveränderbare Lage zu verleihen bei allen Bewegungen des Pferdes. Der Erfinder hat dies vermittelt durch den Bauchgurt E, an welchen sich der Zugriemen F fügt. Das Kummet befindet sich demnach immer in gleicher Lage gehalten und vermag niemals hin und her zu schwanken, oder nach vorn überzuschießen, wie dies sonst bekanntlich ohne diese Vorsichtsmaßregel häufig der Fall ist. Untersucht man die gesammte Zusammenstellung des Geschirres, so leuchtet daraus alsbald das verständige Verfahren des Anspannens hervor, welches das neue belgische Kummet darbietet. Bei dem gewöhnlichen Kummet werden die Zugstränge am unteren Theil, ungefähr im Punkte H angehängt und die Zugwirkung findet unmittelbar statt in der Richtung der punktirten Linie K K; es erfolgt aber daraus ein Schulterdruck, der die Gelenkbewegung stört und häufig ziemlich schwere Schäden veranlaßt. Bei dem verbesserten Kummet stehen die Zughaken viel höher, etwa im unteren Drittel des Kummetrahmens im Punkte G; auf diese Art wirkt der Druck, der noch außerdem in Folge der geneigten Richtung des vorderen Zugstranges viel minder fühlbar wird, bedeutend höher über dem Schultergelenk und das Thier empfindet daher durchaus keine Behinderung seiner Bewegung. Der vordere Zugriemen F und der eigentliche Zugstrang F sind getheilt und mittelst einer Schnalle vereinigt, welche gleichzeitig den Bauchgurt mit dem Tragriemen verbindet, so daß der erstere stets den vorderen Zugstrang in einer senkrechten Richtung auf das Schulterblatt hält. Durch die Annahme einer senkrechten Zugrichtung von der Schulter des Pferdes erlangt man augenscheinlich, ohne daß man dabei nöthig hätte, die Gesetze der Kraftbewegung zu Hilfe zu rufen, eine größere Summe an Kraft, als wie man sie bei der directen Zugrichtung zu erhalten vermag, bei der die Zugstränge mit dem oberen Theil des Kummets einen spitzen Winkel bilden. Sobald bei dem unmittelbaren Zug sich die aufzuwendende Kraft etwas stärker entwickeln muß, so strebt das Kummet unaufhörlich sich in die Höhe zu richten und muß dann dem Thier das Athmen erschweren; es genügt aber schon einen einzigen Blick auf die Stellung des Vorderzugstranges bei der senkrechten Zugrichtung zu werfen, um zu begreifen, daß hierbei dieser Nachtheil gar nicht vorkommen kann. Das verbesserte belgische Kummet ist inwendig gepolstert mit Stroh, welches mit der Hand in feine Längenfasern gezupft ist; das Ganze wird, wie schon erwähnt, durch zwei eiserne Spangen umschlossen, die ihm eine große Stärkeausdauer verleihen; auch dies ist ein Vorzug vor dem gewöhnlichen Kummet, das meistens nur aus einem Polster besteht, dessen Festigkeit von den beiden hölzernen Kummethörnern abhängt. Kurz, das neue belgische Kummet scheint in der That die Mehrzahl der Vorzüge in sich zu vereinigen, die es geeignet machen müssen, um die Kraft der Zugpferde in möglichster Weise zu benutzen, ohne dabei die Thiere über Gebühr anzustrengen und sie dabei vor den Verwundungen und offenen Schäden zu behüten, die heutzutage leider noch so häufig vorkommen, und fast nur durch den fehlerhaften Bau der Zuggeschirre veranlaßt werden. Es scheint daher nicht allein wünschenswerth, daß die angedeuteten Verbesserungen der Kummete sich allgemeiner geltend machen und verbreiten, sondern es ist geradezu eine Pflicht, zur Einführung derselben aufzufordern. Landesart und Brauch weichen übrigens gerade in Hinsicht der Pferdegeschirre und der Anspannung außerordentlich von einander ab; man vergleiche nur einmal den gewöhnlichen deutschen mit dem russischen Anspann. Der letztere ist in vielen Stücken vortheilhafter, als der erste, zumal bei den einspännigen Fuhrwerken. Das Kummet, denn man fährt in Rußland niemals mit Sielengeschirr, ist im Verhältniß zu dem Kummet der deutschen Arbeitspferde klein und eng, könnte daher dem Pferde gar nicht über den Kopf gesteckt werden, wenn es nicht unten zum Oeffnen und Schließen eingerichtet wäre, dafür legt es sich aber auch um so besser um den Hals, die Brust, die Schultern und den Widerrist des Pferdes an, den Druck auf die genannten Theile während des Ziehens möglichst gleichmäßig vertheilend. Der Schluß des Kummets beim Anspann erfolgt durch Zusammenziehen mittelst eines Riemes. Eigenthümlich ist das Krummholz, der Bügel, welcher die Enden der Gabel verbindet und die Zügel trägt. Bei leichten Feldarbeiten, z. B. beim Eggen, aber auch beim Pflügen macht man viel weniger Umstände. Bei dem Anspann zu leichter Feldarbeit legt man dem Pferde das Kummet auf, befestigt die Zugstränge der Egge oder die beiden Gabelbäume an den Oesen desselben, bindet zu, und ist fertig. Es kommt bei dem Pferdegeschirr immer darauf an, daß es dem Thier möglichst bequem sitzt, es nirgends drückt, keine allzugroße Last bildet, nicht umständlich anzulegen ist, und seinen Zweck erfüllt, der darin besteht, dem Thier die Ueberwältigung der Last so leicht als thunlich zu machen, ohne die Kraftwirkung zu beeinträchtigen.

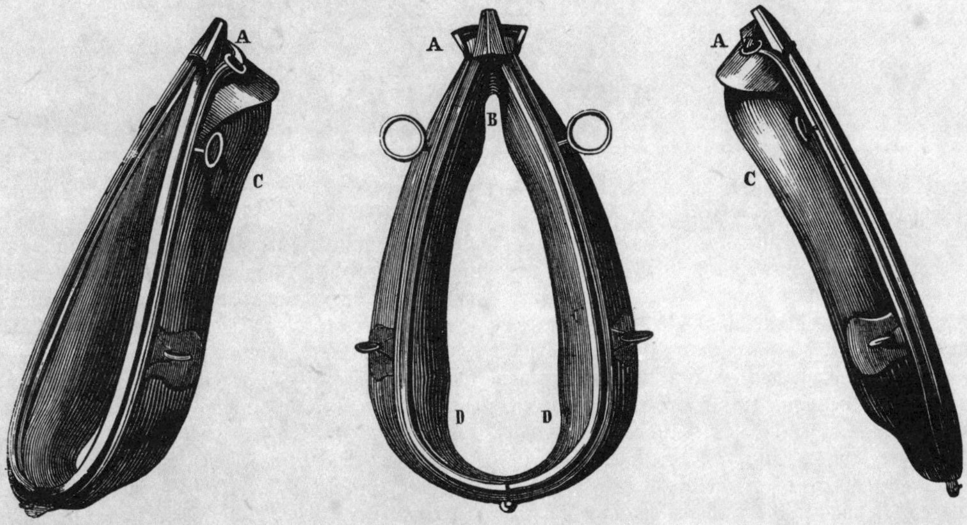

Verbesserte Pferdegeschirre.

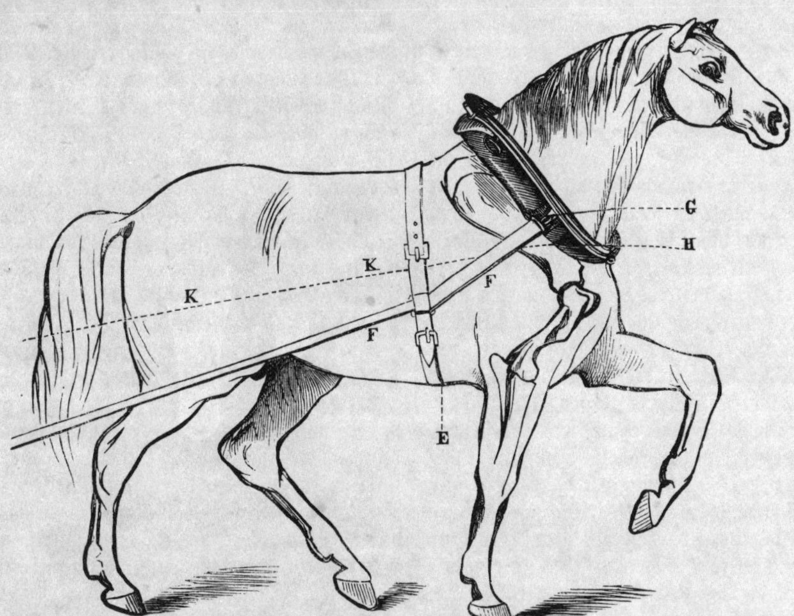

Die Zugwirkung beim Pferdegeschirr.

Schluß des Kummets beim Anspann.

Russischer Anspann.

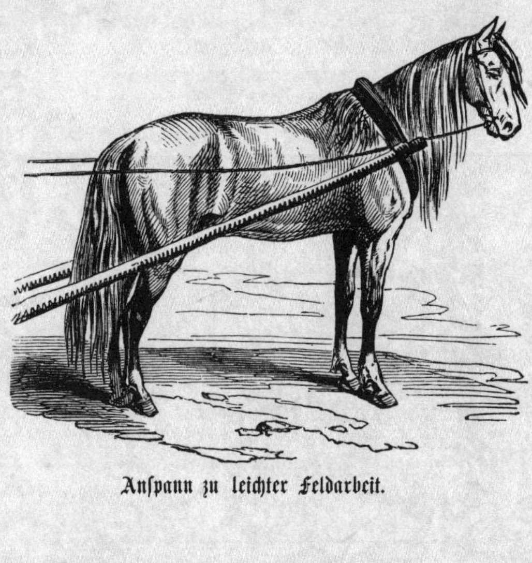

Anspann zu leichter Feldarbeit.

2. Das Rind.

(Fortsetzung von Seite 112.)

Unter den deutschen Rindviehstämmen finden sich viele, welche außerhalb ihres engeren Vaterlandes ziemlich unbekannt sind, während sie doch in Güte und Tüchtigkeit vielen anderen berühmten Rassen gleich stehen. Dies gilt auch von der fränkischen Rindviehrasse, welche über ganz Franken und einen großen Theil Thüringens hin verbreitet ist und in den angränzenden Ländern gewöhnlich unter dem Namen des Rhönviehs bezogen wird. Es gehört diese Rasse nach der Eintheilung Sturms zu den Mittelrassen; Pabst bezeichnet sie als eine Höhelandsrasse und stellt sie unter die eingebornen deutschen Landrassen. Fraas hingegen behauptet ihre Abstammung von der Schweizerrasse und dem Aeußeren nach nähert sie sich allerdings dem Bau des mittlern Schweizerviehs, namentlich durch den geraden Rücken und die hochaufgesetzte Schwanzwurzel. Die fränkischen Rinder sind durchweg von Mittelgröße, nicht sehr schwer in den Knochen, mit öfters starkem Kopf, ziemlich großen Hörnern, tonnenförmigem Leib und überhaupt ziemlich regelmäßigen Verhältnissen. Die Farbe ist durchweg roth oder braunroth, häufig mit starken Kopfabzeichen, auch Schecken sind nicht selten. Hinsichtlich der Milchergiebigkeit steht die fränkische Rindvieh-Rasse sehr hoch. Bei dem oft kärglichen Futter im Rhöngebirge verwerthen die Kühe dasselbe auf's Beste, wie sie denn überhaupt durchaus nicht zärtlich, auch wenig zu seuchenartigen Krankheiten geneigt sind. Die Ochsen werden als vortreffliche Zugochsen gerühmt, allein es kommen bei ihnen nicht selten fehlerhaftgestellte Füße vor, welche ihren Werth in dieser Hinsicht etwas beeinträchtigen. Dagegen mästen sich dieselben ganz vorzüglich und rasch; bekanntlich gehen große Züge fränkischer Mastochsen alljährlich als Proviant in die großen Städte der Nachbarländer. Das sogenannte Spessartvieh ist ein Schlag der fränkischen Rasse. Fraas sagt über diese Rinder: „Die Rhön- und Spessartstiere sind Leichtwandler, dabei doch viel leistend, unverdrossen, genügsam, auch zähe und gutmüthig. Nach den Zeugnissen der dortigen Landwirthe geht die Milchergiebigkeit, Genügsamkeit, Mastungsfähigkeit, Ausdauer, Arbeitsfähigkeit dieses Schlages über Alles und er wäre somit eigentlich das im reichen Herefordshire so edel beginnende, nun im Odenwald, Spessart und an der Rhön als magerer Genosse des armen Pflügers, in höchster Vollkommenheit der möglichen Leistungsfähigkeit bei den geringsten Mitteln endende Exemplar eines so weitverbreiteten Landschlages in Europa. Man schätzt das lebende Gewicht bei den Ochsen auf 5 bis 8 Centner, bei den Kühen auf 4 bis 6 Centner, bei den Kälbern auf 30 bis 60 Pfund. Der rothe Niederungsstamm unterhalb Würzburg ist freilich viel besser gehalten und schwerer und ein Ochse wiegt leicht 8—10 Centner, eine Kuh 6—8 Centner, ein Kalb 50—70 Pfund." Fraas rechnet zu der fränkischen Rasse auch die Vogelsberger. (Vgl. S. 36 und 37.) Nicht zu verwechseln ist mit derselben der Mainländer Schlag, welcher wahrscheinlich friesischer Abkunft ist und sich nur über einen kleinen Verbreitungsbezirk erstreckt. — Hier sei es nunmehr gestattet, aus des Herausgebers „Belehrungen über alle Zweige der Viehzucht" ein wichtiges Hauptstück einzuschalten, nämlich eine kurze Uebersicht der Kennzeichen bei der Wahl einer guten Milchkuh. Wenn man eine Kuh auswählt, so beginnt man damit, daß man ihr Alter ermittelt; darauf untersucht man mit der größten Aufmerksamkeit die Merkmale der Milcherzeugung, nämlich den Raum, welchen das zu beiden Seiten des Euters an der innern Fläche der Schenkel und der Beine, und weiter oben zwischen den Hinterbacken emporstehende Haar einnimmt, und dann den Zustand des Euters und was dazu gehört. Sobald das Auge nur einigermaßen Uebung besitzt, erfaßt es sehr bald den Umriß des durch das aufwärtsstehende Haar gebildeten Spiegels und weiß in Bezug auf Regelmäßigkeit und Umfang seinen Werth zu beurtheilen. Auf Viehmärkten sieht man natürlich eine ungemein große Verschiedenheit in der Form des Milchspiegels und in dem Grade seiner Entwickelung. Man sieht Kühe, die an dem Obertheile sehr wenig, dagegen an den Schenkeln, und Beinen sehr stark markirt sind und andere, bei denen gerade das Gegentheil der Fall ist. Es kommt jedoch hierauf nicht viel an, und diese so vielfach verwickelten Formen haben dennoch nichts Verwirrendes, weil der Werth des Spiegels im Verhältniß zu seinem allgemeinen Umfange steht, der in der Regel für symmetrisch gelten kann, wenn er oben und unten gut entwickelt ist. Wenn man diese Regel befolgt und sich ein wenig Uebung aneignet, so hält es nicht schwer, unter einer Menge von Kühen diejenigen zu erkennen, welche mit dem vollkommensten Milchspiegel versehen sind. Bei Untersuchung des Umfangs und der regelmäßigen Form des Milchspiegels darf man nicht die besonderen Merkmale übersehen, nach welchen die Dauer der Milchergiebigkeit keine so lange ist, als man nach dem Hauptkennzeichen — dem Milchspiegel — vermuthen sollte. Diese letzteren Merkmale vermindern übrigens den Werth des Milchspiegels nicht sehr bedeutend, besonders wenn sie noch wenig entwickelt und der Milchspiegel dagegen in seinem obern Theile besonders ausgebildet ist. Ueberdies muß man wohl darauf achten, daß das aufwärtsstehende Haar, welches den Spiegel bildet und denselben umschreibt, an der Stelle, welche die innere Seite des Schenkels und des Beines einnimmt, recht fein sei und daß es in dem Kanale, welcher die Hinterbacken trennt, und an welcher Stelle, wie wir mehrfach gezeigt, der obere Theil des Milchspiegels — wenn er überhaupt vorhanden ist — sich befindet, dieselbe Feinheit besitze, aber noch dünner sei. Bei sehr jungen Färsen wird der obere Theil des Milchspiegels, sowie der Rand desselben gewöhnlich durch langes, buschiges Haar verdeckt; doch hindert dies nicht, den Umfang des Spiegels genau zu erkennen. Was die Stiere betrifft, so ist, wenn sie mit einem Spiegel versehen sind, derselbe bei weitem nicht in dem Grade entwickelt, wie der der Kühe, besonders in dem oberen Theile. In der Regel ist er kurz und schmal und der breiteste Theil ist gewöhnlich der unterste, das heißt an der innern Fläche der Schenkel. In Bezug auf die Merkmale, an welchen man die Güte der Milch erkennt, erwähnen wir vorzugsweise die Weichheit der Haut des Euters, die Dünne und Feinheit des Haares, womit derselbe besetzt ist, seine safrangelbe Farbe und das Vorhandensein eines Staubes von derselben Farbe, welche sich in Kügelchen ablöst, wenn man diese Stellen reibt. Diese selben Merkmale müssen sich an dem obern Theile des Milchspiegels zeigen. Bei den besten Milchkühen ist die Furche zwischen den Hinterbacken fast immer von Haar entblößt und die innere Fläche der Schenkel und Beine mit kurzen und feinen Haaren besetzt. Die Kennzeichen, welche auf eine schlechte Beschaffenheit der Milch schließen lassen, liegen in der Dicke der Haut an denselben Organen, in grobem, vereinzelt stehendem Haar, und ganz vorzüglich in einer struppigen Haareinfassung des obern Theils des Milchspiegels. Die Form des Euters hat weiter keine Bedeutung, indessen geben Manche den Eutern den Vorzug, deren Zitzen mehr nach vorn gerichtet sind, obschon man keinen Grund für diese Bevorzugung anzugeben weiß. Ein flaschenförmiges Euter hat ganz denselben Werth, und der ganze Unterschied beruhet in der Form.

Fränkische Kuh.

Fränkischer Bulle.

2. Das Rind.

(Fortsetzung von Seite 188.)

Die vier Zitzen müssen möglichst weit von einander abstehen, weil dann die Milchbehälter geräumig sind. Sie müssen geschmeidig und mit einer weichen, von Verhärtungen freien Haut bekleidet sein. Es ist nothwendig, sie eine nach der andern zu probiren, damit man sich überzeuge, ob nicht welche darunter sind, die keine Oeffnung haben, was sehr oft der Fall ist. Diese falschen Zitzen, welche keine Milch geben, sind immer viel kleiner, als die andern, denn die Zitzen entwickeln sich nur in demselben Maße, wie die Kühe gemolken werden, und da dies mit dergleichen falschen Zitzen natürlich niemals geschieht, so sind sie auch allemal viel weniger umfangreich. Die Untersuchung der Adern hat den Zweck, zu ermitteln, ob der Verkäufer der Kuh nicht mehrere Melkungen sich in dem Euter hat anhäufen lassen, um dasselbe umfangreicher zu machen. Wenn das Euter sehr fleischig ist und demzufolge sehr entwickelt erscheint, so sind die Milchadern nicht sehr umfangreich; ist dagegen das Euter schön und das Thier mit einem guten Spiegel versehen, so sind auch die Adern immer gut entwickelt und die Oeffnung, durch welche diese Adern in den Körper eindringen, ist immer sehr groß. Besonders gleich nach dem Kalben der Kuh läßt sich der wirkliche Werth der Adern beurtheilen, weil dann die Entwickelung der Milchproduktion in ihrer höchsten Blüthe steht. Befindet sich die Kuh dagegen im Zustande vorgerückter Trächtigkeit, so bleibt die Milch weg und das Urtheil ist dann weit weniger sicher. Die Adern, deren Kraft stets dem Grade der Thätigkeit angemessen ist, welche die Milch bildet, sind dann nur wenig aufgeblähet und stehen folglich mit der Fähigkeit der Kuh zur Milchproduktion in gar keinem Zusammenhang. Um diese Fähigkeit zu erproben, drückt man mit dem Finger stark auf die Ader an dem Punkte, wo sie in den Körper eindringt, um das Blut aufzuhalten und die Ader in ihrer ganzen Länge anschwellen zu lassen. Nach einigen Augenblicken bleibt das Blut stehen, treibt die Ader zwischen dem Finger und dem Euter auf und dann kann man die natürliche Stärke dieser Gefäße beurtheilen. Was die Adern des Kanals zwischen den Hinterbacken betrifft, so muß man sie ebenfalls aufmerksam untersuchen und zu diesem Zwecke die Haut am untern Theile zusammendrücken, um das Blut nach der Scham zurückzudrängen, wodurch die Ader aufgebläht wird. Diese Bewegungen des Blutes sind wohl zu beachten, damit man nicht die Falten, welche die Haut zwischen den Hinterbacken zuweilen zeigt, für Adern halte. Dieser Irrthum kann besonders bei fetten Kühen sehr leicht unterlaufen, wo die Adern fast durchaus nicht anders, als an den Bewegungen des Blutes erkannt werden können. Von allen Adern sind die, welche das Euter umgeben, diejenigen, welche nach den verschiedenen Epochen des Lebens am meisten sich verändern. In der Jugend kaum bemerkbar, haben sie einen bedeutenden Umfang, wenn nach mehreren Geburten das Melken der Milchdrüse ihre vollkommene Entwickelung gegeben hat. Es zeigen sich dann an ihnen jene knotigen Auswüchse, welche ein Kennzeichen sehr guter Milchkühe sind, und da sie von dem Zustande der Thätigkeit der Drüse abhängen, so sind sie während der Zeit, wo die Kühe keine Milch geben, weit weniger bemerkbar. Zu den milchreichsten Rindviehrassen gehören diejenigen der Marschländer, der Grasniederungen an den Meeresküsten.. Zu ihnen zählt die in Schleswig beliebte Eiderstedter Kuh, welche auf den reichen Weiden der Eiderstedter Marsch einen vorzüglichen Ertrag liefert. Die Rasse eignet sich auch trefflich zur Weidemast. Mitte Mai werden die Kälber, die alsdann 8 bis 12 Wochen alt sind, auf die beste Weide, im Herbst zeitig in den Stall gebracht und wo möglich nur mit Heu gefüttert, wozu ihnen von Vielen eine Gabe Hafer gereicht wird. In den beiden folgenden Jahren gräst man sie im Sommer auf Neuland, im Winter erhalten sie Stroh und werden fettgegräst. Die Schwere dieses Viehs beträgt dann nach der verschiedenen Behandlung 600—1000 Pfund Fleischergewicht. Schon Thaer sagte: Ein Landwirth sollte nichts unternehmen, ohne vorher durch Messen, Wiegen und Zählen von dem wirklichen Sachverhalt sich überzeugt zu haben. Der Landwirth verkauft Frucht, Heu, Stroh, Branntwein, Spiritus &c. nach dem räumlichen Inhalt eines gewissen Maßes oder nach dem Gewicht und bestimmt dann die mehr oder weniger gute Beschaffenheit des betreffenden Gegenstandes einen etwas höheren oder niederen Preis. Warum findet nun dasselbe Verfahren nicht auch bei dem Verkauf des Viehs statt? Ist denn das Vieh ein so werthloser Gegenstand, daß man dasselbe nur so im Bausch und Bogen verkauft? Ist dann so ein halber oder Viertel-Centner Rindvieh nur einige Groschen werth? Es geht hier, wie bei vielen anderen Dingen im menschlichen Leben; man treibt es so, weil es der Großvater auch so gemacht hat. Wenn man aber in Betracht zieht, daß man heut' zu Tage einem Gute mehr abgewinnen muß, als bei des Großvaters Zeiten, wenn es einbringen soll, so müssen wir uns von einem unpraktischen Herkommen, welches auf Kosten unseres Geldbeutels noch fort besteht, lossagen und zu einem zeitgemäßen Verfahren übergehen. Verkaufe man das Vieh immer nur nach dem Gewicht und zwar nach dem lebenden Gewicht, wodurch man auch allen widerlichen Handeleien und Makeleien, wie dieselben seither beim Viehverkauf vorkamen, enthoben werden wird. Es ist eine ganz irrige Ansicht, das Vieh nach dem Schlächtergewicht verkaufen zu wollen, denn der Schlächter läßt sich nicht nur das aushackbare Fleisch bezahlen; er läßt sich auch herbei, für das Fett, für die Haut &c. eine Zahlung und zwar eine sehr respectable Zahlung anzunehmen. Ein weiterer Grund, warum der Verkauf nicht schon allgemein nach dem lebenden Gewicht stattfindet, mag auch darin zu suchen sein, daß es seither an zweckmäßigen Viehwagen fehlte. Eine Viehwage muß eine Tragkraft von 20 bis 25 Centnern haben. Die Brücke muß ein längliches Viereck darstellen, und muß dieselbe an den vier Ecken Unterstützungspunkte haben, damit beim Wiegen oder beim Auf- und Absteigen des Viehs kein Schwanken der Brücke vorkommen kann, wie dieses bei Anwendung von gewöhnlichen Decimal-(Zehntheil-)wagen vorkommt, außerdem muß die ganze Wage mit einer starken Umzäunung versehen sein, damit das Vieh auf die Wage geführt, nicht davon laufen kann. Die Brücke ist 2 1/4 Meters lang und 1 1/2 Meters breit und mit einer starken Umzäunung versehen, welche hinten und vorn vermittelst Ketten zu öffnen und zu schließen ist. Sie hat vier Unterstützungspunkte und kann in Folge dessen beim Wiegen kein Schwanken derselben vorkommen. Dieser wichtige Vortheil der Construction ist bisher bei allen derartigen Wagen oft vernachlässigt worden. Der Zweck der Wage ist demnach in übersichtlicher Folge: 1) Dem Landwirth beim Verkauf seines Viehs das richtige Gewicht und hiermit den wirklichen Werth desselben anzugeben. 2) Bei der Wahl des Viehstandes zu wissen, welches Stück Vieh sich mehr oder weniger gut mästet, vielmehr zu ersehen, wie viel ein oder das andere Stück Vieh in gleicher Zeit und bei gleicher Fütterung, in ein und derselben Zeit an Gewicht zugenommen hat. 3) Dem Landwirth auf das Bestimmteste zu sagen, bei welcher Art von Fütterung sein Vieh am schnellsten und meisten zunimmt. 4) Den Gebrauch, Vieh nur nach Gewicht zu verkaufen, einzuführen.

Eiderstedter Kuh.

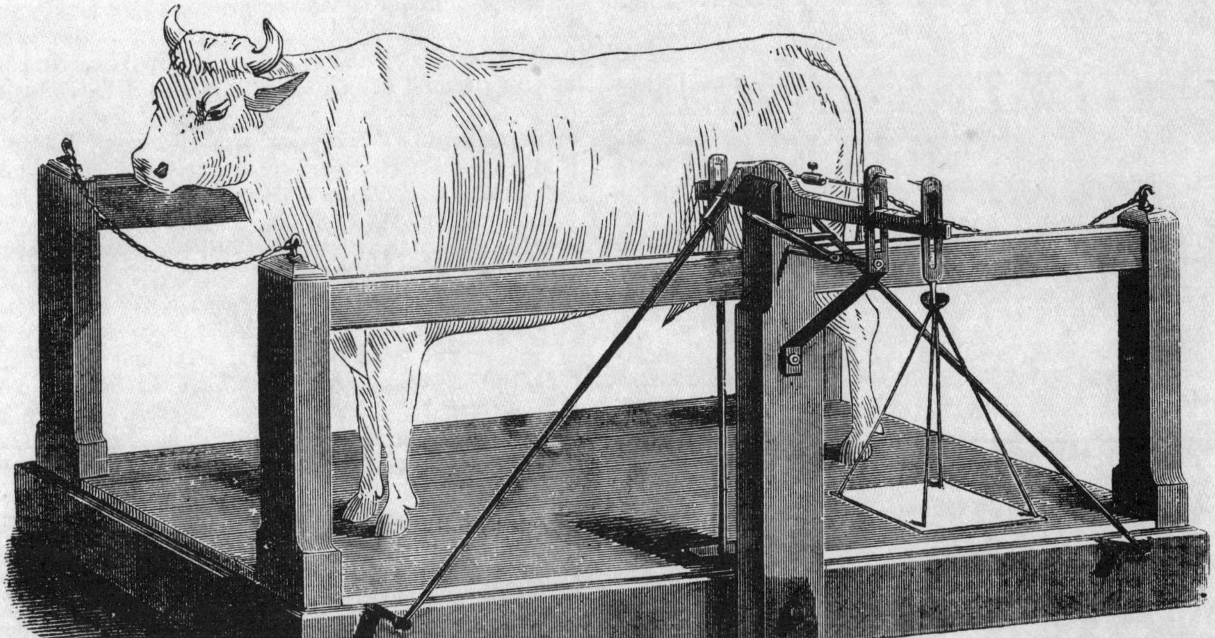

Viehwage.

3. Das Schaf.

(Fortsetzung von Seite 116.)

Wie schon auf S. 38 dargestellt worden, ist die Wollwäsche der Schafe eine sehr wichtige Vornahme und wird dies bleiben, so lange noch nicht der bessere Gebrauch allgemein wird, die Thiere ungewaschen zu scheeren und das Waschen der Wolle den Fabriken zu überlassen. Dies ist schon in vielen Ländern üblich und es giebt daselbst eigene große Wollwäschereien, welche dies Geschäft übernehmen. Natürlich wird dadurch dem Züchter eine große Last abgenommen, abgesehen davon, daß es häufig schwer hält, geeignetes Wasser und passende Oertlichkeit zum Schafwaschen zu finden, und die Thiere sehr oft dabei Erkältungen und anderen Nachtheilen ausgesetzt sind. In England richtet man gern die Schafwäsche mit Abfluß ein, was überall zu empfehlen ist, wo die Lage sich dafür eignet. Zu dem Ende wird ein Wasserlauf geschwellt, so daß er einen hinreichend tiefen Pfuhl bildet; mittelst einer Stechschütze oder Schleuße ist ein Abfluß hergestellt, welcher das schmutzige Wasser fortwährend abführt. Die Lämmer werden gar nicht gewaschen und bleiben auf dem Hofe eingesperrt, bis die Mutterschafe fertig geworden sind. Ist die Wollschnur (S. 116) beendigt, so schreitet man zu der Wolle-Verpackung. Eine Frau rollt das abgeschorene Vließ mit der Außenseite nach inwendig auf einem Brett zusammen und trägt es in den Wollspeicher. Die Wolle wird entweder auf dem Hofe selbst an den Wollhändler verkauft oder auch nach dem Wollmarkte verfahren. Gewöhnlich schickt dann der Wollhändler seine Leute mit Leinwandsäcken (Wollzüchen) um die Vließe einzupacken und fortzuschaffen; manchmal ist aber dies Geschäft auch dem Wollerzeuger überlassen. Zuerst werden alsdann die Vließe auf der Waage gewogen, darauf wird die Wollzüche, welche am besten seitwärts offen ist, diese Seite nach oben an Stricken aufgehängt, welche an der Decke befestigt sind. Zwei Männer treten in den so gebildeten, oben offenen Sack, lassen sich die Vließe reichen, setzen sie in geordneten Reihen in dem Sacke auf, und treten sie fest nieder, bis er ganz voll ist, worauf dann die offene Seite mit Packnadel und Bindfaden fest zugenäht wird. Uebrigens besorgt der Landwirth das Verpacken der Wolle nicht immer selbst; dies hängt von Markt- und Handelsgebräuchen ab. — Die verschiedenen Schafrassen theilt Weckherlin folgendermaßen ein: 1. Filzwollige Schafe, mit grober ziegenartiger Wolle, darunter einen weichen, wellenförmig gewachsenen Flaum, der mit den groben Haaren sich verwirrt, nach der Bezeichnung in der Wollkunde filzige Wolle bildet. Zu dieser Rasse gehören alle gemeinen Schafe, welche unter der Bezeichnung „Landschafe" begriffen werden, so das schwäbisch-fränkische Zaubelschaf; die Haidschnucken, welche die Haiden des nordwestlichen Deutschlands bevölkern und zu den allergemeinsten Schafen, gewöhnlich mit schwarzer, brauner, grauer oder schmutzig weißer Wolle, gehören; endlich die ungarischen Zackelschafe, die sich insbesondere durch ihre langen, aufrechten, gedrehten Hörner auszeichnen, und meistens gefleckte Wolle haben, welche jedoch sich schwer verarbeitet; diese Thiere sind übrigens sehr genügsam und mästen sich recht gut. 2. Glanzwollhaarige Schafe, mit glänzender, grober, langer Wolle ohne Flaum darunter. In diese Rasse stellen sich: Das flämische Schaf, welches auch öfters das rheinische genannt wird; es ist selten geworden, da es sich überall mit dem Landschaf vermischt hat. Das Bergamasker-Schaf, in Oberitalien zu Hause; es weidet im Sommer auf den Schweizer Alpen und ist das größte Schaf, welches es giebt, kennbar an seiner tiefen Stimme und dem krummen Kopf mit Hängohren. In neuerer Zeit sind Bergamaskerschafe in Norddeutschland eingeführt worden, es scheint aber nicht, als ob die ebenen Gegenden sich für diese Thiere eignen wollten. Das friesische oder holländische Marschschaf ist ebenfalls ein großes, starkes Schaf, fleischig, mit sehr langer weicher Wolle; es hat keine Hörner und bringt gewöhnlich Zwillinge zur Welt. In diese Abtheilung gehören auch die künstlichen Rassen der englischen langwolligen Schafe. Es giebt deren verschiedene Stämme, welche sich wiederum in solche mit längerer, und solche mit kürzerer Wolle theilen, zu den ersteren gehören die sogenannten Leicester-Schafe, zu den letzteren die Down-Schafe, von welchen die Southdown in Deutschland die bekanntesten sind. 3. Die Merino's und merino-artigen Schafe mit feiner, weicher, auf besondere Art gewellter oder gekräuselter Wolle. Die Merino-Schafe stammen aus Spanien, woselbst sie seit undenklicher Zeit in großen Cavagnen oder Stammheerden die Gebirge beweiden, entweder an bestimmte Grenzen gebunden oder von einem Ort zum andern ziehend, weshalb man auch stehende und wandernde Heerden unterscheidet. Zuerst gelangten diese Schafe, welche von allen Rassen die feinste Wolle liefern, nach England, viel später nach Deutschland, und zwar zuerst nach Sachsen. Hier zunächst, später in Schlesien und Mähren, bildete sich ihre Zucht dermaßen aus, daß sie das schönste und glänzendste Zeugniß für die Bestrebungen der deutschen Landwirthschaft geworden ist; denn mit ihr kann bis heute noch kein anderes Land der Welt in der Hervorbringung hochfeiner Wollen wetteifern. Daher hat der Engländer und Nordamerikaner zur Bezeichnung der letzteren auch nur das Wort „Sächsische Wolle." Auch die Merino's zerfallen wiederum in verschiedene Stämme und Schläge; Weckherlin unterscheidet „kraftwollige" und „sanftwollige;" zu den ersteren gehören die hochfeinen Merino's (sogenannte Electoral's, d. i. kurfürstliche, von den früheren Kurfürsten von Sachsen), zu den letzteren die Negretti, so genannt nach einer spanischen Heerde, welcher sie jedoch keineswegs entstammen, mit minderer Feinheit, aber desto größerem Reichthum und Nerv der Wolle. In der neueren Zeit unterscheidet man ferner noch „langwollige" und „seidenwollige" Merino's, beide vorzugsweise in Frankreich gezüchtet. Uebrigens sind gegenwärtig strenge Grenzen zwischen diesen verschiedenen Unterrassen oder Stämmen der Merino's gar nicht mehr festzuhalten. Pabst sagt über diesen Gegenstand: Kein Erzeugniß der landwirthschaftlichen Thierzucht läßt sich durch die Richtung bei der Wahl der Zuchtthiere, in Verbindung mit der Ernährungsweise, schneller und auffallender bis zu einem gewissen Grade verändern, als die Wolle. Gewiß haben auch in den Stammheerden in Spanien, von denen die unserigen, wenn auch meistens nicht ganz rein, abstammen, schon Thiere sich befunden, welche mehr der einen oder der anderen Richtung angehörten; ebenso steht es fest, daß anerkannte hochfeine Stämme in Deutschland (Sachsen) und anerkannte Kraftwollstämme in Deutschland (Oesterreich) oder Frankreich aus ein- und denselben spanischen Heerden abstammen; nicht minder ist bekannt, daß alte Negrettistämme jetzt Electoralwolle tragen, wie frühere anerkannte Electoralstämme jetzt den starken Fettschweiß und mehr oder weniger Hautfalten, auch einen Wollreichthum und Körperbau zeigen, die man sonst nur bei Negretti- (oder Infantado-)Heerden fand. (Die kraftwolligen Merino-Schafe heißen auch „Infantado," gleichfalls nach dem Besitzer einer spanischen Stammheerde.) Kurz, in den meisten besseren Zuchten sucht man aus den beiden früheren Unterrassen gewisse Vollkommenheiten der einen und andern Richtung mit mehr oder weniger Erfolg zu vereinigen.

Wolle-Verpackung.

1. Fertiger Wollsack. 2. In Füllung begriffener Wollsack.
a. Gewogene Vließe. b. Zu wiegende Vließe.

Schafwäsche mit Abfluß.

a. Waschpruhl. b. Pferch für die ungewaschenen Schafe.
c. Der Schäfer. d. Pferch für die gewaschenen Thiere.

Merino-Schafe.

3. Das Schaf.

Ueberall in der Welt, nur in Großbritannien seltener, ist es gebräuchlich, die Schafheerden mittelst Hunden zu bewachen und zu leiten, und es giebt zu diesem Zweck bekanntlich eine ganz besondere Rasse der letzteren, allein es läßt sich thatsächlich fast jeder Hund dazu abrichten. Die Schäferhunde sind aber ein nothwendiges Uebel, dessen sich der Schafzüchter so viel als möglich entledigen sollte. Denn nur ganz allein von ihnen kommt (wie schon S. 42 erwähnt) die schon so häufig auftretende Drehkrankheit, welche entsteht von einer mit Wasser gefüllten Blase im Hirn der Thiere; diese ist aber weiter nichts, als die nicht zur rechten Entwickelung gelangte Form eines Bandwurms, welcher nur in den Eingeweiden von Fleischfressern seine völlige Gestalt gewinnen kann, von den Hunden aber auf die Schafe übertragen wird. Wo man die Schäferhunde abschafft, hört auch alsbald die Drehkrankheit auf, hingegen kommt sie am häufigsten da vor, wo die Schäfer ihre Heerden von ganzen Rudeln Hunden bewachen lassen. Von ausländischen Schafrassen ist die bekannteste das Schaf mit dem Fettschwanz, das im Süden und im Südosten Europas, sowie in Asien und Afrika gehalten wird; es zeichnet sich aus durch einen Fettwulst, der sich am Schwanz ansetzt und manchmal außerordentliche Größe erlangt; ein starker Fettschwanz-Schafbock hat manchmal einen Fettschweif von 7 bis 12 Pfund Gewicht; dieser gilt als besonders schmackhaftes Gericht. Unter den schon häufig zum Ersatz oder zur Ergänzung der einheimischen Wollträger vorgeschlagenen Thiere des Auslandes sind zu nennen die Kaschmirziege, die Angoraziege und die amerikanischen Kameele; letztere verdienen am meisten Beachtung. Folgendes theilt Brehm über dieselben mit: Die amerikanischen Kameele oder Lamas zerfallen in vier verschiedene Arten oder wenigstens in vier verschiedene Formen, welche schon seit alten Zeiten die Namen: Huanaco, Lama, Paco oder Alpaca und Vicuna führen. Schon sehr alte Reisebeschreiber schildern die vier verschiedenen Arten der amerikanischen Kameele genau und aus ihren Berichten geht deutlich genug hervor, daß in 300 Jahren die vier betreffenden Thiere sich nicht verändert haben. 1) Das Huanaco ist das größte Lama und zugleich das größte Landsäugethier Südamerikas. In seiner Gestalt ist es ein sonderbares Mittelding zwischen Kameel und Schaf; in der Größe kommt es etwa unserem Edelhirsch gleich. Das Weibchen ist kleiner, dem Männchen aber gleich gestaltet und gleich gefärbt. Ein ziemlich langes, weiches aber lockeres Bließ bedeckt den Körper. Es besteht aus kürzeren, feineren Wollhaaren und dünnerem langen Grannenhaar; im Gesicht und auf der Stirn ist der Pelz kurz, auf dem Körper, mit Ausnahme der Beine, dagegen ziemlich lang, obgleich nicht so lang als beim Lama oder bei dem Alpaca. 2) Das Lama wird etwas größer als das Huanaco und zeichnet sich durch die Schwielen an den Beinen und an der Vorderseite des Handwurzelgelenkes aus. Seine Färbung ist vielfacher Art: es gibt weiße, schwarze, gescheckte, röthlichbraune, dunkelbraune, ockerfarbene, fuchsrothe und andere Lamas. In der Größe kommt es dem Huanaco ziemlich gleich. In den Hochgebirgen Peru's gedeiht diese Art am besten, und dort wurde sie ja auch schon seit alten Zeiten zum Hausthier und Lastthier verwendet. Das Lama geht fest und sicher mit einer Last von 150 Pfund über die gefährlichsten Wege und vermittelt einen großen Theil des Verkehrs zwischen der Küste und dem Hochgebirge. Unter der Obhut eines einzigen Indianers trägt ein solcher Zug oft Silberbarren von unglaublichem Werthe hin und her. Meyer schlägt die Wichtigkeit des Lamas für die Peruaner eben so hoch an, wie die des Rennthieres für die Lappländer. Das Lama wird nicht eben sorgfältig behandelt. Nachts sperrt man die Heerde in eine Einfriedigung von Steinen; Morgens läßt man sie auf eigene Faust zur Weide ausgehen. Gegen Abend kommen die Thiere selbst wieder zurück, manchmal in Gesellschaft eines Huanaco. 3) Das Paco oder Alpaca ist kleiner als das Lama und gleicht in seinem Leibesbau am meisten dem Schafe, hat aber einen längeren Hals und einen zierlicheren Kopf. Sein Vließ ist sehr lang und ausnehmend weich. An den Seiten des Rumpfes erreicht das Haar eine Länge von 4—5 Zoll. Die Farbe ist meist ganz weiß oder kohlschwarz; es gibt aber auch buntscheckige. In ihrem Vaterlande hält man die Pacos in großen Heerden, welche das ganze Jahr auf den Hochebenen weiden; nur zur Schur treibt man sie nach den Hütten. Ihr Vließ ist das einzige Gute am ganzen Thier. Zum Lasttragen oder andern Arbeiten kann man das Alpaca nicht verwenden, weil es an Störrigkeit alle übrigen Mitglieder seiner Familie weit übertrifft. „Wenn eins von der Heerde getrennt wird," sagt Tschudi, wirft es sich auf die Erde und ist weder durch Schmeicheln, noch durch Schläge zu bewegen, wieder aufzustehen. Es erleidet lieber die heftigsten Züchtigungen und selbst den qualvollsten Tod, als daß es Folge leisten würde. Einzelne können blos fortgeschafft werden, indem man sie den Heerden von Lamas oder Schafen beigibt." Zierlicher als alle genannten ist 4) die Vicuna. Sie steht an Größe zwischen dem Lama und dem Alpaca mitten inne, unterscheidet sich aber von Beiden durch viel kürzere, mehr gekräuselte, ausnehmend feine Wolle. Ihre Färbung ist ein eigenthümliches Röthlichgelb (Vicunafarbe). Die Unterseite des Halses und die innere der Gliedmaßen ist hellockergelb, die 5 Zoll langen Vorstenhaare und der Unterleib sind weiß. Man trifft die Vicunas in Heerden von 6—15 Stück auf den höchsten Kämmen der Gebirge, stellt ihretwegen große Treibjagden an, verlappt die Thiere, d. h. jagt sie in Kreise, welche durch die sogenannten Lappen, — an Pfählen befestigte Schnuren, in die man Federn angebunden hat, — umschlossen sind und tödtet sie hier manchmal hundertweise. Alle lamaartigen Thiere zeichnen sich durch einen heftigen, tückischen, widerspenstigen Charakter nicht eben zu ihrem Vortheil aus. Man kann nicht sagen, daß die Lamas heikliche, wählerische Thiere wären. Sie nähren sich mit gewöhnlichem Schaffutter und brauchen im Verhältniß zu ihrer Größe wenig. Dabei ist ihre Vermehrung eine ziemlich großer. Von den in Europa eingeführten Alpacas erfuhr man, daß das Weibchen 11 Monate trächtig geht und wenn es bei guter Gesundheit ist, in rascher Folge Junge wirft. Soviel ist unzweifelhaft, daß es durchaus keine unüberwindlichen Schwierigkeiten hat, Alpacas und Vicunas, die gewinnversprechendsten beiden Arten der Lamagruppe, bei uns einzubürgern. Man hat mehrfache Versuche gemacht, diese Aufgabe zu lösen; die Sache aber so unzweckmäßig als möglich angefangen. Die Gewerbsthätigkeit, Land- und Forstwirthschaft unserer Tage darf keinen Zweig der Naturwissenschaft mehr unberücksichtigt lassen, wenn ihre Zwecke gelingen sollen, und der Unternehmer eines solchen Versuchs thut wohl, erst bei den Kundigen nachzufragen, bevor er seine Ideen in's Werk setzt. — Es unterliegt keinem Zweifel, daß wir mit der Zeit Alpacas in Deutschland scheeren werden; aber man wird die Thiere dahin bringen müssen, wohin sie gehören, nämlich in's Gebirge.

Schäferhunde.

Fettschwanz-Schafbock.

Alpacathiere.

4. Das Schwein.

(Fortsetzung von Seite 42.)

Die englischen Schweine, welche auch in Deutschland nach und nach alle übrigen verdrängen, sind gegenwärtig sammt und sonders sogenannte künstliche Rassen. Es gibt nicht viel Grafschaften, wo man eine neue Rasse benamt, ohne ihrem Namen das Beiwort „vervollkommnet" vorzusetzen. Dies deutet also schon verschiedenartiges Blut an. Das ursprüngliche englische Landschwein, Abkömmling der zahlreichen Heerden, welche die alten Sachsen in den längst untergegangenen Eichenwäldern des Landes mästeten, hatte überall, wo es vorkam, ganz die gleichen Eigenschaften und Kennzeichen: großen Körperbau, grobfaseriges Fleisch, hohe Beine, flache Seiten, starke Knochen, scharfes Rückgrat, Borsten wie Eisendraht u. s. w. Es ist anzunehmen, daß dasselbe dem Ungarischen Schwein ähnlich war, welches heute noch den Hauptreichthum der unteren Donauländer ausmacht, und welchem die heutige englische Rasse der Berkshire-Schweine noch ziemlich nahe steht. Sobald daher sich die Aufmerksamkeit auf die Veredelung der Hausthierrassen wandte, empfing auch das Schwein seinen Theil am Fortschritt und man bemühte sich daraus ein einträglicheres Thier zu schaffen. Die Rassen von Leicester und Essex waren die ersten, welche das Beiwort „vervollkommnete" verdienten und Bakewell und Lord Western haben am meisten dazu beigetragen, dasselbe zu rechtfertigen. Diese beiden Rassen sind Kreuzungen mit chinesischen und neapolitanischen Schweinen. Das Beispiel ging für die anderen Grafschaften nicht verloren und die großen Verbesserungen, welche mit den englischen Schweinerassen seitdem vorgegangen sind, müssen unmittelbar oder mittelbar nur der Einführung jenes fremden Blutes zugeschrieben werden. Die großen englischen Schweinerassen sind verhältnißmäßig mit nur wenigen Ausnahmen von gröberer Beschaffenheit, allein sie sind am fruchtbarsten und die weiblichen Thiere haben überflüssig Nahrung für ihre Jungen. Beinahe alle Grafschaften besitzen eine mehr oder minder grobe, große Schweinerasse; einige Gegenden gibt es, wo man mehr nach Größe, wie nach guter Beschaffenheit gestrebt hat. Am größten ist das englische Schwein der Yorkshire-Rasse, zugleich von zarter, besserer Beschaffenheit. Die Berkshires stellt man gewöhnlich ebenfalls unter die großen Rassen, obgleich ihnen eigentlich der Mittelplatz zwischen den großen und kleinen gehört. Manchmal sind die Berkshires allerdings sehr groß, allein die Familien von der vervollkommneten Rasse wechseln dermaßen hinsichtlich der Größe und der Eigenschaften, daß darunter Thiere vorkommen, die man zu den größten, andere wieder, die man zu den kleinsten Rassen zählen könnte. Die kleinen englischen Schweinerassen sind dermaßen zahlreich, daß es fast unmöglich ist, sie alle aufzuzählen. Sobald eine Rasse einen gewissen Grad von Berühmtheit erlangt, so beeilen sich die Züchter ihr einen neuen Namen zu verleihen, als ein Mittel, sie zu befestigen. So hat man die Windsor-Rasse, die Rasse des Lord Radnor, die Rasse Fisher-Hobbs und viele andere, deren Namen sich durchaus nicht mehr auf ihre Herkunft beziehen. Die drei genannten Arten der kleinen Rasse sind diejenigen, welche in der letzteren Zeit am meisten gesucht sind; aber gegenwärtig sind ähnliche Rassen dermaßen über alle Theile des Königreichs verbreitet, daß es noch viele Andere gibt, welche mindestens ein gleiches Verdienst beanspruchen dürfen. Der Unterschied zwischen den großen und kleinen Schweinerassen läßt sich aufs Klarste nachweisen. Das eingeborne englische Landschwein war von großem Körperbau, grober Beschaffenheit und hatte in gewissen Gegenden allmählich bestimmte Unterscheidungsmerkmale angenommen, je nach der Gewöhnung oder nach der besonderen Nahrung. Diese Abweichungen stellten nach und nach gewisse eigenthümliche Unterscheidungszeichen zwischen den einzelnen Landrassen fest. Das Gepräge derselben konnte nur durch Einführung fremden Blutes verändert werden und hierzu eigneten sich die feinen und zärtlichen Rassen von China und Neapel gerade am besten. Zwischen diesen beiden, am einen Ende die rauhen, groben, englischen Landrassen, am andern die feinen und zärtlichen Rassen von Neapel und China, stellen sich gegenwärtig alle englischen Rassen, je nach ihren Körpergrößen und ihrer besonderen Feinheit. Der Landwirth hat gar Vielerlei in Erwägung zu ziehen, ehe er zu dem Entschlusse kommen kann, welche Sorte von Schweinen er aufziehen soll. Hat er eine große Molkerei, so wird er es wahrscheinlich vortheilhaft finden, die Abfälle an Muttersauen von einer geeigneten Rasse zu verfüttern, um Schweine von geringer Körpergröße zu erziehen, die mit einem gewissen Zusatz von Körnerfutter leicht für den Markt fertig gemacht werden können; es ist gegenwärtig ausgemacht, daß die Fütterung von Molkereiabfällen durch Zusatz von Körnerfutter viel vortheilhafter wird. Dies ist so richtig, daß im westlichen England, wenn die Molkerei verafterpachtet ist, der Pachter stets ein bestimmtes Areal mit Gerste ansäet, ganz allein zum Futter für die Schweine. Wahrscheinlich bringt eine ziemlich große, grobknochige, aber milchreiche Mutter in der Kreuzung mit einem Eber von reinerer und feinerer Rasse, die zahlreichsten und vortheilhaftesten Würfe, ebenso wird man auf Gütern mit Molkereien stets die frühreifen Sorten von Schweinen am ökonomischsten und in bester Beschaffenheit emporbringen. Einige Molkereiwirthe beobachten aber ein anderes Verfahren; anstatt Körner und Molkereiabfälle zur Fütterung junger Fettschweine zu verwenden, erziehen sie blos Zuchtferkel für den Markt, die sie verkaufen, sobald sie etwa 5—6 Thlr. das Stück gelten. Viele Züchter betrachten dieses Verfahren als dasjenige, welches ihnen den besten Ertrag abwirft; Andere aber, welche der Gewinnung und Verwendung des Düngers die ganze Aufmerksamkeit zuwenden, die sie verdienen, sind von gegentheiliger Ansicht. Baut ein Landwirth Körnerfrucht für seine Schweine und bringen ihm diese gerade so viel ein, um den Werth der verwendeten Körner zu ersetzen, und läßt er den Dünger durch seine Nachlässigkeit verkommen, so kann man annehmen, daß er Nichts gewonnen hat, im Gegentheil wird er seine Mühe verloren haben; in diesem Falle wäre es vortheilhafter gewesen, wenn er die Ferkel zur Zucht verkauft hätte. Trägt er aber hinreichende Sorge zu diesem Dünger, so kann man mit aller Gewißheit annehmen, daß er am Schluß der Rechnung einen hübschen mittelbaren Gewinn haben wird, wenn er seine Ferkel mit Körnern und Molkereiabfällen ernährt. Die Klasse der schweren Schweine erhält in den Wirthschaften gewöhnlich den Vorzug zur Nahrung der Leute, ebenso sind sie sehr gesucht in den Fabrikgegenden. Sie liefern den wahren Speck für den Arbeiter und ihr Fleisch wird mit Recht für das nahrhafteste gehalten. Dies wird nicht überraschen, wenn man an das Alter denkt, in dem sie gewöhnlich geschlachtet werden; denn es ist augenscheinlich, daß Schweine von 2 bis 3 Jahren eine bedeutendere Muskelentwickelung entfalten, wie solche, welche rascher Speck hervorbringen. Mit dem Schweinefleisch ist es wie mit jedem übrigen Fleisch, der Reinertrag verlangt eine rasche Erzeugung, die Güte des Fleisches ein gewisses Alter. Die Verhältnisse des Absatzes, der Lage und Wirthschaft entscheiden in dieser Hinsicht.

Das englische Schwein.

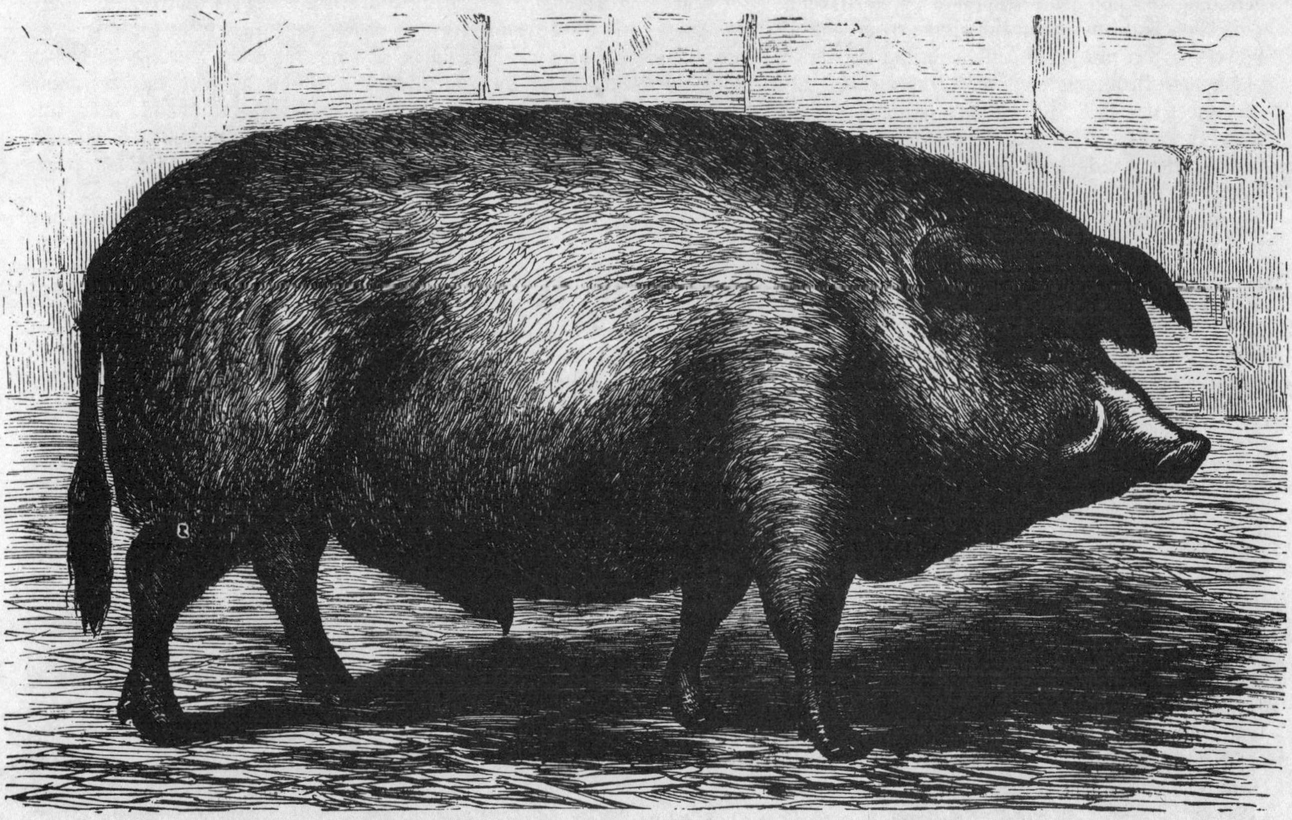

Das ungarische Schwein.

Obstbau.

(Fortsetzung von Seite 124.)

Unter den vielen Aepfelsorten, welche unsere Obstbaukundigen (Pomologen) unterscheiden, steht an Schönheit und Güte in allererster Reihe eine, welche aus dem hohen Norden Deutschlands stammt, und glänzend das Vorurtheil widerlegt, als könne nur der Süden gewürzige Früchte liefern. Seine Heimat ist das Sundewitt Schleswigs, die geschützte Ostküste, und er heißt der Gravensteiner Apfel nach dem bekannten Städtchen Gravenstein am Eckernsund, der Halbinsel Sonderburg gegenüber. Dort wurde er seit ältesten Zeiten erzogen und hat sich weithin verbreitet zum Theil unter den Namen: Gräfensteiner, Grafenapfel, Sommerkönig, Blumencalville, Paradiesapfel, Rippapfel, Strömling, Prinzessinapfel, Stromer u. s. w. Die Frucht wird bei guter Pflege bis 4 Zoll im Durchmesser groß, fast ebenso breit als hoch, die Wölbung mehr oder minder hervortretend gerippt, öfters durch einzelne breite Hervorragungen in ihrer Rundung unterbrochen. Nach Lucas ist der Kelch offen, sehr häufig unvollkommen, die Blättchen bleiben grün, die Einsenkung ist tief, geräumig, mit Falten und kleinen Rippen umgeben; der Stiel niemals über $^1/_2$ Zoll lang und setzt an in einer weiten, trichterförmigen, öfters durch eine Fleischwulst verengten Höhle. Die Schale ist fein, glatt, fettig glänzend; ihre Grundfarbe ist ein helles Strohgelb bis Goldgelb; die Sonnenseite mit Carmoisinstreifen besetzt und dazwischen roth punktirt; beschattete Früchte zeigen mitunter fast keine Streifen. Das Fleisch ist gelb, locker, sehr saftvoll, von vortrefflichem, süßweinigem, etwas ananasartigem Geschmack und sehr starkem, gewürzhaftem Geruch, der ein besonders gutes Merkmal dieser Frucht abgibt. Das Kernhaus ist sehr groß, offen, die Kammern geräumig, reichsamig, die Kelchröhre tief, kegelförmig. Der Apfel reift Ende September und im October, er hält sich bis Ende November, bei sorgsamer Aufbewahrung auch bis Weihnachten. (Nach von Biedenfeld reift der Gravensteiner im October bis November und ist 6 Wochen lang haltbar; nach Metzger Ende October und dauert bis Weihnachten, wo er seinen Geschmack verliert und zurückgeht.) Für die Tafel und Wirthschaft, sagt Lucas, ist diese Frucht von ausgesuchtem Werth, und für beide Zwecke in den ersten Rang zu stellen; auf dem Obstmarkt ist sie stets gesucht und gut bezahlt. Metzger erwähnt, daß der Gravensteiner ein echter deutscher Nationalapfel sei, und im Herbst in großen Massen nach St. Petersburg verfahren werde. Er sagt: dieser Apfel verdient eine größere Verbreitung und wir empfehlen ihn zur Bepflanzung der Obstgärten und geschützten Felder bestens; er nimmt den ersten Rang, wie überhaupt alle Calville, ein, und ist für die Tafel und den rohen Genuß ein wirklich köstlicher Apfel; auch soll er vorzüglichen Cyder und die besten Schnitze geben. Er stellt ihn in die Classe der Kantäpfel, 1. Ordnung: echte Calville, (Diel'sches System) Lucas reiht ihn unter die Calvillen, gestreifte, mit geschlossenem Kelch. Der Wuchs des Baumes ist sowol in der Jugend, als auch in späterem Alter stark und kräftig, er wird hoch, und bildet eine hochgewölbte, umfangreiche, starkästige Krone. Die Sommerzweige sind stark, die Blätter groß, die Blüten sehr groß, nicht empfindlich. Der Baum ist sehr fruchtbar, verlangt wegen der Größe seiner Frucht etwas Schutz vor Stürmen, kommt aber in hochgelegenen Obstgegenden noch gut fort und gehört zu den dauerhafteren Aepfelbäumen. Er nimmt mit geringerem Boden vorlieb. In seiner Heimat geht die Sage, der Gravensteiner Apfel stamme aus Italien, und sei von einem Seemann aus diesem Lande nach Schleswig gebracht worden. Indessen ist dies um so weniger zu glauben, als Italien gegenwärtig wenigstens diesen Apfel nicht mehr besitzt, auch niemals das Land verfeinerter Apfel gewesen ist. Eine Abart des eigentlichen ist der rothe Gravensteiner Apfel, welcher gewöhnlich etwas unregelmäßiger geformt und kleiner, als der erste ist. Oberdieck beschreibt ihn folgendermaßen: die feine Schale wird im Liegen geschmeidig, seine Grundfarbe ist strohweiß, in der Reife gelb. Das Fleisch ist gelblichweiß, fein, zart, saftreich, von delicatem süßweinigem, dem gewöhnlichen Gravensteiner ähnlichen Geschmack. Er zeitigt mit diesem, ja noch etwas früher; für Tafel und Küche ein schätzbarer Apfel. Der Baum wächst ganz, wie der des gewöhnlichen Gravensteiners, und ist ebenso gesund und fruchtbar. — Unter allen Birnsorten obenan stehen die Butterbirnen, unter diesen aber verdient die berühmte weiße Herbstbutterbirne (in Sachsen „Birne blank" genannt) die Krone, als feinste, zarteste, saftigste Frucht unter unserem gesammten Tafelobst. Eine feine, gut gereifte, nicht fleckige und nicht bittere Herbstbutterbirne wird überhaupt von vielen Leuten für das edelste Obst der Welt gehalten, dem alle die feinen Früchte der Südländer aus dem Grunde nachstehen müssen, weil sie bei allem Saft und Arom fast gar keine Säure enthält, daher ihr Genuß auch von Solchen vertragen wird, denen sonst die Obstsäure schädlich ist. Im ill. Handbuch der Obstkunde heißt es von der Birne: Die Schale ist fein, glatt, glänzend, matthellgrün, später blaßcitronengelb, oft etwas sanft geröthet, mit feinen Punkten, etwas Rost, auch häufig wahren Rostflecken; das Fleisch ist weiß, saftreich, butterhaft, von zuckerartigem, etwas rosenähnlichem Geschmack. Die Frucht riecht auch in der Reife fein müskirt. Und Metzger sagt davon: Eine kostbare Frucht, die zum ersten Rang des Tafelobstes gehört, als Marktwaare sehr gesucht ist, und in keinem Gemüse- noch Obstgarten fehlen sollte. Schöne, fehlerlose Herbstbutterbirnen werden auf den Märkten der Städte oft sehr theuer bezahlt. Der Baum wächst in der Jugend lebhaft, belaubt sich schön, und ist an seiner lichten Belaubung und gleichsam zahmen Vegetation kenntlich. Er wird mittelgroß, mit Anfangs aufrechten, später mehr hängenden Zweigen. Auf Wildlingen, wie auf Quitten gibt er schöne Pyramiden. Auf den letzteren wächst er besonders gut an, heißt daher auch „gute Pfropfbirne." Metzger stellt die weiße Herbstbutterbirne unter die I. Abtheilung der II. Ordnung: Lange Herbstbirnen, mit dem Charakter: Schmelzende, Birnen die sich in Saft beim Kauen auflösen, worunter die sämmtlichen köstlichen Tafelbirnen gehören. Lucas und Oberdieck stellen sie unter die länglichen Herbst-Tafel-Birnen. Nach von Biedenfeld reift sie von Anfang September bis October; der Baum muß kurz geschnitten werden, damit er sich nicht erschöpft. Die Frucht wird in trockenen Jahren am besten; bei voller Reife jedoch leicht teigig und faserig. Die weiße Herbstbutterbirne ist ein sehr bekannter, weit verbreiteter Baum, sie hat daher auch eine ganze Menge von Namen. Die bekanntesten deutschen sind: Weiße Herbstbirne, Kaiserbirne, Butterbirne, Goldbergamotte, Schmalzbirne, Spalierbirne, Citronenbirne, Herbstcitrone, weiße Herbstdechantsbirne, Franzdotterbirne, Blankbirne, Perlmutterbirne, Napoleonsbirne, Rousselettebirne, Weißbirne, Gebhardsbirne, Pfalzgrafenbirne, Goldbutterbirne, Pomeranzenbirne. Nach Metzger erscheint die weiße Butterbirnform in zwei Gestalten; einmal ist sie rund von Ansehen und nach dem Stiele zu flach und stumpf zugespitzt, so daß der Bauch ziemlich in der Mitte sitzt. In dieser Form ist die Frucht $2^1/_2$ Zoll breit und ebenso hoch. Die zweite Form hat den Bauch mehr gegen die Blume.

Gravensteiner Apfel.

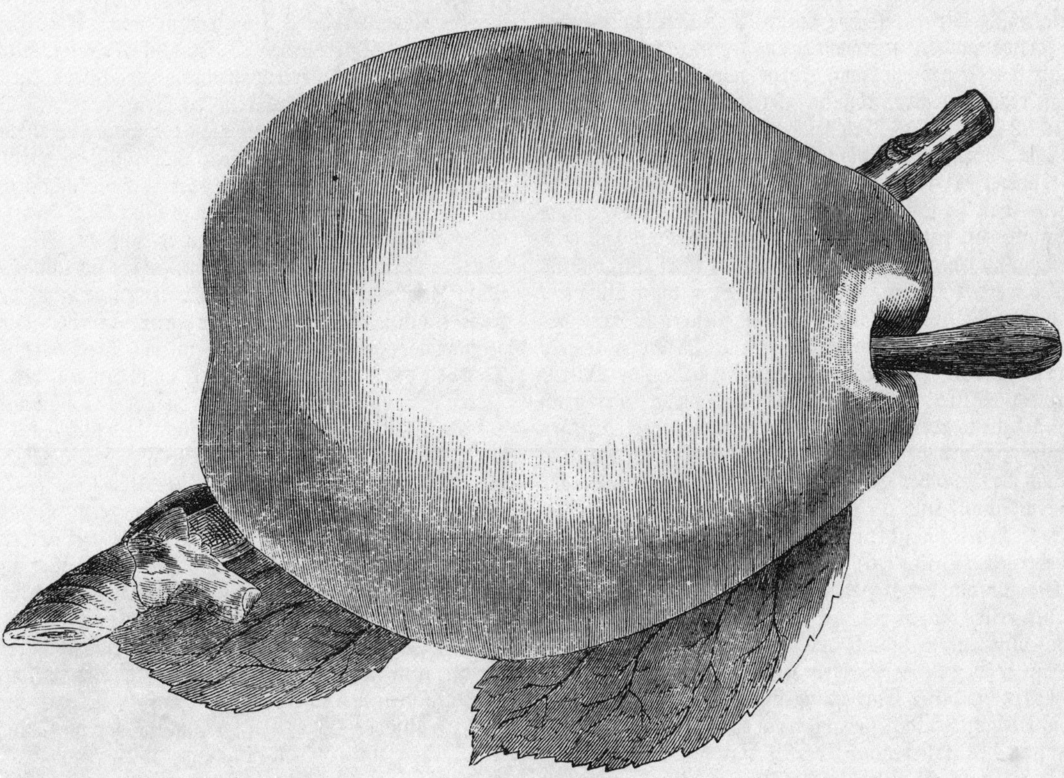

Herbstbutterbirne.

Obstbau.

Einen sehr wichtigen Gegenstand des Handels, auf dessen Gewinnung und Verwerthung der Wohlstand vieler Gegenden unseres Vaterlandes beruht, bildet das Dörrobst. Zum Dörren eignen sich vorzugsweise Pflaumen (Zwetschen) Aepfel, Birnen und Kirschen; sie bilden ein treffliches, gesuchtes Nahrungsmittel und werden weithin versandt. Leider aber ist man meistens in Deutschland noch allzu sorglos mit der Zubereitung und namentlich läßt die Bauart der Obstdörröfen noch Vieles zu wünschen übrig. Um diesem Uebelstand abzuhelfen, hat der verdiente Gartendirector Lucas in Reutlingen den Bau einer neuen Obstdörre angegeben, welche um so weniger zu wünschen übrig läßt, als sie zum Gebrauch von ganzen Gemeinden oder Genossenschaften eingerichtet ist. Die Anforderungen, welche man an eine gute Gemeindeobstdörre zu machen hat, sind die folgenden: 1) Dieselbe muß so eingerichtet sein, daß mehrere Gemeindeglieder zugleich, doch bei völlig abgeschlossenem Dörrraum und mit selbstständigen verschiedenen Feuerungen ihr Obst dörren können. 2) Die Feuerungen und deren Kanäle müssen gut heizen, guten doch nicht zu starken Zug haben, leicht zu reinigen und zu behandeln sein. 3) Die Feuerung muß so eingerichtet sein, daß mit aller Art von Feuermaterial (außer Coaks und Steinkohlen), also Holz, Holzabfällen, Lohkäsen, Treberkuchen, Torf, Reisig geheizt werden kann. 4) Es muß jede Dörre wenigstens 160—200 Pfund grünes Obst aufnehmen und in längstens 24 Stunden vollständig abdörren und dazu höchstens an Feuermaterial im Betrag von 8 Sgr. gebrauchen. 5) Jeder Rauch muß von dem Innenraum der Dörre entfernt sein. 6) Die Schubladen müssen so gestellt sein, daß das Dörren möglichst gleichmäßig erfolgt und bei gleich großen Früchten ein Auslesen möglichst erspart werden kann. 7) Die Wärme muß überall möglichst gleichmäßig wirken. 8) Für Abzug der feuchten Luft, sowie für eine fortwährende Luftströmung im Innenraum und gehörigen Zutritt trockener Luft muß Sorge getragen sein und letztere genau regulirt werden können. 9) Eine solche Dörre darf nicht über 32 Thlr. = 56 fl. rh. kosten und muß in jeder Waschküche u. s. w., ohne zu viel Raum zu beanspruchen, aufgestellt werden können. 10) Es muß die Dörre in ihrer Bauart so einfach sein, daß sie jeder einigermaßen geschickte Maurer nach der Zeichnung oder einem Modell leicht herstellen kann und muß selbstverständlich den feuerpolizeilichen Vorschriften entsprechend eingerichtet werden können. Die neue Dörre kann als einzelne oder in Verbindung mit mehreren gleichen Dörren als Gemeindedörre aufgestellt werden. Die Abbildung zeigt 2 an einander gebaute solche Dörren; dieselben haben die Mittelwand gemeinschaftlich; so können 5, 10 und mehr Dörren an einander gebaut werden, wodurch die Wirkung jeder einzelnen Dörre nur noch erhöht wird. Das Mauerwerk der Heizung besteht aus gewöhnlichen Mauersteinen, das der Wandungen des unteren Kanals und der Kamine aus hart gebrannten Ziegeln. Jede Feuerung ist für sich abgeschlossen, hat als Thüre ein Schiebergestell (Fig. 1 a.), einen Rost und Aschenloch (Fig. 2 und 3 b) und mündet am Ende des Rostes ziemlich rasch steigend in den ersten Kanal ein. Diese Steigung ist erforderlich, um dem abziehenden Rauch die nöthige Schnelligkeit zu geben, daß er die 3 wagerechten Kanäle gehörig durchziehen kann. Allein bei dieser Einrichtung findet, da die Steinplatte, welche die Steigung bildet, sich ungemein erhitzt, eine nochmalige Verbrennung des abziehenden Rauches statt und die Folge ist ein nur sehr langsames Verrußen der Kanäle. Der die Heizung umgebende Unterkörper 1 ist mit trocknem Schutt und Steinbrocken gefüllt und bildet einen Nachwärmer, indem sich diese Masse allmählich erhitzt und ihre Wärme noch lange, nachdem das Feuer erloschen, in reichem Maße dem Dörrraum mittheilt. Fig. 2 zeigt bei g einen Stein, welcher mitten in diesen Heizkanal gelegt ist. Er dient dazu, den Strom der Hitze zu theilen und so gleichmäßig unter der ganzen Eisenplatte zu verbreiten, eine durchaus nothwendige Einrichtung. Die Eisenplatte ist mit gut gewaschenem Sand überstreut. Dies ist durchaus nöthig und sollte feuerpolizeilich stets geboten sein, indem jeder Stiel, jeder Tropfen Obstsaft, jeder Schnitz der auf die Platte herabfiel, sofort glüht und die Funken herumwirft, die die Schubladen, selbst wenn sie 8 Zoll davon entfernt sind, entzünden. Der Rauch steigt nun, nachdem er den Raum unter der Eisenplatte durchzogen, in einem schiefen kleinen Kamin an der Hinterwand der Dörre in die Höhe und tritt in den über dem ersten Heizkanal befindlichen zweiten Kanal ein. Dieser ist (wie auch der dritte) von starkem Sturzblech, und durch eine Zunge in 2 Theile abgetheilt; in der einen Hälfte zieht sich der Rauch nach vorn hin, in der andern wieder nach der Hinterwand zurück und tritt in ein zweites kleines Kamin, welches ihn senkrecht zum dritten Rauchkanal leitet, in welchem er in gleicher Weise zweimal den Dörrraum durchzieht und dann durch das Rauchrohr abgeführt wird. Der Rauch macht einen Weg von 24 Fuß, bis er die Dörre verläßt und hat also Gelegenheit, seine Wärme möglichst zu vertheilen und abzugeben. Diese 2 obern Heizkanäle ruhen hinten auf dem sie theilweise umschließenden Gemäuer, in der Mitte und vorn am Eingang aber ruhen sie auf 2 Eisenstäben, die die Dörre durchziehen und ihnen zugleich Festigkeit geben. Somit ist jede Dörre in drei Abtheilungen getheilt; jede derselben enthält 3 Dörrhurden von je 6 □ Fuß Flächenraum. Die Dörrhurden laufen auf Schieferplättchen; statt dieser dienen noch besser etwas glatt abgeschliffene Dachplatten, welche, wie die Schieferplatten, da sie an der einen Seite abgerundet sind, Oeffnungen zum Durchzug der Luftströmung von unten nach oben lassen. Jeder Dörrraum ist durch eine hölzerne Thür abgeschlossen, welche mit einer Schlagleiste versehen und möglichst gut schließend sein muß. Der Hauptluftzug ist dicht über der Eisenplatte unten und die hier eintretende Luft durchdringt die 3 Dörrräume, erhitzt sich immer wieder bei jedem Heizkanal und tritt mit Feuchtigkeit gesättigt durch 2 hölzerne Kamine ins Freie, welche durch Schieber nach Belieben geöffnet oder geschlossen werden können. Die Dörre ist mit einem Deckel von Holz gedeckt. Will man den unteren Raum der Dörre ganz abschließen, um z. B. das Obst zu schwelgen, so wird auf die 2 Eisenstäbe rechts und links des unteren Sturzkanals je ein Blechstreifen gelegt; diese Blechstreifen schließen den Luftzug nach oben ab und nun tritt eine sehr hohe feuchte Wärme ein, so daß das Obst schnell in seinem eigenen Dampf gesotten werden kann. Auf diese Weise wird mit großer Ersparniß ein ausgezeichnetes Dürrobst erzeugt, das mit Vortheil in den Handel gebracht und in der Hauswirthschaft verwendet werden kann. Die Anfertigung desselben kann in vielen Gegenden zu einer wahren Quelle des Wohlstands werden, sobald dabei mit jener Sachkenntniß und Genauigkeit verfahren wird, welche unbedingt dazu gehören, um ein gutes Erzeugniß zu liefern. Am weitesten in der Kunst der Dürrobsterzeugung ist man im südlichen Frankreich, dessen (Katharinen=) Pflaumen einen Handelsartikel bilden, wobei die Güte der Früchte in Betracht kommt.

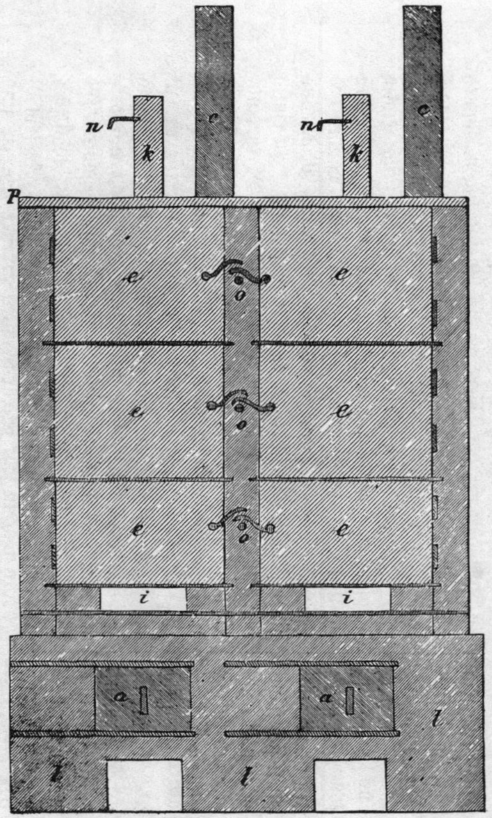

Vordere Ansicht.

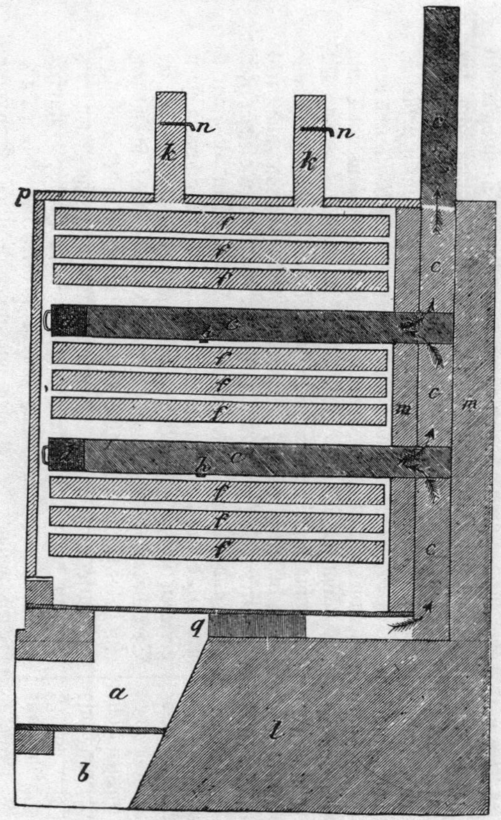

Längen-Durchschnitt.

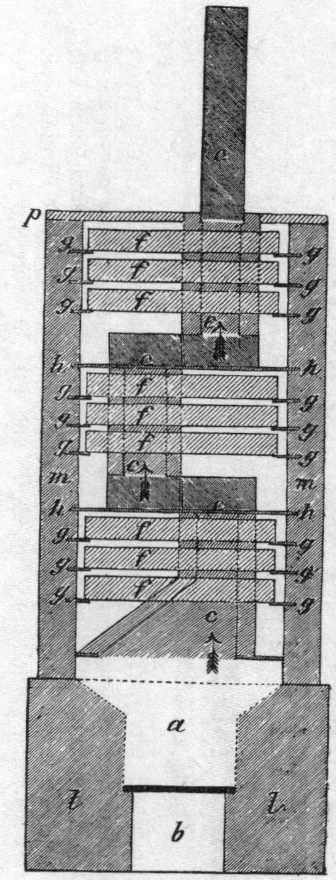

Quer-Durchschnitt.

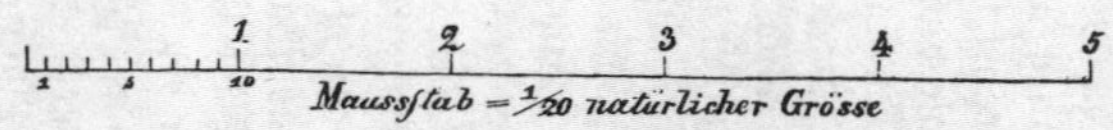

a. Heizung.
b. Aschenloch.
c. Rauchabzugsröhre.
d. Kapseln an den Rauchabzugsröhren, welche beim Ausputzen weggenommen werden.
e. Thüren von Holz, welche die Dörren abschließen.
f. Die Dörrschubladen.
g. Eingemauerte Schieferplatten, worauf die Schubladen laufen.
h. Eiserne Stäbe, worauf die Heizcanäle ruhen.
i. Zug am Dörrofen um frische trockene Luft zuzuführen.
k. Dampfabzugsröhren von Holz.
l. Backsteingemäuer.
m. Kluckergemäuer.
n. Schieber zum Schließen der Dampfcanäle.
o. Klammern zum Befestigen der Thüren.
p. Hölzerner Deckel der Dörre.
q. Stein in Mitten des Feuercanals, der die Hitze regelmäßig vertheilen soll.

Neue Obstdörre von Eduard Lucas.

Gartenbau.

(Fortsetzung von Seite 126.)

Um erfolgreich durchgeführt werden zu können, bedarf der Gartenbau ebenso wie die Landwirthschaft guter und zweckmäßiger Geräthschaften. Leider ist es in dem ersteren noch viel mehr wie in der letzteren der Fall, daß man aus Vorurtheil oder Bequemlichkeit bei dem Alten stehen bleibt und vor jeder Neuerung sich so lange scheut, bis man endlich nothgedrungen dieselbe ergreifen muß. Vielleicht auch glauben die Meisten, daß die allbekannten Geräthe der Gartenkunst zu deren Betrieb völlig hinreichend seien. Nun ist es allerdings wahr, daß man auch durch Fleiß und Mühe bei mittelmäßigen Geräthschaften Gutes wird leisten können, jedenfalls aber nicht das Beste, wie dies nur mit Hilfe vollendeter Werkzeuge zu erreichen ist. Diese ersparen viele Arbeit, Zeit, Mühe und Verdruß und sind in der Hand geschickter Führer die Wegweiser zu immer bedeutenderen Fortschritten. Es wird daher bei Gärtnern, Gartenfreunden und Landwirthen einigen Dank verdienen, wenn wir die Beschreibung und Abbildung verschiedener Gartengeräthschaften mittheilen, welche neu sind und sich bis jetzt vollkommen bewährt haben. Figur 1 und 2 sind Gießkannen, deren Originale aus der Londoner Industrie-Ausstellung stammen. Dieselben sind vielfach schon eingeführt und werden ihrer besonderen Zweckmäßigkeit wegen allgemein benutzt. Vorzugsweise gebräuchlich ist die Form von Fig. 1. Dieselbe hat vier Füße und mittelst der eigenthümlichen Griffe kann man sehr gut 2 Gießkannen auf einmal handthieren. Die Abbildungen werden hinreichen, die Eigenthümlichkeiten dieser neuen Gießkannen darzuthun. Ein durchlöcherter falscher Boden oder ein Sieb, a und b, welches herausgenommen werden kann, wenn das Wasser rein ist, dient im entgegengesetzten Falle dazu, alle Unreinigkeiten zurückzuhalten. Fig. 3 gibt den Aufriß von der Seite und Fig. 4 von oben. Wie aus der ganzen Bauart ersichtlich, wird also das Wasser nicht unmittelbar auf die Pflanzen gegossen, wodurch die Erde, besonders, wenn sie lose und sandig ist, leicht von den Wurzeln hinweggewaschen wird, sondern fällt vielmehr, indem es erst einige Zoll aufwärts steigen muß, blos durch die Schwere der Wassertropfen senkrecht von oben nach unten auf die Pflanzen, gerade wie ein feiner Regen. Daß dies das richtige Verfahren beim Begießen ist, wird schon durch den Vorgang in der Natur selbst angezeigt. In der Abbildung Figur 5 ist die Kanne gerade so eingerichtet, nämlich die durchlöcherte Seite richtet sich ebenfalls nach oben, nur ist das ganze Rohr drei Fuß breit oder lang, oder richtet sich nach der gesammten Breite des Beetes, wodurch dieselbe ganz auf einmal begossen werden kann. Diese Gießkannen erweisen sich für den Gartenbau im Großen wie im Kleinen, im Freien wie in Gewächshäusern überaus praktisch und dürfen aus längerer Erfahrung überzeugend empfohlen werden. Ein anderes, zwar kleines, aber höchst nützliches Instrument ist der Wurzelstecher, Figur 6, welcher ebenfalls in keinem einigermaßen bedeutenden Garten fehlen sollte, und jedenfalls auch in der Landwirthschaft sehr gute Dienste leisten könnte. Es lassen sich nämlich mit gar keinem anderen Werkzeuge so geschwind und leicht die tiefgehenden Wurzeln der hartnäckigsten Unkrautpflanzen wie z. B. von Löwenzahn, Wucherblume, Distel, Giftlattig u. s. w. herausheben, wie mit diesem einfachen kleinen Geräth. Dasselbe ist ebenfalls englischen Ursprungs aber noch nicht so verbreitet wie dies seine außerordentlich praktische Zweckmäßigkeit verdient. Die kleine amerikanische Handaxt, Figur 7, ist in einer Baumschule beinahe unentbehrlich, da mit keinem anderen derartigen Instrumente so vielerlei kleine Arbeiten so gut und rasch ausgeführt werden können, wie mit diesem. Die gefällige zweckgerechte Form und das ungemein Handliche des ganzen Werkzeuges wird schon von vornherein für dasselbe einnehmen, und ein längerer Gebrauch wird die vorgefaßte gute Meinung nur bestätigen. (Vgl. S. 28 und 29). In Figur 8 tritt die Baumschulenegge des hochverdienten Gartendirectors Lucas in einer veränderten und verbesserten Gestalt auf, welche diesem wichtigen und für den Obstbau im Großen unentbehrlichen Instrument gewiß neue Freunde erwerben wird. Das Ganze ist nach Art der schottischen Hackpflüge oder Reiheneggen und ganz von Eisen, welches viel zweckmäßiger befunden wird wie Holz, construirt. Es ist besser, wenn die Zinken etwas schräger stehen, wie in der Zeichnung angegeben ist, welche übrigens sonst wol für den Nachbau wird dienen können. Zur Stellung dienen die beiden Haken a b, durch welche man bestimmen kann, wie tief die Zinken eingreifen sollen. Will man das Instrument blos zum Jäten benutzen, so werden statt der Zinken 2 Messer, Figur 11, welche rechtwinklich gegen einander gebogen und vorn mit einer gestählten Scheide versehen sind, in dem hinteren Theile des Rahmens anstatt c und d, Figur 9 und 10, eingesetzt. Die wagrechte gestählte Schärfe dieser Messer schneidet dann alle Wurzeln durch, welchen sie auf ihrem Wege begegnet und ersetzt hierdurch viele Handarbeit. Will man hingegen zu gleicher Zeit jäten und anhäufeln, so werden die Theile c und d, Figur 9 und 10, benutzt, die ebenfalls noch mit den nämlichen Messern versehen sind. Zum Behuf des Anhäufelns lassen sich die Streichbrettchen der Flügelschare mit der Schraube f, schon durch eine halbe Umdrehung, also sehr leicht stellen und in der gewünschten Entfernung halten. Dieses Geräth dient zum Jäten und Häufeln der Baumschulen, von Kartoffeln, Turnips, Runkelrüben u. s. w., ebenso auch zum Reinhalten von Gängen und Wegen zwischen den Beeten mit außerordentlicher Ersparung von Zit und Arbeitskräften. Ein Mann bewegt dasselbe ohne Anstrengung fort und es wird ganz bequem damit die Arbeit von 6—8 Menschen vollendet. Ein hübsches und nützliches Gartengeräth ist endlich die englische Garten-Mausfalle zum Hinwegfangen der kleinen schädlichen Nager. Sie besteht aus einer Flasche, welche bei C einen beweglichen Deckel hat, der sich leicht nach Innen, nach Außen aber nicht öffuet. Die Flasche wird auf den Boden gelegt und eine Lockspeise, z. B. gequellte Erbsen hineingethan; die Thiere welche hineindringen, können nicht wieder heraus, und werden so vertilgt. — Ein lohnendes Verfahren der Spargeltreiberei ist folgendes, in Rußland übliches: Zwei Beete a a neben einander werden mit einem Kasten umgeben, gebildet aus den Bretterwänden b b, den beiden Längebalken c c, den Querbalken d d, den Bretterwänden e e und der Decke f. Derselbe wird rundum mit Stroh, Mist, Laub umgeben, so daß keine Kälte hinzu dringen kann. An einem Ende ist eine Thüre angebracht, durch welche der Gärtner mit einer Laterne hineinkriecht, und bei sonst geeignetem Verfahren den ganzen Winter hindurch, sonst aber doch sehr frühzeitig schönen Spargel stechen kann. Es scheint, als wenn der Gartenbau noch weit mehr, als dies bis jetzt geschehen ist, durch Anwendung zweckmäßiger Instrumente und Maschinen vereinfacht und verbessert, namentlich aber wohlfeiler gemacht werden könnte. Die großen Vervollkommnungen, deren sich die Landwirthschaft der neueren Zeit in dieser Hinsicht erfreut, sind für den Gartenbau bis jetzt nur noch in sehr seltenen Fällen erreicht worden, und selbst die trefflichsten Geräthe werden wenig benutzt.

Fig. 12. Garten-Mausefalle.

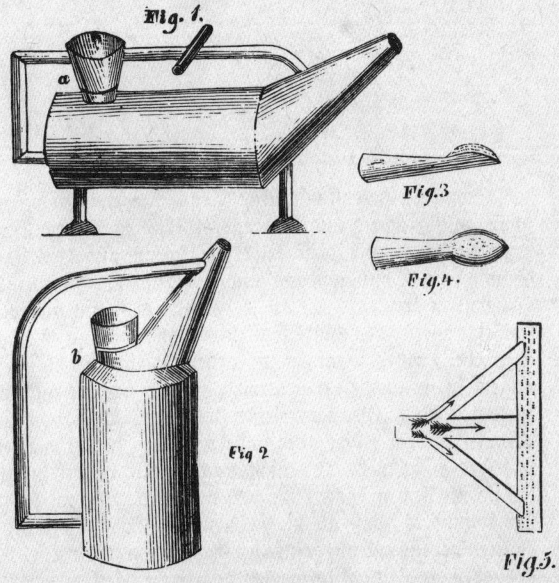

Verbesserte Gießkanne.

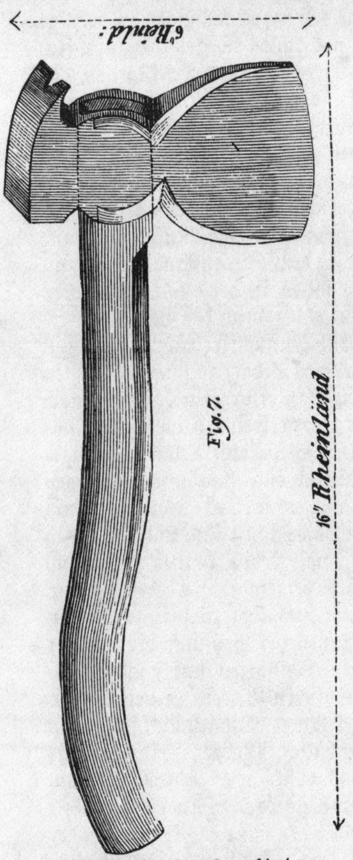

Handaxt für die Baumschule.

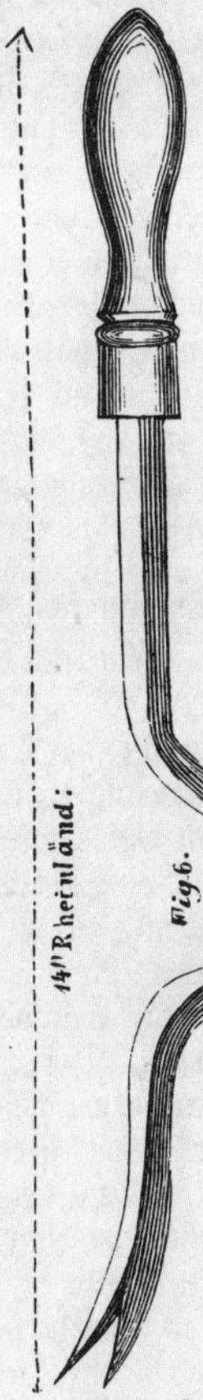

Wurzelstecher.

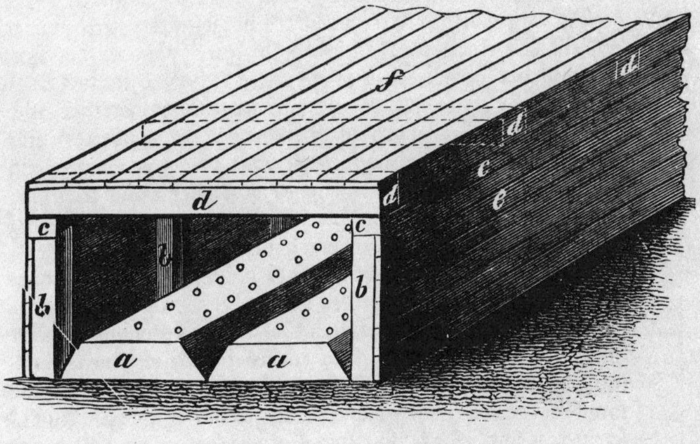

Fig. 13. Spargeltreiberei.

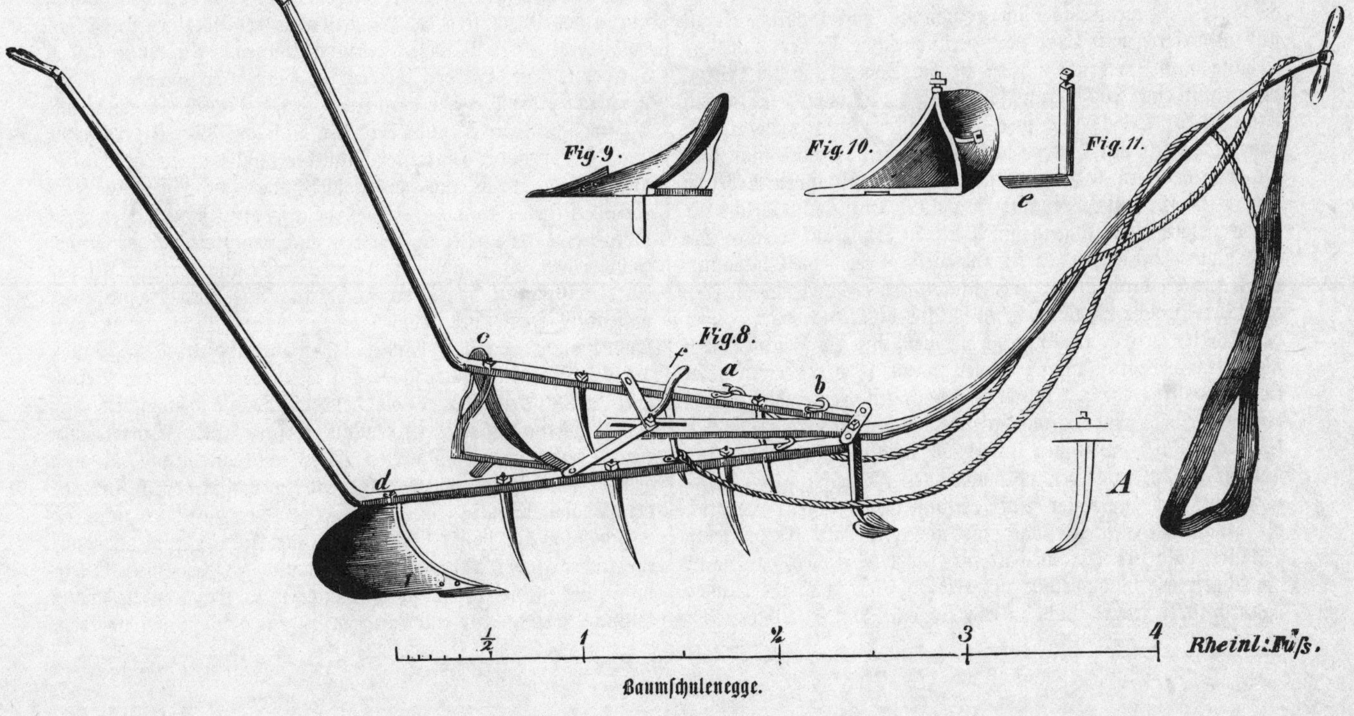

Baumschulenegge.

Gartenbau.

Schon vielfach ist mit Recht darauf hingewiesen worden, wie schön, nutzbringend und bildungsfördernd es für die Kinder der Landwirthe, ja für diese selber sei, wenn auf dem Lande die Schullehrer Obstbaumzucht und Seidenbau, Bienenzucht und Gartenbau treiben. Wenn je irgend etwas sich zur Nebenbeschäftigung für den Volksschullehrer eignet, so sind es gewiß diese Betriebe. Aber so alt diese Forderung zum Theil ist, und so allgemein sie ausgesprochen wird, — bis jetzt ist auch ihr noch in keiner Weise Genüge geleistet worden. Was von einzelnen Lehrern in dem einen oder andern dieser Zweige geschehen ist, das sind nicht mehr und nicht weniger als eben Einzelnheiten, die sich in dem größeren Ganzen verlieren. Fragt man: Woher kommt es, daß all die schönen Wünsche, wie man sie seit Jahren gehegt und ausgesprochen hat, doch nur fromme Wünsche geblieben sind, im Allgemeinen noch nicht Fleisch und Blut gewinnen können? so gibt es darauf verschiedene Antworten. Für die Sache selbst dürften die folgenden genügen: Man hat darin gefehlt, daß man zur Erreichung des vorgesteckten Ziels immer nur ein Einzelnes, bald Dieses, bald Jenes, nie aber die Vereinigung der verschiedenen Theile zu einem Ganzen ins Auge gefaßt hat. Man hat das Zusammengehörige zerrissen und gleichsam eine Wechselwirthschaft eingeführt, zu welcher der eine Acker in dieser, der andere in jener Lage genommen wurde, ein Umstand, der zu viele Bedingungen voraussetzte und den vortheilhaften Betrieb nur zu hindern geeignet war. — Man hat aber auch darin gefehlt, daß man sich nicht gefragt hat, ob namentlich dem landwirthschaftlichen Betrieb der Volksschullehrer nicht eine Einrichtung gegeben werden könnte, bei der auch die Gemeinden selbst für ihre zu bringenden Opfer ihre Rechnung und ihre Vortheile finden würden. So fremdartig dieser Zweck klingt, so ist die Vereinigung desselben mit den Zwecken der Schule und ihrer Lehrer doch nicht so schwer, als es auf den ersten Anblick scheinen möchte. Das Bindemittel ist gegeben in der neuerdings immer schärfer hervortretenden Forderung, die Schule mit dem Leben zu verbinden und die Jugend zur Arbeit zu erziehen. Die Erziehung zur Arbeit ist aber nur durch Arbeit möglich. Für die ländliche Jugend eignet sich vorzugsweise auch ländliche Arbeit und zu dieser gehört Land oder Grundbesitz. Ferner: Wo Erziehung und Unterricht ist, da ist die Schule und der Lehrer. Wenn nun einerseits hieraus folgt, daß die Erziehung zur Arbeit Aufgabe der Schule und ihrer Lehrer ist, so folgt andererseits, daß die Schule mit Gütern auszustatten sei. Nimmt man dies als feststehend an, so fragt es sich: Welche ländlichen Arbeiten eignen sich für den Lehrer und seine Verhältnisse und welche für die Erziehung der Jugend zur Arbeit? Ohne auf weitere Erörterungen einzugehen, darf man sagen, es seien die Obstbaumzucht, der Seidenbau, die Bienenzucht und der Gartenbau Gegenstände, welche die körperlichen Kräfte weder des Lehrers noch der Schüler zu sehr in Anspruch nehmen, und die überdies noch auf einem verhältnißmäßig kleinen Raum so betrieben werden können, daß sie wie den Lehrern, so auch den Gemeinden bedeutende Vortheile einbringen. In ihnen ertheilt der Lehrer seinen Schülern einen praktischen Unterricht, indem er sie anhält und anleitet die bei denselben vorkommenden Geschäfte in Gemeinschaft mit ihm und unter seiner Leitung zu verrichten. Daß sich die genannten Geschäfte bald für mehrere, bald für einzelne Schüler, bald für Knaben, bald für Mädchen eignen, daß sie in die schulfreien Nachmittage zu verlegen seien, daß die Kinder dadurch ihren Eltern nicht zu sehr entzogen werden dürfen, und Aehnliches, versteht sich wohl von selbst. Der Grundsatz, daß zu einem vortheilhaften Betrieb der Landwirthschaft nicht viele Güter erforderlich seien, sondern daß es zweckmäßiger sei, wenige gehörig zu betreiben und sie nach allen Seiten auszubeuten, kommt immer mehr zur Geltung. Auch zur Ausführung des Gedankens der Erziehung durch ländliche Arbeit bedarf es diesem Grundsatze gemäß blos eines einzigen Morgen Feldes, das, von einer Hecke umschlossen, den Schulgarten bilden soll, in welchem die genannten Geschäfte von Lehrern und Schülern betrieben werden können. Nach seinen verschiedenen Zwecken zerfällt der Schulgarten in: 1) die Baumschule. 2) die Musterobstpflanzung. 3) den Küchengarten mit 4) dem Bienenstand. Was nun 1) die Baumschule betrifft, so sollen in derselben die älteren Schulknaben oder die Sonntagsschüler durch den Lehrer Unterricht in allen Geschäften der Obstbaumzucht erhalten. Auch soll dieselbe für die Gemeinde den nöthigen Bedarf an jungen Bäumen liefern. Hierzu ist $^1/_4$ Morgen Platz erforderlich, welcher nach den von Lucas in seiner Schrift: „die Gemeindebaumschule" ausgesprochenen Grundsätzen in 10 Schläge oder Quadrate eingetheilt ist. Von diesen wird alljährlich eines mit jungen Bäumen angepflanzt und vom siebenten Jahre an je eines abgeleert, so daß immer 7 Quadrate mit Bäumen angepflanzt sind und 3 für den Gemüsebau übrig bleiben. Auf diese Weise können alljährlich 200—250 junge Bäume an die Gemeinde abgegeben werden. 2) Die Musterobstpflanzung ist nöthig zum Unterricht in der Behandlung erwachsener Bäume, zur Prüfung der in jeder Gemeinde am besten gedeihenden Obstsorten und zugleich um den Gemeindegliedern den thatsächlichen Beweis zu liefern, von welchem Vortheile eine in allen Stücken rationell und sorgfältig behandelte Baumzucht ist. Ein halber Morgen Feldes ist für die angegebenen Zwecke jedenfalls vollkommen hinreichend, um bei 32' Abstand sowohl der Bäume als der Reihen 18 Kernobsthochstämme und auf den Abständen der äußeren Reihen von der Grenze 10 Steinobsthochstämme und 7 Maulbeerbuschbäume anpflanzen zu können. 3) Der Küchengarten. Für denselben bietet der noch übrige Viertelsmorgen den erforderlichen Raum, um in den Geschäften des Gartenbaues den nöthigen Unterricht vorzugsweise für Mädchen geben zu können. Außerdem finden auf demselben, ohne den Ertrag der Gartenwirthschaft auf eine nennenswerthe Weise zu beeinträchtigen, 8 Maulbeerhochstämme, 2 Zwetschenbäume und bei 10' Abstand 32 Niederstämme Platz, die entweder aus lauter Maulbeerbuschbäumen, oder theils aus solchen, theils aus Zwergobstbäumen, auf Wildlinge veredelt, bestehen könnten. So würde also der Küchengarten nicht blos für den Gemüsebau, sondern auch den Zwecken der Seidezucht dienen. 4) Der Bienenstand. Er gibt Gelegenheit zur Unterweisung in der Bienenzucht und findet an irgend einer passenden Stelle des Küchengartens seinen Platz. Bei einer Ausdehnung von 16' Länge, 12' Höhe und 6' Tiefe können 16—20 Bienenstöcke bequem aufgestellt werden. Zur Beförderung des Seidenbaues wird endlich noch angenommen, daß der ganze Garten mit einer Maulbeerhecke umfriedigt sei. In einem derartigen Schulgarten ist es nicht allein möglich und geboten, den Unterricht der Jugend in verschiedenen Zweigen der Landwirthschaft gründlich practisch durchzuführen, sondern er gibt auch überhaupt Gelegenheit zur Anknüpfung der wichtigsten Lehren der Naturwissenschaften und des Gewerbes. Allein nicht blos in dieser, freilich alle andern in Schatten stellenden Hinsicht, wird er für eine Landgemeinde von Wichtigkeit werden.

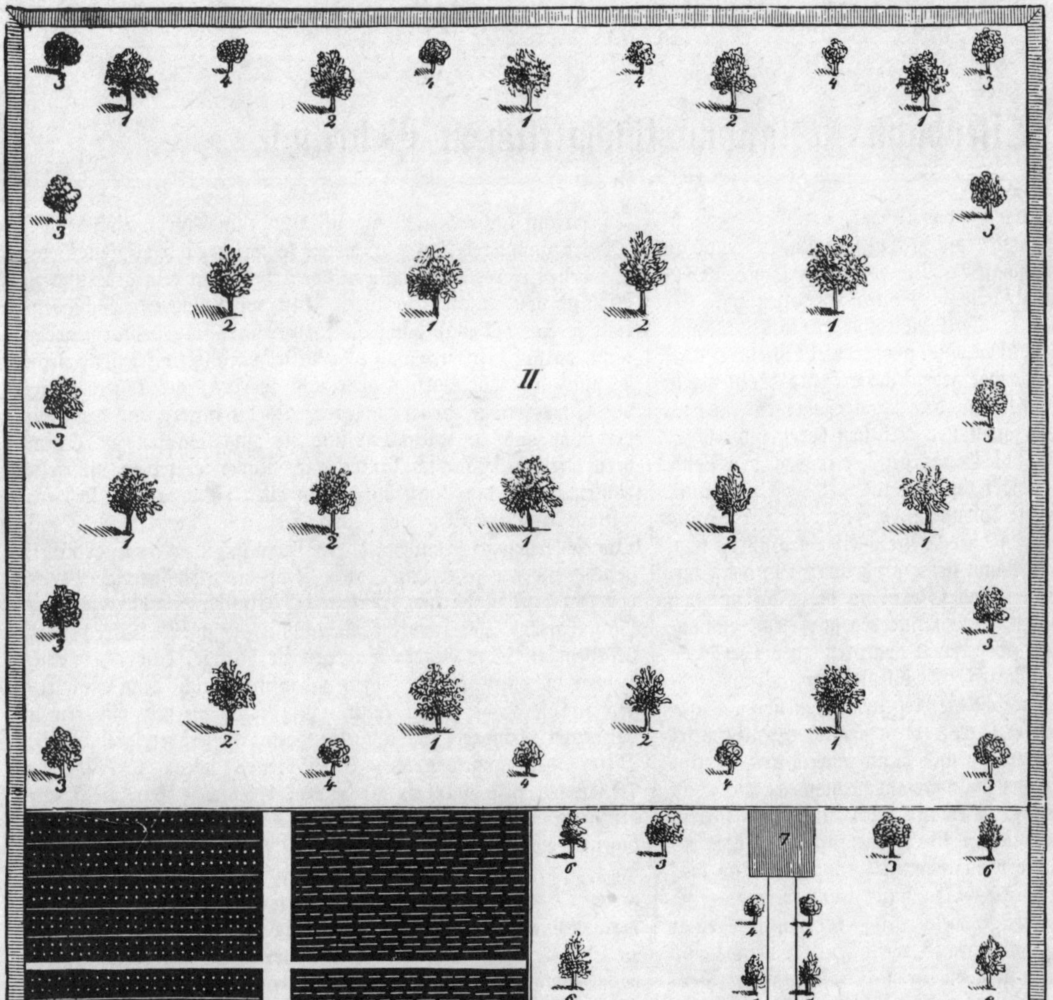

Der Schulgarten.

Erklärung.

Der Schulgarten zerfällt in 3 Abtheilungen:

I. Die Gemeindebaumschule.

Größe: 120′ lang, 80′ breit = 9600 □′ = $^1/_4$ Morgen. Durch einen 4′ breiten Längenweg und durch 4 Querwege à 2′ zerfällt sie in 10 Schläge, deren 7 stets mit Obstbäumen und 3 mit Gemüse angepflanzt sind. Jeder Schlag ist 22$^1/_2$′ breit und 38′ lang, und in Beete à 4$^1/_2$′ breit und 38′ lang getheilt. Auf jedem Beet stehen in 2 Reihen 25 = 50 Bäume.

II. Die Musterobstpflanzung.

Größe: 160′ lang, 120′ breit = 19,200 □′ = $^1/_2$ Morgen. Sie enthält 4 Reihen Kernobstbäume, deren Abstand von der äußeren Grenze auf den beiden Längenseiten je 12′, auf den beiden Breitenseiten je 16′ beträgt. Der Abstand der Bäume in den Reihen und der Abstand der Reihen selbst = 32′. Nach der Dreipflanzung enthalten 2 Reihen je 5, und 2 Reihen je 4 Bäume, und zwar bei stetiger Abwechselung 10 Aepfel- und 8 Birnbäume. Auf den 16′ breiten Abständen der Breitenseiten stehen je 5 Steinobstbäume, auf den 12′ breiten Abständen der Längenseiten, zusammen 7 Maulbeerbuschbäume.

III. Der Küchengarten.

Größe: 120′ lang, 80′ breit, = 9600 □′ = $^1/_4$ Morgen. Durch denselben führen 2 je 3′ breite Wege, welchen entlang 16 Zwergobst- und 16 Maulbeerbuschbäume stehen. In der Mitte ist ein Rondel zu beliebigem Gebrauch; an den äußeren Seiten sind 8 Maulbeerhochstämme, 2 Steinobstbäume, eine Gartenlaube und ein 12′ langer und 6′ tiefer Bienenstand.

1 = Apfelbaum.
2 = Birnbaum.
3 = Steinobstbaum.
4 = Maulbeerbuschbaum.
5 = Zwergobstbaum.
6 = Maulbeerhochstamm.
7 = Gartenlaube.
8 = Bienenstand.

Das Ganze ist mit einer 800′ langen Maulbeerhecke umgeben.

Eisenbahn zu landwirthschaftlichem Gebrauch.

Immer mehr lernt die Landwirthschaft von der Gewerbthätigkeit und das gereicht ihr zum Ruhm und Nutzen. Was in der letzteren die Genossenschaft an Wundern gewirkt hat, ist bekannt; auch die Landwirthschaft wird durch Genossenschaft der Besitzer in einer bestimmten Oertlichkeit nur gewinnen können. Der gemeinschaftliche Ankauf gewisser großer, viel leistender Maschinen, deren man nur vorübergehend bedarf und deren Preis für den Einzelnen, besonders für den Pächter, meistens zu hoch ist, würde die Dauer der wichtigsten Arbeiten bedeutend abkürzen, während sie gleichzeitig die Handarbeit verringern, den Reinertrag erhöhen würde — über den die Landwirthe oft noch nicht im Klaren sind, wie es die Industrie jederzeit ist. Die Mähemaschinen z. B. würden auf diese Weise leicht einzuführen sein, während jetzt es langsam damit geht, trotz ihrer allgemein anerkannten Nothwendigkeit. Das Gleiche ist der Fall mit den fahrbaren Dampfmaschinen, ebenso mit den großen Dreschmaschinen und mit anderen größeren Apparaten oder Geräthen (z. B. schwere eiserne Walzen, Schollenbrecher, Norweg'sche Eggen, Drillgeräthe 2c.), welche die Arbeiten der neueren Landwirthschaft so sehr erleichtern. Alle diese wichtigen Hilfsmittel könnten von Vereinen erworben und dann abwechselnd benutzt werden. Um nur auf Eines aufmerksam zu machen: die schon früher erwähnte Viehwage! Niemand wird in Abrede stellen, das dieselbe eines der wichtigsten Werkzeuge für den Landwirth ist, und dennoch wird sie so wenig benutzt! Ihr Preis kann kein Hinderniß sein, denn für 40—50 Thaler bekommt man eine völlig genügende Decimalwage, welche 36—46 Centner genau wägt. Wie leicht und einfach wäre es, wenn eine Gemeinde eine solche Wage anschaffte und sie allen ihren Mitgliedern zur Verfügung stellte! Der Bauer, welcher dann eine Kuh, ein Schwein auf den Markt bringt, würde ganz genau wissen, was das Thier wiegt und werth ist, anderer Vortheile in Handel und Wandel nicht zu gedenken. (Vgl. S. 190). Dies leitet uns über zu dem Nutzen versetzbarer (transportabler) Eisenbahnen sowol für den einzelnen Gutsbesitzer, wie für Gesammtheiten. Daß durch Eisenbahnen der Transport um 75 Procent erleichtert und billiger hergestellt wird, ist bekannt, selbst wenn der Dampf nicht, sondern nur die thierische Kraft als Beweger benutzt wird. Man denke sich nun eine solche versetzbare Eisenbahn im Besitze einer Gemeinde und berechne den dadurch zu erlangenden Vortheil, wenn z. B. ein Wald ausgeholzt, ein Torfstich ausgebeutet, ein Steinbruch betrieben, eine große Erdarbeit unternommen werden soll! Man ziehe dabei in Betracht, daß auch der Einzelne dabei gewinnen muß, daß es ihm sogar freigestellt bleiben kann, die Schienenbahn nebst ihren Waggons gegen ein Billiges zu ermiethen — und man wird, alle Verhältnisse in Betracht gezogen, es für keine Uebertreibung halten, wenn wir eine Zeit kommen sehen wollen, in welcher jedes Dorf, jedes größere Gut seine besondere Eisenbahn haben wird. In England und Frankreich ist dies jetzt schon vielfach der Fall; es bedarf zur Anlegung einer transportabeln Eisenbahn weder der Locomotiven, noch bedeutender Kosten. Unsere Abbildungen geben die Ansicht der landwirthschaftlichen Eisenbahn einer Ackerbauschule und Zuckerfabrik in Frankreich. Hier werden die Zuckerrüben vom Feld, die Kohlen 2c. auf einem Schienenweg mittelst leichter, von Menschen geschobener Waggons gebracht. Derselbe besteht aus 18 Fuß langen Schienen, welche 55 Millimeter breit und 15 M. dick sind, sie liegen frei in Einschnitten hölzerner Querschwellen, welche etwa 3 Fuß von einander im Boden liegen. Die darauf laufenden Waggons sind zum Kippen eingerichtet. Die Krümmungen (Curven) bieten keinerlei Schwierigkeiten; die Schwellen werden vorläufig auf dem Boden in dem gewünschten Abstand von einander vertheilt, dann wird blos eine Schienenlinie gelegt, der man leicht die entsprechende Curvenform geben kann, darauf erst wird auch die zweite, parallel mit jener gelegt. Es muß nur die Vorsicht gebraucht werden, die äußere Seite der Curve etwas höher zu legen, als die innere, um den Lauf der Waggons zu erleichtern und sie am Ablaufen zu verhindern; selbstverständlich laufen die Räder derselben um feste Achsen. Soll die Bahn über einen Weg hinweggehen, so wird mittelst 4 Holzbalken von etwa 18 Fuß Länge, welche auf Querschwellen geschraubt sind, ein Durchzug im Niveau gebildet, gerade wie bei jeder Eisenbahn. Um die gleichförmige Breite der Bahn zu verbürgen, müssen die Einschnitte völlig gleiches Maß haben. Der innere Sägenschnitt geschieht senkrecht bis 25 Mm. tief, der äußere hingegen ist schräge, damit der Keil, welcher die entsprechende Form haben muß, nicht beim Einschlagen in die Höhe ziehen kann. Die Keile werden mit einem hölzernen Schlegel mit langem Handgriff eingetrieben. Ein Meter der angewendeten Eisenschienen wiegt 12 Pfd. zu 70 Cents., also 4 Frcs. 80 Ct. = 1 Thlr. 8 Sgr. 4 Pf. die beiden Schienen. Die Schwellen werden von ganz gewöhnlichem weichem Holz angefertigt; sie sind 1 M. 30 Centmtr. lang, (4 Fuß) 0,08 Meter stark, und bis 0,12 Meter breit. Die Einschnitte und Keile fertigt jeder Stellmacher; man rechnet den Werth der Schwelle mit 2 Keilen zu 1 Frc. (8 Sgr.). Der laufende Meter der transportabeln Eisenbahn kommt auf ungefähr $1^1/_2$ Thlr. = 6 Frcs. zu stehen. Zwei Mann sind zum Legen nothwendig; mit einiger Uebung, und wenn keine Bodenschwierigkeiten vorkommen, bringen dieselben 200 bis 300 im Tag fertig. Das Wegnehmen geht noch viel schneller. Der Preis eines Waggons ist 48 Thlr. oder 180 Francs. Demnach würden 1200 Fuß transportabler Eisenbahn auf circa 650 Thlr. ohne Waggons zu stehen kommen. Der Nutzen eines auf solche Weise verwendeten Kapitals ergibt sich aus der einfachen Betrachtung, daß auf der Bahn ein Mann mit Bequemlichkeit eine Last von 2000 Pfund fortzuschaffen vermag. Würde nun eine solche Schienenstraße, für die Bedürfnisse einer ganzen Gemeinde berechnet, nicht das Transportgeschäft, das, zumal im Winter, wo es am meisten im Gang, mit so vielen Schwierigkeiten und Unannehmlichkeiten verbunden ist, außerordentlich vereinfachen und sehr billig werden lassen? Würden die Kosten nicht baldigst gedeckt werden? Jedenfalls ist diese Frage wichtig genug, und verdient, daß man sich die Mühe gibt, eine richtige Antwort darauf zu finden. Wenn man überschlägt, was die Instandhaltung der Straßen und Wege alljährlich einer Gemeinde oder einem größeren Gute kostet, so wird man nicht lange im Zweifel darüber sein, daß die Anlage von Schienenbahnen sich in sehr vielen Fällen dringend empfiehlt und sich bald bezahlt machen müßte. Es kommt aber nicht dies allein in Betracht, sondern auch die Ersparniß, welche durch einen verminderten Bestand an Zugvieh erzielt werden würde. Denn es ist bekannt, daß auf einer guten Schienenbahn ein Pferd das Sechsfache fortzubringen vermag, als vor dem Lastwagen auf gewöhnlichen Wegen und zwar ohne sonderliche Anstrengung, da die einmal in Bewegung gesetzte Last fast von selber fortläuft. Das Aufstellen einer Schienenbahn, wie die beschriebene, nimmt keineswegs viel Zeit in Anspruch.

Entladung eines Waggons der landwirthschaftlichen Eisenbahn.
(Maßstab 0,05 = 1 Met.)

Durchschnitt eines Waggons der landwirthschaftlichen Eisenbahn.
(Maßstab 0,05 = 1 Met.)

Eisenbahn zu landwirthschaftlichem Gebrauch.

1. Sämaschinen und Pferdehacken.

(Fortsetzung von Seite 136.)

Die Führung der englischen Drillmaschinen erheischt Aufmerksamkeit, Genauigkeit und Intelligenz. Der Arbeiter hat sein Auge überall zu haben; begleitet ist er von einem Knecht oder Knaben, der die beiden Pferde leitet. Wird die Maschine mit dem Vordersteuer gefahren, so geht der Führer vor, wo nicht, hinter der Maschine. Die in Deutschland am allgemeinsten gebräuchliche, den Verhältnissen entsprechendste ist die sogenannte Suffolk-Drillmaschine für 10 Reihen mit 6 Fuß Spurbreite, ohne Düngstreuapparat, für 2 Pferde, wie sie nebenstehend abgebildet ist. Bei der Arbeit ist vor Allem darauf zu sehen, daß der Saatkasten, gleichviel welche Neigung das Erdreich hat, stets senkrecht steht, weil nur dann die Saat gleichmäßig ausgestreut wird; vermittelst der Kurbel oben am Kasten kann dieser nothwendige senkrechte Stand stets leicht erreicht werden. Die Menge der Saat wird geregelt vermittelst der verschiedenen Zahnräder, welche beigegeben, und nach Erforderniß gewechselt werden. Dieselben kommen an das Wellenende der Saatscheiben und greifen in die beiden verschieden großen Stirnräder an der Nabe des Karrenrads. Wichtig ist die Steuervorrichtung, welche durchaus unerläßlich ist, wenn man gerade, völlig gleichlaufende Reihen säen, und darnach zwischen denselben mit der Pferdehacke arbeiten will. Mit diesem Steuerwerk, welches allerdings nur auf flachem Erdreich oder nicht gewölbten Beeten anwendbar ist, und ganz wie der Vorderwagen eines gewöhnlichen vierräderigen Fuhrwerks wirkt, kann der Arbeiter die Saatreihen mit den vorherigen stets vollkommen gleichlaufend halten, indem er nur den Steuerhebel faßt und so regiert, daß stets eines der kleinen Vorderräder in der Spur des vorhergegangenen Hinderrades läuft. Bei einiger Uebung ist dies sehr leicht, sichert eine vollkommene Regelmäßigkeit der Pflanzenreihen, und erleichtert auf diese Weise ungemein das Behacken mit Gespann. Der Führer hat von Zeit zu Zeit darauf zu achten, daß alle Trichter säen, keiner sich verstopft oder ausgehängt hat. Daß ein möglichst klarer, reiner, gleichmäßiger Samen auch eine erfolgreichere Saat verbürgt, versteht sich von selbst. Ebenso, daß der Boden, auf welchem diese Drillmaschine angewendet werden soll, möglichst gut und locker zubereitet, frei von Schollen, Quecken und Strohmist sein soll; zur Düngung eignen sich daher vorzüglich pulverförmige Stoffe bei der Drillsaat. Deshalb ist die Anwendung der Getreidedrillmaschine nach Garrett ein sicheres Zeichen einer gesteigerten Cultur und einer klugen Bewirthschaftung. Die Saatersparniß bei dieser Drillmaschine beträgt gegen die breitwürfige Aussaat durchschnittlich $^1/_5$ bis $^1/_4$; der Mehrertrag ist nur auf schwereren Bodenarten und bei Behackung nachzuweisen. Die gesteigerte Hochcultur, welche der Ackerbau Großbritanniens erstrebt und errungen hat, verlangte indessen schon vor geraumer Zeit verschiedene Verbesserungen an der „Suffolk-Drillmaschine" für Getreide und andere Samen, die in ihrer alten Gestalt noch vielfach im Gebrauch ist, obgleich eine vervollkommnete Bodenbestellung ihre Umänderung vorschrieb. Die Fabrik von R. Garrett u. Söhne, deren erfolgreiche Bemühungen in Verbesserung der Reihensäemaschine wohl keinem Landwirth fremd sind, haben nun neuerdings eine Drillmaschine für Getreide und andere Samen angefertigt und in den Handel gebracht, die sich ganz vorzüglich für leichten und seicht gepflügten Boden eignet, und, während sie alle Vorzüge der beliebten Suffolk-Drillmaschine in sich vereinigt, um den dritten Theil leichter und im gleichen Verhältniß weit billiger ist. Unsere Abbildung zeigt diese „Universal-Drillmaschine", welche mit gleicher Vollkommenheit alles Getreide, wie andere landwirthschaftliche Samen säet. Erfunden ist dieselbe von Mr. J. Sainty; der Apparat zum Schöpfen und Vertheilen der Saat (Löffelsystem) ist ganz derselbe, wie bei der Suffolk-Drillmaschine, aber in seiner höchsten Vollendung. Dagegen weicht von der letzteren die neue „Universal-Drillmaschine" in folgenden Punkten ab: 1) Die Hohlschare werden bis zu jeder beliebigen Tiefe in den Boden gedrückt durch platte Stahlfedern, anstatt wie früher durch angehängte gußeiserne Gewichte; indem diese wegfallen, brauchen die Scharhebel bei weitem nicht mehr so schwer zu sein, als früher, ohne von ihrer Stärke zu verlieren; ebenso können nunmehr leichte Schare aus gut verstähltem Schmiedeeisen an die Stelle der schweren gußeisernen treten. 2) Die Aushebevorrichtung: Winde, Sperrrad, Kurbeln und Ketten (das Klinkwerk), die Hängearme und der ganze Apparat zum Eindrücken der Schare in gebundenes Erdreich (welcher neben der Anwendung von Gewichten noch nöthig ist) sind außerordentlich vereinfacht; Rahmen und Hebel sind so leicht, daß sie mit der Hand auf die bequemste Weise, ohne Anstrengung, in und außer Thätigkeit gesetzt werden können, während gleichzeitig Vorsorge getroffen ist, die Druckwirkung jedes einzelnen Hebels nach Erforderniß beliebig zu verstärken. Die Gesammtabsicht dieser wichtigen Verbesserungen geht aber nicht blos darauf hinaus die Zugkraft, das Gewicht und den Preis der Drillmaschine bedeutend zu vermindern, sondern sie auch trotz ihrer größeren Einfachheit leistungsfähiger zu machen; die Scharhebel arbeiten jetzt unter der Einwirkung der Patent-Stahlfedern weit vollkommener, als früher mit Gewichten und Druckvorrichtung; die Schare dringen stets ganz gleichmäßig tief in den Boden ein und es ist eine Fehlstelle bei der Saat von nun an geradezu eine Unmöglichkeit. Alle arbeitenden Theile sind endlich dauerhafter und solider hergestellt, als bei irgend einer bekannten Drillmaschine; jedes einzelne Stück der Maschine kann als Ersatz zu weit billigerem Preise geliefert werden, als früher, und ohne daß die Maschine selbst zur Fabrik gesandt zu werden braucht. Eine kleinere, viel verbreitete und sehr nützliche Reihensäemaschine für Rüben, Raps u. dergl. ist der für zwei Saatenreihen berechnete schottische Rübendriller. In dem Gestell a a der Maschine liegen zwei einwärts gekrümmte Beetwalzen b b, welche vor den Saatscharen herlaufen, und entweder in den weichen Boden einen niederen Kamm drücken, oder die schon vorher gebildeten Kämme ebenen und festigen. Das Saatgut kommt in die blechernen Saatkasten c c, wird hier von vertieften Rollen ergriffen und in die Trichterröhren d d geführt, durch welche der Samen herabgleitet; sie münden in zwei kleine, geflügelte Schare, welche die Furchen im Boden eröffnen. Ein Pferd zieht die Maschine in der Gabeldeichsel f; zwei Sterzen g dienen zur Führung; ein Hebel zwischen beiden ermöglicht, die Maschine sofort außer Thätigkeit zu setzen. Eine sehr beliebte Säemaschine ist die zweireihige Rapsdrillmaschine, welche hier als Bohnendriller abgebildet ist. Diese bekannte, von Ducket erfundene, von Burger in Deutschland verbreitete Trommelsäemaschine bedarf keiner näheren Beschreibung; durch langjährige Erfahrung hat sie sich in der Praxis genügend bewährt. Es sei nur angeführt, daß aus dem zweireihigen Hohenheimer Rapsdriller durch Abnahme der Trommelwelle, und Ersatz derselben durch Ducket'sche Säewalzen in einem Kasten diese Säemaschine rasch in einen Bohnen- oder Maisdriller umgewandelt werden kann.

Universal-Drillmaschine von Sainty.

Bohnendriller.

Rübendriller.

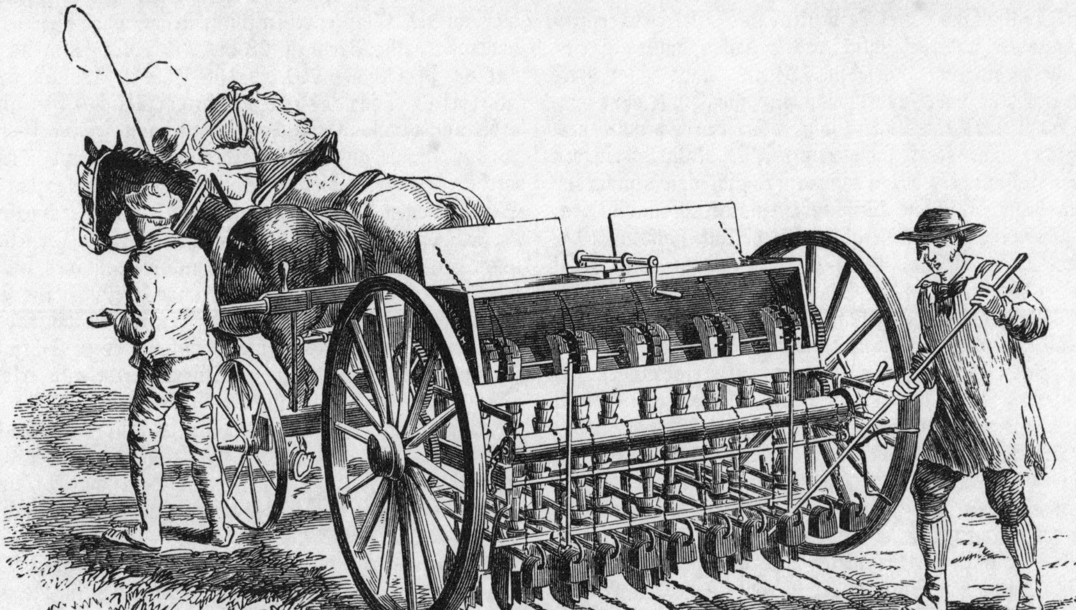

Suffolk-Drillmaschine.

1. Säemaschinen und Pferdehacken.

Bekanntlich begann die Umwälzung der Landwirthschaft im vorigen Jahrhundert mit dem allerdings in seiner Nacktheit falschen Grundsatz, daß die Nahrung der Pflanzen aus feinzertheilter Erde bestehe, daß daher die Hauptaufgabe der Landwirthschaft darin bestehe, durch eine bis ins Kleinliche sorgfältige und wiederholte Bearbeitung ihnen diese darzubieten. Auch in der neueren Zeit sind wieder ähnliche Lehren aufgestellt worden; es sei hierbei nur erinnert an das Anbauverfahren des Herrn Smith zu Loisweedon in England, welcher, seinem Vorgänger Jethro Tull nachstrebend, die Düngung für ein sehr untergeordnetes Ding gegenüber der Brache und der Bearbeitung hält. Eine sehr allgemein verbreitete Meinung, die nämlich, daß alles gedrillte Getreide in Großbritannien auch behackt werde, bedarf übrigens der Widerlegung. Dies ist keineswegs der Fall. Hartstein führt darüber an: Durch das Behacken der Zwischenräume der Pflanzenreihen zerstört man das Unkraut, gibt den Pflanzen in der fein zertheilten Erde neue Nahrung und befördert die stärkere Bestockung der Saat. Um diese Zwecke möglichst vollständig zu erreichen, soll das Behacken zu wiederholten Malen, gewöhnlich einmal im Herbst und einbis zweimal im Frühjahr ausgeführt werden. Diese Vorschrift wird jedoch in vielen Wirthschaften nicht befolgt, ja in manchen Verhältnissen unterläßt man das Behacken der Drillsaat gänzlich. Nach der Erfahrung des englischen Farmers ist das Bearbeiten der Drillsaat nur auf unkrautwüchsigen, bündigen Bodenarten von sicherem Erfolge, auf unkrautreinen, fruchtbaren Aeckern von milderer Beschaffenheit dagegen zweifelhaft, auf leichten, sandigen Feldern meist sogar nachtheilig. Wir finden z. B. in der Grafschaft Norfolk das Behacken des Weizens auf den sandigen Aeckern höchst selten. Man hat hier übereinstimmend die Erfahrung gemacht, daß dadurch der Ertrag meistens geschmälert wurde, namentlich fand man eine schlechtere Beschaffenheit. Mit diesem Ausspruch stimmt auch die bisher in Deutschland gemachte Erfahrung völlig überein. Mit sehr lobenswürdigem Eifer hat man in verschiedenen Gegenden, namentlich im nordwestlichen Deutschland, die Drillcultur des Getreides einzuführen getrachtet und anfänglich das Behacken dabei als eine unerläßliche Bedingung angesehen. Allein gerade das Letztere hatte der Sache geschadet, indem man nur nachahmte, ohne vorher feste Grundsätze ins Auge gefaßt, ohne den Spruch beherzigt zu haben: Eines schickt sich nicht für Alle. Natürlich wurden die großen Hoffnungen, welche man anfänglich von dem neuen Verfahren hegte, auf diese Weise bedeutend herabgestimmt, indem die Mehrerträge keineswegs im Verhältniß standen zu der aufgewendeten Arbeit und deren Kosten. Indem man einem jeden Boden das Behacken der Saat zu Theil werden ließ, verfiel man allerdings in denselben Fehler, dessen sich die Engländer früher schuldgeben mußten, allein man hätte sich seine Folgen ersparen können, wenn man deren Erfahrungen sich vorher besser zu Nutz hätte machen wollen. Ueberhaupt ist auch nur beim Weizen und im schweren Boden das Behacken während des Wachsthums gerechtfertigt. Hierzu kommt noch folgende, schon von Weckherlin aufgestellte Beobachtung: die Zwecke der gleichmäßigeren Vertheilung und beliebig tiefen Unterbringung des Samens, der Samenersparniß bis zur Hälfte, der stärkeren Bestockung, des kräftigeren und dadurch dem Lagern weniger unterworfenen Standes der in Reihe stehenden Halme, der Ausführbarkeit des Behackens und des größeren Ertrags, werden durch die Drillcultur des Getreides allerdings erreicht, allein man beobachtet bald, daß die Drillsaat nur auf solchem Boden ohne Anstände durchzuführen ist, der schon in hoher Cultur steht, trocken, mittelmäßig gebunden, sehr mürbe, gelockert, von Wurzelunkräutern und Steinen rein ist. Der Umstand, daß die Drillcultur des Getreides so häufig in England angewendet wird, giebt ein Zeugniß davon, auf welche Stufe die Bodencultur bereits gebracht sei. Ein anderer Fehler, den man bisher in Deutschland öfters begangen hat, ist wohl der, daß man zu der vortrefflichen Garrett'schen Drillmaschine auch gleich die dazu gehörige Garrett'sche Pferdehacke anschaffen zu müssen geglaubt hat. Es ist dieselbe allerdings eines der schönsten und sinnreichst gebauten Geräthe im ganzen Bereich der landwirthschaftlichen Maschinen, allein Niemand wird dabei läugnen wollen, daß die Führung dieser Pferdehacke eine sehr schwierige ist, und die ganze Aufmerksamkeit eines aufgeweckten, mit der Handhabung von Maschinen von Jugend auf vertrauten Mannes in Anspruch nimmt. Ihre große Verwickelung bedingt zugleich einen verhältnißmäßig hohen Preis, und sie verdankt ihre große Verbreitung in England weniger ihrer Anwendung bei der Drillcultur des Getreides, als bei derjenigen der Rüben, deren breitere Reihen eine sicherere Führung gestatten. Für deutsche Verhältnisse kann gegenwärtig diese Pferdehacke nur in Ausnahmefällen unbedingt empfehlenswerth sein. Will man aber das Behacken des Getreides in geeigneten Oertlichkeiten durchführen, so empfehlen sich dazu viel einfachere, billigere und leichter zu Hand habende Werkzeuge. Unter diesen steht obenan die Pferdehacke von William Smith in Kettering, welche gegenwärtig wohl die beliebteste und in Großbritannien zum Behuf des Getreidebehackens verbreitetste ist. Die überaus einfache Zusammenstellung derselben bedarf neben der Abbildung keiner besonderen Erklärung. Häufig ist hinter ihren zungenförmigen Scharen noch ein zweiter Querbalken mit wagerechten, rechtwinkelig gebogenen Schürfmessern angebracht, welche die lockernde Wirkung des Instrumentes bedeutend erhöhen. Diese Eisen sind so gestellt, daß sie dicht an den Pflanzenreihen hinschürfen, ohne diese selbst zu beschädigen. Ihr Preis ist 28 bis 36 Thlr., während die Garrett'sche Pferdehacke 110 bis 150 Thlr in England kostet. Die schottische Pferdehacke ist ein vorzügliches Geräth zur Bearbeitung der Reihensaaten. Sie nimmt je eine Zwischenreihe vor und kann auf jede erforderliche Weite und Tiefe gestellt werden. Erstere wird erreicht durch die Bewegbarkeit ihrer Seitenschienen, welche die einwärts gekehrten Hackmesser tragen; die rechtwinklich gebogenen Hintertheile dieser Schienen laufen unter den Sterzen übereinander und werden hier im erforderlichen Abstand mit einer Stellschraube befestigt. Die Tiefe wird einfach regulirt durch Heben oder Senken des Laufrads vorn in der Grindelspitze, das ebenfalls mittelst einer Schraube angezogen werden kann. Die schottische Pferdehacke erfordert ein Pferd und einen Mann, und macht täglich 5—6 Morgen fertig. Vorzüglich eignet sie sich zu Zuckerrüben, Runkelrüben, und Kartoffeln. Während des Ganges thut der Führer wohl, das Geräth von Zeit zu Zeit zu heben und zu schütteln, um dasselbe des darin haftenden Genistes &c. zu entledigen. Es giebt übrigens noch eine ganze Anzahl von Pferdehacken zum Bearbeiten von Reihensaaten, allein man stellt dieselben, weil sie von den Säemaschinen unabhängig sind, gewöhnlich in die Reihe der Pflüge und nennt sie Hackpflüge (Felgpflüge, Reihenschaufler, Furchenhacken, Cultivatoren).

Pferdehacke von Garrett.

Schottische Pferdehacke.

Smith'sche Pferdehacke.

2. Erntemaschinen.

(Fortsetzung von Seite 138.)

Die Mähemaschine von Manny aus Rockford (Illinois, N. Amerika) ist entschieden eine Nachahmung der M'Cormick'schen, unterscheidet sich aber doch von dieser in verschiedenen wesentlichen Punkten. Der Schneidapparat besteht aus einer langen Säge, deren einzelne, an der Grundfläche 3 Zoll breite, ein gleichseitiges Dreieck bildenden großen Zähne ein jeder wieder für sich längs seiner beiden Schneiden fein gezähnt ist, etwa wie die englischen Sicheln. Diese Sägen laufen in Zinken, deren Durchschnitt ganz die Form eines Pantoffels zeigt, dessen Obertheil die Klingen schützt, während die Spitze die Halme stellt, und der Kutscher sogleich mittelst eines Druckhebels von seinem Sitz aus die Säge einen Fuß hoch über den Boden emporheben kann. Eine der merkwürdigsten von allen Mähemaschinen, weil die ursprünglichste Zusammenstellung, ist diejenige von Cournier aus St. Romans (Isère, Frankreich). Gleich von vorn herein zeichnet sie sich durch große Leichtigkeit, Feinheit, man möchte sagen Unsichtbarkeit des Baues vortheilhaft aus. Sie verdient Beachtung in hohem Grad. Der Schneidapparat beruht auf dem Grundsatz der Scheere; oberhalb der feststehenden Zinken, die in das Getreide eingreifen, um die Halme zusammenzufassen, bewegen sich länglich ovale, weberschifförmige Klingen um eine feststehende Achse oder Schraube, mit der sie auf den ersteren so befestigt sind, daß sie eine halbkreisförmige Schwungbewegung nach rechts und links zu machen vermögen. Alle diese Klingen sind rundum scharf geschliffen, so daß sie, auf einer Seite abgenutzt, sogleich auf die andere gedreht werden können. Bei der Fortbewegung der Maschine wird durch eine Uebersetzung von Zahnrädern mittelst eiserner Bläuelstangen jenes Spielen der Scheeren hervorgebracht; die zwischen sie gedrängten Halme werden von den Klingen ergriffen und abgeschnitten. Damit das Getreide weniger ausweichen kann, steht senkrecht oberhalb der Maschine eine Welle mit sechs Flügeln, die Rahmen von dünnem Rundeisen, an den Enden auf 8 Zoll Breite mit Leinwand bespannt. Mittelst eines Laufriemens oder einer Kette ohne Ende wird die Flügelwelle mit der Verzahnung der an der Räderachse haftenden Getriebe verbunden und umgedreht. Sie streicht die Halme zwischen die Scheeren und verrichtet so gewissermaßen den Dienst der Hand bei der Sichel; die Erfindung dieser Flügel ist von Bell, wieder hervorgesucht ward sie neuerdings zuerst von M'Cormick. Höchst sinnreich ist auch das Ablegen bei der Cournier'schen Maschine. Das abgeschnittene Getreide fällt auf eine Plattform von Eisenblech, welche der Quere nach drei durchgehende Einschnitte hat. In jedem dieser Einschnitte läuft der gekrümmt nach aufwärts gebogene Zinken eines unterhalb der Plattform sich bewegenden Rechens oder Harkens. Ein Arbeiter, der auf einem außerhalb des Laufrads angebrachten Sitz sitzt und sich mit der linken Hand an der senkrechten Säule der Flügelwelle festhält, regiert mit der Rechten durch ein sehr sinnreiches und einfaches Hebelwerk diesen Rechen, welcher die Halme von der Plattform abstreift, wenn ihn der Arbeiter nach sich zieht. Weil aber, indem dies geschieht, die Scheeren schon wieder neue Halme abgeschnitten haben, welche die zurückkehrenden Zinken in Unordnung bringen und falsch abstreifen würden, so ist zugleich die höchst sinnreiche und praktische Vorrichtung getroffen, daß bei dem Zurückschieben die Zinken sich in Scharnieren zusammenklappen wie Taschenmesser, also verborgen in den Einschnitten der Plattform zurücklaufen, und sich erst wieder aufrichten, wenn sie an deren gegenseitigem Ende angekommen sind, um ihr Werk von Neuem zu beginnen. Es ist nicht zu leugnen, daß die höchst durchdachte und sinnreiche Anordnung dieser Maschine einen überaus günstigen Eindruck macht. Außer dem angeführten Arbeiter ist noch ein Führer für das Pferd nöthig, der neben demselben hergeht. Dies eine Pferd genügt völlig als Gespann. Ein eigenthümlicher Theil dieser Maschine, den der Erfinder Trenner nennt, ist auf der rechten Seite derselben — von hinten nach vorn gesehen — angebracht; er besteht aus verschiedenen Stäben von starkem Eisendrath, welche in eine Spitze weit nach vorn neben dem Pferde auslaufen, und durch die keilförmige Gestalt des Rahmens, welchen sie bilden, das Getreide stets zwingen, sich nach dem Schneideapparat hinüberzudrängen. Die ganze Maschine ist aus Eisen gebaut und trotz anscheinender Verwickelung ebenso dauerhaft als billig. Die Mähemaschine von Cournier bedarf nur ein Pferd zur Fortbewegung, geht sehr leicht und besiegt bequem die Bodenhindernisse. Sie schneidet sehr gut und rasch, und läßt kaum eine sichtbare Stoppel, geschweige denn einzelne Halmen hinter sich. Ganz vorzüglich legt sie das abgeschnittene Getreide hinweg. Der Arbeiter strengt sich keineswegs an; es ermüdet ihn nur das Festhalten seines Körpers mit der linken Hand. Bei einer Probe war dieser Maschine gerade eine Abtheilung zugefallen, deren Hafer fast gänzlich gelagert war; nichtsdestoweniger schnitt sie denselben sehr rein und glatt ab. Leider aber zeigte es sich, daß ihre Flügelwelle durch ihre rasche Umdrehung zu viele Körner aus den Aehren ausdrischt; ein Umstand, der die Anwendung dieser Maschine vor Beseitigung desselben sehr erschweren dürfte. Sie brauche zum Abbringen von 1 Morgen 10—12 Minuten, da sie aber nur mit einem Pferde bespannt war, so müßte die Hälfte davon eigentlich abgezogen werden, und bleiben 5 bis 6 Minuten. Weizen schneidet sie ebenfalls gut. Manny's Mähemaschine geht mit zwei Pferden rasch und leicht dahin; Bodenschwierigkeiten halten sie nicht auf; das Gespann wird von ihr nicht sehr angestrengt. Sie schneidet rein und mit blos 3 Zoll hohen Stoppeln ab, Lagergetreide gegen die Richtung ebenfalls gut. Sehr mühsam ist aber die Aufgabe des auf der Plattform stehenden Arbeiters. Er muß den Oberkörper dicht an die Brustlehne der stützenden Säule pressen, um nicht herabgeworfen zu werden, und denselben dennoch fortwährend kräftig herumschwingen, um mit der Gabel das abgeschnittene Getreide hinter sich zu werfen. Bei einem Versuch verrichtete der Erfinder selbst, ein sehr kräftiger Yankee, diese Aufgabe; er genügte derselben zwar, aber der Schweiß lief ihm in Bächen über's Gesicht und er keuchte vor Erschöpfung. Ein Mensch kann diese Arbeit unmöglich lange aushalten. Außerdem dreschen auch die Flügel der Welle zu viele Körner aus, und das Getreide wird in sehr unordentlichen Haufen hinter die Maschine geworfen. Sie vollendete ihre Aufgabe sonst zur Zufriedenheit. Die beschriebenen beiden Mähemaschinen sind sowohl in Nordamerika als in Frankreich im Gebrauch. Allerdings stehen sie den auf S. 138 und 139 in ihren Arbeitstheilen, S. 62—66 im Aeußeren dargestellten Maschinen in der Leistung nach, allein es ist anziehend und lehrreich, die verschiedenen Mittel zu demselben Zweck in ihrer eigenartigen Bauart kennen zu lernen und mit einander zu vergleichen, umsomehr, als gerade der Bau der Mähemaschine noch ein großes Feld für die Erfinder bietet. Alle Jahre tauchen neue derartige Zusammenstellungen auf, indessen ist es bis jetzt noch keiner gelungen, sich im Betrieb der deutschen Landwirthschaft dauernd einzubürgern; in England ist dies hingegen der Fall.

Mähemaschine von Manny.

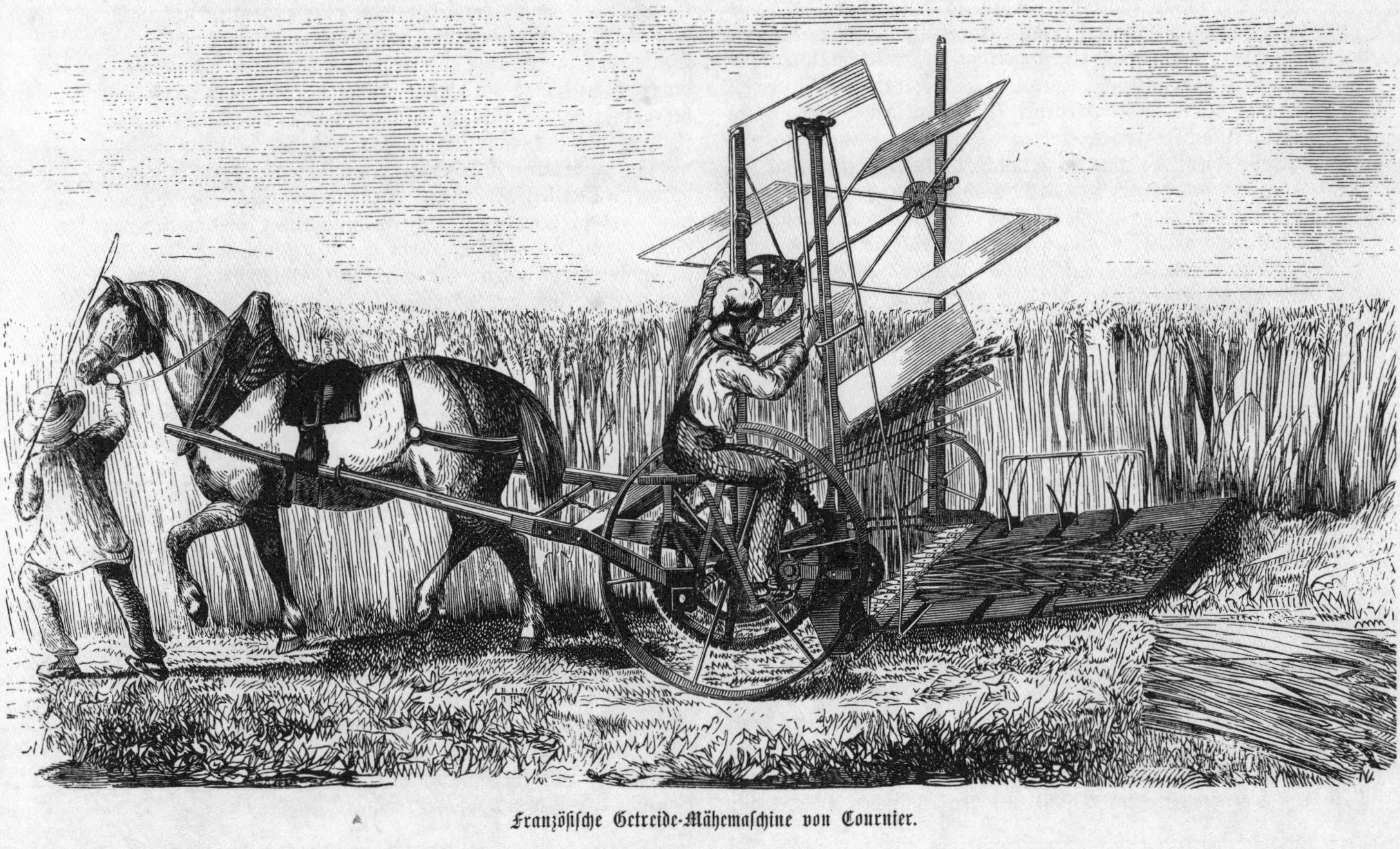

Französische Getreide-Mähemaschine von Tournier.

2. Erntemaschinen.

Was an den Mähemaschinen bisher am meisten vermißt wurde oder zu wünschen übrig ließ, war die Ablegevorrichtung für das geschnittene Getreide. Diejenige von Atkins, (S. 64) befriedigte nicht ganz; besser zufrieden ist man mit der Samuelson'schen (S. 62 und 138). Von Andern vorgezogen wird die neue Mähemaschine M'Cormicks mit selbstthätiger Ablegevorrichtung, welche letztere in einem mit einem Rechen bewaffneten Arm besteht, wie bei der Automat-Mähemaschine (S. 65) nur ist jener besser im Gelenke befestigt und arbeitet daher sicherer. Bei der Mähemaschine von Burgeß und Key mit selbstthätiger Ablegevorrichtung besteht die letztere aus drei großen hintereinander liegenden sogenannten archimedischen Schrauben, welche das darauf fallende Getreide seitwärts in regelmäßige Gelege abwerfen; diese sonst gute Maschine ist etwas verwickelt und schwerfällig. Uebrigens kommt neuerdings vielfach der Gebrauch auf, das Getreide, ehe es noch seine völlige Reife erreicht hat, mit der Mähemaschine ganz ohne Ablegevorrichtung zu mähen, es zur Nachreife etwas liegen zu lassen, und es dann zusammenzuharken, wozu sich der Pferderechen von Howard ganz vortrefflich eignet. Das lose auf die Wagen geladene Getreide wird so wie es ist zur Dampfdreschmaschine gefahren und sofort ausgedroschen, kann aber auch in Feimen gesetzt werden. Es soll auf diese Art der etwaige Körnerverlust keineswegs so groß sein, um nicht durch die Ersparniß an Arbeit beim Abnehmen hinter der Sense oder der Maschine, Einbinden in Garben und Nachharken vollständig gedeckt zu werden. Bekanntlich ist die Ernte des Kleesamens, wie sie auf gewöhnliche Weise geschieht, stets mit einem beträchtlichen Verlust an Futter verbunden, so daß in der That dasjenige, was man nach dem Abdreschen erhält, mit Recht die sonst fehlerhafte Bezeichnung Kleestroh trägt, nur mit dem Unterschied, daß es gewöhnlich nicht einmal so viel Nahrungswerth besitzt, als das wirkliche Getreidestroh. Man hat daher hier und da, besonders in Frankreich, sich zu dieser Ernte seither eines Geräthes bedient, des auch in Deutschland bekannten sogenannten Kleekamms, der S. 28 und 29 beschrieben und abgebildet worden ist. Es ist dies ein kastenförmiger Rechen oder Löffel von starkem Eisenblech, dessen Zinken die Kleesamenköpfe abreißen, ohne das Kraut sonderlich zu beschädigen. Mit der Handhabung dieses Werkzeugs geht es aber langsam und umständlich zu, es muß aller Augenblicke entleert werden und ermüdet sehr. Man ist daher in Frankreich auf den Gedanken gekommen, einen solchen Kleekamm zu vergrößern, und zwischen Räder zu setzen und hat auf diese Weise ein sehr brauchbares Geräth hergestellt, welchem größere Verbreitung wohl nicht fehlen wird. Die Abbildung zeigt die leicht faßliche Zusammensetzung desselben. Die doppelschneidigen, oben dreikantigen Zinken A 4—5 Zoll und in $^1/_2$ Zoll Abstand von einander gehen wagrecht aus von dem zugeschärften Boden der Mulde B, welche aus starkem Eisenblech gefertigt, vorn wagrecht und hinten senkrecht in die Höhe gebogen ist. Dieselbe ist im Ganzen 30 Zoll breit, 7 Zoll hoch und 8 Zoll tief; die beiden Seitenwände stehen senkrecht und endigen in eine dreieckige Spitze. Die Zinken selbst sind an einer Eisenschiene befestigt, welche unterhalb der Mulde angeschraubt ist. Getragen wird das Gestell durch die beiden Räder C C von 20 Zoll Durchmesser, dieselben sind ganz aus Schmiedeeisen leicht angefertigt, mit gegossenen Naben; man kann aber auch hölzerne Räder oder gußeiserne mit geschmiedeten Reifen dazu nehmen, wie die letzteren zum Beispiel bei den englischen Pferderechen üblich sind. Diese Räder haben keine durchgehende Achse, sondern sitzen mittelst eines Zapfens in einer Laufschiene fest, die an den Stellsäulen F F auf- und abgeschoben und mittelst des Vorsteckers H vom Innern der Mulde aus befestigt werden kann. Auf diese Weise ist es leicht, das Geräth ganz nach der Höhe des Samenklees zu richten. Es wird von einem Mann gezogen, mittelst der Stange D, welche in der von der Rückseite der Mulde ausgehenden Tülle E befestigt wird, es ist aber auch leicht zum Schieben einzurichten. So wie es ist kann ein Mann damit, je nach dem Stande des Klees, täglich so viel Köpfe einsammeln, als zur Gewinnung von 25—40 Pfund Samen erforderlich sind. Die abgerissenen Köpfe streifen sich bei der Vorwärtsbewegung des Instruments zwischen den Zinken hindurch in die Mulde dahinter, wo sie der Arbeiter von Zeit zu Zeit festdrückt, um sein Geräth nicht so oft entleeren zu müssen. Ist die Mulde endlich ganz angefüllt, so kippt er dieselbe um und leert den Inhalt auf ein mitgebrachtes Tuch, woraus er dann in Körbe oder Karren gefüllt wird. Schon seit 20 Jahren benutzt man in England kleine Mähemaschinen zum wiederholten gleichmäßigen Scheeren und Kurzhalten des Rasens in Gärten und Parks. Die sprichwörtlich gewordene unvergleichliche Schönheit der britischen Rasenplätze, welche meistens dem feuchten milden Klima des Insellandes zugeschrieben wird, kommt ebenso gut auch auf Rechnung dieser sorgfältigen, mit steter Genauigkeit ausgeführten Pflege. Wird das Raygras, was den alleinigen Bestand dieser grünen Teppiche bildet, immer kurz gehalten, von Zeit zu Zeit gewässert und gewalzt, so gestaltet sich seine Narbe nach und nach zu einem so dichten, zarten, gleichmäßigen Gewebe, daß es in der That keine bessere Vergleichung dafür gibt, wie diejenige mit hochgeschorenem Sammet. Mit der Sense oder irgend einem andern mit der Hand geführten Schneidewerkzeug ist man aber nicht im Stande, jene Ebenmäßigkeit hervorzubringen, welche die Anwendung des Ausdrucks „Scheeren" erlaubt. Bekanntlich vermag auch der beste Grasmäher niemals zu vermeiden, daß man den Strich der Sense sieht, daß dort ein Streifen höher, hier ein anderer tiefer abgeschnitten wird; zudem erfordert die Herstellung eines wirklich schönen Rasens jene tiefe Führung der Sense, welche der Praktiker „Thauschröpfen" nennt, die nur sehr geübte Mäher verstehen und wobei selbst die besten Sensen in kurzer Zeit verdorben werden. In England, wo die Gartenkunst zuerst den Zwang des steifen altfranzösischen Zopfs abwarf, und wo man für Landesverschönerung eben soviel thut, wie für das Bodenerträgniß, sah man daher schon früh die Wichtigkeit eines Geräths ein, welches die Sense ersetzen und besser wie sie jene Aufgabe lösen könnte. Die Erfindung der Rasenmäher datirt 25 Jahre zurück. Als ihr Vorbild nahm man sehr richtig die Bauart der Tuchscheermaschinen, welche im Wesentlichen darin besteht, daß in weiten Spiralen gewundene, scharf doppelkantige Walzen die emporstehenden Haare oder Fäden gegen eine wagerechte, scharfe Schneide drängen und also rasiren. Ganz auf die gleiche Weise wirken die englischen Rasenmähemaschinen. Ihr Gebrauch hat in England außerordentlich zugenommen und selbst auf kleinen Rasenplätzen sieht man sie in Anwendung. Beweise von ihrer allgemeinen Beliebtheit und Verbreitung lieferte die Londoner Weltausstellung 1862, in der fast kein anderes landwirthschaftliches Instrument in so zahlreichen Exemplaren vorhanden war, wie dieses. Im Wesentlichen ist ihre Construction, namentlich diejenige des Schneideapparats immer dieselbe.

M'Cormick's Mähemaschine mit selbstthätiger Ablegevorrichtung.

Pferderechen von Howard.

Mähemaschine von Burgeß und Key mit selbstthätiger Ablegevorrichtung.

Ferrabee's Rasenmähemaschine.

Fahrbarer Kleekamm.

Rasenmähemaschine für die Hand.

3. Dreschmaschinen.

(Fortsetzung von Seite 142.)

Die Hensman'sche Handdreschmaschine ist eine der vortheilhaftesten Maschinen, welche in der Neuzeit in Deutschland eingeführt worden sind. Bei der großen Einfachheit der Bauart, welche eine Beschädigung oder größere Abnutzung kaum zuläßt, verlangt doch die Zusammensetzung der einzelnen Theile eine Genauigkeit, wie bei wenig anderen landwirthschaftlichen Maschinen, und welche nur genaue Kenntniß, lange Erfahrung und Berechnung der Wirkung zu geben vermögen. Jede nicht genau gebaute, oder durch Pfuscherhände sogen. verbesserte Handdreschmaschine hört auf gut zu sein. Will man damit arbeiten, so hat man zuerst die Stellung zu besorgen. Sie geschieht durch die Näherung oder Entfernung des beweglichen Korbs, oder Gitterwerks an die Schläger der Schlagtrommel, die er umgibt. Der Korb besteht aus zwei Hälften, der oberen und der unteren. Im Allgemeinen gilt als Regel: Oben weit, in der Mitte halbweit, unten eng! Je enger unten die Stellung, desto sicherer der Reindrusch selbst des schlechtesten Getreides. Kleesamen wird mit der Maschine aus den Kappen gebracht, wie dies mit dem Handdrusch ganz unmöglich ist. Nur muß dem durch die große Umdrehungsgeschwindigkeit der Schlagtrommel (1200 Mal in der Minute) hervorgebrachten Luftzug, der die leichten Körner durch die Zwischenräume des Korbs wehen würde, ehe sie ergriffen wären, dadurch vorgebeugt werden, daß man eine Leinwand oder einen Sack um die Außenseite des Korbs schlägt. Zu dem Ende kann der obere Deckel des Gestells aus- und eingeschoben werden. Zum Entfernen der Grannen an der gedroschenen Gerste gibt es keine zweckmäßigere und fördernderе Maschine als die Handdreschmaschine und ist dieselbe zu diesem Endzwecke den englischen Grannenreinigern weit vorzuziehen, wie man sich durch den Versuch und den Augenschein auf den großen Getreidespeichern in Halle a. S. und anderwärts leicht überzeugen kann. Bei Ackerbohnen, Raps ꝛc. thut man wohl, die Hälfte des Korbs und zwei Schläger wegzunehmen, was durch Losschrauben leicht geschehen kann. Sie müssen aber später wieder genau an ihre Stelle kommen. Zur Bedienung der Maschine gehören: 1 Einleger, 3 Dreher, 1 Zuträger, 2 Wegraffer. Es können dazu Weiber verwendet werden. Da die Maschine äußerst rein drischt, so lohnt es, wenn der Besitzer den Arbeitern den 17., 18. oder 21. Scheffel gibt und für die Maschine nichts rechnet. Anderweitig wird für das Dreschen des Schocks Wintergetreide 4 Sgr. im Tagelohn gegeben und der Besitzer steht sich gleichfalls gut dabei. Wohlfeiler, reiner, lohnender und bequemer kann nicht gedroschen werden, als mit dieser Handdreschmaschine bei richtiger Anwendung. Auf den Einleger kommt viel an. Er nimmt die aufgebundene, auf den Tisch gebreitete Garbe unter den linken Elbogen, mit dem er sie hält, und schiebt mit der rechten unaufhörlich das Getreide ein, möglichst gleichmäßig rasch und **ja nicht zu viel auf einmal!** Je dünner man einlegt, desto mehr wird fertig, je reiner gedroschen, desto leichter geht die Maschine! Natürlich dürfen keine harten Gegenstände, Steine, Bindstecken, Seilknoten u. s. w. mit eingelassen werden, wenn die Maschine nicht der Gefahr der Zertrümmerung ausgesetzt sein soll. Rasches Wegharken des ausgeschleuderten Strohs unter dem Tisch hervor ist durchaus nothwendig, wenn der Gang nicht stocken, sich das Getreide nicht, aus Mangel an Fortkommen, um die Schlagtrommel wickeln soll. Von 4 Mann kann die Maschine überall hin getragen werden. Auf dem Feld breitet man ein Tuch unter. Wie sie steht, so ist sie aufgestellt und bedarf durchaus keiner besonderen Vorkehrungen. Ueberall findet sie Platz, denn der Raum, welchen sie einnimmt, beträgt blos 9 Fuß in der Länge, 6 Fuß in die Breite, wobei der Raum für die Dreher schon mitgerechnet ist. Die Durchschnittsabbildung wird Jedermann, der mit dieser einfachen Maschine noch nicht bekannt sein sollte, eine genügende Vorstellung von ihrer Zusammensetzung geben: Das Gestell a, der Tisch b, das Abweisebret c für das Stroh, sind für die äußeren Theile; die inneren liegen in dem Gestellskasten, dessen obere Decke, der Schieber d, geöffnet werden kann. Den Boden des Kastens bildet eine schräge Fläche e, auf welcher die ausgeschlagenen Körner ablaufen. Die Dreschtrommel besteht aus zwei gußeisernen Scheiben f mit vier Schlagschienen g; letztere sind von Schmiedeeisen und gezackt ausgeschnitten, wie es der Abschnitt g der Abbildung erkennen läßt. Der Korb h, von Gußeisen, bildet zwei Viertelskreisbogen, welche näher oder ferner an die Schläger gestellt werden können. Die obere Hälfte wird gestellt mittelst der Flügelmutter i und den Kurbelschrauben k; die untere Hälfte durch eine Flügelmutter bei l. Die Bewegung wird vermittelt durch das große Zahnrad m, das in einen kleinen Trieb auf der Trommelachse greift; das Verhältniß beider ist 24:1; die Zahl der Umdrehungen in der Minute 960—1200. Sehr leicht kann die nämliche Maschine so eingerichtet werden, daß sie eine Dreschmaschine für Göpel und Hand zugleich bildet, dazu bedarf es blos vergrößerter Verhältnisse, stärkerer Welle und Aufziehung von zwei Riemenscheiben, von welchen die eine todtgehend, auf dieselbe. Barral, ein hervorragender Vertreter der französischen Landwirthschaft, hat Recht, wenn er sagt: „Die Handdreschmaschine ist für kleine Wirthschaften jedenfalls werthvoll. Sie ist blos ein Geräth, welches ein anderes Geräth, den Flegel, ersetzt. Leistet nun die Handdreschmaschine, von so und so viel Menschen bedient, ebensoviel oder mehr und bessere Arbeit wie die gleiche Anzahl Flegel? Diese oft erhobene Cardinalfrage ist zu Gunsten der Handdreschmaschine entschieden in allen Gegenden, wo sich diese Maschinen schon verbreitet haben und wo die allgemeine Einführung größerer Dreschmaschinen in Folge der ökonomischen Verhältnisse des Landes nicht möglich war. Die großen Dreschmaschinen, dies wolle man ja bedenken, bedürfen zu ihrer richtigen Bedienung stets auch einer großen Anzahl von Arbeitern." Eine in Frankreich sehr verbreitete Dreschmaschine ist diejenige von Lotz in Nantes. Der Erfinder hat die Aufgabe der Verbindung des Göpels mit der Maschine im engsten Raum gelöst; oder vielmehr sind Göpel und Dreschmaschine eins und nicht von einander zu trennen. Das Gestell der Maschine — von Holz sowohl wie von Eisen, — ist kurz und gedrängt; auf einem schmalen Tisch wird das Getreide der Länge nach eingeschoben; eine geschlossene Dreschtrommel mit Schlagschienen empfängt es, läßt es zwischen sich und dem gerieften Stabmantel durchlaufen, und wirft das Stroh durch eine schlotartige Mündung aus. Letzteres wird zerschlagen, der Ausdrusch geschieht rein, die Körner werden nicht gespitzt. Die Leistung ist nicht unbedeutend; das geringste Maß derselben, bei langem Roggen, ist 60, das höchste 120 Hectolitres in 10 Arbeitsstunden. Der Göpel befindet sich, wie gesagt, unmittelbar an oder über der Maschine, so daß der Weg von dem Punkt des Angriffs bis zu dem des Widerstands ein verschwindend kurzer ist. Statt der Zahnräder, welche die Kraft der Bewegung vermitteln, lassen sich auch Rollen mit Riemen anbringen, wodurch das Geräusch wesentlich vermindert wird.

Durchschnitt der Handdreschmaschine.

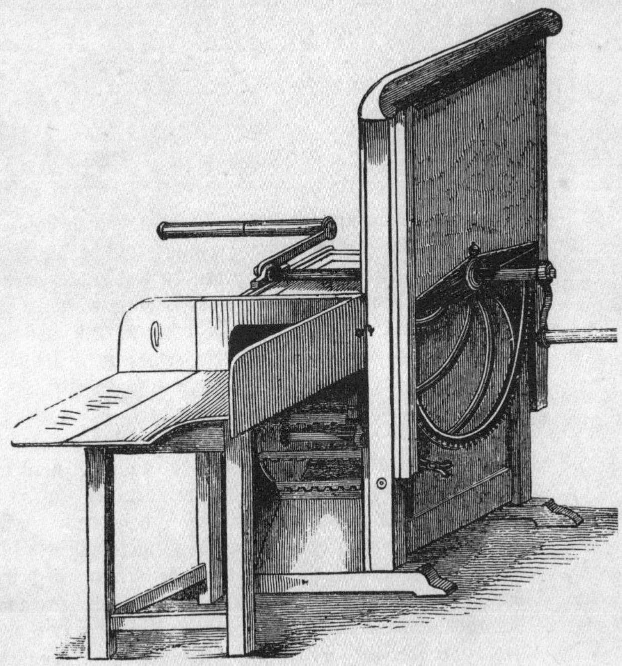
Hensman'sche Handdreschmaschine.

Dreschmaschine für Göpel und Hand.

Dreschmaschine von Lotz in Nantes.

3. Dreschmaschinen.

Die neueren amerikanischen Dreschmaschinen haben folgende eigenthümliche Bauart: ihre Trommel, welche die Schlagwelle ersetzt, ist mit strahlförmig abstehenden Zapfen versehen, welchen ähnliche in dem Mantel oder Korb entsprechen; die von der Dreschtrommel erfaßten Getreideähren werden zwischen diesen Zapfen ausgerieben; das Stroh wird sehr zerkleinert. Rein dreschen die Maschinen mit amerikanischem Princip nur bei außerordentlicher Umdrehungsgeschwindigkeit ihrer Trommel, daher sie ihre völlige Wirksamkeit nur bei Anwendung von Dampfkraft entfalten. Ein Uebelstand kann bei nicht sehr sorgfältiger Zusammenfügung das Abspringen der Zapfen während des Gangs der Maschine sein; es sind dadurch lebensgefährliche Verwundungen vorgekommen. Bemerkenswerth ist die Zusammendrängung möglichst vieler Arbeitstheile auf den kleinsten Raum, die wir an den neuen amerikanischen Dreschmaschinen bewundern. So hat man solche in Canada, welche, sammt dem zweipferdigen Tretgöpel, blos den Platz von etwa 100 Quadratfuß einnahmen, aber Alles vereinigten, was man an einer Dreschmaschine wünschenswerth finden kann. Sie reinigen nicht allein zugleich das Getreide, nachdem sie zuvor das Stroh ausgeschüttelt, sondern haben auch eine Vorrichtung, vermittelst deren die noch nicht ausgekernten ganzen Aehren wieder zurückgebracht und der Dreschtrommel überliefert werden. Leider aber genügen zwei kräftige Pferde bei Weitem nicht zu ihrem sicheren Betrieb; abgesehen davon, daß sich viele Pferde gar nicht in den ungewohnten Göpel fügen wollen. Die vorzüglichste amerikanische Dreschmaschine ist die von J. A. Pitts aus Buffalo, welche in Europa unter dem Namen Moffitt'sche Dreschmaschine bekannt und in Frankreich von Nicolais wesentlich verbessert worden ist. Ursprünglich für einen vierpferdigen Göpel construirt, erwies sich dieser keineswegs genügend zur vollen Entfaltung ihrer eigentlichen Leistungsfähigkeit; sie wird daher an eine transportable Dampfmaschine von 9 Pferdekraft gehängt, und mit dieser arbeitet sie allerdings zum Erstaunen. Acht kräftige Arbeiter haben alle Hände voll zu thun mit dem Zuspeisen, vier mit dem Beseitigen von Stroh und Körnern. Ersteres kommt aus ihrem oberhalb angebrachten Schüttler heraus gleich einem Wasserfall; leider sammt und sonders so zerschlagen, wie langer Häckfel. In 30 Minuten drischt diese Maschine 190 Garben ($3^1/_6$ Schock!) oder stündlich 380 Garben ($6^1/_3$ Schock) Weizen! In 10 Stunden liefert sie nahezu 300 preuß. Scheffel! Sechs tüchtige Drescher, welche mit dem Flegel arbeiten, bringen in 30 Minuten trotz aller Anstrengung nur 20 Garben mit 78 Pfund Weizen fertig! Die Bemerkung, daß die gewaltige Zerkleinerung des Strohs denn doch ein Uebelstand für viele Wirthschaften sei, kann zwar zugegeben werden, doch ist zu bemerken: Es giebt noch viele Gegenden, wo das Stroh fast werthlos ist; hingegen kann in Zeiten des Mangels nichts erwünschter sein, als ein möglichst rascher Ausdrusch von Brotgetreide und dadurch reichliche Beschickung des Marktes. — Es ist sehr zu bezweifeln, daß diese mächtige Maschine auch bei dem Göpelbetrieb verhältnißmäßig günstige Resultate liefert; auch zu Saatkorn würde sie sich weniger eignen, da sich ziemlich 8—10 Prozent gespitzte Körner unter dem Ausdrusch ergaben. Für deutsche Verhältnisse wird sie nur in wenigen Oertlichkeiten passen. Allerdings ist die Moffitt'sche Maschine in Deutschland, namentlich am Niederrhein, schon vielfach verbreitet, aber in ihrer einfachsten Construction, in der sie zwei Pferde leicht bewältigen können; allein dann leistet sie auch nicht Außerordentliches, und kann nur bei besonders sorgsamer Construction die an der Pitts'schen Maschine gerügten Uebelstände gänzlich vermeiden. Namentlich schwer drischt sich darauf langstrohiger Roggen. In der verbesserten amerikanischen Dreschmaschine von Nicolais ist die Schlagtrommel ganz die alte von Pitts, sie unterscheidet sich von den deutschen Bauarten der amerikanischen Dreschmaschinen dadurch, daß die spatelförmigen Stifte nicht gerade, sondern etwas gekrümmt sind, das Gleiche ist der Fall bei denjenigen des Korbs. In seiner verbesserten Maschine hat Nicolais das ursprüngliche Tuch ohne Ende durch einen endlosen Rost M ersetzt, auf welchem das ausgedroschene Stroh derartig aus der Maschine fortgeschafft wird, daß die noch darin sich befindlichen losen Körner zwischen den Stäben hindurch auf einen schrägen Schüttelboden fallen, von welchem sie dem Reinigungsapparat zugeführt werden. Der endlose Rost erfüllt die Verrichtungen der englischen Strohschüttler in völlig genügender Weise ohne deren großen Kraftbedarf in Anspruch zu nehmen. Der Einleger nimmt seinen Platz in A und und breitet die Garbe, welche sein Gehülfe, nachdem er sie aufgebunden hat, zureicht, auf dem schrägen Speisetisch A^1 aus, von welchem sie durch die Schlagtrommel B weggerafft wird. Der Korb C beschreibt einen Viertelkreisbogen und befindet sich unterhalb der Schlagtrommel. Die ausgedroschenen Körner fallen durch die Zwischenräume des Korbs auf den steilen Ablauf D und gerathen sammt dem Kurzstroh, der Spreu u. s. w. auf den Schüttelrost E, dessen Hin- und Herbewegung sie auf den eisernen Reuter e e führt. Ein kräftiger, durch den Windfang (Ventilator) G erzeugter Windstrom, jagt das Kurzstroh und die Spreu aus der Maschine, während die schon theilweise von fremden Bestandtheilen gereinigten Körner auf das Schüttelsieb F fallen, wo sie abermals dem Luftzug ausgesetzt werden; ein darunter befindliches drittes Sieb F^1 spedirt sie sodann in vollkommener Reinheit durch die Oeffnung H in den Kasten I. Aus diesem werden sie mittelst des becherwerkartigen Schöpfwerks K, das aus einem endlosen Riemen mit daran befestigten blechernen Schöpfkellen besteht, emporgehoben und in den kleinen Kasten L entleert, woraus sie ablaufen in einen Sack, welcher mittelst zweier Haken davorgehängt wird, und das Getreide in völlig marktfähigem Zustand aufnimmt, so daß er nur zugebunden zu werden braucht. Ein Sondern der Körner nach ihrer Güte und Schwere findet hierbei allerdings nicht statt; will man dieses noch vornehmen, so müssen die Körner noch einmal durch eine hierzu eingerichtete Reinigungsmaschine laufen. Das ausgedroschene Stroh wird vermittelst des endlosen Rostes M weiter geführt; die zwischen seinen Stäben durchgehenden Körner fallen auf die schiefe Ebene N, welche vermittelst der excentrischen Kurbel O ein Hin- und Herbewegung empfängt und gerathen von da auf den Reuter E, gerade wie die durch den Korb fallenden. Oberhalb der Schlagtrommel ist eine Art von Esse S angebracht, durch deren Luftzug der beim Dreschen erzeugte Staub so viel als möglich entfernt wird. Zwei in Scharnieren bewegliche Laden Q Q, durch gleichfalls bewegliche eiserne Träger q q unterstützt dienen zur Verbreiterung der Plattform, um auf diese Weise das Zureichen der Garben zu erleichtern, welches so von beiden Seiten gleichzeitig geschehen kann. Das Ganze klappt sich zusammen oberhalb der Maschine, wenn dieselbe außer Thätigkeit ist und transportirt wird. Die Riemscheibe P überträgt die Bewegung der Dampfmaschine auf die Dreschmaschine.

Amerikanische Dreschmaschine von Nicolais.

Durchschnitt

Amerikanische Dreschmaschine von Nicolais.

Aufriß.

4. Bewegungs-Maschinen.

(Fortsetzung von Seite 70.)

Unter den vielen Versuchen, welche in der neuesten Zeit gemacht worden sind, um der Landwirthschaft zum Betrieb ihrer verschiedenen Maschinen einen praktischen, leicht transportabeln und dauerhaften Göpel zu liefern, scheint die Zusammenstellung des Mechanikers Gerard zu Vierzon in Frankreich Beachtung zu verdienen. Die Anordnung dieses Göpels ist so sinnreich und zusammengedrängt, daß er als ein schätzbarer Beitrag zur Lösung der Aufgabe der gelungensten Göpelbauart wohl betrachtet werden darf. Der Göpel von Gerard ist fahrbar und steht auf einem Wagen mit vier Rädern, deren beide vorderen mit einer Drehscheibe versehen sind, um den Transport zu erleichtern. Die Grundfläche des Göpels bildet ein starkes Kreuz aus Gußeisen mit vier Armen, von welchen aus sich eine starke Säule erhebt, die ein Stück mit dem Kreuze bildet, welches durch vier starke Schrauben auf dem Balkengerüste des Wagens befestigt ist. Am Fuße der Säule, im oberen Theile des Kreuzes befindet sich ein Oelbehälter, in welchem das conische Betriebsrad läuft, das mit dem Kreuz für die Zugarme ein Stück bildet, oberhalb des Betriebsrades gehen von der Mittelsäule nach rechts und links zwei Arme aus, die das Gestell für die übrigen Wellenlager bilden; oben sind dieselben durch einen Winkelhut mit einander verbunden, wodurch eine große Festigkeit hervorgebracht wird. Folgendes ist die Anordnung der einzelnen Theile nach den Buchstaben der Zeichnung. Auf dem Wagen A erhebt sich das Kreuz B mit der senkrechten Säule. Das kegelförmige (conische) Rad C bildet mit dem Zugkreuz D ein Stück und dreht sich um die Säule, wobei es als Stützpunkt den Oelbehälter hat, worin es läuft. Durch eine sichere Winkelverbindung ist das eiserne Lagergestell E mit dem oberen Theile der Säule B fest verbunden und die beiden Arme F F tragen die Lager der verschiedenen Wellen; die erste davon G im unteren Theile des Gestells trägt an ihrem Ende den conischen Trieb H, der in das große conische Betriebsrad C greift, am andern Ende das große Stirnrad J; die zweite Welle hat ebenfalls zwei Zahnräder J K, von welchen das erstere in das Rad I, das zweite in den Trieb L greift; dieser letztere sitzt auf der obersten Welle, die in ihrer Mitte die Betriebsriemscheibe M trägt, welche mittelst Riemens die Bewegung auf irgend eine beliebige Maschine überträgt. Da die Riemenscheibe senkrecht steht, so läßt sich der Uebertragsriemen überall hinleiten, wobei aber zu bemerken ist, daß er stets eine Höhe oberhalb des Kopfes der Pferde einnehmen muß. Die Umdrehungsgeschwindigkeit läßt sich auf folgende Weise berechnen: Wenn die Pferde in der Minute drei Umgänge machen, so wird die Geschwindigkeit des Rades C durch den Trieb H um 3,75 vervielfacht, was 9,75 beträgt. Der zweite Trieb J verfünffacht diese Zahl, was demnach eine Geschwindigkeit von 48,75 für das Zahnrad K ergibt; endlich überträgt der letzte Trieb L auf die Riemscheibe M eine Geschwindigkeit von 207 Umgängen in der Minute. Will man also eine Dreschmaschine unmittelbar ohne Zwischenwerk damit betreiben und hat die Riemscheibe der Dreschtrommel 20 Centimetres Durchmesser, so wird man eine Geschwindigkeit von 216 Umdrehungen bekommen, welche für Breitdreschmaschinen, die zugleich reinigen, völlig hinreichen; will man eine größere Geschwindigkeit erzielen, so braucht man blos eine kleinere Riemenscheibe einzusetzen. Der Göpel hat zwei wesentliche Eigenthümlichkeiten, welche wichtige Verbesserungen sein sollen. Zuerst das Sperrrad N an der Riemscheibe M mit seiner Klinke, welches erlaubt, die Pferde augenblicklich anzuhalten, ohne daß die Maschine irgend eine Erschütterung erlitte, sodann eine doppelarmige Feder O, die mittelst einer gußeisernen Büchse auf der Achse des ersten Stirnrades J aufsitzt; diese Feder hat den Zweck, alle zu starken Stöße abzuschwächen. Eine dritte Verbesserung ist noch die Anwendung eines besonderen Außenlagers für den conischen Trieb H mittelst einer Schiene von Schmiedeeisen, worin das Ende der Welle gelagert ist. Der ganze Göpel kann mittelst eines einzigen Zugthieres leicht überall hin verfahren werden; beim Aufstellen werden die Räder durch Bremsklötze und Pflöcke befestigt und die Pferde schreiten in einem Kreise von 54 Fuß Durchmesser darum einher. Es können auf der oberen Welle auch recht gut verschiedene Riemenscheiben neben einander angebracht werden, so daß man im Stande ist, mit diesem Göpel verschiedene kleine Maschinen neben einander zu betreiben. Freilich werden die Pferde erst an die Arbeit damit um so mehr gewöhnt werden müssen, als sie häufig vor dem Riemen über ihren Köpfen scheu werden. Das größte Aufsehen erregte seiner Zeit der Pferde-Göpel von Pinet aus Abilly. Dieser Göpel für zwei Pferde ist ziemlich einfach gebaut; er besteht aus zwei wagrecht liegenden Kammrädern von Gußeisen, welche in zwei kleine Triebe eingreifen, einer senkrechten, in eine gußeiserne Röhre eingeschachtelten Welle, welche 6 Fuß hoch ist, und auf ihrer Spitze eine wagerechte Riemscheibe trägt, welche mittelst Riemens die Kraft der Bewegung überträgt. Zwei Zugbäume sind auf dem obersten Kammrad festgeklammert. Auch ein einzelnes Pferd soll den Göpel ganz bequem bewegen. Unter den fahrbaren (transportablen) Dampfmaschinen oder Locomobilen zu landwirthschaftlichem Gebrauch ist die fahrbare Dampfmaschine von Clayton und Shuttleworth aus Lincoln, England, längst bekannt als eine der vorzüglichsten ihrer Gattung. Häufig verwendbar ist ein Kraftübertragungs-Zwischenwerk oder Transmissonswerk, zum gleichzeitigen Betrieb verschiedener Maschinen in verschiedenen Richtungen aufgestellt, mit einem und demselben Beweger: Göpel, Wasser oder Dampf. Im Nachtrag zu den Dreschmaschinen sind noch die Maisentkörnungsmaschinen zu erwähnen. Darunter muß die amerikanische Maisentkörnungsmaschine oder der Maisriffler hervorgehoben werden, da sie eine der besten zu ihrem Zweck ist. Das Auskörnen der Kolben geschieht mittelst einer mit abstehenden Stacheln versehenen senkrechten Welle und eines im rechten Winkel zu ihr stehenden gekerbten Rades von Gußeisen. Schade, daß sie nur einen bis zwei Maiskolben auf einmal aufzunehmen vermag! Endlich ist noch der Anführung werth die Entkörnungsmaschine von Gardissal. Von dem Grundsatz ausgehend, daß man die Körner aus den Aehren ebenso gut, wenn nicht sicherer, durch Ausreiben, wie durch Ausschlagen gewinnen kann, läßt er eine gereifelte Walze in einem gereifelten Mantel laufen und zwar erstere mit der größten Geschwindigkeit. Die Bewegung beider wird durch ein Zahnräderwerk und einen Göpel für ein Pferd vermittelt. Als Speisetisch dient ein Tuch ohne Ende, worauf das Getreide der Länge nach zu liegen kommt und zwischen Mantel und Trommel geführt wird, deren Reibung seine Aehren entkörnt. Das Stroh wird nicht beschädigt; mit den Körnern zugleich gelangt es auf einen Schüttler, der die letzteren allein durchfallen läßt, entweder direct in eine Reinigungsmaschine oder auf eine geneigte Bodenfläche. In der Stunde drischt die Maschine bis 120 Garben Weizen und zwar ziemlich rein aus; dagegen sind sehr viele Körner dabei zerquetscht. Ihr Bau ist übrigens einfach, solid und wenig Raum beanspruchend.

Maisriffler.

Entkörnungsmaschine von Gardissal.

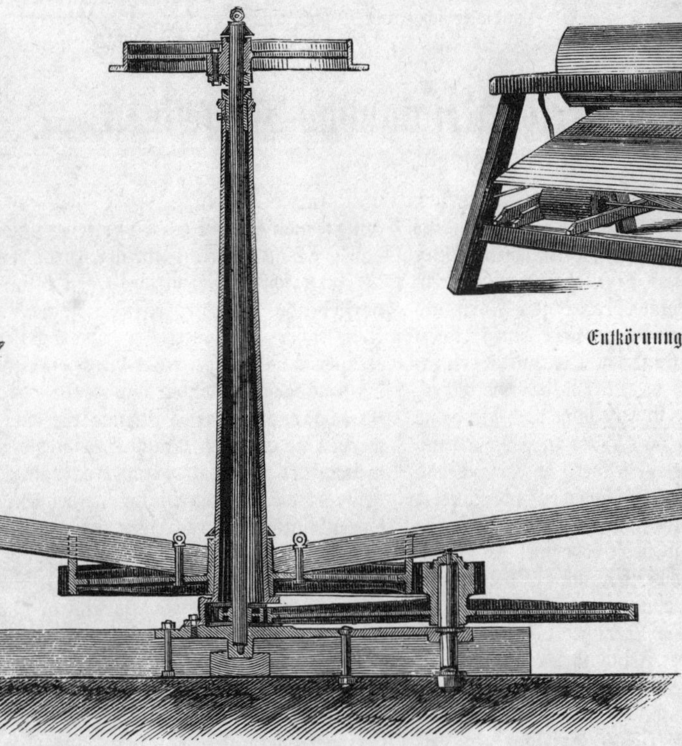

Pferdegöpel von Pinet.

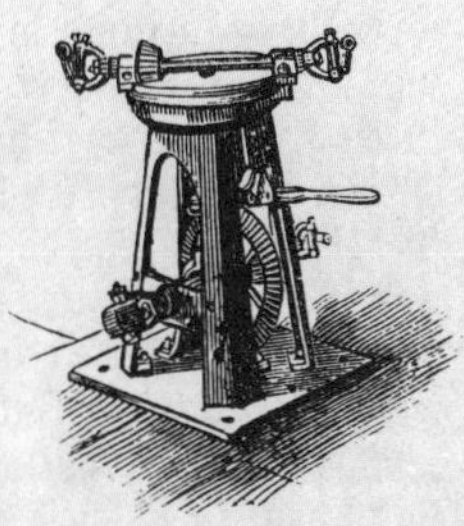

Kraftübertragungszwischenwerk.

Fahrbare Dampfmaschine von Clayton & Shuttleworth.

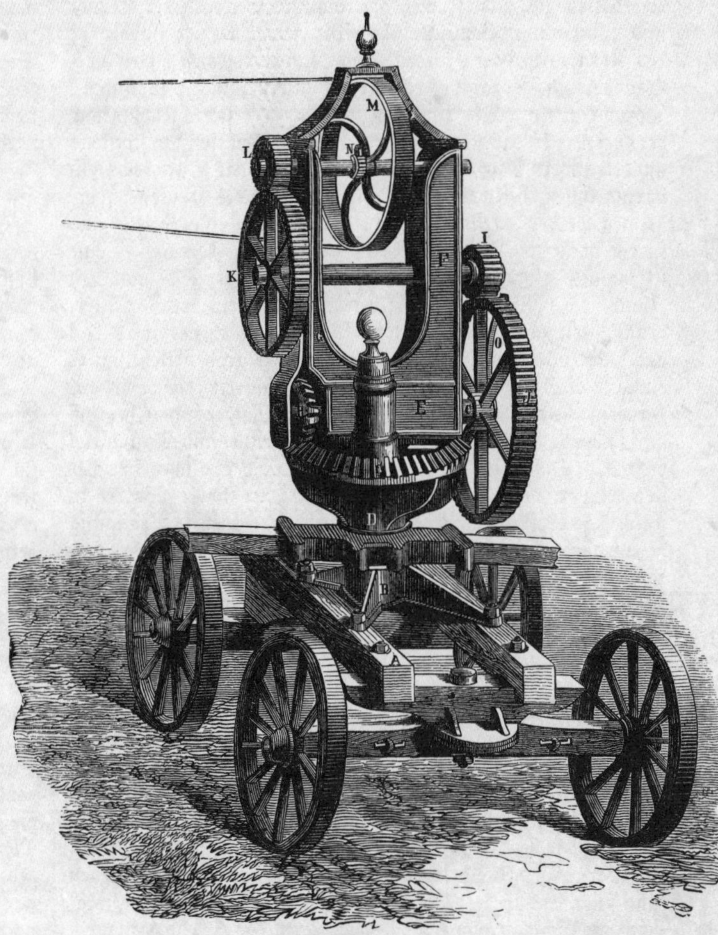

Göpel von Gerard.

5. Getreide-Reinigungs-Maschinen.

(Fortsetzung von Seite 72.)

Zwei Insecten sind dem Speichergetreide besonders gefährlich, ein Käfer, dessen Larve der schwarze Kornwurm heißt, und eine Motte, deren Raupe als weißer Kornwurm bekannt ist. Wer gegen ihre Verheerungen nicht sorgsam arbeitet und wirkt, dem kann es begegnen, daß er eines schönen Tages sein Korn als Wolke durch die Speicherfenster davon fliegen sieht, eine Erscheinung, welche früher mancherlei abergläubische Deutungen erfuhr. Jene kleinen Räuber fressen nämlich die Körner des Getreides, am liebsten des Weizens, ganz aus, so daß bloß noch die hohle Schale bleibt, welche ihnen ein bequemes Haus zur Abwartung ihrer Verwandlung bietet; ist diese vollendet, so verläßt das nunmehr vollkommene Thier den leeren Speicher und flattert in die freien Lüfte; sehr häufig bleibt ihm dabei die Hülse der Körner am Hinterleib haften, und so heißt es denn: das Korn fliegt! Wo es fliegt, da wird der Landwirth wenig auf den Markt und in die Mühle zu fahren haben, doch kann diese Erscheinung begreiflicherweise nur im Frühling und Sommer vor sich gehen, während das ganze Jahr hindurch der Feind im Speicher hausen kann, wenn man ihm nicht bei Zeiten wehrt. Tausend Mittel sind schon gegen diese schädlichen Insecten angerathen worden, alle hatten gar keinen oder nur partiellen Erfolg. Zu den letzteren gehören: Schwefeln, Bestreuen des Bodens mit starkriechenden Kräutern, Einlegen von Zwiebeln und Knoblauch in die Getreidehaufen, Verkitten aller Ritze, guter Verschluß u. s. w. Sie halfen alle nicht so viel, als tüchtiges Bewegen der Körner und Windigung (Ventilation). Wer sein Getreide, sobald er den Kornwurm darin entdeckt, nicht sofort verkaufen oder verbrauchen will, der kann es retten durch unermüdliches, energisches Durchschaufeln. Die Wiederholung der Arbeit richtet sich nach der Gefahr; ist das Korn schon stark angegriffen, so ist mindestens um den andern Tag, häufig aber auch täglich das Durchschaufeln vorzunehmen, bei welchem aber keine Stelle des Haufens übergangen werden darf. Verbindet man damit eine Ventilation, indem man das Korn durch eine gewöhnliche Fegemühle, eine sogenannte Bodenmaschine, laufen läßt, so erreicht man den Zweck noch vollkommener. Aber welche Arbeit, welche Mühe, welche Zeit geht damit verloren! Und wie theuer wird das auf solche Weise gerettete Korn! Um diese großen Uebelstände einigermaßen zu beseitigen, hat man in Frankreich, wo besonders der weiße Kornwurm unendlichen Schaden thut, während bei uns der schwarze vorherrscht, verschiedene Schutz- und Trutzmittel erdacht. Dahin gehört unter andern der bewegliche Speicher von Vallery, eine ungeheure, schrägliegende hohle Walze, in welche das Getreide eingefüllt und durch Umdrehen in Bewegung gesetzt wird. Einfacher und minder kostspielig, wie diese Vorrichtung, ist eine Maschine, welche der Professor der Landwirthschaft Doyère erfunden und Kornwurmvertilger genannt hat. Ihre Wirksamkeit hat sich durch viele Versuche dermaßen erprobt, daß ihr Erfinder große Belohnungen dafür erhielt. Ihr Bau ist höchst einfach, wie aus der Abbildung ersichtlich ist, welche den senkrechten Durchschnitt wieder gibt. Das Wesen ist ganz dasjenige einer Dreschmaschine; die Körner werden in einen Trichter geschüttet, der mit einem Schieber a zur Regelung des Ablaufs versehen ist; sie gelangen in ein rundes Gehäuse, gebildet aus einer Bretterverschalung b, welches in einem festen Holzgestell c liegt, und mittelst eines durchgehenden Schiebers d an der tiefsten Stelle seiner ganzen Länge nach geöffnet werden kann zum Behuf der Reinigung. In diesem Gehäuse bewegt sich eine Schlagtrommel, wie diejenigen der Dreschmaschinen, aber zur Verstärkung des Schwungs an ihren Speichen mit gußeisernen Kugeln e e e e versehen; die eisernen Schlagschienen haben genau die rechtwinkliche Form der bekannten Barrett'schen Dreschmaschine; sie wirken gegen 5 im Innern des Gehäuses vorstehende hölzerne, eisenbeschlagene Schienen, ähnlich dem Korb oder Brustwerk der Dreschmaschine. Die eingefüllten Körner erhalten, bei einer durch die Uebersetzung erreichten Umdrehungsgeschwindigkeit von 400 in der Minute während ihres Durchgangs eine große Menge sehr energischer Schläge; bei F F werden sie aus der Maschine geschleudert, und zwar die leichten weiter fort, während die schweren näher bleiben. Die Bewegung geschieht durch einen Mann mit der Kurbel. Gewöhnlich genügt ein einmaliges Durchtreiben, um angegangene Körner zu retten; ein zweimaliges unter allen Umständen. Dabei ist es aber durchaus nothwendig, daß der ganze Speicher, sogar Decke und Wände mit einbegriffen, sorgfältig abgekehrt werde, damit ja keine Insecten in Schlupfwinkeln zurückbleiben; öfteres Nachspüren ist um so mehr geboten, als sich erfahrungsgemäß ein Mottenpaar binnen einem Jahr auf die Zahl von 6420 Nachkommen vermehren kann! Die Kornwurmtodtmaschine muß so eingerichtet und gebaut sein, daß sie bequem auf den Speicher zu tragen ist; gute Körner darf sie nicht zerschlagen, sondern blos die angefressenen. Die französische Regierung hat verordnet, daß in dem Hauptort eines jeden Cantons mindestens eine dieser Maschinen aufgestellt sein solle. Von allen Getreidereinigungsmaschinen ist anerkannt die vollendetste die von Vachon zu Lyon. Sie vereinigt den Grundsatz der Windfege mit der Blechtrommel; die in den Trichter eingeschüttelten Samen laufen über ein schrägliegendes Sieb — während dem sie der Wirkung einer Flügelwelle ausgesetzt sind, welche Spreu, Strohtheile 2c. absondert, — herab in ein cylinderförmiges, aus durchlöcherten Blechtafeln bestehendes Sieb, das sich fortwährend in der Richtung seines Halbmessers umdreht und zugleich hin und her schüttelt. Durch die vorderen Löcher desselben und durch die halbkugelförmigen Höhlungen in seinem zweiten Theil, werden Trespen. Raden, Hederich, Senf, schwere und leichte Körner 2c. von einander gesondert ausgeschieden. Die nähere Beschreibung dieser hochwichtigen Maschine ist die folgende: A B Gestell; C eiserne Stützen, D Querbalken, E Trichter, F Sieböffnung, G Reutsieb, H Doppelboden, P Windflügel, Q schiefe Ebene, n o Dreischlag des Schüttelwerks, L Welle, J gelochte Walze zur Sonderung der Körner, welche sich je nach ihrer Größe in den Vertiefungen ablagern; I Walzensieb für die Unkrautsamen; M Gabellager der Welle, N Feder, a Steg, R Kurbel, T Zahnrad, U Trieb, X Schwungrad, V gekniete Welle, K Schienen, l Speichen, m Nabenkränze der Sonderwalze, c d e Rollen mit Wirtelschnur. Jedes Korn, dessen Durchmesser größer ist, als die Tiefe der Höhlungen im Cylindersieb, läuft durch die Hin- und Herbewegung an dessen Ende aus und fällt in den Aufnahmekasten Y. Die runden Samen, Kieselstückchen 2c. welche in den Höhlungen bleiben, fallen durch den Umschwung des Cylinders in die Blechmulde O, aus welcher sie in die Vorlage Z gelangen. Um zerbrochene oder runde Samen, die sich in den Höhlungen festsetzen, auszuscheiden, schlägt der Arbeiter von Zeit zu Zeit mit einem hölzernen Hammer auf die eisernen Wände KK des unteren Cylinders. Bei größeren Maschinen für Mühlen 2c. ist ein aus zwei eisernen Kugeln p gebildeter Doppelhammer angebracht. Derselbe hebt und senkt sich mittelst zweier an einen Wagebalken r befestigter Ketten, je nachdem der Sperrhebel u den Zapfen s hebt und senkt.

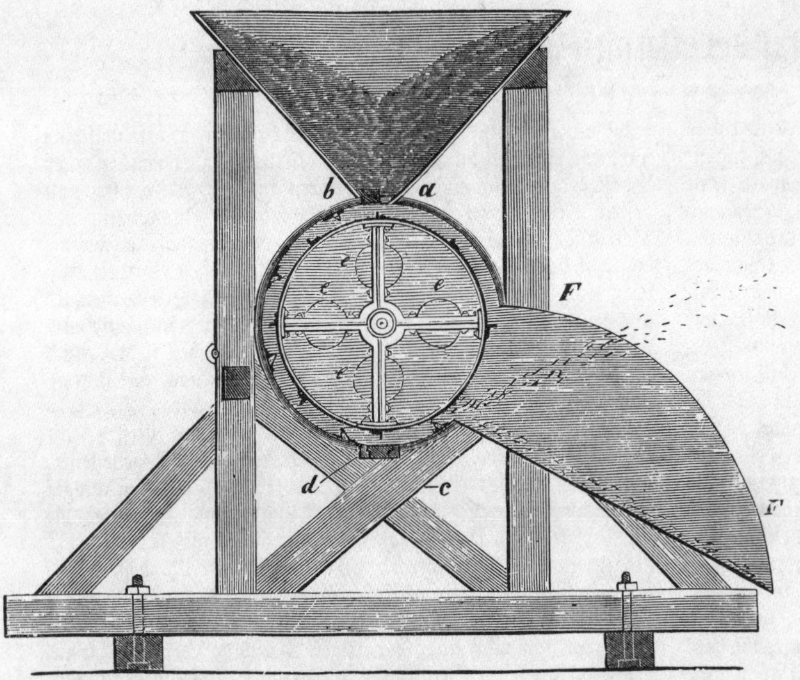

Kornwurmvertilger.

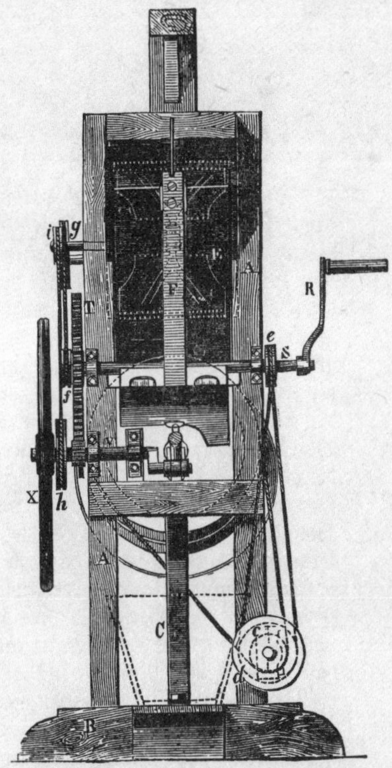

Getreidereinigungsmaschine von Vachon

Hintere Ansicht.

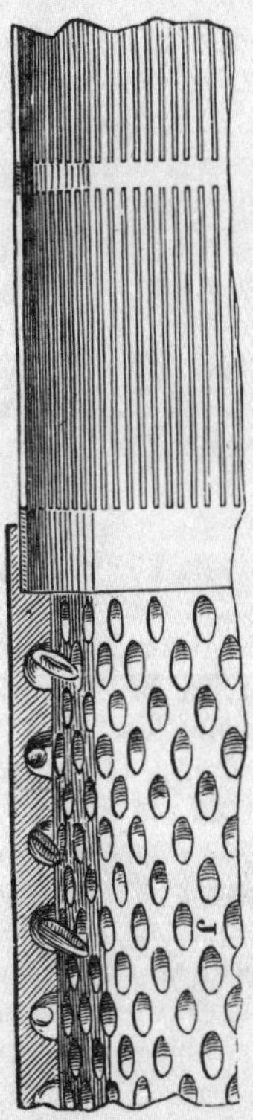

Längendurchschnitt der Sonderungswalze und Ansicht ihrer Höhlungen.

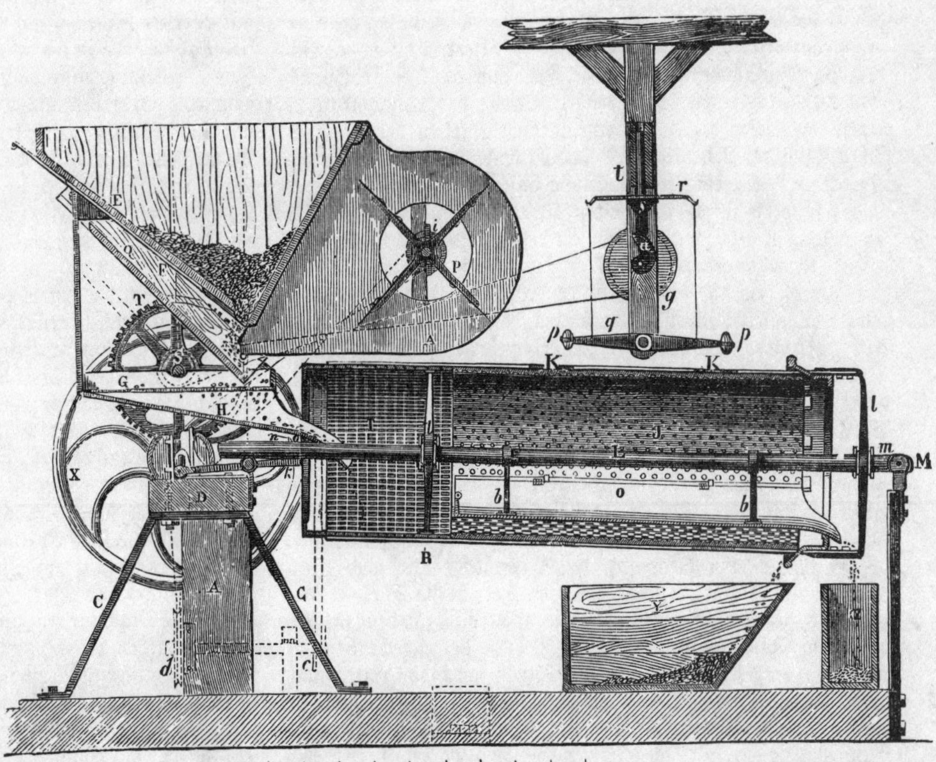

Getreidereinigungsmaschine von Vachon.

Längendurchschnitt.

6. Futterzubereitungs-Maschinen.

(Fortsetzung von Seite 144.)

Die Wahrheit, daß die Zerkleinerung des Futters zu dessen größerer Ausnutzung ein Wesentliches beiträgt, hat sich gegenwärtig allgemein Bahn gebrochen, und es sind deshalb keine Maschinen weiter verbreitet, als die Häckselmaschinen, deren auch der Kleingutsbesitzer sich nicht mehr entschlagen zu können glaubt. Denn er hat rechnen gelernt und weiß, daß, abgesehen von der größeren und gleichmäßigeren Leistung, der Strohschneider mit dem alten Stuhl ihm gerade dreimal so viel im Tage kostet, wie der einfache Tagelöhner, welchen er an die Häckselmaschine stellt. Strohschneiden ist keine Tagelöhnerarbeit, es ist eine Kunst, sagen die alten Herren, stolz auf das Privilegium ihrer Bank; Strohschneiden ist aber keine Kunst mit der Häckselmaschine. Ihre Handhabung begreift ein Jeder leicht, es gehört weder besondere Kraft noch Geschicklichkeit dazu, sie macht mehr fertig, ein Häckselstückchen muß so lang werden, wie das andere und ganz gewiß kommen bei der Häckselmaschine weit weniger Verwundungen vor, wie bei der Strohbank. Man darf daher auch annehmen, daß sie diejenige Maschine ist, welche gegenwärtig am meisten Anhänger besitzt. Fragt man nach der besten Art, so scheint diejenige, bei welcher die Messer senkrecht im Schwungrad stehen, gegenwärtig jeder andern vorgezogen zu werden. Davon gibt es aber eine ganze Menge verschiedener Abweichungen. Im Allgemeinen hält man nach dem Vorgang der Engländer diejenigen Messer für die besten, deren Schneide einen mit dem Kranz des Schwungrads mehr oder minder gleichlaufenden (parallelen) Bogen bildet. Man nennt diese Messer convexe, zum Unterschied von den concaven, deren Schneide eine Krümmung nach innen bildet. Die letzteren waren die ersterfundenen. Zu ihnen gehört die Belgische Häckselmaschine. Dieselbe hat mehrere beachtenswerthe Eigenthümlichkeiten. Die Uebertragung der Bewegung vom Schwungrade aus geschieht nicht durch eine Schnecke, sondern durch einen kegelförmigen Trieb, der rechtwinklig in einen dergleichen greift, der einen kurzen Gurt in der vorderen Abtheilung der Lade regiert. Das Gewicht zur Herstellung des Drucks auf die eingelegten Stoffe hängt nicht unterhalb der Lade, sondern ist über derselben angebracht und zwar mittelst eines langen gebogenen Hebels, an dessen Ende eine starke gußeiserne Kugel angebracht ist. Diese Einrichtung hat einen doppelten Zweck; einmal erlaubt sie dem Gehilfen den Druck nach Nothwendigkeit zeitweise zu verstärken, so z. B. wenn ein Strohrest zerschnitten werden soll, der bei anderen Häckselmaschinen immer mit frisch eingelegtem Stroh verarbeitet werden muß, oder ihn ganz aufzuheben; wenn etwa ein fremder Körper in die Lade gekommen ist, den man dann entfernen kann, ohne das Stroh herausnehmen und das Schwungrad rückwärts drehen zu müssen. Der zweite und Hauptzweck dieser Vorrichtung ist aber der folgende: Bei den gewöhnlichen Häckselmaschinen erfolgt der Druck von oben nach unten, also in derselben Richtung, welche das Messer beschreibt, dessen Schneide also noch einen zweiten Druck ausübt, vor welchem die oberste Schichte des Stroh's gewöhnlich ausweicht, wie man dies an den meisten Häckselmaschinen beobachten kann. Bei der Belgischen tritt ganz der entgegengesetzte Fall ein, das Stroh wird von unten nach oben emporgedrückt, kommt also den Messern entgegen, die es hinwiederum mit ihrer concaven Schneide auf einmal sicher packen und abtrennen. Ob dies Abtrennen ein Abschneiden ist, oder vielmehr ein Absägen, wie bei den englischen Häckselmaschinen, oder ein Abhacken, oder ein Abdrücken, das ist Alles ganz einerlei, wenn nur der Zweck dabei erreicht und das Messer nicht allzuleicht und oft stumpf wird. Die beschriebene Häckselmaschine wird von einem Mann bewegt; die Kurbel ist aber nicht in einer Speiche des Schwungrades, sondern in dem Wellzapfen von dessen Mitte befestigt. Dadurch wird die Umdrehung des Schwungrades und somit die Arbeit unzweifelhaft erschwert; dagegen hat diese Anordnung den anderen großen Vortheil, daß dabei das Schwungrad durch den Druck des Arbeiters niemals aus seiner Bahn gedrängt werden kann, wie dies so häufig vorkommt, wenn die Kurbel in einer seiner Speichen steht. Auch die bekannte Hebelhäckselmaschine, welche noch auf und ab schneidet, wie der alte Strohstuhl, und die Cornes' Häckselmaschine in England haben einwärts gebogene Messer, mit concaver Schneide. Mit convexer, d. i. auswärts gebogener, halbmondförmiger Schneide oder Messern sind dagegen ausgerüstet alle neueren, besseren Häckselmaschinen, worunter die schottische Häckselmaschine und die englische Häckselmaschine von Richmond und Chandler die besten und verbreitetsten sind. Die Häckselmaschine nach Richmond & Chandler mit 2 halbmondförmigen Messern im Schwungrad leistet, was man nur von einer derartigen Maschine verlangen kann. Sie schneidet jedes Stroh, und verwandelt dasselbe durch ihre beiden gezahnten Raffwalzen in das zarteste, weichste Häckel; ebenso schneidet sie auch Heu, Grummet, u. dgl. sehr gut. Ein Mann dreht und kann diese Arbeit recht gut den ganzen Tag hindurch verrichten; er kann sich auch selber einlegen, natürlich geht aber die Arbeit schneller von statten, wenn ein Zweiter einlegt. Die Maschine liefert zweierlei Häcksel. — Zur Wurzelzerkleinerung eignet sich gut der englische Wurzelschneider mit eiserner Scheibe, auf welcher ein flaches Messer gegen viele kleine abstehende so wirkt, daß beim Schneiden Würfel entstehen. Zur Darstellung eines völligen Brei's aus Wurzeln oder Knollen empfiehlt sich die bekannte Kartoffelreibe, deren eiserne Scheibe mit sägenförmig gezahnten Messern besetzt ist. Für größeren Bedarf ganz vorzüglich geeignet ist die Wurzelwerkschneidemaschine von Gardener. Diese bekannte, von Gardener erfundene, von Samuelson verbesserte Wurzelschneidemaschine gilt als die vorzüglichste von allen ihresgleichen, und erringt auf allen Ausstellungen der Kön. Ackerbaugesellschaft in England unabänderlich die ersten Preise. Ihre Bauart ist die folgende: Ein eigenthümlich gestalteter gußeiserner Kern ist treppenartig nach 2 Seiten hin derartig abgestuft, daß daran geschraubte, im rechten Winkel gebogene Messer ebenfalls eine sich an der Spitze nach der Grundfläche verbreiternde, gezackte oder treppenförmige Schneide bilden. Jede Stufe oder jedes einzelne Messer derselben schneidet nun aus den im Trichter sich dagegenstemmenden Wurzeln oder Knollen einen vierkantigen Streifen heraus, von etwa Fingerstärke, dessen Länge sich nach dem Durchmesser der Wurzeln 2c. richtet. Diese sehr regelmäßige Zerkleinerung läßt nichts verloren gehen, trennt das Wurzelfutter in vollkommen maulgerechte kleine Stücke, und befördert daher die Freßlust des Viehes. Wo man diese Maschine eingeführt hat, wird man gewiß nicht wieder davon abgehen, trotzdem ihre Anschaffung theurer ist, wie diejenige der gewöhnlichen Rübenwölfe. Sie kann auch sehr leicht so eingerichtet werden, daß sie nach der einen Seite gedreht, Streifen, nach der andern aber Scheiben liefert; erstere für Schafe, letztere für Rindvieh. Ganz besonders mag darauf hingewiesen werden, daß nur eine solide, mit der Construction genau vertraute Herstellung dieser Maschine das gute Resultat ergibt, welches von ihr zu rühmen ist.

Cornes' Häckselmaschine.

Wurzelschneidemaschine von Gardener.

Schottische Häckselmaschine.

Englischer Wurzelschneider.

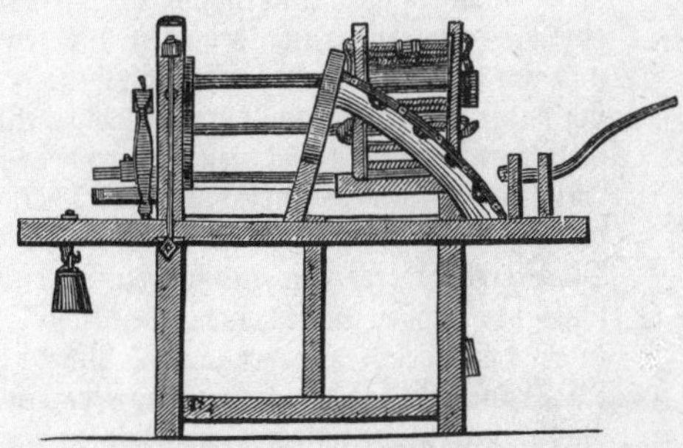

Hebelhäckselmaschine.

Kartoffelreibe.

Häckselmaschine von Richmond und Chandler.

Belgische Häckselmaschine.

6. Futterzubereitungs-Maschinen.

Trotzdem der Nutzen des Haferquetschens zum Behuf der Pferdefütterung auf der flachen Hand zu liegen scheint und von vielen Seiten ihm sowol aus der Lehre als aus der Erfahrung das Wort geredet worden ist; trotz der allgemeinen Annahme dieses Verfahrens von Seiten der englischen Pferdezüchter und Landwirthe, ist es doch bei weitem noch nicht so verbreitet, wie es verdient. Einzelne und darunter Thierärzte haben sich in Deutschland sogar gegen seinen Nutzen erklärt, allein keineswegs zur allgemeinen, vielleicht nicht einmal nach der eigenen Ueberzeugung. Da wir immer geneigt sind, Zeugnisse aus der Fremde höher zu stellen, wie diejenigen aus der Heimath, so möge der fast wieder in Vergessenheit gerathene Gegenstand hier auf's Neue in Anregung gebracht werden durch die Berichte, welche die landwirthschaftliche Centralgesellschaft von Frankreich darüber veröffentlicht hat. Dieselbe hat diese Fütterungsweise genauen Untersuchungen unterworfen und darüber die unwiderlegbarsten Zeugnisse einsammeln lassen. Der Thierarzt Renaud von der berühmten Schule zu Alfort hat zu diesem Endzweck eine eigne Reise nach England unternommen. Sein Bericht bestätigt, daß daselbst diese Fütterung bei allen Pferdehaltern eingeführt sei und sich in immer weiterem Maßstab verbreite; daß die Thiere sich dabei nicht allein vollkommen wohl befinden, sondern sogar viel kräftiger und besser genährt erscheinen als bei der alten Fütterungsmethode; endlich, daß die Thatsache feststehe, daß dadurch eine Ersparung von 20 bis 30 Procent täglich auf das Pferd erzielt werde, wie dies namentlich die veröffentlichten Versuche der großen allgemeinen Gesellschaft der Omnibuswagen zu London, welche mehrere tausend Pferde hält, ergeben haben. In Frankreich hat der Postmeister Noel in Chartres 26 Stück Pferde mit gequetschtem Hafer gefüttert und damit bei jedem Omnibuspferd eine tägliche Ersparniß von 61 Centimes, für jedes Karrenpferd von 1 Fr. 20 Cent., für jedes Ackerpferd von 70 Cent. erzielt; im Ganzen also eine jährliche Ersparung von 7821 Fr. für seine sämmtlichen Pferde. Auch nach Abzug der Arbeitskosten und des Anschaffungskapitals der Haferquetschmaschine ist demnach noch ein ungeheuerer Nutzen verblieben. Ein Herr Baillot in der Nähe von Chartres schätzt die tägliche Ersparniß auf 47 Centimes pr. Pferd. In Paris hat die Compagnie Richer und Comp., welche die Grubenräumungen der Stadt gepachtet hat, seit 4 Monaten 400 Pferde mit gequetschtem Hafer gefüttert. Nach ihrer ganz genauen Berechnung beträgt der Nutzen 49 Centimes pr. Tag und Pferd; rechnet man davon 10 Cent. als den höchsten Preis für Maschinenabnutzung, Interessen und Handarbeit ab, so bleiben immer noch 39 Centimes. Die Compagnie erzielt also durch die Fütterung mit gequetschtem Hafer von 400 Pferden alljährlich eine Ersparung von 56,000 Fr. und bei dem schweren Dienst, welchen ihre Thiere, die großentheils in der Nacht arbeiten und schwere Lasten auf sehr weite Entfernungen hin transportiren müssen, läßt sich gegen diese Rechnung kaum eine Einrede erheben. Aber selbst zugegeben, dieses Resultat sei ein übertriebenes, mag man es auf die Hälfte, ja nur auf ein Drittel beschränken, so wird doch immer noch ein hinreichender Nutzen verbleiben, um dieser Fütterungsweise ein entschiedenes Uebergewicht vor derjenigen mit dem Hafer in ganzen Körnern zu geben, und selbst der Verblendetste wird sich vergeblich gegen Thatsachen stemmen, die einmal nicht zu widerlegen sind und deren Wahrheit sich doch einmal Bahn brechen muß. Man sammle nur Stimmen darüber, ob irgend ein Mann der Praxis, welcher einmal eine Zeit lang seine Pferde mit gequetschtem Hafer gefüttert hat, von diesem Fütterungsverfahren wieder abzugehen gedenkt. Der Hafer soll nicht zu Schrot oder Mehl vermahlen sondern nur gequetscht werden, so daß jedes Korn zerdrückt, zerrissen ist und das Futter eine ganz weiche Beschaffenheit erhält, wie dies S. 146 schon des Näheren entwickelt ist. Außer den dort angeführten Quetschmühlen eignet sich zur Futterzubereitung ganz vortrefflich die englische Roß-Wilson Mühle mit kegelförmigen Steinen. Sie ist eine der merkwürdigsten Zusammenstellungen im Gebiete des landwirthschaftlichen Mühlenwesens; von Roß erfunden, von den Ingenieuren John C. Wilson u. Co. in London gebaut, ist die kegelförmige Burrstein-Mühle, welche in der Londoner Weltausstellung 1862, in der sie zuerst auftrat, die Preismedaille erhielt, seitdem wesentlich verbessert worden. Diese Mühle eignet sich für alle Verhältnisse und kann wegen ihrer einfachen Bauart, Billigkeit, ihres geringen Gewichts und des geringen Maßes an erforderlichem Kraftaufwand zu ihrer Bewegung allen Landwirthen, welche eine transportable Mehl- und Schrotmühle aufzustellen gedenken, dringend empfohlen werden. Sie eignet sich ebenso vortheilhaft zu Schrot, wie zu Mehl; letzteres erleidet nicht den geringsten Schaden an seiner Güte, zieht gern und viel Wasser an, so daß es beim Brotbacken ein größeres Gewicht von dem gleichen Maß ergibt, und hält sich erfahrungsgemäß auf dem Transport und bei jahrelanger Aufbewahrung unvergleichlich gut. Die Mahlsteine sind angefertigt vom besten französischen Burrstein, und so vollkommen genau in einander gepaßt, daß sie ganz gleichmäßig arbeiten, ebenso zu Mehl, wie zu Schrot. (Unter Burrstein verstehen die Engländer französische Mühlsteine bester Güte aus einem Stück hinreichend dicker Schichten). Es lassen sich außer Getreide auch trockne und nasse Oelfarben, Gewürze, Kaffee u. s. w. auf diesen Mühlen in sehr vollkommener Weise mahlen. Die Zusammensetzung der Roß'schen Mühle ist aus unseren Abbildungen ersichtlich, welche sie darstellen 1) im Seitenaufriß; 2) im Durchschnitt; 3) im Plan. Die einzelnen Theile dazu erklären sich folgendermaßen: A. der Läufer. BB. der Mahlstein (Bodenstein). C. das Mühleisen. D. die Speisewalze, welche die Körner aus dem darüber befindlichen Trichter E zwischen die Steine führt. E. die Betriebs-Riemenscheibe. G. das Mühlgerüste, von Eisen. H. Bütte und Mehlloch; erstere, wie überhaupt das ganze Gerüste, gleichfalls von Gußeisen. III. die Lager der Betriebswellen mit verschlossenen messingenen Schmierbüchsen. K. die Stellung (Tragbank); sie geschieht mittelst einer Schraubenspindel mit Kurbel; durch das Stellrad L wird mittelst Andrehen die Stellspindel, somit der Raum zwischen den Steinen, unverrückbar festgestellt. M ist ein Einlager aus Leder zwischen den Enden der Stellschraube und des Mühleisens, wodurch alle unnöthige Reibung an dieser Stelle beseitigt wird. N. Stellschraube zur Regulirung des Getreideablaufs aus dem Trichter. O. Schließer, welchen die Stellschraube N regiert. Es können die vorbeschriebenen Mühlen fast mit jeder beliebigen Kraft und Schnelligkeit betrieben werden, sobald sie nur hinreichend fest aufgestellt sind. Je schneller sie aber betrieben werden, um so vollkommnere Arbeit liefern sie — ganz im Gegensatz zu anderen Steinmühlen — weil die vermehrte Geschwindigkeit einen zu ihr im Verhältniß stehenden, immer stärker werdenden Luftstrom zwischen die Steine führt, eine ganz besonders hervorzuhebende, vortheilhafte Eigenschaft. Die gewöhnliche, für Landwirthe am passendste Construction dieser Mühle verträgt ganz gut 1500 Umdrehungen.

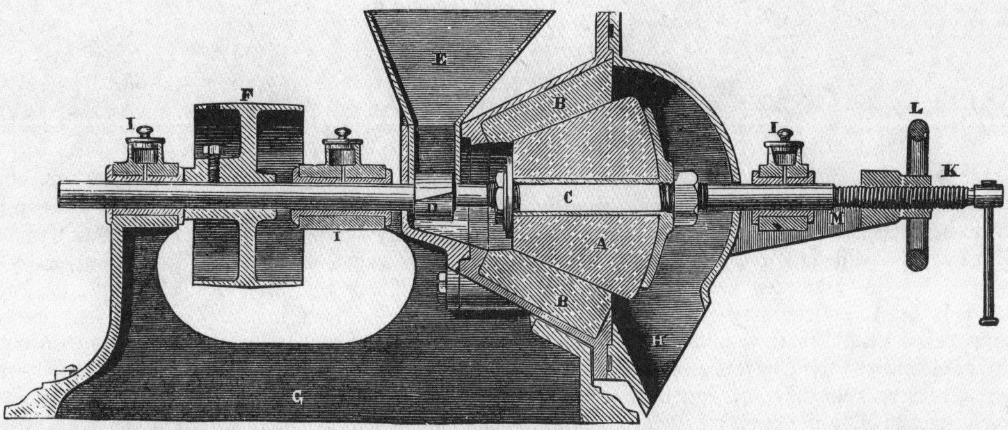

Die Wilson-Mühle.

Durchschnitt.

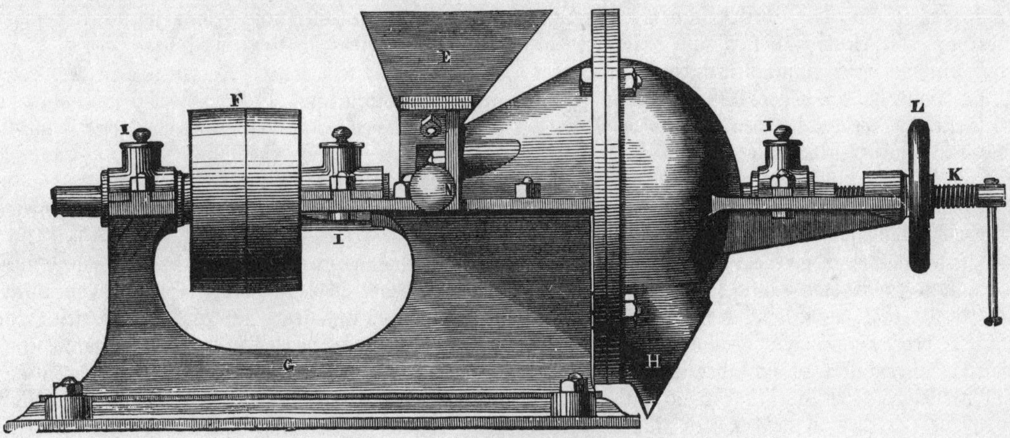

Die Wilson-Mühle.

Seitenaufriß.

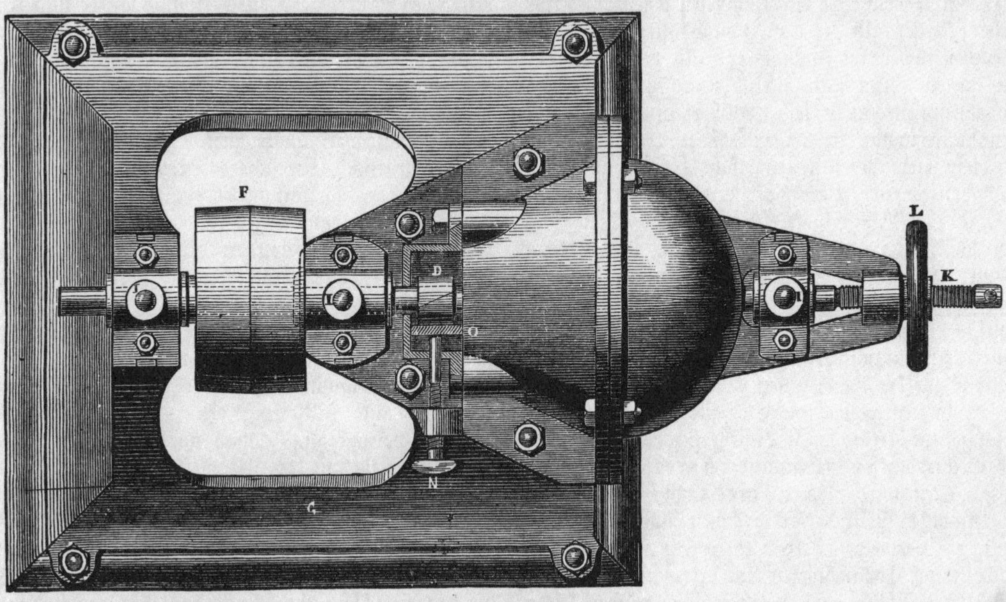

Die Wilson-Mühle.

Plan.

1. Hühner.

(Fortsetzung von Seite 148.)

Die Rasse der Cochinchina-Hühner, von welchen wir Hahn und Henne in vortrefflicher Abbildung wiedergeben, ist noch nicht lange in Europa eingeführt; sie stammt aus Cochinchina im östlichen Asien und übertrifft an Größe, Stärke und Nützlichkeit ziemlich alle bis jetzt bekannten vielen Abarten des Huhns. Die hauptsächlichsten Kennzeichen des Cochinchina-Huhns sind: Mittelgroßer, eher kleiner Kopf; röthliche Gesichtshaut; Kamm von ganz gewöhnlicher Größe, gerade emporstehend und nur wenig gezackt; der Körper voll, rund, stark entwickelt bei allen Thieren, welche von reinem Blut und durch die Zucht noch nicht entartet sind, vorn mit einem braunen Fleck in der Größe eines Hufeisens gezeichnet; die Brust ist breit; die Schenkel sind sehr stark und besonders keulenartig entwickelt; die Flügel sind sehr groß, zum Theil unter den Federn der Brust und des Halses versteckt; der Schwanz ist ganz kurz, theilweise von den Federn des Kreuzes überdeckt; die Beine sind kurz und befiedert; das Gefieder ist reich, glänzend, weich anzufühlen und von gelber oder Zimmetfarbe. Der Hahn hat eine höhere Gestalt, aber sonst, mit Ausnahme des Gefieders, welches bei den männlichen Thieren immer ein anderes ist, ganz dieselben Merkmale. Uebrigens sind seine Beine doch stets länger und zeigen ebenfalls die Eigenthümlichkeit, daß sie vorn gelb und auf der andern Seite fleischfarbig sind. Die cochinchinesische Hühnerrasse entwickelt sich sehr rasch; nicht gemästete Hühner von einem Jahre wiegen 4 bis 6 Pfund. In England züchtet man häufig Hähne bis zu 8 Pfd. Gewicht. Als Braten läßt das Fleisch dieses Geflügels für einen Feinschmecker oder verwöhnten Gaumen zu wünschen übrig; blos gekocht unterscheidet es sich aber minder von gewöhnlichem Hühnerfleisch. Ein großer Vorzug dieser Rasse besteht darin, daß sie sich auch in beschränkten Räumlichkeiten gut aufziehen und halten läßt. Im Allgemeinen ist sie sehr zahm, folgsam, scharrt viel weniger und führt ein ruhigeres, beschaulicheres Leben, als die gewöhnlichen Hühner. Diese Eigenschaften verdienen in einer Landwirthschaft jedenfalls große Beachtung. Die Eier, welche die Cochinchinesen legen, sind nur mittelgroß, eher kleiner als die der Bauerhühner; doch hält man sie allgemein für besser und fetter, als diejenigen der letzteren. Ein gutes Huhn legt jährlich ungefähr 150 Eier. Nach den Beobachtungen von Professor Allibert in Grignon legt das Cochinchinahuhn immer in Reihen von je 16 Eiern nach einander, und diese wiederholen sich ungefähr 10 Mal im Jahr. Eine besonders bezeichnende Eigenschaft der Cochinchinahühner ist ihr Eifer und ihre Beharrlichkeit im Brüten. Diese sind so groß, daß es öfters ordentlich schwer hält, ihnen darin Einhalt zu thun; läßt man sie brüten, so zeigen sie sich sehr geschickt, aufmerksam und sorgsam sowohl für die Eier, als auch späterhin für die ausgeschlüpften Küchlein. Da bei vielen anderen Hühnern gewöhnlich eher das Gegentheil zu bemerken, und es oft eine Klage der Hausfrauen auf dem Lande ist, daß die Hühner nicht brüten wollen, die Eier ausfressen oder verlassen, ihre Jungen nicht führen, so ergiebt sich der Nutzen der Haltung von Cochinchinesen neben anderm Geflügel auf das Unzweideutigste. Man wird alsdann aber immer wohl daran thun, sie so rein als möglich fortzuzüchten und allzugroße Verbastardirung zu vermeiden. Aber es ist jetzt schon ziemlich schwierig, ächte reine Cochinchinesen zu bekommen, da diese Hühnerrasse sich unglaublich rasch verbreitet, man aber selten die Sorge getragen hat, sie vor der Vermischung mit anderen zu schützen. Bastarde von ihnen mit Landhühnern geben zwar sehr schöne, starke und kräftige Exemplare, allein es ist zu fürchten, daß diese nicht alle die guten Eigenschaften ihrer ausländischen Stammeltern geerbt haben. Das Cochinchinahuhn ist eine sehr fleißige Eierlegerin. In England, wo es zuerst gezüchtet ward und jetzt schon so allgemein ist, wie das gewöhnliche Huhn, hat man zum Oeftern die Eier, welche es gab, gezählt, und dann 94 Eier in 103 Tagen, 105 Eier in 116 Tagen gezählt. Diese besonderen Ergebnisse sind durch praktische Erfahrungen bestätigt worden. Von 25 Hühnern erhielt ein Züchter vom 25. December 1855 bis 25. December 1856 die Summe von 5445 Eiern, was per Kopf und Jahr 218 Eier ausmacht. Keine andere Hühnerrasse legt so viel! Diese Ergebnisse, verbunden mit den übrigen guten Eigenschaften, die sie besitzt, machen die Rasse der Cochinchina-Hühner zu einer besonders werthvollen und rechtfertigen den dringenden Rath, sie in allen Wirthschaften einzuführen, wo dies bis jetzt noch nicht geschehen sein sollte. Der einzige Fehler, der ihnen vorgeworfen werden kann, ist der, daß sie sich nicht leicht und gut fettmästen lassen. Indessen ist gerade dieser Fehler in Deutschland, wo die so hoch einträgliche Mästung der Hühner noch wenig betrieben wird, ein untergeordneter, und außerdem giebt es auch zu diesem Zweck ganz ausgezeichnete Hühnerrassen, für die es keines Ersatzes bedarf. (Vgl. S. 148 u. 149). Die spanischen oder andalusischen Hühner haben eine dem Ebenholze gleichende schwarze Farbe. Sie sind von mittlerer Größe, sind anmuthig und leicht beweglich. Auch diese Hühner, welche übrigens fleißig legen, leisten im Brüten nichts, und man muß daher die Eier, deren sie jährlich 120 bis 130 Stück legen, anderen Hennen unterlegen. Das Fleisch dieser Rasse ist ziemlich schmackhaft; bei geeigneter Nahrung durchwächst es leicht mit Fett. Im Ganzen ist dieselbe im Futter genügsam, mag sie zum Eierlegen oder, um gemästet zu werden, gehalten werden. Der Hahn zeichnet sich durch besondere Schönheit aus. — Uebrigens kann kein Zweifel darüber obwalten, daß unser einheimisches Bauernhuhn durch richtige Pflege und Zucht zu einer Schönheit und einem Ertrag gebracht werden kann, wie nur irgend die bevorzugtesten Moderassen. Leider wird ihm dieselbe nur selten zu Theil. Erst in neuerer Zeit ist man darauf aufmerksam geworden, daß alle guten Legehennen sich gleichmäßig durch Kennzeichen auszeichnen, welche nicht täuschen. Diese sind namentlich: Ein starkes Hervortreten des Hinterleibs in völlig runder, kugelförmiger Gestalt oder ein sogenannter Blumenkohlsteiß; sodann die mehr oder minder tief rothe Färbung der nackten Theile, besonders der Ohren; je feuriger roth dieselben hervortreten, um so besser eignet sich das Huhn als Eierlegerin und zur Zucht. Wenn man nun darauf achtet, und immer nur solche Hühner zur Fortpflanzung verwendet, so kann es gar nicht fehlen, daß man endlich einen ganz ausgezeichneten Stamm Geflügel erhält. Noch ist Eines zu berücksichtigen: gute Fütterung der jungen Hühner. Diese wird meistens vernachlässigt, man überläßt sie zu frühe sich selbst und füttert sie mit den älteren Hühnern zusammen, welche gewöhnlich die Jungen weghacken. Gerade im ersten Lebensalter bedarf jedes Thier der reichlichsten, zweckmäßigsten Ernährung, damit sie ihren Körper kräftig ausbilden und später damit etwas leisten können. Auch frisches, jederzeit reines Wasser ist für die jungen Thiere eine Nothwendigkeit, welche sie freilich nicht auf allen Höfen finden. Hinreichender Raum zur Bewegung, Sand, um darin zu baden, sind ebenfalls Bedingung.

Cochinchina-Hühner.

Spanische Hühner.

1. Hühner. 2. Tauben.

In England und in Belgien vorzugsweise ist es, wo in gesitteten Ländern noch das grausame Vergnügen der Hahnengefechte üblich ist und mit einer Leidenschaftlichkeit betrieben wird, welcher das eigentliche polizeiliche Verbot nur höheren Reiz verleiht. Als die Hahnenkämpfe, wie die Pferderennen, noch öffentlich waren, betheiligte sich Jedermann daran und von einem Standesunterschied war dabei nicht die Rede. Der edelste Lord, wie der gemeinste Bürger, fanden sich dabei mit Behagen ein, wetteten und rauften mit einander, und ein berühmter Sieger auf diesem Kampfplatz lebte ebenso in Aller Mund, wie heutzutage ein Vollblutrenner, welcher alle seine Nebenbuhler schlägt. Zu diesen Kampfspielen eignen sich aber die gewöhnlichen Hähne nicht, sondern man wählt dazu eine eigenthümliche Spielart, deren Ansicht in der Abbildung gegeben ist. Ein guter Kampfhahn hat einen schmalen, keilförmig zugespitzen Kopf, ohne oder nur mit mäßig entwickeltem Kamm, große feurige Augen, starken, raubvögelartig gebogenen Schnabel, einen langen, kräftigen Hals, worauf man am meisten hält, weil die Hauptthiebe mit dem Schnabel nach den Köpfen geführt werden; einen runden, gedrungenen Körper mit geradangesetzten Schenkeln und langen kräftigen Beinen von derselben Farbe, wie der Schnabel; breite Füße, lange, rauhe, einwärtsgekehrte Sporen liebt man vorzugsweise. Die Farbe der Kampfhähne ist gewöhnlich grau, gelb oder hellroth, mit schwarzer Brust, doch legt man darauf kein Gewicht. Die Hennen sehen dem Hahn ganz ähnlich, sie legen kleinere Eier, wie das gewöhnliche Haushuhn, ihr Fleisch soll zarter wie das der Letzteren sein. Zum Kampf richtet man die Hähne in eigenthümlicher Weise ab, füttert sie auch von Jugend auf besonders kräftig mit hitzigem, erregendem Futter; die Kämme und Bartlappen werden, wo sie sich entwickeln, sorgfältig abgeschnitten, desgleichen vor dem Gefecht die langen Federn des Schwanzes und der Flügel; zuweilen ersetzt man ihnen die Sporen durch metallene. Gute Kampfhähne sind schon mit 100 Pfd. Sterl. bezahlt worden. Sie eignen sich vortrefflich als Wächter des Hühnerhofes, zu welchem Zweck sie vielleicht hier und da gern gehalten werden würden. Der schönste von allen Zwerghähnen ist das Bantamhuhn, welches aus Java nach Europa gelangt, aber ursprünglich in Ostindien daheim ist. Der Hahn wird nicht über 12 Zoll hoch und 1½ Pfund schwer, die Grundfarbe des Gefieders ist entweder ein glänzendes Orangebraun oder Rahmfarbe und jede Feder in möglichster Gleichförmigkeit rundum mit Schwarz oder dunkelbraun gezeichnet. Ein rosenförmiger Kamm ist am häufigsten, die Bartlappen ziemlich groß und rund; Gesicht und Kehle sind nackt, unbehaubt und ohne Halsfalte, von Kragenfedern möglichst frei; der Schwanz ist nicht krumm gebogen, wie bei den gewöhnlichen Hähnen, sondern gerade, wie bei den Hennen; die Beine sind sämmtlich nackt. Die Hennen legen sehr fleißig, führen ihre Jungen ganz gut und liefern treffliches Fleisch und Eier. Das Bantamhuhn ist wahrscheinlich eine dem indischen wilden Huhn am nächsten stehende Spielart, welches noch viele Eigenschaften seines ursprünglichen Zustandes, namentlich Kampflust und Muth, beibehalten hat. Die ächten Bantams sind immer gesucht und theuer, man wird sehr oft damit betrogen. Der Preis von 10 Pfund Sterl. für ein Paar, wird in England sehr häufig gewährt. Unter das Nutzgeflügel wird man die beiden beschriebenen Arten wohl nicht stellen dürfen. — Unter den schönen Ziertauben, vgl. S. 76 und 77, mit welchen ihre Heimath Ostindien uns beschenkt, ist eine der schönsten die Kronentaube, die größte von allen Tauben. In China wird dieselbe als Hausthier gehalten und kommt auch in Europa schon bei Liebhabern vor; sie ist der allgemeinern Einführung werth sowohl ihrer Schönheit, als ihres Nutzens wegen. — Hieran reihen wir das Wichtigste über das Ei und dessen Aufbewahrung. Das Ei besteht aus vier gesonderten Theilen, dem Dotter, dem Eiweiß, der Lederhaut und der Schale. Bekanntlich bildet es eines der gesündesten, kräftigsten und daher verbreitetsten Nahrungsmittel, die es gibt. Dotter und Eiweiß sind in ihren Hauptbestandtheilen völlig gleich, nur enthält der erstere ein dem letzteren fehlendes gelbes Fett, das sogenannte Eieröl. In dem Ei findet sich die gesammte Nahrung, die der junge Vogel während seiner 21tägigen Entwickelung bedarf. Sogar für die Luft ist gesorgt, die in einem eigenen Behälter am stumpfen Ende des Eies sich befindet und weit sauerstoffreicher ist, wie die atmosphärische Luft. Außerdem ist die Schale, welche aus reinem kohlensauren Kalk besteht, mit einer Menge von Poren versehen, durch welche die Luft einzudringen vermag. Höchst wichtig ist dies nicht allein für das Leben der Küchlein, sondern auch für die Aufbewahrung der Eier. Wenn diese verderben, so ist eben nur der Zutritt der atmosphärischen Luft und in Folge dessen die Zersetzung der Eier schuld. Die vielerlei Methoden der längeren Aufbewahrung derselben gehen aber sämmtlich darauf aus, den Luftzutritt abzusperren. Auf die einfachste, freilich auch unvollkommenste Weise geschieht dies wie gewöhnlich durch Einlegen in Häckfel, Sägemehl, Kleie, Asche, Sand. Auch in Wasser hat man empfohlen die Eier einzulegen, da dieses aber Sauerstoff enthält, so bewährt sich ein solches Verfahren nicht, außer wenn man das Wasser vollständig mit Kalk sättigt; in einem solchen Kalkwasser, welches aber die Eier mindestens einen Zoll hoch bedecken muß, halten sie sich ganz vortrefflich. Das Gleiche ist der Fall in zerlassenem Fett, sowie man auch nur durch Eintauchen in solches, oder Abreiben der Schale mit Speckschwarte schon einen ziemlichen Erfolg erzielen kann. Neuerdings hat man das Wasser-Glas, eine gallertartige flüssige Verbindung der Kieselsäure mit Alkalien zur Aufbewahrung der Eier dringend anempfohlen; durch mehrmaliges Eintauchen damit überzogen, bildet sich allerdings eine undurchdringliche Kruste um das Ei. Vergessen darf aber nicht werden, daß Letzteres schon an und für sich immer Luft enthält und daher alle Schutzmittel, und seien sie noch so vorzüglich, auf eine längere Dauer hinaus dennoch unzureichend sind. Da die unbefruchteten Eier sich am vorzüglichsten zur Aufbewahrung über Winter eignen, so hat man mehrere Vorsichtsmaßregeln zu merken. Vorzugsweise wählt man Eier aus dem Spätsommer, namentlich vom Monat August, zur Aufbewahrung. Ein gesundes und frisches Ei sinkt, wenn man es in's Wasser legt, sofort auf den Grund; Eier, welche schwimmen, sind untauglich zum Aufbewahren, wenn sie auch vielleicht noch zu sofortigem Gebrauche geeignet sind. Hat das Ei die Wasserprobe ausgehalten, so wende man die Feuerprobe an d. h. man halte es an's Feuer; gibt es etwas Feuchtigkeit von sich, so ist es gut zum Aufbewahren. Eine dritte Probe ist die Lichtprobe, welche folgendermaßen vorgenommen wird. Man schneidet in ein Stück Pappe ein der Eiform entsprechendes Loch, klemmt das Ei hinein und hält es vor den Schein einer Lampe, mit dem spitzen Ende nach oben, oder ebenso in der hohlen Hand gegen das Sonnenlicht; das Dotter muß in der Mitte erscheinen, Dotter und Eiweiß ganz hell und durchsichtig sein; zeigen sich dunkle oder trübe Flecken, so eignet sich das Ei nicht zur Aufbewahrung.

Kronentauben.

Bantam-Hahn und Huhn.

Kampfhahn.

Seidenzucht.

Unter Seide versteht man bekanntlich den glänzenden, feinen, dabei aber festen Faden, welchen die Raupe des Maulbeer-Seidenspinners erzeugt, indem sie sich zur Verpuppung einspinnt. Der Seidenspinner ist ein aus China stammender Nachtschmetterling. Er hat schmutzig- oder gelblich-weiße Flügel mit blaßbraunen Streifen und auf den Vorderflügeln, die am äußern Rande ausgeschnitten sind, einen halbmondförmigen, oft kaum sichtbaren Fleck. Die Zeichnungen der Flügel sind bei den Männchen zahlreicher, da bei den Weibchen eigentlich die ganze Zeichnung nur aus den braunen Adern besteht, auch der Halbmond fehlt, bei den Männchen dagegen ockergelbe oder braune Querstreifen und eine Binde die Adern durchkreuzen. Außerdem unterscheidet sich das Weibchen noch dadurch von dem Männchen, daß es einen größeren und stärkeren, hinten abgerundeten Hinterleib, der übrigens bei beiden Geschlechtern gelbweiß wollig ist, und kleinere, blässere Fühlhörner hat, die aber bei beiden Geschlechtern kammförmig sind. In neuerer Zeit hat man verschiedene Arten von Seidenspinnern entdeckt, und sie in Europa einheimisch zu machen getrachtet. Unter ihnen ist besonders merkwürdig der Ricinus-Seidenspinner, ein prachtvoller Schmetterling, welcher auf der Staude des Ricinus oder Wunderbaumes lebt. Die Zucht dieses Spinners ist weit leichter, als diejenige des Maulbeerspinners, leider ist es aber bis jetzt noch nicht gelungen, von seinem großen Cocon den Faden so leicht abzuwickeln, wie bei dem Letzteren. Wenn dies einmal erreicht worden ist, so hat die Zucht des Ricinus-Seidenspinners gewiß eine Zukunft, weil sein Faden ganz besonders stark und haltbar ist. Gleich nachdem die Schmetterlinge aus ihrer Puppe gekrochen, suchen die Männchen die Weibchen auf, um sich zu begatten, welchem ein gegenseitiges Anschwirren mit den Flügeln vorangeht. Sobald sich beide Geschlechter vereinigt haben, bleiben sie 8—24 Stunden in dieser Verbindung, wobei das Männchen das Schwirren von Zeit zu Zeit fortsetzt. Wenige Stunden nach der Paarung beginnt das Weibchen Eier zu legen und zwar 400—500 Stück neben einander. Trennt man die Männchen früher von den Weibchen, als bis sie sich freiwillig lösen, so kann ersteres sich auch noch mit einem anderen Weibchen begatten. Die Eier (Wurmsame, Grains) erhärten gleich, nachdem sie gelegt sind, erscheinen anfangs schön hellgelb, werden nach einigen Stunden schon weißer, dann bräunlich und endlich aschgrau. Sie sind rund und platt gedrückt, in der Mitte mit einem Grübchen. Die tauben Eier bleiben immer weiß oder ockergelb. Man läßt die Eier, die der Schmetterling im Freien an die Rinde des Maulbeerbaumes legt, im Zimmer auf Papier, Leinwand oder Tuch legen, worauf sie ankleben. Man streift sie davon ab und bewahrt sie in Büchsen auf, oder legt sie mit dem Papiere in Pappenkästen oder Holzschachteln und wegen ihrer Festigkeit kann man sie sogar in Briefen verschicken. Man bewahrt sie in einem Zimmer auf, das nicht über 12 Grad Réaumur Wärme haben darf. Das Ausbrüten im Frühjahre geschieht durch künstliche oder natürliche Wärme von 16—20 Grad Réaumur, welcher man sie 10—12 Tage lang aussetzt, was jedoch nie eher geschehen darf, als bis der Maulbeerbaum Blätter treibt; denn sobald die Räupchen ausgekrochen sind, suchen sie Futter, das natürlich bei den zarten Thierchen nur aus jungen, zarten Blättern bestehen darf. Man theilt das Leben der Seidenraupen oder Seidenwürmer, wie sie auch noch genannt werden, in 5 Perioden, in welchen sie sich viermal häuten, worauf sie jedesmal in einer anderen Farbe erscheinen. So lange der Akt der Häutung dauert (etwa $1\frac{1}{2}$ bis sogar 3 Tage lang), sind sie in einer Art Erstarrung begriffen und nehmen keine Nahrung zu sich. Nach einer Beobachtung, welche in Mailand gemacht worden, brauchen die Eier am ersten Tage des Austreibens 15, am zweiten 16, am dritten 17, am vierten 18, am fünften 19 und endlich am sechsten 20 Grad Réaumur Wärme, die Räupchen aber in der ersten Periode am ersten Tage 21, in den vier folgenden 20, in den vier Tagen der zweiten Periode 19, in den sechs Tagen der dritten Periode 17, in den sechs Tagen der vierten Periode ebenfalls 17, in den vier ersten Tagen der fünften Periode 16 und in den vier letzten Tagen derselben Periode nur 15 Grad Reaumur (vergl. die Abbildungen, welche Eier und Raupen in allen 35 Tagen der verschiedenen Perioden, darstellen). Anfangs sind die Räupchen schwarzbraun mit schwarzem Kopfe, späterhin werden sie weißer und zuletzt bleiben sie weißgelb mit vielen graublauen Punkten und an zwei Stellen des Rückens mit zwei halbmondförmigen braunen Flecken. Den Anfang der Raupe macht der Kopf und die runzlige Brust mit den sechshornigen Füßen. Der eigentliche Leib hat an den Seiten Luftlöcher, auf dem dritten und sechsten jene braunen Flecke, am letzten oben ein nach unten gekrümmtes Horn und am vierten, fünften, sechsten, siebenten und letzten Gliede stehen unten zwei fleischige Afterfüße, so daß die Raupe also zusammen 16 Füße hat. Hat sich nun die Raupe vollkommen ausgebildet, so verliert sich allmälig ihr blaulicher Schimmer, sie wird unruhiger, kriecht unstät umher und sucht einen schicklichen Ort, wo sie sich einspinnen kann. Hat sie einen solchen erreicht, so legt sie erst so lange einzelne Fäden an, bis sie endlich ein Gewebe verfertigt, in dem sie den eigentlichen Cocon um sich anlegen kann. Ein solcher Cocon hat eine länglichrunde, an beiden Enden abgerundete Form. Zuweilen spinnt auch eine Raupe eine andere schwächere mit sich ein, wodurch die Cocons größer und breiter werden. Das Entstehen solcher Doppelcocons muß man aber soviel als möglich verhüten. Die äußeren lockeren Fäden, in welchen der Cocon hängt, ist die eigentliche Floretseide. Der Cocon selbst besteht aus einem einzigen Faden von 800—1200 Fuß Länge. Da, wo dieser Faden aufhört, befindet sich noch eine feinfilzige, innen pergamentartige Hülle, welche sich nicht abwickeln läßt, die aber doch noch zur Verfertigung von schlechteren Zeugen, Watte und dergl. benutzt werden kann. Die Cocons, welche man zur Zucht brauchen will, müssen rein weiß oder rein goldgelb sein. Beide Sorten werden getrennt, damit sich nicht die Schmetterlinge beider paaren können, weil sonst eine schlechte Mittelsorte entstehen würde. Vier bis sieben Tage nach dem Einspinnen werden die Cocons abgenommen und, wenn sie nicht zur Zucht gebraucht werden sollen, getödtet. Die eigentliche Verpuppung geschieht etwa mit dem zehnten bis zwölften Tage und etwa zwanzig Tage nach dem Einspinnen kriecht der Schmetterling aus, daher wird das Tödten der Raupe im Cocon am besten vor dem zwölften Tage geschehen. Man tödtet sie auf verschiedene Weise; am zweckmäßigsten ist es jedoch, sie in einen Sack zu bringen, in diesem in einem Backofen auszubreiten, in dem zuvor Brot gebacken und in dem noch eine Hitze von 30 Grad Réaumur ist und sie daselbst so durchhitzen zu lassen, daß sie nach wenigen Stunden sterben. Manche wenden sogar über 30, ja sogar bis 60 Grad Hitze an, aber dies ist gewöhnlich der Seide nachtheilig, weil sie dann gleichsam dörrt. In Terpentinöl getränktes Papier und Kampher ist nur in den ersten Tagen des Einspinnens anzuwenden.

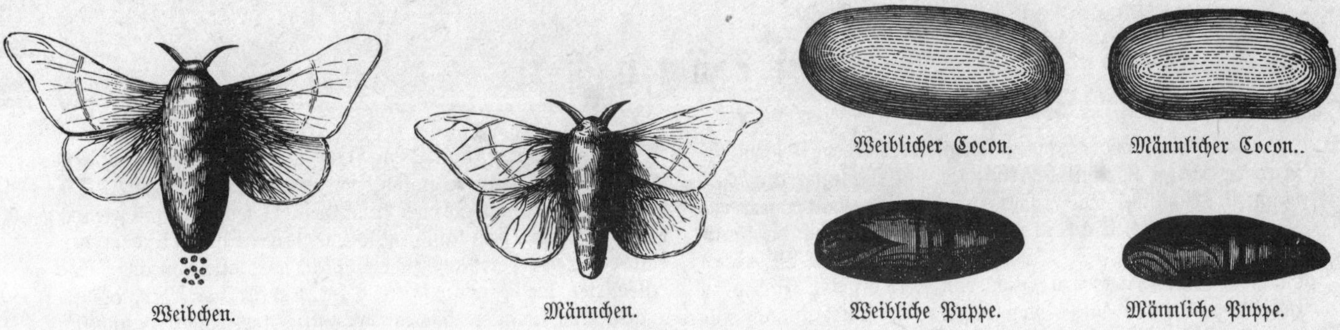

Maulbeer-Seidenspinner.

Der Ricinus-Seidenspinner.

Fischzucht.

Die häufig mit der Landwirthschaft verbundene Teichwirthschaft beschäftigt sich mit der Aufzucht und Mästung der sogenannten Teichfische, von welchen am meisten gehalten werden: Karpfen, Hecht, Schleie und Karausche. Allein die künstliche Fischzucht (Vgl. S. 152—155) bietet jetzt die Mittel an die Hand, eine weit größere Zahl von weit besseren Fischen zu züchten, und damit nicht bloß die Teiche, sondern auch alle fließenden Gewässer zu bevölkern. C. Vogt beantwortet die Frage: Welche Fische soll man züchten? Wenn es sich einmal darum handelt, Geld anzulegen, Zeit und Mühe aufzuwenden, so ist es auch klar, daß man hierfür den größtmöglichen Gewinn suchen soll. Man wird also diejenigen Fische zu züchten suchen, die gerade in der Gegend am geschätztesten sind, die den höchsten Preis haben und deren Zucht auch den Oertlichkeiten entspricht. Man wird aus fernen Gegenden, wenn dies möglich ist, diejenigen Fische einzuführen trachten, welche größeren Vortheil versprechen als die einheimischen. Ganz passende Regeln hier aufzustellen wird deshalb kaum möglich sein. Die Fischer von Commacchio, die in ihren Lagunen mit so vielem Vortheil Millionen von Aalen ziehen, würden gewiß ebenso übel thun, diese Zucht mit derjenigen der Forellen vertauschen zu wollen, als die Anwohner des Genfer- oder Neuenburgersees, wenn sie die ihnen Vortheil versprechende Forellenzucht mit derjenigen des Aals vertauschen wollten, der dort kaum einen Werth hat. Nicht minder würde es fehlerhaft sein, Fische wie die Quappe und den Wels züchten zu wollen, die zwar schnell wachsen und deshalb zur Mästung sich eignen würden, deren Preis und Güte aber in keinem Verhältniß steht zu dem Schaden, den sie in den Gewässern anrichten. Man sagt zwar, der Wels könne eine werthvolle Aneignung für gewisse Torfgewässer werden, allein man vergißt, daß sein Fleisch sehr schlecht und seine Gefräßigkeit sehr groß ist und daß die Erzeugung also stets unter derjenigen von Schleien und ähnlichen Weißfischen der Schlammgewässer stehen würde. So wird sich denn die künstliche Fischzucht besonders auf einige Arten beschränken, welche die verschiedenen Eigenschaften in sich vereinigen. In erster Linie stehen hier alle Fische aus der Forellenfamilie: Lachs, Huchen, Seeforelle, Bachforelle, die Maränen und Gangfische und allenfalls noch die Aesche. Die Bachforellen verlangen vor allem klares, kühles, schattiges Wasser, mit mehr sandigem oder kiesigem Grunde und von geringerer, mittlerer, aber gleichmäßiger Temperatur. Ströme und Bäche, sowie klare Gebirgsseen sind für sie wesentlich geeignet. Schlammgrund ist ihnen überall zuwider. Auch fliehen sie mehr als andere Fische die dem Wasser beigemengten Unreinlichkeiten, die Salze und Farbestoffe, sowie die Abfälle, welche Fabriken und Manufacturen dem Wasser zu übergeben pflegen; die feine Pechschmiere, welche Gasfabriken und ähnliche Anstalten liefern, ist ihnen ebenfalls außerordentlich zuwider. Der Huchen verdient gewiß größere Verbreitung als er bis jetzt hat, verlangt aber jedenfalls größere Bäche und Flüsse zu größerem Wachsthum. Er wächst schneller als alle anderen Forellen, ist aber auch weit gefräßiger. Daß er bei guter Nahrung schneller wächst als Forelle und Lachs, unterliegt keinem Zweifel. Sein Fleisch wird etwa dem des Sanders gleichgewerthet, etwa auf die Hälfte des Salmlings und Ritters. Bei der Anzucht der Lachse, der Seeforellen muß jedoch der Wandertrieb berücksichtigt werden. Man hat noch keinen in Bächen oder Teichen aufgezogenen Lachs gesehen, der sich zum Verkauf auf dem Markte geeignet hätte, und es wird schwer sein, deren aufzuziehen. Soll man also diese Fische etwa nur bis ins zweite Jahr züchten und sie dann freilassen? Aber dann zeigt sich eine andere Schwierigkeit. Sie sind wirklich dumm, scheuen keine Gefahr, kennen keine Feinde, betragen sich wie dem Käfig entflohene Kanarienvögel und werden bald die Beute der Raubfische. Man wird also von allen Forellenarten die Bachforelle stets um so mehr vorziehen, als sie auch in den kleinsten Bächen vortrefflich fortkommt, hinsichtlich des Raumes, den sie in Anspruch nimmt, den Besitz von Privatpersonen nicht überschreitet, sich in hellen Teichen mit starkem Zufluß leicht züchten und mästen läßt und stets ein geschätzter, trefflicher, mit am höchsten im Preise stehender Fisch ist. Für kleine tiefe Gebirgsseen wird man vielleicht den Salmling und Ritter, für gewisse Flußstellen die Aesche, für tiefere Flüsse und Seen, deren Wasser nicht rein genug für Forellen ist, den Sander vorziehen. Für stehende Gewässer, tiefe aber klare Teiche und Seen werden die Maränen, welche z. B. in den pommerschen Seen vorkommen, wo doch fast durchgängig Torfgrund herrscht, eine wesentliche Berücksichtigung verdienen, zumal da für einige Arten das Einpökeln und Räuchern schon ganz gebräuchlich ist. Der Gangfisch aus dem Bodensee, der zu dieser Fischgattung gehört, wird, in dieser Weise zubereitet, in Süddeutschland und der Schweiz in großen Mengen versandt. Die Vervielfältigung der geschätzten Madui-Maräne, welche in dem See dieses Namens bei Stettin vorkommt, wäre gewiß lohnend für die Besitzer von Teichen und Seen in den Niederungen und Flachgegenden Deutschlands. Für kleinere Teiche und schleichende Gewässer verdient einzig der Karpfen und allenfalls noch die Schleie Berücksichtigung, während für größere Flüsse der Stör und der Sterlet wesentlichen Nutzen bringen dürften. Der Sterlet nebst dem Scherg oder Sevrjuga ist einer der geschätztesten Fische aus dem Störgeschlechte. In Rußland und im unteren Donaugebiete werden beide wie Lachse gewerthet. Die Flußgebiete des nördlichen Deutschland, der Weichsel, Oder und Elbe und ihre Nebenflüsse können leicht mit diesen Fischen von der Theiß her bevölkert werden und die Anzucht derselben würde auch deshalb besonders rathsam erscheinen, weil sie Pflanzenfresser sind und somit anderen Fischen, wie Hechten und Forellen, die Fleischfresser sind, durchaus nicht im Wege stehen. Da, wo sehr viele Fische gewonnen werden, ist es vortheilhaft, dieselben durch Einsalzen und Räuchern zur Handelswaare zu machen. Dabei sind eigenthümliche Vortheile und Kunstgriffe zu beobachten. Die Abbildungen 1—5 stellen das Zerschneiden der größeren Fische zu diesem Zwecke dar, die Linien, deren Enden mit Buchstaben verzeichnet sind, deuten die zu führenden Schnitte an. In Fig. 6 ist die einfache Caviarpresse der deutschen Ansiedler in Südrußland dargestellt, zwischen die aufrechten Bretter wird der Rogen der Fische gepackt, ein Brett darauf gelegt, festgeschnürt und geräuchert; dort ist Caviar in gepreßtem Zustand ein Hauptnahrungsmittel. Nachdem die Fische zerlegt worden, werden sie im Wasser sorgfältig abgewaschen und in eine starke Salzlake gethan, in welcher sie 24 Stunden und auch noch länger bleiben. Hierauf werden sie in besondere Kasten geschichtet und zwischen jeder Schicht mit Salz bestreut. Die Menge des anzuwendenden Salzes hängt von der Größe der Fische und von der Zeit, wann sie eingesalzen werden, ab. Annäherungsweise kann man annehmen, daß auf einen Scherg 5—7 Pfund, auf einen Stör 7—10 Pfund, auf einen Hausen 10—40 Pfund und auf einen Lachs 10—15 Pfund Salz verwendet werden. Während der heißen Jahreszeit wird mehr Salz gelegt, als in der kalten.

Schleie.

Karausche.

Karpfen.

Hecht.

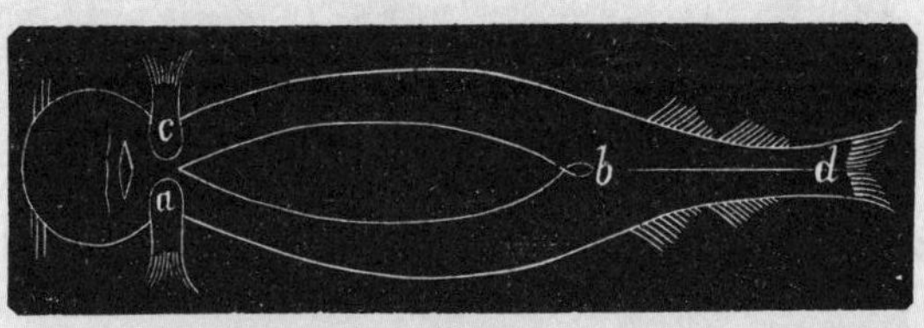

Fig. 1.

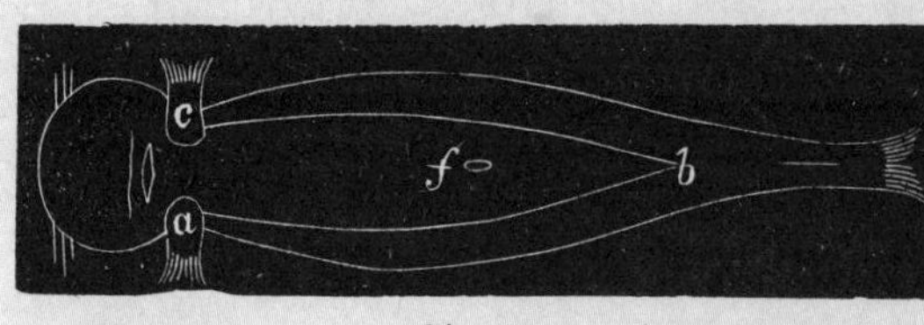

Fig. 2.

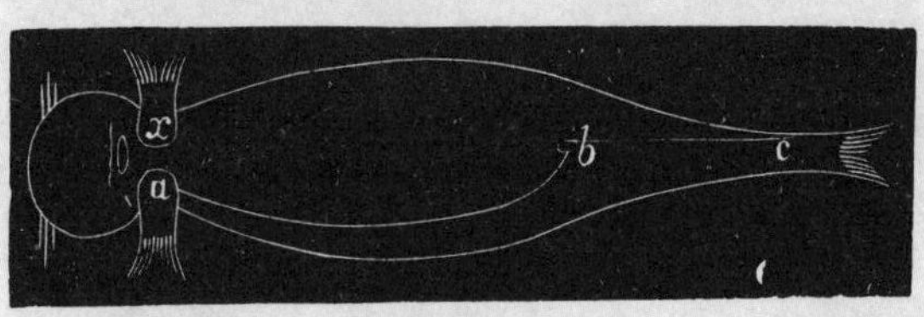

Fig. 3.

Fig. 4.

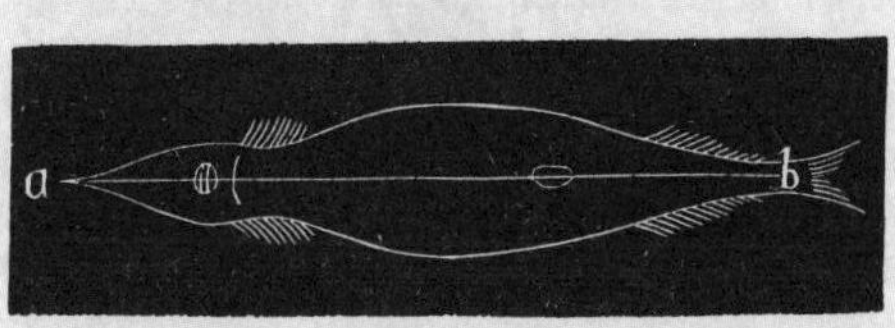

Fig. 5.

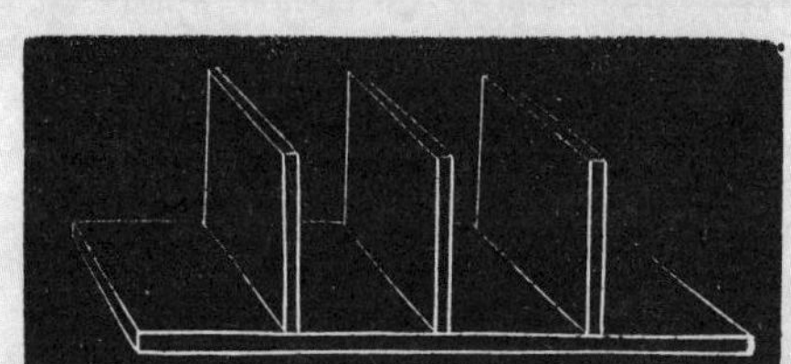

Fig. 6.

Einsalzen und Räuchern der Fische.

Landwirthschaftliche Baukunde.

Jeder Landwirth muß etwas vom Bauen verstehen, denn er kommt häufig in die Lage, nicht blos der Wiederherstellung seiner Wirthschaftsgebäude vorzustehen, sondern auch den Aufbau derselben von Grund aus zu leiten, da es auf dem Land an durchgebildeten Baumeistern noch vielfach fehlt, oder diese doch von den Bedürfnissen eines Güterbetriebs allzuwenig Kenntniß besitzen. Vor allem hat er sich daher anzueignen die Kenntnisse der verschiedenen Baustoffe, als da sind: Erden und Steine: Sandstein, Kalkstein, Granit, Basalt, Schiefer, Trachyt, Tuff, Lava, Traß, Lehm, Thon u. s. w.; der Verbindungsstoffe: Sand, Kalk, Cement, Gyps, Asphalt; der Bauhölzer, als Tanne, Kiefer, Fichte, Lärche, Eiche, Birke, Esche, Rüster, Pappel u. s. w.; der Metalle: Eisen, Zink, Blei, Zinn, Kupfer, Messing — endlich der verschiedenen Nebenstoffe: Rohr, Stroh, Glas, Farben, Oele, Firnisse und Kitte. Zum Bau selber übergehend, so beginnt derselbe mit der Erdarbeit; der Baugrund muß gehörig untersucht, vielleicht entwässert, mit Fangdämmen versehen werden; dann beginnt die Herstellung des Fundaments, der Grundmauern. Wo es möglich ist, da bestehen dieselben am besten aus natürlichen oder Bruch-Steinen, sie können aber auch aus künstlichen, oder gebrannten Steinen angefertigt werden. Letztere sind das Ergebniß der Ziegelei, welche, wie auch Kalkbrennerei, nicht selten mit dem landwirthschaftlichen Betrieb verbunden sind. Je nach der Oertlichkeit werden ganze Häuser aus beiden Stoffen, oder auch selbst ganz aus Sandsteinquadern aufgeführt, wo die Brüche in der Nähe sind. In Norddeutschland sieht man häufig stattliche Wirthschaftsgebäude blos aus den gesprengten Granit-Findlingen errichtet, welche vom Acker entfernt worden und so doppelt nutzbar gemacht sind. Wo Steine fehlen, baut man aus bloßer in Formen gestampfter Erde — Piseebau — oder auch aus Kalk und Sand (Prochnow'scher Kalksandbau). Zu den Obliegenheiten des Maurers gehören auch die wichtigen Feuerungsanlagen, die Putzarbeit, die Herstellung der Gewölbe und Bogen, die Vorrichtungen gegen das Aufsteigen von Grundfeuchtigkeit im Mauerwerk und auch nebenbei wohl die Pflasterarbeiten. Dem Zimmermann liegt ob die Aufstellung der Gerüste, die Balkenlage, die Verbindung der Holzwände, die Anfertigung und Richtung des Dachgerüstes, der Hänge- und Sprengwerke, der Zwischendecken, endlich der Thüren und Fußböden. Von den Dachbedeckungen hat man zu wählen unter: Strohdach, Rohr- oder Schilfdach, Breterdach, Schindeldach, Lehmschindeldach, Dorn'sches Dach, Ziegeldach, Schieferdach, Zinkdach, Eisenblechdach (im Süden üblich), Asphaltfilzdach, Steinkohlentheerpappedach, Häusler'sches Holz-Cement-Dach u. s. w. Bevor zur Herstellung eines neuen Gebäudes geschritten wird, ist ein sorgfältiger Voranschlag der Kosten für Baustoffe und Arbeiten zu machen. Neben die allgemeine Kenntniß des Bauwesens treten die besonderen Anforderungen, welche in Bezug auf landwirthschaftliche Gebäude gestellt werden müssen. Wichtig ist hier vor allen Dingen die Lage des Wirthschaftshofes und die Vertheilung der verschiedenen Baulichkeiten, aus welchen er bestehen soll. Für die letzteren maßgebend ist die Art des Betriebs; der Dreifelderwirth bedarf anderer Räumlichkeiten, als der Koppelwirth; der Mäster als der Jungviehzüchter; der Branntweinbrenner als der Stärkefabrikant u. s. w. Als oberste Richtschnur diene hierbei: Aller überflüssige Luxus ist streng zu vermeiden, wenn die Wirthschaft nur auf den vollen Reinertrag hin betrieben werden soll; nichtsdestoweniger sollen die Gebäude möglichst zweckmäßig, dauerhaft und gegen Feuersgefahr geschützt hergestellt werden. Daß es gut ist, wenn der Erbauer auf Zunahme seiner Ernten mit den Jahren im Voraus rechnet, kann nicht bezweifelt werden, dagegen ist jede allzuweitläufige Anlage fehlerhaft, weil durch dieselbe ein sich sehr hoch zusammen berechnendes Maß an Zeit und Arbeit verloren geht. Wo das Getreide in Scheunen untergebracht wird, hat man für diese wichtigen Gebäude besonders eine recht zweckmäßige Gestalt und Einrichtung zu wählen; außer den Getreidescheunen hat man auch noch bloße Stroh- und Heuscheunen, Tabaksscheunen, Maistrockenhäuser, Torfscheunen u. s. w. Werden Getreide und Heu in Feimen oder Harfen aufbewahrt, so hat man die Wahl zwischen zahlreichen Arten, je nach Landesgebrauch; besonders empfehlen sich die mit festem Gerüst und beweglichem Dach ausgestatteten holländischen Feimen. Kornspeicher, Molkereikeller, Gerätheschuppen, Vorrathsräume, Keller und Mieten verlangen nicht mindere Berücksichtigung. Noch mehr aber die Ställe, welche für jede Thiergattung eigens dazu eingerichtet sein sollen, die sich daran schließenden Düngerstätten und Jauchegruben. Daran reihen sich Bienenstände, Seidenraupereien, Backöfen, Obstdarren, endlich die verschiedenartigen Gebäude für die landwirthschaftlichen Nebengewerbe. Was das Wohnhaus des Landwirths betrifft, so sei es vor Allem gesund, dann so gelegen, daß er stets überblicken kann, was auf seinem Gehöfte vorgeht. Weitere Rathschläge zu geben, würde hier zu weit führen; wer sich rasch und bequem hinlänglich unterrichten will, dem empfehlen wir das „Handbuch der landwirthschaftlichen Baukunde für Landwirthe und Bauleute", von Schubert (II. Auflage, Berlin). Nur noch ein Wort über die Wohnungen der Arbeiter auf dem Lande, welche auf größeren Gütern nicht selten von dem Besitzer gestellt werden. Sie so wohnlich und praktisch einzurichten, als nur möglich, ohne dabei allzu tief in den Beutel greifen zu müssen, ist eine sehr verdienstliche Aufgabe. Einen Beitrag zu ihrer Lösung bilden die nebenstehenden Pläne zu einer **Musterwohnung für Kleinbesitzer oder Landarbeiter**, sie bedürfen keiner näheren Auseinandersetzung. Werden in dieser, jeden Luxus vermeidenden, dagegen so zusammengedrängten Weise, daß dadurch Wege und Arbeit möglichst erspart werden, die Wohnungen der ländlichen Arbeiter errichtet, so wird man bald gewahr werden, daß der Mangel an denselben aufzuhören beginnt. Für größere Gutsbesitzer ist es von außerordentlicher Wichtigkeit, wenn sie, was in vielen Fällen gar nicht so schwer ist, als man glaubt, ermöglichen können, ihren Arbeiterfamilien kleine Wohnungen mit einem Stück Gartenland gegen einen abzuverdienenden Zins zu überlassen. Es ist kaum glaublich, wie gewaltig groß der sittliche Einfluß einer solchen Einrichtung ist, ebenso aber auch, wie gut sich der Eigenthümer selbst dadurch stellt. Er wird auf solche Weise leicht sich jahraus jahrein den nöthigen Bedarf an Arbeitskräften sichern, er ist als der Vater einer zufriedenen Ansiedlung geachtet und geliebt, es umgeben ihn keine finsterblickende Heimatlose, sondern ordentliche und gesittete Ackersleute, und in den Stürmen der Zeit braucht er nicht vor den gierigen Händen der eigenen Arbeiter zu zittern. Es wäre sogar wünschenswerth für den allgemeinen Wohlstand, wenn Gemeinden in dieser Weise die Sorge für die ärmeren, dem Arbeiterstand angehörigen Mitglieder, welche kein Unterkommen auf größeren Gütern finden können, übernähmen, indem sie denselben auf Gemeindegrundstücken passende Wohnungen errichteten, deren Miethzins entweder auf Gemeindegut oder bei einem größeren Besitzer abverdient werden müßte.

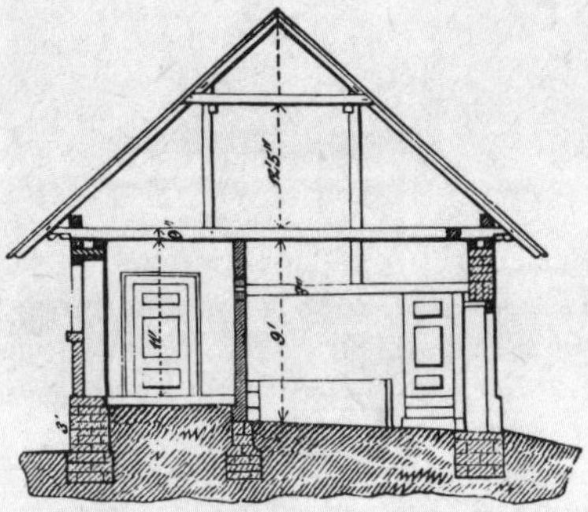

Durchschnitt durch den Stall.

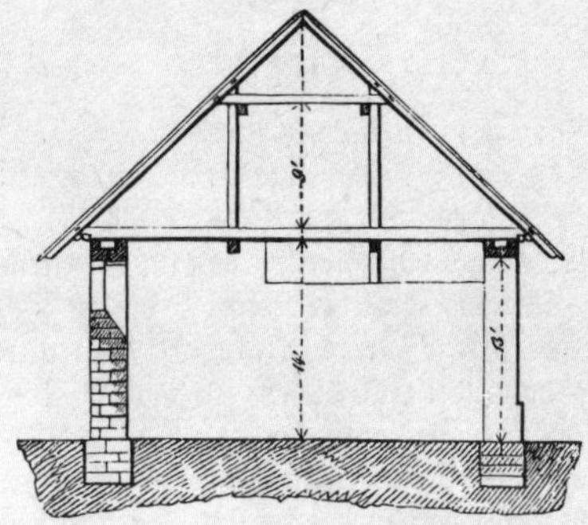

Durchschnitt durch die Scheune.

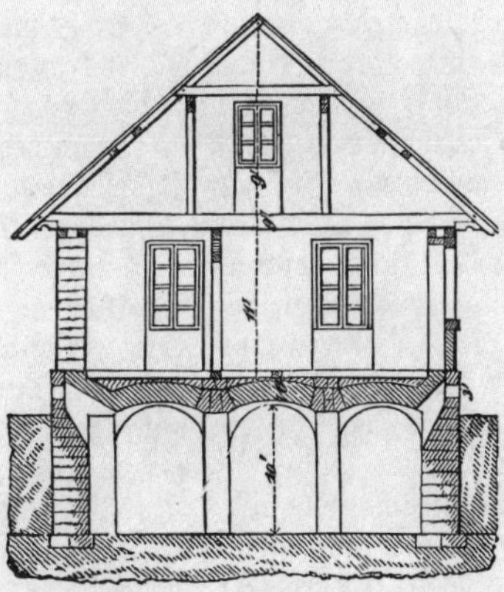

Durchschnitt durch den Keller.

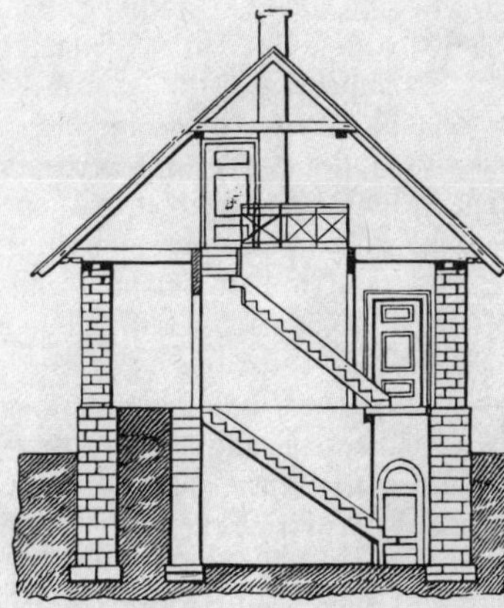

Durchschnitt durch die Treppe.

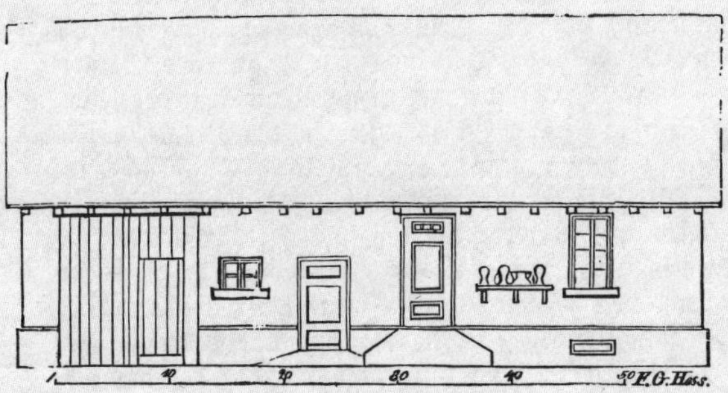

Ansicht gegen den Hof.

Ansicht gegen die Straße.

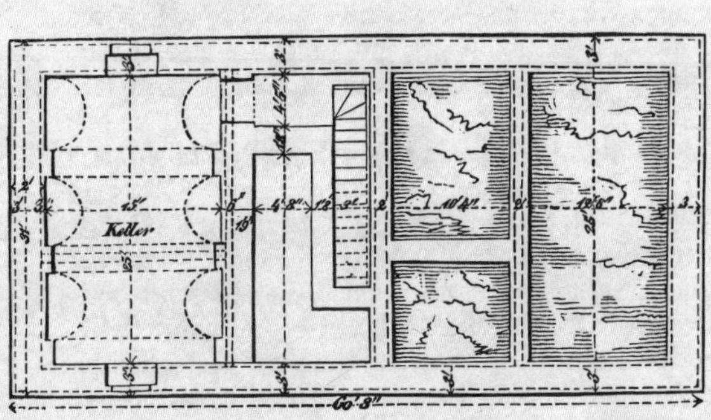

Grundriß des Kellers.

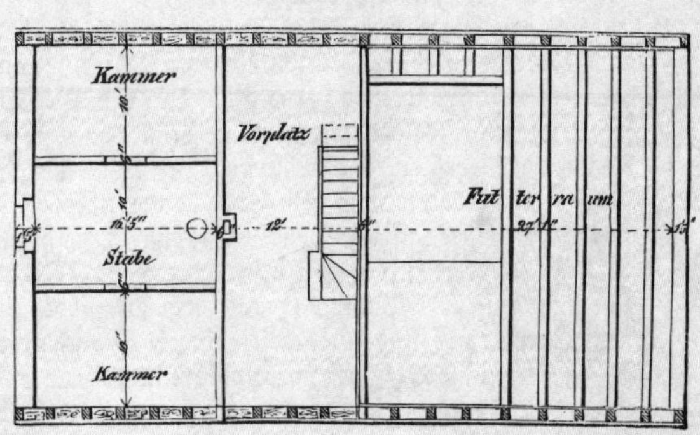

Grundriß des Dachstocks.

Musterwohnung für Kleinbesitzer oder Landarbeiter.

Branntweinbrennerei.

(Fortsetzung von Seite 158.)

Es ist wol kein Zweifel, daß zur Darstellung des Branntweins und Spiritus aus Kartoffeln, die in Deutschland erfundenen Brennapparate die vorzüglichsten von allen sind. Die bekanntesten darunter sind diejenigen von Pistorius und Schwarz. Der erstere ist gewiß der allerverbreiteste Brennapparat; seine Heimath ist Norddeutschland, der Schwarz'sche ist in Mitteldeutschland daheim, hat sich aber auch insbesondere in den unteren Donauländern und in Rußland eingeführt; viele Schwarz'sche Apparate sollen auch in Amerika thätig sein. — Der Pistorius'sche Brennapparat besteht aus folgenden Theilen: die eigentliche Brennblase A befindet sich entweder unmittelbar über der Feuerung, oder wird besser mit Dampf aus einem besonderen Dampfkessel geheizt. Etwas höher, hinter der ersten Blase, steht die zweite B, die bei directer Feuerung von der Flamme des Rostes mit geheizt wird. Auf der Brennblase ist der große Helm D festgeschraubt; aus ihm ragt das Rohr p hervor, das mit einem, nach Innen sich öffnenden Sicherheitsventil versehen ist, welches Luft zuläßt, wenn die Condensation der Dämpfe gegen das Ende der Destillation hin vielleicht einen luftleeren Raum bewirken sollte. Die Beendigung der Operation wird angedeutet durch den kleinen Kühlapparat q, der mit dem Rohr p verbunden ist, und durch einen Hahn davon abgesperrt werden kann. Die beiden Blasen sind mit Rührwerken, m und n, versehen, senkrechte Wellen mit Kurbeln, welche unten eine eiserne Kette auf dem Boden der Blase einherschleifen, so daß die Maische weder anbrennen, noch beim Ablassen ein Rückstand in der Blase bleiben kann. Durch das Rohr r werden die Lutterdämpfe in die Maischblase B geleitet; aus dem Helm F der letzteren führt das gebogene Rohr s die Dämpfe in den Maischwärmer, der in zwei Theile geschieden ist, von welchen der obere E die Maische, der untere, oder der Lutterkasten G die Dämpfe aufnimmt, die von hier aus durch den engen Zwischenraum V in den Rectificationsapparat oder die Becken H emporsteigen. Die Letzteren sind die besondere Eigenthümlichkeit des Pistorius'schen Brennapparats. Sie bestehen aus zwei, drei oder mehr abgestumpften Kegeln aus Kupferblech, die mit einander verbunden und paarweise mit den Grundflächen gegen einander gerichtet sind; über ihnen befindet sich der flache Wasserbehälter W. Im Innern sind die Becken durch eine Wand geschieden, welche nur einen geringen Zwischenraum zwischen ihrem Rand und dem Mantel der Becken läßt, wodurch die eintretenden Dämpfe gezwungen werden, denselben Umweg zu beschreiben, also um die Scheidewand herumzugehen. Durch das Rohr C gelangen sie endlich in den Kühlapparat mit Schlangenrohr K. In dem Maischvorwärmer E befindet sich ein gitterförmiger Rührapparat O, der mit einer horizontalen Kurbel von außen gedreht wird, und sich pendelartig bewegt. Durch das Rohr t, welches bis in die Maische der zweiten Blase hinabreicht, steht der Helmschnabel der letzteren in Verbindung mit dem Knierohr W, durch welches die Dämpfe nach dem Vorwärmer strömen. Das Rohr X leitet kaltes Wasser in den Beckenapparat, während das kurze Rohr Y dasselbe für den Vorwärmer thut. Die Maische gelangt mittelst der Pumpe P aus dem Maischbehälter L nach dem Vorwärmer und aus diesem in die Maischblase und dann in die Brennblase. — Der Dampfbrennapparat von Schwarz wird von Vielen, seiner großen Bequemlichkeit halber, bei genügender Leistung allen übrigen vorgezogen und hat sich in den 30 Jahren seit seiner Erfindung allerdings in ungewöhnlichem Maße verbreitet. Folgendes ist seine Einrichtung: A und B sind die beiden Maischblasen, C der Vorwärmer mit dem Lutterbehälter E; D der Dampfkessel, F H die Rectificatoren, G der Kühlapparat, M ein Reservoir für kaltes, N ein gleiches für heißes Wasser. Die übrigen Theile lernt man am Besten kennen, wenn man den Gang verfolgt, welchen die einzelnen auftretenden Stoffe, die Wasserdämpfe aus dem Dampfkessel, die Lutterdämpfe, das Phlegma, der condensirte Alkohol, die Maische und das Wasser nehmen. Derselbe ist nach Knapp folgender: Der in dem Dampfkessel D erzeugte Wasserdampf geht durch das Rohr g in die untere Abtheilung A der Doppelblase, streift durch die darin befindliche vorgewärmte Maische, sammelt sich darauf, schon mit Alkoholdämpfen gemischt, in dem Helm Z, um durch das Helmrohr u einen entsprechenden Weg durch die obere Abtheilung der Doppelblase zu machen und wird von da nach einer doppelten Rectification durch das Rohr t nach dem Vorwärmer C geführt, dessen oberer Theil als Dephlegmator wirkt und mit Röhren a a a versehen ist, die außerdem durch Maische kühl gehalten werden; das darin condensirte Phlegma sammelt sich in dem als Rectificator wirkenden Lutterbehälter E. Durch den letzteren tritt der aus der oberen Abtheilung der Blase kommende Dampf ein und geht durch die Röhren a a in den Helm und das Helmrohr n, welcher letztere mit dem Kelch H umgeben ist, der durch Wasser ununterbrochen abgekühlt wird. Hier setzt sich die Dephlegmation fort. Aus H begibt sich der Dampf durch v nach F, einem Apparat, welcher dem Vorwärmer C entsprechend eingerichtet, nur von geringeren Dimensionen ist, weil hier die Menge des Dampfes sich bereits in dem Grade vermindert hat, als sein Alkoholgehalt gesteigert ist; die Dephlegmationsröhren darin sind nicht mit Maische, sondern mit Wasser umgeben, welches unausgesetzt sich erneuert. Der in dem Helm b und das Helmrohr c anlangende Dampf ist bereits so stark, daß er sofort nach dem Kühlapparat g geleitet wird; das Destillat fließt bei i ab. Die zu destillirende weingahre Maische wird zuerst in den Vorwärmer C gebracht, in welchem sie, mit Hilfe der Röhrenvorrichtung d d auf gleichmäßiger Consistenz und Temperatur erhalten wird. Nachdem sie darin vorgewärmt ist, gelangt sie durch das Rohr e in die obere Abtheilung und von da mittelst des Ventils f in die untere Abtheilung der Doppelblase, in welcher sich auch das Phlegma aus den übrigen Theilen des Apparats sammelt; es fließt nämlich rückwärts aus der Abtheilung h und l der beiden Rectificatoren H und F durch die beiden Röhren m' und n' das Phlegma in den Lutterbehälter E und geht von da in die obere Abtheilung der Doppelblase, wo es sich mit der Maische vermischt. Sobald die Maische allen Alkohol abgegeben, was man durch Prüfung der Dämpfe auf ihre Entzündlichkeit mit Hülfe des Probehahns o erkennt, entfernt man die Schlempe aus der Blase durch den Hahn p. Durch die Röhren q q q werden die Rectificatoren und der Kühlapparat mit kaltem Wasser versehen. Das in dem Kühlapparat erwärmte Wasser gelangt durch das Rohr r in den Dampfkessel. Durch R werden die Dämpfe in das Kartoffelfaß geleitet, durch S in das Reservoir N, wenn das Wasser darin bis zum Sieden erhitzt werden soll. Das Product, welches unmittelbar mit Hilfe dieses Apparates gewonnen wird, erreicht nur eine Stärke von 70 Proc.; will man stärkeren Spiritus haben, so sind in dem Apparat noch zwei weitere Rectificatoren einzuschalten. Der Schwarz'sche Dampfbrennapparat eignet sich am besten zur Branntweinbrennerei, minder zur Spiritusfabrikation.

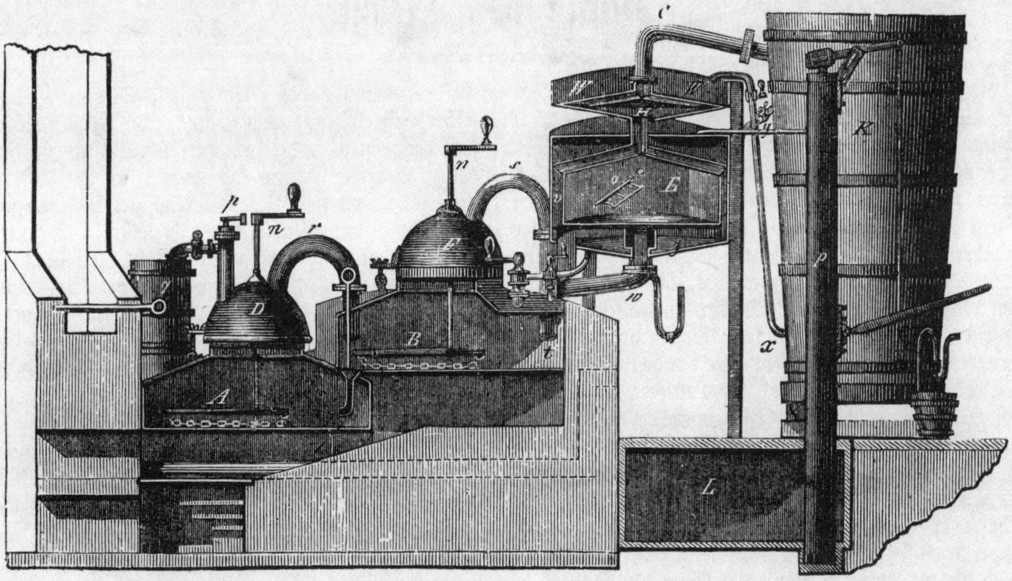

Brennapparat von Pistorius.

Schwarz'scher Dampfbrennapparat.

Justus von Liebig.

(Fortsetzung von Seite 162.)

Wenn die Landwirthschaft eine wissenschaftliche Unterlage erhalten hat, auf welcher sie mit Sicherheit der ferneren Entwickelung zuschreiten kann, wenn sie binnen einem Jahrzehnt größere Fortschritte machte, als früher binnen einem Jahrtausend, wenn der Werth einer gründlichen Bildung für den Landwirth jetzt allgemein anerkannt und dadurch der früher von Vielen über die Achseln angesehene Stand in die vollen Ehren eingesetzt ist, die ihm mehr gebühren, als jedem andern — so haben wir dies Alles einem Manne zu danken — dem großen Chemiker Justus von Liebig. Schon auf S. 4 ist seiner außerordentlichen Verdienste um die Landwirthschaft gedacht worden, aber es ist nöthig, daß die deutschen Landwirthe ein möglichst getreues und richtiges Bild von dem Manne erhalten, welchem sie so viel verdanken, daß erst in späten Zeiten die genaue Uebersicht davon gewonnen werden wird. Liebig ist 1803 in Darmstadt geboren. Anfänglich zum Apotheker bestimmt, hatte er eine solche Vorliebe für Chemie schon in frühester Jugend gefaßt, daß er beschloß, sich ihr ganz zu widmen. Er studirte zu diesem Zweck in Bonn und Erlangen, worauf er 1822 nach Paris ging und daselbst durch seine Arbeiten die Aufmerksamkeit Alexanders von Humboldt, des größten Naturforschers aller Zeiten, auf sich zog. Im einundzwanzigsten Jahre schon war er Professor in Gießen; diese kleine Universität hob sein von Jahr zu Jahr wachsender Ruf zu einer Blüthe, welche sie niemals gekannt hatte. Hier war es, wo er in seinem Hauptwerk „die organische Chemie in ihrer Anwendung auf Agricultur und Physiologie", die ersten richtigen, durchdachten Grundsätze der Pflanzenernährung aufstellte und damit die Umgestaltung der Landwirthschaft zum Besseren hervorrief. Im Jahre 1852 ward er an die Universität München berufen, wo er bekanntlich noch lehrt und nach mehr als einer Richtung hin segensreich wirkt. In seinem neuerdings umgearbeiteten Hauptwerk „die Naturgesetze des Feldbaus" hat die Landwirthschaft ihr Gesetzbuch erhalten. Es gereicht Deutschland zum unvergänglichen Ruhme, daß ein solches Werk aus dem Schooße seiner Wissenschaft und Praxis hervorgegangen ist, wie es andere Völker nur nachzuahmen, nicht mehr zu gestalten vermögen; es gereicht ihm aber nicht minder zur Ehre, daß die Allgemeinheit die Lehren seines großen Sohnes so rasch ergriffen, so kräftig in's Leben übersetzt hat. Denn der Umschwung ist nicht mehr zu verkennen. Glänzend gerechtfertigt steht die Forschung gegenüber der bloßen Erfahrung und unübersehbar ist das Heil, das aus ihrem Siege den Völkern der Erde entspringen muß. Der bitterste, kränkendste Vorwurf, welchen Liebig dem seitherigen Verfahren der Landwirthschaft bekanntlich gemacht hat, war der, daß sie auf den Augenblick, den zeitlichen Gewinn denke und kommende Geschlechter nicht im mindesten berücksichtige, diesen daher ausgesogene Aecker, unfruchtbare Länder, Verödung als Erbtheil überlasse, was zahlreiche geschichtliche Beispiele nur zu deutlich bezeugen. Diese Anklage des „Raubes" regte eine Staubwolke der Feindseligkeiten auf. Liebig hatte aber gar nicht mehr nöthig, sich zu vertheidigen, Andere, namentlich Männer der Praxis übernahmen das für ihn; dagegen fuhr er um so rüstiger mit seinem scharfen Forschungsmesser in das faule Fleisch der Zeitgebrechen. Und überall traf er das Richtige. Er wies nach, daß der gerühmteste Ackerbaubetrieb einzelner Länder weiter nichts sei und bleibe, als Raubwirthschaft, und konnte trotz aller Anstrengung nicht widerlegt werden, weil es nur eine Wahrheit gibt; im Gegentheile ließen sich die gewichtigsten Stimmen aus den Ländern selber vernehmen, welche sagten: „Liebig hat Recht!" Aufmerksam beobachtete er die landwirthschaftlichen Zustände in seinem neuen Vaterlande und kam endlich zu der Ueberzeugung, daß nicht Alles gut sei. Und mit rückhaltloser Energie und Schärfe sprach er sofort offen aus, wo es fehlte, und wie zu helfen sei. Aber er hat noch weit mehr gethan. Wollten wir hier aufzählen, was ihm unser Jahrhundert in Künsten und Gewerben Alles dankt, wir fänden bei Weitem nicht Raum dazu. Nur kurz glauben wir erwähnen zu müssen, was Großes er als Mann der Wissenschaft überhaupt geleistet und erstrebt hat. König Max II. von Bayern, ein Fürst, wie es deren wenige gegeben hat, ein Gönner der Wissenschaften, wie kein Zweiter, hatte die Akademie der Wissenschaften in München gegründet und Liebig, an dessen persönlichem Umgang er sich unausgesetzt erfreute, zu deren Präsidenten ernannt. Und wohl wußte er diesem Amte Ehre zu machen, denn seine Eröffnungsreden haben fast jedesmal die Erregung der ganzen gesitteten Welt hervorgerufen. Hier erinnern wir nur an diejenige über die Bildung der Landwirthe und die Nothwendigkeit des Besuchs der Universitäten durch dieselben. Der Sturm den sie hervorrief, war wieder ein ganz gewaltiger, hielt sich aber diesmal innerhalb des Fachs. Die älteste Landwirthschaftsakademie ging sofort zur ewigen Ruhe ein und Preußen machte den Versuch der Verbindung der Landwirthschaftslehre mit der Universität, welcher so glänzend ausgefallen ist, daß das letzte Brot der vereinzelten Akademien bald gebacken zu werden scheint. Liebig hat Recht! das ist die stete Wiederkehr der Beendigung des Kampfes. — Als in neuerer Zeit die von ihm selber so eindringlich angeregte Frage über die Entgiftung der Städte und die Verwerthung der Grubenstoffe zum Besten der Landwirthschaft auch in England, mit besonderer Berücksichtigung des ungeheuren Menschenzusammenflusses in seiner Hauptstadt, zur Lebensfrage geworden war, da war Liebig es, dessen Gutachten man einholte; dringlich und treulich hat er es gegeben. Ihm verdanken wir die Kunst, die Kraft und die Nahrhaftigkeit des Fleisches in dem geringsten Raummaß zu dauernder Aufbewahrung verdichten zu können; weite Landstriche im fernen Südamerika sind im Begriff, dieselbe zur Verwerthung ihrer hauptsächlichsten Erzeugung im Großen zu betreiben und somit dem Handel ein neues Erzeugniß, den Menschen ein kräftiges Nahrungsmittel zuzuführen. Kurz, es gibt wenige Gebiete des Lebens, in welchem der Name Liebig nicht irgend ein Echo findet. Was die Allgemeinbildung ihm dankt, ist bekannt. Alles dies und noch vieles Andere, was wir hier unmöglich Alles anführen können, rundet sich ab zu dem Bild eines Mannes, wie es deren wenige gibt und gegeben hat, eines Lebens, von welchem jede Minute gut verwendet worden ist, einer Thätigkeit, welche kein anderes Ziel kannte, wie das Wohl des großen Ganzen, der Völker, der Welt. Damit beschließen wir die kurze Schildererung eines Mannes, welchem die Landwirthschaft zu größerem Danke verpflichtet ist, wie irgend einem zuvor. Sie ist aber zu noch mehr verpflichtet — sie hat wieder gut zu machen, was sie seiner Zeit an ihm gesündigt hat durch Mißverständniß und Wegwerfung. Sie kann diese Verpflichtung nicht zu größerer Genugthuung für ihn und für sich lösen, als durch rüstiges, besonnenes Fortschreiten auf dem guten Wege, den er gebahnt, und durch das möglichste Streben, seine Lehren in der Praxis zu verwirklichen.

Justus von Liebig.

Heinrich Wilhelm Pabst.

An der Schwelle der Neuzeit, der Umwandlung der Landwirthschaft steht ein Mann, welcher unbedingt einen ersten Rang unter den Lehrern und Schriftstellern des Fachs einnimmt. Es ist Heinrich Wilhelm Pabst und sein Name ist hoffentlich jedem deutschen Landwirth wohl bekannt, Tausende sind seine Schüler gewesen, mehr noch haben in seinen Schriften weisen Rath und tüchtige Anregung gefunden. Alle aber sind ihm verpflichtet als dem wackeren weitsichtigen Manne der zuerst den Gedanken gefaßt und zur Ausführung gebracht hat, die landwirthschaftlichen Bestrebungen in einen Brennpunkt zusammenzufassen und die Landwirthe von ganz Deutschland zur schönsten Einigung zu bringen. H. W. Pabst ist geboren im Jahre 1798 zu Maar bei Lauterbach in der Provinz Oberhessen. Früh widmete er sich der Landwirthschaft, zu deren Erlernung ihm die für die damalige Zeit trefflich bewirthschafteten Güter des Freiherrn von Riedesel Gelegenheit gaben, bei welchen sein Vater als Beamter angestellt gewesen war. Er erwarb sich Vertrauen, so daß er nach Vollendung der Lehrzeit sofort als Verwalter angestellt wurde, welchen Posten er mit Auszeichnung bekleidete, bis ihm der Drang nach Erweiterung seines Gesichtskreises zu einer größeren landwirthschaftlichen Reise durch Deutschland und Belgien veranlaßte, von welcher er schöne Früchte mitbrachte. Im Jahre 1823 erschien seine erste Schrift „Ueber die Verbesserung der Landwirthschaft im Großherzogthum Hessen", ein ebenso klares, als tüchtiges Werkchen, welches sowohl den Grund legte zu Pabsts fernerer gesegneter Wirksamkeit, sondern vor Allem auch zu dem Umschwung und Aufschwung des Gewerbes in seinem engeren Vaterlande. Im gleichen Jahre erblicken wir ihn, nachdem er vorher (1821) daselbst studirt hatte, als Buchhalter und Lehrer am höheren landwirthschaftlichen Institut zu Hohenheim unter der Leitung von Schwerz. Diesem ehrwürdigen Mitbegründer der rationellen Landwirthschaft trat er besonders nahe; Schwerz hat ihn stets als seinen besten, hoffnungsvollsten Schüler und Apostel bezeichnet, ihm auch später die Herausgabe seiner Schriften, sowie die Ordnung seines Nachlasses übertragen. Schon im Jahre 1824 ernannte ihn der „König der Landwirthe" Wilhelm von Württemberg zum Oekonomierath, nachdem ihm die Leitung der Hohenheimer Ackerbauschule übergeben worden war. Schwerz lud nach und nach auf seine Schultern den größten Theil der Fachvorlesungen; im Jahre 1826 gab Pabst seine trefflichen Beiträge zur höheren Schafzucht heraus, ward 1828 zum ordentlichen Professor der Landwirthschaft ernannt, und ließ 1829 seine „Anleitung zur Rindviehzucht" erscheinen, ein Buch, welches, auch heute noch das Beste seiner Art, vorzüglich dazu beitrug, seinen Ruf weithin zu begründen. So konnte es denn nicht fehlen, daß dem wackeren Manne von den verschiedensten Seiten Anerbietungen gemacht wurden; er zog die seines Heimathlandes vor, und nahm, im Jahr 1831 als Oekonomierath zum beständigen Secretär der landwirthschaftlichen Vereine des Großherzogthums Hessen nach Darmstadt berufen, die Leitung der gesammten landwirthschaftlichen Angelegenheiten des Landes selbstständig in die Hand. Ihm verdanken die landwirthschaftlichen Vereine des Großherzogthums ihre Entwickelung; die großartigen Rheinschutzbauten, die Befreiung der Güter von Lasten, die Einführung veredelter Viehrassen, die Gründung von landwirthschaftlichen Volksbibliotheken, die Veranstaltung von Thierschauen und Preisvertheilungen für hervorragende Leistungen, die Aufnahme des verbesserten Wiesenbaus, die Verbreitung neuer tüchtiger Geräthe und Maschinen in Hessen, alles dies und noch weit mehr ist hauptsächlich Pabsts Werk. Er hat dort außerdem so Vieles angeregt, zu so Vielem den Grundstein gelegt, daß man ohne Einwand behaupten darf: die landwirthschaftliche Entwickelung Deutschlands hat ihm viel zu verdanken! Er förderte sie insbesondere auch durch die von ihm gegründete und mit außergewöhnlichem Geschick geleitete „Zeitschrift der landwirthschaftlichen Vereine des Großherzogthums Hessen", welche unter ihm einen ersten Rang unter den Fachblättern einnahm. Pabst's Thätigkeit war sehr groß. Neben seinen sehr anstrengenden, mit unaufhörlichen Reisen verknüpften Berufsgeschäften, seiner Redaction und der übernommenen Oberleitung verschiedener großer Wirthschaften, neben angestrengter schriftstellerischer Leistung (sein Hauptwerk „Lehrbuch der Landwirthschaft" erschien zum erstenmale 1833, jetzt 5. Auflage) — fand er doch noch Zeit, einen Lieblingsgedanken in's Leben zu rufen: Die Gründung einer landwirthschaftlichen Lehranstalt ohne Staatsbeihülfe. Dieselbe erfolgte im Jahre 1831; sie bestand bis zum Jahr 1839 und es ist eine hübsche Anzahl tüchtiger Männer daraus hervorgegangen. Im Jahr 1839 erhielt Pabst einen Ruf von der preußischen Regierung als Nachfolger Schulzes (Vgl. S. 80 u. 81) in der Leitung der landwirthschaftlichen Lehranstalt Eldena bei Greifswald. Er nahm ihn an, tief betrauert von dem hessischen Land, dessen Universität Gießen, wo eben Liebig im Glanze seines jungen Ruhmes stand, ihm die Ehren des Doctorgrades mit auf den Weg gab. Unter Pabst kam Eldena in eine feste Hand, und seiner Verwaltungstüchtigkeit, seiner umsichtigen, raschen Thätigkeit ist volle Gerechtigkeit widerfahren. Er trat darauf in das preußische Ministerium als Geheimer Finanzrath, betraut mit den Berichten über die Landesculturangelegenheiten. Aus einer umfangreichen, hoch anerkannten Wirksamkeit rief ihn abermals schon 1845 ein Ruf als Director nach Hohenheim an v. Weckherlin's Stelle. Auch hier wieder reiche, begeisterte Thätigkeit, welche ungewöhnlich viele Zöglinge herbeizog: er gab den „Literarischen Nachlaß" von Schwerz heraus und begründete die später von Walz fortgesetzten „landwirthschaftliche Erfahrungen von Hohenheim." Aber Ruhe und dauernde Stätte fand er auch hier nicht; im Jahr 1850 folgte er einer ebenso ehrenvollen als günstigen Berufung zur Neubegründung der landw. Lehranstalt Ungarisch-Altenburg nach Oesterreich. Bekannt ist, was er auch hier geleistet. Als wissenschaftliche Gabe aus dieser Zeit erschien von ihm die „Landwirthschaftliche Taxationslehre" 1853. Noch erweitert ward sein Wirkungskreis, als er 1860 das Directorium niederlegte und als Referent und Ministerialrath in das Ministerium für Landescultur in Wien eintrat. Diese Stelle bekleidete der verehrte Mann mit der größten Auszeichnung. Daß Pabst der erste Anreger und Mitbegründer der Wanderversammlungen deutscher Land- und Forstwirthe gewesen ist, gereicht ihm zum unvergänglichen Verdienst, nicht minder ist es werth zu erinnern an seine Verbesserung des flandrischen Pflugs, an den Pabst'schen Grubber, an seine eifrige Betheiligung bei allen gemeinnützigen Unternehmungen seit fast einem halben Jahrhundert, welche der Landwirthschaft zu gut kommen sollten. Als Kenner und Lehrer der Praxis, wie kaum ein Anderer werden seine Schriften stetig Werth behalten. Und sein Namen wird unter den Landwirthen unvergessen bleiben; er wird einen Ehrenplatz in der deutschen Landwirthschaftsgeschichte behaupten.

Heinrich Wilhelm Pabst.

5. Die Handelspflanzen.

(Fortsetzung von Seite 168.)

Eigentlich sind fast alle landwirthschaftlichen Gewächse mehr oder weniger Handelspflanzen, denn selbst die Futterkräuter (Kleesamen) und Gräser treten in den Verkehr der Völker ein (so versendet z. B. Norddeutschland gepreßtes Heu nach China und Japan); allein dennoch unterscheidet man als wirkliche Handelspflanzen die Gruppe derjenigen, welche als Urstoffe für Gewerbe, zur Veränderung und Umbildung in neue Erzeugnisse dienen, daher unmittelbar in die gewerbliche Verarbeitung oder den Handel übergehen. Von Rechtswegen müßten daher das Getreide (Verarbeitung zu Stärke, zu Spiritus), die Wurzeln und Knollen (Zuckerrüben, Kartoffeln und Topinambur zu Branntwein) sogar gewisse Gräser in diese Gruppe gerechnet werden. Zu letzteren gehört unstreitig z. B. der erst seit mehreren Jahren aus China nach Europa gelangte Zuckermohrhirsen, ein hohes Gras, welches bei uns, wie der Mais, als saftiges, sehr einträgliches Grünfutter angebaut, im Süden jedoch, wie das indische Zuckerrohr, zur Gewinnung von Rohrzucker benutzt wird; daher auch der Namen; im Norden entwickelt sich der Zucker im Safte nicht reichlich genug. Alle Oelfrüchte gehören unbedingt unter die Handelspflanzen, Jedermann weiß, daß der Raps oft die alleinige Handelsfrucht nicht blos einzelner Wirthschaften, sondern ganzer Gegenden bildet. Oft erfordert daher die Zeitlage seinen sofortigen Ausdrusch; wegen seiner starken Halme müssen dazu die Dreschmaschinen besonders eingerichtet sein; häufig sieht man noch das Ausreiten der Oelfrüchte; am zweckmäßigsten ist immer ihr Ausdrusch auf dem Felde. Dazu wird eine Tenne im Felde selbst hergestellt, am besten in folgender belgischer Weise: In der Mitte des Feldes wird ein Platz geebnet, der Raps in Garben aufrecht als Grundmauer gestellt, darauf wieder Garben schräg mit den Schoten nach einwärts dachförmig gelegt, welche von innen schräg angestellte Garben als Stützen erhalten; im Hintergrund wird der übrige Raps rings um eingeschlagene Pfähle rund oder viereckig aufgesetzt und oben mit Stroh gedeckt; so bildet das Ganze eine Rapsfeime mit Dreschtenne im Felde. Vortheilhaft ist es übrigens auch, große Planen (Tücher) unterhalb auszubreiten, dieselben sind aber zu kostspielig und nutzen sich zu sehr ab, als daß nicht das Bischen Verlust an Samen auf gut gestampftem, zubereitetem Boden vorzuziehen wäre. Außer den Oelfrüchten zählen zu den Handelspflanzen oder besser gewerblichen Nutzgewächsen die Gespinnstpflanzen, die Fabrikpflanzen, und die Farbepflanzen. Die Gespinnstpflanzen gehören zu den wichtigsten Gegenständen des Anbau's für den Kleinbesitzer. Ihr Erzeugniß gibt in seiner Weiterverarbeitung einer Menge von Händen Beschäftigung, und es ist sehr zu beklagen, daß ihr Anbau gegen früher in vielen Gegenden sehr zurückgegangen ist. Die bei uns allein gebauten Gespinnstpflanzen sind Hanf und Lein. Der Hanf ist eine krautartige, stark riechende Pflanze mit getrennten Blüthen (männlicher und weiblicher Hanf); er liebt milde feuchte Witterung, fruchtbaren, kräftigen, tiefen, durchlassenden Boden; er gedeiht nach allen Vorfrüchten und jede Nachfrucht gedeiht. Besonders verlangt der Hanf tiefe, gute Bestellung und ist sehr dankbar für tüchtige Düngung. Die Saat geschieht mit der Hand und der Maschine, im Römischen und im Elsaß, wo ein vorzüglicher Hanfbau betrieben wird, ist die Saat auf Kämme bei den Kleinbesitzern üblich, welche mit der Handhacke das ganze Feld in flache Kämme legen und dahinein den Samen zugleich mit Düngepulver streuen. Die Ernte findet statt, sobald die männlichen Stengel abgeblüht haben und gelb zu werden beginnen. Für die Seilerei wird der Hanf, mit der Sichel abgeschnitten, zur Leinwandbereitung aber ausgezogen. Sein Bast wird gewonnen durch Rösten, Reiben, Brechen und Hecheln. — Der Lein, die älteste und bekannteste Gespinnstpflanze, liefert den Flachs, den Stoff zur eigentlichen Leinwand. Er gedeiht überall in Europa und verlangt reichen, tiefen und frischen Boden. In Deutschland ist er Sommerfrucht, im Süden baut man auch Winterlein. Er folgt mit Nutzen nur auf Gewächse, welche den Boden nicht zu sehr ausgesogen haben und man bringt nach ihm am besten flachwurzelnde Pflanzen, also Getreide. Angebaut wird der Lein blos zur Flachsgewinnung, blos zur Samengewinnung, und zu beiden zugleich. Gute Bearbeitung, kräftige Düngung und sorgsame Auswahl des Samens sind unerläßlich. Mit dem Letzteren wechselt man gern und gibt namentlich den Vorzug dem Rigaer Leinsamen aus den russischen Ostseeprovinzen. Man säet den Lein stets breitwürfig. Sobald er etwa $1^1/_2$ Zoll hoch ist, muß er zum erstenmal behackt und gejätet werden, je nach dem aufgelaufenen Unkraut wird dies später ein- oder zweimal wiederholt; man nimmt dazu Frauen und Kinder, welche sich hüten müssen die jungen Pflanzen zu beschädigen. Bei der Ernte wird der Lein ausgerauft; wenn er die Samen-Knoten hat, so werden diese abgeriffelt, die Stengel werden geröstet. Bis dahin bewahrt man sie am besten in sogenannten Lein-Kapellen auf. Diese bestehen aus einem runden Gebäude von Flachsbündeln, auf welche eine Anzahl von Flachsbündeln der Länge nach immer einer weniger, abgestuft zu liegen kommt, während das Ganze mit Stroh gedeckt und mit Strohseilen festgeschnürt wird. Die Röste ist entweder Thauröste oder Wasserröste; sie hat den Zweck, die Stoffe zu lösen, welche der Trennung der Gespinnstfasern von der Rinde hindernd im Wege stehen. Neuerer Zeit ersetzt man zweckmäßig die älteren Verfahren durch die künstliche Warmwasserröste. Nunmehr erfolgt das Dörren des Leins, darauf das Botten oder Bläueln, welches mit einen hölzernen, unten gekerbten Hammer, dem Botthammer, geschieht. Die belgischen Geräthe zur Flachsbereitung sind anerkannt die besten. Die nächste Arbeit ist das Brechen, welches in Deutschland das Botten ersetzt, dann erfolgt das Schwingen auf dem Schwingstock mit dem Schwingmesser; man hat für diese Arbeit auch Maschinen. Das Hecheln endlich vollendet den Flachs. Sehr häufig geschieht es jetzt, daß der Lein wie er ist, an die Flachsbereitungsanstalten verkauft wird, welche alle weiteren Verarbeitungen übernehmen; dies ist jedenfalls die vortheilhafteste Art der Verwerthung. Es gibt viele für Lein und Hanf vorgeschlagene Ersatzpflanzen, allein keine einzige davon erreicht diese beiden werthvollen Nutzgewächse. In eine andere Gruppe der Handelspflanzen stellen sich diejenigen, welche als Mittel der Aufregung, als Gewürz, auch als gewerbliche Hülfsmittel dienen; zu ihnen gehören der Hopfen, die unerläßliche Bierwürze; der Tabak, welcher ein nothwendiges Betäubungsmittel genannt werden muß; die Cichorie, ein Ersatz oder vielmehr eine Verfälschung des Kaffees; der Senf, die bekannte Speisewürze; endlich die Weberkarde, deren mit Häckchen besetzte Distelköpfe zum Rauhen der Wollzeuge in den Tuchmachereien dienen. — Kein Stoff der landwirthschaftlichan Erzeugung kann durch die einfachste Verarbeitung in sonst wenig geschickten Händen eine so unverhältnißmäßige Steigerung des Werthes erlangen, als die Gespinnststoffe; keines eignet sich besser zum landwirthschaftlichen Kleinhandel, als das halbverarbeitete Erzeugniß der Gespinnstpflanzen.

Rapsfeime mit Dreschtenne im Felde.

Lein-Kapelle.

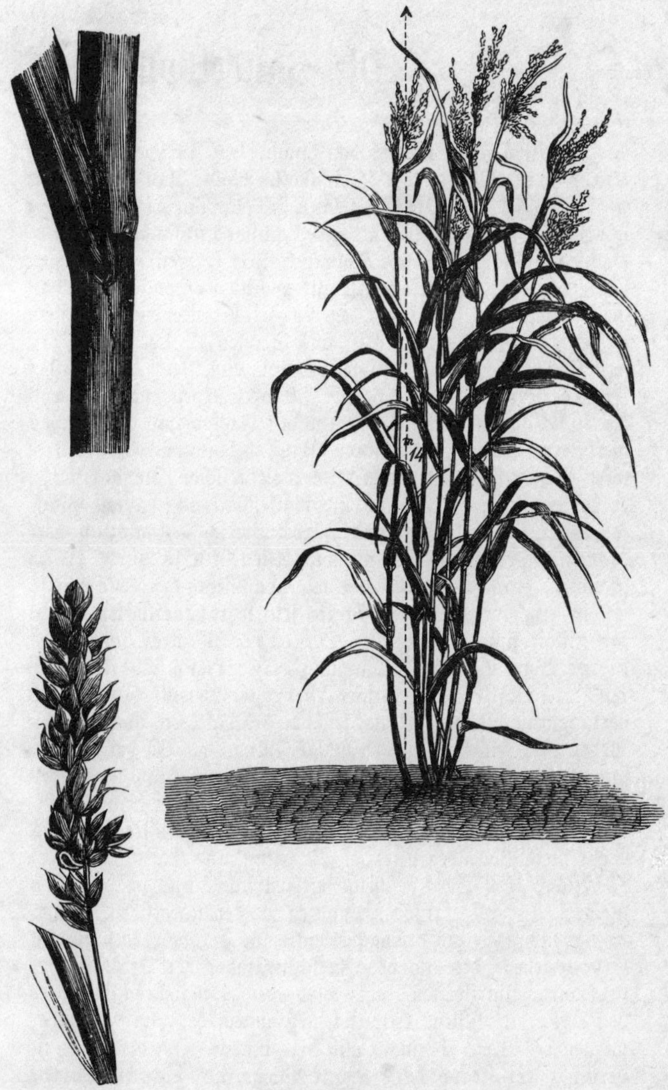

Zucker-Mohr-Hirsen.

1. Ganze Pflanze. 2. Halmabschnitt. 3. Samenrispe.

Saat auf Kämme.

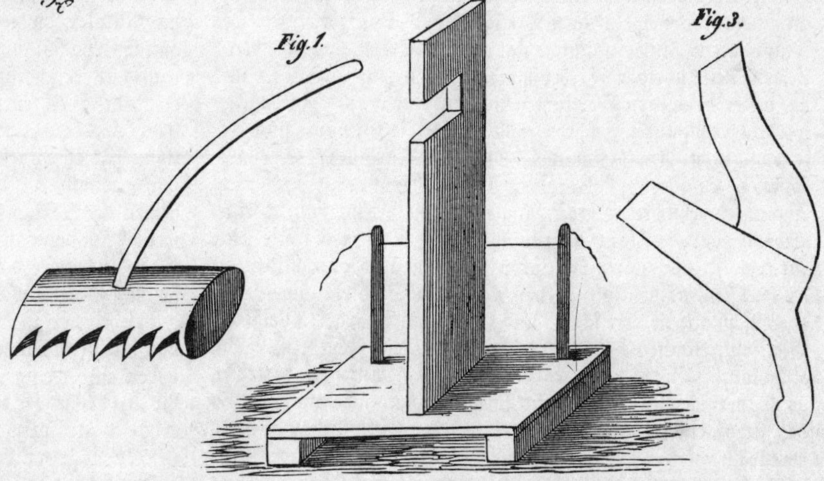

Fig. 1. Botthammer. Fig. 2. Belgischer Schwingstock. Fig. 3. Belgisches Schwingmesser.

5. Die Handelspflanzen. Wachsthum der Gräser.

Die in Europa zum Anbau kommenden Farbpflanzen sind: Krapp (roth) Wau (gelb) Saflor (roth) Waid (blau) Krebskraut (roth) und Färbeknöterich (blau); Färberchamille, Färberscharte oder Färberdistel, und Färberginster sind außerdem wildwachsende Pflanzen, welche sämmtlich ihrer (gelben) Farbe wegen hier und da noch eingesammelt und genutzt werden. Der Anbau der Farbpflanzen hat in der neueren Zeit bedeutend nachgelassen, da es der Chemie gelungen ist, aus Stoffen, welche seither fast werthlos oder doch nicht kostspielig waren, eine Reihe der schönsten Farben herzustellen, welche die Pflanzenfarben meistens weit hinter sich lassen. Nur diejenigen des Indigo und des Krapps werden auch in Zukunft ihren Rang behaupten. Der erstere wird dargestellt aus der Wurzel der ostindischen Indigopflanze; er hat die früher in Deutschland massenhaft angebauten Blaufarbenkräuter — Waid und Färbeknöterich — gänzlich verdrängt. Der Krapp stammt aus Asien, zuerst wurde er im südlichen Frankreich angebaut, wo noch heute der beste wächst. Er ist eine mehrjährige Pflanze; sein sehr dauerhafter Rothfarbenstoff findet sich in allen Theilen der Pflanze; am meisten in der Wurzel, deren Gewinnung daher Hauptsache ist, während die Blätter als kräftiges Viehfutter dienen. Der Krapp verlangt ein mittleres Klima, leichten, kalkhaltigen, aber frischen Boden und reiche, besonders hitzige Düngung. In der Fruchtfolge stellt er sich am besten nach Hackfrüchten; er kann den Boden viele Jahre hintereinander einnehmen und dabei noch Nebenfrüchte zulassen; man bringt nach ihnen Getreide, Hülsenfrüchte 2c. Sehr tiefe Bodenbearbeitung, Lockerung und Ebenung ist unerläßlich. Die Saat geschieht im Frühjahr, und zwar stets in Reihen. Die aufgelaufenen Pflanzen werden im ersten Sommer wenigstens zwei- bis dreimal behackt; im Herbst werden sie mit Erde zugedeckt, die aus den Zwischenräumen der Beete genommen wird. Im zweiten Jahre wird nur einmal behackt; sobald das Kraut in Blüthe tritt, wird es abgemäht. Im November werden die Beete abermals mit Erde bedeckt. Im dritten Jahr verlangt der Krapp keine andere Pflege, als bis zur Wurzelernte. Diese findet im October statt und zwar mittelst des Spatens oder eines Rajolpflugs. Sobald die Wurzeln aus dem Boden sind, werden sie auf Scheunentennen oder Trockengerüsten so lange getrocknet, bis sie sich nicht mehr biegen lassen, sondern brechen; gleichzeitig werden sie dabei von aller anhängenden Erde gereinigt; dann werden sie in Bündel gebracht und an einem trockenen, luftigen Ort bis zum Verkauf bewahrt. Der Krappanbau kann in guten Jahren einen sehr hohen Ertrag liefern. Alle übrigen Farbepflanzen lohnen nur noch hier und da, unter besondern Oertlichkeiten, den Anbau. — Zu den gewerblichen Pflanzen gehören endlich auch die Gewürz- und Arzeneipflanzen: Anis, Kümmel, Steinklee, Koriander, Schwarzkümmel, Engelwurz, Lavendel, Melisse, Süßholz, Bockshorn, Chamille, Liebstöckel, Salbei, Raute, Baldrian, Thymian, Münze, Schwarzwurzel, Alant, Wermuth, Beifuß u. s. w. — Die letzte Gruppe des landwirthschaftlichen Pflanzenbaues aber bilden die im Großen, namentlich in der Nähe von Städten, angebauten Gemüsepflanzen: Artischocke und Cardone, Spargel, Weißkohl, Blaukohl, Blumenkohl, Grünkohl und Wirsing, Zwiebeln, Lauch, Knoblauch, Gurke und Kürbis. Daß die Aufzucht derselben gartenmäßige Bearbeitung und Pflege bedingt, ist bekannt; ebenso daß sie oft einen Ertrag gewähren, den der Getreidebau niemals erreichen kann. — Die Wichtigkeit der Gräser, zu welchen auch alle Getreidearten gehören, in landwirthschaftlicher Hinsicht rechtfertigt es, wenn wir auf dieselben zurückkommen, indem wir das Wachsthum der Gräser näher betrachten. Dazu eignet sich besonders gut die Entwickelungsgeschichte des vornehmsten unter ihnen, des Weizens, wie sie unsere Abbildungen versinnlichen. Wir sehen zuerst das Weizenkorn (in achtmaliger Vergrößerung); daran ist a die Samenhülle welche die zukünftige Pflanze (den Embryo) einschließt mit sammt seinem Würzelchen c, aus dem sich beim Keimen die Wurzeln entwickeln; d ist das Federchen oder die Knospe, woraus der aufsteigende Pflanzenstock sich bildet, an dem zuerst die Blätter, zuletzt die Blüthen und Früchte sich entwickeln. Alle diese Theile werden von einer oder zwei Häuten e eingeschlossen, welche beim Zermahlen des Weizenkorns die Kleie bilden. Das Samenkorn keimt und entwickelt sich zur Pflanze im Boden unter Einwirkung von Wärme, Licht und Feuchtigkeit; kommt es zu tief in die Erde, wo ihm eine dieser Bedingungen fehlt, so keimt es entweder gar nicht oder die aus ihm hervortreibende Pflanze verliert an ihrer Lebenskraft. Den Fehler der zu tiefen Saat veranschaulicht das Bild einer Weizenpflanze in $^2/_3$ ihrer natürlichen Größe; es erfolgt hier an den oberen Gelenken a a eine neue Wurzelbildung, während die unteren Theile des ursprünglichen Stocks und dessen Wurzeln absterben. Die keimende Wurzel, zeigt folgende Veränderungen: Nachdem das Würzelchen a die Decke seitlich durchbrochen hat, beginnen sich rechts und links Wurzelfasern b b b zu entwickeln, welche anfangs bloße Scheiden sind, aus welchen die wahre Wurzel hervortreibt. Das Federchen c aber hebt sich an der Wand des Korns empor und tritt als Keimspitze aus der Erde. Wurzeln und Blätter halten in ihrer Entwickelung gleichen Schritt. Das Bestocken der Gräser, die Bildung mehrerer Halme aus demselben Wurzelstocke geht vor sich aus den Knospen a a welche in der Achse der Wurzelblätter entspringen (letztere sind in der Zeichnung zurückgebogen, um die ersteren sichtbar zu machen.) Der wichtige Vorgang des Bestockens wird durch folgende Ursachen sehr beeinträchtigt: Durch zu dickes Einsäen, denn gleich zu dicht stehenden Bäumen bleiben solche Pflanzen dünn und dürftig, die Mittelachse verlängert sich, während die Seitenknospen gewöhnlich unentwickelt bleiben oder höchstens sehr spärlich sich entwickeln und eine Weiterverzweigung bei ihnen nicht eintritt, denn man muß wissen, daß kräftig entwickelte Seitenzweige sich aufs Neue verzweigen. Aber selbst bei einer dünnen Aussaat wird durch einen milden Herbst und Winter, wodurch die Saat winterüppig wird, ein mageres dünnes Wachsthum herbeigeführt. Der Winter hat in diesem Fall das Wachsthum der Pflanze nach oben nicht hinreichend beschränkt; es entsteht eine Verlängerung des Wurzelstockes — a a a Knospen, b b b Würzelchen — dieses Wachsthum hat daher keinen Stillstand gemacht, und hieraus erklärt sich, weshalb ein harter Winter oft wohlthätiger auf das Gedeihen des Weizens einwirkt, was man bisher dadurch nachzuweisen suchte, daß der Frost Schnecken und Ungeziefer tödte. Daß der letztere die Pflanzen auszieht und vernichtet, ist bekannt genug. Eine Ausdehnung des Bodens, durch welche das Herausziehen der in ihm wurzelnden Pflanzen erfolgt, kommt am häufigsten im widerspenstigen Thonboden vor, sowie in Mergelboden mit wenig Sandgehalt. Ziemlich ähnlicher Natur sind die Wirkungen der Dürre, wodurch viele Bodenarten Risse erhalten, aufspringen. Wenn nach lange anhaltenden, austrocknenden Märzwinden ein Boden aufspringt, so zerreißt er, wie in der Abbildung ersichtlich, die Wurzeln.

Färberchamille.
Anthemis tinctoria.

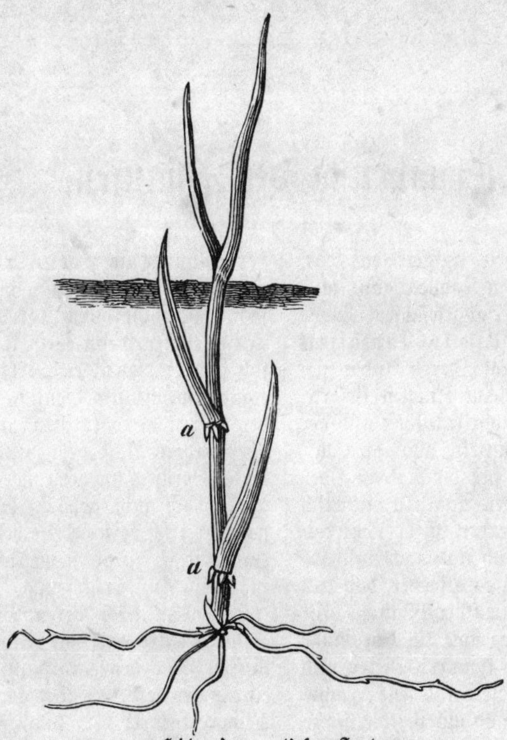

Fehler der zu tiefen Saat.
(Weizenpflanze in 2/3 der natürlichen Größe.)

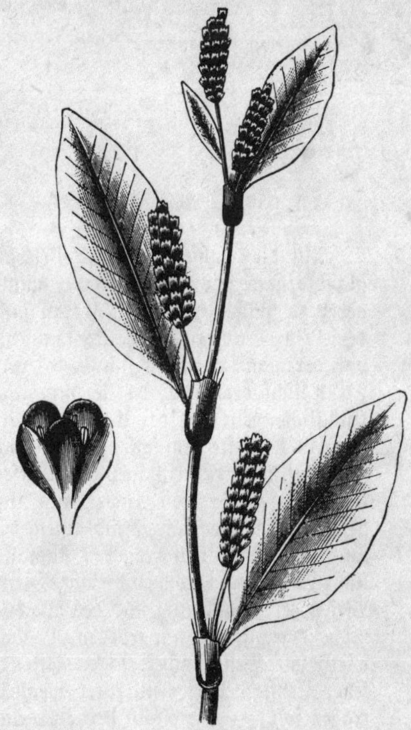

Färbeknöterich.
Polygonum tinctorium.

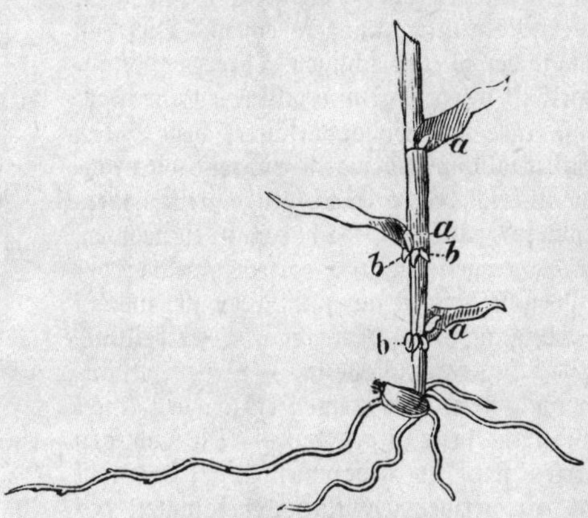

Verlängerung des Wurzelstocks.

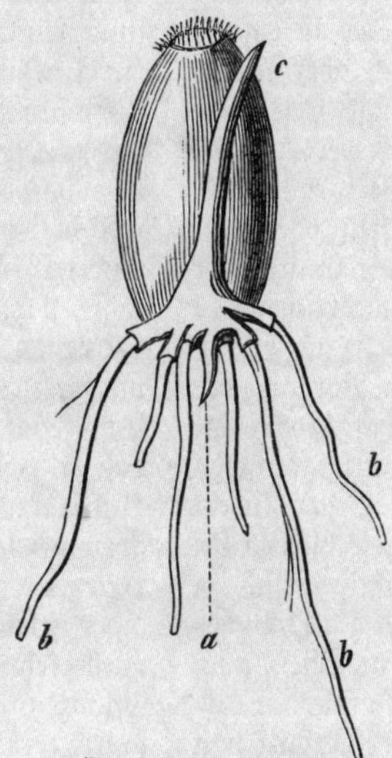

Die keimende Wurzel.

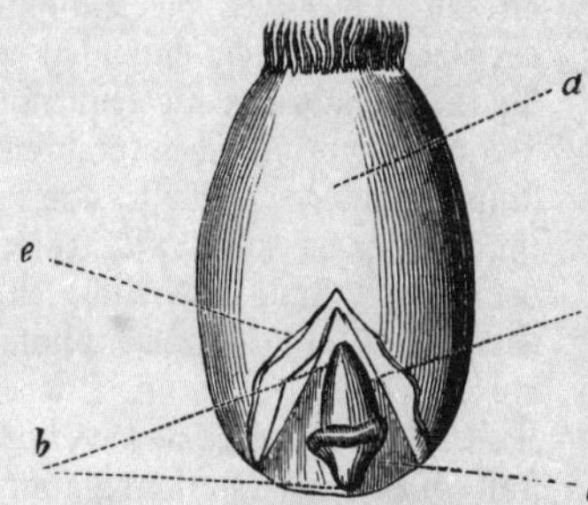

Weizenkorn.
(In achtmaliger Vergrößerung.)

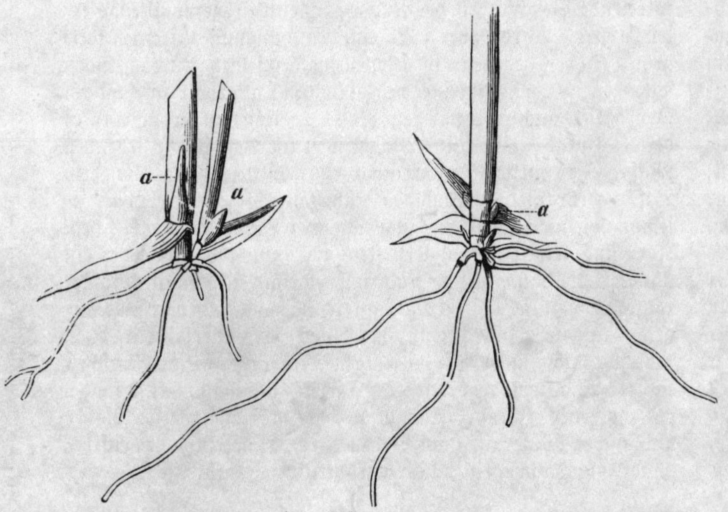

Das Bestocken.

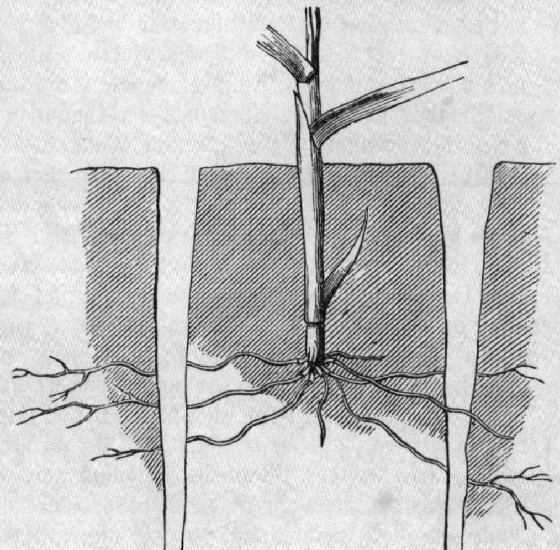

Wirkungen der Dürre.

Ernährung der Pflanzen.

Als die räthselhafte Kartoffelkrankheit aufgetreten war, glaubte man schon den Bau der nützlichen Knollen ganz aufgeben zu müssen, und suchte überall nach Ersatzgewächsen. Eines derselben war die aus Amerika stammende Ulluko-Kartoffel, von der man sich anfänglich Vieles versprach, deren Anbau sich jedoch nicht bewährte, da sie nur ganz kleine Knollen lieferte. Glücklicherweise traf der Eintritt der Kartoffelkrankheit und der dadurch bewirkte Ausfall an Nahrungsmitteln zusammen mit dem Auffinden der richtigen Naturgesetze für die Nahrung der Gewächse, durch deren Anwendung auf den Ackerbau natürlich der Ertrag wieder hinreichend gesteigert worden ist, oder werden kann, um einen noch größeren Ausfall nach und nach unschädlich zu machen. Noch nicht lange Zeit ist es also her, daß das Wesen der Ernährung und des Wachsthums der Pflanzen hinreichend richtig erkannt worden ist, um gegenwärtig den Landwirth mit Bestimmtheit sagen lassen zu können: Dieser und jener Stoffe bedarf mein Acker, wenn er diese und jene Früchte tragen soll. — Die Kunst der Düngung und mit ihr die ganze Kunst des Ackerbau's besteht nun blos darin, dem Acker die erforderlichen Stoffe in einer Weise zu bieten, daß ein gehöriger Ueberschuß, ein Reinertrag dabei herauskommt. Das ist eigentlich die ganze Lehre der Bodenbenutzung, freilich aber knüpft sich an die Ausführung in der Praxis eine lange Kette von Bedingungen, welcher kein einziges Glied entzogen werden darf, wenn sie wirksam bleiben soll. Wir nennen die Versorgung der Anbauschichte des Bodens mit Pflanzennährstoffen oder diejenigen Stoffe, welche bestimmt sind, den durch die Ernten der Krume entzogenen Betrag an Nahrungsmaterie ausreichend zu ersetzen, schlechthin die Düngung. (Vgl. S. 3.) Das Wesen derselben kann nicht entwickelt werden, ohne den Vorgang der Pflanzenernährung zu kennen. Zu ihrem Aufbau bedarf die Pflanze der organischen (verbrennbaren) und der unorganischen (unverbrennbaren) Stoffe, aus welchen sie besteht. Erstere liefert ihr vorzugsweise die Luft, letztere der Boden. Diese bleiben bei der Verbrennung als Asche zurück, jene verflüchtigen sich in Gasform. Unorganische Pflanzennährstoffe sind: Kali, Phosphorsäure, Kalk, Natron, Schwefelsäure, Bittererde, Eisen, auch Kieselerde, Thonerde u. s. w.; organische: Kohlenstoff und Stickstoff. Den Kohlenstoff empfängt die Pflanze in der Gestalt von Kohlensäure, den Stickstoff als Salpetersäure und Ammoniak; sie nimmt letzteren wahrscheinlich auch mittelst der Blätter unmittelbar auf, wie die Kohlensäure, in der Wahrheit aber jedenfalls durch ihre Wurzeln aus dem Boden. Dieser muß demnach alle die genannten Stoffe enthalten oder entwickeln, wenn er fruchtbar sein soll. Allerdings verlangt nicht jede Pflanze dieselben Nahrungsstoffe in gleichem Maße, wie eine andere; die eine bedarf mehr Kali, die andere mehr Natron, die dritte mehr Kieselerde, um zu dem zu werden, was sie werden soll; allein sämmtliche Gewächse bedürfen aller jener Stoffe zusammen; fehlt einer davon, so gedeihen sie nicht, wie sie könnten. Von den meisten unorganischen Pflanzennährstoffen ist ein großes Maß im Boden enthalten, von einigen so viel, daß fortgesetzter Anbau ihren Betrag niemals zu erschöpfen vermöchte, von anderen dagegen eine mäßigere und geringere Menge, welche dem Acker allerdings durch eine Reihe von Ernten ganz oder doch so weit entzogen werden kann, daß der zurückbleibende Rest den Bedürfnissen des Pflanzenwachsthums nicht mehr genügt. Dahin gehören vorzugsweise die Phosphorsäure und das Kali. Außerdem ist es nothwendig, daß die mineralischen Nährstoffe der Pflanzen im Boden in einer Form anwesend seien, welche sie diesen auch zugänglich macht, sie müssen im Wasser löslich sein. Nur hierdurch vermag die Pflanze sie in freier Wahl aufzunehmen, denn es ist ihren Wurzeln die Fähigkeit gegeben, sich gerade diejenigen vorhandenen Stoffe vorzugsweise anzueignen, welche ihr dienlich sind; sie nimmt freilich auch unter besonderen Verhältnissen andere, sogar schädliche auf, niemals aber anders als blos nebenbei, und ohne dieselben zum Aufbau ihres Gerüstes zu verwenden. Uebrigens sind gerade diese Vorgänge noch nicht gehörig durchforscht und festgestellt, es stehen sich hier sehr verschiedene Lehren gegenüber. — Eine nicht minder streitige Frage ist diejenige, welche Stoffe oder Körper vorzugsweise zur Ernährung, zum Wachsthum der Pflanzen beitragen. Je nach deren Beantwortung hat sich gebildet eine Stickstofflehre und eine Minerallehre, je nachdem man den organischen oder den unorganischen Substanzen das Uebergewicht einräumen will. — Als Träger und Vertreter der sogenannten Mineraltheorie der Pflanzenernährung gilt allgemein Liebig, welcher zuerst die Wichtigkeit der mineralischen Pflanzenbestandtheile überzeugend nachgewiesen und vor deren leichtsinniger, unwissenschaftlicher Verschleuderung gewarnt hat. Es ist aber ein Irrthum, wenn man ihm vorwirft, er wolle blos die Mineralstoffe als Pflanzennahrung anerkennen — im Gegentheil, Liebig hat von jeher und mit besserer Betonung als seine Gegner, die Gleichberechtigung aller Nährmittel ausgesprochen. Diese ist und bleibt die Grundlage der allein richtigen Lehre der Pflanzenernährung. Unzweifelhaft werden die mineralischen Nahrungsstoffe, darunter zunächst Kali- und Phosphorsäure, dem Boden am ersten und unwiederbringlichsten entzogen, während die organischen in der Luft eine unerschöpfliche Ergänzungsquelle haben. Daher hat auch der Landwirth zunächst Bedacht darauf zu nehmen, daß er den Boden in denjenigen Zustand versetze, welcher der Aufnahme der organischen Nährstoffe am günstigsten ist, sodann aber vermittelst der Düngung diese Aufgabe — Zertheilung, Lockerung, Vertiefung der Vegetationsschichte — zu vervollständigen, gleichzeitig aber auch die in den Ernten entzogenen, nicht wiederkehrenden Bodenbestandtheile zu ersetzen. — Die wichtigen Pflanzennährstoffe wirken stets im Zusammenhange; das will sagen, ein jeder trägt zur vermehrten Aufnahmefähigkeit des andern durch die Pflanzen im Boden das Seinige bei, so daß bei der Anwendung eines einzigen keineswegs nur der ihm entsprechende Bestandtheil der Nutzgewächse in größerer Menge erzeugt wird. Wird daher z. B. eine Kalkdüngung auf einen kalkarmen Boden gegeben, so nehmen die demselben entwachsenden Pflanzen insgesammt keineswegs blos an Kalkgehalt zu, sondern sie erhalten auch alle übrigen Nahrungsstoffe in erhöhtem, zu der Kalkzufuhr je nach ihrer Wesenheit im Verhältniß stehenden Maße. Es entzieht die Ernte vom gekalkten Land also dem Boden mehr an nothwendigen Nährstoffen zusammen, wie diejenige von nicht gekalktem ungedüngtem Land. Wird aber dem Acker und seinen Bewohnern stets nur und immer wieder ein und derselbe mineralische Nährstoff zugeführt, so müssen folgerichtig mit Hülfe von dessen Einwirkung nach und nach alle anderen aufgezehrt werden und der Acker wird unfruchtbar, d. h. er besitzt nicht mehr alle diejenigen Mineralstoffe, aus welchen sich der Pflanzenkörper aufbaut. Dieser Zustand dauert so lange, bis entweder Zufuhr (Düngung) oder Löslichmachung bisher unlöslicher Mineralien im Boden durch Einwirkung der Luftbestandtheile (Brache) einen hinreichenden Ersatz geschaffen.

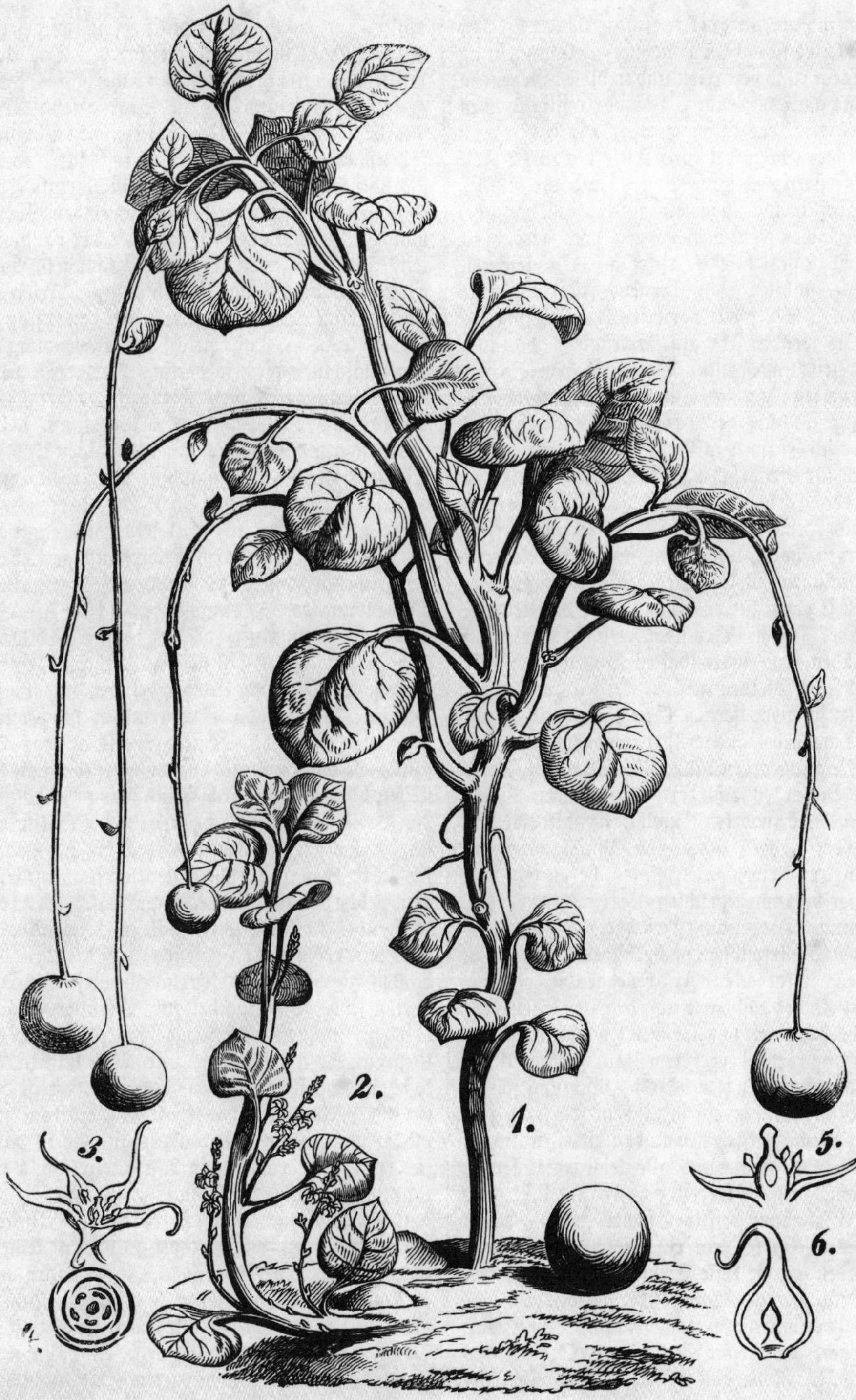

Die Ulluko-Kartoffel.

1. Der Pflug.

(Fortsetzung von Seite 176.)

Bekanntlich haben sich die amerikanischen Adlerpflüge von Nourse seit 1851, wo sie auf der Londoner Weltausstellung Glück machten, ungemein rasch verbreitet und in vielen Gegenden die landüblichen Pflüge ganz verdrängt. Ihr vortrefflicher Bau besonders des Streichbretts, das besser wendet, wie das irgend eines Pfluges, ihr leichter Gang, bei einer Tiefe bis zu 12 Zoll und darüber, die Dauerhaftigkeit ihres Baues, und ihr billiger Preis erleichtern die Einführung ungemein, und es ist Thatsache, daß hartnäckige Widersacher von Neuerungen doch gerade zu diesen Pflügen äußerst rasch bekehrt wurden. Sie zeichnen sich durch gedrungenen, stabilen Bau, bequeme Führung, gute Form des Schars und Sechs, sowie vortheilhafte Windung des Streichbretts aus. Sie wenden sehr gut, zerkrümeln aber auch nebenbei mit etwas steil ansteigender Brust, so daß sie für verschiedene Pflugzwecke sehr gut geeignet sind. Wer sie einmal eingeführt hat, gibt sie nicht gern wieder auf. Sie sind in verschiedenen Größen und Formen in Gebrauch. — Für schweren Boden, namentlich für Neubruch oder Rodland ist eines der besten Ackergeräthe der schwere Pflug von Ransomes und Sims in England. Derselbe besteht ganz aus Schmiedeeisen, und ist mit seinem kurzen, hohen und etwas steilen Streichbrett zugleich für das Tiefpflügen eingerichtet, ebenso aber auch zu gewöhnlicher Pflugarbeit ganz gut brauchbar. Zu der letzteren erfordert er zwei Pferde, jedoch ist er stark genug gebaut, um auch zum Umbruch zähen und wurzelhaften Bodens mit Gespannen von vier und sechs Pferden geführt werden zu können. Er ist mit einer festen schmiedeeisernen Griessäule und einem starken eben solchen Scharhebel ausgerüstet, wodurch man dem Schar jede beliebige Neigung geben kann, je nachdem die Spitze sich abnutzt oder der Boden es erfordert. Dergleichen Pflüge sind übrigens nur unter besonderen Umständen mit Vortheil anwendbar. — Aus der großen Zahl von Pflugwerkzeugen, welche zur Bearbeitung der Reihensaaten dienen, heben wir heraus einen von Fichtner bekannt gemachten Reihenhackpflug, auch Steuerjäter genannt. Die Leistung dieses, der Gartenwegehacke oder den englischen Schürfpflügen nachgebildeten Werkzeugs übertrifft die bekannten Pferdehacken, Furcheneggen 2c. vorzüglich darin, daß man mittelst des rückwärts angebrachten Steuerrades die Messer oder überhaupt die schneidenden Hacken, in welcher Form immer sie auch angewendet werden mögen, stets vollkommen in der Gewalt hat, um ihnen jede beliebige Richtung schnell und sicher zu geben. Man kann in einem Rübenfelde z. B. jede etwas außerhalb ihrer Reihe vorstehende Rübe umkreisen, indem das Geräth dem Steuerrade willig und alsogleich Folge leistet. Der Jäter ist sehr leicht, was der Arbeiter überhaupt liebt (und mit Recht) und die Handhabung desselben schnell erlernt, daher trachtet Jeder, wenn es an's Jäten geht, eines solchen Pflugs vor Allem habhaft zu werden — die beste Empfehlung eines Ackergeräths. In der Zeichnung, nach welcher Jeder sich das nützliche Instrument billigst selber construiren lassen kann, erkennt man deutlich, daß durch höhere oder tiefere Stellung des Steuerrades und ebenso der normalen Rolle das beliebige Eingreifen geregelt werden kann. — Der verbesserte englische schmiedeeiserne Grubber ist ein starkes, aber im Verhältniß doch nur wenig Zugkraft erforderndes Geräth mit doppeltem schmiedeeisernen Rahmen und mächtigem, sehr zweckentsprechendem Hebel. Dieser Grubber dient hauptsächlich, um gebundenen Boden aufzubrechen und von Unkraut zu reinigen. Wenn er im Frühjahr zur Zeit benützt wird, wo das Unkraut bereits zu wachsen anfing und die Hacken 3 bis 5 Zoll tief gesetzt werden, so wird alles Unkraut vollständig zerstört. — Der Acker wird auf diese Weise viel reiner, als durch wiederholtes Pflügen und in viel geeigneteren Stand für die Saat gesetzt. Er fordert 3 auch 4 Pferde Anspann. — Ueber die großen Vorzüge, welche die Einführung vervollkommneter Werkzeuge zur Bodenbearbeitung sowie Maschinen überhaupt der Landwirthschaft gewährt, sprach sich Pusey mit folgenden beherzigenswerthen Worten aus: Betrachtet man die verschiedenen Vornahmen der Landwirthschaft der Neuzeit, und sieht man, daß der Landwirth durch den Gebrauch richtig gebauter Pflüge ein Pferd unter dreien ersparen und durch Anwendung anderer Instrumente den Pflug häufig ganz entbehren kann — daß durch die Anwendung der verschiedenen Drillmaschinen die erforderliche Pferdekraft vermindert, der vordem gebrauchte Samen theilweise erübrigt, oder der Düngerverbrauch sehr eingeschränkt werden kann, während die Pferdehacke die alte Handhacke mit den halben Unkosten ersetzt — daß bei der Ernte die Mähmaschine die Arbeit von 30 Tagelöhnern verrichtet, während der schottische Karren mit halb so vielen Pferden ebenso viel schafft, wie der alte englische Wagen — daß die Dreschmaschine, durch Dampfkraft getrieben, zwei Drittheile der früheren Kosten des Ausdrusches erspart — daß durch die Anwendung der Rübenschneidemaschine zur Bereitung des Futters mit einem Aufwand von einem Schilling der Werth der Schafe um acht Schilling das Stück in einem Winter erhöht werden kann — daß endlich bei der unentbehrlichen aber kostspieligen Anlage von Drainirungen die Kosten des Materials jetzt von 80 auf 15 Schillinge, also auf das Fünftel vermindert sind — so wird man als Gesammtergebniß die Behauptung aufstellen dürfen, daß durch Einführung der Maschinen die Kosten der Bewirthschaftung um beinahe die Hälfte verringert worden sind. So groß nun diese Ersparniß für den Ackerbau an und für sich ist, so gering erscheint sie allerdings im Vergleich mit derjenigen, welche die Industrie errungen hat, z. B. durch die mechanischen Webstühle und Strumpfstühle u. s. w. Aber man darf dann auch wiederum nicht vergessen, daß die Mittel, durch welche die Landwirthschaft jene Ersparnisse bewirkt, verhältnißmäßig äußerst gering sind. Um Spindel und Stricknadel außer Gebrauch zu bringen, mußten großartige Fabrikgebäude errichtet und mit theuren Spinnmaschinen und Webestühlen, welche Tausende kosteten, angefüllt werden. Im Landbau ist dagegen Alles mit ein paar einfachen, dauerhaften Geräthen, welche verhältnißmäßig ganz wenig kosten, abgethan. Es ist darum oft unerklärlich, wie und warum ein Landwirth sich weigern und sperren kann, eine geringe Werthsumme, oft nur ½ oder kaum 1 Procent seines Besitzthums, in sparenden Hülfsmitteln seines Betriebs anzulegen, während der Fabrikant keinen Augenblick Anstand nimmt, 100 Procent und mehr dafür auszugeben, sobald er den unmittelbaren oder kommenden Nutzen einsieht. Wenn aber ein Landwirth, der sich neu einrichtet, statt der alten vierspännigen Wagen sich lauter neue, einspännige Karren anschaffte, so würde er schon durch die geringere Anzahl von Pferden, sowie durch die anderweitigen Verbesserungen in den gewöhnlichen Ackerbauwerkzeugen so viel ersparen, daß er, ohne mehr Geld aufzuwenden, als er bei der Einrichtung nach alter Art brauchte, alle neueren Maschinen kaufen könnte, mit Ausnahme vielleicht der Dampfmaschine, die sich aber auf andere Weise bezahlt machen würde. Es sind daher die neuen Ackerbaumaschinen schon deshalb wichtig, weil sie den Reinertrag erhöhen.

Amerikanischer Adlerpflug.

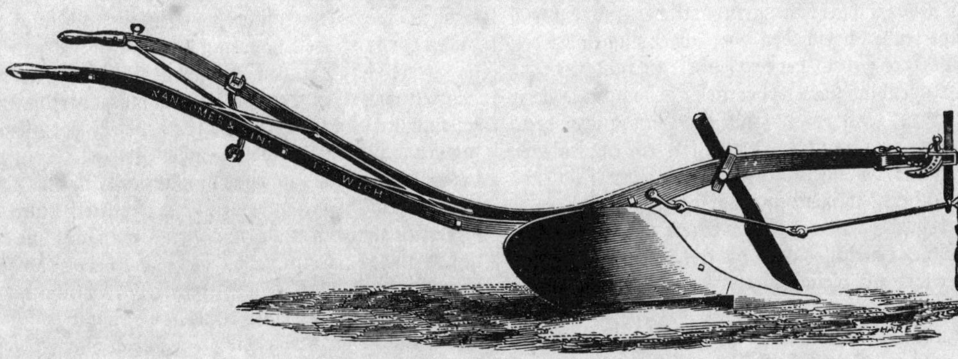

Schwerer Pflug von Ransomes und Sims.

Reihen-Hackpflug.

Englischer Grubber.

1. Der Pflug.

Unter den vielscharigen, nicht wendenden Pflugwerkzeugen, den sogenannten Grubbern (Exstirpatoren) nimmt einen vorzüglichen Rang ein der englische Grubber von Coleman. Derselbe ist ganz von Eisen; sein dreieckiges Gestell läuft auf drei Rädern, und trägt sieben Schare von eigenthümlicher Zungenform, welche an die Füße leicht angeschoben oder abgenommen werden können. Vermittelst eines Hebels, der dem Führer zur Hand ist, können dieselben im Augenblick flacher oder tiefer gestellt, auch ganz herausgehoben werden, letzteres am Ende des Gangs oder beim Aus- und Einfahren. Dies treffliche Werkzeug ist sehr empfehlenswerth für größere Güter, besonders mit schwerem Boden. Für leichten ist in der Neuzeit der böhmische Pflug, der sogenannte Ruchadlo, beliebt geworden, dessen Schar und Streichbrett aus nur einem, steilanstehenden Stück besteht, so daß die aufgerissene Erde dadurch weniger gewendet, als vielmehr zerkrümelt wird; sie sprüht von dem Streichbrett in guter Zertheilung ordentlich ab und dadurch wird eine vortreffliche Lockerung, eine gartenmäßige Bodenbestellung erreicht. Indessen ist für schwere Bodenarten, sowie für einzelne Arbeiten, z. B. Umbruch der Kleenarbe u. s. w. dieser Pflug weniger geeignet. In Gegenden wo die Wendepflüge, die eine Furche neben die andere in derselben Richtung legen, üblich sind, richtet man den Ruchadlo auch auf diese Weise ein; alsdann erhält das Wende-Ruchadlo-Schar eine gleichmäßige, bogenförmige Schweifung, und seine hintere Seite ist mittelst Schrauben an einer zwischen Grindel und Sohle drehbaren eisernen Säule befestigt, so daß es nur der Lenkung und Stellung derselben mittelst eines oberhalb angebrachten Griffhebels bedarf, um das Schar nach rechts oder links zu richten. — Eine ganz besondere Art von Pflügen, welche eigentlich zu den Erntegeräthen gehören, bilden die neuerdings in Aufnahme gekommenen Kartoffel-Ernte-Pflüge, unter welchen einer der besten und bekanntesten Howards Kartoffel-Ausgrabe-Pflug ist. — Der Haupttheil desselben ist das fächerförmige Geripp- (Skelett-) Streichbrett, das aus einer Reihe eiserner, emporsteigender Stäbe von verschiedener Länge besteht, welche die Erde durchfallen lassen, während die Kartoffeln daran herunter rollen; zugleich ist ein zweites am Ende der Sohle des Pfluges angebracht, welches die aufgepflügte, zurückfallende Erde nochmals siebt und darin befindliche Knollen obenauf bringt. In England baut der Landwirth bekanntlich nur sehr wenig Kartoffeln; der Ausgrabepflug ist daher dort vorzugsweise für die großen Markt-Gärtnereien bestimmt, welche allerdings oft Hunderte von Morgen umfassen. Nicht zu vergessen ist, daß solche Ländereien sich in einem Zustande der Lockerung und Bestellung befinden, welcher nur in seltenen Fällen dem Acker des Landwirths gegeben werden kann. Der Kartoffel-Ausgrabe-Pflug erfordert zwei Pferde als Gespann und legt täglich 4—6 Morgen Kartoffeln blos; er dringt beliebig tief in den Boden und beschädigt die Knollen in keiner Weise. Er ist, mit Ausnahme des Pflugkörpers, ganz von Schmiedeeisen und kann auch als Häufelpflug gebraucht werden, zu welchem Ende die Skelettrippen durch Doppelstreichbretter ersetzt werden. Das Gewicht des Pflugs ist $1^3/_4$ Centner. — Um die Drainirung möglichst allgemein zu machen, ist die Hauptaufgabe ihre billige Herstellung, und diese wird hauptsächlich dadurch erreicht, daß die Handarbeit beim Ziehen der Gräben auf ein geringes Maß herabgebracht wird. In der That verschlingen die Erdarbeiten mehr als zwei Drittheile von den Gesammtkosten der Arbeit und es ist begreiflich, daß die geringste verhältnißmäßige Ermäßigung an dieser Zahl die wichtigsten Einwirkungen auf die Erniedrigung der Gesammtkosten zur Folge haben muß. Mehrere Drainpflüge sind schon vorgeschlagen worden, um dieses wünschenswerthe Ziel zu erreichen: aber bis jetzt haben sich dieselben immer noch nicht recht in die Praxis einführen wollen, wahrscheinlich aus dem einfachen Grunde, weil sie eben nicht praktisch waren. Der Draingrabenpflug welchen wir abbilden, scheint aber wirklich alle wünschenswerthen Bedingungen in sich zu vereinigen und die Erfahrungsergebnisse die er bisher geliefert hat, setzen seine vollkommene Wirksamkeit völlig außer Zweifel. Sein Wesen besteht darin, daß er nach und nach dreikantige Längestücke A B abschneidet, die den Graben bilden und zwar mittelst eines Schars, welches vorn zungenförmig, nach den Seiten aber wie ein U gebogen ist und an das sich ein langes Streichbrett fügt, das den abgeschnittenen Erdstreifen sauber und glatt emporhebt, umlegt und oberhalb des Grabens absetzt, eine Leistung, die es mit großer Schnelligkeit und Vollständigkeit verrichtet. Die übrige Bauart dieses, ganz aus Eisen gefertigten Pfluges ist aus den Abbildungen, deren Eine den Aufriß von der Seite, die Andere den Grundriß darstellt, leicht und genügend zu erkennen. Ist der Graben auf eine erste Tiefe von 1 Fuß hergestellt, so wird das Schar um einen Fuß tiefer gerichtet und so fort, bis man die gewünschte Tiefe erreicht hat, es muß demnach der Pflug mehrere mal die Grabenlinie befahren. Die schließliche Fertigung und Glättung der Gräben muß allerdings mit der Hand hergestellt werden, erfordert aber dann noch nur sehr wenig Arbeit. Es sind vier Pferde nothwendig, genügen aber vollständig, um diesen Pflug auch in den schwierigsten Bodenarten in Gang zu bringen. In Frankreich sind damit verschiedene Versuchsreihen angestellt worden, welche ergeben haben, daß durch dies Geräth eine Ersparniß von mehr als 50 Procent, gegenüber der Grabenarbeit mit der Hand, erreicht wird. Es ist daher wünschenswerth, daß dasselbe auch anderweitig hinreichend geprüft werde; vielleicht, daß die Anwendung zweckmäßiger Drainpflüge die Drainirung zu neuem Leben und vermehrter Nutzanwendung bringt. — Die Anwendung der Maschinen auf den Ackerbau hat eine bisher oft übersehene Folge. Die Hauptschwierigkeit der Landwirthschaft war immer ihre Unsicherheit. Obgleich die Anwendung von Maschinen dieses Uebel nicht ganz geheilt hat, so hat sie es doch jedenfalls sehr vermindert. Auf nicht drainirtem Thonboden kann ein nasser Winter den Ertrag des Weizens auf die Hälfte vermindern. Ist dagegen solcher Acker drainirt, so leidet das Getreide nicht den mindesten Schaden, und man kann auch schweren Boden, wenn er nur drainirt ist, in nassem Wetter pflügen, was bekanntlich vordem nicht anging. Allerdings kann der Weizen durch Frost in jedem Boden leiden, aber im Frühjahr kommt dann die eiserne Doppelwalze und drückt ihn wieder an, während die darauf folgende Düngerstreumaschine ihm durch Zufuhr neuer Nährstoffe billig und rasch aufhilft. Je zeitiger die Gerste gesäet wird, desto besser; oft aber ist der Boden noch hart und schollig, wenn schon die trockene Jahreszeit einzutreten droht. Wendet man aber den vervollkommneten Schälpflug, den Schollenbrecher oder die norwegische Egge zur rechten Zeit an, so wird das Land glatt und fein, gleich einem Gartenbeet, wie durch Zauberei. Der Grubber verrichtet die Arbeit des Pflugs im vierten Theil der früheren Zeit und setzt dadurch den Landwirth in den Stand, zur Saat die günstige Stunde zu benutzen. Es läßt sich daher behaupten, daß die Anwendung von Maschinen der Landwirthschaft gibt, was ihr am meisten gefehlt hat, — Sicherheit.

Coleman's Grubber.

Wende-Ruchadlo-Schar.

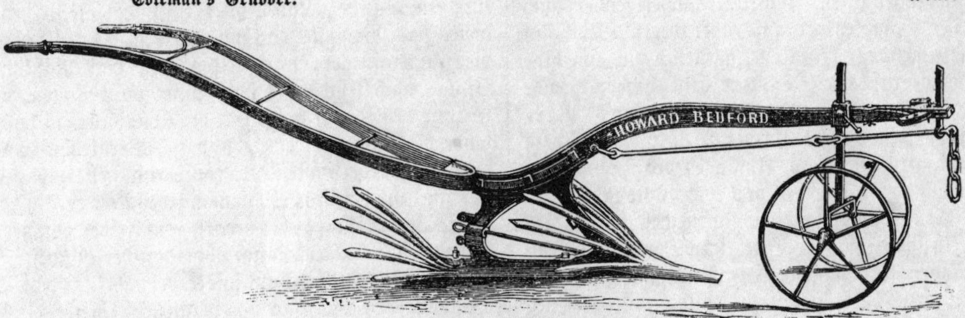

Howard's Kartoffel-Ausgrabe-Pflug.

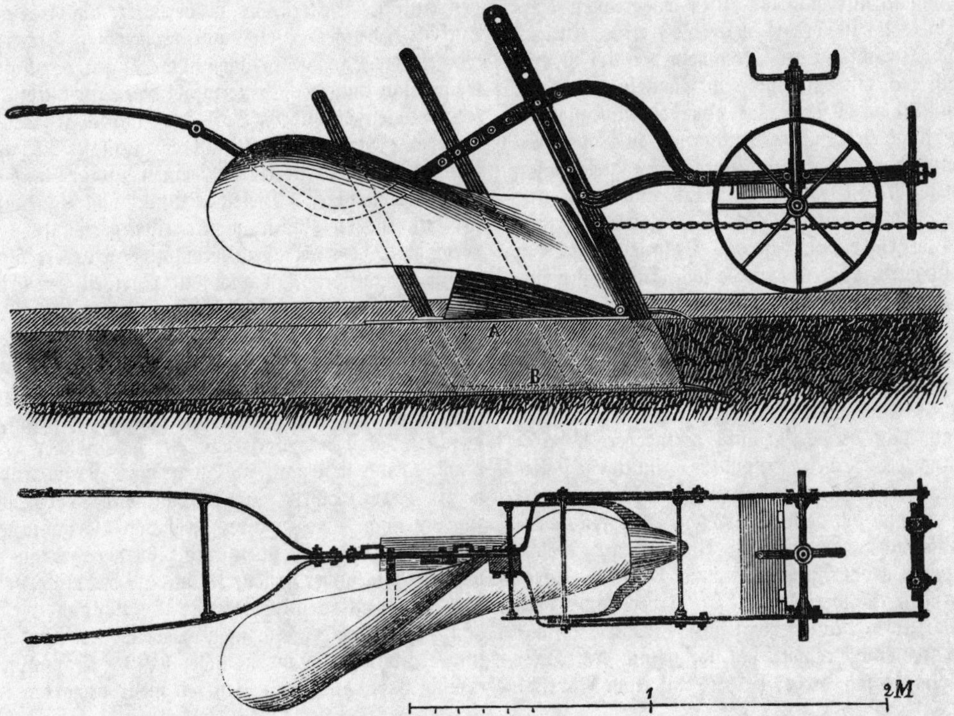

Draingrabenpflug.

1. Der Pflug.

Der Dampfpflug.

(Fortsetzung von Seite 178.)

Die bisher bekannten Verfahren der Dampfcultur sind nicht vollkommen gewesen, ja sie konnten sogar nur in ihrer Art befriegend genannt werden; gerade der Umstand, daß man stets auf das Bessere wartete, hat auch ganz gewiß ihrer verbreiteteren Anwendung Eintrag gethan. Glücklicherweise sind die Briten, wenn sie einmal irgend etwas tüchtiges erfaßt haben, nicht so leicht davon abzubringen, und so sehen wir sie denn auch rastlos an der Verbesserung der Dampfpflüge arbeiten. Schon die Zahl derselben muß jedem Landwirth oder Maschinenfabrikanten des Festlands auffallen; es sind Dampfcultur-Apparate nach dem Smith-Howard'schen Princip schon über 500, nach dem Fowler'schen Princip fast ebenso viele in Thätigkeit, so daß man, die verschiedenen anderen Systeme mit eingerechnet, in runder Summe eine Zahl von 1000 Stück Dampfpflügen im praktischen Betrieb annehmen kann, von welchen wohl nicht viel über 100 außerhalb Großbritanniens aufgestellt worden sind. Dies spricht sowol für die Lebensfähigkeit der Dampfcultur, wie für den Eifer der englischen Landwirthe und den Unternehmungsgeist der Maschinenfabrikanten. Jährlich tauchen daher auch neue Verfahren der Dampfcultur auf, über deren Werth an und für sich, sowie gegenüber den alten, natürlich nur eine längere Erfahrung wird entscheiden können. Eine hervorragende Stelle darunter nimmt jedenfalls ein: Savory's Verfahren der Dampf-Bodenbeackerung. Dasselbe geht im Wesentlichen wieder zurück nach den Anfängen des Dampfpflügens, indem es, gleich dem allerersten von Lord Willoughby und Osborne (1847) zwei Dampfmaschinen anwendet. Allein dies ist aber auch das einzige Aehnliche. Die beiden Dampfmaschinen der Gebrüder Savory sind nämlich Straßenzugmaschinen, sie bewegen sich selber fort. Sie ziehen den Pflug mittelst eines Drahtseils, das sich auf die Trommel einer Winde wickelt, welche den Dampfkessel umgibt, also sich um dessen wagerechten Körper dreht. Auf diese Weise bedarf man blos eines einzigen Kabels, und da die Einrichtung der Trommeln der Art ist, daß sie etwa 1800 Fuß Tau mit einemmale aufzuwickeln vermögen, so kann ein Feldstück von dieser Länge ohne die mindeste Unterbrechung ausgepflügt werden von Anfang bis zu Ende. Da die beiden Dampfmaschinen auf den Angewänden gleichmäßig fortrücken, so geht die Arbeit sehr rasch vor sich, und bedarf nur geringer Beihülfe von Arbeitern. Der bedeutende Vortheil dieses Verfahrens besteht darin, daß das Drahtseil dabei am wenigsten abgenutzt wird. Indem dasselbe sich nämlich nur einmal auf die große Trommel zu wickeln braucht, klemmt und drückt eine zweite Lage nicht die erste, was bei den gewöhnlichen Winden der Fall ist und die große Abnutzung der kostspieligen Drahtstahlkabel veranlaßt. Außerdem arbeiten die Savory'schen Maschinen rascher als alle andern, bedürfen keiner Pferde zum Weiterbringen und nicht der Aufstellung besonderer Vorrichtungen zur Leitung der Kabel. Besonders günstig gestaltet sich ferner die Benutzung für kleinere und unregelmäßig geformte Felder. Deshalb scheint auch das Savory'sche Dampfpflugverfahren sich hauptsächlich zu eignen für Unternehmer, welche Dampfpflüge vermiethen oder gegen bestimmte Preise die Ackerarbeit für den Landwirth übernehmen. Die Arbeit damit geht folgendermaßen vor sich: Man bedient sich zweier Dampfmaschinen, von denen jede eine Trommel hat, welche um den wagerechten Theil des Kessels sich dreht; sie sind mit einer Vorrichtung versehen, welche das Kabel regelt und das Kneifen der Umschläge gegen einander verhindert. Die Trommeln sind von bedeutendem Umfange, so daß sie mit einer Umwickelung 570 Ellen aufnehmen; man kann auf diese Weise ein großes Feld pflügen, ohne daß das Kabel den geringsten Schaden leidet, wie dies der Fall ist, wenn es um kleinere Rollen gewickelt wird, wo jede Umwickelung eine andere kneift und drückt; da die Maschinen nun ferner selbstfortbewegende sind, bewegen sie sich von einem Orte zum andern, und nehmen Wasserkarren, Pflug, Seilträger 2c., mit sich. Bei Ankunft auf dem Felde nehmen sie jede eine Seite des Feldes auf und fangen sofort an zu pflügen; man erspart daher bedeutende Zeit, daß man nicht nöthig hat, Anker, Winde, 2c. zu befestigen; dies ist von der größten Wichtigkeit beim Ausleihen des Dampfpflugs. Nicht ein einziges Pferd ist zur Betrieb-Setzung erforderlich. Nach vollbrachter Arbeit verlassen die Maschinen, mit dem Kabel um ihre Trommeln, sofort das Feld, ohne Winde oder sonstige Gegenstände entfernen zu müssen. Bei diesem Verfahren braucht man nur ein einziges Kabel quer über das Feld, es ist deßhalb dieses das Wenigste was man an Tau bis jetzt anwenden kann; die Zugkraft geht unmittelbar von der Maschine nach dem Pfluge, wickelt sich nicht über Anker oder Rollen, verringert die Gefahr des Zerbrechens, und die Abnutzung, so daß man bedeutende Reibung vermeidet, und im Vergleiche zu andern Verfahren den geringsten Kraftaufwand gebraucht. Ein anderer Vorzug desselben ist der, daß man jedes Ackergeräth dabei benutzen, keiner Vorrichtung dabei bedarf, und Felder von jeder beliebigen Form damit beackern kann, ohne daß der mindeste Verzug durch aufzunehmenden Anker und lose Kabel dabei entsteht. Während jede Maschine den Pflug an sich heranzieht, bleibt die Aufmerksamkeit des Führers darauf gerichtet, und werden somit Unfälle an den Ankern, Seilträgern 2c. verhütet; die Arbeit kann Nachts, und bei nebeligem Wetter mit der größten Sicherheit verrichtet werden: die Vorzüge springen in die Augen, vorzüglich im Herbste, wenn man nach der Ernte sofort das Land aufpflügen will; dies kann bei keinem andern Verfahren mit solcher Sicherheit gethan werden. Gleichzeitig erheischt es geringste Anzahl von Arbeitern, nämlich 2 Werkführer, einen Pflüger und einen Knaben für die Seilträger. Dieselben Maschinen eignen sich gleichfalls für alle andern Zwecke, wofür eine gewöhnliche Zugmaschine, Locomobile oder Straßen-Locomotive erfordert wird. Statt der Pflüge verwendet man auch mit Vortheil den Steevens'schen Dampf-Grubber. Er besteht aus einer Anzahl stahlgehärteter schmiedeeiserner Schare von doppelter Schuhform in festem eisernen Gestell, nach beiden Seiten hin wirksam, so daß das Geräth blos einer Seitwärtsbewegung ohne Waage bedarf, um seine Arbeit ununterbrochen fortsetzen zu können. Begreiflich ist diese Stetigkeit des Werkzeugs ein bedeutender Vortheil, sowie hinwiederum sein ganzer Bau größere Kraft und Dauer verheißt. Jeder Schritt zur Vereinfachung der Dampfcultur ist zugleich auch einer zu ihrer größeren Verbreitung. Erst dann wird es gelingen, sie überall einzubürgern, wenn die Umstände, welche damit immer noch verknüpft, auf das mindeste Maß reducirt sind. Namentlich gilt dies für Deutschland, welches ja überhaupt Geräthen den Vorzug gibt, welche am mindesten verwickelt sind. Wir glauben indeß nicht, daß der Dampfpflug eine Stufe erreicht habe, die wenig Besseres mehr erwarten ließe.

Steevens'scher Dampf-Grubber.

Verfahren der Dampfbeackerung.

1. Der Pflug.

Der Dampfpflug.

Es ist augenscheinlich, daß die Dampfanwendung, wenn sie für die Landwirthschaft die nämlichen Vortheile, wie für die anderen Gewerbe und für die Schifffahrt bieten soll, in einem viel weiteren Sinn und in einer viel allgemeineren Anwendung aufgefaßt werden muß. Es handelt sich um nichts weniger, als um vollständigen Ersatz von Menschen und Arbeitsthieren durch den Dampf, soweit dies irgend möglich ist und zwar mit den wohlfeilsten und zugleich vortheilhaftesten Bedingungen. Es handelt sich nicht allein darum, alle Arbeiten, welche die verschiedenen Bestellungen benöthigen, mittelst des Dampfes, mit allen Vortheilen einer größeren Arbeitskraft, einer größeren Schnelligkeit und einer größeren Genauigkeit zu verrichten, sondern auch die Mittel, die er uns bietet, dazu zu benutzen, unseren Früchten neue Pflege, neue Verfahren, neue Grundsätze angedeihen zu lassen, welche ohne die mächtige Beihülfe des Dampfes nur leere Träume und Luftschlösser bleiben müßten. Diese so gestellte große Aufgabe aber zu lösen, bezweckt das Verfahren der Dampfcultur von Halkett, welches die Aufmerksamkeit aller englischen Landwirthe im höchsten Grade auf sich gezogen hatte, obgleich es im ersten Anblick einen solchen Eindruck von Ungeheuerlichkeit und Unmöglichkeit macht, daß man sich dessen nur schwierig erwehrt. Der Zweck, den der Erfinder sich vorgesetzt hat, besteht in Folgendem: 1) Anwendung des Dampfes als bewegende Kraft zur Ausführung einer jeden Bodenbearbeitung, wie zu den verschiedenen Arten des Pflügens; zum Eggen, zum Walzen, zur Saat in Reihen, in Plätzen, oder selbst breitwürfig, zum Behacken, zum Behäufeln, zum Begießen mit flüssigem Dünger, oder bloß mit Wasser; zur Ernte aller Erzeugnisse, zum Transport des Düngers in die Felder und der paar nothwendigen Arbeiter sowie zu demjenigen der Producte in die Vorrathshäuser und dies Alles, ohne den Gebrauch eines einzigen Pferdes. — 2) Unternehmung der Arbeitsverrichtungen in einer so genauen und regelmäßigen Weise, daß man eben so gut in der Nacht, wie am Tage arbeiten könnte, sowohl im Innern der Wirthschaft wie draußen; daß man somit im Stande wäre, jede günstige Bedingung der Witterung sofort zu benutzen. — 3) Anpassung des Verfahrens selbst auf die kleinsten Wirthschaften, so daß dadurch die Vortheile der Dampfcultur dem kleinen Landbau ebenso zu Gute kommen, wie dem großen, ja selbst den Gemüsegärtnern zugänglich sind. Vor allen Dingen denke man sich zu diesem Zweck die ganze Fläche des Feldes von Schienen durchzogen und zwar 45 bis 54 Fuß weit von einander in der gesammten Länge der Felder. An den Angewänden der letzteren und längs der Wirthschaftswege und Feldwege liegen ebenfalls Schienen, allein viel näher neben einander. Die über die eigentliche Feldfläche vertheilten Schienen dienen zur Fortbewegung der Arbeitsmaschine. Die letztere besteht aus einem Gestell in der ganzen Breite eines Beetes von einer Schiene zur andern und bewegt sich vermittelst zweier Locomotiven, die an jedem Ende angebracht sind. Diese Enden stehen auf den Schienen mittelst einer Reihe von eingekerbten Rädern, deren Grenzen genau auf die Schienen passen. An jenem Gestell sind die verschiedenen Geräthe zur Bodenbearbeitung befestigt; sie werden damit von einem Ende des Feldes bis zum anderen geführt. Sobald ein Ende erreicht ist, wird das ganze Gestell mit allen seinen Anhängseln vermittelst eines Schlittens auf eine zweite Schienenreihe, oder wenn die Arbeit fertig ist, in eine andere Gegend des Feldes, oder nach dem Hofe gebracht. Zum Behufe des Ackerns wird das Gestell mit einer Anzahl von doppelten Pflugkörpern versehen, die man hebt oder senkt, je nachdem sie der Laufrichtung der Maschine entsprechend in den Boden eingreifen sollen oder nicht. Geht Halketts Dampfpflug vorwärts, so greifen die in seiner Richtung stehenden Schare ein: am Ende des Beets werden sie herausgehoben und es senken sich die entgegenstehenden. Bei dringlichen Verhältnissen wäre damit nichts leichter, als auch die ganze Nacht hindurch zu pflügen, und somit 84 Morgen in 24 Stunden zu ackern, indem man bloß mit den Arbeitern wechselt, welche übrigens dabei nicht einmal sehr ermüdet werden. Man wird zugeben müssen, daß schon diese Zeitersparniß ein außerordentlicher Vortheil ist, namentlich in der Heuwerbung und in der Ernte. Man denke sich eine Wiese von 100 Morgen in einer Nacht gemäht, am andern Tage zu Heu gemacht und in Haufen gesetzt und dies alles höchstens blos mit drei Menschen. Sobald die Pflüge den Boden umgebrochen haben, so folgt ihnen in der Quere eine Rollegge nach der norwegischen Bauart, die sich mit sehr großer Schnelligkeit umdreht und den Boden auf eine unvergleichliche Weise pulvert, besser als dies irgend eine andere bekannte Egge zu thun im Stande wäre. Vor dieser Egge steht ein Drahtsieb, das als Widerhalt dient, und die von dem ersten Stoß nicht gehörig zerkleinerten Schollen wieder in die Egge zurückwirft. Alle Unkrautwurzeln werden ebenfalls von den Eggenzinken ergriffen und auf einen Schirm an der rechten Seite geworfen, der sie auf den Boden legt. Ein besonderer Trichter dient zur Aufnahme künstlicher Düngemittel, die ein Vertheilungsapparat in beliebiger Menge über den durchlaufenden Boden ausstreut. Das Düngepulver wird daher auf das vollkommenste mit dem Boden vermischt, denn sobald es fällt, findet es sich auch der Wirkung der Egge überliefert. Wenn der Boden dergestalt vorbereitet und gelockert ist, besser, als es selbst mit dem Spaten geschehen kann, so ist nichts leichter, als ihn in diesem Zustande hoher Cultur zu erhalten, denn er hat von nun an nichts mehr zu tragen, wie das Gewicht seiner Ernten; ein jeder Apparat läuft auf den Schienen. Weder die Hufe der Pferde, noch die Klauen der Ochsengespanne, kein menschlicher Fuß, nicht einmal diejenigen des Aufsehers und der Arbeiter betreten ihn fürderhin. Bei der gewöhnlichen Cultur ist es nur in dem allerersten Zeitpunkte ihres Wachsthums möglich, mit den Pferdehacken zwischen den Hackfrüchten, oder selbst den Getreidereihen durchzukommen. Nur so lange die Pflanzen noch ganz jung und wenig entwickelt sind, darf man es wagen, zwischen ihren Reihen ein Pferd und ein Geräth hindurchzuführen, dessen geringste Abweichung eine große Menge derselben ausheben und zerstören könnte, denn es begegnet häufig, daß die Pflanzenreihen selbst nicht allzuregelmäßig stehen. Hierbei ist diese Gefahr nicht mehr vorhanden, denn alles geschieht dabei mit Regelmäßigkeit und Genauigkeit. Die Geräthe sind an dem Gestell befestigt und nichts auf der Welt vermag ihnen eine Abweichung zu geben, weshalb denn auch die Hacken dicht an den Wurzeln hinstreichen können, ohne sie zu berühren. Aber die Gebrauchsfähigkeit soll noch weiter gehen; die auf vier Rädern stehenden Gestelle dienen zum Transport des Düngers, der Ernten, des Wassers, zur Bewässerung und der Arbeiter selbst.

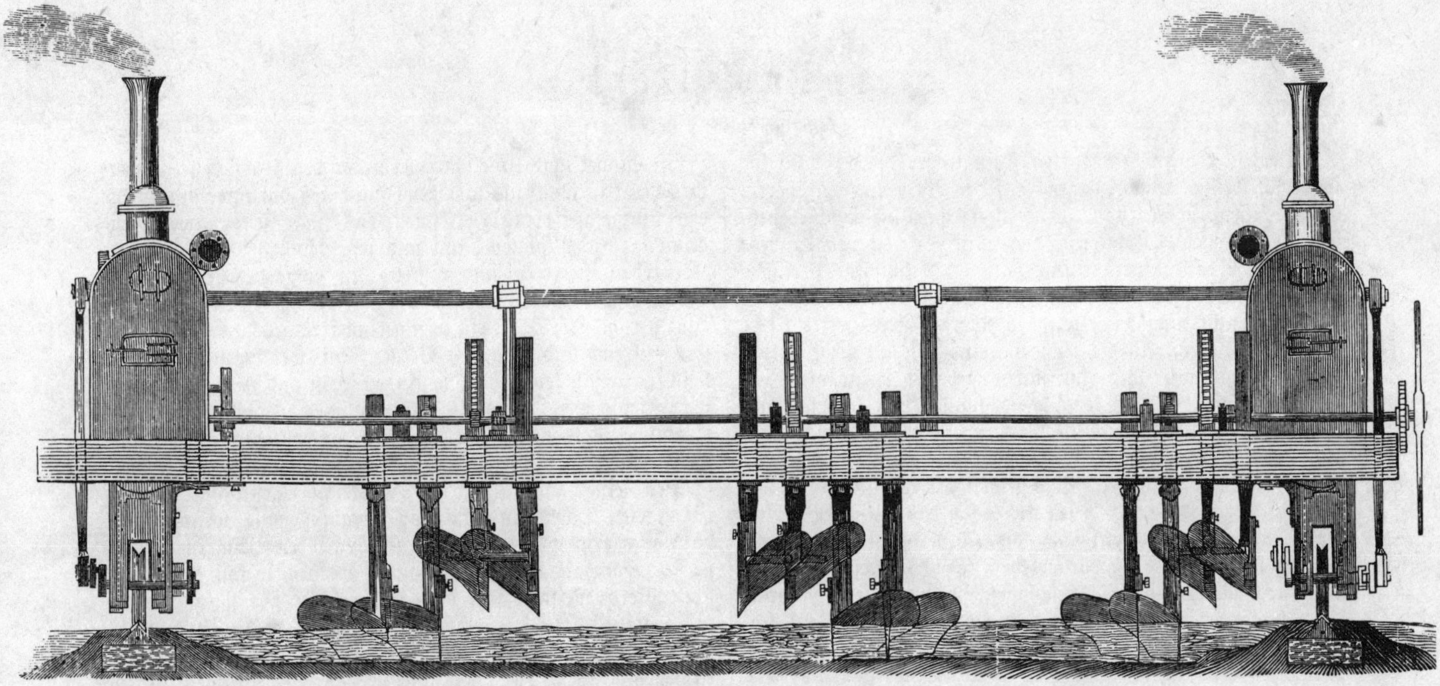

Halkett's Dampfpflug.

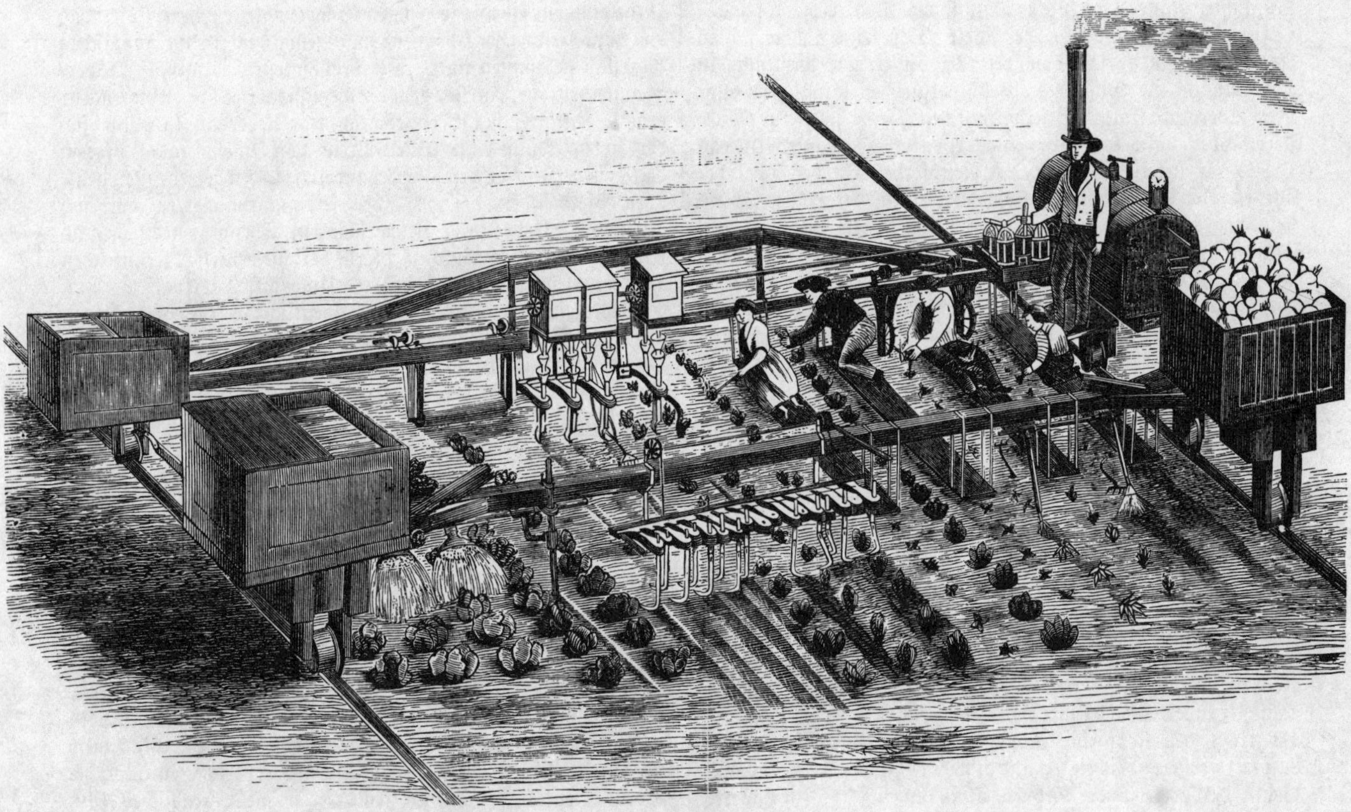

Halkett's Dampfbearbeitung des Bodens für kleinere Besitzungen.

1. Das Pferd.

(Fortsetzung von Seite 186.)

Der Vicekönig von Aegypten ist ein großer Pferdefreund und schwerlich besitzt Jemand irgend auf der Welt einen größeren, wohlversehenеren Marstall, als er, ungerechnet die verschiedenen, sehr bedeutenden Stutereien, die er in verschiedenen Landestheilen unterhält. Vorzugsweise hält er Arabische, Persische, Turkomanische Pferde; doch sind die ersteren seine bevorzugten Lieblinge, und nicht leicht wird es edlere Thiere der edelsten Pferderasse geben, als die seinigen. Auf diese Vorliebe hatten mehrere Engländer und Amerikaner gebaut; sie schossen zusammen, ließen mehrere englische Vollblutpferde kommen und boten dann dem Vicekönig ein Wettrennen gegen dessen Araber an. Derselbe ging darauf ein, die Pferde liefen, aber die Araber — wurden geschlagen. Dies geschah mehremal, aber immer nur auf kurze Ziele; in diesen erwies sich das britische Vollblut dem Arabischen überlegen; schon die Körpergestalt der beiden ließ ein solches Ergebniß voraussehen. Der Vicekönig hielt sich aber noch lange nicht für geschlagen, während seine Gegner übermüthig geworden waren, und unbedenklich eine Wette für ein Rennen auf ein langes Ziel — nahezu auf 24 englische Meilen — eingingen. Aber diese verloren sie glänzend; das eine englische Vollblutpferd brach zusammen, das andere kam mehrere Stunden zu spät an, während die Araberhengste des Herrschers von Aegypten die Strecke in der unglaublich kurzen Zeit von 1 Stunde 20 Minuten zurückgelegt hatten, ohne daß ihnen eine Faser naß geworden war; entsattelt liefen sie gleich zur Krippe, fraßen ihre Gerste, und machten nach mehrstündiger Rast denselben Weg wieder zurück in nicht viel längerer Zeit. Das ist der Unterschied zwischer der natürlichen und der künstlichen Rasse! — Wie bekannt ist die Arabische Pferderasse die edelste und erste der Welt. Daß keine andere sich in Adel der Formen, in Schönheit der äußeren Erscheinung, in Klugheit und in Willigkeit mit ihr vergleichen kann, wird allgemein anerkannt; nur die turkomanischen Pferde sollen ihr gleichstehen oder nahe kommen. Das Arabische Pferd ist das Urbild des leichten Pferdes, des Reitpferds. In der That besitzt es alle Eigenschaften, welche bei einem derartigen Thiere wünschenswerth erscheinen, im höchsten Grade, Feinheit der Formen, Weichheit und Sanftheit der Bewegungen verbunden mit Schnelligkeit, mit großer Ausdauer und einer Genügsamkeit, welche keine andere Rasse in gleichem Maßstabe besitzt. Das weite Flußgebiet des Euphrat, in welchem die Beduinen schweifen, ist das ursprüngliche Heimathland der Arabischen Pferderasse; von da aus hat sie sich zuerst verbreitet nach Persien, in die Tartarei, die Türkei, nach den Afrikanischen Küsten und später dann nach allen Ländern Europa's. Die Stadt Bassora ist heutzutage der Mittelpunkt des Arabischen Pferdehandels. Die Rasse unterscheidet sich von andern morgenländischen Pferderassen durch folgende Kennzeichen: 1. Mehr viereckiger Kopf, in dem oberen Theil breiter, was eine größere Gehirnmasse bedingt, die wol mit dem höheren Grade der Klugheit im Zusammenhange stehen mag. 2. Ausgesprochenerer Hirschhals; diese Halsform betrachten zwar Pferdekenner öfters als einen Fehler, sie kommt aber Thieren zu, welche für lange und anstrengende Rennen bestimmt sind, besonders, wenn sie einen beinahe wagerecht stehenden Kopf trägt; man sagt alsdann von dem Pferde „es trägt den Kopf im Wind" — d. h. es durchschneidet die Luft mit größerer Leichtigkeit und athmet dabei freier. 3. Feinere Beine, hervortretendere Sehnen, breiterer Bug. 4. Zierlicheres und kräftigeres Tragen des nach unten volleren Schweifes. Häufig findet man Apfelschimmel unter den arabischen Pferden; ihre Haut ist fein, und läßt gewöhnlich die darunter hinlaufenden Blutgefäße deutlich erkennen; das Haar ist kurz, weich, seidenartig; die Mähnen dünn und sehr feinhaarig. Der ganze Körperbau ist trocken und winkelig, in Folge des beträchtlichen Vorspringens der Knochenfortsätze; ihr Nasenbein ist gewöhnlich ganz gerade oder selbst ein wenig einwärts gebogen; die Ohren sind aufrecht und lang; die Beine dünn aber nervig; die Hufe klein, hart, fast leuchtend; die Augen groß und klug, die Nasenlöcher sehr weit gesperrt. Im ruhigen Zustand bietet das Arabische Pferd nur selten das Bild der vollkommensten Rasse. Erst wenn es geritten wird, zeigt und entwickelt es alle Eigenschaften seiner reichen Natur. Es kennt eigentlich blos zwei Gangarten, Schritt und Galopp; es trabt niemals, wenn es nicht dazu angelernt worden ist. Da sie von ihren Besitzern mit äußerster Sorgfalt und Liebe behandelt werden, so sind die Arabischen Pferde meistens sehr sanft und gehören gewissermaßen mit zur Familie, der sie sehr zugethan sind. Ihre Verköstigung ist gewöhnlich höchst spärlich; einige Hände voll Gerste oder Hafer reichen hin, um sie für die längsten Rennen zu kräftigen. Es ist durchaus keine Seltenheit, sie mehre Tage hintereinander täglich 12 bis 15 geographische Meilen zurücklegen zu sehen. Uebrigens behauptet man, daß bei verschiedenen Arabischen Tribus oder Völkerstämmen, welche am berühmtesten sind durch Kraft, Ausdauer und Schnelligkeit ihrer Rosse, diese als Futter Fleischbrühe und damit angemachte Gerstenmehlkuchen — also eine Art Fleischzwieback — als Kraftfutter erhielten. Pferde von völlig reiner arabischer Rasse, von den berühmten Nedji z. B., zu bekommen, ist mit so großen Schwierigkeiten verknüpft, daß wol bezweifelt werden darf, ob solche jemals in einen europäischen Marstall gekommen sind. Die berühmtesten Original-Araber-Zuchten deutscher Fürsten gehören wenigstens, was schon die Statur ergibt, jenem Schlage keineswegs an. Ueberhaupt trennt sich der ächte Beduine um keinen Preis von einem guten Pferde; dagegen versteht er den Pferdehandel trotz den geriebensten deutschen Pferdejuden. Durch ihre seit Jahrhunderten vor sich gegangene Verbreitung in verschiedene Theile von Asien und Afrika haben die Arabischen Pferde verschiedenartige Kennzeichen angenommen und sich in mehrere Unterrassen zerspaltet. Von den letzteren unterscheidet man namentlich: 1. die Persische. 2. Die Türkische oder besser Turkomanische. 3. Die Tartarische. 4. Die Berberische oder Maurische. Die letztere liefert die Mehrzahl der unter den Namen „Original-Araber" in Europa eingeführten Thiere. Die Heimath derselben ist Algerien, Fez und Marocco. Eine häufige und beliebte Farbe der Berberpferde ist Goldfuchs. Von der reinen Rasse unterscheiden sie sich durch ein zierlicheres Ganzes, einen nicht so eckigen Körperbau, einen feineren Kopf, kürzere Ohren, eine fast immer eingebogene fast schweinartige Nase. Ihre Beine sind sehr hoch, dünn, aber fest und nervig. Die Berberpferde besitzen beinahe das gleiche Maß an Kraft, Schnelligkeit und Genügsamkeit, wie die reine Rasse. Ihre Gangart ist gleichmäßiger und angenehmer. Durch das Mittel Arabischer Hengste sind fast alle feinen Pferderassen gebildet oder veredelt worden, so das englische Vollblut, die französischen Limousins, Auvergnates und Camargues, die Neapolitanischen, die Hannoveranischen, Mecklenburger ꝛc. Man kann wol sagen: Ein Reitpferd ist um so höher zu schätzen, je näher es dem orientalischen Urbild steht oder je mehr arabisches Blut in ihm von seinen Ahnen her enthalten ist.

Pferde, welche nicht anziehen wollen.

Arabisches Pferd.

1. Das Pferd.

Es kommt, um gute, sichere Pferde zu erhalten, Alles auf die Erziehung derselben in der Jugend an, wie dies jeder Pferdezüchter nicht genug beherzigen kann. Es ist mit der Heranbildung der Thiere durchaus nicht anders, wie mit derjenigen der Menschen; die von Natnr beste Anlage kann durch falsche Behandlung ebenso zum Schlimmsten, wie eine minder gute durch sorgsame, zweckmäßige Pflege zum Guten und Nützlichen gebracht werden. Die Fehler, welche man bei der Aufzucht der Thiere begeht, sind aber so allgemein verbreitet, daß sie einer ernstlichen Bekämpfung bedürfen, zumal sie zum Theil in einer Liebe zu den Thieren ihren Grund haben, welche freilich nicht die rechten Mittel wählt, um sich Ausdruck zu verschaffen. Gerade so, wie wenn Eltern aus allzugroßem Gefallen an ihrem Kinde sich ein Vergnügen daraus machen, immer mit demselben zu spielen, es zu necken, fürchten zu machen u. dgl. verfahren auch viele Pferdezüchter mit ihren Fohlen, ohne daran zu denken, daß bei ihnen dasselbe herauskommen muß, wie bei jenem Kinde, ein verbildetes, launisches,böswilliges und heimtückisches Geschöpf. Es giebt ganz andere Wege der Beschäftigung mit jungen Thieren, und wenn diese eingeschlagen werden, dann darf man sicher sein, fromme, treue und tüchtige Gebrauchspferde heranzuziehen, welche bekanntlich ein wahrer Schatz für den Landmann sind. Anstatt die Fohlen in Furcht zu jagen, das sie scheu davon galoppiren, vor jedem fremden Gegenstand stutzen und hufen, kann mit gleichem Vergnügen ihnen jede Furcht und Scheu so leicht benommen werden, daß Jedermann fast verpflichtet ist, seine jungen Thiere in solcher Weise in die Schule zu nehmen. Da ist z. B. Der Versuch mit dem Tuche. Wer sich des Gemüths des Pferdes versichern und überhaupt einige seiner Eigenheiten kennen lernen will, braucht es blos in den Wirthschaftshof oder in einen geräumigen Schuppen zu lassen. Dann nimmt man einen Gegenstand, von dem man weiß, daß es sich davor scheut, z. B. ein rothes Tuch oder etwas Aehnliches. Dies hält man in die Höhe, daß das Pferd es sehen kann, worauf es den Kopf in die Höhe werfen und schnauben wird. Dann wirft man das Tuch in der Mitte des Hofs oder des Schuppens auf den Boden und geht auf die Seite. Nun beobachte man die Bewegung des Pferdes und studire dabei seine Neigungen. Flößt ihm der Gegenstand Furcht ein, so wird es nicht eher ruhen, als bis es ihn mit der Nase berührt hat. Erst geht es schnaubend um das Tuch herum und kommt ihn dabei immer näher, als ob ein Zauber es unwiderstehlich nach dieser Richtung zöge, bis es den Gegenstand erreichen kann. Alsdann streckt es so weit als möglich, aber sehr vorsichtig, den Hals aus, daß die Nase gerade noch das Tuch berührt, als glaube es, es werde ihm ins Gesicht fliegen. Aber nachdem das Pferd das Tuch mehrere Male beschnobert hat, scheint es, obgleich es die ganze Zeit über kein Auge davon abgewendet hat, zu begreifen, was es eigentlich vor sich hat. Durch Anfühlen mit der Nase hat es entdeckt, daß es Nichts ist, was ihm etwas zu Leide thun könnte und es bekommt Lust, damit zu spielen. Beobachtet man nun das Thier verstohlen, so wird man sehen, wie es das Tuch mit den Zähnen faßt, es aufhebt und daran zerrt, und nach wenigen Minuten hat es seinen scheuen Blick verloren und steht ruhig da wie ein Pferd, das vor einem ihm wohlbekannten Gegenstande steht. Ein anderer derartiger Versuch ist: Wie man einem Füllen die Halfter anlegt und ihm lehrt, sich lenken zu lassen. Sowie man das Füllen ein wenig geliebkost hat, nimmt man die Halfter in die linke Hand, nähert sich ihm wie früher und von derselben Seite, wo man es geliebkost hat. Zeigt es sich furchtsam, wenn man ihm sehr nahe kommt, so kann man ihm dies rasch abgewöhnen, wenn man die Peitsche zu einem Theil des Armes macht, sehr sanft das dicke Ende vorstreckt und dem Pferde leicht den Hals damit reibt. Dabei kommt man beständig ein wenig näher und faßt die Peitsche immer kürzer in die Hand, bis man ihm nahe genug gekommen ist, um es mit den Händen zu berühren. Zeigt es Lust, den Kopf abzuwenden, so legt man das Ende des Halfterriemes um den Hals, läßt die Peitsche fallen und zieht sehr gelinde; es wird den Hals hergeben und alsdann kann man den Kopf an sich heran ziehen. Nun ergreift man den Theil der Halfter, welcher oben über den Kopf gezogen und an der Seite desselben zugeschnallt wird, führt das lange Ende oder den Theil, der in die Schnalle paßt, unter dem Hals durch, faßt es auf der andern Seite mit der rechten Hand und läßt den ersten Riemen los — der letztere reicht aus, um den Kopf des Pferdes sich zugekehrt zu erhalten. Alsdann läßt man die Halfter ein wenig herunter, daß die Nase gerade in den Nasenriemen kommt, der sich um dieselbe herumschlingt; dann zieht man die Halfter wieder etwas in die Höhe und macht die Schnalle fest, und Alles ist nun in Ordnung. Das erste Mal, wo man einem Füllen die Halfter anlegt, muß man sich auf seine linke Seite stellen, und nur den Theil der Halfter anfassen, der um den Hals geht; indem man nun mit beiden Händen um den Hals herum faßt, kann man den Kopf des Pferdes nach sich zu drehen und die Halfter heraufbringen, ohne das es ausweicht, wenn man die Hand auf die Nase legt. Ein langes Seil oder ein Riemen muß bei der Hand sein, um dasselbe an die Halfter, sowie diese angelegt ist, zu befestigen. Aldann läßt man das Füllen die ganze Länge des Stalles gehen, ohne den Riemen loszulassen, oder ohne es an der Halfter zerren zu lassen; denn wenn man es nur die Hand an der Halfter fühlen und ihm Spielraum an der Longe läßt, wenn es eilen will,, so wird es niemals zerren, sich bäumen oder hinwerfen, und doch wird man es die ganze Zeit über in der Hand haben und mehr zu seiner Bändigung thun, als hätte man die Macht, das Thier auf einer Stelle zu halten. — Das Thier kennt seine Kraft nicht im Mindesten, und wenn man es nicht veranlaßt an der Halfer zu zerren, so wird es nie erfahren, daß es die Fähigkeit besitzt, sich mit Gewalt loszureißen. — In wenig Minuten kann man anfangen, das Pferd mit der Halfter zu lenken und dann nähert man sich allmählich dem Pferde mehr und mehr, indem man die Longe nach und nach in der Hand verkürzt. Auf solche und ähnliche Weise ist es leicht, Pferde heranzuziehen, welche zur Arbeit willig, im Gebrauch fromm, in allen Lagen sicher und zuverlässig sind. Gelingt es doch sogar, die in völliger Wildheit herangewachsenen Pferde durch ein geeignetes Verfahren binnen kurzer Frist zu sehr brauchbaren Arbeitsthieren heranzuzüchten. Neben dem tartarischen Steppenpferd (Vgl. S. 108 und 109) gibt es in Kleinasien noch eine andere wilde (oder verwilderte) Pferderasse von viel kleinerem Körperbau und mehr dem Esel ähnlich. Diese wilden syrischen Pferde sollen die Stammeltern der kleinen Pferderassen sein, welche man Ponie's nennt, und die sich in Europa vorzugsweise auf den Inseln Corsika, Island,. Schottlands und der Normandie finden. In der That sprechen viele Merkmale für eine besondere Abstammung dieser kleinen, aber dauerhaften und genügsamen Pferde; so namentlich die graue Grundfarbe mit dem schwarzen Eselskreuz, welche die meisten führen. Solche Pferde passen aber blos zu geringeren Verrichtungen.

Der Versuch mit dem Tuche.

Wie man einem Füllen die Halfter anlegt und ihm lehrt, sich lenken zu lassen.

Wilde syrische Pferde.

2. Das Rind.

(Fortsetzung von Seite 190.)

Es giebt in dem großen Kaiserstaat Oesterreich eine Menge von vortrefflichen Hausthierrassen, von welchen man „draußen im Reich" soviel, wie gar nichts weiß. Und doch findet sich darunter höchst beachtenswerther Züchtungsstoff; dies hat abermals die jüngst zu Wien stattgehabte große landwirthschaftliche Ausstellung auf das Deutlichste gezeigt, zugleich auch, welche außerordentliche zum Theil noch kaum erschlossenen Hülfsquellen das weite Ländergebiet des Kaiserthums besitzt. Von dem Rind begegnen uns folgende Rassen der einzelnen Kronländer: I. Böhmen. 1. Landvieh, darunter ungehörntes. 2. Egerländer. 3. Opotschnaer. 4. Kreuzung von Altböhmischem mit Bern'schem, Tyroler, Steyerischem und Pinzgauer Vieh. II. Galizien. Podolische und Karpathen-Gebirgsrasse. III. Kärnten. 5. Möllthaler. 6. Lavantthaler. IV. Mähren. 7. Kuhländer. 8. Landschlag der Ebene. V. Militärgränze. 9. Syrmisches Landvieh. VI. Niederösterreich. 10. Helmvieh. 11. Gföhler Waldvieh. 12. Nied.-Oestr. Landschlag. VII. Oberösterreich 13. Landschlag. Daran reihen sich für beide Kronländer die Kreuzungsschläge: 14. Breitenfurther, Neulengbacher, Stockerauer. 15. Immendorfer. 16. Pinzgau-Schwyzer Schecken. 17. Welser Schecken. 18. Innthaler Schecken. VIII. Salzburg. 19. Pinzgauer. 20. Pongauer (Gröbminger oder Rauriser.) IX. Steyermark. 21. Mürzthaler. 22. Mariahofer. X. Tirol. 23. Oberinnthaler. 24. Zillerthaler. 25. Duxer. 26. Unterinnthaler. 27. Montafuner. XI Ungarn. 28. Ungarische (weiße und graue). Besondere Aufmerksamkeit nehmen in Anspruch die prächtigen steyrischen Rinder, vor allen die Mürzthaler (Abb. 1. Mürzthaler Stier). Sie sind Abkömmlinge der Podolischen, namentlich der Ungarischen Rinderrasse, zeichnen sich aus durch dachsgraue Farbe, edlere Formen, kürzere Hörner und Beine, vergrößerte Milchergiebigkeit. Es giebt viele Mürzthaler Kühe, welche 2500 Maß Milch jährlich produciren. Im Fleisch stehen sie dagegen den Ungarn nach, ebenso in der Zugfähigkeit, dennoch gehören die Mürzthaler zu den besten Arbeitsthieren, die man kennt. Ihre Heimath ist das Flußgebiet der Mürz und das Murthal von Bruck bis Unzmarkt. — Die Mariahofer Rasse (Abb. 2. Mariahofer Kuh) ist gewöhnlich semmelfarbig mit weißen Hörnern, auch gelb und weiß; sie ist sehr milchergiebig und mastfähig, doch ist das Fleisch minder geschätzt. Von ihr stammt ab die treffliche Lavantthaler Rasse in Kärnten, berühmt durch feines Fleisch und dünne Haut, öfters mit einem Schlächtergewicht von 10—12 Ctrn.; ihre Ochsen gehen vorzugsweise als Schlachtvieh nach Italien. Die Salzburger Rassen sind gleichfalls höchst werthvoll. Ihre Grundfarbe ist rothbraun mit einem charakteristischen weißen Strich über dem Rücken und weißem Floßmaul; die Thiere sehen überaus freundlich und hübsch aus. Ihr größter Vorzug besteht in ihrer außerordentlichen Genügsamkeit und der Eigenthümlichkeit, daß sie selbst bei magerem Futter nicht so sehr vom Fleisch abfallen, wie die steyrischen Thalrassen. Allerdings ist die Milchabsonderung der Salzburger Gebirgsrassen geringer, wie bei der Mürzthaler und Mariahofer Rasse, dagegen ist aber ihre Milch weit gehaltreicher; ebenso ist ihre Mästungsfähigkeit bedeutend. Die Pongauer Rasse (Abb. 3. Pongauer Kuh) ist der kleinere Schlag, feinknochiger, milchreicher und mastfähiger, als die eigentliche Pinzgauer Rasse (Abb. 4. Pinzgauer Stier), weshalb die Landwirthe mit Recht der ersteren den Vorrang einräumen. Eine ziemliche Aehnlichkeit in Gestalt und Zeichnung besitzen die Pongauer und Pinzgauer mit der Berner Rindviehrasse. An die Oesterreichischen Rindviehstämme reihen sich die Bayrischen: Der niederschwäbische Landschlag oder das Schwabenvieh, mit feinem, leichtem Knochenbau, von gelber oder falber Farbe, genügsam, minder milchergiebig, als mastfähig und von gutem Fleisch; der Kellheimer Schlag, Blessen von starkem Bau, großer Mastfähigkeit und Zugkraft; die schon erwähnten Algäuer (S. 114, 115); der Spessartschlag, ziemlich derselbe mit den Vogelsbergern (auch Rhönvieh, vergl. S. 36, 37.); der Mainländer Schlag, gelb oder hellroth, gut im Zug, milchergiebig, leicht zu mästen, genügsam; der Voigtländer Schlag, der auch nach Sachsen und Böhmen gehört (Egerländer) roth von Farbe, liefert die trefflichsten Zug- und Mastochsen; der Waldlerschlag, im bayrischen Wald und einem Theil von Böhmen und Niederbayern, falb, dunkelgelb und fahlweiß, von großer Ausdauer im Zug, auch sonst gut beeigenschaftet; der Glanschlag in der bayrischen Pfalz, gelb, weiß und hellbraun, schwer von Knochen, treffliches Zug- und Mastvieh, bekannt unter dem Namen der Donnersberger Rasse; der Triesdorfer Schlag, aus einer Mischung von ostfriesischen Bullen mit Schweizerkühen künstlich herangebildet, von außergewöhnlicher Körpergröße, röthlicher oder geschreckter Farbe, Kraft und Ausdauer im Zuge, großer Mastfähigkeit und guter Milchnutzung. An diese bekannten süddeutschen Rinder-Rassen reiht sich als Uebergang zu dem Schweizer-Vieh die Montafoner Rindvieh-Rasse, welche schon auf S. 112 erwähnt, Seite 113 abgebildet worden ist. Im Montafon, dem südlichen Thalland von Tirol und Vorarlberg, sowie im Bregenzer Wald, findet man eine schwarzbraune Rindviehrasse, welche gleichsam das Mittelglied zwischen der großen Schwyzer und der Algäuer Rasse bildet. Alle diese drei Rassen besitzen in Beziehung auf Färbung, Körperbau und Nutzung eine große Aehnlichkeit. Sie unterscheiden sich von einander vorzugsweise durch die Größe oder das Körpergewicht, denn während das Fleisch in den vier Vierteln bei Kühen der Schwyzer Rasse 500 bis 600 Pf. beträgt, beläuft sich dasselbe bei der Montafoner oder Bregenzwalder Rasse nur auf 340 bis 400 Pfund, und bei der Algäuer sogar blos auf 200 bis 300 Pfund. Die Hauptgrößenverhältnisse der Montafoner betragen: Höhe 46—48 Zoll; Umfang 62—66"; Länge 51—52." Sie übertreffen demnach die Algäuer an Körpergröße; an Milchergiebigkeit sind sie ihnen gleich. Hinsichtlich der Formenschönheit ist die Montafoner Rinderrasse unbedingt die vorzüglichste Europa's; es kann keine zierlicher gebaute, schöner gestellte, lebendigere und elegantere Thiere geben, als sie, und es ist sehr zu verwundern, daß sie noch nicht ihren Weg nach England als Zierde der Parks gefunden haben, indem sie in der Schönheit unbedingt die kleinen Alderney-Kühe übertreffen, die man zu diesem Zweck dort hält. Weckherlin nennt das Montafoner Rind einen schönen Mittelschlag des braunen, bräunlichgrauen oder dachsfarbigen Rindvieh's der Schweiz, Tirols und der Nachbarschaft. Unbedingt gehört die Kuh von Montafon zu den milchergiebigsten, die man kennt; dies bezeugt u. A. Oekonomie-Director C. Micoletzky zu Dux in seiner trefflichen Abhandlung über Milchwirthschaft. Ohne Zweifel würde diese schöne Rasse noch außerordentlich gewinnen können durch sachgemäße, gute Zucht. Denn daran scheint es noch vielfach zu fehlen, und v. Pabst sagt in dieser Beziehung mit Recht: Streng untersucht entsprechen die alpenländischen Rindvieh-Rassen Oesterreichs im Ganzen genommen in den Haupteigenschaften den heutigen Anforderungen nicht vollkommen.

Süddeutsche Rindviehrassen.

2. Das Rind.

Von den Rindviehschlägen Englands ist kaum ein anderer so bekannt geworden und in Deutschland so in Aufnahme gekommen, als derjenige der Kurzhornigen (Shorthorns.) (Vergl. S. 36, 112 u. 113.) Es ist aber auch kaum zu denken, daß ein anderer Schlag in der gleichen Weise den Anforderungen entsprechen könne, die man an die Kurzhorns stellt, und es ist gerade diese Form das Vollendetste, was für die englischen Verhältnisse geschaffen werden kann. Die Richtung der Viehzucht ist eine andere dort, als hier. Während bei uns eine lange Zeit hindurch nur die Milchergiebigkeit entscheidend war für den Werth einer Kuh und man auf deren Körperformen ein Gewicht weiter nicht legte, verfolgte der Brite ein ganz anderes Ziel, weil sein Gaumen mit Bezug auf die Beschaffenheit des Fleisches verwöhnt und sein praktisches Streben nun dem entsprechend gerichtet ist, nicht nur viel und im Allgemeinen gutes, mit Fett durchwachsenes Fleisch zu erhalten; sondern auch ein möglichst günstiges Verhältniß zwischen den notorisch besseren und geringeren Fleischsorten auf demselben Körper herbeizuführen, außerdem aber auch in einem bestimmten Bruttogewicht viel Genießbares und wenig Abgang (Knochen) zu haben. Denn die Unsitte der „Beilage", d. h. des Zugebens von Knochen zum Fleisch und des Sichbezahlenlassens dieser Knochen wie Fleisch kennt man über dem Kanal nicht. Eine solche Zumuthung, Knochen für Fleisch anzunehmen und zu bezahlen, läßt sich eben nur hier zu Lande an die Fleischkäufer stellen. Sehen wir die abgebildete Kuh der Shorthornrasse etwas genauer an, so muß es dem Sachkenner sofort auffallen, daß zwischen einem solchen Thier und einem Exemplare unserer sogenannten Landrasse, die nichts weniger ist als „Rasse"! ein himmelweiter Unterschied besteht. Unsere Landkuh hat einen mehr keilartigen Körper insofern, als die Ansicht aus der Vogelschau allemal am Widerrist weniger Maß ergiebt, als an den Hüftknochen. Die Brust läuft fast zur Spitze aus und nicht selten dient sie einer an dem Halse herablaufenden Wamme zum Ausgangspunkte, wie diese Wamme bei dem Bullen nicht fehlen darf. Der Kopf ist schwer, der Hals stark, die Gliedmaßen auch schwer und stark, die Haut dick und hart anzufühlen, der Rücken bildet sehr verschiedene, bald gehobene, bald tief gesenkte Linien zwischen Kopf und Schwanzwurzel. Der ganze Körperbau läßt überall das Knochengewicht hervortreten, und wenn man den Körper im Grundriß, Vorder- und Seitenansicht, in eine regelmäßige Figur bringen will, so kann diese nie ein Rechteck oder längliches Viereck sein, sondern sie wird immer wieder an den Keil erinnern, in dem die Maße nach dieser oder jener Richtung geringer werden. Bei dem Shorthornvieh ist das nicht der Fall. Da sind Grundriß (die Ansicht von oben oder aus der Vogelperspective) und Seitenansicht längliche Vierecke, während Vorder- und Hinteransicht als Rechtecke genommen werden können. Die Haut ist fein und sanft, Schwanz und Knochen dünn, der ganze Rumpf, ohne die stark hervortretenden Knochentheile, tief und rund, der Kopf ist leicht, der Hals schmal und auf dem ganzen Knochengerüst liegt eine Masse Fleisch, namentlich an den besseren Körperstellen, und ein sehr zum Durchwachsen mit Fett geneigtes Fleisch. Die ganze Rückenlinie aber ist eine ziemlich richtige wagerechte vom Genick bis zur Schwanzwurzel. Vergleicht man die Kurzhornkuh mit der schön und geradlinig gebauten Berner-Oberland-Kuh, welche lange Zeit hindurch als das Muster einer guten und nützlichen Milchkuh galt, so treten neben mehren übereinstimmenden Merkmalen so viel wichtige Unterscheidungszeichen zu Tage, daß sich alsbald der Unterschied zwischen Milchvieh und Fleischvieh deutlich ergiebt. Seit einer Reihe von Jahren hat man viel Shorthornkühe und Bullen aus England eingeführt, um unsere heimischen Stämme damit zu veredeln, — oder wenigstens dem Rufe seiner Wirthschaft einen gewissen Glanz zu verleihen, sich einen Namen als Mann des Fortschrittes zu machen und daneben doch auch einiges Geld zu verdienen. Es scheint jedoch daß man begreift, wie die Reinzucht dieser Fleischmassen doch nicht so ganz in der deutschen Rindviehzucht liegen möge, daß diese Zucht vielmehr andere Ziele verfolgen müsse. Zur Zeit sind unsere Viehhalter großentheils noch auf Milchergiebigkeit der Kühe angewiesen, und daß in dieser Beziehung die Shorthorns hinter anderen Schlägen zurückstehen, ist schon früher erwähnt. Neben dem Reichthum an guter Milch aber muß in unserer Zucht auch die Erzielung vielen und guten Fleisches angemessene Berücksichtigung finden. Und hierfür kann uns wohl ein besseres Vorbild als Shorthorns nicht gegeben werden. Sie werden deshalb auch immer einen Werth für uns behalten und der Heranbildung eines Schlages, wie er ganz unseren heimischen Verhältnissen entspricht, den wesentlichen Vorschub leisten. Die verschiedenen Kreuzungen mit Shorthorns geben hier und da ganz prächtige Resultate. So z. B. Holländer Kuh und Shorthorn Bulle. Immer aber wird die Hauptsache für den denkenden Züchter die sein, daß die Shorthornkuh beweist, was sich durch Einsicht, Ausdauer und Geschick in der Thierzüchtung erreichen läßt. In Amerika ist zur Gewinnung der Milch der Kühe eine Melkmaschine in Gebrauch, mit welcher auch in Deutschland Versuche angestellt worden sind. Die Maschine ist weiter nichts, wie eine kleine Pumpe. An einem hölzernen Eimer A ist diese Pumpe der Maßen angebracht, daß vier aufrechtstehende Trichter BB von vulcanisirtem Kautschuk festanschließend über die Zitzen des Kuheuters gestreift werden. Der Melker nimmt den Eimer zwischen die Knie und erfaßt die beiden Handhaben DD, die im Mittelpunkt der aus vulcanisirtem Kautschuk bestehenden Scheiben C fest angebracht sind; indem er jede dieser Handhaben oder Hebel mit den Stützpunkten dd nach einwärts bewegt, werden die Kautschukscheiben abwechselnd gehoben und gesenkt; durch das Erstere entsteht in dem runden Blechbehälter E ein leerer Raum; der Luftdruck wirkt auf die Zitze der Kuh und läßt die Milch austreten, die nun durch das abwechselnde Spiel der Hebel durch eine Röhre unterhalb des Behälters in den Eimer abläuft, indem sie ein Ventil passirt, das sich von oben nach unten öffnet und sofort wieder schließt sobald die Kautschukscheiben sich aufblähen. Der Milchbehälter E ist durch eine Scheidewand in zwei schräge Abtheilungen getheilt, so daß der Luftdrnck immer nur auf zwei Zitzen gleichmäßig wirkt, auf eine rechte und eine linke, was bekanntlich Bedingung eines guten Melkens ist. Man kann nicht läugnen, daß die Erfindung eine recht sinnreiche und sogar für einzelne Fälle werthvolle ist. Jedenfalls eignet sie sich aber mehr für die Verhältnisse in Amerika wie in Deutschland. Dort ist der Farmer (Landwirth) oft genöthigt, einen Kuhmelker anzunehmen, der gestern vielleicht Advocat oder Feuermann auf einem Dampfschiffe gewesen ist; in Amerika hält man die meisten Kühe völlig auf der Weide und denkt nicht daran, sie jedesmal bis auf den letzten Tropfen auszumelken. In Deuschland liegen die Verhältnisse anders. Zwar geht das Melken mit der Maschine unbedingt weit rascher, als mit der Hand; bei uns durfte sie jedoch nur bei Euterkrankheiten am Platze sein.

Melk-Maschine.

Berner Oberland-Kuh.

Kurzhorn- (Shorthorn-) Kuh.

3. Das Schaf.

(Fortsetzung von Seite 192 und 194.)

Die Schafzucht ist von jeher der Stolz Deutschlands gewesen. Namentlich war die Hervorbringung einer hochfeinen Tuchwolle bis gegen Ende des 18. Jahrhunderts blos ein Vorrecht des Landes Spanien gewesen, bis das Kurfürstenthum Sachsen von daher die ersten Merinoheerden bezog, durch verständige Zucht sie ausbildete und veredelte, dadurch aber zum Stammsitz der hochfeinen Wollenerzeugung wurde. Das ehemals kurfürstliche, nunmehr königliche Kammergut Lohmen bei Pirna am Eingang der sächsischen Schweiz ist aber das erste deutsche Gut gewesen, welches sich der Merinozucht gewidmet hat; deshalb verdient es auch einen Ehrennamen in der deutschen Landwirthschaft. Heute noch wird daselbst ein Stamm edelster kurfürstlicher (Electorals) Merinos gezüchtet, welcher das Beste in sich birgt, was die deutsche Schafzucht zu leisten vermag. Dies bezeugt schon die Gestalt des Lohmener Bock's, welchen unsere Abildung in unübertrefflicher Weise darstellt, ein Prachtthier ohne Gleichen. Am 20. Juni 1765 kamen die Stammältern dieser Schäferei unter der Leitung der Majorals (Oberschäfer) Moreno und Manuel aus Spanien, wo sie den 30. April in Cadix eingeschifft worden waren, in Hamburg an; — von hier wurde diese kleine Heerde, die aus 128 Stück Schafen und 19 Stück 3jährigen Stähren, 67 Stück 2jährigen Stähren und 6 Stück 1jährigen Stähren, in Summa: 220 Stücken bestand, gen Sachsen getrieben, wo sie im Laufe des Monats Juli anlangte. — Hier wurde ihr zuerst der Thiergarten bei Stolpen, später Hohnstein zum Aufenthalte angewiesen, bis sie im Jahre 1783 nach ihrer gegenwärtigen Heimath, Lohmen übersiedelte. Diese Merinos waren ein Geschenk Carls III. Königs von Spanien an den damaligen Kurfürst Friedrich August von Sachsen unter der Administration des Prinzen Xaverius; — ihre Abstammung aber die edelste. — War doch ein königlicher Befehl ergangen an das Consejo de la Mesta, eine Verbindung der Eigenthümer und Schäfer der Merinoheerden in Spanien, deren Ursprung sich vom Jahr 633 datirt, demzufolge nur das Edelste und Beste aus den bekanntesten Merinoheerden des Königreichs zur Wahl dieses Königlichen Geschenks gestellt werden mußte. Im Weigerungsfall aber war den Heerdenbesitzern eine mehrjährige Zuchthausstrafe angedroht. — Außer diesem Königlichen Geschenk ist auch noch ein zweiter Transport von Merino's aus Spanien nach Sachsen gelangt. Es wurde nämlich nach Ueberwindung außerordentlicher Schwierigkeiten im Jahre 1778 eine zweite Heerde dieser edlen Thiere auf dem Wege gesandtschaftlicher Verhandlungen erworben. In welcher hohen Achtung aber die Lohmener Merinoheerde auch im Auslande stand, beweisen die folgenden von berühmten Schafzüchtern aufgestellten Urtheile: 1) Daß es nicht mehrere, sondern nur eine einzige Hauptart ächter Merino's gebe, die sich durch Feinheit und Kräuselung ihrer Wolle charakterisirt; 2) daß der allergrößte Theil der seit 50 Jahren aus Spanien ausgetriebenen Schafe keine ächten Merino's, dem ursprünglichen Charakter derselben nach, waren, sondern theils schon entartete Merino's, theils bloße Mestizen (mit den Churros, spanischen Landschafen) — 3) daß der altsächsische Stamm, der unter königlicher Gewähr aus Spanien (1765) kam, uns allein bei Beurtheilung der Art als glaubwürdiges Vorbild ächter Merino's gelten könne. — Da nun die Wolle dieser Merino's sich bald den Beifall der Tuchmacher und Fabrikanten erwarb, so erwachte auch bald ein lebhafter Begehr nach diesen Thieren von Seiten der Schäfereibesitzer. Anfänglich wurden jedoch die Stähre nur zur Veredlung der kurfürstlichen Schäfereien verwandt, bis zufolge einer Verordnung vom 2. September 1767 auch solche an Privatschäfereien und zwar unentgeltlich, vertheilt wurden. Diese Vergünstigung genossen u. A. die Schäfereien von Gersdorf, Trossin, Milkel, Klipphausen, Glauschnitz, Oberau, Rammenau, Wolkenburg, Wölckau, Maxen, Mockritz, Schillbach, Dahlenberg, Dahlen, Dreschkau, Frankenhausen, Radewitz. Doch war mit diesem Geschenke die Bedingung verbunden bei der zur Veredlung der Schäfereien in Sachsen verordneten Commission Tabellen über die erlangte Nachzucht und deren Veredlung einzureichen. Da jedoch in Folge dieser Bestimmung Differenzen und Weitläufigkeiten entstanden, so entschloß man sich später zum Verkauf der unter dem Namen Electoral-Merino's bekannten Nachkommen der aus Spanien 1765 eingewanderten Merino's, anfänglich nur an Inländer, — später aber wegen vorgekommenen mannichfaltigen Mißbräuchen zum freien Verkauf an In- und Ausländer. Von hier datirt sich hauptsächlich der, für Sachsen so außerordentlich rentable, Schafviehverkauf, welcher Millionen von Thalern in's Land führte, sowie die Veredlung der sächsischen Wollen, durch welche die Tuchmacherei und spätere Tuchfabrikation einen so hohen Aufschwung nahm, so daß ein Theil des guten Rufs, dessen die sächsischen Wollfabrikate sich immer zu erfreuen hatten, unbestritten der sächsischen Merinoschafzucht gebührt. — Betrachten wir nun diese Erfolge mit Aufmerksamkeit, so ergreift uns ein unwillkührliches Staunen über die segensreiche Wirkung, welche die Einführung dieser 220 Stück Merino's hervorrief! — Selten waren wol Transportkosten besser angewandt, von welchen noch dazu, beiläufig bemerkt, der spanische Hof 1349 Thlr. als zu hoch verdungene Schiffsfracht im Jahre 1765 restituirte. Lohmens Lage war von jeher der Schafzucht günstig. Seit der Ankunft dieser Merinoheerde im Jahre 1783 hat sie sich stets eines besonders guten Gesundheitszustandes zu erfreuen gehabt, und auch ihre Blütezeit, ihr goldnes Zeitalter hier erlebt. Seit den Jahren, von welchen specielle Nachweisungen über die Vertheilung und den Verkauf der Nachkommen dieser Merino's vorliegen, haben über 700 Schäfereien Zuchtvieh von hier erkauft. Von hier datiren die edelsten Heerden aller Herren Länder ihren Ursprung oder doch ihre Veredlung, und auf allen Welttheilen befinden sich die Nachkommen dieser Prototypen der edelsten Spanischen Merino's! Ja die Königliche Stammschäferei zu Lohmen fand selbst in Spanien Anerkennung, als noch alleinige Inhaberin des edlen Merinostammes. Denn im Jahre 1829 ging ein Transport Merino's wieder von Lohmen nach seiner alten Heimath Spanien, zurück, erkauft von Don Raphael Garreda, Banquier zu Madrid, zur Veredlung seiner, vom König von Spanien erworbenen Merino-Heerden. Soviel bekannt, ließ er dieselben mit Mecklenburger Stuten auf dem Landweg nach Spanien transportiren. Das Züchtungsverfahren bei der Lohmener Heerde ward stets mit großer Vorsicht geleitet, wie sich aus den vorliegenden Acten ergiebt. Dabei ging das Hauptstreben vorzüglich dahin, den ursprünglichen Charakter der spanischen Merino's zu erhalten, die angeborene Feinheit, Sanftheit, Klarheit der Wolle; die Ausgeglichenheit des Vließes aber zu erhöhen. — Daß dieses bis zum höchsten Punkt erreicht worden ist, kann nicht geläugnet werden und läßt sich am besten durch die Proben der im Jahre 1765 aus Spanien angekommenen Merino's und deren Nachkommen beweisen. — Unsere Abbildung giebt die Gestalt eines der edelsten Stähre Lohmens.

Merino-Bock

der königlich sächsischen Stammschäferei Lohmen.

3. Das Schaf.

Bei dem Schafe kommt zweierlei in Frage: die Fleisch- und die Wollerzeugung. Lavergne hebt in seinem vortrefflichen Buche über die englische Landwirthschaft hervor, daß seit etwa einem Jahrhundert England und das Festland in der Schafzucht zwei entgegengesetzte Ziele verfolgt haben. Es hat immer viel Schafe in England gegeben, sagt er, in dieser Hinsicht waren diese Inseln schon zu Zeiten der Römer berühmt. Schon vor drei Jahrhunderten, zu der Zeit, wo sich der Handels- und Industriegeist in Europa zu entwickeln anfing, hatte die Schafzucht in England eine anderswo ungewöhnliche Ausdehnung erlangt. Damals hatte man vornehmlich die Erzeugung von Wolle im Auge. Wir setzen hinzu, daß zu der Zeit, von der Lavergne spricht, die Wolle, welche England den Fabriken des Festlandes lieferte, fast von Kreuzungen freigeblieben zu sein scheint. Es lieferte sie die Southdown-Rasse, welche ihren Namen nach der Reihe von Kalkhügeln hat, welche unter dem Namen der südlichen Dünen bei der Badestadt Brighton, in der Grafschaft Sussex, an der südlichen Küste Englands sich hinstrecken und in sorgfältig bebaute Koppeln abgetheilt sind. Dieser Landstrich hat immer sehr geschätzte Schafrassen ernährt. 1780 begann Ellman die eigentliche Southdown-Rasse auf der Glynde-Farm zu veredeln, sowohl durch Auswahl der Zuchtstähre und Mutterschafe in der Rasse selbst, wie auch durch eine kräftigere und reichlichere Fütterung. Das Schaf als Schlachtvieh betrachtet, sind die erlangten Resultate eben so vollständig gewesen, wie bei den auf dieselbe Weise behandelten Rindviehrassen, man hat ebenfalls die unterscheidenden Merkmale der alten Rassen bewahrt, wie den braunen Kopf, die braunen Beine und ihre ursprünglichen Eigenschaften, den Wohlgeschmack des Fleisches und die Abhärtung gegen das Klima. Wir sprechen nicht von der Wolle, auf die es diese Versuche nicht abgesehen hatten. Neben den englischen Southdown-Schafen stehen neuerdings bevorzugt sowohl als Wolle wie als Fleischthiere, die französischen Merino-Schafe. Das französische Merinoschaf ist höher und stärker, als jedes andere Merino; in gutem Körperzustand, aber nicht gemästet, wiegt es durchschnittlich 120 bis 150 Pfund. Es liefert ein zartes, ausgesucht gutes Fleisch; Kenner ziehen es bei weitem dem besten britischen vor; es mästet sich rasch und gut, liefert aber nicht so viel Talg, wie die englischen Downschafe; auch stellt sich das Verhältniß der Knochen und nicht nutzbaren Theile ungünstiger, als bei den letzteren. Bei 130 Pfd. Lebendgewicht erhält man durchschnittlich 80 Pf. ausgeschlachtet. Die Wolle der französischen Merino's ist eine nicht lange Kammwolle von etwa $2^1/_2$ Zoll Stapeltiefe, mittelfein, nervig und von Seidenglanz, sie zeichnet sich ganz besonders aus durch ihren geringen Gehalt an Fettschweiß, wodurch sie nicht allein geeigneter für die Fabrikation, sondern auch an und für sich gesunder, werthvoller wird. Der Stapel ist auf der Haut hinreichend dicht, weniger dagegen auf der Oberfläche; weil hier das Vließ nicht so fest zusammen gebacken ist, wie bei den Electorals, besonders aber den schwerschweißigen Negrettis, befindet sich das Thier wohler, hat eine geregeltere, kräftigere Hautthätigkeit und sein Körper wird dadurch fester, fleischreicher, minder fett. Die französischen Merino's geben die Mütter 10—16 Pfd., die Böcke 14—20 Pfd. Wolle ungewaschen geschoren, wie vernünftiger Weise in Frankreich allgemein üblich; ein Schurgewicht von 12 Pfd. von Jährlingswiddern ist nichts seltenes. Bezahlt wird die Wolle im ungewaschenen Zustand durchschnittlich mit 30 bis 33 Thaler der Ctr. Diese Thiere verwerthen das Futter in ausgezeichneter Weise. Der Gutsbesitzer von Homeyer auf Ranzin in Pommern hat darüber Folgendes veröffentlicht: Das Futter für die Jährlingsböcke besteht aus $^1/_2$ Pfd. Weizenkleie, $^1/_2$ Pfd. Hafer, 6 Pfd. Rüben und Wickhaferheu. Hundert Stück alte französische Mutterschafe mit 10 Lämmern, 8 Stück Negrettischafe, 12 Stück Sprung- und Reserveböcke, die sämmtlich in einem Stalle standen, erhielten $^1/_2$ Ctr. Kleie, 1 Scheffel gequetschten Hafer, 15 Scheffel Rüben, 33 Pfd. Leinkuchen, und zweimal täglich Wickhaferheu. Von dem Kraftfutter consumirten die Lämmer und Böcke einen beträchtlichen Theil und ließen den Müttern kaum so viel als bei dem starken Rübenfutter und bei der darnach folgenden Milchabscheidung nöthig war, um sie in gutem Futterzustande zu erhalten. Der Wickhafer wurde als Vorfrucht in Brache um Johannis gemäht und war daher nur gutem Heu in Betreff der Ernährung zur Seite zu stellen. Bei diesem Futter entwickelten sich die Thiere in der Art, daß sie folgendes Gewicht zeigten: 8 Stück Lammböcke im Alter von 127 Tagen wogen 601 Pfd. oder im Durchschnitt 75 Pfd. per Stück; 10 Stück Lammböcke wogen im Alter von 131 Tagen 852 Pfd. oder im Durchschnitt 85 Pfd. per Stück; 10 Stück Zibbenlämmer wogen im Alter von 127 Tagen 714 Pfd. oder im Durchschnitt 71 Pfd. pro Stück; 10 Stück Zibbenlämmer wogen im Alter von 123 Tagen 510 Pfd. oder im Durchschnitt 51 Pfd. per Stück. Die französische Heerde des genannten Schafzüchters und Landwirths ergab 1864 ein Durchschnittsgewicht von 130,65 Pfd. Gewicht und von 11,84 Pfd. Wolle per Stück. Es ist keinem Zweifel unterworfen, daß die Einführung der französischen Merino's, wenn auch blos als Uebergang in die vermehrte Fleischzucht, einen bedeutenden Vortheil zu bieten scheint. Daneben beachte man wohl, daß schon seit Jahren der Ruf nach Kammwolle die deutsche Zucht vielfach in neue Bahnen gedrängt hat, in welchen sie schon um deswillen verharren und weiterbilden müssen wird, weil die Concurrenz der dünnbevölkerten Ausländer: Ungarn, Südrußland, Australien, La Plata — wohl in der hochfeinen Tuchwolle, aber nicht in der Kammwolle zu fürchten ist; letztere verlangt dauernd kräftige Fütterung, zum Theil im Stall, und bedingt Fernhalten aller Verunreinigungen, wie jene Kletten, Bartgrasährchen, Hakensamen u. s. w., welche selbst die kurze Wolle der gedachten Länder so empfindlich schädigen. Es ist allerdings wahr, und die Erfahrung hat es gezeigt, daß es einzelnen deutschen Züchtern gelungen ist, ihre Merinoheerden so heranzubilden, daß der Fleischer die abgestoßenen und zur Mast gebrachten Thiere sehr gern nimmt, gut bezahlt; allein so stark und groß, wie die französischen, werden sie doch wohl selten. Ihre Einführung ist jedenfalls der kürzeste Weg zum Ziele jener Vereinigung. Was man dem französischen Schaf vorwirft, ist unedle Wolle, Mangel an Ausgeglichenheit in den Heerden, starker Knochenbau, schwierige und kostspielige Ernährung. Diese Vorwürfe sind ungerecht. In der Hand eines rechten Züchters erlangt jede Heerde Ausgeglichenheit und verliert sie in derjenigen eines schlechten, das Zuchtvieh mag sein, welches es wolle. Daß die französische Merinowolle hinter derjenigen unserer guten Negrettiheerden zurücksteht in Feinheit und regelmäßiger Kräuselung, soll nicht geläugnet werden; dagegen ist sie nichtsdestoweniger edel, von hohem Nerv, glänzender, als jede deutsche Wolle, und die vielen Woll-Fehler, welche in den nicht sorgsam ausgeglichenen Negrettiheerden vorkommen, finden sich in den französischen nicht! Dies ist eine durch die Erfahrung hinlänglich festgestellte Thatsache.

Französische Merino-Schafe.

Englische Southdown-Schafe.

Obstbau.

(Fortsetzung von Seite 200.)

Seit einigen Jahren hat ein Verfahren des Obstbau's Aufsehen gemacht, welches allerdings früher schon bekannt war, niemals aber vorher mit solchem Erfolg und solcher Beharrlichkeit durchgeführt worden war, als durch den Gärtner Hooibrenk in Hietzing bei Wien. Er nannte dasselbe „Inclination," was bedeutet „Neigung, Niederbiegen" der Zweige der Obstbäume. Früher hieß es das Zweigbiegen (oder auch Arquiren) und seine auffallenden Wirkungen auf die Entwickelung der Bäume und den Ansatz der Früchte waren schon öfter beschrieben worden. Im Wesentlichen beruht das Verfahren auf folgenden Grundsätzen: 1) Der Neigungswinkel der Zweige eines Stammes gegen den letzteren steht in bestimmtem Verhältniß zu der Entwickelung, resp. Fruchtbarkeit der ganzen Pflanze. 2) Eine möglichst reiche Blätterbildung ist das wesentlichste Moment des Gedeihens und der Tragbarkeit der Gewächse. 3) Jede übermäßige Holzentwickelung ist den Obstbäumen schädlich; gesundes, spärliches Holz ist räthlicher, wie reiches, ungesundes und ungleich vertheiltes. 4) Luft-Umlauf im Boden — am besten und reichlichsten herzustellen durch eine Röhrenstranganlage ähnlich der Drainage — ist ein förderlicher Hebel zur Ausnutzung der Pflanzennahrungsstoffe. 5) Auch die Electricität kann hierbei vortheilhaft in Mitthätigkeit gezogen werden. — Die Art und die Wirkung des Zweigbiegens geht deutlich aus der nebenstehenden Abbildung hervor. Dieselbe stellt einen Birnbaum dar, im vierten Jahre der Veredlung; die Früchte erscheinen aber, was wohl zu bemerken ist, in solcher Masse und Vollkommenheit nur dann, wenn gleichzeitig dem Bäumchen zu dem Streben, seinen Höhewuchs bilden zu dürfen, volle Freiheit gelassen wird. In dem Falle der Abbildung ist dies erreicht durch die beiden stehen gebliebenen senkrecht aufwachsenden Triebe. Gleichzeitig ist ersichtlich, welche ungemeine Einwirkung das Zweigbiegen auf die Wurzelbildung hat, und wird dem aufmerksamen Beobachter der Zusammenhang zwischen dem Wachsthum der Wurzeln und demjenigen der Zweige eines Baums schwerlich entgehen. Auch bei Weinreben hat sich dies Verfahren, welches Hooibrenk Brachcultur des Weinstocks nennt, sehr bewährt; in Frankreich, in der Champagne, werden viele Weinberge darnach behandelt. Der Erfinder beschreibt dies Verfahren folgendermaßen: Brachcultur nennt man es aus dem einzigen Grunde, weil dabei der Weinstock zweierlei Arbeiten verrichtet; einestheils entwickeln die niedergebogenen Reben Früchte, andererseits aber müssen die zur künftigen Tragbarkeit bestimmten Ruthen zur Entwickelung der Früchte herangezogen werden, und liegen, ist dann Letzteres erfolgt, durch sechs volle Monate brach. Geht man im Herbste nach vollendeter Weinlese in die Rebenpflanzungen, so findet man Stöcke mit vier bis sechs Reben, welche bereits abgetragen haben. Von diesen nimmt man zwei, welche die meisten und kräftigsten Augen besitzen, und biegt sie, die Eine rechts, die Andere links, in gerader Richtung bis zum Boden nieder, und zwar so, daß die Rebspitzen die Erde berühren, wodurch sie eine Richtung unter der wagerechten Linie erlangen. Statt durch Häkchenbefestigung kann die Rebe durch Anbinden in ihrer Lage erhalten werden, allein dies ist kostspieliger, zeitraubender und minder zweckmäßig. Alle übrigen noch am Stocke befindlichen Reben werden auf zwei Augen zurückgeschnitten, — so daß die Stöcke ganz zapfenartig stehen bleiben. Ist diese Arbeit vollbracht, so werden die gelegten Reben leicht mit Erde bedeckt, damit im Februar der so schädliche Eisgußregen die Augen nicht blind macht, und der Rebensplint nicht etwa aufspringt. Im Frühjahr beginn man die Arbeit mit dem Aufdecken, indem man die niedergebogenen Reben, welche mit den Häkchen befestigt sind, aufhebt, die Erde von ihnen leicht abschüttelt und wegnimmt, sodann aber jede Rebe wieder in ihre frühere Lage bringt und befestigt. Hierauf wird neben jedem Stock ein wenigstens sechs Fuß hoher Holzpfahl fest eingeschlagen, nachdem zuvor dessen unteres Ende zum Schutze gegen Fäulniß leicht angebrannt worden ist, was um so nöthiger erscheint, als diese Pfähle mehre Jahre lang ausdauern müssen. Endlich wird der ganze Weingarten gut gehackt und sodann sich selbst überlassen. Sobald das Wachsthum beginnt, sind die zur Erde gelegten Tragreben folgendermaßen zu behandeln. Haben sich aus den Augen der gedachten Rebenzweige die Triebe entfaltet und ist das Abblühen vorüber, so werden alle Aeste oberhalb der angesetzten Früchte abgezwickt, und zwar so, daß nur vier Blätter vorhanden sind. Später knickt man öfter aus, und entfernt, wenn nöthig, neugebildete Triebe. Wurde diese Arbeit gleich nach Bildung der Traube vollführt und sind die Beeren von der Größe eines Schrotkornes, so wird die liegende Rebe so weit in die Höhe gehoben, daß die Träubchen eine Spanne von der Erde entfernt sind, um mit der Haue darunter kommen zu können. Derartig gehobene Reben werden an den Nachbarstock, resp. an dessen Pfahl gebunden; doch ist es besser, sie an fest in die Erde geschlagene Holzgabeln aufzulagern, wobei es durchaus Nichts zu sagen hat, wenn zwei Tagereben neben einander ruhen. Nun folgt die Behandlung des Stockes, welchem im Herbste zwei bis vier Zapfen gelassen wurden. Nicht nur diese treiben schon zur Zeit, sondern es ist außerdem auch möglich, daß aus dem Mutterstocke selbst noch einige Sprossen entsprungen sind. Von diesen werden die zwei schönsten Triebe ausgewählt, wobei unbedingt jene der Zapfen vorzuziehen sind, und an den Pfahl gebunden. Alle übrigen werden bis auf zwei Augen zurückgekneipt, oder weggebrochen, damit jede fernere Holzbildung aufhört. Außer den beiden gewählten Ruthen darf durchaus keine andere emporkommen, diesen beiden darf aber auch nicht ein Blatt genommen werden. Im Gegentheil ist der Laubbildung im vollsten Umfange Freiheit zu lassen. Bei dieser beschriebenen Behandlung der Reben gelangen die Weintrauben sehr rasch zur Reife, man erzielt davon eine unglaubliche Menge, und erhält bei sämmtlichen Weinstöcken andauernde Fruchtbarkeit. Besonderes Augenmerk ist darauf zu richten, daß die Spitzen der Brachreben unverletzt erhalten werden, denn wird eine derselben verkürzt, so wachsen sogleich auf allen Seiten ellenlange Geize und der Winzer geräth in Verlegenheit, welche er davon abnehmen soll; außerdem werden dadurch die Brachreben zu stark entkräftet. Im Herbste werden die Tragruthen auf zwei Augen zurückgeschnitten, und die gezogenen Brachreben dafür niedergelegt. Es läßt sich das angegebene Verfahren auf alle Obstbäume, Sträucher, Waldbäume, ja sogar auf krautartige Pflanzen und Topfgewächse anwenden. Allerdings hat es viele Widersacher gefunden, allein selbst diese mußten zugeben, daß seine Vortheile bestehen und keineswegs kurz von der Hand zu weisen sind. Auch in Oesterreich hat man darüber vielerorts so zufriedenstellende Erfahrungen gesammelt, daß man sich entschlossen hat es fortzusetzen und beizubehalten. Uebrigens ist nicht zu leugnen, daß die Grundlehren dieses Verfahrens von den deutschen Obstzüchtern schon seit vielen Jahren, aber mehr versuchsweise, durchgeführt worden sind.

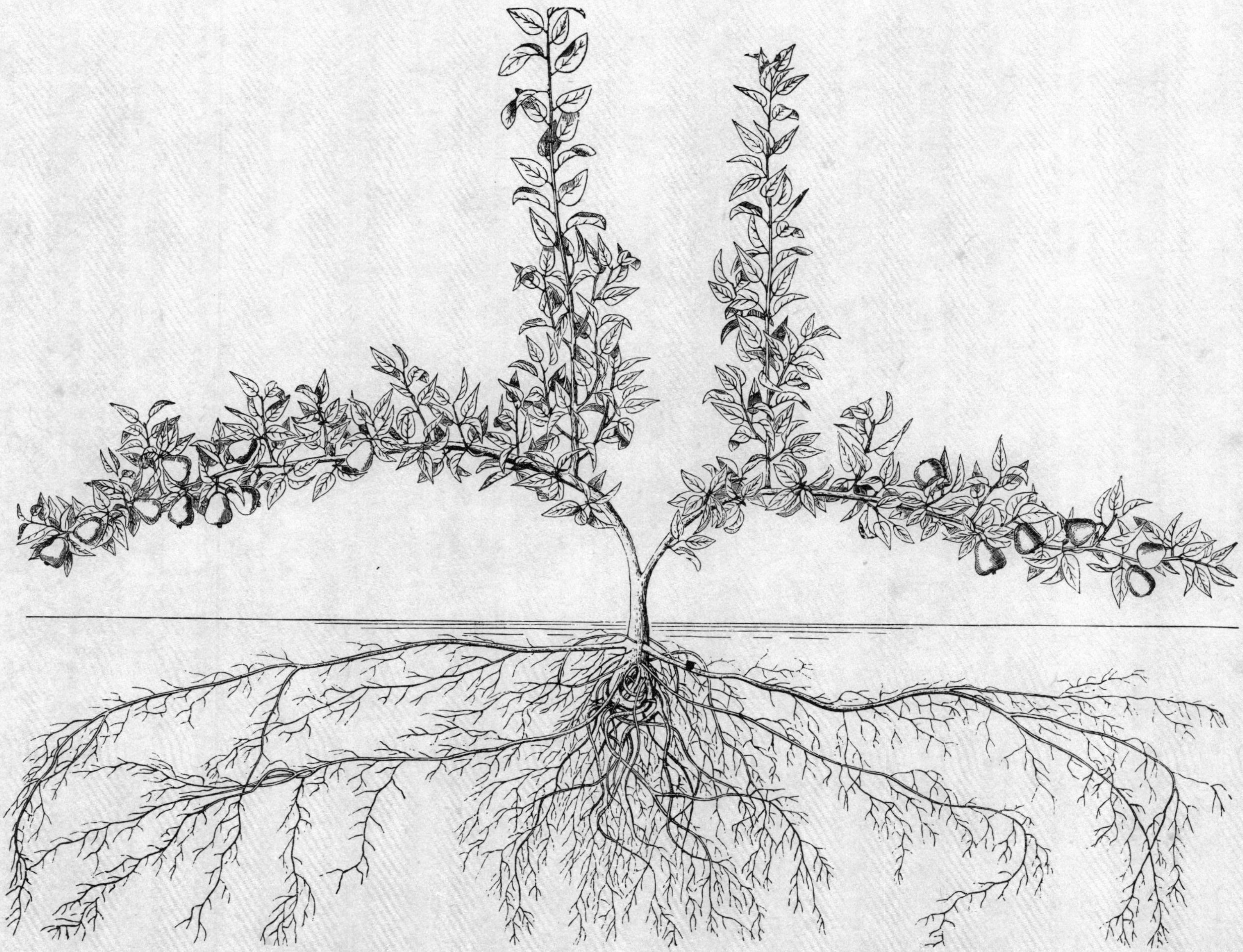

Die Wirkung des Zweigbiegens.

Obstbau.

Eine gute Wurzelbildung ist bekanntlich ein Haupterforderniß tüchtigen Wachsthums, sei es bei einem Obstbaum, sei es bei jeder andern Pflanze. Die nebenstehende Abildung macht ersichtlich, in welchen Grade das bekannte Einkürzen der Pfahlwurzel bei aufgekeimten Pflänzchen, nach sofortigem Verfingern derselben, nicht nur eine vermehrte Wurzelbildung hervorruft, sondern auch gleichlaufend mit letzterer Entwickelung, ein höheres und stärkeres Bäumchen, auf der einjährigen Unterlage veredelt, gegenüber anderen, nicht verfingerten Bäumchen, welche den ersteren in der Ausbildung sichtlich weit zurück bleiben. Wichtig ist dies Verfahren insbesondere bei der Obstbaumzucht in Töpfen, welche einen ebenso angenehmen, als einträglichen Betriebszweig bildet. Eine sehr verläßliche Anleitung dazu hat Fischer in Folgendem gegeben: Bei der Erziehung des Topfobstes ist es Hauptsache, daß man die richtige passende Unterlage wählt, eine Unterlage, welche sich durch ein gutes Wurzelvermögen (Thau- und Haarwurzel) auszeichnet, um den Bäumchen in dem beschränkten Raume die nöthige Nahrung zuführen zu können. Man nimmt daher und wie schon längst Diel, Christ und Andere empfohlen, für Aepfel nur Paradiesstamm, für Birnen nur die Birnenquitte, für saure und süße Kirschen Prunus Mahaleb, für Süßkirschen zum Treiben Ostheimer Weichsel, für Pflaumen und Aprikosen die gewöhnliche frühe Pflaume, welche hier in Masse durch Ausläufer gewonnen werden, und für die Pfirsiche Prunus spinosa, worauf sie durch Oculiren außerordentlich wachsen. Um nicht allzugroße Töpfe in der Jugend nehmen zu müssen, was für ein noch junges Bäumchen gewiß keine Zierde ist, und da ohnedem mit der Zeit größere Töpfe dazu gehören, schneidet man die Wurzeln der Wildlinge beim Veredeln im Feburar, welches im Hause ausgeführt wird, gehörig zurück und entfernt lieber die mit nicht passenden Wurzeln versehenen. Nachdem alle veredelt sind, werden sie in ein mäßig warmes Mistbeet dicht neben einander gepflanzt, gehörig eingegossen und mit Fenstern überdeckt, und um den Zeitverlust beim Schattengeben zu vermeiden, werden die Fenster mit einem Anstrich von Milch und Kreide überzogen. Hier hat man nun weiter nichts zu thun, als bei großer Hitze zu überspritzen, wenn sie wachsen, die Luft nach und nach zu erhöhen. Anfangs April kann man die Fenster dann ganz entfernen. Man hat auf diese Weise öfters 70 bis 80 schöne gesunde, 2 bis 3, hohe veredelte Stämmchen aus einem Fenster erhalten, nur muß man die Vorsicht beobachten, so lange das Edelreis noch nicht stark getrieben hat, alle wilden Seitentriebe und Ausläufer zu entfernen. Im Herbst nimmt man alle Stämmchen heraus, sortirt und numerirt die gewachsenen, pflanzt die für die Töpfe bestimmten sogleich ein, schneidet sie jedoch erst im Frühjahr auf 3 bis 5 Augen zurück, je nach welcher Form sie gezogen werden sollen; die Uebrigen, sowie die Wildlinge, werden in eine kleine Baumschule gepflanzt, woraus man den späteren Bedarf zieht. Die Erde für Topfbäumchen besteht aus fetter Gartenerde, gut verrotteter Kuhmisterde, gebranntem Lehm und Sand. Sind sie schon kräftig herangewachsen, vorzüglich- wenn sie fruchttragend sind, so ist ihnen ein öfterer leichter Dung von Hornspähnen und Kuhjauche während der Wachsthumszeit sehr dienlich. Eine besondere Regel für den Schnitt kann man hier nicht aufstellen, da man sich alle nur möglichen Formen erlauben kann, doch es ist rathsam, eher kürzer als länger zu schneiden, man erreicht dadurch einen weit gedrungeneren Wuchs und gleichmäßige Form. Eine Hauptsache hierbei ist aber das Einkneipen der noch jungen krautartigen Triebe welche man stets bei warmer Witterung Anfangs Mai bis Johannis vornehmen soll. Dadurch erst erhält man ein dicht belaubtes Bäumchen, und die Früchte hängen sich dicht um Stamm und Aeste herum und sind daher dem Sturm nicht so ausgesetzt, werden bedeutend größer und gewähren einen ganz anderen Anblick, als solche Bäumchen, wo nur hier und da an den Spitzen der wenigen Aeste sich kaum einige Früchte halten können. Später als Johannis ist das Einkneipen nicht rathsam, indem die sehr fruchtbaren Sorten wegen langsamem Saftumlauf öfters an den Spitzen der Triebe Fruchtknospen ansetzen, die übrigen Augen sich aber dadurch nicht mehr zu vollkommenen Blattaugen ausbilden können, wodurch im nächsten Jahre leicht leere Stellen entstehen. Das Ueberwintern geschieht im ausgegrabenen Mistbeet, wo die Töpfe neben einander gestellt werden; man überschüttet die Töpfe einige Zoll hoch mit Sand oder Kohlenasche und bringt noch eine leichte Decke Laub darüber. Willige und fast jedes Jahr tragende Sorten, vorzüglich für kleinere Sammlungen, sind: Aepfel, englischer Königs-Parmäne, englische Wintergold-Parmäne, Limonaden-Pepping, Englischer Gold-Pepping, Herrenhäuser deutscher Pepping, spanischer Pepping, Darlingtons-Pepping, Mayer's weißer Wintertaubenapfel, Pigeon rouge, Pigeon blanc, Grafensteiner, Reinette von Sorgvliet, Cornwalliser Nelkenapfel, Goldzeugapfel, französische Edelreinette, Fair's vortreffliche Goldmohr-Reinette von Orleans, Wagner-Apfel, weißer Winter-Calvil, Knollen-Apfel von Heilbronn, purpurrother Winter-Agat-Apfel, Blut-Reinette. Von Birnen: Beste Birne, Eierbirne, Coperſche fürstliche Tafelbirne Hardenponts Winterbutterbirne, römische Schmalzbirne, Kirchberger Winterbirne, englische Sommerbutterbirne, Sommerbergamotte, Coule soif, Beurre blanc, Beurre Diel, Sommer-Muskatellerbirne, Forellenbirne. Von Pflaumen: Charp's Empereur, Reine Claude de Bavay, große ungarische Zwetsche, Coe's Goldtropfen, Damas Aubert rouge, weiße Kaiserin, große späte Mirabelle. Ebenso verfährt man bei der Erziehung von Weinreben in Töpfen. Im Herbste beschneidet man alle Reben an Mauern und freien Stöcken, der Herbstschnitt ist vortheilhafter als der Frühjahrsschnitt, es geht kein Saft verloren wie im Frühjahr, was den Fruchtaugen nur zu Gute kommen muß. Der noch langsam umlaufende Saft lagert sich an die, auf eine kleinere Anzahl beschränkten Fruchtaugen ab, kräftiget sie und sichert dadurch einen weit höheren Ertrag. Es ist ein Vorurtheil, daß der im Herbst beschnittene Rebstock dem Erfrieren leichter unterworfen sein sollte, als der unbeschnittene, da der Frost selbst an der Schnittfläche nicht tiefer als einige Linien einzudringen im Stande ist; bekanntlich aber schneidet man nie ganz dicht hinter einem Fruchtauge ab, sondern läßt immer noch etwas Holz dahinter stehen; es kann daher auch der stärkste trockne Frost durchaus keine schädliche Einwirkung auf die Schnittfläche ausüben, dagegen sind eben nur wenige Grad Kälte mit Glatteis ausreichend, um bei sämmtlichen Reben, beschnitten und unbeschnitten, verderbend einzuwirken. Man hat bei dieser Methode zwei Jahre hintereinander durch Treiben binnen 14 Monaten, vom Stopfen an gerechnet, schöne reife Trauben erzielt. Bei der Auswahl derjenigen Stöcke, welche vorzüglich zum Treiben bestimmt sind, hat man sehr darauf zu achten, wo sich die kräftigsten Fruchtaugen an der Rebe gebildet haben.

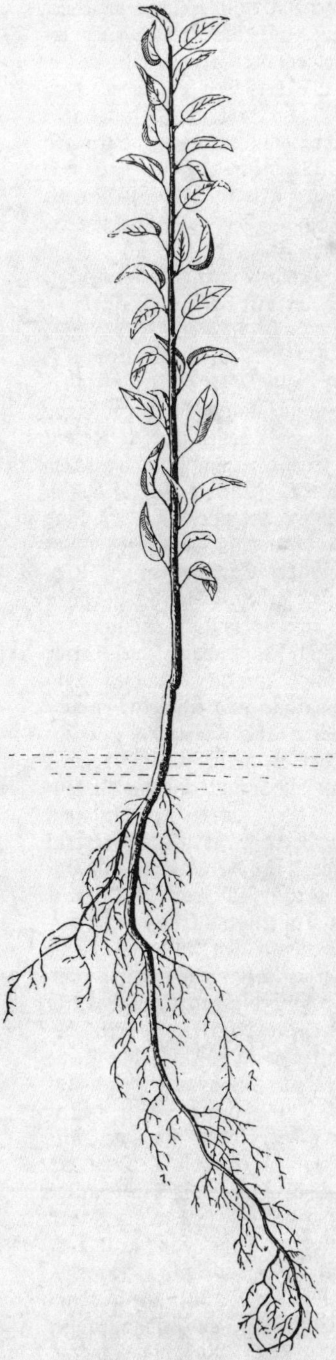

Einkürzen der Pfahlwurzel.

Englischer Goldpepping.

Kirchberger Winterbirne.

Gartenbau.

(Fortsetzung von Seite 204.)

Die Bedeutung des deutschen Gartenbau's ist eine sehr große. Dies fällt in's Auge, sobald man erwägt, wie viele Menschen sich damit aus Liebhaberei, aus Freude am Schönen, aber auch aus Nützlichkeitsgründen beschäftigen; daraus folgt jedoch hinwiederum, daß auch Handel und Gewerbthätigkeit sich desselben bemächtigt haben müssen. Nicht so neu wie die angewandte Chemie, zählt dennoch die höhere Handelsgärtnerei zu den neueren Ausflüssen der alles andere überfluthenden Naturwissenschaft, welche ihrerseits wiederum der Gärtnerei fortwährende Aufschlüsse und Erweiterungen im Gebiete der Pflanzen verdankt. Es ist hier nicht der Ort, dieses Verhältniß weiter zu begründen, die Bemühungen aufzuzählen, welche von Seiten der Handelsgärtner geschehen, um in fernen, unbekannten Ländern neue Pflanzen aufzufinden, die Opfer an Menschenleben zu nennen, welche dem ungesunden Klima fremder Länder oder übermäßigen Anstrengungen beim Sammeln der Pflanzen unterlagen, die erregte schöpferische Thätigkeit im Gebiete der Neubildung von Pflanzen- und Blumensorten durch künstliche Befruchtung 2c. Wir wollen hier blos ein Stück deutsche Gewerbsgärtnerei betrachten, wie sie sich an einem Orte ausgebildet hat. Erfurt, die Gartenstadt, deren Erzeugnisse schon im 12. Jahrhundert berühmt waren, ist neuerdings in der Gärtnerei geworden, was Leipzig für den Buchhandel ist. Obschon in Erfurt viele Leute wohnen und bedeutende Gewerbsthätigkeit herrscht, so meint man doch, es könnten dort nur Gärtner wohnen. In der That treiben auch ungemein viele Gärtner dort ihr „blühendes Geschäft", denn außer den zahlreichen „Kunst- und Handelsgärtnern", welche im Großen handeln und Cataloge ausgeben, giebt es noch eine Menge kleinere, welche gewisse Samen und Pflanzen für die größeren ziehen, außerdem auch Liebhaber, welche ihre Erzeugnisse verwerthen. Ueberhaupt haben die letzteren in Erfurt einen großen Spielraum, denn die Gärtnerei war dort, wie überhaupt in Deutschland, nie zünftig. Wir finden daher selbst auf den Dörfern bei Erfurt Samenzucht, sogar den Kirchhof als Blumengarten eingerichtet, mitten in den Feldern neben Getreide und Gemüsen sehen wir viele Morgen Landes neben einander nur mit Modeblumen besetzt, sogar die hohen Ränder des Chausseegrabens mit Blumen rasenartig überzogen. Ueberhaupt hat sich die eigenthümliche Handelsgärtnerei Erfurts weiter über Thüringen verbreitet und hat namentlich in Arnstadt ein sehr beachtenswerthes Filial bekommen. Die große Bedeutung des in Erfurt betriebenen Gartenbaues und Samenhandels ist zwar weltbekannt, wird aber doch vielleicht noch zum Theil unterschätzt. Aus dem Gemüsebau Erfurts gehen jährlich hervor: 10038 Schock Blumenkohl, 5264 Schock Weiß- und Rothkraut, 21327 Schock Wirsing, 3492 Schock Blaukohl, 9196 Schock Kohlrabi, 1904 Schock Sellerie, 7969 Schock Porré, 108 Schock Rettiche, 50436 Schock Gurken, 50000 Schock Brunnenkresse, 380 Ctr. Spargel, 240 Körbe Rüben, 360 Körbe Bohnen. Der Export von Blumenkohl wurde selbst in dem für Gemüsebau ungünstigen Jahre 1862 auf 5190 Ctr. veranschlagt. Die großartigen Verhältnisse des handelsgärtnerischen Verkehrs Erfurts weisen ferner die Veröffentlichungen der Thüringer Eisenbahndirection nach, woraus wir beispielsweise erwähnen, daß im Jahre 1863 durch dieselbe 1080 Ctr. Blumen und lebende Pflanzen, 1540 Ctr. Gartensamen und 140 Ctr. getrocknete Blumen befördert sind. In demselben Jahre hat man ermittelt, daß in Erfurt 650000 Töpfe mit Levkoien (Levkoien und Astern sind die wichtigsten Florblumen Erfurts) gezüchtet waren, deren Bruttoertrag (26000 Lth.) auf 45930 Thlr. angenommen wird; hierbei fehlt noch das Samenquantum, welches im freien Lande gezogen wird. In Bezug auf die Ausdehnung des Samenhandels bemerken wir Folgendes: Erfurt zählt gegenwärtig 37 Handelsgärtnereien; 27 derselben versenden Handelsverzeichnisse; sie verschickten z. B. im Jahre 1863 zusammen 296000 Cataloge gratis an ihre Kunden und zahlten für 114362 Kreuzbände der Post 2923 Thlr. Schon dies gibt einen Maßstab dafür, in welchen großartigen Dimensionen der betreffende Handelszweig sich bewegt. Die von Gärtnereibetrieb in Erfurt selbst eingenommene Fläche beträgt über 2000 Morgen, das für die eigentliche Handelsgärtnerei verwendete nach der neuesten Aufnahme 545 Erfurter Acker (1 Acker = 183 Ruthen 49 Fuß). Die benutzte Glasfläche der Gewächshäuser und Mistbeete beträgt 240000 □'. Der Pflanzen- und Samenhandel Erfurts beruht fast ganz auf auswärtigem Verkehr (in vielen großen Gärtnereien kann man nicht einmal einen Blumenstraus zu kaufen bekommen). Zu diesem Zwecke werden jährlich 300,000 oft buchstarke Preisverzeichnisse ausgegeben, außer den zahlreichen Specialofferten. Unter diesen Catalogen sind 50,000 Engros-Cataloge, 2000 besonders für England und Amerika berechnete. Die Druckkosten dafür betragen 10,000 Thlr.; das Porto nach Verhältniß der Cataloge ist oft hoch, da die weiten Entfernungen ins Geld gehen. Hierbei gedenken wir einiger Posten des Betriebs, welche um so wichtiger in volkswirthschaftlicher Beziehung sind, da dadurch viele arme Leute beschäftigt werden. Die Erfurter Gärtner brauchen jährlich etwa für 10,000 Thlr. Papiersäcke und Kapseln, welche größtentheils in Alsfeld a. d. Werra und Umgegend gefertigt werden, außer den Massen von Papier, welche das Verpacken der Sämereien erfordert. Da fast alle Namen auf die Kapseln gedruckt werden, so gibt dies nochmals der Druckerei Beschäftigung. Wie viele Kisten und Körbe zum Verpacken gebraucht werden, geht ins Unglaubliche; erste besonders für die Arbeiten von getrockneten Blumen. Die Körbe werden nur von den armen Leuten der Umgegend, Kisten im Thüringer Wald verfertigt. Dort haben auch zahlreiche Familien ihren Winterverdienst durch die Anfertigung von hölzernen Pflanzenetiquetten und Blumenstäben, deren Verbrauch sehr bedeutend ist und durch Versendung dieser Holzwaaren durch die Erfurter Gärtner, besonders nach England noch übertroffen wird. Für solche kleine Holzwaaren bezahlt man in Erfurt an jene armen Hochthäler in der Nähe des Schneekopfes 7000 Thlr. jährlich. Wir wollen hierbei auch der Blumentöpfe gedenken, indem von der Anfertigung dieser zerbrechlichen Waare mehre von Töpfern bewohnte Ortschaften am Fuße des Thüringer Waldes beschäftigt werden. Die großartige Bedeutung des Gartenbau's und der Stadt Erfurt als Hochschule desselben in Deutschland trat auch dem Laien überwältigend entgegen in der großen Garten-bau-Ausstellung, welche daselbst im Herbste 1865 abgehalten worden ist. Sie war die schönste und umfassendste, welche jemals bis dahin stattgefunden hat. Nicht blos in dem, was daselbst geboten ward, lag die Wirkung, sondern auch in der Art, wie es geboten ward. Die Schönheit der Zusammenstellungen, die geschmackvolle Anordnung, die künstlerisch ausgeführten Gedanken bewiesen, daß hier nicht blos Handelsgärtner, sondern auch Kunstgärtner thätig gewesen waren, daß hier Nützlichkeit und Luxus Hand in Hand gehen.

Die Erfurter Gartenbau-Ausstellung.

Gartenbau.

Schon auf Seite 52 ist bemerkt worden, daß ein Theil der Gartenkunst sich ganz besonders befaßt mit der Aufzucht von Ziergewächsen, und zwar nicht blos allein unserer, sondern auch fremder Himmelsstriche. Darin leistet sie in der Neuzeit ganz Außerordentliches, und zwar in Verbindung mit der Wissenschaft der Pflanzenkunde (Botanik.) Gelehrte Pflanzenkundige durchwandern die ganze Welt bis in ihre entlegensten Theile, achten nicht der Gefahren tödtlicher Witterung und unter wilden Völkerschaften, um neue Pflanzenschätze aufzufinden und in die Heimath zu senden, wo sie dann sorgsam aufgezogen und vermehrt werden. Dazu muß aber sowohl ihnen, als ihren Vorgängern oft ein künstliches Klima geschaffen werden, welches jahrein jahraus demjenigen ihrer Heimath entspricht. Dies erhalten sie in bestimmten Aufbewahrungs- oder Gewächshäusern, in welchen Einige bleiben, so lange sie leben, während Andere ihnen für die schöne Jahreszeit entrinnen und den Sommer über im Freien bleiben. Jene Häuser empfangen die nothwendige Wärme durch Luftheizung oder Wasserheizung, die letztere zieht man jetzt allgemein vor; sie wird erreicht durch den Umlauf von erhitztem Wasser in eisernen, kupfernen, oder thönernen Röhren, welche zweckmäßig durch das Gebäude vertheilt sind. Die Anlage sowohl ist kostspielig, als auch die Unterhaltung, namentlich für größere Räume; allein beide können nicht entbehrt werden. Denn es ist ein seltener Fall, unseres Wissens der einzige in Europa, daß es einer Anstalt so gut wird wie der Treibgärtnerei auf dem Kohlenbrande zu Planitz bei Zwickau im Königreich Sachsen. Diese steht nämlich auf einem durch und durch unterirdisch erwärmten Boden. Es liegt nämlich darunter ein mächtiges Kohlenflötz, welches schon vor Jahrhunderten durch irgend eine Ursache in Brand gerathen und nicht zu löschen ist; das Feuer schwelt, in Ermangelung des Luftzutritts, unterirdisch fort, und es ist keine Aussicht vorhanden, daß es so bald erlöschen wird. Die durch dasselbe hervorgebrachte hohe Erdwärme hat aber ein tüchtiger Gärtner dazu benutzt, hier eine großartige Treibgärtnerei anzulegen, welche in der That eine große Merkwürdigkeit ist. Der größte Theil der Planitzer Gewächshäuser ist aus Eisen. Schon auf S. 52 ist deren Vortheil angedeutet und S. 53 die Ansicht des Innern gegeben worden; nebenstehend erfolgt das eiserne Gewächshaus in der Ansicht von Außen. Folgende Vorzüge gewährt der Bau derartiger Häuser: 1) Durch Eisenverwendung erhalten sie so viel Licht, wie dies auf keine andere Weise zu ermöglichen ist. Dieser große Vortheil ist die Bedingung einer erfolgreicheren Haltung für die meisten südlichen tropischen Pflanzen, deren vollkommene Entwickelung an ein viel stärkeres Licht gebunden ist, als ihnen der oft trübe Himmel der nördlichen Lage gewähren kann. Die Schönheit der einzelnen Gewächse und Gruppen tritt in solchen Häusern viel deutlicher hervor, sie sind demnach auch für den Handelsgärtner günstiger. 2) Größerer Schutz gegen Insekten. Es ist eine unbestrittene Thatsache, daß in den Rissen und Spalten des Holzes, namentlich des angefaulten, zahlreiche schädliche Thiere Zuflucht und Brutplätze finden, deren Vertilgung eine äußerst schwierige, wenn nicht unmögliche ist. Im und am Eisen nistet und verbirgt sich kein Ungeziefer. Der berühmte Ananaszüchter Knight, dessen Buch über Ananaszucht in's Deutsche übersetzt und in mehreren Auflagen erschienen ist, stellt die Behauptung auf, daß er seit Erbauung eiserner Treibhäuser nie wieder von Insekten heimgesucht worden sei, und daß das Geheimniß seiner bekannten Zucht besonders in der Helligkeit seiner Häuser liege. 3) Eisenbauwerke erlauben größere Leichtigkeit im Sparrenwerk und in den Verbindungen; sie sehen daher zierlicher und angenehmer aus wie Holzbauten; zugleich sind sie Raum ersparender. 4) Eiserne Häuser sind versendbar: die einzelnen Theile können numerirt, bequem verpackt und überall ohne Schwierigkeit wieder aufgestellt werden. 5) Der Hauptvortheil der Eisenverwendung für Gewächshäuser ist aber deren Dauerhaftigkeit. Diese ist durch Holz natürlich niemals zu erreichen. Bekanntlich fängt bei Warmhäusern schon mit dem sechsten Jahre die Fäulniß des Holzes an, und selten stehen sie aus diesem Material gefertigt länger als 10 Jahre, ohne durch zahllose Reparaturen vollständig wieder neu gebaut worden zu sein. Eisen ist unvergänglich. Dadurch fällt auch der Einwand des Kostenpunktes gänzlich hinweg. Denn wenn auch durchschnittlich die Anlagekosten eines eisernen zu einem hölzernen Gewächshaus sich genau verhalten wie 9:8, so verschwindet der Unterschied ganz und ergibt ein ungeheures Mehr für das Eisen, wenn man bedenkt, daß das hölzerne Haus, nach 10 Jahren abgerissen, einen Haufen werthlosen faulen Holzes bildet, daß aber bei dem eisernen der Stoff noch nach 100 Jahren wahrscheinlich mehr als die Hälfte seines ursprünglichen Werthes haben wird. Der andere Einwand, daß die Scheiben durch die Dehnung des Metalls springen würden, ist längst durch die Erfahrung widerlegt. Beobachtungen mehrerer Jahre haben ergeben, daß die vollständigste Sicherheit dagegen vorhanden ist. Daher wird in England neuerdings auch kein anderes Material zu Gewächshäusern mehr verwendet als Eisen. Der Gartenbau ist eigentlich nur eine höhere Entwickelung des Ackerbau's auf größtentheils beschränkterem Raum. Er unterscheidet sich von jenem wesentlich durch die Einzelnsorge, welche er seinen Gewächsen in Gruppen angedeihen läßt, durch die sorgfältigere Pflege blos mit Handgeräthen und durch die ausschließliche Erzeugung von Nahrungs- (Arznei-) oder Zierpflanzen. Der Ackerbau kann gartenmäßig betrieben werden und heißt dann Spatencultur, weil die Bodenbearbeitung durch Hand und Spaten geschieht, und zwar meist vollkommener, wie mit Spannwerkzeugen. Diese Art des Betriebs erfordert großen Aufwand an Arbeit und ist daher nur lohnend, wo die letztere leicht und billig zu haben ist, also nicht oder nur niedrig veranschlagt zu werden braucht. Die Spatencultur eignet sich demnach besonders für Häusler mit hinreichenden Arbeitskräften in der Familie, welche ein Stück Land besitzen oder es pachten können. Ihre Wichtigkeit wird von Jahrzehnt zu Jahrzehnt stärker hervortreten, je mehr dies jener Stand der Häusler selber thut. Auf der höchsten Stufe der Bodenbenutzung steht der Obstbau und der Weinbau; hier treten ganz neue Regeln auf und ein jedes Gewächs verlangt seine Sonderpflege, seine eigenthümliche Behandlung, Erziehung, Bildung. Die höhere Plantagenwirthschaft des Kaffeebaums, Cacao's, der Baumwolle, des Theestrauchs ꝛc. läßt sich mit der Obstbaumzucht der gemäßigten Klimate in eine Reihe stellen. Das Obst ist eine so vorzügliche Bei-Nahrung, daß eine Entfremdung von derselben durchaus naturwidrig erscheinen, und der Menschenfreund sich alle Mühe geben muß, ihr immer größeren Boden zu verschaffen. Denn die heutige Welt der Gesittung steht dem Bedürfniß ihrer ersten Ahnen so fern, daß sie das Obst selten als ein Lebensmittel, sondern mehr als ein Naschwerk betrachtet.

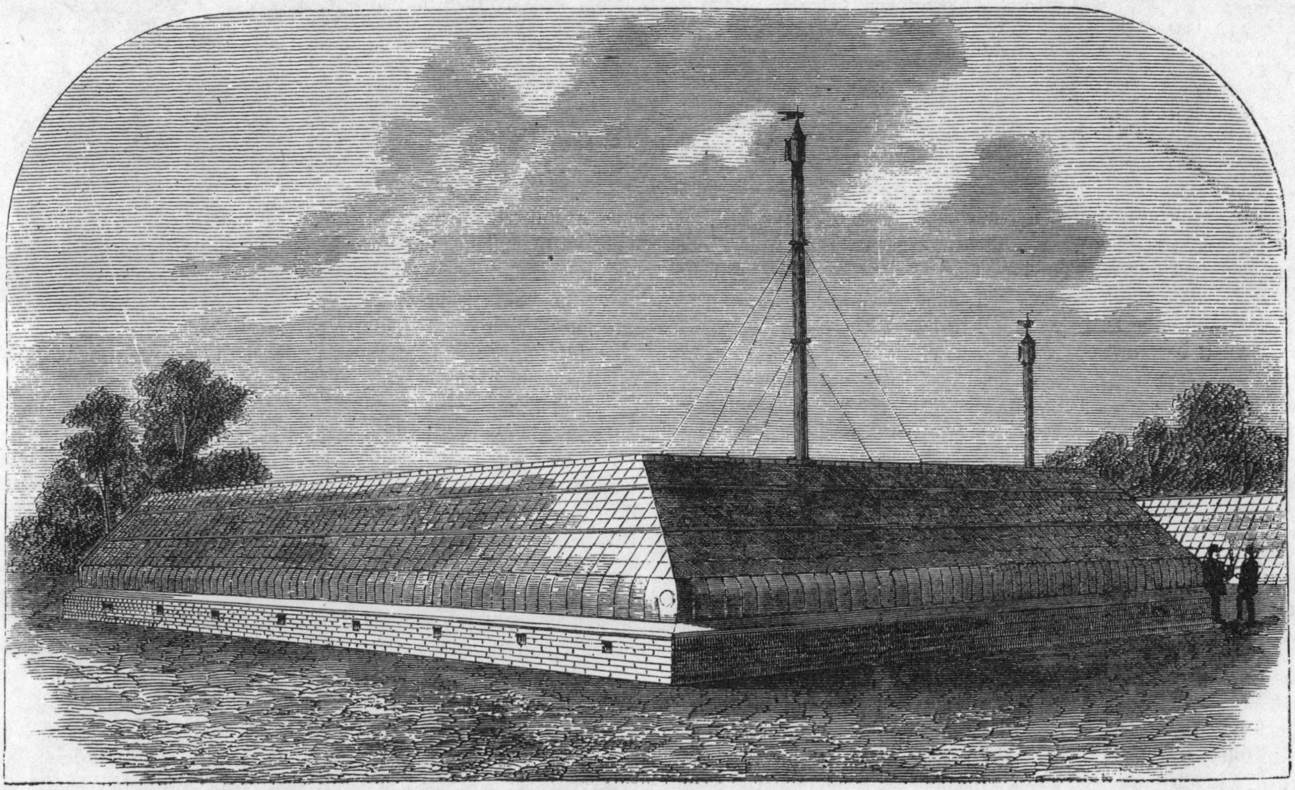

Eisernes Gewächshaus.

Die Treibgärtnerei über dem Kohlenbrand zu Planitz.

Weinbau.

(Fortsetzung von Seite 50.)

Der Weinbau ist ein landwirthschaftliches Gewerbe, welches so sehr von der Lage, den Witterungsverhältnissen und einer Menge von anderen Umständen abhängt, daß es Wunder nehmen müßte, wenn sein Betrieb nicht so außerordentlich verschieden, in jedem Lande, ja fast in jeder Gegend anders wäre. Hier gilt der einfache Rahmenzug mit nur einer Tragrebe, dort vereinigen sich die Rahmen zur sogenannten Laube oder sie bilden Gänge; hier erhält die Rebe einen Pfahl, dort zwei, da gar keinen; hier wird sie kurz verschnitten, da lang; an einem Ort herrscht die Erziehung des Weinstocks an Spalieren, am andern läßt man ihn wachsen, wie er will, ja an der Erde hinkriechen oder am Gestein, wie vielfach im Süden. Und dabei ist die Bearbeitung ebenso verschieden, in einer Gegend macht man sichs leicht damit, in der andern geht man gründlich zu Werk; der Erfolg lehrt, was besser ist; aber schon an den Geräthschaften sieht man, wie die Pflege ist. Wo man die Reuthaue auf der Schulter des Winzers sieht, wo die Weinhaue oder der Pickel schwer und wuchtig ist, da läßt sich schon annehmen, daß die Leute tüchtig arbeiten, um erträglich zu herbsten. Leider macht schon seit geraumer Zeit die Traubenkrankheit an vielen Orten, namentlich im Süden, alle ihre Anstrengungen zu nichte; viele berühmte Weingegenden haben durch diese verderbliche Seuche aufgehört, es zu sein. Sie besteht aus einem kleinen Pilz, Oïdium genannt, welcher Blätter und Früchte grau überzieht, dann schwarz wird, wobei Alles einschrumpft und abstirbt, was vorher grün war. Es giebt nur ein wirksames Mittel dagegen, das Pudern der kranken Weinstöcke mit Schwefel. Dieser muß feinstens zertheilt sein, daher nimmt man ausschließlich sogenannte Schwefelblumen dazu. Diese füllt man in eine kannenförmige Schwefelbüchse, welche einen doppelten, unten offenen Siebboden hat, so daß mittelst Schütteln das Pulver herausstäubt und den Weinstock überzieht, welcher dadurch entschieden gerettet wird. Auch kann man Quasten aus Wollenfäden machen, Federbüschel binden u. dgl., um damit das Schwefeln vorzunehmen. Das eine Gute hat die Traubenkrankheit bis jetzt gehabt, daß durch sie viele Weinberge aus Lagen verschwunden sind, wohin sie offenbar nicht gehörten. In Frankreich bildet bekanntlich neben der Gewinnung des Weines die Verarbeitung desselben zu Weinbranntwein oder Cognac einen höchst gewinnreichen Zweig der landwirthschaftlichen Thätigkeit. In der That muß man sich darüber wundern, daß man denselben nicht auch anderweitig mehr als bisher betreibt. So würde sich für Ungarn dadurch jedenfalls eine neue und sichere Quelle des Nationaleinkommens eröffnen; so würden viele Gegenden, wo der Weinbau nur in günstigen Jahrgängen ein erträgliches Product liefert, besser daran thun, das Letztere vorzugsweise auf Branntwein zu verarbeiten, wie sich und Anderen damit den Magen zu versäuern; bei reichem Wachsthum würde selbst in guten Weinlagen ein großer Theil des Erzeugnisses sich durch Brennen besser verwerthen, geschweige denn in schlechten Jahrgängen. Der Weinbranntwein ist immer gesucht und bildet bekanntlich einen bedeutenden Handelsartikel. Zu seiner Herstellung ist der geeignetste Destillirapparat derjenige von Ergot, dessen Durchschnittsabbildung innerhalb des dazu bestimmten Gebäudes wir mittheilen. Wenn auch dieser Apparat vorzugsweise nur zur Destillation des Weines mit Hülfe von Wasserdämpfen dient, so läßt er sich doch auch ebensogut zum Destilliren jeder anderen gegohrenen Flüssigkeit verwenden, liefert aber natürlich stets nur Branntwein, keinen Spiritus. Er zeichnet sich durch Einfachheit der Construction und Destillationsführung, durch Brennmaterialersparniß, wohlfeile Anschaffung, geringe Reparaturkosten und hinreichende Stärke des Products vortheilhaft aus. Folgendes ist die Beschreibung der einzelnen Theile desselben: Die Blase befindet sich in einem gemauerten Heerd a; sie wird bei dem Hahn c abgelassen. Darüber stehen 4 Destillirbecken A. A. A. A., verbunden durch den Rectificationscylinder D und das Knierohr E mit dem Vorwärmer und Dephlegmator F, und dem Kühlapparat G. In einem oberen Geschoß des Gebäudes befindet sich der Maischbottich Z, in den die Maische mittelst der Pumpe U und des Steigerohrs X X. eingefüllt wird. Im Boden des Bottichs ist ein schwimmender Hahn angebracht, dessen Kugel in das Regulirbecken R taucht, von dem aus das gebogene Parallelrohr S, unten in seiner Biegung mittelst des Hahnes T abschließbar, ausgeht. Ein, oben mit einem Trichter versehenes Rohr I geht herab bis auf den Boden des Kühlfasses; letzteres steht durch das Rohr K. K mit den Destillirbecken in Verbindung, von deren äußerem Umfang in schneckenförmigen Windungen bis in die Mitte der Wein strömt, während dessen aber unaufhörlich durch einblasenden Dampf verarbeitet wird. Sobald der Wein oder die zu destillirende Flüssigkeit in die Mitte der Becken gelangt ist, so läuft sie durch ein Rohr auf das zweite Becken, wo sie die nämliche Operation durchmacht u. s. f. Es wird mit diesem Apparat in folgender Weise gearbeitet: Nachdem der Hahn T geschlossen ist, wird der Wein in den Maischbottich Z gepumpt, von wo er das Rohr S und die Schale R füllt. Sobald der Bottich voll ist, wird der Hahn T geöffnet, und sowie die Flüssigkeit im linken Schenkel der parallel gebogenen Röhre steigt und im rechten fällt, so sinkt der Schwimmer des Hahns in R und die Flüssigkeit läuft nach in die Röhre. Durch den Trichter J gelangt der Wein in den Kühlapparat, welchen er zuerst ganz anfüllt; worauf er durch das Rohr K. K. auf das oberste Becken läuft, in diesem circulirt und, nachdem er in gleicher Weise das ganze Beckensystem durchwandert hat, in die Blase gelangt. Mittelst des Probirhahns h ersieht man, sobald die letztere gefüllt ist, worauf der Hahn T wieder geschlossen wird, bis die Erzeugung des Dampfes anfängt. Die sich entwickelnden Dämpfe bringen zuerst die Flüssigkeit in der Blase und demnächst in den Becken zum Sieden, so daß der Wein in immer zunehmendem Maße condensirt wird. In dem Cylinder D werden die Dämpfe dephlegmirt und gelangen alsdann durch das Rohr E in den Kühlapparat. Der Weingeist fließt durch das Rohr I ab; bei V ist dasselbe mit einem Probirglas versehen, so daß man mittelst eines Alkoholometers die Stärkegrade des Weingeistes ermitteln kann, ohne Dämpfe zu verlieren oder sich einer Explosion auszusetzen. Der Hahn C führt die Schlempe ab, während die Hähne Q zur Reinigung der Becken dienen; das zu schwache Destillat wird durch das Rohr als zur weiteren Rectification wieder in den Cylinder zurückgeleitet. Je nach dem ermittelten Alkoholgehalt des Weines kann der Apparat mit 3 bis 6 Becken versehen werden, wodurch man natürlich auch den Grad der Stärke des Weingeistes, welchen man darstellen will, ganz nach Belieben reguliren kann. Dieser sinnreiche Destillationsapparat hat noch den besonderen Vortheil, daß dabei die meiste überschüssige Wärme wieder nutzbar verwendet und hierdurch der Aufwand der Betriebskosten zum Vortheil des Erzeugers nicht unwesentlich verringert wird.

Reuthaue.

Pudern der kranken Weinstöcke mit Schwefel.

Weinhaue oder Pickel.

Rahmenzug.

Erziehung des Weinstocks an Spalieren.

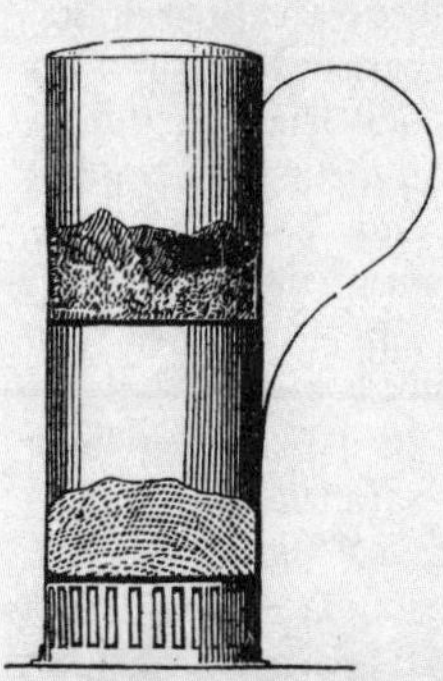

Durchschnitt der Schwefelbüchse.

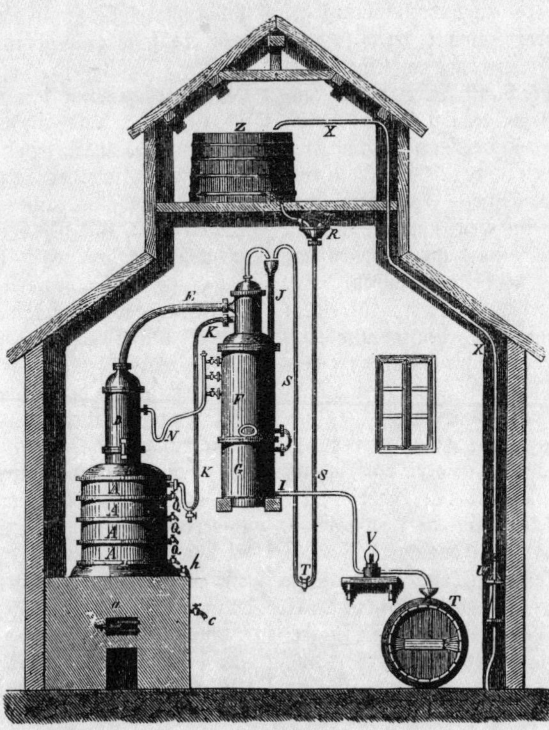

Bereitung des Weinbranntweins.

Schwefelbüchse.

Fuhrwerk zu landwirthschaftlichem Gebrauch.

(Fortsetzung von Seite 206.)

So wie man die sich selbst legenden Schienen bei den Dampfpflügen und Zugmaschinen angewendet hat (vgl. S. 100 u. 101.), so benutzt man sie auch bei gewöhnlichem Fuhrwerk, welches dazu bestimmt ist, über weichen Grund, z. B. Moorboden zu gehen, wie dies an dem Schienenkarren von Boydell der Fall ist. Zur Verladung von Heu, Stroh u. s. w. geben die Engländer gern ihrem gewöhnlichen Karren noch einen gegitterten Leiteraufsatz; ein solcher englischer Strohkarren eignet sich auch als Marktfuhrwerk und zu vielen anderen Zwecken. Wenn die Verbesserung des gewöhnlichen Schiebkarrens durch Anfügung eines zweiten Rads (vgl. S. 120 u. 121) eine belgische Erfindung ist, so hat man sie in Deutschland lange schon übertroffen durch das Niederrheinische Dreirad, einen Schiebkarren mit drei Rädern, welcher sehr sicher geht, sich leicht fährt, und eine große Last aufzunehmen im Stande ist. Es kann auch ein Vorspann daran gehängt werden. Die Abbildung von der Seite und von hinten machen seine Zusammensetzung ganz deutlich. Des Anspanns der Pferde ist weiter oben, S. 186, gedacht worden. Ueber denjenigen der Ochsen ist man schon lange streitig, man fragt: Ob einfache, ob doppelte Joche? und jede Spannart hat ihre Freunde. Am besten behandelt hat neuerdings die Frage Amtmann Thiele in den Verhandlungen des rührigen landwirthschaftlichen Vereins in Braunschweig, und zwar hat sich dieser ächte Praktiker darüber entschieden, wie nachstehend: Die verschiedenartigen Joche sind unter zwei Hauptabtheilungen zu bringen: 1) Doppeljoche und 2) einfache Joche. Unter Doppeljoch versteht man die Anspannvorrichtung, vermittelst welcher zwei Zugthiere dergestalt an ein und dasselbe Joch befestigt sind, daß ihre wirkliche Bewegung dadurch bedeutend beschränkt wird, und sich die beiderseitige Zugkraft auf dies eine Joch concentrirt, wie z. B. beim russischen Doppeljoch. Dagegen würde unter einfachem Joche zu verstehen sein ein für jedes Zugthier besonders gefertigtes Joch, Kopfholz, Sielen oder Kummet, durch welches die Zugkraft vermittelst angebrachter Stränge auf einen ganz hinter den Zugthieren angebrachten Punkt (Schirrnagel) concentrirt wird. Die Doppeljoche unterscheiden sich: 1) in doppelte Stirnjoche, 2) in doppelte Nackenjoche, wie das Russische, und 3) in doppelte Widerristjoche. Die einfachen Joche bestehen: 1) in einfachen Stirnjochen, 2) in einfachen Nackenjochen, 3) in einfachen Widerristjochen oder Sielen und 4) in einfachen Kummetgeschirren. Für die Zweckmäßigkeit der Doppeljoche wird angeführt, daß die Leistungsfähigkeit eine größere sei als beim einfachen Joche, weil sich die Kraft der zusammengejochten Thiere auf einem Punkt concentrire, ferner ein ungleiches Anziehen kaum möglich sei und schließlich der Nachtheil, daß sich die Thiere mit dem Kopfe der Fliegen nicht erwehren könnten, ganz geringfügig werde, weil im schweren Zuge auch das einfach angejochte Zugthier den Kopf zur Abwehr von Fliegen nicht werde benutzen können. Hiergegen läßt sich jedoch geltend machen, daß auch im Doppeljoch das raschere Thier schneller anziehen und das stärkere Thier mehr Kraft anwenden könne, also das Joch dadurch schief nach rechts oder links gebracht und somit auch das ganze Gefährt rechts oder links geschoben werden könne. Ferner, daß ein ungleiches Anziehen und heftiges Rucken bei Rindvieh viel seltener und in geringerem Grade vorkomme als beim Pferde, grade wegen der dem Rindvieh mehr eigenen Langsamkeit und wegen seines Gleichmuths; endlich aber, daß eine größere Leistungsfähigkeit im Doppeljoch deshalb, weil sich die Zugkraft dabei auf einen Punkt vereinige, wol nicht stattfinden wird, weil auch beim einfachen Joch sich jene Kraft in einem Punkte, nämlich am Schirrnagel vereinigt, und dadurch noch einen Vorzug hat, daß dieser Punkt der zu bewegenden Last viel näher liegt, als wenn das Joch vorn an der Deichsel befestigt ist. Bedenkt man außerdem, daß die Größe der zusammengejochten Ochsen nicht ganz genau dieselbe sein dürfte, daß das eine Thier vermöge seines natürlichen Wuchses und Körperbaues den Kopf lieber höher oder niedriger tragen wird als sein Nebengespann, so ergeben sich schon hieraus unvermeidliche Zwangsverhältnisse, die noch mehr gesteigert werden, indem im Doppeljoch nicht nur die fortzubewegende Last überwunden werden muß, sondern auch jede entgegenstehende Bewegung des Nebenthiers, und jedes Einsetzen des einen Vorderrades oder das Aufsteigen desselben auf einen erhöhten Punkt mit einem Ruck am gemeinschaftlichen Joch verbunden sein wird. Der einzige Vortheil, den das Doppeljoch vor dem einfachen Joch haben möchte, kommt aber nicht dem Thiere selbst zu gute, sondern nur seinem Führer; denn dieser hat weniger Beschwerde beim Lenken zweier zusammengejochten Thiere, die ihre Kraft dadurch theilweise brechen, daß dieselben entgegenstehende Bahnen beabsichtigen und sich gegenseitig schwächen. Noch ist zu bemerken, daß kein Zugthier anhaltend und unausgesetzt schwere Lasten fortbewegen kann, weder bergan noch auf der Ebene, es bedarf ab und an eines Ruhepunktes, und es erscheint grausam, auch in diesen Zeitpunkten der Ruhe den Thieren im Doppeljoch die Möglichkeit versagt zu haben, sich mit dem Kopfe frei bewegen, sich der Fliegen erwehren oder die Lage des Halsmuskels verändern zu können. — Es erscheint das Doppeljoch als eine unnöthige Thierquälerei und erinnert an Zeiten geringerer Entwicklung des Ackerbaues, denn wie der Haken, ursprünglich nur ein gekrümmter Baumstamm, sich fortschreitend zu den verschiedensten Pflügen verbesserte, so scheint man vom doppelten Widerristjoche ebenfalls zu besseren Verfahren der Anspannung gelangt zu sein. Man sieht, daß kämpfende Bullen und Stiere die Hörner kreuzen und mit der Stirn gegen einander prallen und sich dann schiebend zurückzudrängen suchen. Hiernach scheint es kaum zweifelhaft, daß das männliche Rind seine größte Kraft im Drängen mit der Stirn ausübt, auch daß dabei eine Senkung des Kopfes gerathen und außerdem der Stirnknochen derjenige Körpertheil ist, der am wenigsten verwundbar und am unempfindlichsten gegen heftigen Druck sich zeigt. Ist diese Folgerung richtig, so dürfte es nicht zu bezweifeln sein, daß das Stirnjoch das zweckmäßigste sein wird, daß das Nackenjoch, welches den Druck durch angebrachte Riemen zwar theilweise auf die Stirn, zum größeren Theil aber auf die Hörner lenkt und zwar gerade dahin, wo sich dieselben mit der Kopfhaut verbinden und in ihrer Hornmasse am dünnsten sind, wo leicht Druckwunden sich erzeugen, die weder durch Nacken- noch Stirnkissen ganz vermieden werden können, daß das Nackenjoch also dem Stirnjoche nachstehen wird. Noch ungeeigneter scheint das Widerristjoch zu liegen, und es bedarf zu seiner Verwerfung bei schwerem Zuge nur der Beobachtung, um die größere Anstrengung der Thiere sofort zu erkennen. Abgesehen vom Kostenpunkte, der bei Ochsengeschirr, namentlich bei dem jetzigen Werthe der Thiere wenig ins Gewicht fällt, kann man sich nur bei Bullen und Stieren für das einfache Stirnjoch erklären, bei Kühen aber, die man doch nur zu leichterer Arbeit verwendet für das Kummetgeschirr.

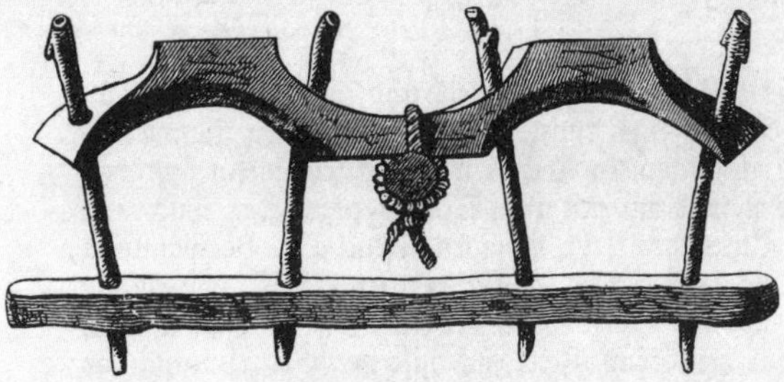

Russisches Doppeljoch.

Schienenkarren von Boydell.

Dreirad, von hinten.

Englischer Strohkarren.

Niederrheinisches Dreirad.

Seitenansicht.

1. Anfertigung der Käse.

(Fortsetzung von Seite 134.)

In den vorhergehenden Mittheilungen über Milchwirthschaft haben wir der Käsebereitung in der Schweiz (S. 54), in England (S. 56), in Sachsen (S. 134) u. s. w. schon gedacht; nachstehend sei noch zum Beschluß das Verfahren der Anfertigung des sogenannten Backsteinkäses (Limburger Form) in Süddeutschland, vorzugsweise in dem weidereichen Algäu (vgl. S. 114.) bis zum Salzen eingehend beschrieben. Er wird, in der Regel halbfett, d. h. mit etwa dem halben Buttergehalt der Milch gemacht. Das Vieh wird im Stall, nicht im Freien gemolken, und zu diesem Zwecke zweimal eingetrieben. Auf einem größeren Ständer wird ein hölzerner Trichter aufgestellt, und der Durchlaß mit einem Bündel grüner junger Fichtenzweige statt Seihtuch versehen, durch welche man die gewonnene Milch aus dem Melkeimer in den Ständer zusammen schüttet. Nach dem Messen und Aufzeichnen der Menge vertheilt man die Abendmilch in Brenten oder „Stutzen" von der Form wie Fig. 1 zeigt, worin sie über Nacht zum Abrahmen stehen bleibt. Je kälter der Raum und die Nacht, desto besser scheidet sich der Rahm. Dieser bildet eine zusammenhängende, ziemlich geschlossene Schicht an der Oberfläche der Milch, die sich wie eine Haut abziehen läßt. Der Senn löst diese am andern Morgen rings von der Wand des Stutzen ab, schiebt sie an der einen Seite des Stutzen zusammen und hebt sie mit einem flachschaufelartigen Löffel zum Buttern ab. Dazu ist allgemein eine Art Leierfaß mit durchlöcherten Flügeln (s. Fig. 2) üblich. Man braucht ½ Stunde, um damit den Rahm der Abendmilch von etwa 30 Kühen, welche 7 Stutzen füllt und 5 Pfund Butter liefert, auszurühren. Die abgerahmte Abendmilch und die unabgerahmte Morgenmilch, frisch von der Kuh zusammen, bilden ein „Käset" und werden im Kessel zum „Einrinnen", d. h. zur Abscheidung des Käses, mittelst Lab vereinigt. Die Wirkung des Labs ist zwar hinsichtlich der Menge Milch, die sie bewältigt, außerordentlich groß, aber doch sehr allmählich, unmerklich und dem Auge nicht ohne weiteres sichtbar. Mit dem Eintritt der vollen Wirkung, 30 Minuten nach dem Zusatz ist der Spiegel der Milch im Kessel scheinbar unverändert, kein Farbenwechsel, keine Flocken bemerkbar. Taucht man jedoch die Fingerspitze ein — dies ist eine Vorprobe der Sennen — so entsteht eine bleibende Vertiefung im Flüssigkeitsspiegel, ein Beweis, daß die Milch aufgehört hat flüssig zu sein. Der ganze Inhalt des Kessels hat sich in eine weiße, allseitig zusammenhängende süße Gallerte verwandelt, die der gewöhnlichen geronnenen Milch ähnlich, aber im Ansehen durchaus nicht so kurz ist. Man gönnt nun der Gallerte, die nach dem Zerschneiden und Bewegen sich zu trennen beginnt, und sich mehr und mehr zusammenzieht, eine Viertelstunde Ruhe zur Sammlung der Molke. Indem man nun ein nicht zu dicht geschlagenes Tuch von der Größe des Flüssigkeitsspiegels in den Kessel einsenkt, kann man die darüberstehende Molke leicht mit dem Löffel von der darunter befindlichen Gallerte in ein bereitstehendes Schaff abschöpfen; es bleibt zuletzt die Gallerte mit einem Rest von Molke im Kessel, welche man sofort in die auf dem Abtropfbret bereitstehenden Käsemodel (Fig. 3) überschöpft. Sie besitzen je 5 Abtheilungen für je 5 Käse; die Tiefe der Modelabtheilung, deren jede an zwei Seiten mit Abtropflöchern versehen ist, entspricht der Dicke des Käses. Die Art ihrer Aufstellung ist aus Fig. 4 ersichtlich. Hat das freiwillige Abtropfen aus dem Model aufgehört, was nach 2 Stunden der Fall ist, so werden die Käse herausgenommen und auf dem Spanntisch (Fig. 5) auf eine dünne Strohlage, deren Halme sich auf dem Käse abdrücken, in Reihen zwischen kleinen Käsebrettchen geordnet, die man dann mit zwei Stöcken gegen den Tischrand verspannt. Unter dem sehr mäßigen Druck der Verspannung bleibt der Käse zwei Tage, wobei der letzte Rest von Molke tropfenweise abgeht. Erst wenn der Käse auf dem Spanntisch liegt, gewinnt der Senn Zeit, sich mit der Verarbeitung der Molken zu befassen. Er gießt diese zusammen in den leeren Kessel zurück und führt sie zur weiteren Verarbeitung übers Feuer. Bekanntlich wird nicht der ganze Gehalt der Milch an Eiweißstoffen vom Lab gefällt, es bleibt im Gegentheil ein nicht durch Lab, aber durch Säure fällbarer Körper dieser Classe zurück, welcher in der Siedhitze mittelst „Säuer" als sogenannter „Schotter" ausgeschieden wird. Der Säuer ist in einem lose verschlossenen Faß, wie Fig. 6 zeigt, vorräthig gehaltene, in fortwährender Gährung begriffene Molke. Man stellt das Faß warm in der Nähe des Kessels auf, und füllt täglich so viel süße Molke nach, als man Säuer verbraucht. Man erhitzt nun die süße Molke unter Zusatz von einer Kelle Säuer im Kessel zum Sieden, worauf sich nach wenigen Minuten eine Schichte eines neuen Gerinnsels von verhältnißmäßig geringem Umfang ausscheidet. Es schwimmt scharf geschieden an der Oberfläche des Kessels und wird von dem „Schotterwasser" mit dem Seihelöffel abgehoben. Der Schotter, sonst der Stoff zur Bereitung des sog. Ziegers, wird hier nicht zu Käse gemacht, sondern dient unmittelbar als Nahrung. Ueber Nacht findet der letzte Rest der Molke hinreichend Zeit, aus den auf dem Spanntisch gereihten Käsen abzutropfen; damit ist die Möglichkeit gegeben, mit der „Beize", d. h. mit dem Einsalzen vorzugehen. Um die Milch der verschiedenen aufgestellten Kühe mit Rücksicht auf ihren Werth, d. h. Fettgehalt zu prüfen, empfiehlt sich für jeden Landwirth der Besitz eines Milchmessers. Derselbe besteht aus vier geaichten Glasröhren aaaa, von völlig gleichem Inhalt, welche rings um eine genau in Grade abgetheilte Säule b zu stehen kommen. An der letzteren kann man ziemlich sicher ablesen, wie viel die in die Röhren eingefüllte Milch — für jede Kuh eine Röhre — täglich an Fett absetzt, was dann aufgezeichnet wird. Auf diese Weise wird man bald wissen, welche die bessere, welche die schlechtere Milchkuh ist. Zur Butteruntersuchung hat der verdienstvolle L. v. Babo ein zuverlässiges Verfahren angegeben. Die Butter wird in eine Glasröhre durch Einstechen bis zu der Marke a gefüllt, ohne daß Luft hinzu kann, der Stempel dient zum Festdrücken. Eine zweite Röhre (Fig. 2) ist am untern Ende in Grade abgetheilt und bei c mit einer Marke versehen, bis wohin Aether eingefüllt wird. Dann hat man eine Blechbüchse (Fig. 3), welche die Glasröhre aufnimmt, nachdem das Buttermaß aus der ersten genau in die zweite Röhre geschoben ist; diese Büchse hängt mittelst Bügel und Strick an einer Stange (Fig. 4) und wird mittelst dieser kräftig umhergeschwungen. Dadurch löst das Fett sich im Aether vollständig auf, während alle Unreinigkeiten, als Buttermilch, Quark, Wasser, sonstige Zusätze in diesem als trübe Flocken oder Tropfen herumschwimmen. Nach 24 Stunden setzen sie sich zu Boden und bilden eine Schichte, deren Dicke an der Theilung abgelesen werden kann. Jeder Grad entspricht, wie man sich durch auf anderm Wege angestellte Versuche überzeugt, ziemlich 10 Procent der Verunreinigungen.

Fig. 1.

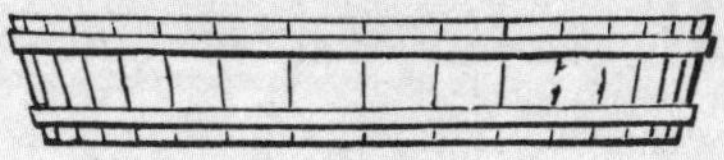

Brente oder Stutzen.

Fig. 3.

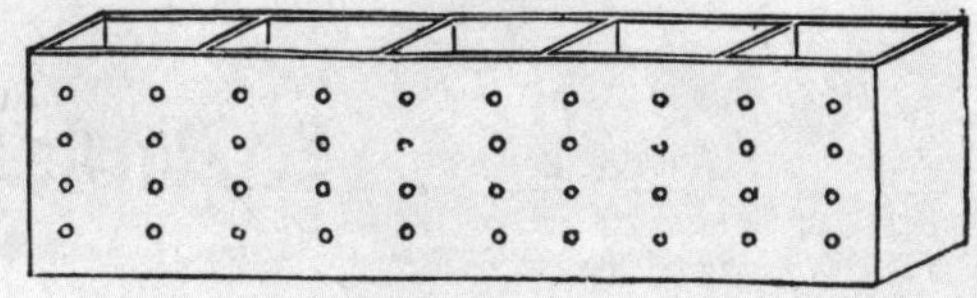

Käsemodel.

Fig. 6.

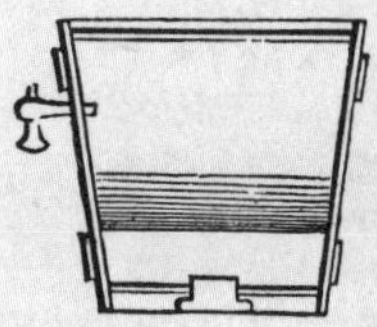

Säuerfaß.

Fig. 4.

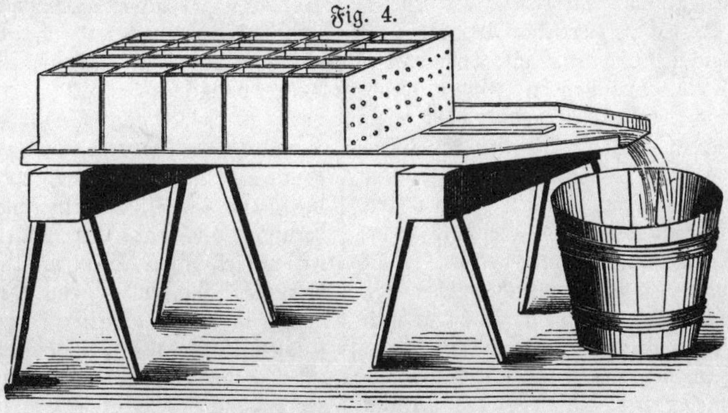

Aufstellung der Käsemodel, Ablaufbrett, Molkeneimer.

Fig. 5.

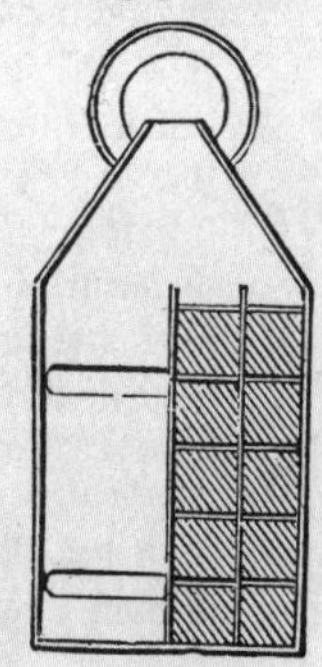

Spanntisch.

Fig. 2.

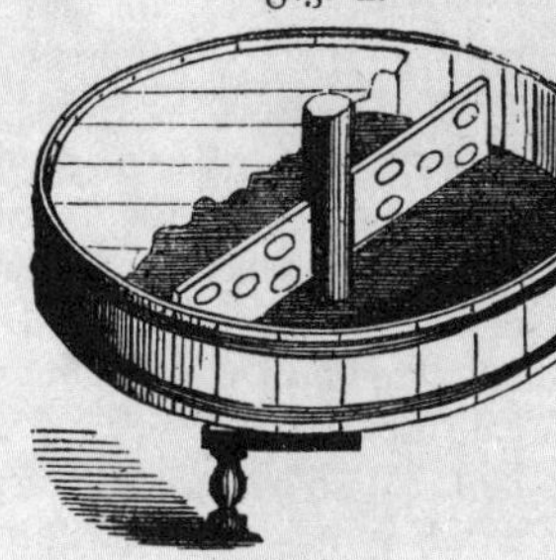

Leierfaß.

Fig. 3.

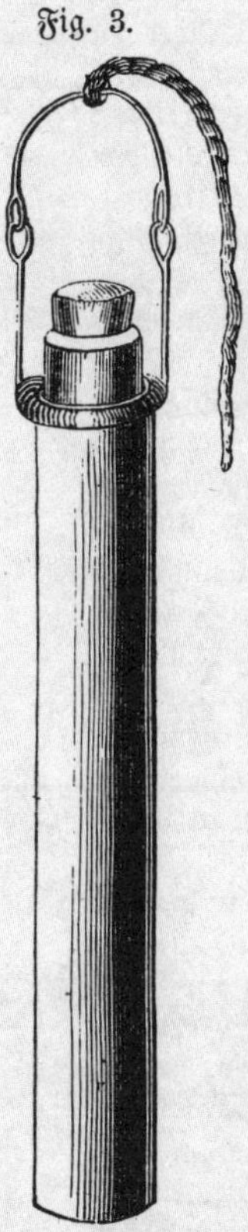

Fig. 4.

Butteruntersuchung.

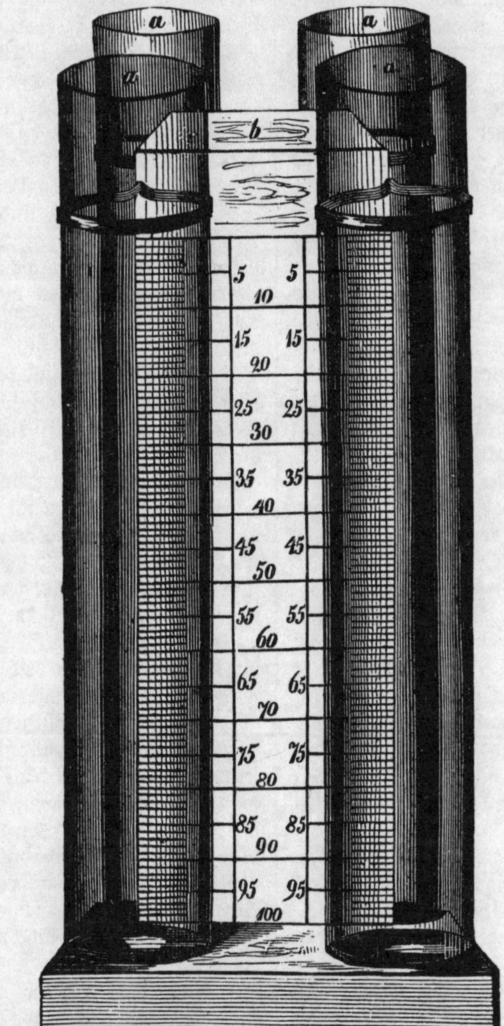

Milchmesser.

Fig. 1.

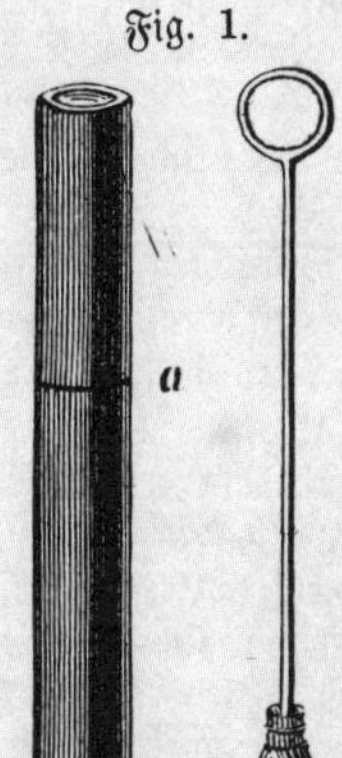

Fig. 2.

Butteruntersuchung.

2. Darstellung der Butter.

(Fortsetzung von Seite 58.)

Schwerlich hat sich die Erfindungsgabe in irgend einem anderen Zweige der landwirthschaftlichen Gewerbe so sehr angestrengt, so gewaltig befleißigt, wie im Gebiete der Butterbereitung zur Darstellung der dafür geeigneten Apparate oder Maschinen. Alle Jahre tauchen deren neue auf, ohne daß es bis jetzt gelungen wäre, die Buttermaschine zu erfinden, welche allen Anforderungen entspräche; behaupten ja doch nicht allein die lieben Hausfrauen, sondern auch die Herren der Wissenschaft noch vielfach, daß das alte Stoßbutterfaß, mit welchem bekanntlich schon Eva für ihren Adam butterte, immer noch das zweckmäßigste und beste von allen und jedenfalls vielen neuen und kostspieligen Erfindungen vorzuziehen sei. Das Butterfaß von H. Schwarz ist höchst eigenthümlicher Art. An einer starken Feder von Stahl oder Holz D, hängt mittelst des Ringes A das Buttergefäß Q, welches zur Hälfte mit Rahm angefüllt wird; dasselbe steht auf einer starken Spiralfeder A, welche auf einem eisernen Bock im Boden befestigt ist; mittelst der Handhaben CC wird das Gefäß nur von Zeit zu Zeit einmal herabgedrückt, worauf dann die Wirkung der beiden Federn eine ziemlich andauernde Bewegung in kurzen Stößen veranlaßt, wodurch eine schnelle Vereinigung der Fettkügelchen im Rahm zu Butter erfolgt. Die neue pariser Buttermaschine von Petit besteht aus einem Blechgefäß A, in der Form eines liegenden, oben abgeschnittenen Cylinders, durch welchen die Welle B geht, welche durch die Riemenscheibe C, oder durch eine Kurbel, in Bewegung gesetzt wird. Auf jener vierkantigen Welle steht eine doppelte Reihe von hölzernen Schlägern D und D 1, nach Art derjenigen in den Maschinen von Lavoisy und Claes (vergl. S. 59). Innerhalb des Deckels F ist ein Drahtgewebe E angebracht. Während nun die Schläger bei der Umdrehung den Rahm oder die Milch peitschen, so schleudern sie schon die zusammengelaufenen Fettkügelchen unaufhörlich auf diesen Siebboden, so daß schon während des Butterns ein Theil der Butter von der Milch geschieden wird. Ist das Geschäft beendigt, so wird zuerst die in dem Raum E 1 angesammelte Butter hinweggenommen; die Buttermilch läuft durch den Hahn G ab. Da es oft nothwendig wird die zu butternde Flüssigkeit zu erwärmen oder abzukühlen, so ist ein Rohr g h angebracht, durch welches Wasserdämpfe in das Gefäß geleitet werden können; ein zweites Rohr g 1 h 1 dient zur Zufuhr kalten Wassers. H ist ein gläsernes Rohr, welches den Stand der Flüssigkeit im Butterfaß angiebt; durch den Hahn I kann von Zeit zu Zeit während des Butterns eine Probe von der Flüssigkeit genommen werden. Der Deckel F wird bei e mittelst einer Flügelmutter fest aufgeschraubt; er bewegt sich beim Oeffnen in dem Charnier d und legt sich auf den Bock F 1, so daß die Butter von dem Drahtgewebe bequem herausgenommen werden kann, und zwar mit demselben, welches leicht auszuhängen ist. Endlich bilden a a die Stopfbüchsen, in welchen die Welle so läuft, daß keine Flüssigkeit hervordringen kann. Die amerikanische Butterknetmaschine, deren Durchschnitts-Abbildung wir geben, verrichtet das Kneten der Butter auf mechanischem Wege. Sie besteht aus einem hölzernen Kasten, in welchem ein endloser Leinwandsack A die zu knetende Butter aufnimmt; derselbe läuft zwischen zwei hölzernen cannelirten Walzen, C und D, hindurch, welche die Butter auf's Kräftigste durchkneten und alle Buttermilch daraus entfernen. Die hölzerne Scheibe E unterhält die Spannung des Sacks, der Kasten G ist zur Hälfte bis B mit kaltem Wasser angefüllt, welches die Buttermilch aus dem Sacke spült. Auch zum Salzen der Butter wird die gleiche Vorrichtung benutzt; alsdann wird nur das Wasser abgelassen und das Salz nach und nach durch den Trichter Z zugegeben, wobei es die beiden gerieften Walzen auf das Innigste mit der Butter vermischen. Das Luftbutterfaß soll durch eine hohle Welle in das Innere der zu butternden Flüssigkeit mittelst der Kreiskraft Luft schleudern, es ist aber zweifelhaft, ob dies und damit eine Wirkung erreicht wird. Die schottische Buttermaschine von J. Comrin besteht aus zwei gußeisernen Ständern A, welche auf vier Rollen B ruhen. Das Butterfaß C hat eine elliptische Form und ist, in der Art eines Fasses, aus hölzernen Dauben zusammengesetzt. An den beiden Seitenflächen ist je eine gußeiserne Platte D angeschraubt, an welchen Zapfen E angegossen sind. Diese Zapfen werden in die gegabelten oberen Enden der Ständer A eingelagert. Unterhalb der erwähnten Zapfen sind an die Platten D Ansätze angegossen, die mit Einschnitten versehen sind, um eine gebogene Plattfeder F aufzunehmen, welche mit Schrauben in denselben befestigt wird. In der Richtung der großen Achse der elliptisch geformten Platten D sind endlich noch zu beiden Seiten die nach außen hervorragenden Ansätze B angebracht, gegen welche sich die Enden der Feder F bei einer Abbiegung aus ihrer Form schließlich anlegen und welche so eine weitere Abbiegung der Feder verhindern. Oberhalb ist das Butterfaß mit einer querlaufenden Oeffnung versehen, welche durch einen mit zwei Handgriffen versehenen Deckel G verschlossen wird. Zu beiden Seiten des Deckels G sind die Handhaben H in der aus den Abbildungen ersichtlichen Weise angebracht, mittelst welcher die kleineren Arten der Maschine für den Handbetrieb eingerichtet werden, wenn man es nicht vorziehen sollte, dieselben durch eine Handkurbel zu betreiben, deren Anordnung ebenfalls aus den Abbildungen ersichtlich ist. In beiden Fällen wird eine schaukelförmige Bewegung des Butterfasses hervorgebracht, in Folge deren die Milch, welche nach Abnahme des Deckels G eingegossen wurde, im Gefäße auf- und abschwankt; um jedoch die Bewegung der Milch noch zu verstärken und vorzüglich, um eine vollständige Durcheinanderbewegung ihrer Theilchen zu erzeugen, sind im Innern des Butterfasses drei vielfach durchbrochene, bewegliche Schlagbretter angebracht, deren Lage in Fig. 1 durch weiße Linien angedeutet ist und deren vielfache Durchbrechung in Fig. 2 gezeigt ist. Diese Schlagbretter hängen in einer Art von Kugelscharnierung, die aus hölzernen Zapfen J bestehen, welche in eine Höhlung der Seitenwände des Gefäßes C hineinragen. Die zu beiden Seiten hängenden Schlagbretter I sind unter spitzem Winkel gegen das mittlere, vertical hängende geneigt, wenn das Buttergefäß sich in seiner Ruhelage oder mittleren Stellung befindet. Wenn das Buttergefäß in schaukelnde Bewegung um seine Achse versetzt wird, so ist die Milch in demselben gezwungen, durch die Oeffnungen der Schlagbretter zu passiren und wird in wirksamster Weise durcheinander bewegt. Soll der Verbutterungsproceß stattfinden, so wird das Gefäß C etwa halb voll Milch gegossen; um während des Eingießens dasselbe in seiner mittleren Lage zu erhalten, werden die Schrauben K, welche durch die Ständer A hindurchgehen, hineinwärts geschraubt und greifen mit ihren Enden in Höhlungen der Platten D ein. Das Amerikanische Butterfaß von Anthony ist inzwischen immer noch dasjenige, welches sich am besten bewährt hat. Seine Bauart ist eine sehr einfache.

Butterfaß von Schwarz.

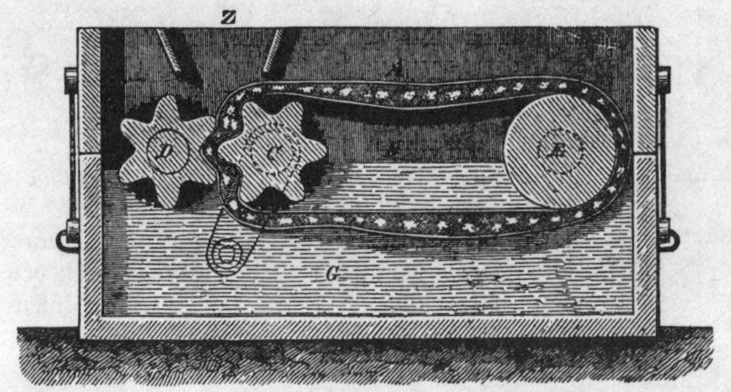

Amerikanische Butterknetmaschine.

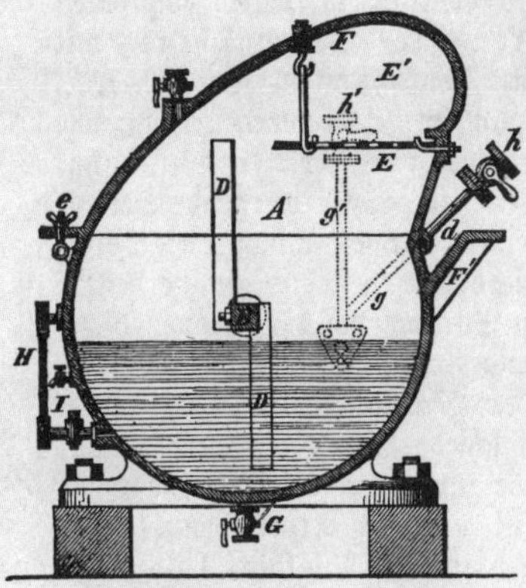

Buttermaschine von Petit.

Querdurchschnitt.

Anthony's Butterfaß.

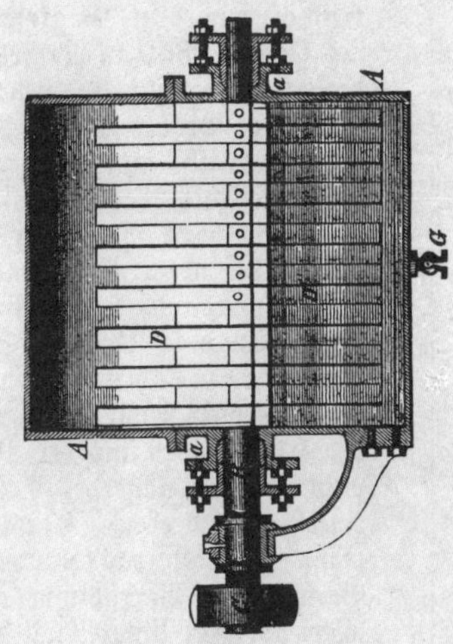

Buttermaschine von Petit.

Längendurchschnitt.

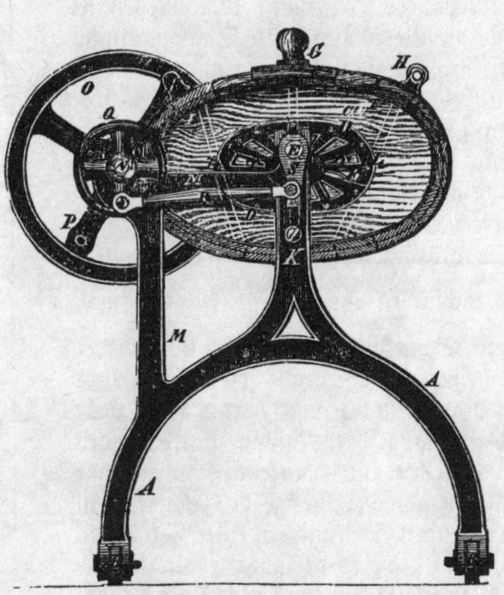

Schottische Buttermaschine.

Seitenansicht.

Luftbutterfaß.

Schottische Buttermaschine.

Durchschnitt.

1. Säemaschinen.

(Fortsetzung von Seite 210.)

Es sind bekanntlich schon verschiedene Versuche gemacht worden, Säemaschinen zu bauen, welche den Wurf der Hand genau nachahmen. Dergleichen Maschinen sind kein Bedürfniß, da wir zur breitwürfigen Saat in denjenigen von Alban (vgl. S. 60), Schmidt und Kämmerer hinreichend vollkommene Geräthe zu diesem Zweck besitzen. Die abgebildete breitwürfige Säemaschine übertrifft in der Einfachheit ihres Bau's Alles, was man bis heute von Säemaschinen gekannt hat. Sie ist die Erfindung eines praktischen Landwirths Namens Calloch im südlichen Frankreich und ihre Leistung soll eine ganz vortreffliche sein. Bei der großen landwirthschaftlichen Ausstellung des Jahres 1859 in Nantes wurde ihr wenigstens einstimmig der erste Preis für eine neue Säemaschine zuerkannt. Die Maschine, von welcher wir den Aufriß mittheilen, wirft die Körner aus vermittelst schwingender Röhren und zwar mit Zuthun der Kreiskraft (Centrifugalkraft). Er besteht aus folgenden hauptsächlichsten Theilen: A. Große Wirtelscheibe auf der Nabe des Karrenrades. B. Kleine Wirtelscheibe mit einem kegelförmigen Winkelrad. C. Kegelförmiger Trieb, den das Winkelrad B in Bewegung setzt. D. Saatvertheilungs-Vorrichtung, versehen mit den beiden Röhren E.; sie ist auf der obersten Spitze der senkrechten Achse befestigt. F. Senkrechte Welle des Triebrades C., die sich aus der Mittelstrebe g erhebt. bb. Röhren, welche an der Achse des Triebrades befestigt sind und sich mit derselben umdrehen. EE. Gestell, welches den Einfülltrichter trägt. Sobald das Karrenrad durch seine Umdrehung die Vertheilungs-Vorrichtung in Bewegung setzt, so rafft diese während ihrer Umdrehung die Samen mittelst ihrer fächerförmigen Kastenabtheilungen auf, die sich im Umfang ihrer Kreisbeschreibung finden, und läßt sie in die Saatröhren gelangen, die sie vermittelst der Centrifugalkraft, ringsumher streuen. Damit die Saat über alle Theile der zu besäenden Bodenfläche vollkommen gleichmäßig geschehe, so sind die Saatröhren bb dergestalt eingerichtet, daß die mittelst der Oeffnungen zwischen den Punkten b und E ausgeworfenen Körner auf dem Boden mehrere gleichlaufende (concentrische) Kreise bilden. Eine andere schottische Reihensäemaschine entspricht ziemlich der auf S. 208 beschriebenen; sie säet mit Kapseln und nachfolgende Hohlwalzen pressen die Saat auf flache Kämme. Wird der auf S. 209 abgebildete Bohnendriller durch Entfernung des Kastens und Aufsetzen von umlaufenden Blechkapseln in Trichtern umgewandelt, so erhält man daraus die vortreffliche zweireihige Rapsdrillmaschine, welche insbesondere von Hohenheim aus vielfach verbreitet worden ist. Die Universal-Säemaschine von Hornsby streut Samen und Dünger zu gleicher Zeit, und ist im Ganzen ebenso eingerichtet, wie die andern englischen Drill-Maschinen. Der Samen wird durch Löffel geschöpft und in blecherne Trichter ausgeleert, die nach unten in Röhren von vulkanisirtem Kautschuk endigen. Diese sind viel besser, wie die sonst gebräuchlichen blechernen Schütteltrichter, da sie weder dem Wind, noch fremden Körpern Zutritt gestatten, auch sich nicht aushängen und verbiegen können. Unten münden sie in feste Blechröhren, offene Schare. Das Düngepulver befindet sich in der unteren Abtheilung des Kastens und wird mittelst einer mit kleinen Spateln garnirten Welle ausgeworfen in große Schütteltrichter von Blech, welche sich in offene Schare einfügen, die den Dünger tiefer unterbringen wie den Samen, so daß Letzterer bei der Keimung nicht in unmittelbare Berührung mit Ersterem kommt. Alle übrigen Theile sind so ziemlich dieselben, wie bei den bekanntesten englischen Drillmaschinen. Der Preis einer zehnreihigen Universal-Säemaschine von Hornsby ist 46 Pfund Sterling oder ungefähr 300 Thaler, während eine englische Maschine von Garrett nur 42 Pfund Sterling kostet. Auch in Deutschland haben Maschinenfabrikanten diese an und für sich vortrefflichen Drillmaschinen nachgebaut und verkaufen sie, vollkommen ebenso gut gebaut, wie die englischen, gegenwärtig um den Preis von 200 Thalern. Allein sie haben bisher ein schlechtes Geschäft gemacht mit diesem Unternehmen, und große Summen für Modelle 2c. ziemlich unnütz verausgabt. Denn in Deutschland ist leider die Drillwirthschaft bis jetzt noch sehr wenig verbreitet. Wenige Maschine können so unbedenklich der Praxis empfohlen werden, wie die kleine Karren-Klee-Säemaschine, mit welcher Raps, Rübsen, Rüben, Senf, Dotter, Klee, Luzerne, Gras 2c. besser, rascher, gleichmäßiger gesäet werden kann, wie mit der Hand, und zwar gleichviel, bei welcher Witterung! Dieser große Vortheil und die immer größer werdende Seltenheit guter Säeleute für die feinen Samen macht dies billige Geräth ganz unentbehrlich. Das Wesen der Maschine besteht aus einer Welle mit rotirenden Bürsten, die den Samen durch die Oeffnungen von Stellblechen a treiben und ihn breitwürfig über das Land vertheilen. Der Saatkasten liegt auf einem Schiebkarrengestell; ein Mann schiebt, und ein Knabe spannt sich vor. Nachdem die Maschine zuvor auf der Scheunentenne oder Tüchern geprüft worden ist, und zur Arbeit benutzt werden soll, legt der Arbeiter der bequemen Ausfahrt halber den Kasten der Länge nach über das Gestell, bindet ihn fest, legt den Sack mit Samen dazu, und fährt aufs Feld. Hier setzt er den Saatkasten regelrecht in der Quere ein und stellt sodann die Messingstellbleche alle auf die nämliche Nummer. Will er recht dick säen, z. B. Grassamen, so nimmt er die größte Oeffnung, die er auch zur Hälfte, zu einem Drittel 2c. schließen kann. Erfahrung und Probiren werden ihm bald die richtige Stellung lehren. Als annähernde Anhaltepunkte können folgende Zahlen dienen: es entfallen auf den sächsischen Acker oder 2 M. pr. bei 3 Löchern des Stellblechs 1 Metze Rothkleesamen; bei 4 Löchern $1^1/_3$ Metze, bei 5 Löchern $1^2/_3$ Metzen; Raps bei 2 Löchern 1 Metze, bei 3 Löchern $1^1/_2$ Metzen 2c. Noch genauer giebt Hülße die Berechnung des Saatquantums an: Was die Verhältnisse der Aussaat der Maschine auf eine bestimmte Flächengröße anbelangt, so lassen sich dieselben folgender Art durch Rechnung und Versuch ermitteln. Der Umfang des Rades E beträgt $9_{,69}$ Fuß; ist nun die gesammte Kastenlänge 12 Fuß, so besäet die Maschine bei einer Radumdrehung, wo sie $9_{,69}$ Fuß vorwärts rückt, einen Flächenraum von $9_{,69}$ 12 $=$ $116_{,25}$ Quadratfuß. Dieser Flächenraum liegt aber in der Größe eines sächsischen Ackers $\frac{69008}{116_{,25}} = 594$ mal. Stellt man daher die mit Samen gefüllte Maschine auf der Tenne auf, giebt den Scheiben durchgehends die erforderliche Stellung und dreht das Rad genau 1 mal herum (und zwar mit der für gewöhnlich beim Gange der Maschine statthabenden Geschwindigkeit), so wird man die ausgeworfene Samenmenge mit 594 multipliciren müssen, um die Menge des Samens zu erhalten, welche bei der betreffenden Stellung auf einen Acker fällt. Hierbei würde jedoch noch nicht die erforderliche Genauigkeit erlangt werden; es ist daher zweckmäßiger, das Rad etwa 18 mal herumzudrehen, und dann die Ausrechnung vorzunehmen.

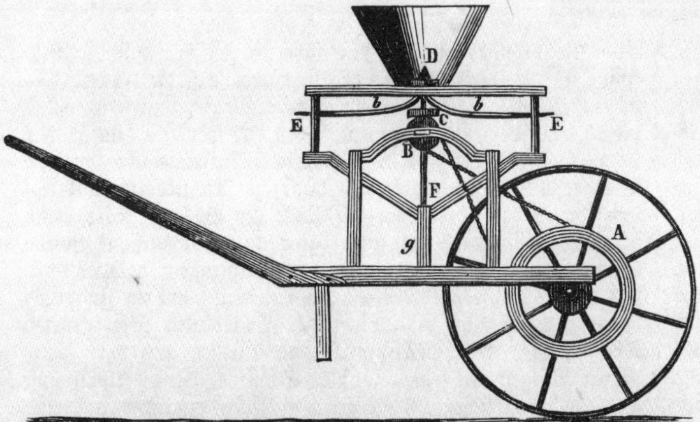

Breitwürfige Säemaschine, Anriß.

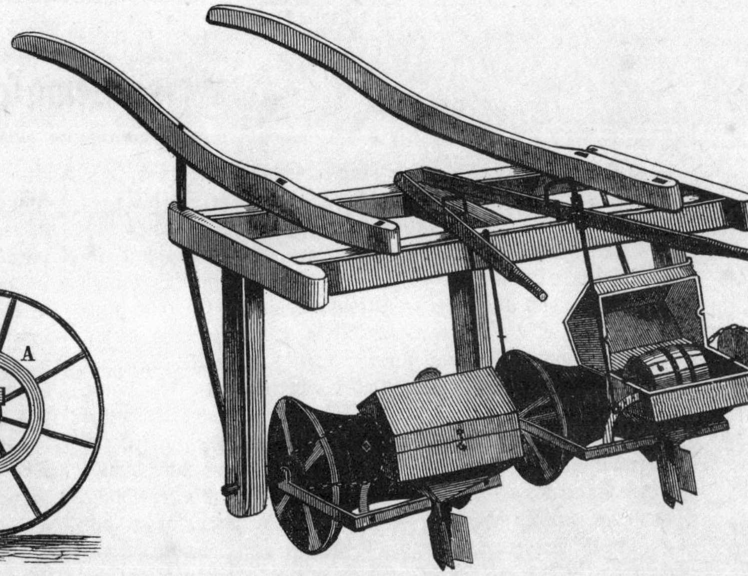

Schottische Reihensäemaschine.

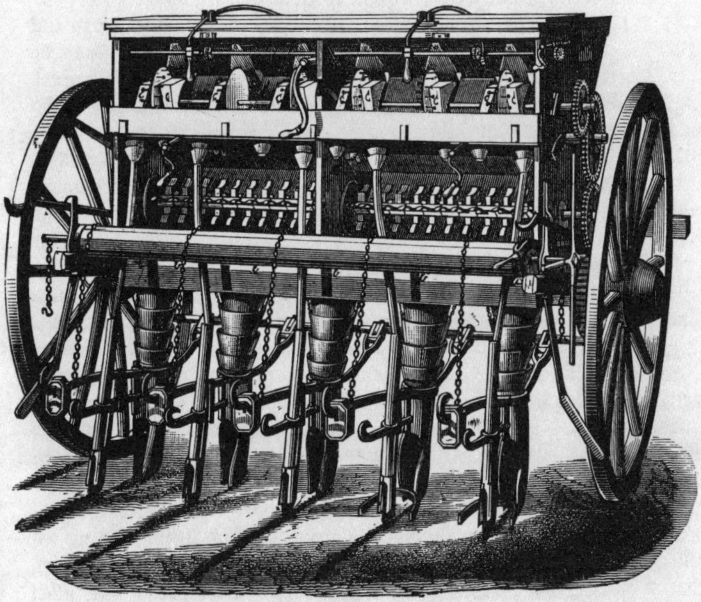

Hornsby's Universal-Säemaschine.

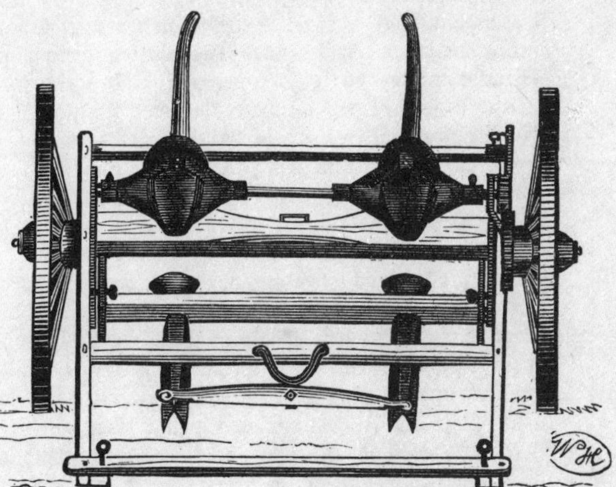

Rapsdrillmaschine.

Karrenkleesäemaschine.

a. Stellscheibe für die verschiedenen Samengattungen.

2. Erntemaschinen.

(Fortsetzung von Seite 214.)

Als die vorzüglichste aller Mähemaschinen anerkannt, war längere Zeit hindurch die Mähemaschine mit selbstthätiger Ablegevorrichtung von Burgeß und Key, welche schon auf S. 214 erwähnt und S. 215 in verkleinertem Maßstab abgebildet ist. So unbeholfen und groß dieses Kunstwerk auch aussieht, so schön und sicher arbeitet es, wenn das Getreide günstig steht, sonst leider aber nicht. Bei dem Gebrauch dieser, wie aller andern Mähemaschinen werden zuerst alle Reibungsflächen wohl geschmiert, namentlich die Wellenlager, die Bahn, worin die Messer laufen, die Kurbelzapfen und die Uebertragungen der Kraft. Ist Alles in richtigem Stand, so wird zunächst die Schnitthöhe oder Stoppelhöhe bestimmt; man bringt zu dem Ende einen Pflock unter den Längenbaum mit der Spitze gegenüber dem Triebwerk, und einen zweiten gerade gegenüber vor dem Räderwerk an, um das Gestell in der Höhe zu halten, damit die beiden Bolzen losgenommen werden können, welche in den viereckigen Lagern zu beiden Seiten des Hauptrads befestigt sind; sobald diese Bolzen losgemacht und zurückgezogen sind, wird der vordere Pflock hinweggenommen, sodann die Stange gehoben oder gesenkt, und ebenso werden nunmehr die viereckigen Lagerplatten mit dreikantigen Vorsprüngen nach Belieben verschoben. Hierauf setzt man den Kopf des Bolzens in den dazwischen befindlichen Einschnitt und schraubt fest; befestigt die Lagerplatte an den mittlern Balken zuerst, sodann aber diejenige auf der schrägen Seite. Hierbei muß genau acht gegeben werden, daß jede der Lagerplatten gleichmäßig festgeschraubt werde, da sonst das große Rad sich leicht auf eine Seite neigen würde. Sobald aber dies stattfindet, reiben sich die Spindeln allzu sehr in den Lagern, verursachen dadurch große Reibungen und den Pferden eine unnütze Kraftanstrengung; ebenso würde die Riemscheibe, welche die Flügelwelle treibt, schief laufen, in Folge dessen der Riemen herunter gleiten und die Maschine außer Gang kommen würde. Zur Regel muß es gemacht werden, daß die Flügelwelle möglichst weit nach vorn gerückt wird und daß die Flügel nicht auf irgend einer Seite anstreifen; sobald sie dies thun und das Getreide gleichzeitig dicht steht, so wird die Welle in ihrem Umgange gehindert und es muß eine Stockung eintreten. Die Spindel oder Achse der Flügelwelle muß völlig gleichlaufend mit dem Messerbalken und in ihren beiden Zapfen gleich hochgestellt werden; ebenso muß die Rolle dieser Spindel genau über derjenigen neben dem großen Rad stehen, weil sonst der Riemen abgleitet. Der Durchmesser der Flügeltrommel kann vermittelst Keilen größer oder kleiner genommen werden, je nachdem es die Höhe des Getreides nothwendig macht; dabei ist aber sorgfältig darauf zu achten, daß die Flügelarme sämmtlich gleiche Länge haben; ebenso müssen die Keile ganz fest angetrieben werden; wünschenswerth ist es auch, die Flügel auf die möglichste Breite hin wirken zu lassen. Bei allen Getreidearten ist die Flügelwelle vom größten Vortheil und trägt sehr viel zur guten Arbeit bei; allein ihren richtigen Gebrauch müssen die Umstände bestimmen, einige Beobachtungen und Erfahrungen werden ihn jedoch bald lehren. Ehe man mit der Maschine zu arbeiten beginnt, ist darauf zu sehen, daß sie gehörig im Gleichgewicht stehe. Sobald der Kutscher an seinem Platze auf der Maschine sitzt, so wird sie sich gewöhnlich im Gleichgewicht befinden, oder sich ein wenig in der Richtung nach den Pferden zu senken, ist dies nicht der Fall und der Schwerpunkt der Maschine lastet eher hinten, so ist es gerathen, vorn bei dem Kutscher irgend ein Gewicht anzubringen; das sicherste Zeichen, daß die Maschine im Gleichgewicht ist, besteht darin, daß die Finger — die gußeisernen Spitzen, in welchen die Messer laufen — völlig parallel mit dem Boden stehen; stehen dieselben mit den Spitzen in die Höhe, so muß die Maschine vorn niedergelassen werden. Dies geschieht, indem man den hinteren Deichselbolzen auszieht und ihn in das obere Loch am Ende des Baums steckt; wenn die Pferde besonders hoch sind, dann kann man auch die Bolzen auswendig und über dem Deichselende anbringen; dadurch wird das letztere in die nothwendige Höhe zu dem richtigen Zugpunkt der Pferde gebracht, die Spitzen der Finger aber tiefer gestellt. Die Messer der Mähemaschine bestehen aus vorn dreieckigen Klingen mit fein gezahnter Schneide, wie die Abbildung A A in natürlicher Größe zeigt. Neben einander auf eine eiserne Stange gereiht bilden sie eine Säge, wie sie über dem Messer verkleinert gezeichnet ist A. Diese läuft, durch das Getriebe mittelst Krummzapfen bewegt, rasch zwischen gußeisernen Spitzen, den sogenannten Fingern, hin und her, so daß die dazwischen gerathenden Halme scharf abgeschnitten werden. Messer und Finger der Mähemaschine zeigen in ihrer Form und Verbindung öfters viel Abweichendes von einander, wie die beiden abgebildeten Beispiele ergeben; ihr Zweck und ihre Stellung bleibt aber stets dieselbe. Die Plattform mit den 3 Archimedischen Schrauben, welche das abgeschnittene Getreide aufnehmen und seitwärts ablegen, muß je nach dem die Umstände es erfordern hinten erhöht oder gesenkt werden; es ist wohlgethan, sie so hoch als möglich zu lassen, so lange das Getreide noch ordentlich darüber hinweg abläuft. Die Riemen müssen fest anliegen; sobald die Schrauben nicht mehr ordentlich ablegen, so müssen die Riemen nachgesehen werden, welche wahrscheinlich locker geworden sind. Ebenso muß gelegentlich während der Arbeit nach den Schnallen der Riemen gesehen werden. Neue Riemen ziehen sich gewöhnlich, arbeiten aber doch, wenn sie gespannt worden sind, wieder mehrere Tage lang ohne Nachhülfe. Die Zapfenlager der Ablegeschrauben müssen gut geschmiert werden. Ebenso muß das kleine Betriebsrad von Zeit zu Zeit mit Oel versehen werden. Da, wo Bodenschwierigkeiten zu überwinden sind, muß der Hebel nebst der Spannvorrichtung in Anspruch genommen werden, besonders wo es gilt, tiefe Zwischenfurchen oder Gräben mit der Maschine zu überschreiten. Sobald das Sägemesser in seine Bahn zwischen den Fingern eingesetzt ist, muß es frei hin und her laufen ohne hängen zu bleiben; ist dies nicht der Fall, so steht einer oder mehrere der Finger falsch und muß gerade gerichtet werden; jeder Schlosser oder Schmied kann außerdem nachhelfen, wenn hier ein Fehler vorliegen sollte. Es gehören zu jeder Maschine zwei Messer, wovon eins als Reserve; jedes kann leicht von einem Schlosser geschärft werden, doch lassen sich 50—60 Morgen Getreide niederlegen, ehe dies einmal nöthig werden wird. Bei der Arbeit sitzt der Führer des Gespanns auf dem Bocke der Maschine; ist längs des Ackers kein freier Raum, so muß ein Gang für die Pferde mit der Sense abgehauen werden. Die Maschine legt die abgeschnittenen Halme ziemlich ordentlich ab; sie schneidet viel gleichmäßiger, wie dies mit der Sense möglich ist, und legt mit zwei Pferden und einem Manne täglich bequem 20—25 Morgen nieder; gut wird es sein, während dieser Zeit einmal das Gespann zu wechseln. Nach dem Gebrauch müssen die Messer heraus genommen und vor Rost wie überhaupt die ganze Maschine geschützt werden.

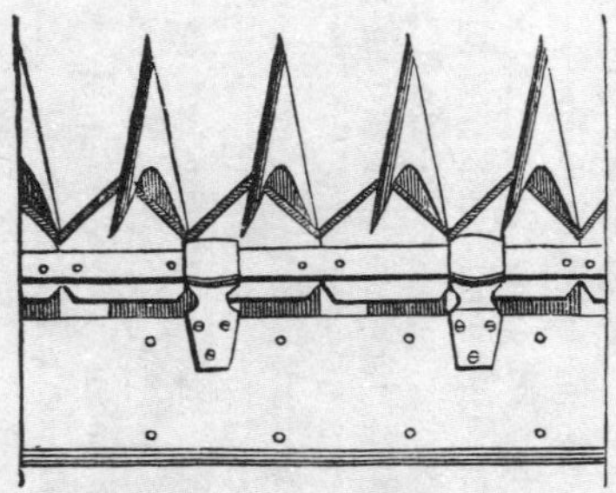

Finger und Messer der Mähemaschine. 1.

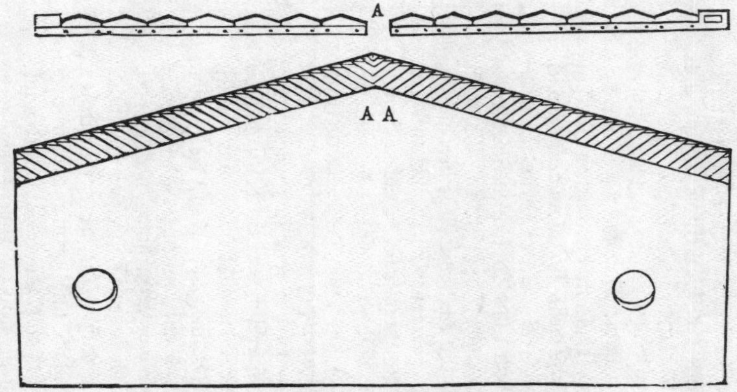

Messer der Mähemaschine, natürliche Größe.

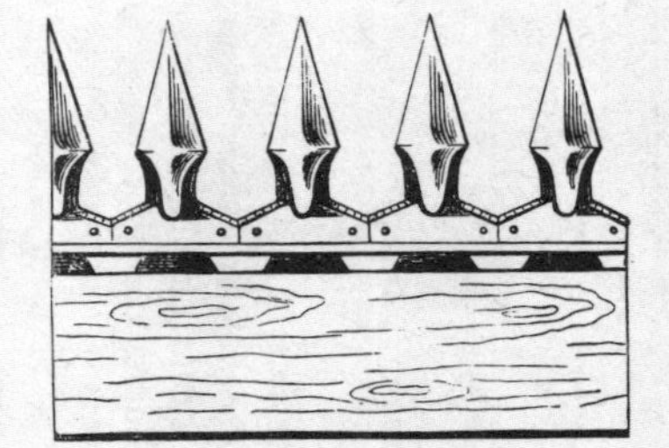

Finger und Messer der Mähemaschine. 2.

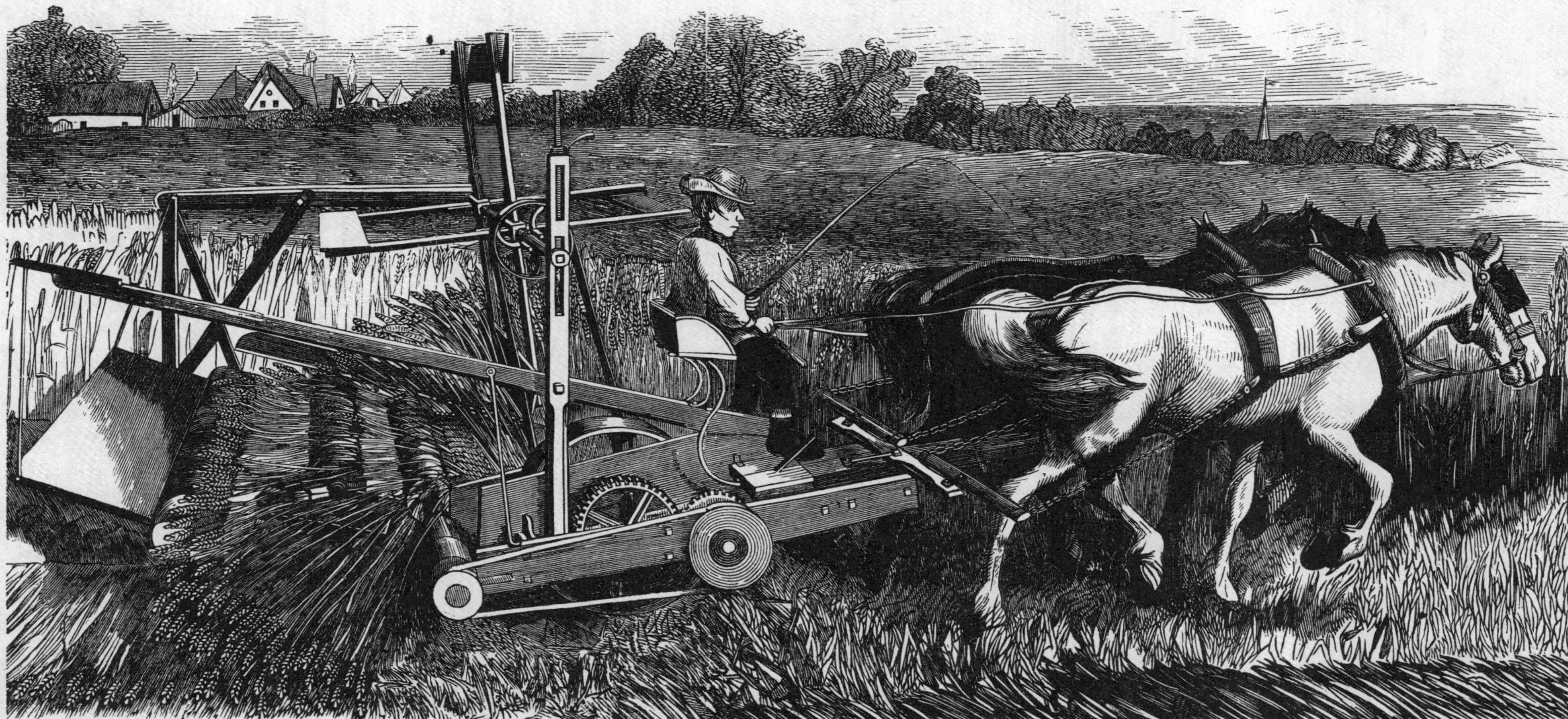

Mähemaschine mit selbstthätiger Ablegevorrichtung von Burgeß & Key.

2. Erntemaschinen.

Eine Neuigkeit des landwirthschaftlichen Maschinenwesens der Kölner internationalen Ausstellung (auch in der Stettiner) von 1865 war die Hornsby'sche Getreide-Mähmaschine mit selbstthätiger Ablegevorrichtung. Dieselbe hat für letztere das älteste Verfahren, das endlose Tuch des Schotten Bell, angenommen, aber mit bedeutenden Vervollkommnungen, namentlich derjenigen, daß die Pferde nicht hinten schieben, wie bei der schottischen Maschine, sondern vorn und seitwärts ziehen, wie bei allen andern. Die Abbildung gibt das Bild dieser ganz neuen Mähmaschine. Als Vorzüge derselben rühmen die Erbauer: Sie kann zu allen Körner-Ernten leicht gestellt werden, gleichviel ob sie liegen oder stehen, hoch oder niedrig, leicht oder schwer sind. Sie schneidet im Allgemeinen alle Seiten des Feldes nach einander und in stetigem Zusammenhang, und zwar in jeder beliebigen Stoppelhöhe von 2 Zoll bis 9 Zoll hoch. Sie legt die Schwaden in rechtem Winkel und in egaler gerader Linie ab. Sie sondert genau die Lagen der geschnittenen Schwaden von den stehenden Halmen ab. Sie wird nicht durch theilweise nasse oder unreife Ernten verstopft, selbst bei der gewöhnlichen, beim Pflügen gebräuchlichen Gangart der Pferde. Die ganze Maschinerie kann nach Belieben in einem Augenblick in oder außer Gang gesetzt werden. Die Finger können durch den betreffenden Arbeiter im Felde wieder eingesetzt werden, und alle Theile der Maschine sind sehr leicht zugänglich. Das ganze Gewicht der Maschine beträgt nur zwischen 11 und 12 Centner, folglich arbeitet sie gut auf nassem oder schwerem Boden, hat leichten Zug und verursacht daher nur sehr geringe Ermüdung der Pferde. Zu ihrer Zusammensetzung wird das beste Material und hauptsächlich Schmiedeeisen und Stahl verwandt, also übt heißes oder nasses Wetter keinen nachtheiligen Einfluß auf die Maschine aus. In der Leichtigkeit des Zuges, Festigkeit, Dauerhaftigkeit und praktischen Brauchbarkeit und Wirksamkeit soll ihr keine andere Maschine gleichkommen, was allerdings die Erfahrung erst noch bestätigen muß. Die deutsche Landwirthschaft hat sich von jeher von dem Fehler der Einseitigkeit nicht ganz frei zu halten vermocht; sie erfaßte stets einen neuen Gegenstand oder Zweig des Betriebs mit so großem Eifer, daß sie darüber vergaß, Vergleiche anzustellen, und auch anderes Lobenswerthes außerhalb des Kreises, in dem sie sich speciell bewegte, aufzunehmen. Deutlich sehen wir dies in dem landwirthschaftlichen Maschinenwesen; in diesem ist England unser ausschließliches Muster, und wir beachten kaum das, was in dieser Hinsicht andere Länder erzeugen. Und doch ist es gar keine Frage, daß gerade der englische Betrieb dem deutschen ziemlich ferne steht, und daß unter den allerdings vortrefflichen Geräthen Großbritanniens denn doch gar viele sind, deren außerordentliche Verwickelung sie keineswegs für das deutsche Bedürfniß und die deutsche Anschauung geeignet erscheinen läßt. So finden wir denn auch, daß gerade die berühmten englischen Pflüge sich bei uns noch gar keinen Eingang verschafft haben, während mit Recht die viel einfacheren und doch leistungsfähigen amerikanischen sich einer ziemlichen Verbreitung erfreuen. Ueberhaupt ist Amerika dasjenige Land, welches wir vorzugsweise als Muster für die Ausbildung des Geräthewesens wählen sollten. Dort sind die Zustände den unsrigen viel mehr gleich; dort gibt es keine Modewirthschaften, deren unermeßlich reiche Besitzer, wie in England einen Stolz dareinsetzen, große Sammlungen von allen möglichen Maschinen-Ungeheuern in ihren Magazinen aufzustellen und welchen es auf Reinertrag durchaus nicht ankommt, vorausgesetzt, daß von ihrer Bewirthschaftung nur geredet wird. Zwar nennt man den Briten vorzugsweise gern einen praktischen Mann; das ist er auch, so lange nicht die eingewurzelte Liebhaberei bei ihm in's Spiel kommt. Der Amerikaner ist hingegen das verkörperte Bild der Praxis ohne Bedingung. Ihm ist es ganz einerlei, ob er mit schönen oder häßlichen Pferden fährt, ob seine Farm niedlich aussieht oder struppig, sein Getreide regelrecht steht oder nicht, wenn er nur den einen Zweck dabei erreicht, möglichst hohen Reinertrag. Bei der Wahl und der Anschaffung seiner Geräthe und Maschinen leitet ihn daher nur der doppelte Gesichtspunkt: zweckmäßig und billig. Auf die Dauerhaftigkeit nimmt er weit weniger Rücksicht, denn eben sein praktischer Sinn sagt ihm, daß eine Maschine, welche heute dem Bedürfnisse genügt, über ein Jahr von einer noch viel besseren überflügelt sein kann, und er will sich nicht an Althergebrachtes, Ueberstandnes binden, daher verlangt er aber auch, daß die Maschine sich in der kürzesten Frist bezahlt macht und sobald sie dies gethan hat, hindert ihn durchaus keine Rücksicht mehr, sie zusammenzuschlagen und eine neue bessere anzuschaffen. Diesen Grundsätzen der amerikanischen Landwirthe arbeiten ihre Maschinen-Fabrikanten geschickt in die Hände; die landwirthschaftlichen Maschinen Amerika's sind nach deutschen und englischen Begriffen alle unschön und liederlich gearbeitet; aber sie kosten nicht viel und erfüllen ihren Zweck, das ist die Hauptsache. Solchen Grundsätzen verdanken wir auch die Mähe-Maschinen, die eine wesentlich amerikanische Erfindung sind, und deren arbeiterleichternde Zuthaten, wie die Ablegevorrichtungen u. s. w. der ächte amerikanische Farmer verachtet, weil er eben in strengster Arbeit eine Aufgabe seines Lebens erblickt. Den Mähe-Maschinen stehen nahe die Pferderechen, die nützlichsten, am meisten Menschenarbeit ersparenden Maschinen von allen, die es gibt. Die englischen sind sinnreich und gut construirt; aber zu verwickelt; es ist eine solche Masse von Eisen hinein verschwendet, daß der Preis ein ungewöhnlich hoher ist, welcher den deutschen Landwirth zurückschrecken muß. Die amerikanischen Pferderechen sind höchst einfach und gerade darum noch viel sinnreicher, wie die englischen und zugleich außerordentlich billig. Ein solcher Pferderechen ist, was die Amerikaner sagen, selbstthätig; der Führer steht darauf und hält sich an einer emporstehenden Säule, durch den leisen Druck mit dem Fuße regiert er den Rechen, der sich entladet und wieder füllt, ganz nach dem Wunsche des Mannes, dessen leisesten Bewegungen er zu folgen scheint. Beim Hinausfahren hebt sich die ganze Reihe der Zinken und der Führer sitzt auf dem Obertheil bequem wie auf einem Kutschbocke. Dabei die größte Sicherheit, durchaus keine Gefahr und eine merkwürdige Leichtigkeit der Fortbewegung. Der Rechen hat 18 große Zinken; dieselben bestehen einfach aus unten zugespitztem, dreiviertelzölligem Rundeisen, welches oben zur Verstärkung der Federkraft zweimal rundum gebogen und mittelst einer Schraube in dem hölzernen Hauptbalken fest angezogen ist. Verbiegt sich ein solcher Zinken, so richtet ihn der Mann selbst wieder gerade, was einfach mit der Hand geschehen kann. Sonst ist, ein Paar Haken und Nägel ausgenommen, kein Eisen an der ganzen Maschine. Diese Pferderechen kostet in Amerika 8 Dollars. Dank den Eisenzöllen und den hohen Holzpreisen kann er in Deutschland freilich so billig nicht hergestellt werden.

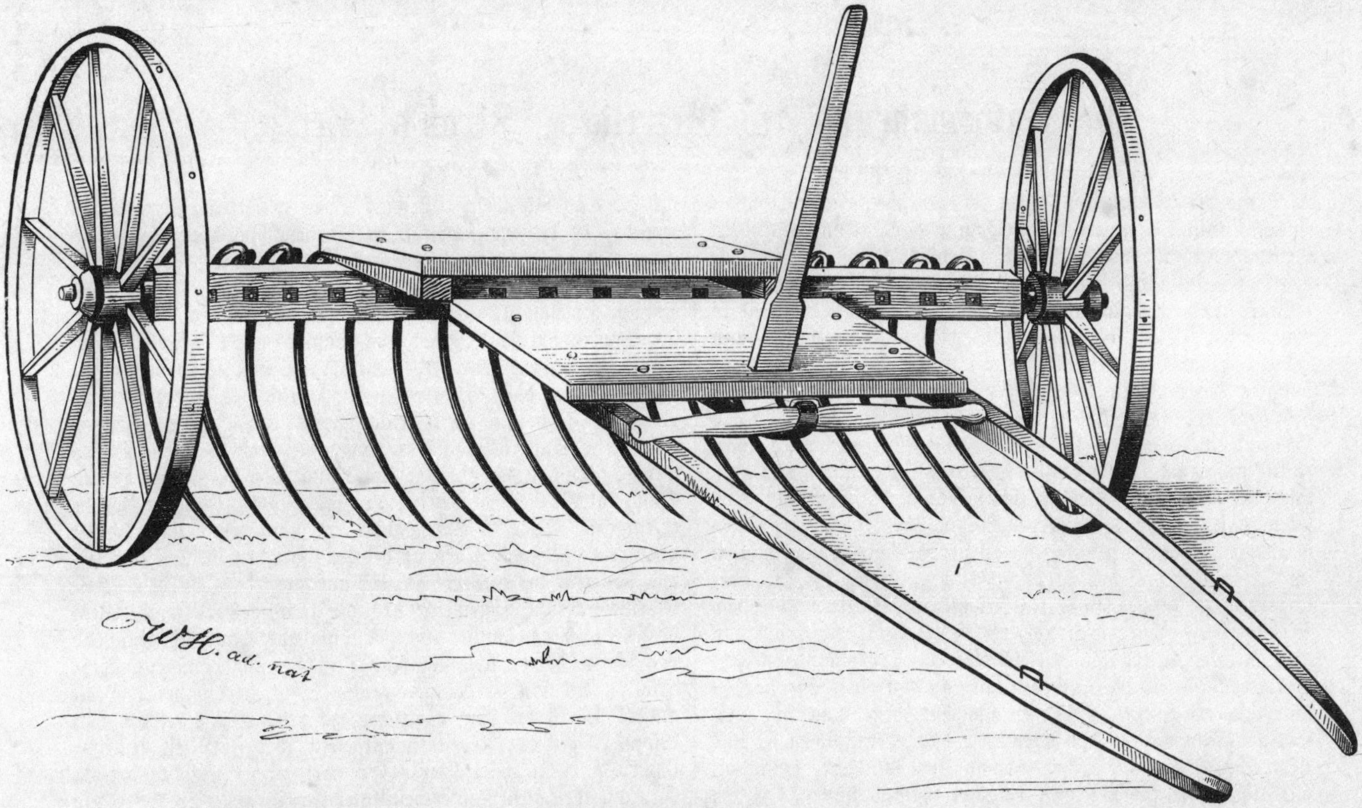

Amerikanischer Pferderechen.

Getreidemähemaschine von Hornsby.

Die Aufbewahrung des Getreides, Stroh's, Heu's.

Eine der schwersten Oblasten der deutschen Landwirthschaft ist bekanntlich die in der Angewöhnung ganz allein begründete übermäßige Zahl von Wirthschaftsgebäuden, mit welchen sie den Hof anfüllt und zugleich dem Besitzer ein schweres Capital aufbürdet, welches sich nicht verzinst, dessen größerer Theil in den meisten Fällen weit besser im Betrieb untergebracht worden wäre. Hauptsächlichen Antheil an dieser Gebäudeverschwendung hat die Errichtung von großen Scheunen zur Unterbringung des Getreides und Strohs, von geräumigen Speichern für das Heu. Man glaubt derselben nicht entrathen zu können, hält es für unmöglich, seine Ernten anders aufzubewahren und muß sich doch entschließen dies zu thun, sobald ihr Segen so groß wird, daß ihn die vorhandenen Räume nicht mehr zu bergen vermögen. Dann erst schreitet man zur Errichtung von Haufen im Freien, den Schobern oder Feimen, entschließt sich aber ungern dazu, weil man darin Früchte wie Futter und Stroh minder sicher geborgen glaubt, und führt dafür die Erfahrung vielfach an. Allerdings hat sich diese in Deutschland bis jetzt wenig günstig für die Aufbewahrung an Getreide, Stroh, Heu und anderem Futter in Feimen ausgesprochen, man will vielfach gefunden haben, daß dadurch Schaden entstanden sei und zieht überall noch die Scheunen und Heuböden vor, welche oft mit außerordentlichen Kosten errichtet werden müssen. Allein es läßt sich getrost behaupten: Wenn und wo die Aufbewahrung in Feimen sich nicht bewährt hat, da ist immer nur die verfehlte, sorglose Art der Anlage derselben die Ursache gewesen. Denn in andern Ländern ist diese Weise der Bergung des Futters und der Früchte längst eingebürgert, man befindet sich sehr wohl dabei und denkt nicht daran, sie jemals mit einer andern zu vertauschen. So namentlich in Großbritannien. Dort kennt man im ganzen Lande wenig oder gar nicht Scheunen oder Heuböden, es ersetzt sie vollständig der englische Feimenhof, welcher eine Abtheilung jedes Wirthschaftshofes bildet. Hier wird namentlich Stroh und Heu angefahren und aufgesetzt; seltener Getreide, weil dieses auf den Feldern selbst in Feimen gebracht und daselbst mit der Dampfdreschmaschine marktfähig ausgedroschen wird; nur aus den nächstgelegenen Feldern bringt man auch die Körnerfrüchte zum Aufschobern in den Feimenhof. Selten hat man dort Verluste bei dieser einfachen, wenig kostspieligen Art der Aufbewahrung zu beklagen. Die Herstellung der Feimen geht aber auch mit ungewöhnlicher Sorgfalt vor sich und könnte in Deutschland schon längst zum Vorbild genommen worden sein, dann würde man nicht mehr über schlechte Erfolge dieses Verfahrens sprechen. Hier glaubt man genug gethan zu haben, wenn man den Boden etwas ebnet, dann eine Lage Stroh oder auch Reißig aufschüttet und ohne weiteres die Feime darauf baut. Aber gerade dadurch wird dem Ungeziefer, vornehmlich den Mäusen, gewiß eine recht sichere Brutstätte gebaut, und Niemand darf sich dann wundern, wenn dasselbe die Körner bis zu einem Drittheil und darüber für sich erntet. In England geht man niemals so unvorsichtig voran; alle Feimen, selbst die Heufeimen, erheben sich erst ein paar Fuß über dem Boden, und zwar so, daß durchaus kein Ungeziefer in dieselben gelangen kann. In den Feimenhöfen sind zu dem Ende Steinkegel oder kurze Säulen aufgestellt, welche den Grundbau einer jeden Feime bilden, damit die Mäuse nicht an denselben empor laufen können, haben dieselben oben einen verkehrt trichterförmigen Schirm von Holz oder Blech als Ansatz, der den Thieren unbedingt verwehrt, die Höhe zu erreichen. Wo die Feimen in freiem Feld errichtet werden, da bedient man sich zu gleichem Zweck eines eben so eingerichteten eisernen Untersatzes, der leicht und schnell auseinander genommen oder zusammengesetzt werden kann, und, einmal angeschafft, immer seinen Werth behält. Auf diese Weise wird aber der Zweck des Schutzes weit besser erreicht, als in Gebäuden, denn Jedermann weiß, daß es in diesen ungemein schwer hält, ja unmöglich ist, sich des Ungeziefers zu erwehren. Schon in dieser Richtung gewähren also die Feimen weit mehr Sicherheit, als die Scheunen und Böden. Allein, wendet man dagegen ein, die Witterung! Regen, Schnee, Hagel, Wind und Dürre schädigen die im Freien untergebrachten Bodenerzeugnisse. Dies ist wahr, aber nur dann, wenn sie nicht gut untergebracht sind. Dies ist der Fall bei den meisten Feimen, wie sie noch bei uns in Deutschland aufgebaut werden, diese leiden allerdings ungemein durch die Unbill des Wetters. Allein sie sind auch gewöhnlich unregelmäßig aufgebaut, überhängend nach einer Seite, struppig nach Außen, nicht genügend überdacht — wo soll da der genügende Schutz herkommen? Ganz anders ist es bei den englischen Feimen. Diese werden von besonders geübten Arbeitern aufgesetzt, ihre Form ist gewöhnlich rund, und zwar öfter in der Art zweier mit den breiten Grundflächen aufeinander gestülpter Kegel, auch viereckig ebenso in der Gestalt zweier Pyramiden, ferner walzenrund mit kegelförmigem Dach, ganz viereckig oder endlich auch rechteckig. Ganz genau nach den Gesetzen des Gleichgewichts auferbaut, dürfen sie nirgends überhängen, oder unregelmäßig aussehen. Besonders sorgfältig wird das Dach aus Langstroh hergestellt, das schichtenweise übereinander aufgelegt, mit einem eigenen Dachkamm sorgsam glattgekämmt, dann mittelst Ruthen und Hacken dauerhaft befestigt wird. Hat die Feime auf diese Weise ihre Spitze oder First erhalten, so wird sie von Außen rundum oder nach jeder Seite hin glatt beschnitten, so daß ihre Wände eine undurchdringliche Mauer bilden. Es geschieht dies mit eigenthümlichen großen Messern, natürlich nur in dem Fall, wenn die Feime längere Zeit auf ihrem Flecke stehen bleiben soll. Es wird dadurch fast zur Unmöglichkeit, von Außen in dieselbe einzudringen, namentlich, nachdem sie sich mit der Zeit durch ihr Gewicht gesetzt hat; selbst böswilliges Anbrennen derartig beschnittener Feimen ist schwieriger, als das der rohen. Das Heu setzt man vorzugsweise gern in vierkantige Feimen auf, weil dasselbe dann aus demselben nicht herausgerauft, sondern mittelst besonderer Heumesser in Würfeln heraus geschnitten wird; die letzteren sind durch das Gewicht der gesammten Masse so fest geworden, daß sie, mit einem Strohseil im Kreuz gebunden, sich zusammenhängend verfahren lassen, wohin man will. Auch diese Heufeimen werden von Außen glatt beschnitten. Auf derartige Aufgebäude hat die Witterung fast gar keinen Einfluß, im Gegentheil halten sich Getreide, Stroh und Futter darin vollkommen frisch und gut, ohne jenen moderigen Geruch und Geschmack, den sie so leicht in geschlossenen Räumen anzunehmen pflegen. In Holland hat man auch bedeckte Feimen; auf einem gemauerten Untersatz erheben sich fünf senkrechte Stangen, an welchen ein Dach auf und ab verschiebbar ist; begreiflich bieten dieselben nicht die Bequemlichkeit der beliebigen Errichtung an jedem schicklichen Platz. Gewöhnlich hört man auf die Empfehlung der Feimen hin in Deutschland den Einwand, daß das Klima sich nicht für dieselben eigene, nichts ist aber irriger als dies.

Englischer Feimenhof.

3. Dreschmaschinen.

(Fortsetzung von Seite 220.)

Schon im grauesten Alterthum hat man sich zu der mühevollen schwierigen Arbeit des Ausdrusches der Früchte roher Maschinen in Form von Wagen oder Schlitten bedient, wovon in den alten Schriften, von der Bibel an, mehrfach die Rede ist. Nach und nach aber haben sich die Geräthe vervollkommnet; man hat die Form der Schleife, die mit rauhen Steinen oder eisernen Spitzen beschlagenen schweren Bohlen verlassen und dafür die Walze in verschiedener Gestalt gewählt. Das vollkommenste derartige Werkzeug ist der egyptische Noreg oder Dreschwagen. Die nebenstehende Abbildung gibt ein großes, vorzüglich deutliches und gelungenes Bild dieser einfachen, aber sehr wirksamen Maschine. Sie gleicht auf's Haar einer Ringelwalze und zwar einer der älteren Art mit vollen hölzernen, am Rande scharf mit Eisenblech beschlagenen Scheiben; neuerdings werden aber auch gußeiserne Ringe verwendet. Es liegen deren 9 oder 12 in drei Reihen hintereinander, so daß die Schneide des einen in den Zwischenraum zweier vorhergehenden greift. Die Achsen liegen in einem Schlittengestell, von dessen Langkufen sich ein starker hölzerner Stuhl oberhalb der Walzen erhebt; auf diesem sitzt der Fellah (egyptische Bauer) und regiert mit einer langen Lanze die beiden in kunstlosem Joch vorgespannten Büffel; hinter ihm klammert sich sein Weib an die Lehne, aber stehend, wenn es fertig mit der Arbeit ist, um auszuruhen und das Gewicht der Maschine zu verstärken. Der Dreschplatz befindet sich ganz im Freien, was nicht schadet, da es in Egypten zur Erntezeit niemals regnet; er ist von Stoppeln gesäubert und festgeschlagen. Das mit der Sichel abgeschnittene Getreide wird kreisförmig um einen freien Mittelraum in ein Gelege gebracht; darauf fährt nun der Noreg in concentrischen Kreisen umher und zermalmt das Stroh, indem er aber zugleich die Körner sehr rein aus den Aehren bringt, ohne sie zu beschädigen. Die Frau, welche überhaupt alle Arbeit verrichten muß, während der Fellah selber gemüthlich auf seinem Throne sitzt, harkt die zermalmten Massen in einen großen Haufen in der Mitte zusammen; später werden dann die Körner von Spreu und Häckel durch Worfeln mittelst flachen muldenförmigen Körben geschieden. Das Häckel ist werthlos, höchstens daß es mit Mist zusammen geknetet und in Kuchen getrocknet, zur Feuerung der Backöfen, der Ziegeleien oder künstlichen Hühnerbrütanstalten dient. Es ist kein Zweifel, daß die Anwendung von Walzen zum Ausdreschen der Getreidekörner ihre Berechtigung hat; es mag sogar wahrscheinlich sein, daß man ihnen bisher viel zu wenig Aufmerksamkeit und Verbesserung zugewendet hat, sonst würden sie vielleicht den eigentlichen Dreschmaschinen zuweilen den Rang streitig machen. Es ist wenig bekannt, daß das Dreschen mit Walzen in vielen Gegenden einheimisch ist; so z. B. in Friesland und in den russischen Ostseeprovinzen. In ersterem Land benutzt man volle hölzerne, schwere, geriefte Walzen, die nach Art der alten Hanfreiben, auch kegelförmig, wie diese, sich, von einem Pferd gezogen, um eine feste Mittelscheibe drehen, der größere Durchmesser nach Außen. Auch auf dem Felde zum Rapsdreschen wird die ostfriesische Dreschwalze gern gebraucht. Die kurländische Dreschrolle ist entweder eine Art von hölzerner Stachelwalze oder eine Walze von großem Durchmesser, der Länge nach mit alten Radreifen beschlagen, daher gerippt. Auch in Süddeutschland findet man die Dreschrollen. Man sollte glauben, daß in der Neuzeit die vervollkommneten Dreschmaschinen derartige Geräthe längst verdrängt hätten; dies ist aber so wenig der Fall, wie mit dem Flegel und dem Ausreiten des Getreides durch Pferde. Letzteres ist in dem hochbewirthschafteten Sachsen noch überall üblich und man befindet sich sehr wohl dabei. Im Gegentheil ist gerade neuerdings in Baden eine verbesserte Dreschwalze aufgetaucht, welche von verschiedenen, Vertrauen fordernden, Seiten sehr gelobt und als ein seinem Zweck vortrefflich entsprechendes, billiges Geräth empfohlen wird. Deshalb sind auch die Dreschwalzen nicht ohne Weiteres zu verwerfen und der egyptische Noreg wird noch lange sein Recht behaupten gegenüber den großartigen englischen Dampfdreschmaschinen, die der Vicekönig im Thale des Nil aufgestellt hat. Jedenfalls lehrt dies Geräth, daß unsere Ringelwalze, die doch bald wieder ein nothwendiges Gebrauchsstück größerer Wirthschaften sein wird, wie sie es vor fünfundzwanzig Jahren schon beinahe bald einmal geworden wäre, — auch zu anderen Zwecken brauchbar ist, wie zum Klarmachen der Aecker, daher sich auch für den kleinen Wirthschafter oder für eine Vereinigung von solchen empfiehlt; denn ohne Zweifel wird sich die Ringelwalze auch ganz gut als Dreschwalze verwenden lassen, wenn sie so eingerichtet wird, daß ein Theil ihrer Scheiben abgenommen und in besonderem Gestell zu einer solchen zusamengestellt werden kann. Dies ist leicht ausführbar, ohne Vertheuerung oder größere Verwickelung des Instruments. Bei der Zusammensetzung als Dreschwalze kann der egyptische Noreg als Muster im Allgemeinen dienen, ohne Verbesserungen auszuschließen. Da die Scheiben der jetzigen Ringelwalzen nicht mehr scharf sind, so ist mit Grund anzunehmen, daß auch das Stroh von einer derartigen Dreschrolle nicht zerschnitten, sondern höchstens zerdrückt, jedenfalls nicht mehr beschädigt wird, wie bei den gewöhnlichen Langdreschmaschinen. Bei Arbeitermangel, nicht genügender Beschäftigung der Gespanne und noch mangelnder Dreschmaschine, könnte eine derartige Dreschwalze gewiß von Vortheil sein. Der Versuch wäre kein kostspieliger und würde vielleicht zu neuen Gedanken führen, zumal keineswegs behauptet werden kann, daß mit den jetzigen Zusammensetzungen der Dreschmaschinen schon ein Höhepunkt erreicht sei, welcher unübersteigbar wäre. Vielleicht wundern sich unsere Nachkommen ebenso sehr über unsere Dreschmaschinen, wie wir uns wundern über die ersten Versuche derartiger Hilfsgeräthe, die jetzt nur noch in Büchern oder Rumpelkammern zu finden sind. Uebrigens tauchen noch jährlich immer so viele Dreschmaschinen und ähnliche Geräthe von angeblich ganz neuer Bauart und wunderbaren Leistungen auf, daß der Landwirth sich bei der Anschaffung stets einigermaßen vorsehen muß. Er wähle unter Umständen lieber das Altbewährte, wie das Neue, Zweifelhafte, und wende sich namentlich immer an einen anerkannt tüchtigen und rechtlichen Verfertiger, welcher ihm Bürgschaft leistet, daß das, was er liefert, auch dem Zweck entspricht. Neuerdings gibt es auf dem Lande sowohl als in den Städten viele kleine Maschinenarbeiter, welche u. A. auch Dreschmaschinen fertigen; ganz gewiß sind darunter sehr genaue, Tüchtiges leistende Werkleute, allein größere Maschinen können mit Sicherheit nur aus größeren Fabriken bezogen werden. In diesen muß bei guter Einrichtung und Vertheilung der Arbeit immer ein Stück möglichst genau ausfallen, wie das andere, und außerdem sind auch die Mittel vorhanden, um bei Brüchen stets sofort ein Ersatzstück zu liefern. Kleinere Maschinen und Ackerwerkzeuge läßt man am besten bei dem benachbarten Schmied arbeiten.

Egyptische Dreschwalze.

3. Dreschmaschinen.

Die innere Einrichtung und Zusammenstellung einer großen Dreschmaschine, wie sie, durch fahrbare Dampfmaschinen betrieben, gegenwärtig vielfach zum Ausdrusch des Getreides gegen Antheil oder Bezahlung miethweise zu haben sind, lernt sich genau kennen durch die Ansicht eines Längendurchschnitts der Dreschmaschine von Hornsby. Die Theile derselben sind die Folgenden: Die Schlagtrommel A hat nicht, wie bei den meisten Dreschmaschinen, vorspringende eiserne oder eisenbeschlagene Schläger, welche das Stroh zerschlagen, sondern besteht aus sechs abgerundeten Schlägern von ganz leichtem Hohleisen (Gasröhren), die auf einer aus drei gußeisernen Kränzen bestehenden Trommel fest und rundum mit starkem Eisendraht dergestalt umsponnen sind, daß die ganze Trommel aussieht, wie ein Käfig; ihrer Länge nach sind überdies noch die Schläger mit starken eisernen halbrunden Knöpfen oder vorspringenden Nagelköpfen dicht besetzt. Diese Trommel bewegt sich mit einer Geschwindigkeit von 1000 Umgängen in der Minute gegen den durchbrochenen Korb, welcher mittelst zweier Stellschrauben nach Erforderniß der unteren Hälfte der Schlagtrommel näher oder entfernter gerückt werden kann; neben den Stellschrauben ist ein Gradzeiger angebracht, welcher die Stellung ganz genau zu regeln erlaubt. Die Hornsby'sche Schlagtrommel wirkt nicht, wie die meisten andern durch Ausschlagen, sondern vielmehr durch Reibung, durch Ausreiben der Körner. Ihre Wirkung ähnelt in dieser Beziehung derjenigen einer Kornquetschmaschine, ohne jedoch irgendwie die Körner zu beschädigen. Speisewalzen hat die Maschine nicht; der Einleger sitzt in D und breitet das Getreide in der Quere aus auf dem kleinen Speisetisch, indem er es bis zum Punkt E vorschiebt; hier erfaßt es der Umschwung der Schlagtrommel, zieht es zwischen Schläger und Korbschienen und reibt mit zunehmender Wirkung, weil beide nach unten enger an einander stehen, die Aehren aus den Körnern, worauf das Stroh durch die Kreiskraft auf den Schüttler K geschleudert wird. Dieser besteht aus paarweise durch Eisenbänder verbundenen Holzschienen, ganz ähnlich einem Sommerladen; bewegt werden selben dieselben durch den Kniehebel J, welcher sich drehend, ihnen sowol eine wagerecht schüttelnde, wie gleichzeitig eine senkrecht hebende und fallende Bewegung mittheilt, so daß sie bei jeder Umdrehung des Hebels sich zweimal kreuzen. Die Schüttelschienen sind mit senkrechten eisernen Zapfen versehen, welche das Stroh zurückhalten und es in die Höhe fördern, bis es auf den Lattenrost N und von diesem aus der Maschine gelangt. Eine jede der beiden Schüttelschienenreihen ruht außerdem noch auf einer schüttelnden Welle LL, welche auf beiden Seiten mit ihren Zapfen in den Lagern von hängenden eisernen Kurbelarmen schwebend liegt. Daher muß das quer auf die Schüttelschienen fallende Stroh nicht allein eine Bewegung senkrecht von unten nach oben empfangen, sondern gleichzeitig auch vorwärts geschafft werden. Je länger der Hebel oder Krummzapfen J ist, um so höher muß auch die eine Reihe der Schienen gehoben werden, wobei das durch die Zapfen gehaltene Stroh um das Doppelte dieser Länge vorwärts geschoben wird; in dem Augenblick, in welchem dann diese erste Reihe sich während des Niedersinkens mit der zweiten, aufsteigenden, kreuzt, wird das Stroh von dieser wieder aufgenommen und ebenso weiter geschafft. Jedesmal erhält es gleichzeitig einen tüchtigen Stoß von unten nach oben, der alle noch daran und darin hängenden Körner herausschüttelt, so daß sie zwischen den schrägen Blenden des Strohschüttlers hindurchfallen. Alle diese Körner, sowie auch die von der Schlagtrommel ausgedroschenen, durch den Korb fallenden, gelangen nunmehr nach FF, allwo eine große Schraube oder Schnecke G, von Eisenblech um eine hölzerne Welle gewunden, sie aufnimmt, weiter aufwärts befördert und endlich continuirlich und mit großer Regelmäßigkeit auf die Siebe der Reinigungsvorrichtung C leert, von wo sie durch die Oeffnung C' vollkommen gereinigt, in den Behälter P gelangen. Aehren, starke Körner u. drgl. fallen in I, wo eine zweite kleinere Schnecke J' sie aufnimmt und abermals den Fegesieben zubringt, so lange, bis sie untergebracht sind. Gleichzeitig jagt eine Windigung B die Spreu, Staub, Strohstückchen und leere Aehren aus der Maschine; dieselben müssen aber vorher noch ein Reutesieb O passiren, so daß sie vollständig geschieden und zur Verwendung fertig hergestellt werden. Schon öfters sind diese Einrichtungen, insbesondere die Schnecken, als sinnreiche Spielereien oder doch wenigstens als unnütze Zuthaten bezeichnet worden. Geht man aber der Sache auf den Grund und bedenkt, daß eine Maschine, welche täglich 270 bis 320 Scheffel vollständig ausdrischt und reinigt, also marktfähige Waare liefert, bis auf das Kleinste mit der größten Genauigkeit gebaut sein muß, wenn nicht immerwährende Störungen vorkommen sollen, so wird man auch zugeben, daß die Schraube G von der größten Wichtigkeit ist, um die regelmäßige Speisung der Reinigungsvorrichtung zu bewerkstelligen; ohne sie würden von Zeit zu Zeit, z. B. wenn der Einleger die auf dem Speisetisch gebliebenen Körner in die Maschine abstreicht, mehr Körner auf die Siebe fallen, als sie bewältigen könnten, was zur Folge hätte, daß alles in dem Behälter zu dieser Zeit befindliche Korn noch einmal gereinigt werden müßte. Soll Gerste gedroschen werden, so läßt man die Körner, anstatt in den Behälter P, mittelst einer schrägen Bahn aus der Reinigungsvorrichtung in eine einfache Entgrannungsmaschine U laufen, welche unterhalb der Maschine angebracht ist; eine nicht unwichtige Zuthat, weil nicht entgrannte Gerste in England kaum verkäuflich ist. Erst nach dieser Vornahme gelangt die Gerste in den Behälter P. Ein Becherwerk läuft durch diesen Behälter, schöpft darin mit seinen Blechschalen das gereinigte Korn und entleert es bei R in einen Sack, der mittelst der Haken S hier offen angehängt ist. Sobald der Sack voll ist, schließt man blos den Auslauf R mittelst eines Schiebers, um nicht die ganze Maschine anzuhalten, und man hat dann vollkommen Zeit, den gefüllten Sack abzunehmen und den leeren anzuhängen, bis der Trichter darüber voll von Körnern ist. Daß eine derartige Dampfdreschmaschine in Arbeit, welche gleichzeitig alle diese Verrichtungen erfüllt, eine bedeutende Bewegungskraft erheischt, ist begreiflich. Hornsby gibt eine Dampfmaschine von acht Pferdekraft als nothwendig dazu an; bei Versuchen erforderte sie aber 10,52 Pferdekraft, leer gehend: 6,50: Differenz 4,02, eine Zahl, welche die zum Ausdrusch nöthige Kraft darstellt. Die Theile, aus welchen eine große Dreschmaschine besteht, nehmen keine geringe Kraft in Anspruch, und diese steht im Verhältniß zu ihrer mehr oder minder vollkommenen Leistung. Aus Nichts wird Nichts, das darf auch in der Mechanik nicht vergessen werden. Will man eine Maschine, welche drischt, reinigt, sondert, die Streu vom Stroh, dieses von den Aehren scheidet, die Gerste entgrannt, das Korn in den Sack füllt, so gehört dazu auch bedeutende Bewegungskraft.

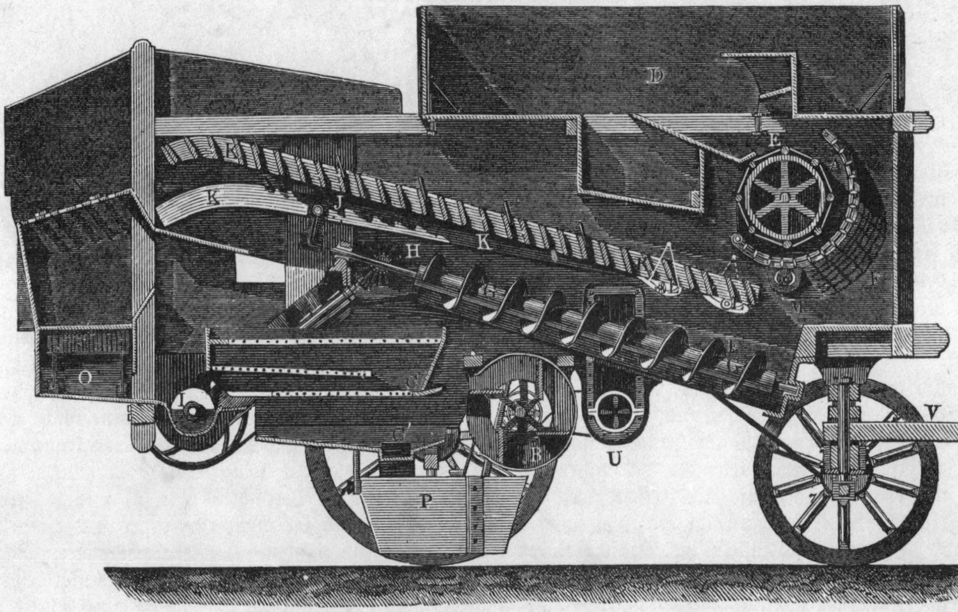

Hornsby'sche Dreschmaschine. (Längendurchschnitt.)

Dampfdreschmaschine in Arbeit.

3. Dreschmaschinen.

Gewöhnlich hält man es bei der deutschen Einrichtung der Wirthschaftshöfe für wünschenswerth, daß die Dreschmaschinen fahrbar sind, also nach Bedürfniß von einer Tenne auf die andere gebracht, auch im freien Felde aufgestellt werden können. Wo aber Wasserkraft oder eine Dampfmaschine z. B. zum Betrieb einer Brennerei, einer Mühle vorhanden ist, da kann auch, zumal bei größerem Betrieb, eine feststehende Dreschmaschine auferbaut werden. Dieselbe wird dann gemeinlich so eingerichtet, daß sie vollkommen marktfähige Waare, und zwar auch noch nach der Schwere der Körner gesondert, in die vorgehängten Säcke liefert. Derartige Werke zeichnen sich aus durch großartige Leistungen, welche diejenigen der fahrbaren Dreschmaschinen um deswillen weitaus übertreffen, weil die letzteren stets an einer Erschütterung, Folge des nicht sicheren Grundbau's, leiden, wodurch nicht allein viel Kraft verloren geht, sondern die Maschine überhaupt leidet. Wenn man die Frage aufstellt, welche Maschinen die dauerhaftesten und leistungsfähigsten sind, die fahrbaren oder die feststehenden Dreschmaschinen, so muß man sich unbedingt für die letzteren erklären. Ueber die Behandlung der Maschinen sind noch so viele irrige Meinungen und Ansichten verbreitet, daß ein Wort darüber hier wohl an seinem Platze sein dürfte. Gar häufig ist man besonders über den Zweck und die Macht einer Maschine im Unklaren, und verlangt von derselben weit mehr, als sie zu leisten je im Stande ist. Keine Maschine arbeitet von selbst, sie bedarf zur Bewegung eines bestimmten Maßes an Kraft, bedarf der Oberaufsicht, verständiger Leitung, Stellung und Führung. Sie ist blos eine mechanische Zusammensetzung, die erst durch den Willen und Geist des Menschen zur lebendigen Wirksamkeit gelangt. So bekannt dies auch ist, so sehr häufig vergißt man es und stellt Anforderungen, welche fast das Maß des Irdischen übersteigen. Eine Maschine ist so wenig von ewiger Dauer, als irgend etwas hienieden, und jedes Triebwerk ist der Abnutzung unterworfen. Vielerlei kommt hier in Betracht, vor Allem das Naturgesetz der Reibung. Diese kann der Verfertiger durch sachgemäße Construction und richtige Materialwahl verkleinern, auf die geringste Ausdehnung bringen, aber sie ganz wegbringen, aufheben, kann er nicht. Wenn im Verlauf der Jahre zwei in einander greifende Metallzahnräder sich abschleifen, wenn Zapfen sich in ihren Lagern auslaufen oder diese durchreiben, wenn scharfe Theile stumpf, runde oval, spitze abgerundet werden, dann ist dies Wirkung der Reibung und der allgewaltigen Macht der Zeit. Am Maschinenbesitzer selber ist es, das Seinige zur Erhaltung seines Eigenthums beizutragen. Sorgfältige Schmiere vermag bekanntlich die Reibung und dadurch die raschere Abnutzung zu verhüten; wer in dieser Hinsicht nachlässig ist, sparsam sein oder Alles den Arbeitern überlassen will, der rechnet falsch und kommt zu Schaden. Es ist so vielfach Gelegenheit geboten, gefallene Thiere ordentlich auszunutzen; statt des von ihnen leicht zu gewinnenden Thieröls, Knochenfetts, des besten Maschinenschmiermittels, nimmt man aber noch häufig zum Schmieren werthvoller Maschinen das elende, auf die alten Holzachsen berechnete Wagenpech, welches herumziehende Händler für einen niedrigen Preis immer noch zu theuer verkaufen, und dessen zähe Harzbestandtheile den Gang eines Triebwerks oft mehr erschweren, als befördern. Zur Regel muß es gemacht werden, daß die bei der Maschine beschäftigten Arbeiter sich die kleine Mühe nehmen, das in den Lagern und Büchsen, zwischen den Kämmen der Zahnräder und an den Wellen anklebende, zähe gewordene, mit Staub und Schmutz vermengte alte Schmierzeug von Zeit zu Zeit abschaben, die arbeitenden Theile vollständig reinigen und so den Gang wieder erleichtern und gleichmäßiger halten. Es ist durchaus nicht nöthig, daß landwirthschaftliche Maschinen unreinlich sind und den Rost und Staub vieler Jahre auf sich tragen. In einer tüchtigen Fabrik wird man stets finden, daß alle Maschinen blank polirt glänzen, so daß Jedermann seine Freude daran hat; aber nicht blos Freude sondern auch reellen Nutzen gewährt eine solche Sorgfalt durch steten guten Gang und gleichmäßige Erhaltung der Maschinen. Die Kosten, die mit solcher Pflege verbunden sind, kommen wahrlich kaum in Betracht. Mit für wenige Groschen Glaspapier kann man vielen Rost vertilgen und oft stellt er sich gar nicht ein, wenn man nur rechtzeitig schmiert. Mit dem wichtigen Hülfsmittel des Graphits oder Wasserbleies kann man viel Oel ersparen und die Maschinen eines Theils der Reibung entledigen, ohne daß die Ausgabe dafür der Rede werth wäre. Auch der Oelfarbanstrich wird noch gar häufig vernachlässigt, während das Holz dadurch sehr conservirt wird. Wenn derselbe zu theuer befunden wird, so läßt er sich durch wohlfeilere Mittel genügend ersetzen, z. B. durch Theer. Noch besser aber ist der Anstrich der Holztheile mit Wasserglas. Dies ist eine wasserhelle Gallerte (kieselsaures Kali), welche die Eigenschaft hat, daß sie die damit überzogenen Gegenstände von der Luft und dem Wasser völlig absperrt, sie mit einer glasartigen Decke versieht und sie zugleich unverbrennbar macht. Setzt man diesem überaus nützlichen, vielfach gebräuchlichen Stoff, der schon 1818 von Fuchs entdeckt, neuerdings aber erst von Kuhlmann und Liebig in das Leben eingeführt ward, feuerbeständige Erdfarben zu, so kann man damit beliebige Farben auftragen. Für den landwirthschaftlichen Gebrauch ist aber ein Farbenzusatz nicht einmal nöthig, sondern das verdünnte Wasserglas genügt vollständig zu dem dauerhaftesten Ueberzug. Es ist zugleich so billig, daß der Anstrich damit gar keine Einwendungen erlaubt, zumal er, wenn einmal richtig geschehen, niemals wiederholt zu werden braucht. In Großbritannien sind alle Maschinen, alle Acker- und Transportgeräthe stets sorgfältig angestrichen, und der Anstrich wird alljährlich wiederholt. In Deutschland dagegen ist diese nützliche Sitte noch keineswegs so allgemein, wie es bei den stets theureren Holzpreisen und dem fühlbaren Mangel an Werkholz rathsam wäre. Es ist eine vielverbreitete Ansicht, eine Maschine müsse unter allen Bedingungen immer mehr leisten als die Handarbeit. In den meisten Fällen thut sie dies auch, aber nicht in allen, denn es kommt auf das Wie, auf die Art der Leistung an; ebenso auf die Kraft, welche man der Handarbeit selbst beilegt. Wenn eine kleine Häckselmaschine nicht mehr leistet als der ordinäre Strohstuhl, so kommt sicherlich dabei in Betracht, daß die erstere von einer schwächeren Menschenkraft und geringeren Intelligenz regiert werden kann als der letztere; wenn Handdreschmaschinen wenig mehr fördern als der Flegel, so liefern sie hinwieder reinere Arbeit und gestatten die Verwendung schwächerer Personen. Und so verhält es sich mit gar manchen Maschinen. Die Güte und Vollkommenheit ihrer Leistung will ebenso in Betracht gezogen werden, wie das Maß derselben. Ueber das letztere aber soll man sich niemals im Voraus falsche Vorstellungen machen und nie die gehörige Rücksicht auf die bewegende Kraft vergessen.

Feststehende Dreschmaschine.

4. Bewegungsmaschinen.

(Fortsetzung von Seite 220.)

Bekanntlich bestehen die meisten Pferdegöpel zu Dreschmaschinen aus einem System von kegelförmigen (conischen) Zahnrädern. Allein es ist eine Thatsache, daß jedes conische Rad, wenn es die Kraft fortpflanzen soll, in Folge seiner bedingten Bauart das Bestreben hat, nach oben in die Höhe zu drängen, also den Eingriff zwischen Rad und Trieb aufzuheben. Um dies zu verhindern, wendet man eine oder mehrere Reibungs-(Frictions)rollen an, welche auf den abgedrehten Kranz des Rades während der Umdrehung desselben drücken und dadurch ein Schwanken oder eine Verminderung des Eingriffs der Zähne verhüten. Hierdurch wird aber natürlich eine Reibung erweckt, welche den nothwendigen Kraftaufwand bedeutend vermehrt. Dieser Uebelstand verstärkt sich, sobald die Achsen der Reibungsrollen sich abnutzen, und so viel Spielraum gewinnen, daß ein Empordrängen der conischen Räder möglich ist; sehr häufig kommt es dadurch vor, daß die Göpel zersprengt werden. Es ist daher bei sonst richtiger Bauart ein Gefüge von Stirnrädern immer vorzuziehen. Ein solches zeigt u. a. der in England als der beste geltende Hornsby'sche Göpel, der auch in Deutschland vielfach nachgebaut worden ist. Als eine Verbesserung desselben darf der offene große Göpel von Götjes, Bergmann und Comp. in Reudnitz bei Leipzig angesehen und empfohlen werden. Wir kennen keinen dauerhafteren Göpel als diesen, den man auch zuweilen den „großen Bogengöpel" nennt, weil Betriebsrad und Triebe in je zwei gußeisernen Bogen eingebüchst laufen, welche selber wieder untereinander und mit dem festen Gestell durch schmiedeeiserne Streben sehr fest verbunden sind. Einer weiteren Beschreibung bedarf's nicht, da die Zeichnung die ganze Zusammensetzung anschaulich verdeutlicht. Der Göpel zeichnet sich durch zweckmäßige Uebersetzung und dadurch erzielten leichten Betrieb vor allen derartigen Werken aus und eignet sich vorzugsweise zur Bewegung großer Dreschmaschinen, sodann kleinerer Brennereien, Stärkefabriken, Schrotmühlen, Mahlmühlen 2c. Ein sehr beliebter, in England zuerst von Barrett, Exall u. Andrews erbauter, aber in Deutschland wesentlich verbesserter und außerordentlich verbreiteter Göpel ist der sogenannte Cylindergöpel, so genannt, weil seine Theile von einem gußeisernen, walzenförmigen Mantel umgeben und dadurch geschützt sind. Die an demselben im Eisenwerk Gröditz in Sachsen angebrachten Verbesserungen sind die folgenden: 1) Um die Nutzwirkung des Göpels durch möglichste Verminderung der Reibung auf ein höchstes zu bringen, läuft dessen schwerer durch die Zugarme noch belasteter Deckel auf einer großen Zahl in ausgedrehter Rinne rollender polirter eiserner Kugeln. Die Zweckmäßigkeit und vollkommene Dauerhaftigkeit dieser Einrichtung bedarf keines weiteren Beweises. 2) Das Räderwerk im Göpel hat größere Uebersetzung erhalten, so daß die Pferde in gemächlicherem Schritt gehen können. Der Cylindergöpel wird auch mit besonderen Vorrichtungen gegen Bruch gebaut und ist dann in Fällen anwendbar und empfehlenswerth, wo seitens der betriebenen Maschine — nicht wie durch die beschriebenen Dreschmaschinen — leicht eine Ueberanstrengung des Göpels stattfinden kann, z. B. zum Betriebe eines Mahlganges direct mit conischen Rädern u. s. w. Bei diesem Göpel ist vollkommene Bruchsicherheit einerseits und Leichtigkeit andererseits durch die sinnreiche Anwendung sogenannter Bruchstifte erzielt. Wie aus nebenstehendem Bilde ersichtlich, besteht der Deckel des Göpels aus zwei Theilen, von denen der obere um den unteren drehbar ist. Am oberen Deckel wirkt die Zugkraft mittelst der vier hölzernen Zugarme. Im unteren sind die drei Stirnräder gelagert, welchen zuerst die Fortleitung der Zugkraft obliegt. Beide Theile des Deckels sind an gegenüberliegenden Stellen durch zwei kleine Stifte von weichem Eisen zusammengekoppelt. Die Stärke dieser zwei Stifte — der Bruchstifte — wird durch gründliche Versuche genau ermittelt, und so festgestellt werden, daß sie auf die inneren Göpeltheile nur so viel Druck übertragen können, als der höchsten stätigen Leitung von vier Pferden entspricht, für welche alle Räder und Wellen ausreichend stark sind. Bei plötzlichem heftigsten Anrucken der Thiere werden die Bruchstifte abgeschnitten, der obere Deckel dreht sich allein und leer um den unteren, und jede Kraftübertragung auf die inneren Göpeltheile ist sofort unterbrochen. Damit der Abschnitt der Bruchstifte immer genau erfolgen kann, sind um dieselben stählerne Ringe eingelegt. Die zerschnittenen Stifte können schnell entfernt und neue an ihre Stelle gebracht werden, so daß der Betrieb nur kurzen Aufschub erleidet. Ein ziemlich ähnlicher Göpel ist der sogenannte Glockengöpel, bei welchem das große Betriebsrad die Form einer Glocke annimmt, dadurch die Zwischentheile schützt, und die Zugarme bequem anzubringen erlaubt. Oberhalb ist ein Sitz angebracht, worauf der Führer des Gespannes Platz nimmt; bei offenen Göpeln wäre dies allzu gefährlich. —

In neuerer Zeit hat man die Wirkung der Ausdehnung erhitzter Luft zur Herstellung einer Kraftmaschine benutzt, welche Heißluftmaschine oder Calorische Maschine genannt wird. In guter Bauart und für einen nur geringeren Kraftbedarf ist nicht zu leugnen daß die calorische Maschine eine durchaus geeignete, für die Landwirthschaft empfehlenswerthe Betriebskraft ist, sondern auch, daß sie sich in steter Zunahme geräuschlos, aber sicher verbreitet. Der Versuch ihrer Einführung in die Landwirthschaft ist also jedenfalls der Mühe werth. Als Vorzüge führt man an: 1) Die calorische Maschine kostet nicht viel, bedarf keiner besonderen Gebäude, Dampfessen, ist der Gefahr der Kesselsprengung nicht ausgesetzt, bedarf keines Wassers und nimmt einen nur sehr geringen Raum ein. 2) Die calorische Maschine ist vollkommen feuerungefährlich, wenigstens ebenso wie jeder Ofen, es bedarf daher zu ihrer Aufstellung weder Beaufsichtigung noch Erlaubniß. 3) Die calorische Maschine bedarf nur sehr wenig Brennstoff, der Betrieb damit ist also wohlfeil. Den Göpelthieren gegenüber verlangt sie blos Futter — Brennstoff — wenn sie wirklich gebraucht wird, und bedarf keiner langen Anfeuerung, um gespannte Dämpfe zu erhalten, wie die Dampfmaschine. 4) Die calorische Maschine ist in guter Ausführung und Bauart durchaus nicht größerer Abnutzung unterworfen, wie jeder Göpel! Den Cylindergöpeln gegenüber befindet sie sich sogar im Vortheil. Die Ersatztheile für die am meisten abnutzbaren Stücke kosten nicht viel und können stets vorräthig gehalten werden. 5) Die calorische Maschine wird endlich auf den meisten Landgütern so aufgestellt werden können, daß sie zugleich einen Raum, z. B. die Gesindestube 2c. heizt. Dadurch verringert sich der Brennmaterialverbrauch fast auf Nichts! Das lästige Geräusch, welches sie früher verursachte, ist bei den neueren Maschinen dieser Art fast gänzlich beseitigt, so daß auch in dieser Hinsicht ihnen nichts vorgeworfen werden kann. Inzwischen kann doch immer nur angerathen werden, vorsichtig bei der Anschaffung dieser noch lange nicht genug geprüften Maschine zu sein.

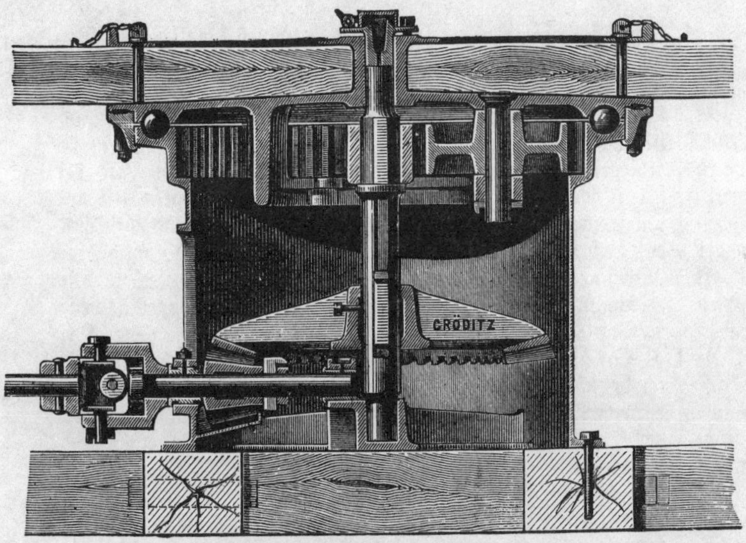

Cylindergöpel, Durchschnitt.

Calorische Maschine.

Glockengöpel mit Dreschmaschine.

Offener Göpel zu Dreschmaschinen.

4. Bewegungsmaschinen.

Der Ackerbau des Landes Belgien ist, wie schon erwähnt, von langer Zeit her bekannt, als ein solcher, der für den kleinen Betrieb musterhaft gelten kann. So haben wir auch schon mehrfach in diesem Bilderbuch Gelegenheit gehabt, seine vervollkommneten Geräthe in dieser Hinsicht kennen zu lernen (vgl. S. 104, 106) und vervollständigen deren Anführung durch Abbildung und Beschreibung einer feststehenden Dampfmaschine. Ganz kleine Dampfmaschinen haben sich unter den belgischen Landwirthen außerordentlich verbreitet, nachdem der Verwaltungsrath der königlichen Central-Ackerbaugesellschaft ein äußerst günstiges Urtheil darüber gefällt und sie in dem gleichzeitigen Betrieb einer Schrotmühle und eines großen Butterfasses arbeiten gesehn, gründlich geprüft hat. Diese kleinen Dampfmaschinen haben nicht mehr als $^1/_2$ Pferdekraft Dampf. Es ist aber dabei nicht gesagt, daß nicht auch Dampfmaschinen von größerer Wirkung nach Muster der abgebildeten gebaut werden könnten; im Gegentheil wurden deren schon bis zu 10 Pferdekraft geliefert. Die Vortheile dieser neuen Anlage sind: Der Dampferzeuger hat keine Röhren, ist daher sehr leicht zu reinigen und zu unterhalten, wobei zugleich die bekannten Uebelstände der Röhrenkessel wegfallen. Dabei ist der Apparat mit allen Sicherheitsvorrichtungen, Indicatoren, Manometer, Wasserstandsgläsern, Pumpen ꝛc. versehen, welche nur gewünscht werden können, und für den landwirthschaftlichen Gebrauch insbesondere gewünscht werden müssen. Dergleichen völlig locomobile Maschinen bedürfen kein Fundament, keine besonderen Dampfessen; ihr Rauchrohr kann in jeden gewöhnlichen Schornstein münden. Der dazu nöthige Platz findet sich überall; sie können in jeder Stube, in jeder Brennerei, in jedem Schuppen aufgestellt werden, ohne mehr Raum wegzunehmen, wie ein mäßiger Tisch. An Feuerungsmaterial (gute Steinkohle) braucht eine solche kleine Maschine nach Angabe für 5—6 Pfennige pro Pferdekraft und Stunde; geben wir das Dreifache zu, und es bleibt wenig; jedenfalls wollen wir für jenen winzigen Betrag keine Bürgschaft übernehmen. Dagegen scheint es wol gerechtfertigt, wenn in Bezug auf Gefahr und polizeiliche Erlaubniß, resp. Ueberwachung dergleichen Maschinen mit den Calorischen oder den Dampfkochtöpfen auf eine Stufe gestellt werden. Sie kosten fahrbar (locomobil) für $^1/_2$ Pferdekraft 213 Thlr., mit Mahlmühle und Butterfaß 266 Thlr.; von 1 Pferdekraft allein 266 Thlr., für 2 Pferdekraft 400 Thr., sind also billig, Jedermann zugänglich. Eine solche Dampfmaschine könnte für eine kleinere Wirthschaft sehr werthvoll sein und die gesammte bewegende Kraft für die Mechanik einer solchen liefern, das Wasser pumpen, die Miststätte besprengen, Wurzeln und Häckſel schneiden, Hafer und Oelkuchen brechen, Schrot mahlen, das Butterfaß drehen, die Getreidereinigungsmaschine oder eine kleine Dreschmaschine bewegen — kurz, viele Arbeiten des Betriebs in sehr kurzer Zeit und mit einer Regelmäßigkeit und Ausdauer besorgen, deren die Kraft belebter Kräfte, von Menschen und Thieren, niemals fähig ist. Für den Betrieb von Arbeiten im Freien, verdient die Blumenthal'sche fahrbare Dampfmaschine als ein deutsches Erzeugniß von erfreulicher Selbstständigkeit, volle Beachtung. Diese Maschinen wurden früher von 4 Pferdekraft an angefertigt. Die Erfahrung lehrt jedoch, daß eine Locomobile für landwirthschaftliche Zwecke 8 bis 10 Pferdekraft haben soll, stärkere und schwächere Maschinen finden seltener Anwendung. Dadurch, daß die Dampfmaschine auf der Seite des Kessels statt auf demselben steht, wird es möglich, den Maschinen einen viel größeren Kolbenhub, als sonst üblich, zu geben, wodurch sie einen weit besseren Gang haben und viel seltener einer Nachbesserung unterliegen. Dieser letzte Umstand ist auch schon dadurch bedingt, daß solche Maschinen besser zu bedienen und stets weit leichter zu überwachen sind, als bei jenen, wo die Dampfmaschine auf dem Kessel liegt. Alle arbeitenden Theile liegen vor Augen und zur Hand und es scheint daß diese Locomobilen in Deutschland, wo es noch wenig geübte Maschinenführer gibt, vor anderen den Vorzug verdienen. Die Anschaffung von Dampf-Dreschmaschinen geschieht vorzugsweise 1. Von Unternehmern, die gegen Lohn dreschen und von Ort zu Ort ziehen, welche aber hauptsächlich nur die größeren Güter besuchen. 2. Von Genossenschaften; 15 bis 20 wohlhabende Landwirthe kaufen die Maschine, dreschen ihre Frucht wie auch die Frucht der anderen Orts-Angehörigen und mitunter auch die Frucht der 2 oder 3 nächstgelegenen Orte. 3. Am seltensten bis jetzt noch von den großen Gutsbesitzern, die dann nur ihre eigene Frucht dreschen und die Locomobile alsdann anderweitig beschäftigen, namentlich zum Betrieb der Brennerei; nicht nur, daß die entsprechenden in der Landwirthschaft üblichen Hülfsmaschinen bewegt werden, sondern auch dadurch, daß der Dampf aus der Locomobile zum Abtreiben der Maische benutzt wird. Auch werden mit diesen Locomobilen fahrbare Mahlmühlen und Wiesenbewässerungs-Maschinen betrieben. Es läßt sich mit Bestimmtheit behaupten, daß in Süddeutschland die Dampfkraft in der Landwirthschaft jetzt schon einheimisch geworden ist. Die Behandlung der Maschinen während der Arbeit läßt noch gar häufig viel zu wünschen übrig. Es ist eigenthümlich, daß der Landarbeiter mit dem Spaten, mit der Sense sehr sorgfältig umgeht und sich wohl hütet, diese einfachen Werkzeuge muthwillig zu beschädigen, aber die zusammengesetzte Maschine hat sich dieser Aufmerksamkeit selten zu erfreuen. Wenn der Arbeiter mit dem Spaten zwischen starke Wurzeln sticht, so zwängt er, namentlich wenn das Werkzeug sein Eigenthum und er nur einigermaßen vernünftig ist, gewiß nicht so lange, bis der Stiel abbricht; Jedermann hat schon die fast zärtliche Sorgfalt beobachtet, mit welcher der Mäher seine Sense, der Häckselschneider sein Messer, ja der Drescher seinen Flegel behandelt. Aber bei den wirklichen Maschinen gewahrt man selten diese Sorgfalt; stockt ihr Getriebe durch irgend ein Hinderniß, so setzt der Arbeiter gewöhnlich Gewalt gegen Gewalt, wirft sich mit aller Körperkraft ins Zeug und dann heißt es allerdings: Gehen oder Brechen! Ist ein Stein z. B. zwischen zwei Walzen gerathen, so muß er hindurch, er möge jene beschädigen, so viel er wolle; aber die Sense führt derselbe Mann dem Stein sorgsam aus dem Wege. Dabei wird die Maschine ein Mal rasch, das andere Mal langsam in Bewegung gesetzt, wie es eben dem Arbeiter einfällt, der nicht im Entfernten daran denkt, daß jedes Triebwerk nur für einen regelmäßigen Gang mit dem bestimmten Maß der Geschwindigkeit berechnet ist. Der Arbeiter bei einer Maschine muß mit Strenge dahin angewiesen werden, daß er bei irgend einer Stockung das Werk sogleich außer Thätigkeit bringt und genau nachsieht, wo der Fehler liegt; oft ist derselbe klein und sogleich zu heben, während er, außer Acht gelassen, die nachtheiligsten Folgen haben kann. Namentlich darf er aber unter keinerlei Umständen mittelst größerer Kraftanspannung das Hinderniß besiegen wollen.

Feststehende Dampfmaschine zu landwirthschaftlichem Gebrauch.

Die Blumenthal'sche fahrbare Dampfmaschine.

6. Futterzubereitungsmaschinen.

(Fortsetzung von Seite 226.)

Unter dem Namen der sächsischen Häckselmaschine hat sich in Deutschland eine Maschine eingebürgert, welcher für kleinere Besitzungen der Vorrang ertheilt werden muß vor allen übrigen Häckselmaschinen. Das Gestell ist von Holz, aber sehr zweckmäßig zusammengefügt und verbunden, so daß hinsichtlich der Dauer durchaus nichts zu befürchten ist. Die Schneidevorrichtung besteht aus zwei Messern im Schwungrad von eigenthümlicher Form; dieselben können mittelst Winkelbändern und Schrauben immer dicht an den Abweisestahl gestellt werden, welcher die Mündung der Lade einrahmt. Die Zufuhr des Strohes geschieht durch zwei geriefte Walzen, während ein verstellbares Gewicht den Druck regelt. Es kann mit dieser Maschine Häckel von beliebiger Länge geschnitten werden, je nachdem man größere oder kleinere Zahnrädchen dem hinteren Ende der Betriebswelle aufsetzt, was einfach mittelst einer Mutter geschieht. Will man verwechseln, so hat man die große vierkantige Mutter des großen Betriebsrades auf der rechten Seite des Gestelles loszuschrauben, jenes soweit abzurücken, daß man ein neues Rädchen auf die Schwungradspindel bringen kann und dann wieder Alles zu befestigen. Ein Mann der sich dabei auch selber einlegen kann, bewegt die Maschine Tage lang mit Leichtigkeit und schneidet damit in der Stunde, ohne sich anzustrengen, gut und gern bis 400 Pfund Stroh. — Um Kartoffeln, Wurzeln und Knollen von Erde zu reinigen, sowohl zu Futter, als zu gewerblicher Verwendung, müssen sie gewaschen werden; dazu hat man eine Kartoffelwaschmaschine, bestehend aus einer hölzernen Lattentrommel, die zur Hälfte in einem mit Wasser gefüllten Trog sich umdreht; die gereinigten Knollen entleeren sich seitwärts von selbst. In England werden häufig die Schafe auf der Stoppelweide noch mit Rüben zur Mast gefüttert: dies geschieht mittelst des Wurzelschneidekarrens, einem Karren, welcher hinten eine Schneidescheibe hat, die durch Uebertragung von den Karrenrädern aus in Bewegung gesetzt wird. Die in den Karren eingefüllten Rüben rollen auf einem schrägen Boden unter die Schneide und fallen als dünne Scheiben auf die Stoppel, während das Fuhrwerk sich langsam fortbewegt. Zur Herstellung von Schrot, Grünmalzfutter, Brennereimalz u. s. w. hat man verschiedene Maschinen. Das Grünmalz ist so mit Wasser durchdrungen, daß es zwischen Steinen nicht gemahlen werden kann, weil es diese sofort verschmieren würde. Man zerkleinert es daher, indem man es durch zwei Walzen laufen läßt, welche durch ihren Druck die Hülsen vollständig zerreißen und den noch mehligen Körper des Korns so zerreiben daß er sich später in Wasser leicht zertheilt. Die vorzüglichste Bauart von Grünmalz-Quetschen ist im Längendurchschnitt und im Querdurchschnitt durch den Mittelpunkt der kleineren Walze dargestellt. A und B sind zwei eiserne Walzen, zwischen denen das Malz zerquescht wird. Die letztere ruht mit ihren Achsen in den festliegenden Lagern i und wird durch die Riemenscheibe h durch einen Triebriemen kk in Umdrehung versetzt. Zur Regulirung der Bewegung ist an dem andern Ende der Welle ein in der Zeichnung nicht sichtbares Schwungrad angebracht. Die Walze B ist bedeutend größer wie A, wodurch ihre Leistung erhöht wird. Die Achsen von A ruhen in den Lagern f, die aber nicht feststehend, sondern beweglich sind; sie gleiten in eisernen Rinnen und können mehr oder weniger nachgeben, je nachdem man die Schraube d fester anzieht oder loser stellt. Diese Schraube wirkt auf eine Spiralfeder, gegen welche die Stange e mit ihrem einen Ende drückt, während das andere Ende dieser Stange eine Platte trägt, die gegen das Lager gerichtet ist. Je nachdem man nun also die Feder mehr oder weniger zusammendrückt, haben die Lager größeren oder geringeren Spielraum. Man erreicht dadurch den Vortheil, daß die Lager sehr wenig abgenutzt werden, da ein übermäßiger Druck auf dieselben, durch Anhäufung größerer Mengen von Malz zwischen den Walzen verursacht, ganz vermieden wird. Der Kasten a dient zur Aufnahme einer größeren Menge von Malz, welches durch einen Arbeiter in kleinen Portionen in deu Rumpf b geschoben wird. Von dort gelangt es zwischen die beiden Walzen und fällt durch die Rinne c als eine lockere, wollige Masse in einen davor stehenden Behälter. Bei der klebrigen Beschaffenheit des Grünmalzes bleibt ein großer Theil desselben an den Walzen hängen. Um diesen zu beseitigen, ist an jeder derselben ein Messer g angebracht, welches so breit wie die Walze ist und fest gegen dieselbe drückt, so daß es Alles, was daran hängen geblieben, abschabt. Bei den beweglichen Lagern der Walze A hat man es ganz in seiner Gewalt, das Malz so fein oder grob zu zerdrücken, wie man will. Durch starkes Anziehen der Schraube d wird die Walze A fester gegen B gedrückt und also der Druck, welcher auf das Malz ausgeübt wird, vermehrt. Sehr häufig schon ist das Bedürfniß einer zweckmäßigen Handmühle ausgesprochen worden. Fragt man Sachverständige um Rath, so müssen diese offen gestehen, daß keine Art davon bekannt ist, welche allen Anforderungen entspräche; alle Handmühlen, welche Feinmehl liefern sollen, leisten viel zu wenig im Verhältniß zu der Kraft, die sie in Anspruch nehmen. Sie sind daher nur als Nothbehelf in menschenleeren Gegenden, wo es keine größeren Mühlwerke gibt, und bei geringem Bedarf einigermaßen brauchbar. Von allen Constructionen derselben, ist eine kleine englische Handmehlmühle noch die beste. Sie mahlt mit porösen Lavasteinen von $2^1/_2$ Fuß Durchmesser, welche die gute Eigenschaft haben, daß sie niemals geschärft zu werden brauchen, indem sie wegen der vielen Blasen im Stein stets eine rauhe Oberfläche erzeugen. In dieser Hinsicht sind sie den französischen Handmühlen von Bouchon, welche sonst als die besten gelten, vorzuziehen. Sie sind mit einem kleinen Cylinder aus Messinggaze versehen, in welchem sich eine Bürste dreht; er ist mit drei Nummern von verschiedener Feinheit beschlagen, so daß dreierlei Sorten Mehl in die unterhalb angebrachten, zum Ausziehen eingerichteten Kasten fallen. Mehr wie 30 Pfund Mehl können diese kleinen Mühlen mit zwei Mann in der Stunde nicht leisten, doch lassen sie sich auch größer construiren für den Göpel und andere Kräfte. Durchaus nothwendig ist es, daß derjenige, welcher sich eine Maschine anschafft, von der er Nutzen erwartet, sich auch um deren Aufstellung und Handhabung selbst bekümmert, wenn er nicht Stellvertreter hat, auf deren Wohlwollen und Intelligenz er sich in dieser Hinsicht vollkommen verlassen kann. Gemeinlich sind die Arbeitsleute, aus Vorurtheil und Bildungsmangel, gegen die Maschinen eingenommen. Ueberläßt man ihnen dieselben ohne Leitung, ohne Aufsicht, so ist immer zehn gegen eins zu wetten, daß die Maschinen nichts taugen, zu Grunde gehen. Gewiß hat Jeder schon die Freude seiner Handarbeiter beobachtet, wenn sie durch einen solchen Fall Wasser auf die alte Mühle ihres Schlendrians erhalten. Bleibt aber der Besitzer oder dessen Stellvertreter in der ersten Zeit bei der Arbeit der Maschine gegenwärtig, dann wird er sehen, daß sich dieselbe weit leichter und rascher einführt.

Sächsische Häckselmaschine.

Kartoffel-Waschmaschine.

Wurzelschneidekarren.

Englische Handmühle.

Grünmalz-Quetschmaschine.

1. Hühner.

(Fortsetzung von Seite 230.)

Das Huhn ist dem Menschen überall hin gefolgt, wie außer ihm blos noch der Hund. Die Leichtigkeit, mit der es sich einbürgert, ist erstaunlich; es sucht und findet seine Nahrung unter den Cocospalmen des Aequators, wie unter den Zwergbirken Finnlands. Eigentlich in der Nahrung nur auf Körner und ihnen ähnliche Insecten angewiesen, ist es nach und nach durch die Cultur zum Allesfresser geworden, wie das Schwein und die Maus; es lernt Fleisch fressen mit Begierde, frißt seine eigenen Eier oft und gern und gewöhnt sich nach und nach an alle Abfälle des Hauses. In Seegegenden kann man die Hühner mit gedörrten und gestampften Fischen erhalten. Es sind auffallende Beispiele von der Verdauungskraft und Lebenszähigkeit des Huhnes bekannt. So blieb ein solches sieben Monate hindurch in einem abgelegenen Gebäude eingeschlossen, in welchem es keine andere Nahrung fand, als die Knoten von Leinsamen, welche hier aufbewahrt wurden; es lebte während dieser ganzen Zeit davon, hatte aber Gefieder und Stimme gänzlich geändert; wo es das unentbehrliche Wasser fand, ward nicht ermittelt. So gut das Huhn sein Futter auch verwerthet, so liefert es gute Producte nur bei gutem Futter. Je besser daher die Hühner gehalten werden, um so einträglicher ist ihre Zucht, deren ganze Kunst hauptsächlich darin besteht, diese gute Haltung eben mit möglichster Billigkeit zu vereinigen. Die Hauptproducte des Hühnergeschlechtes sind die Eier. Das Ei ist die gesündeste, kräftigste und reinlichste Nahrung für den Menschen, die es nur gibt; es ist daher eine gesuchte Marktwaare, die trotz ihrer Unbedeutendheit und Zerbrechlichkeit doch eine sehr respectable Stelle im Welthandel einnimmt. Das Fleisch der Hühner ist bekanntlich ebenfalls überall geschätzt. Von alten Thieren liefert es vorzügliche Kraftbrühen, von jungen ist es zart, weiß und leicht verdaulich; diese können entweder mit oder ohne Verschneiden auch sehr stark gemästet werden, was man besonders in Frankreich gut versteht, und geben dann ausgezeichnete, gut bezahlte Braten. Die Federn des Huhnes müssen hier und da als Ersatzmittel derjenigen der Gans dienen, bedürfen aber dann sehr sorgfältiger Reinigung, da sie gern das Ungeziefer anziehen und halten. Schon die Römer haben dem Dünger des Geflügels hohen Werth beigelegt; es wäre sehr zu wünschen, daß dieser einheimische Guano überall die gleiche Berücksichtigung fände. Im nördlichen Frankreich und in Belgien wird damit ein ziemlicher Handel getrieben; er wird getrocknet, auf den Scheunentennen mittelst Dreschflegeln zerkleinert und über die Saaten gestreut, worauf seine Wirkung eine ganz vorzügliche ist. Nicht gering, namentlich für den Landwirth, ist der Nutzen, welchen das Huhn durch Vertilgung von Unkrautsamen und schädlichen Insecten stiftet. Der scharfen Verdauungsthätigkeit dieser Vögel erliegt die Keimkraft eines jeden Samens, was bekanntlich bei den pflanzenfressenden Vierfüßlern keineswegs der Fall ist. Indem sie den Mist, das Stroh, die Scheunen, Hof und Garten durchsuchen, vernichten die Hühner auf diese Weise eine zahllose Menge schädlicher Samen. Nebenbei aber auch Käfer, Raupen, Larven, Puppen, Würmer in großer Anzahl. Man darf behaupten, daß ihr Nutzen in dieser Hinsicht viel größer ist, als der Schaden, welchen sie durch Kratzen anrichten, obgleich dieses in wohlgepflegten Feldern und Gärten keineswegs gestattet werden darf. Dieses Kratzen, das Ausziehen und Abfressen nutzbarer Samen und Pflänzchen, und eine nicht arge Unreinlichkeit sind die einzigen Schäden, welche man den Hühnern mit Recht vorwerfen kann, abgesehen davon, daß sie leicht Ungezieſer an die Orte ihrer Behausung ziehen. Bei der Hühnerhaltung ist zweierlei vorläufig zu betrachten, nämlich, ob dieselbe eine blos künstliche, städtische, oder eine natürliche, ländliche sein soll. Die Aufzucht und das Halten von Hühnern, welchen man blos gekauftes Futter vorlegen, keinen Grasplatz, keine freie Bewegung anweisen kann, wird niemals rentabel, nützlich sein. Dergleichen Hühner legen schlecht und unregelmäßig, brüten ungern oder gar nicht, verlassen die Eier, wenn sie halb angebrütet sind, und weigern sich, die Küchlein zu führen. Ueberhaupt sind sie verwöhnt, hitzig, kurz allzu civilisirt, um häuslich zu sein. Der Zweck ihrer Haltung kann daher nur Vergnügen sein; der Liebhaberei schmeckt ein selbsterrungenes Ei besser, wie ein gekauftes, wenn es auch fünf Mal so viel kostet. Man wird also in diesem Falle auch wenig nach dem Nutzen, sondern nur nach der Schönheit des Geflügels fragen. Nicht selten lassen sich aber die beiden Ziele ganz gut miteinander vereinigen, so z. B. in der nächsten Umgebung großer Städte. Hier wird es sehr oft möglich sein, mit dem Hühnerhofe einen Grasplatz zu verbinden, in welchem das Geflügel sich ergehen kann, um Insecten und Grünes zu suchen, was ihm zu seinem Gedeihen durchaus nothwendig ist; dann werden auch die Abfälle von Küche, Garten und Stall hinlänglich zur Ernährung beitragen, um nicht zum Ankauf von allzuviel Futter zu nöthigen; hier vereinigen sich also Nutzen und Vergnügen, und es können sowol schöne, wie nutzbare Rassen zur Bevölkerung des Geflügelhofes gewählt werden. Wo eine größere Landwirthschaft ist, mit großem Hof, reichlicher Miststätte, Grasgärten und Oedstellen, da wird das Huhn in dem Abgange und dem Futterverluste der Thiere, auf und in der Erde, vor den Scheunen und Speichern stets so viele Nahrung finden, daß es höchstens hier und da mit einem paar Handvoll leichter Frucht gefüttert zu werden braucht. Hier bringt es entschiedenen Nutzen, und der Besitzer hat das Vergnügen gratis. Für städtische Hühnerhöfe sind die Prachthühner Bramaputra's, Spanier, Malayen, Dorking, Brabanter Silberlack vorzüglich zu empfehlen; sie werden bunte Abwechselung und Gestaltenreichthum hinein bringen. Für die halbstädtische Zucht eignen sich hübsche Mittelrassen, wie die französischen Crevecoeur, die englischen Hauben, und vor Allen die berühmten Cochinchinesen; zu dem bloßem Nutzen wählt man entschieden am besten das deutsche oder französische Bauernhuhn. Viele halten dieses sogar auch für die schönste Gattung Seinesgleichen, und in der That ist die schlanke, stolze Figur und die metallisch schillernde Farbenpracht eines Bauernhahns, oder die zierliche Zeichnung der Sperber- oder Kukukshühner jedenfalls schöner, als die groteske Gestalt und das schmutziggelbe Gefieder der täppischen Conchinchinesen, dieser Riesen unter den Hühnern. Da, wo der Landmann eine tüchtige Hühnerzucht treibt, darf man mit Sicherheit annehmen, daß es im wohlgeht. Am bedeutendsten wird dieselbe betrieben in der Normandie, wo oft die ganze Wirthschaft blos auf das Geflügel basirt ist, welches in großen Baumgärten gehegt und gefüttert wird. Nächstdem wird die Hühnerzucht sehr stark betrieben im südwestlichen England und in Irland. In Deutschland ist sie unter den Landleuten noch sehr in der Wiege, wozu besonders die irrige Meinung beiträgt, sie werfe nichts ab und werde dem Acker schädlich. Der Bauer in der Schweiz dagegen hält sehr darauf, stets eine Zahl von Hühnern bei seinem Hofe zu haben, deren Eier ihm Fleischspeisen ersparen.

Brabanter Silberlackhühner.

Sperber- oder Kukukshühner.

Dorking Hahn.

Malayische Hühner.

1. Hühner. 3. Gänse.

(Fortsetzung von Seite 150.)

Der Geflügelstall ist keineswegs gleichgültig für den Erfolg der Haltung und der Zucht; leider legt man gewöhnlich nur zu wenig Gewicht auf seine zweckmäßige Einrichtung und Reinhaltung. Gar oft klagen Besitzer über Unproductivität ihres Federviehs und an derselben ist blos ein schlechter unreiner, von Ungeziefer erfüllter Stall schuld. Ein ordentlicher Hühnerstall muß warm sein, aber zugleich gut gelüftet werden können; er kann sich ebenso gut zu ebener Erde, wie etwas, aber nicht allzuviel, darüber erhöht befinden. Bloße Bretterwände reichen in unserm rauhen Klima nicht aus; der Fußboden kann aus Mauersteinen oder Dielen bestehen. Die Sedelstangen werden am Besten treppenartig übereinander angebracht, so daß auf zwei schrägen und hochkantig liegenden Latten in Entfernung von etwa zwei Fuß halbrunde, etwa $1^1/_2$ Zoll starke Stangen aufgenagelt werden. Die Nester befinden sich am Besten dicht am Boden; es ist falsch, wenn man dieselben in der Höhe anbringt, denn alle Hühnervögel brüten auf dem Boden. Ebenso sind hohe Körbe nicht räthlich, am Besten eignen sich niedrige Holzrahmen ohne Boden, welche den Zweck erfüllen, daß die Eier nicht fortrollen. Die Hauptsache bei dem Hühnerstall ist stete Reinlichkeit, womöglich soll er alle Wochen ausgekehrt und mit frischem Sande bestreut, jährlich aber einmal mit Kalk geweißt werden (den Hühnermist wird eine sorgsame Hausfrau nicht verschleudern, sondern sorgsam für ihren Garten sammeln, wo sie auffallende Wirkung davon verspüren wird; namentlich besteht in seiner richtigen Anwendung mit Wasser das Geheimniß, sehr große Sellerieknollen zu ziehen). Gut wird es sein, Hühnerställe, die nicht vollkommen gelüftet werden können, von Zeit zu Zeit mit Wachholder und dergl. zu durchräuchern; vielleicht noch zweckmäßiger ist es, Salpetersäure darin verdampfen zu lassen. Daß der Stall nach allen Seiten hin vor Raubthieren gut geschützt ist, bedarf kaum der Erwähnung. Da, wo hinreichender Raum vorhanden ist und es keine Unbequemlichkeiten verursacht, wird man wohl am Besten daran thun, die Hühner den Tag über frei im Hofe umher laufen zu lassen, wobei sie mancherlei Nahrung auffinden und zur Belebung eines Gehöftes in freundlicher Weise beitragen. Wo aber der Raum beschränkt ist, oder wo es nicht angeht, das Geflügel sich selbst zu überlassen, da ist die Anlage eines eigenen Hühnerhofes wol erforderlich. Natürlich kann derselbe ebenso einfach wie verschwenderisch gebaut werden: es ist ein mächtiger Unterschied zwischen demjenigen der Königin Victoria, und dem des normännischen Bauers, welcher letztere allerdings hinsichtlich der Einträglichkeit den Preis davon trägt. Der Hühnerhof im Windsor-Park ist mit einem Netz von Messingdraht zwischen gußeisernen Säulen umgeben; theilweise auch damit überspannt, um seltenen Tauben, Fasanen 2c. das Entfliegen zu wehren; in prächtigen Becken für die Schwimmvögel springen Brunnen, welche durch eine kleine Dampfmaschine, getrieben worden, die zugleich das Geschäft der Futterzubereitung besorgt; es fehlt nicht an Rasen und Buschwerk in diesem ungeheueren Vogelhause, kurz das Ganze gewährt einen ebenso freundlichen als reichen Eindruck. Der Hühnerhof eines normännischen Bauern, welcher oft bis vier Morgen Flächeninhalt einnimmt, weil jener 3000 Stück Hühner und mehr hält zum Verkauf der Eier nach England, der jungen Hühner nach Paris, ist dagegen verschwindend einfach. Er besteht aus weiter nichts, als aus einer Umzäunung von Schilf mit einem aus dem gleichen Material gefertigten Schutzdach und ist in verschiedene Abtheilungen gebracht, von welchen eine jede nicht mehr wie 25—50 Hühner und Hähne enthält, wodurch die Zucht und die Uebersicht wesentlich erleichtert werden. Drei Dinge sind aber beiden so weit abstehenden Einrichtungen immer eigen: Reines Wasser, Sand und Schatten; das Huhn säuft gern und viel. Ein Vorschlag, der schon vor vielen Jahren in Deutschland gemacht, neuerdings aber in Frankreich wieder neu aufgegriffen worden ist, ist derjenige zur Einrichtung von fahrbaren Feldhühnerställen. Darunter versteht man große Wagen, auf welchen ein förmlicher Hühnerstall gesetzt wird, worin 120 und noch mehr Hühner Platz finden. Mit denselben wird nach der Ernte in's Feld gefahren, wo sodann die Hühnerherden eine sehr reichliche Nahrung an ausgefallenen Körnern und Insekten finden, so daß sie auf solche Weise leicht, schnell und billig zu mästen sind. Ausführbar ist die Sache ganz gewiß, und verdient Aufmerksamkeit, so wie geeignete Unternehmer, welche dabei ganz gewiß ein gutes Geschäft machen werden. Für die Ställe des übrigen Geflügels gelten im Allgemeinen die nämlichen Maßregeln der Reinlichkeit 2c. wie für diejenigen der Hühner. Besonders empfehlenswerth ist der Schlier'sche Maststall für Gänse. Ein solcher Stall hat 2 Etagen für je 8 Stück Gänse; er besteht aus einem achteckigen innerhalb 4 senkrechter Säulen ruhenden bretternen Gehäuse a a; die Gänse vermögen ihre Hälse nur aus den schmalen Oeffnungen b b zu strecken und können aus den davor angebrachten Trögen c c nach Belieben Wasser oder Futter zu sich nehmen; die Auswürfe der Thiere fallen durch eine kreisrunde Oeffnung in der Mitte des Stalls sämmtlich in die unterhalb angebrachten Schiebekästen d d, woraus sie täglich sorgfältig entleert werden müssen. Jede der 16 Gänse, die in einem solchen Stall untergebracht werden können, hat eine besondere Abtheilung für sich, die nach hinten zu spitz zuläuft und offen ist; oberhalb ist jeder Kreis der Mastställe mit einem hölzernen Deckel geschlossen, der mittelst eines Zapfens herumgedreht werden kann; es ist darin eine Fallthür angebracht von der Größe einer jeden Abtheilung, so daß man die Gänse bequem hineinsetzen und herausnehmen kann. Ein besonderer Vorzug dieser Gänseställe, die sich in Franken, überhaupt in Süddeutschland schon vielfach verbreitet haben, ist die große Reinlichkeit, welche dieselben gestatten; um die Gänse auch von Ungeziefer völlig rein halten, kann man sie von Zeit zu Zeit mit etwas Wasser abwaschen, worin Wachholderbeeren, Pfeffer und Anis zerknirscht worden sind; auch wird das persische Insektenpulver hier sehr gute Dienste thun. Für noch vortheilhafter halten wir übrigens die ebenfalls beliebte Bauart, wonach der Maststall nicht zwischen vier Balken eingeklemmt, sondern auf einer beweglichen senkrechten Axe ruht, sodaß er bequem mit einem leichten Druck rundum gedreht werden kann. Es hat dies für sich, daß man dann keinen so großen Raum dafür braucht, indem die Person, welche die Gänse der Reihe nach behandelt, ruhig an ihrem Platz stehen bleiben kann und nicht rund herum zu gehen braucht. Auch ist es nicht nöthig, den Deckel drehbar einzurichten, man kann die Vorderwand jeder Abtheilung nach Art einer kleinen Thüre, die mit ein Paar Häkchen zu befestigen ist, leicht anfertigen. Daß der Maststall für Gänse in einem mäßig warmen, aber doch luftreinem Local stehen, daß er öfters mit frischem Sand inwendig bestreut werden muß, daß die Tröge stets gehörig zu reinigen und mit frischem Wasser gefüllt zu halten sind, muß als Regel gelten.

Maststall für Gänse.

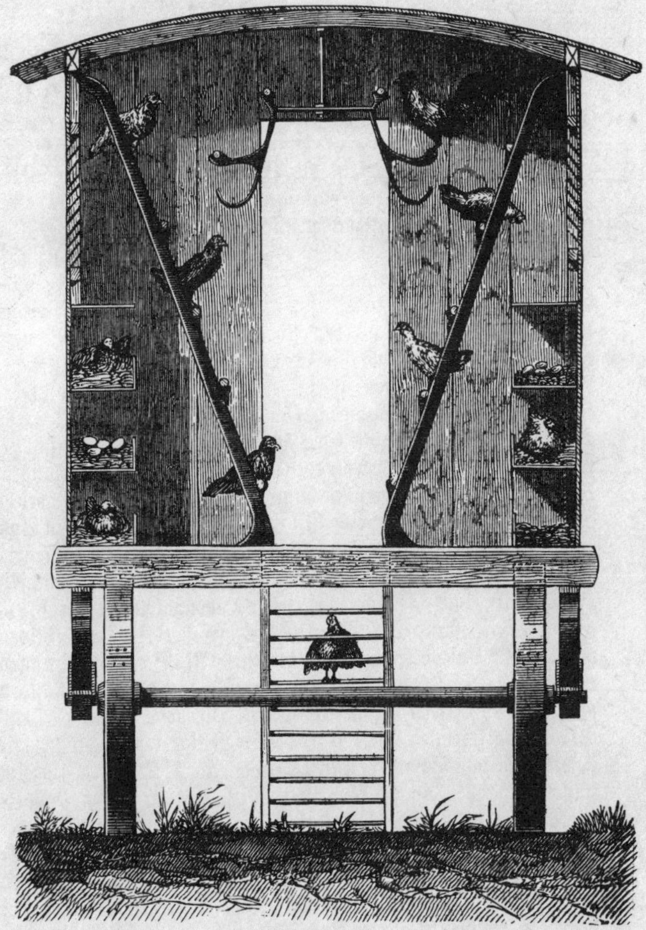

Feld-Hühner-Stall.

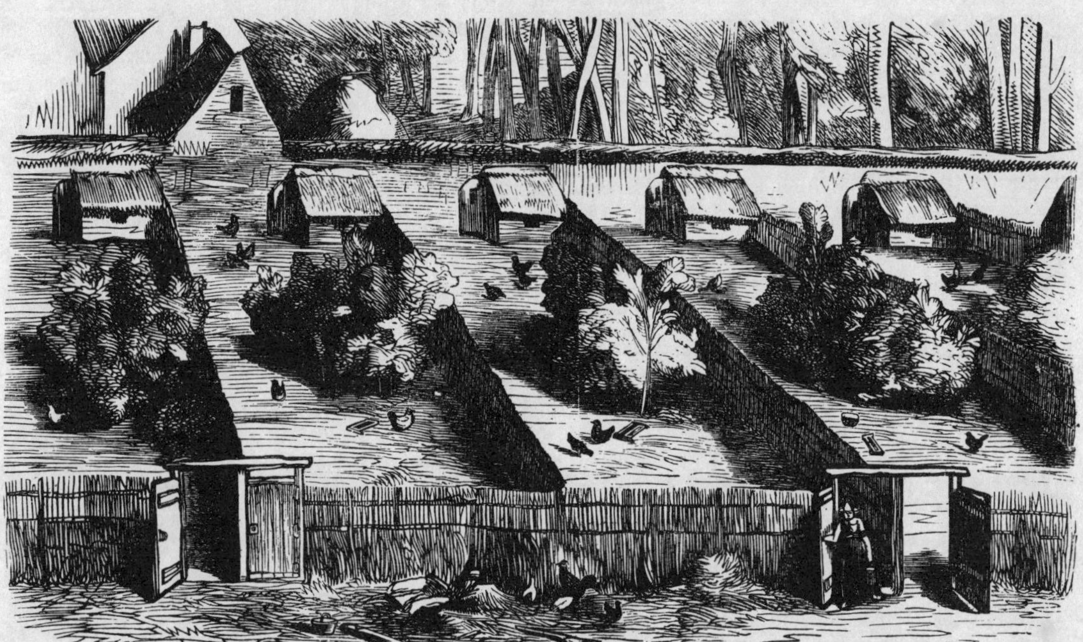

Normännischer Hühnerhof.

Bienenzucht.

Seit ältesten Zeiten ist die Biene, die fleißige Sammlerin von Honig und Wachs, von den Menschen nicht blos ausgebeutet sondern auch gezüchtet, als eine Art Hausthier gehalten worden, und zwar als das einträglichste von allen, da sie ihre Erzeugnisse bringt, ohne daß dazu besonderer Anbau nothwendig ist. Die eingehende Beschäftigung, welcher sich die Freunde der Natur von jeher mit der Bienenbeobachtung und Bienenzucht gemacht haben, hat die letztere auf eine höhere Stufe gehoben, wie jeden anderen Zweig der landwirthschaftlichen Thiererzeugung. Die Honigbiene, von welcher es mehrere Abarten gibt, z. B. die italienische, die ägyptische, die amerikanische rc. tritt bekanntlich in drei verschiedenen Gattungen auf, als Königin, von welcher jeder Bienenstaat nur eine einzige duldet, welche das Geschäft des Eierlegens besorgt und dafür von ihrem Volk gefüttert und gepflegt wird; als Drohnen oder männliche Bienen, und als geschlechtslose Arbeitsbienen. Die letzteren sammeln Honig und Wachs, bauen die Zellen, vernichten die Drohnen, sobald der Bestand des Bienenreichs gesichert ist, und bilden die eigentliche Bevölkerung des letzteren. Als Bienenwohnungen dienen entweder Körbe oder Kästen; welche in den Bienenständen oder Bienenhäusern aufgestellt sind. Die beste Form der aus Stroh angefertigten Bienenkörbe ist diejenige einer Glocke, wie sie die Abbildung des Bienenstandes Fig. 1, 2, und 3 einzeln, in zweifach über einandergestellter Weise und in einem Doppelkorbe zeigt. An diesen Körben ist das Flugloch unten angebracht, während es der flach glockenförmige, sehr empfehlenswerthe Spitzner'sche Bienenkorb in der Mitte hat. Von den Kastenwohnungen ist der Stock des Pfarrers Dzierzon der beste, in welchen Rahmen zur Aufnahme des Wachsbaus eingesetzt werden. Von Mai bis Juli ist die Schwärmzeit der Bienen, in welcher sich aus den vorhandenen Völkern neue absondern, die mit je einer Königin (Weisel) sich ihren eigenen Staat bilden. Man unterscheidet Vorschwärme, die ersten; Nachschwärme, welche jenen aus denselben Stöcken zuweilen folgen, und Jungfernschwärme, welche in honigreichen Jahren bei rascher Uebervölkerung der Vorschwärme sich von diesen ablösen. Um die Erzeugnisse der Bienen zu gewinnen, müssen die Stöcke ausgetrieben werden. Das Austreiben der Bienenstöcke geschieht am besten mit der Rauchmaschine, welche mit angezündeten leinenen Lumpen gefüllt wird; es werden dadurch die Bienen genöthigt, in eine bereitgestellte neue Wohnung überzusiedeln. In vielen Gegenden herrscht noch das grausame, unsinnige Verfahren, sie zu tödten, was entschieden verwerflich ist. In honigreichen Jahren wird es öfters nothwendig, durch Auffätze oder Unterbauten die Stöcke zu vergrößern, um den Bienen den nöthigen Raum zur Unterbringung ihrer Ernte zu verschaffen. Eine bei den Bienen leicht einreißende üble Gewohnheit ist das Ausrauben der schwächeren Stöcke durch stärkere, anstatt des mühevolleren Ansammelns aus den Blüthenkelchen. Auch Zuckerniederlagen u. dgl. werden durch die Bienen häufig ausgeraubt. Durch das Vermeiden der Weisellosigkeit und hinreichende Kräftigung der Stöcke kann übrigens der Räuberei vorgebeugt werden. Haben die Bienen nicht Gelegenheit gehabt, hinreichend genug Nahrung in den Stock einzutragen, oder ist derselbe zu stark beschnitten worden, so müssen sie über Winter gefüttert werden. Dies geschieht mit Honig, mit Kandiszucker und mit Mehl. Neuerdings hat sich auch die Fütterung mit Eiweis als sehr praktisch herausgestellt und ist dadurch die Möglichkeit der Umwandlung der stickstoffhaltigen Körper in Fett (Wachs) dargethan. Ueber Winter muß der Bienenstand gut verwahrt und vor Frost geschützt werden. An sonnigen windfreien Tagen gegen Ende Februar gestattet man den Bienen den ersten Ausflug zum Behufe der Reinigung. Die Bienen sind verschiedenen Krankheiten unterworfen, die wichtigsten sind Faulbrut, Ruhr, die sogenannte Maikrankheit und der Stirnbüschel. Viele Thiere sind den Bienen feindlich, so der Marder, die Maus, die Spitzmaus, der Storch, die Schwalbe, das Rothschwänzchen, die Kohlmeise, der Specht und sogar der Sperling. Unter den Insekten sind ihnen besonders gefährlich die Bienenlaus, der Todtenkopfschwärmer, die Hornisse, die Wespe, der Bienenwolff eine Art Grabwespe, welche nicht blos Honig raubt, sondern auch die Bienen selber tödtet, die Ameise, die Wachsmotte und die Spinne. Der gewonnene Honig wird ausgelassen, am besten durch Auskneten der Waben und späteres Schmelzen derselben über Kohlen; das Wachs wird mit Wasser gekocht und ausgepreßt. Zum Betrieb der gewöhnlichen Korbbienenzucht bedarf es nur weniger Geräthe: Rauchmaschine, Futterteller, Bienenkappe. Sie empfiehlt sich daher da, wo die Bienenzucht auf dem Lande nur nebenbei getrieben wird, immer noch neben den vervollkommneten Verfahren der Neuzeit. Mit Recht sagt Dollinger in seinem empfehlenswerthen Büchlein über Korbbienenzucht: Kein anderer Zweig der Landwirthschaft wird so leicht und mit so geringem Anlagekapital, mit so wenig Zeitaufwand und Mühe betrieben, als die Bienenzucht. Die nützlichen Stoffe zur Darstellung von Honig und Wachs bringt die Natur in großen Massen hervor; sie würden unbenutzt verloren gehen, wenn nicht die Biene dazu geschaffen wäre, diese Erzeugnisse, welche der menschlichen Gesellschaft im Laufe der Zeit unentbehrlich geworden sind, für den Menschen nutzbar zu machen. Für ländliche Handwerker ist die Bienenzucht besonders geeignet. Sie erfordert nicht erst die Erwerbung eines Grundbesitzes und nimmt wenige Zeit in Anspruch, da sie nur ein zeitweiliges, aufmerksames Nachsehen erfordert. Sie gewährt eine erfreuliche und angenehme Unterhaltung und die Liebe zur Sache läßt auch das Unangenehme, z. B. den Bienenstich, leicht ertragen. Die Bienenzucht erfreut sich in der neueren Zeit größerer Aufmerksamkeit, sogar von Seiten der Regierungen, da sie wesentlichen Nationalvortheil bringt. Es gehen jährlich noch Millionen für Honig und Wachs an das Ausland. Diese könnten dem Staate erhalten werden, wenn die Bienenzucht auf einen höheren Standpunkt gebracht würde, was aber nur durch eine zweckmäßigere und vernünftigere Bienenpflege geschehen kann. — Es ist daher nur gerechtfertigt, wenn der Landwirth der Bienenzucht Aufmerksamkeit zuwendet und sie nicht als eine kleinliche, seiner unwürdige Beschäftigung ansieht, wie dies leider noch so oft der Fall ist. Wo die Bienenzucht im Großen richtig betrieben werden kann, da wirft sie einen größeren Reinertrag ab, als jeder andere landwirthschaftliche Betrieb, eben weil sie so wenig Kosten und Pflege verlangt. Zu solcher größeren Bienenzucht eignet sich aber vorzugsweise der bewegliche Wabenbau, wie ihn zuerst Pfarrer Dzierzon in Carlsmarkt angegeben hat, v. Berlepsch, Kleine u. A. ihn beschrieben und vervollkommnet haben; auf ihre trefflichen, leichtverständlichen Schriften wird verwiesen, wer sich hierüber des Weiteren belehren will, daß die Bienenzucht, der Umgang mit dem wunderbaren, fleißigen Völkchen, veredelnd auf den Menschen und die Sitten einwirkt, ist eine Thatsache; daher ist sie auch in Verbindung mit der Volksschule ein Mittel der Jugendbildung.

Austreiben der Bienenstöcke.

Der Bienenwolf.

Spitzner'scher Bienenkorb.

Bienenstand.

Seidenbau.

(Fortsetzung von Seite 132.)

Man erzählt die Einführung der Seidenraupe in Europa auf verschiedene Weise; die glaubwürdigste Nachricht ist aber folgende: Zwei griechische Mönche, denen es gelungen war, als Missionäre in China einzudringen, kehrten nach Byzanz zurück und brachten Maulbeersamen mit, welchen sie dem Kaiser anboten, indem sie der Meinung waren, daß die Maulbeerbäume auch die Seidenraupen herbeiführen würden. Als man sich nun aber getäuscht sah, sicherte ihnen der Kaiser eine ansehnliche Belohnung zu, wenn sie eine zweite Reise nach China, oder, wie andere berichten, nach der Stadt Gerinda in Indien wagten, um Wurmsamen (Seidenraupeneier), auf dessen Ausführung die Todesstrafe stand, zu holen. Sie traten ihre Reise an, kehrten auch im Jahre 555 glücklich zurück und brachten den Wurmsamen in ihren ausgehöhlten Wanderstäben nach Constantinopel. Hier brütete man sie, nach indischer Weise durch die Hitze eines Mistbeetes aus, wartete und pflegte sie mit der größten Sorgfalt und sah den Versuch mit dem besten Erfolge gekrönt. Von nun an verbreitete sich der Seidenbau über ganz Griechenland, wo er auch bis zum Jahre 1146 allein verblieb. Erst in diesem Jahre ging er auf einen anderen Boden über, indem Graf Roger II., erster König von Sicilien, bei dem Einfalle in Griechenland eine Anzahl Seidenweber zu seinen Gefangenen machte und sie zwang, in Palermo einen festen Wohnsitz zu nehmen und seine Unterthanen in ihrem Gewerbe und dem Seidenbau zu unterrichten. Sicilien und Neapel behielt nun lange das Geheimniß des Seidenbaues, ehe es sich in Italien weiter verbreitete. Spanien wurde wahrscheinlich zu derselben Zeit durch die Perser damit bekannt gemacht; was Frankreich betrifft, so wurden aber erst unter Ludwig XI. im Jahre 1470 Seidenmanufacturen zu Tours durch Arbeiter, die man aus Genua und Florenz kommen ließ, errichtet; doch wollte es daselbst mit dem Seidenbau nicht recht fort, bis endlich derselbe unter Heinrich IV., vorzüglich auf Veranlassung des Olivier de Serres, eine große Ausbreitung erhielt. Ludwig XIV. setzte das wichtige Unternehmen mit großem Erfolge fort und unter seiner Regierung erzeugte man in der Dauphiné, Languedoc und Provence bereits 1,800,000 Pfund rohe Seide. — England's Versuche zu Anfang des 17. Jahrhunderts mislangen. Auch in Deutschland, obgleich sich dies wegen seiner Lage für Maulbeerbaum- und Seidenraupenzucht sehr gut eignet, wollte diese doch nie recht festen Fuß fassen. Es begann damit zu Ende des 16. Jahrhunderts, aber schon in der Mitte des folgenden war keine Spur mehr davon. Ernster wurde sie in Preußen unter Friedrich II. betrieben, so daß die Provinzen Brandenburg, Magdeburg und Halberstadt im Jahre 1774 an 7000 Pfund reine Seide gewannen; auch Sachsen, Anspach, Baireuth, Würtemberg, Baiern und Oestreich begannen zu derselben Zeit den Seidenbau, doch bis zu Anfange des 19. Jahrhunderts erkaltete der Sinn dafür wieder ganz, bis endlich in den Jahren 1821 bis 1828 in verschiedenen Schriften auf die große Wichtigkeit des Seidenbaues in Deutschland aufmerksam gemacht wurde und sich nun wieder Viele damit zu beschäftigen anfingen, und zwar fast immer mit Glück; allein eine große Ausdehnung hat in Deutschland dieser Zweig der Bodenbenutzung bis jetzt nicht erlangt, da einestheils eine Abneigung dagegen unter dem Bauernstande herrscht, anderntheils viele ungünstige Umstände dagegen wirken. Ein Theil der Raupen geht immer schon vor dem Einspinnen zu Grunde und ansteckende Krankheiten, welche zuweilen unter ihnen ausbrechen, können oft den größten Theil der Aernte zerstören. Von 100 bis 120 zur Zucht bestimmter Cocons (halb männlichen, halb weiblichen, von welchen die letzteren sich gewöhnlich durch bedeutendere Größe auszeichnen) bekommt man ein Loth Eier, welches etwa 20,000 Stück enthält, von denen aber auch nur 13—15,000 gut sind. Am rohen Seidenfaden ist der eigenthümliche Seidenstoff durch mehrere fremde, nur oberflächlich anhängende Stoffe verunreinigt, namentlich durch 19—20 Theile eines leimartigen, in Wasser, aber nicht im Weingeiste auflöslichen Stoffes, 24—25 Theile Eiweißstoff, $\frac{1}{2}$—$1\frac{1}{3}$ Theil Wachs, $\frac{1}{10}$—$\frac{1}{13}$ Fett und Harz und in der gelben Seide außerdem noch etwa $\frac{1}{20}$ eines harzartigen gelben Farbestoffes, der sich in Weingeist und heißem Seifenwasser auflöst und von Chlor schnell und vollständig, von schwefliger Säure aber nur unvollständig gebleicht wird. Alle diese Stoffe bilden, wie gesagt, einen Ueberzug des Fadens, der dadurch steif, rauh und hart ist, aber weich, sanft, glänzend und blendend weiß wird, wenn man durch ein Auflösungsmittel, am besten durch Seifenwasser, jenen Ueberzug entfernt. Man theilt die Seide gewöhnlich in vier Sorten: a) die schönste seidenreichste, festeste, die zur Verfertigung der Kettenseide (Organsin) geeignet ist; b) die von mittlerer Güte, zu Einschlagseide (Trama) dienend; c) die schwächste, mit grobem Faden (Pelseide); d) die der Doppelcocons, nur zur Strickseide oder einer geringeren Sorte Pelseide dienend, wenn sie nicht einer ganz besonderen mühsamen Behandlung unterworfen wird. Will man die Seide von den Cocons abhaspeln, so müssen diese erst in warmes Wasser gebracht werden, damit sich der leimige Stoff, welcher die Windungen zusammenhält, auflöse. Da der einfache Faden zu zart wäre, um verarbeitet zu werden, so muß man nun 3—8, ja sogar 15—20 Fäden von eben so vielen Cocons vereinigen, was blos durch das Uebereinanderlegen geschieht, indem sie mittels des natürlichen und vom Wasser erweichten Leimes fest zusammenkleben. So wie nun die Fäden von den im Wasser liegenden Cocons sich abgelöst haben und gereinigt sind, werden sie auf einen Haspel aufgewunden. In den südeuropäischen Ländern befindet sich die ganze Vorrichtung dazu gewöhnlich im Freien unter einem offenen, blos mit einem Dache bedeckten Schuppen. Man nennt sie eine Filanda oder Seidenspinnerei. Die aufgehaspelte Seide heißt Roh- oder Grezseide. Die weitere Verarbeitung derselben gehört nicht hierher, und so bliebe uns denn, nachdem wir jenes nützliche Insekt in allen seinen Lebensperioden beobachtet und sein Produkt, die Seide, entstehen sahen, nichts übrig, als noch einmal einen Blick in jene Räume zu werfen, in welchen die Seidenraupenzucht betrieben wird. Dieselben müssen geräumig genug, aber auch nicht zu groß sein und vor Allem muß dafür gesorgt werden, daß zwar immer darin eine gesunde reine Luft herrsche, sie aber nie der Zugluft ausgesetzt sind. Die Raupen werden gewöhnlich auf Hürden gehalten, die aus Weidenruthen oder Rohr geflochten, mit einem etwa 1—2 Zoll hohen Rahmen umgeben und in hölzernen Gestellen neben- und übereinander befestigt sind. Bei einem Lothe Eier ist für die erste Periode ein Raum von 3 Fuß Länge und 2 Fuß Breite hinreichend. In der zweiten Periode bedürfen sie schon zwei Hürden zu etwa 6 Quadratfuß, in der dritten Periode muß der Raum wieder um das Doppelte, in de. vierten auf 60—70 und in der fünften auf 130—140 Quadratfuß erweitert werden.

Die Entwickelung der Seidenraupe.

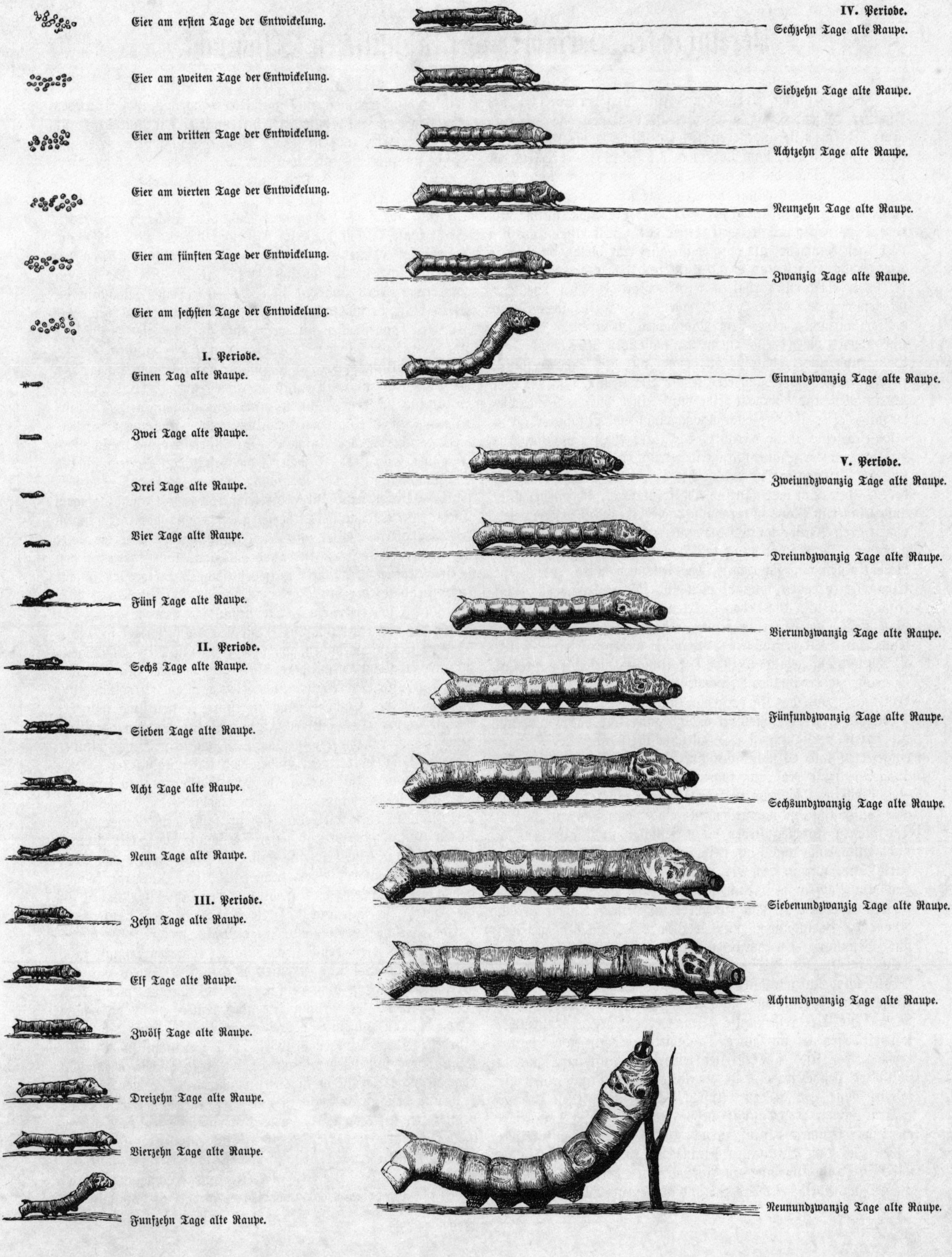

Vereinfachtes Verfahren der künstlichen Fischzucht.

Zur Bebrütung, Aufzucht und Fütterung der Edelfische hat Fichtner folgendes vereinfachte Verfahren der künstlichen Fischzucht angegeben: Die Edelfische, Lachse, Forellen ꝛc., gehen zur Laichzeit, vom November bis Februar, aufwärts der Flüsse und Bäche bis zu deren Quellen, um ihren Laich (Eier) abzulegen. Instinktmäßig wählen sie die Nähe der Quellen, weil das Wasser zur Bebrütung der Eier die erforderliche, stätige, niedere Temperatur behält, weil ferner das Quellwasser, aus den Gebirgen kommend, am reinsten ist, auch klar bleibt, da es über Kiesgerölle, Gries und Sand fließt und daher das Wasserbett frei von Schlamm erhalten wird. Das Forellen-Weibchen (Rogener), indem es bei herankommender Laichzeit solches Quellwasser aufsucht, wird vom Männchen (Milchener) begleitet, und sobald die Forelle einen ihr passenden Kiesgrund oder Bachgrund findet, hält sie an, macht mit den Schwanzflossen in den Gries und Sand eine seichte Vertiefung, läßt die Eier hineinfallen und überdeckt selbe durch eine ähnliche leichte Bewegung. Der als Begleiter nachschwimmende Milchener spritzt alsogleich seine Milch darüber, das klare Wasser wird augenblicklich von der Samenflüssigkeit getrübt, dringt zu den Eiern und die Befruchtung ist vollbracht. In dieser Lage, mit Sand bedeckt, der auch wol gänzlich abgespült wird, liegen die Eier auf geeignetem Platze in der wünschenswerthen Ruhe, überrieselt vom klaren Wasser im Waldesdunkel und vor Sonnenstrahlen geschützt. Die Entwickelung des Embryo wird unter günstigen Verhältnissen vor sich gehen, das Fischchen wird endlich die Eihaut zersprengen, ausschlüpfen und sich frei machen. Das Fischchen ist nun ins Leben getreten, verläßt aber den Brutplatz nicht, da es, trotz seiner lebhaften Körperbewegungen, seiner zur Welt gebrachten Dotterblase wegen, an einer freien Ortsbewegung gehindert ist. Der Umfang dieser Dotterblase ist groß, sie ernährt das Fischchen geraume Zeit, und nur in dem Maße, als die Körpergröße zunimmt, verkleinert sich die Dotterblase, sie verschwindet endlich ganz und das Hinderniß der freien Bewegung ist weg, gleichzeitig ist aber der Hunger eingetreten und es muß nun auf Raub in so zarter Jugend ausgehen, seine Nahrung suchend, während es nur noch kurze Zeit bedürfte, sich mehr zu kräftigen, um als flinker Schwimmer den häufig ihm nachstellenden Feinden entwischen zu können. Die jungen Forellen lieben die Geselligkeit und entfernen sich nicht allsogleich aus dem kleinern Quellengebiete ihrer Geburtsstätte, nur in dem Maße als sie sich kräftigen, gehen sie aus dem Bach in den Fluß, selbst bis ins Meer. Erwachsene Forellen kommen zur Laichzeit wieder an dieselbe Quelle zurück. Alle diese Bedingungen nun werden den Fischchen gewährt mit Benutzung der nun zu beschreibenden Vorrichtungen, welche in $^1/_{12}$ der Größe gezeichnet sind. A A_1 A_2 sind die Brut- und Aufzuchtkästen. A Der Brutkasten sammt dem Einsatz mit eingefügten Glasstäben, welche den Boden bilden, worauf die Eier reihenweise gelegt werden; A_1 der Aufzuchtkasten, dessen Einsatz einen Drahtgitter-Boden hat, worauf erbsengroßer Kies ausgebreitet wird, zur Aufnahme ausgeschlüpfter Fischchen; A_2 ist ein leerer Brut- auch Aufzuchtkasten, ohne Einsatz, zur Ansicht. B B_1 B_2 Diese Gefäße präsentiren die Anordnung, behufs der Fütternug der Fischchen; wir kommen darauf zurück. C Der Einsatz mit Glasstäben aus dem Brustkasten herausgehoben. D Der Einsatz mit dem Drahtgitter aus dem Aufzuchtkasten herausgehoben. E Das Sammelgefäß für das zu- und abfließende Wasser. F Der Einsatzcylinder mit einem Drahtgitterboden, ausgehoben aus dem runden Holzgefäß, behufs der Fütterung. G Die Pincette, kranke oder todte Eier zu beseitigen. H Die Saugpipette, Eier und Fische auszuheben und zu übertragen. Ferner in Naturgröße gezeichnet: I Das Ei, im Moment des Ausschlüpfens des Fischchens, nach Bebrütungszeit des Eies von 40—60 Tagen. K Das soeben ausgeschlüpfte Fischchen mit seiner Dotterblase, welche die erste Nahrung liefert. L Die Forelle, deren Dotterblase 40—60 Tage nach der Entwickelung des obigen Fischchens K gänzlich consumirt ist. M Die Forelle nach einer Fütterungszeit von 40—60 Tagen, nachdem die Dotterblase verschwunden war. Die Bestandtheile sind von Zinkblech, angestrichen mit der Zinkweißfarbe, die Drahtgitter sind von galvanisirtem Eisendraht, nur die runden Gefäße, beim Fütterungsapparat, die äußern nämlich, sind Holzgefäße, ebenfalls sehr gut mit Zinkweiß angestrichen. Will man des Gelingens sicher sein, so muß die Eigenthümlichkeit der Vorrichtung in vorzügliche Berücksichtigung genommen werden, diese besteht in der Aufgabe: Das Rieseln des Quellwassers über die Eier und Fischchen, die beständige Bewegung des Wassers, den kleinen Wellenschlag, wie er von der Quelle weg sich im Naturzustande über die Eier fortbewegt, nachzuahmen. Dieser Wellenschlag wird hervorgerufen und gebildet, indem das verfügbare Wasser aus dem Einlaufsgefäß über die ganze Breite der Fallbrücken sich ausdehnt, aus dem ersten in den zweiten Kasten herabfällt, da jeder nachstehende Kasten immer tiefer liegt als der vorhergehende, so wird die Kreiselung über alle Kästen sich erstrecken. Die beständige Bewegung hat den Zweck die aus der Atmosphäre auf den Wasserspiegel fallenden Sporen wegzuschwemmen, wodurch sowol die Pilz- und Algenbildung möglichst vermindert, als ferner die Eier mit erneuertem, lufthaltendem Wasser überrieselt werden, ein Bedingniß, ohne welche der Embryo seine ungestörte Entwicklung nicht erreichen kann. Der Fütterungsapparat für die jungen Fische besteht aus runden Holzgefäßen, in die ein Einsatzcylinder (siehe F) paßt, mit einem Boden von Eisendrahtgitter. Hier kommt es vorzüglich darauf an, dem Wasser in den Gefäßen eine drehende Bewegung zu geben, wodurch die Fischchen in den Glauben versetzt werden, sich im laufenden Wasser zu befinden. Man erreicht mit dieser Täuschung zweierlei: Einmal stellen sich die Fischchen Alle mit dem Kopfe gegen das kreisende Wasser, in der Erwartung irgend eine Nahrung komme daher geschwommen, dies giebt uns den andern Vortheil in die Hand, die Nahrung auf die Oberfläche des Wassers zu werfen, welche schwimmend einige Male im Kreise herumgeführt werden wird, den Fischchen immer entgegen kommt, rasch darnach geschnappt und gefressen wird. Alles, was von der gereichten Nahrung nicht consumirt wird, fällt zu Boden, diese Reste würden, weil ruhig liegendes Futter nicht aufgesucht wird, bald in Fäulniß übergehen, Gesundheit und Leben gefährden. Das Reinigen geschieht durch Herausheben des Einsatzcylinders und wieder Einsetzen, wie früher schon wiederholt diese wichtige Vornahme beschrieben wurde. Die hier gereichte Nahrung bestand anfangs in hartgekochten Hühnereiern, deren Dotter fein gerieben wird, ferner: in ruhig fließenden Wässern, mit Sumpfgras bedeckten Gräben, aufgesuchten Insecten und Larven, kleinen Krustern, endlich in geschabter, frischer, fettfreier Rindsleber, derlei bereitetem Muskel- und Fischfleisch, so lang bis jene Größe erreicht war, wie die der Forelle, in Abbildung M.

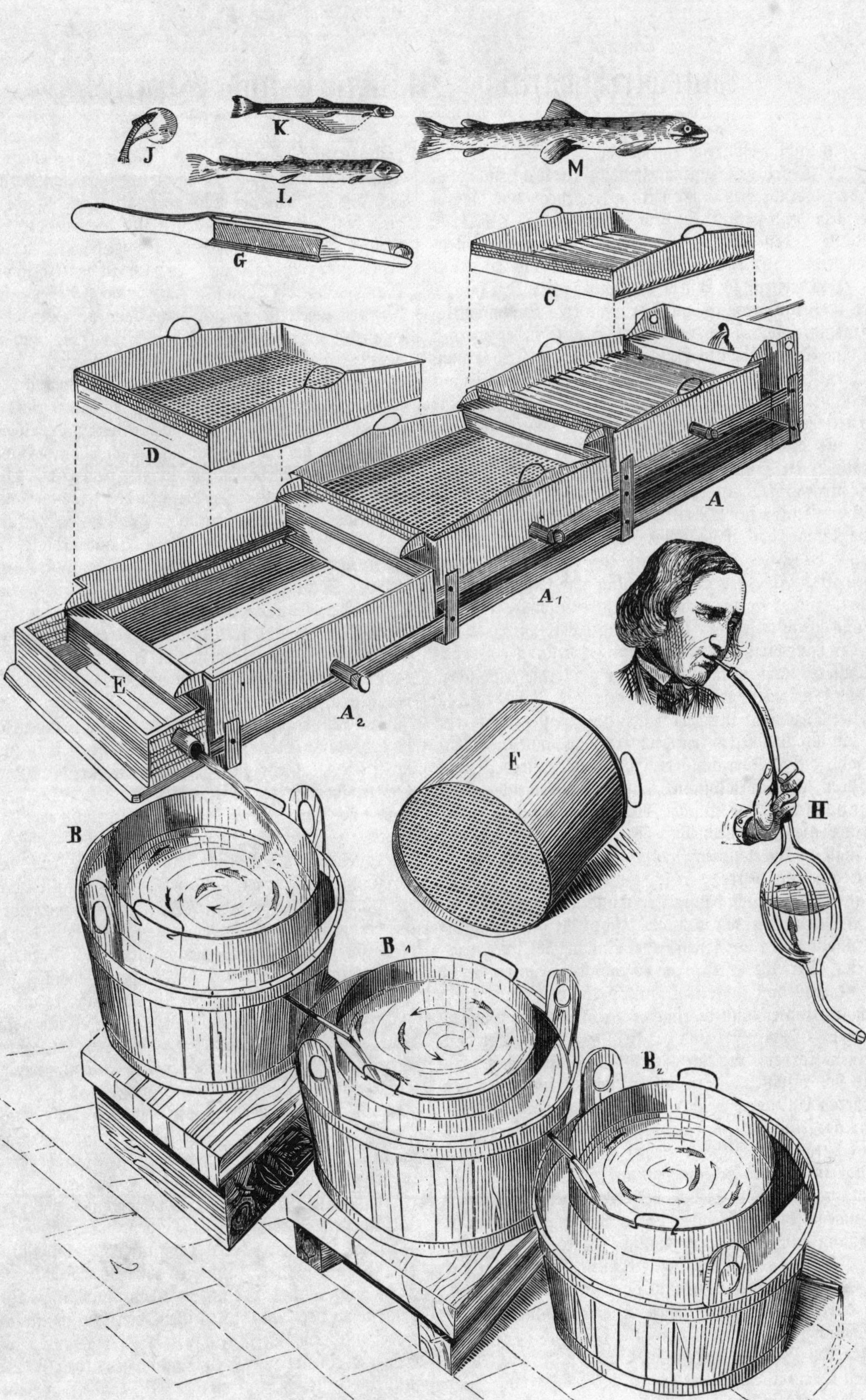

Vereinfachtes Verfahren der künstlichen Fischzucht.

Hauswirthschaftliche Maschinen und Geräthe.

Eine ganz nützliche Vorrichtung ist der Kistenöffner, dazu bestimmt, die Deckel von zugenagelten Kisten leicht und ohne Beschädigung loszubrechen. Er wird angewendet, wie die Abbildung ergiebt, und beruht auf dem Grundsatz des Hebels, so daß die Kante A den Stützpunkt und das vorstehende Seitenstück B den kürzeren Hebelarm bildet. Er wird aus Eisen angefertigt. Das Seitenstück B steht rechtwinklig von dem Hauptkörper des Instrumentes ab, und braucht eine stumpfwinklig zugeschärfte Kante, so daß es unter den Deckel getrieben werden kann, um eine Stütze für den Hebel zu erhalten. Drückt man dann den Handgriff nach unten, so hebt sich der Deckel. Damit die untere Kante nicht von dem Holze abgleitet, ist sie mit Einkerbungen versehen; ein tieferer Einschnitt C dient zum Ausziehen der Nägel aus dem geöffneten Deckel. — Ein kleines praktisches Geräth ist die Holzspalte-Maschine zum Zerkleinern des Holzes für das Feueranmachen. Sie ersetzt das Beil vollständig, ohne Gefahr für Arbeiter oder Arbeiterin, und verrichtet seine Aufgabe geräuschlos ohne Schläge und Erschütterungen. Daher bildet die Holzspaltemaschine ein sehr nützliches und vortheihaftes Möbel jeder Haushaltung und sollte in keiner Küche fehlen, zumal sie nicht mehr Raum einnimmt, wie ein Salzfaß, und gleich diesem an die Wand gehängt wird. Sehr häufig ist der Landwirth in der Lage zur Herstellung eines geeigneten Wassers, namentlich zur Benutzung für die technischen Gewerbe und Haushaltungszwecke ganz besondere Vorkehrungen zu treffen, weil das ihm zu Gebote stehende Wasser nicht rein geuug ist, um mit Vortheil verwendet werden zu können. Allein die Mehrzahl dieser Vorrichtungen entspricht entweder nicht ganz dem Zweck, oder ist zu kostspielig, um eine allgemeinere Verwendung zuzulassen. Eine einfache, billige Vorrichtung zum wirksamen Reinigen, Durchseihen (Filtriren) des Wassers ist daher längst ein anerkanntes Bedürfniß und wird von Jedem willkommen geheißen werden, welcher die großen Uebelstände kennt, die in dieser Hinsicht häufig überwunden werden müssen. Als eine solche dürfen wir den Rodd'schen Apparat empfehlen, dessen Abbildungen wir sowol in der Ansicht, als im Durchschnitt geben. Derselbe besteht, wie es aus den Figuren leicht zu ersehen ist, aus drei kupfernen, zur Verhütung der Grünspanbildung verzinnten und in einander geschachtelten Büchsen oder Cylindern. Der größte und der kleinste davon bilden mit einander einen Körper, zugleich auch mit dem Ablaßhahn, in welchem sie sich zuspitzen. Sie stülpen sich in und über den dritten, inneren Cylinder, welcher an dem Wasserbehälter, der die zu filtrirende Flüssigkeit enthält, befestigt ist. Dieser letztere Cylinder ist durch einen falschen Boden in zwei Abtheilungen getrennt und seine hintere Scheidewand mit einer großen Anzahl von Löchern in Art eines Siebes versehen. Die gesammten Zwischenräume dieser drei Cylinder, deren Anordnung die Durchschnittszeichnung ganz deutlich versinnlicht, sind mit Torfkohle angefüllt. Das aus dem Behälter strömende Wasser dringt durch den Siebboden des mittleren oder inneren Cylinders, drängt sich durch die Kohlenfüllungen in den Richtungen, die auf der Zeichnung durch Pfeile angedeutet sind und ergießt sich endlich durch den Hahn, nachdem es nicht allein mechanisch, sondern auch chemisch vollkommen gereinigt worden ist. Vor dem Hahn befindet sich im Innern des letzten und kleinsten Cylinders noch eine fein durchlöcherte Platte, gleich der Brause einer Gießkanne, welche verhindert, daß das Wasser bei dem Ausfluß Kohlentheilchen mit fortreißt. Es ist unbestreitbar, daß ein solch' einfacher und billig herzustellender Apparat von dem größten Nutzen sein kann und vielleicht dazu führen mag, daß das System der Wasserfiltration etwas allgemeiner, als dies bisher der Fall gewesen ist, angewendet wird. Reines Wasser ist eins der schätzbarsten Geschenke, welche die Natur dem landwirthschaftlichen Betrieb zu verleihen vermag, dessen Werth aber die Wenigsten zu schätzen wissen, blos aus dem Grunde, weil sie es gar nicht kennen. Als ein Hausgeräth empfiehlt sich die englische Wäschrolle, und zwar in ihrer neuen, in Deutschland verbesserten Bauart. Eine Wäschrolle oder Mangel ist ein so nützliches Hausgeräth, vorzugsweise auf dem Lande, daß die verehrten Hausfrauen uns danken werden, sie auf diese einfache, verbesserte Gestalt derselben aufmerksam gemacht zu haben. Die alten Wäschrollen welche man noch so häufig findet, verhalten sich zu den neuen, wie die Gerippe der vorsündfluthlichen Riesenthiere zu den feineren Schöpfungen der Jetztzeit; jeder Engländer oder Amerikaner, der ein solches Ungethüm mit seinem steingefüllten Bauch erblickt, wird darüber lachen und sich wundern, daß man einer anscheinend so geringfügigen Sache so sehr viel Raum und Arbeitsaufwand widmet. Denn die gewöhnlichen Wäschrollen verlangen zwei kräftige Weiber zur Bedienung und sind bekanntlich sehr beliebte Gelegenheitsmacher. Bei den verbesserten selbstthätigen Wäschrollen mit eisernen Zahnstangen, welche eine freie Hin- und Herbewegung vermitteln, fällt die größere Anstrengung weg, da sie von einer Person ganz bequem hin und her bewegt werden können, leider ist der Raum, den sie beanspruchen, derselbe, und sodann ist ihr Preis doch ein zu hoher für ein in der Haushaltung im Ganzen doch so selten benutztes Geräth. Die neuen in England und Amerika jetzt vorzugsweise üblichen Wäschrollen bestehen aus zwei Walzen von hartem Holz, zwischen welchen die zu rollenden Wäschestücke hindurchgehen und dabei dieselbe Pressung erfahren, wie auf dem Rollholz der alten Mangeln. Der zu dem Ende nothwendige Druck wird hervorgebracht durch 4 auf einanderliegende Schienen von Federstahl, die mittelst einer Schraube und eines Kurbelschlüssels nach Bedürfniß herabgedrückt können; ihre Enden üben einen gleichmäßigen Druck aus auf die in einem Falz des Gestells beweglichen Lager der Walzenzapfen, welcher für gewöhnliche Wäschestücke vollkommen genügt. Wo dies aber nicht der Fall sein sollte, da könnte der Druck leicht verstärkt werden. Als Anhang erfolge hier noch einiges über Schmieren von Maschinen und Geräthen: Das reine Thieröl oder Knochenfett ist die beste Schmiere für Maschinen und sollte daher stets sorgfältig zu Rathe gehalten werden. Da dasselbe jedoch nicht stets zu haben oder ebenso wie das Baumöl unter Umständen zu theuer ist, so wird es gerechtfertigt sein, hier mehrere Recepte zu bewährten Schmieren mitzutheilen: I. 4 Pfund in Terpentinöl aufgelöster Kautschuck, 4 Pfund calcinirte Soda, 1 Pfund Leim, 90 Pfund Talg und 100 Pfund Wasser. Letzteres wird in's Kochen gebracht, und Soda und Leim darin unter stetem Umrühren aufgelöst; alsdann wird der Talg, und zuletzt die Kautschucklösung zugesetzt, wobei mit dem Umrühren so lange fortgefahren wird, bis das Ganze zu einem homogenen Gemisch geworden ist. II. 50 Theile Rüböl oder Fischthran werden mit 1 Theil in feine Späne geraspeltem Kautschuck bis zur völligen Auflösung des letzteren versotten. Die Kautschuckschmieren, wenn auch theuer in der Anfertigung, sind weit beständiger, als alle übrigen, verändern sich nicht durch Temperaturwechsel und trocknen weniger ein.

Fig. 1.

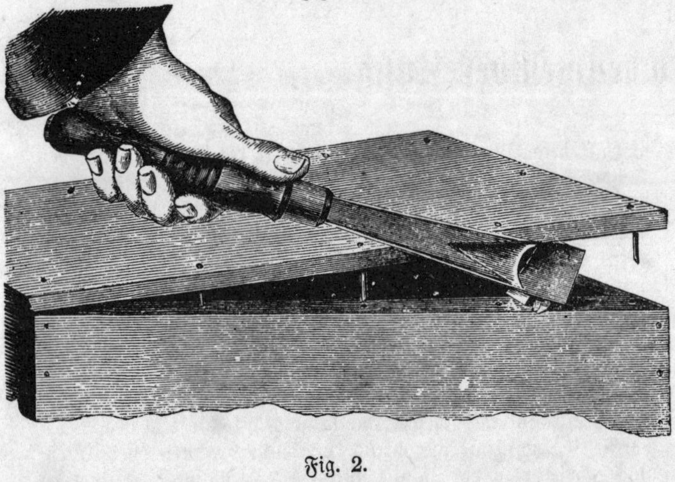

Fig. 2.

Kistenöffner.

Holzspaltemaschine.

Vorrichtung zur Reinigung des Wassers.

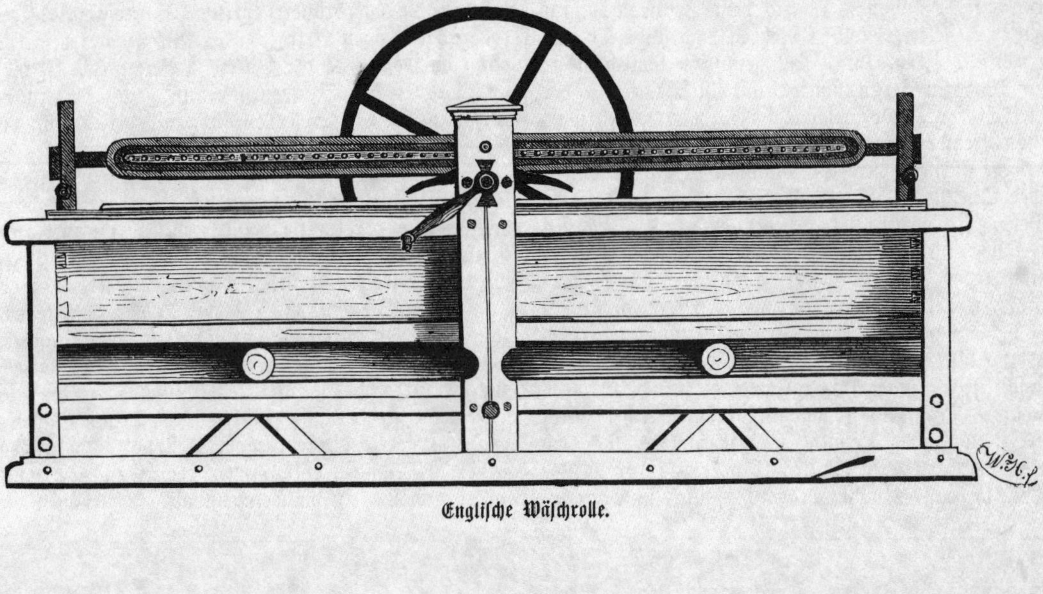

Englische Wäschrolle.

Bierbrauerei. Knochenmehlbereitung.

Einer der wichtigsten Bestandtheile der Pflanzen, demgemäß auch ihrer Nahrung, ist die Phosphorsäure und gerade sie ist im Boden meistens nur in so geringen Verhältnissen vorhanden, daß ihre Zufuhr als Ersatz eine der Hauptaufgaben der Düngung ist. Am reichhaltigsten ist sie enthalten in den Knochen, welche aus phosphorsaurem Kalk bestehen; zerkleinert bilden sie das werthvolle Düngemittel Knochenmehl. Je feiner dies zubereitet wird, desto rascher wirkt es, zumal wenn es noch mit Schwefelsäure aufgeschlossen wird zu dem sogenannten Superphosphat. Auf den gewöhnlichen Knochenstampfen gelingt die mehlfeine Zerkleinerung nur sehr schwierig, leicht ist sie dagegen, wenn die Knochen vorher abgedampft werden, wozu es einen sehr zweckmäßigen Knochen-Abdampfapparat giebt, den sich jeder Landwirth selber anschaffen und mit ihm arbeiten kann. Er besteht aus einem eiförmigen Kessel von 8 Fuß Länge, 4 Fuß Höhe und 2 Fuß 10 Zoll lichter Weite; 9 Zoll vom Boden liegt ein zweiter durchlöcherter Boden, der Raum zwischen beiden wird mit Wasser gefüllt. Durch die dicht zu verschließende Oeffnung K werden die frischen Knochen eingebracht und nach dem Dämpfen entfernt, der Hahn p dient zum Ablassen des Wassers und des den Knochen ausgezogenen Fetts. Der Hahn b liegt in derselben Höhe, wie der Boden m und dient dazu, den richtigen Wasserstand zu zeigen, der Hahn a bezeichnet einen zu hohen Wasserstand. Der durch einen Hahn zu verschließende Trichter c dient zum Einfüllen des Wassers. Das Sicherheitsventil d kann bis zum Druck von 2 Atmosphären belastet werden. Das Feuer brennt auf dem Roste g, die Verbrennungsproducte und die heiße Luft ziehen über die Feuerbrücke r, verbreiten sich unter dem Kessel und entweichen in den Schornstein s. Es ist bei der Einmauerung sehr darauf zu achten, daß das Feuer nur mit dem unteren, stets mit Wasser bedeckten Theile des Kessels, nie aber mit den Wänden desselben in Berührung komme, da diese sonst unfehlbar rasch zerstört, und die Knochen statt gedämpft, verbrannt werden würden. — Die Bierbrauerei ist ein landwirthschaftliches Nebengewerb, welches sich vollständig selbstständig gemacht hat. Was sie will und schafft, das sehen wir am raschesten, wenn wir den Brauer durch seine Räume begleiten, wie sie der nebenstehende Durchschnitt einer großen Brauerei veranschaulicht. Zuerst sehen wir den Brauer dafür sorgen, daß weiches Wasser vermittelst der Pumpe W aus dem Brunnen hinauf in den Behälter A gelangt, um in Röhren nach allen Theilen gebracht zu werden. Dann wird das gesundeste, durchhülsige Getreide im Magazin B, wohin es mittelst Hebezeug oder Sackwinde a von der Dampfmaschine I befördert worden war, sorgfältig von fremder Sämerei und Spreu gereinigt, in große und kleine Körner (durch die Maschine b und c) sortirt, hierauf in den Quellstock (Cisterne C) geschüttet, und, nachdem man das Weichwasser darin öfters erneuert und in den Kufen d abträufen gelassen, die Körnermasse halbfeucht auf die Wachstenne D sammt Keller E in Malzhaufen ausgezogen und wiederholt umgerührt, wobei die Temperatur nie merklich hoch werden darf. Jetzt macht man das gehörig gewachsene Malz auf dem Schwelchboden e lufttrocken, läßt es auf der doppelten Darre F in recht langer Zeit die gewünschte Farbe — nie dunkler als bernsteinfarbig — erlangen, reinigt es sorgsam durch die Abtretemaschine C von allen Keimen, und schrotet es von dem Malzraum G herab zwischen Walzen H oder auf der Mühle darunter, doch so, daß es nicht erwärmt. Zum Einteigen sowol als beim Maischen, gelangt es durch die Hebeschraube oder Schnecke f in den Schrotraum L und von da unmittelbar in den Maischbottich M. In diesem fließt aus dem Kessel O, der wieder aus dem Bassin A gespeist wird, heißes Wasser, im Winter von 50 Gr., im Sommer von 42 Gr., durchschnittlich von 40 Gr. R. Die Maische, deren Temperatur ungefähr 54 Gr. betragen soll, wird mittelst eines Mechanismus durch die Welle K schnell und kräftig durchgearbeitet. Das Kochen dauert nicht länger als nöthig, und geschieht in einer hochstehenden Pfanne über O. Hier wird der Hopfen seitwärts eingebracht und ausgezogen; die heiße Masse läuft in den Seihbottich P, die erste Würze aus dem Würzbrunnen oder Unterstock N wieder in die Pfanne und auf die Kühlschiffe Q, von da endlich nach den Gährbottichen R, welche die gesammte Würze aufzunehmen ausreichen. Der Brauer beschleunigt das Abkühlen soviel als möglich, leitet die Würze nicht höher als 2 bis 3 Zoll hoch in die Kühlschiffe, stellt sie bei 8 Gr. Wärme mit ähnlicher säurefreier Hefe auf und läßt sie nun langsam und ruhig ausgähren auf reinen Fässern U bis zum Verzapfen in den trocknen Lagerkellern V. Ist die Gährung im Gange, so bringt er das Bier auf die kleinen Fässer U U in Abtheilungen zu vieren, die stets eine gemeinschaftliche Rinne zum Ablaufen der Hefe in die darunter stehenden Behälter haben. In diesen Fässern bleibt das Bier bis zur beendigten Hauptgährung stehen, worauf es auf die großen Lagerfässer in V, welche konisch geformt, 15 bis 20 Fuß im Durchschnitt und ebensoviel in der Höhe halten. Die Dampfmaschine I ertheilt den verschiedenen Mechanismen die nöthige Bewegung und treibt, wie ersichtlich, die Wasser- und Würzepumpen, Göpel, Sackstuhl, Schrotmühle, Hebeschraube, Kesselrührzeug, Maisch-, Reinigungs- und Sortirmaschine 2c. T ist die große Röhre, durch die Wasser aus dem Brunnen gepumpt und durch Zuleitungsröhren h auf die angemessenste Temperatur abgekühlt, g die Röhre, durch welche die Würze aus den Kühlschiffen nach dem Gährbottich geleitet wird. Aus letzterem R fließt das Bier in den Röhren i in die Gährfässer U, die großen Fässer S S dienen zum Nachfüllen, dazwischen kleine Behälter k zur Regulirung des Abflusses. X Kohlenbehälter, Y als Eiskeller, Z Tunnel zur Ein- und Abfuhr von Stoff, sprechen von selbst ihren Zweck aus. Die beiden wichtigsten Operationen, auf welchen die Bierbrauerei beruht, sind einmal die Darstellung des zuckerhaltigen Extracts, der Würze aus dem Getreide und dann die Gährung der Würze. Bekanntlich ist die Substanz, aus welcher der Traubenzucker und das Dextrin der Würzen herstammen, das Stärkemehl, und dieses muß völlig aufgelöst werden, so daß es nicht die geringste Menge von Kleister enthält. Die Umwandlung des Stärkemehls in Dextrin und Traubenzucker geschieht vermittelst eines Stoffes, der sich durch das Keimen der Gerste bei der Malzbereitung aus einem in Wasser unlöslichen Bestandtheile bildet und Diastase genannt wird. Dieser Stoff besitzt die Eigenschaft, daß er bei einer Temperatur von 50 bis 60 Gr. R. das Stärkemehl oder den Kleister in ein Gemenge von Dextrin und Traubenzucker verwandelt. Am wichtigsten ist das Verhalten dieses Traubenzuckers zur Hefe. Stärkekleister und Dextrin erleiden durch Hefe keine Aenderung, während der Traubenzucker dadurch in Gährung versetzt wird, wobei Alkohol und Kohlensäure entstehen. Demnach entstammen dem Gemenge von Traubenzucker und Dextrin die weingeisthaltigen Producte der Gewerbe.

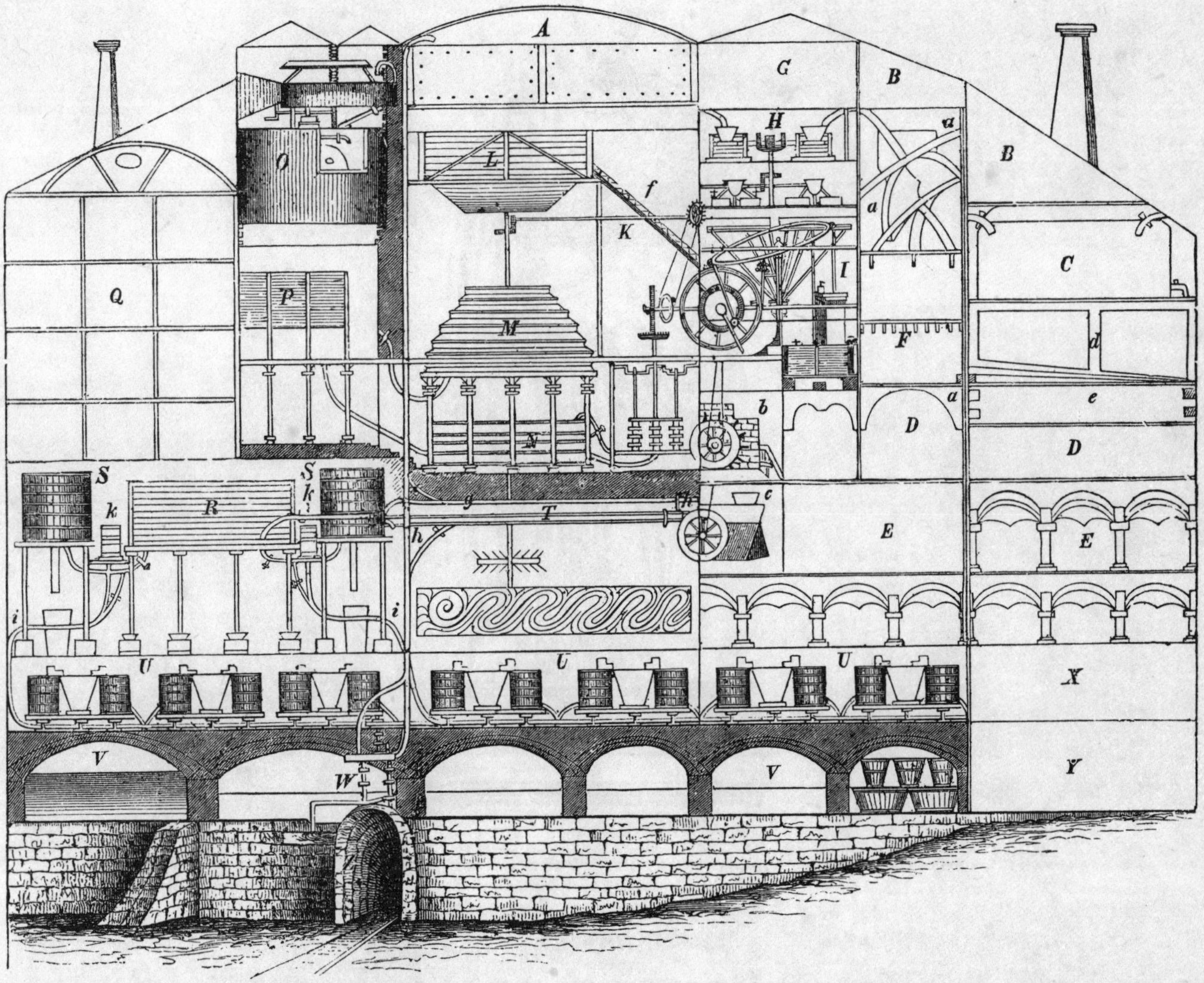

Durchschnitt einer großen Brauerei.

Knochen-Abdampfapparat. (Ansicht.)

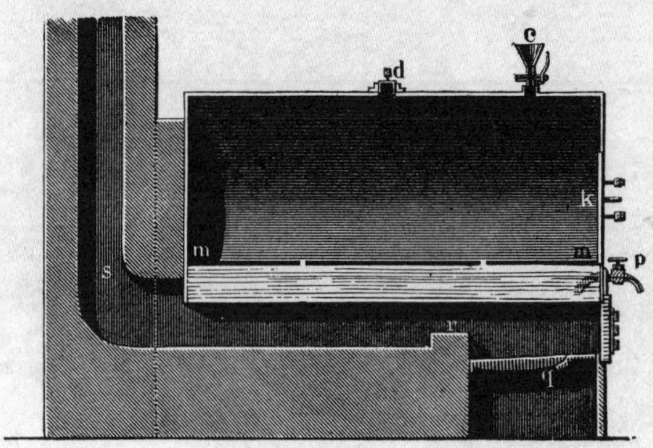

Knochen-Abdampfapparat. (Durchschnitt.)

Albrecht Thaer's Denkmal in Leipzig.

Druck von Bär & Hermann in Leipzig.

VERLAGSHINWEISE

Vom Bergkwerck
ATHANASII KIRCHERS
Neue Hall- und Thon-Kunst
König Ludwig I. von Bayern
und seine Kunstschöpfungen
Der vollkommene Dachdecker
1833
JUGENDSTIL
DAS KLEID DER FRAU
Das Buch der Wäsche
Beyers großes Lehrbuch der Wäsche
Rheinisches Album
JUGENDSTIL
SCHMUCK UND EDELMETALL ARBEITEN
Edition »libri rari« im Verlag Th. Schäfer
JUGEND-STIL
MOEBEL UND ZIMMER-EINRICHTUNGEN UM 1900
1583
Zimmermanns-Sprüche und Kranzreden
TINA FRAUBERGER
HANDBUCH DER SPITZENKUNDE
Wagenfabrikation
1891
Bindungs- und Schnürungsbuch
für die glatte Weberei
1866
ANDENKEN AN DEN RHEIN

Blatt Nr. 17 · Gurtenvieh aus der Schweiz

Blatt Nr. 21 · Allgäuer

Blatt Nr. 23 · Mürztaler

Batt Nr. 34 Zackel-Schaafe

Die reizvollen Tierdarstellungen

werden in stimmungsvollen und zum Teil authentischen landschaftlichen Umgebungen von den Künstlern vorgeführt. So finden sich neben eindrucksvollen Impressionen der Neckargegend, von Gebirgslandschaften der schwäbischen Alb und des Voralpengebietes auch Motive aus der Steiermark, der Schweiz und aus exotischen Ländern. Auf mehreren Lithographien sind die zentralen Baulichkeiten der königlichen Besitzungen wiedergegeben (z. B. Rosenstein, Monrepos, Favorite, Weil usw.). Hier präsentieren sich Landschaften, Baulichkeiten und landwirtschaftliche Nutztiere noch als harmonische Einheit und fordern den Betrachter zum Vergleich mit der Gegenwart heraus. Denn so wie sich Rinder und Schafe im Laufe der letzten Jahre durch umfassende tierzüchterische Maßnahmen gewandelt haben, so haben sich auch die Landschaften durch das Wirken der Menschen entscheidend verändert – und das sicherlich nicht zum Vorteil.

Die lithographierte Bilddokumentation

zählt zu den antiquarisch gesuchten Raritäten. Selbst in der Form von Einzelblättern finden die Darstellungen Freunde. Sie gelten zu Recht als frühe Meisterwerke der deutschen Lithographie, besitzen darüber hinaus aber auch agrargeschichtlich einen hohen Stellenwert. Schließlich haben die tierzüchterischen Bemühungen König Wilhelms I. von Württemberg (1781–1864) Geschichte gemacht! Kaum weniger aufschlußreich ist das Werk für die südwestdeutsche Landesgeschichte. Um 1830 war Württemberg noch ein Agrarstaat. Was heute als staatliche Wirtschaftspolitik abläuft, hat seine Anfänge unter anderem in den landwirtschaftsfördernden Aktivitäten Wilhelm I. gehabt.